专利审查高速路（PPH）
实务指南

国家知识产权局专利局初审及流程管理部◎编著

杨　兴◎主编

知识产权出版社
全国百佳图书出版单位
——北京——

图书在版编目（CIP）数据

专利审查高速路（PPH）实务指南/国家知识产权局专利局初审及流程管理部编著；杨兴主编. —北京：知识产权出版社，2025.1. —ISBN 978 - 7 - 5130 - 9504 - 4

Ⅰ. G306. 3 - 62

中国国家版本馆 CIP 数据核字第 202472HZ95 号

内容提要

专利审查高速路（PPH）作为不同国家和地区间的专利快速审查通道，通过专利审查机构之间的工作共享加快专利审查进程，在国际贸易往来频繁的当下是企业走向海外、防范全球专利风险的重要工具。本书全面系统地介绍了专利审查高速路的基本情况并提供了按国家和地区划分的近 30 个 PPH 项目的指南，是我国专利领域相关机构、专利代理师和其他从业人员的必备资料。

责任编辑：卢海鹰　周　也　　　　　　责任校对：谷　洋

封面设计：杨杨工作室·张冀　　　　　　责任印制：孙婷婷

专利审查高速路（PPH）实务指南

国家知识产权局专利局初审及流程管理部　编著

杨　兴　主编

出版发行：**知识产权出版社**有限责任公司	网　　址：http：//www. ipph. cn
社　　址：北京市海淀区气象路 50 号院	邮　　编：100081
责编电话：010 - 82000860 转 8740	责编邮箱：ipphzy@ 163. com
发行电话：010 - 82000860 转 8101/8102	发行传真：010 - 82000893/82005070/82000270
印　　刷：北京九州迅驰传媒文化有限公司	经　　销：新华书店、各大网上书店及相关专业书店
开　　本：880mm×1230mm　1/32	印　　张：24
版　　次：2025 年 1 月第 1 版	印　　次：2025 年 1 月第 1 次印刷
字　　数：670 千字	定　　价：158.00 元

ISBN 978 - 7 - 5130 - 9504 - 4

前　言

　　近年来，我国专利审查高速路（PPH）合作网络持续拓展和优化。为了帮助广大创新主体和专利代理机构运用好 PPH 试点项目，本书梳理了向国家知识产权局提交 PPH 请求的基本要求，着重对基于各合作方局的审查结果请求通过 PPH 试点项目加快中国专利申请的实务予以指引，并对相关表格填写和附件提交提供尽可能详细的说明。

　　本书由杨兴主编，第一、四、二十、二十五、二十六章由范晓撰写，第二、三、十一、十八、二十七、二十九章由王宇明撰写，第五、十、二十三、二十八章由勇飞撰写，第六、九、十六章由赵欣撰写，第七、十二、十七、二十一章由刘芸撰写，第八、十三、十四、二十四章由毛晓鹏撰写，第十五、十九、二十二、三十章由李莉撰写。

　　希望本书的出版能对专利代理师、企业知识产权工作者等从业人员有所帮助，以专利国际合作成果助力专利转化运用。

缩略语表

除另有解释外，本书中所指的缩略语解释如下：

缩略名称	全称及说明
PPH	专利审查高速路
OFF	首次申请局
OSF	后续申请局
OEE	首次审查局
OLE	后续审查局
CNIPA	中国国家知识产权局
EPO	欧洲专利局
USPTO	美国专利商标局
JPO	日本特许厅
KIPO	韩国特许厅
PCT	《专利合作条约》
IP5	五局（CNIPA、EPO、USPTO、JPO 和 KIPO）
ISA	国际检索单位
IPEA	国际初步审查单位
DO	指定局
EO	选定局
NC	不符合规定

目　录

3

5

第一章 向中国国家知识产权局提交 PPH 请求的基本要求

第一节 PPH 的基本概念

1. 什么是 PPH？

PPH 是指申请人在 OFF 或 OEE 提交的专利申请（以下简称"对应申请"）中所包含的至少一项或多项权利要求被认定为可授权/具有可专利性时，在一定条件下，可以向 OSF 或 OLE 对相应的申请（以下简称"本申请"）提出加快审查请求的机制。

PPH 是两个或多个国家或地区的专利审查机构通过协议构建的一种加快审查机制。只有当相应的两件申请的申请局或审查局有签订相关 PPH 合作协议时，申请人才能就后续申请或审查的专利申请向相关主管审查机构提出加快审查请求，即提出 PPH 请求。

PPH 请求被批准后，本申请即获得了加快审查——本申请亦被称为 PPH 申请。

2. PPH 包括哪些种类？

（1）按照签署 PPH 协议的专利审查机构（以下简称"协议局"，XPO）数量的不同，PPH 分为双边 PPH 和小多边 PPH

其中小多边 PPH 又按照达成协议范围的不同分为全球 PPH（Global – PPH）和 IP5 PPH。

截至 2023 年 6 月 30 日，全球 PPH 项目所涉及的专利审查机构包括美国、日本、韩国、英国等在内的 27 个国家或地区的专利审查机构。

（2）按照提出 PPH 请求所基于的在先审查机构的工作结果的不同，分为常规 PPH 和 PCT－PPH

常规 PPH 请求所基于的在先审查机构的工作结果是根据相关国家或地区法律作出的审查结果，主要指参与 PPH 项目的专利审查机构根据本国或本地区法律在审查阶段作出的与权利要求是否可授权判断相关的通知书，例如审查意见通知书或授权通知书。

PCT－PPH 请求所基于的在先审查机构的工作结果是该机构作为 PCT 国际单位作出的国际阶段的审查结果，即参与 PPH 项目的专利审查机构作为国际检索单位或国际初步审查单位作出的审查结果，具体包括国际检索单位书面意见（WO－ISA）、国际初审单位书面意见（WO－IPEA）、国际初步审查报告（IPER）。

（3）按照对提出 PPH 请求的本申请与对应申请的关联性关系的不同，分为基本型 PPH 和再利用型 PPH

基本型 PPH 是指双边 PPH 中申请人利用 OFF 的工作结果向 OSF 提出的 PPH 请求，要求对应申请必须是首次申请，而本申请则是在对应申请之后提交的申请。

再利用型 PPH 在基本型 PPH 的基础上拓展了申请间的关系，不再要求对应申请必须是首次申请，也不要求本申请在对应申请之后提交，而仅要求对应申请先于本申请作出审查结果；只要本申请与对应申请拥有共同的最早日（有优先权日时为优先权日，无优先权日时为申请日），申请人就可以利用 OEE 作出的审查结果请求 OLE 对本申请进行加快审查。

3. PPH 项目的好处是什么？

PPH 项目的主要好处在于通过专利审查机构间的合作减少重复性劳动，节约审查资源，从而达到缩短专利审查周期的效果。

但是，PPH 项目是建立在协议局之间可以相互参考和利用而不是承认各自的检索和审查结果的基础之上，因此各协议局针对本申请的实质审查仍然依据各国或地区的相关法律法规进行，其实质审查的标准与其本国或地区一般申请的实质审查标准相同。

4. 世界上哪些国家和地区的专利审查机构参与了 PPH 项目？

截至 2023 年 6 月 30 日，全球参与 PPH 项目的专利审查机构总计 55 个，包括 CNIPA、澳大利亚知识产权局、奥地利专利局（APO）、加拿大知识产权局（CIPO）、丹麦专利商标局（DKPTO）、EPO、芬兰国家专利与注册委员会（PRH）、德国专利商标局（DPMA）、匈牙利知识产权局（HIPO）、以色列专利局（ILPO）、JPO、KIPO、墨西哥工业产权局（IMPI）、北欧专利组织、挪威工业产权局（NIPO）、葡萄牙工业产权局、俄罗斯联邦知识产权局（ROSP ATENT）、新加坡知识产权局（IPOS）、西班牙知识产权局、瑞典专利注册局（PRV）、英国知识产权局（UKIPO）、USPTO、冰岛知识产权局（ISIPO）、菲律宾知识产权局、捷克共和国工业产权局（IPO – CZ）、哥伦比亚知识产权局、尼加拉瓜知识产权局、马来西亚知识产权局（MyIPO）、波兰知识产权局（PPO）、欧亚专利局（EAPO）、印度尼西亚知识产权局、泰国知识产权局等。

第二节 向 CNIPA 提交 PPH 请求的适格性要求

一、概述

1. CNIPA 目前与哪些国家或地区的专利审查机构开展了 PPH 合作？

截至 2023 年 6 月 30 日，CNIPA 先后与共计 29 个专利审查机构正式开展了双边 PPH 合作，具体包括日本、美国、德国、韩国、俄罗斯、丹麦、芬兰、墨西哥、奥地利、波兰、新加坡、加拿大、葡萄牙、西班牙（已终止）、瑞典、英国、冰岛、以色列、匈牙利、埃及、智利、捷克、巴西、欧亚专利组织、马来西亚、阿根廷（已终止）、挪威、沙特和法国的专利审查机构。此外，CNIPA 还是 IP5 PPH 合作的成员。

2. CNIPA 目前开展的 PPH 试点项目包括哪些种类？

目前，除与 JPO、USPTO、KIPO、EPO 签署了 IP5 PPH 协议外，CNIPA 与其他专利审查机构签署的均为双边 PPH 协议。所有的 PPH 协议均包括常规 PPH；除常规 PPH 之外与部分专利审查机构签署的 PPH 协议中，还包括 PCT - PPH。

根据中国本申请与其他国家或地区对应申请的关联性关系的要求不同，双边 PPH 试点项目中的常规 PPH 除与巴西、新加坡签署的 PPH 协议包含特殊的关联性关系外，其他项目中的常规 PPH 仅涉及基本型 PPH，而 IP5 PPH 项目中的常规 PPH 已拓展为再利用型 PPH。

截至 2023 年 6 月 30 日，CNIPA 与其他国家或地区专利审查机构（OEE）正式开展的 PPH 试点项目的项目起止时间和合作类型如表 1.1 所示。

表 1.1　与 CNIPA 开展 PPH 试点项目的合作方及起止时间、合作类型

编号	合作方	项目起止时间	向 CNIPA 提交 PPH 请求的合作类型
1	日本	2011. 11. 1 ~ 2028. 10. 31	常规 PPH（基本型）、PCT - PPH
2	美国	2011. 12. 1 ~ 无限期延长	常规 PPH（基本型）、PCT - PPH
3	德国	2012. 1. 23 ~ 2027. 1. 22	常规 PPH（基本型）
4	韩国	2012. 3. 1 ~ 无限期延长	常规 PPH（基本型）、PCT - PPH
5	俄罗斯	2012. 7. 1 ~ 无限期延长	常规 PPH（基本型）、PCT - PPH
6	丹麦	2013. 1. 1 ~ 2028. 12. 31	常规 PPH（基本型）
7	芬兰	2013. 1. 1 ~ 无限期延长	常规 PPH（基本型）、PCT - PPH
8	墨西哥	2013. 3. 1 ~ 无限期延长	常规 PPH（基本型）
9	奥地利	2013. 3. 1 ~ 2026. 2. 28	常规 PPH（基本型）、PCT - PPH
10	波兰	2013. 7. 1 ~ 无限期延长	常规 PPH（基本型）
11	新加坡[①]	2013. 9. 1 ~ 2026. 8. 31	常规 PPH（特殊型）、PCT - PPH
12	加拿大	2013. 9. 1 ~ 2026. 8. 31	常规 PPH（基本型）、PCT - PPH[②]
13	葡萄牙	2014. 1. 1 ~ 2026. 12. 31	常规 PPH（基本型）
14	西班牙（已终止）	2014. 1. 1 ~ 2016. 12. 31	常规 PPH（基本型）、PCT - PPH

续表

编号	合作方	项目起止时间	向 CNIPA 提交 PPH 请求的合作类型
15	IP5③	2014. 1. 6 ~ 2026. 1. 5	常规 PPH（再利用型）、PCT – PPH
16	瑞典	2014. 7. 1 ~ 无限期延长	常规 PPH（基本型）、PCT – PPH
17	英国	2014. 7. 1 ~ 无限期延长	常规 PPH（基本型）
18	冰岛	2014. 7. 1 ~ 2029. 6. 30	常规 PPH（基本型）
19	以色列	2014. 8. 1 ~ 无限期延长	常规 PPH（基本型）、PCT – PPH
20	匈牙利	2016. 3. 1 ~ 无限期延长	常规 PPH（基本型）
21	埃及	2017. 7. 1 ~ 2029. 6. 30	常规 PPH（基本型）
22	智利	2018. 1. 1 ~ 2028. 12. 31	常规 PPH（基本型）、PCT – PPH
23	捷克	2018. 1. 1 ~ 2025. 12. 31	常规 PPH（基本型）
24	巴西④	2018. 2. 1 ~ 2025. 12. 31（其中 2019. 12. 1 ~ 2019. 12. 31 暂停）	常规 PPH（特殊型）③
25	欧亚专利组织	2018. 4. 1 ~ 无限期延长	常规 PPH（基本型）、PCT – PPH
26	马来西亚	2018. 7. 1 ~ 2027. 6. 30	常规 PPH（基本型）
27	阿根廷⑤（已终止）	2019. 9. 2 ~ 2021. 9. 1	常规 PPH（特殊型）⑥
28	挪威	2020. 4. 1 ~ 2028. 3. 31	常规 PPH（基本型）
29	沙特	2020. 11. 1 ~ 无限期延长	常规 PPH（基本型）
30	法国	2023. 6. 1 ~ 2028. 5. 31	常规 PPH（基本型）
31	巴林	2024. 5. 1 ~ 2029. 4. 30	常规 PPH（基本型）
32	非洲地区知识产权组织	2024. 6. 8 ~ 2029. 6. 7	常规 PPH（基本型）

①中新 PPH 试点项目涉及反向要求优先权的情形，具体内容见本书第十四章。

②中加 PPH 试点项目中的 PCT – PPH 试点从 2018 年 9 月 1 日起实施。

③之前已经签订的中日、中美、中韩 PPH 试点项目仍然有效，但是由于其规则已经包含在 IP5 PPH 试点项目之内，因而在实际操作中对于上述三局的 PPH 请求统一按照 IP5 PPH 试点项目流程要求进行审查。

④中巴 PPH 试点项目为有限型试点，仅针对有限项目模式和有限申请数量开展。具体内容见本书第二十五章。

⑤中阿 PPH 试点项目下向 CNIPA 提出的 PPH 请求设有 300 件的数量限制，且仅适用于 2009 年以后提交的专利申请。

⑥中阿 PPH 试点项目为有限型试点，仅针对有限项目模式、有限申请数量开展。具体内容请参见中阿 PPH 试点项目流程。

3. 向 CNIPA 提交 PPH 请求的依据是什么？

CNIPA 与合作方签订 PPH 合作协议时，均明确了 PPH 项目流程规范。该流程规范总体上包括适格性要求和形式要求两部分，具体规定了提交 PPH 请求应当满足的特定要求。

适格性要求涉及中国本申请与对应申请间的关联性、对应申请的可授权性（具有可专利性）、中国本申请与对应申请的权利要求对应性、提交 PPH 请求的程序性等方面的要求。

形式要求涉及 PPH 项目请求表撰写及相关附件提交方面的要求。

向 CNIPA 提交 PPH 请求所依据的流程规范具体可以参见 CNIPA 官网 PPH 专栏中所列的在中国与其他国家和地区 PPH 试点项目下向 CNIPA 提出 PPH 请求的流程。

4. 中国本申请与对应申请的关联性是指什么？

中国本申请与对应申请的关联性指依据相关 PPH 合作协议，中国本申请与对应申请之间应当存在的特定关联关系。例如中国本申请要求了对应申请的优先权，或者中国本申请与对应申请是来自同一 PCT 国际申请的进入不同国家阶段的申请。

5. 对应申请的可授权性是指什么？

对应申请的可授权性指对应申请的最新工作结果明确指出对应申请中至少有一项或有多项权利要求是可授权的。

6. 权利要求的对应性是指什么？

权利要求的对应性指中国本申请的每一项权利要求与对应申请中可授权的权利要求充分对应。

如果中国本申请的每一项权利要求都与对应申请中的可授权权利要求有相同或相似（所述相似是考虑到由于翻译和权利要求的格

式造成的表述上的差异，但实质上相同）的范围，或者中国本申请的权利要求比对应申请中可授权的权利要求的范围小，那么，两申请的权利要求将被认为具有对应性。

其中，中国本申请的权利要求比对应申请中可授权的权利要求的范围小是指：在 OEE 提出的对应申请的权利要求修改为被中国本申请说明书（说明书正文和/或权利要求）支持的附加技术特征所进一步限定时，权利要求的范围变小。

二、中国本申请与对应申请间的关联性

1. 基于双边协议的常规 PPH，中国本申请与对应申请间关联性应当满足哪些要求？

除中巴（中国与巴西）[①] 和中新（中国与新加坡）PPH 协议中对常规 PPH 有特殊规定之外，其他双边协议中的常规 PPH 均为基本型 PPH。对于基本型 PPH，中国本申请和对应申请的关联性应当满足以下要求之一：

（1）中国本申请依《保护工业产权巴黎公约》（以下简称《巴黎公约》）有效要求对应申请优先权；

（2）中国本申请和对应申请分别是 PCT 申请进入不同国家阶段的申请，该 PCT 申请未要求优先权；

（3）中国本申请依照《巴黎公约》有效要求了 PCT 申请的优先权，对应申请是 PCT 申请进入国家阶段的申请，并且该 PCT 申请没有要求优先权。

对于基本型 PPH，需要特别注意如下两点。

第一，涉及共同要求来自第三方的优先权的情形不被准许。对于基本型常规 PPH，由于要求对应申请必须是首次申请，因此中国

[①] 以中巴（中国与巴西）和中阿（中国与阿根廷）为代表的 PPH 试点项目，其仅针对有限项目模式和有限申请数量开展。具体内容请参见中巴 PPH 试点项目流程和中阿 PPH 试点项目流程。

本申请和对应申请的关联性的构建排除了共同要求来自第三方的优先权的情形。如图 1.1 所示情形不符合要求。

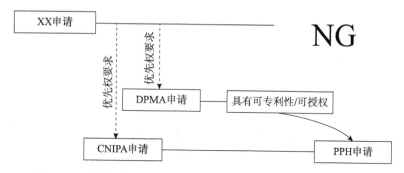

图1.1　中国本申请与德国对应申请共同要求来自第三方的优先权

如图 1.1 所示，中国本申请与德国对应申请依《巴黎公约》有效要求了德国申请之外其他专利审查机构的在先申请的优先权。由于中德之间 PPH 试点项目仅包括基本型常规 PPH，因此不可以依据此德国申请向中国申请提出 PPH 请求。

第二，利用在后申请的审查结果加快在先申请的情形不被准许。基本型常规 PPH 中注重 OFF 与 OSF 的前后顺序，申请人应当利用 OFF 作出的审查结果向 OSF 提出 PPH 加快审查请求，而不允许反向使用。如图 1.2 所示情形不符合要求。

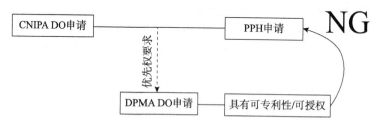

图1.2　中国本申请是德国对应申请的优先权基础申请

图 1.2 中，中国本申请是德国对应申请依照《巴黎公约》有效要求了其优先权的在先申请，而由于中德之间的 PPH 试点项目仅包括基本型的常规 PPH，因此不能据此德国申请向中国申请提出

PPH 请求。

2. 基于 IP5 PPH 协议的常规 PPH，中国本申请与对应申请的关联性除存在上述基本情形外，还有哪些情形满足要求？

在 IP5 PPH 协议中，常规 PPH 已拓展为再利用型 PPH。其中，中国本申请与对应申请间的关联性为两申请具有相同的最早日，而该最早日可以是优先权日，也可以是申请日。与基本型常规 PPH 中两申请的关联性相比，IP5 协议下的常规 PPH 中除包含基本型 PPH 的所有情形以外，还扩展了两申请的关系，包括：

（1）中国本申请和对应申请依《巴黎公约》有效要求了来自第三个国家或地区的申请作为优先权；

（2）中国本申请是作为对应申请有效优先权基础的申请。

3. 与常规 PPH 相比，PCT – PPH 中的中国本申请与对应申请的关联性有什么特别之处？

PCT – PPH 利用的是对应申请的国际阶段工作结果，因此对对应申请的受理局不作要求，而要求对应申请的国际检索单位或国际初审单位是参与 PPH 试点项目的专利审查机构。同时，PCT – PPH 对作为优先权基础的在先申请的受理局也没有要求，在先申请可以是任意国家申请，也可以是 PCT 申请。

在 PCT – PPH 试点项目下，并不因签署协议为双边或小多边 PPH 试点项目协议而对中国本申请与对应申请的关联性要求有所不同。以 IP5 PPH 试点项目下向中国提交 PPH 请求为例，其关系包括：

（1）中国本申请是对应 PCT 申请的中国国家阶段申请；

（2）中国本申请是作为对应 PCT 申请的优先权要求基础的申请；

（3）中国本申请是有效要求了对应 PCT 申请优先权的 PCT 申请进入中国国家阶段的申请；

（4）中国本申请是有效要求了对应 PCT 申请优先权的国家

申请。

4. 中国本申请与对应申请的派生申请是否满足要求？

如果中国申请与对应申请符合 PPH 流程所规定的关联性关系，那么中国申请的派生申请（例如中国申请的分案申请、要求本国优先权的在后申请）作为中国本申请，或者对应申请的派生申请（例如美国分案申请或继续申请、部分继续申请的情形、要求本国优先权的在后申请）作为对应申请，并不会破坏上述关联性关系。

三、对应申请的可授权性

1. 如何判定对应申请权利要求具有可授权性？

对应申请可授权的权利要求是指对应申请的最新工作结果中明确指出对应申请中至少有一项或有多项权利要求经 OEE 审查认为可授权，即其针对至少一项权利要求作出了肯定性意见。能够视为明确认定权利要求可授权性的审查工作结果依 OEE 的不同而不同，具体内容可参见 CNIPA 与各专利审查机构签署的 PPH 流程相关部分的内容。

以 IP5 PPH 为例，如表 1.2 所示。

表 1.2　日、美、欧、韩四局工作结果类型举例

OEE	PPH 类型	工作结果类型
JPO	常规 PPH	授权决定（特许查定）、驳回理由通知书（拒绝理由）、驳回决定（拒绝决定）、申诉决定（审判）
USPTO		授权及缴费通知（Notice of Allowance and Fees Due）、非最终驳回意见（Non - Final Rejection）、最终驳回意见（Final Rejection）

续表

OEE	PPH 类型	工作结果类型
EPO	常规 PPH	授予欧洲专利之意向的通知书（Communication about Intention to Grant a European Patent）、审查意见通知书（Communication from the Examining Division）或其附加文件（Annex to the Communication）、检索报告（Search Report）、检索意见（Search Opinion）
KIPO		授权决定（등록결정서）、驳回理由通知书（의견제출통지서）、驳回决定、申诉决定
OEE 为 PCT 国际单位	PCT–PPH	国际检索单位书面意见（PCT/ISA/237 Written Opinion of the International Searching Authority）、国际初审单位书面意见（PCT/IPEA/408 Written Opinion of the International Preliminary Examining Authority）、国际初步审查报告［PCT/IPEA/409 International Preliminary Report on Patentability（Chapter II of the Patent Cooperation Treaty）］

　　需要注意的是，OEE 在实质审查阶段作出的工作结果不一定是最终决定，需要关注后续审查进程。除上述通知书外，与最新可授权的权利要求相关的工作结果还可能是 OEE 在复审、无效、异议、授权后修改更正等程序中作出的通知书。

2. 对于常规 PPH，OEE 最新工作结果中对可授权权利要求的"明确指出"应当如何判定？

　　"明确指出"是指 OEE 在工作结果中明确指示可授权权利要求的意思表示，而非模糊的意思表示或假定性的意思判定。一般而言，"明确指出"可授权权利要求在最新工作结果的表格页中或者正文中有详细的描述和明确的说明。在本书后续章节的相关部分将对相关 OEE 作出的工作结果中的"明确指出"分别予以说明。

3. 对于常规 PPH，如果 OEE 最新工作结果中对某些权利要求未进行评述，对此类权利要求的可授权性如何进行判定？

一般而言，当 OEE 最新工作结果中未明确指明可授权权利要求时，将认为对应申请权利要求不具有可授权性，但是在 PPH 流程中另有规定的除外。例如 IP5 PPH 试点项目下利用 EPO 工作结果向 CNIPA 提出 PPH 请求，如果 EPO 审查员作出的审查意见通知书及其附加文件未明确指出特定的权利要求"可授权/具有可专利性"，申请人应当随参与 PPH 试点项目请求附上"EPO 审查意见通知书未就某权利要求提出驳回理由，因此，该权利要求 EPO 认定为可授权/具有可专利性"之解释，同时还应当提供该权利要求相对于 EPO 审查员引用的对比文件可授权/具有可专利性的说明。

4. 对于 PCT – PPH，OEE 最新工作结果中"明确指出"可专利性权利要求一般应当如何进行判定？

在 PCT – PPH 试点项目中，对应申请应当为 PCT 申请，OEE 工作结果应当为 PCT 国际阶段的工作结果——仅包括国际检索单位的书面意见、国际初步审查单位的书面意见和国际初步审查报告（IPER）三种通知书。对应申请可专利性的权利要求应当以其中最新的通知书中"明确指出"的为准。

在前述最新的 PCT 国际阶段工作结果第Ⅷ栏无意见的情况下，"明确指出"是通过其中第Ⅴ栏来判断的。在前述三种 PCT 国际阶段通知书中，第Ⅴ栏均为按照 PCT 规定的关于新颖性、创造性、工业实用性的推断性声明以及支持这种声明的引证和解释。在第Ⅴ栏中被认定为具有新颖性、创造性以及工业实用性的权利要求即可作为国际阶段的工作结果中明确表明具有可专利性的权利要求。

5. 对于常规 PPH，OEE 所有国内工作结果副本是指什么？

对于常规 PPH 试点项目，申请人需要提交 OEE 所有国内工作结果的副本及其译文。这里的国内工作结果通知书是指 OEE 作出的关于可授权性的所有通知书，不仅包括在实质审查程序中作出的审查意见通知，还包括实质审查程序结束后所发出的各种决定，例如授权决定、驳回决定以及申诉决定等；个别情况下，还包括授权后修改通知［如 USPTO 发出的"依照美国专利法实施细则第 312 条的修改的答复通知"（Respond to Amendment under Rule 31（2）、JPO 在授权后针对申请人提出的订正审判（日本的授权后修改程序）发出的"审决"通知］以及授权后更正通知［如 USPTO 发出的"改正证明"（Certificate of Correction）］。

6. 对于 PCT – PPH，OEE 最新国际工作结果是指什么？

对于 PCT – PPH 试点项目，申请人应提交作为 PCT 国际单位的 OEE 认定权利要求具有可专利性的最新国际工作结果的副本，即国际检索单位的书面意见、国际初步审查单位的书面意见以及国际初步审查报告中最新的工作结果。

7. OEE 所有国内工作结果/最新国际工作结果副本译文是什么？

OEE 所有国内工作结果/最新国际工作结果副本译文是对 OEE 作出的所有国内工作结果/最新国际工作结果副本的完整翻译。该副本译文应当是英文或是中文。

副本译文的内容应当翻译完整，包括其著录项目信息、格式页或附件页；译文内容应当与副本内容一致。对于一次 PPH 请求，不同的工作结果可以使用不同语言进行翻译，但是同一份工作结果通知书应当使用同一种语言进行翻译，不允许在同一份工作结果通知书中使用中英混译。

8. OEE 所有国内工作结果/最新国际工作结果副本译文接受机器翻译吗？

在提交 OEE 所有国内工作结果/最新国际工作结果副本译文时，申请人可以提交以任意方式获取的译文，例如对应审查机构网站上机器翻译的译文。但是若由于翻译不准确导致审查员无法理解译文内容，CNIPA 将要求申请人重新提交译文。

四、中国本申请与对应申请权利要求的对应性

1. 在向 CNIPA 提出的 PPH 请求中，对"权利要求充分对应"如何理解？

权利要求充分对应，是指中国本申请的所有权利要求，无论是原始提交的或者是修改后的，必须与 OEE 认定为可授权的一个或多个权利要求充分对应。

考虑到由于翻译和权利要求的格式造成的差异，本申请的权利要求与对应申请中的可授权权利要求有相同或相似的范围，或者本申请的权利要求比对应申请中可授权的权利要求的范围小，均会被认为是"充分对应"。在此方面，当 OEE 提出的对应申请的权利要求修改为被说明书（说明书正文和/或权利要求）支持的附加技术特征所进一步限定时，权利要求的范围变小。

中国本申请的所有权利要求都应当与对应申请中可授权的权利要求充分对应，是指中国本申请的每一项权利要求都应能够在其对应申请中找到与其充分对应的且已被认定为可授权的权利要求。如果中国本申请中的某一项权利要求无法在对应申请中找到与其充分对应的可授权的权利要求，则该 PPH 申请不满足权利要求的对应性要求。

同时，中国本申请的权利要求无须对应于对应申请中所有可授权的权利要求。比如，对应申请中包含 5 项可授权的权利要求，但是中国本申请的所有权利要求仅对应于其中 3 项，此种情况仍满足权利要求的对应性要求。

2. 作为判定权利要求对应性基础的中国本申请权利要求如何确定？

根据 PPH 流程的规定，PPH 请求中所利用的中国本申请的权

利要求，应当以在 PPH 请求提交之前最晚与 PPH 请求同时提交的符合《专利法实施细则》第 57 条第 1 款修改时机的权利要求作为对应性的审查基础；当存在多份符合上述要求的权利要求时，应以最新提交的权利要求作为审查基础。

对于普通国家申请，中国本申请的权利要求应当以国家公布文本或者符合《专利法实施细则》第 57 条第 1 款主动修改时机的权利要求为准。

对于 PCT 申请的中国国家阶段申请，应当以进入中国国家阶段请求书中所要求的作为审查基础的权利要求（可能包括国际阶段根据 PCT 第 19 条、第 34 条进行的修改以及进入中国国家阶段同时提出的根据 PCT 第 28/41 条进行的修改）或者依据《专利法实施细则》第 57 条第 1 款主动修改的权利要求作为判定是否满足权利要求对应性的审查基础。

对于 PCT 申请的中国国家阶段申请，申请人提出的改正权利要求译文错误的，中国本申请权利要求审查基础应当以在 PPH 请求提交之前最晚与 PPH 请求同时提交的且符合《专利法实施细则》第 113 条规定的最新的改正译文错误后的权利要求作为审查基础。当存在多次针对权利要求的修改及改正译文错误时，以最新提交的符合《专利法实施细则》第 57 条第 1 款或第 131 条规定的权利要求为审查基础。

需要注意的是，当对中国本申请权利要求的修改已经超出了《专利法实施细则》第 57 条第 1 款或第 131 条规定的时机时，修改后的权利要求不可以作为判定对应性的基础。

3. 作为判定权利要求对应性基础的对应申请可授权权利要求如何确定？

对应申请可授权的权利要求，是指对应申请的最新工作结果中明确表明可授权的权利要求。

当对应申请的多项权利要求中仅部分权利要求被认定为可授权时，只有被 OEE 认定为可授权的权利要求可以作为判定权利要求对应性的基础。换言之，只有被 OEE 认定为可授权的权利要求才可以作为与中国本申请相对应的权利要求。

4. 当对应申请的权利要求存在明显错误时，应当如何处理？

当对应申请的权利要求存在明显错误（例如引用关系错误、错别字等）时，存在以下三种情形。

（1）对应申请权利要求已经进行订正或更正

此时申请人应当将对应申请订正或更正后的权利要求副本作为最新可授权的权利要求副本，同时中国本申请的权利要求应当与对应申请订正或更正后的权利要求具有对应性。

（2）对应申请权利要求此时尚未请求进行订正或更正

此时申请人尽快启动对应申请权利要求的订正或更正程序。如果对应申请请求订正/更正，申请人可先行提交中国本申请权利要求的修改，以符合《专利法实施细则》第 57 条第 1 款规定的主动修改的时机要求，在 OEE 完成订正/更正程序后，再提交 PPH 请求，并提交对应申请订正或更正后的权利要求副本作为最新可授权的权利要求副本。

（3）对应申请权利要求不进行订正或更正

如果申请人不对对应申请的权利要求启动订正/更正程序，CNIPA 将以 OEE 未更正的可授权的权利要求作为最新可授权的权利要求——中国本申请的权利要求应当与对应申请的此份权利要求具有对应性。

5. 权利要求的对应性要求中"具有相同或相似的范围"具体含义是什么？

"相同的范围"是指实质上权利要求的范围完全相同。"相似的范围"是指各国语言语法、词序表达上的不同以及对权利要求撰写格式上要求的不同造成权利要求表达方式上的变化，但是实质上其保护范围（包括所要求保护的主题以及具体技术特征部分）仍然完全相同。

6. 权利要求的对应性要求中，中国本申请的权利要求比对应申请中可授权的权利要求范围小是指什么？

按照 PPH 流程的说明，当对应申请的权利要求修改为被本申请说明书（说明书正文和/或权利要求）支持的附加技术特征进一步限定时，权利要求的范围变小。

对附加技术特征得到中国本申请的原始说明书和/或权利要求书的支持，应当理解为增加的技术特征在中国本申请的原始说明书正文和/或权利要求书中有明确的出处和一致的表述。申请人在填写 PPH 请求书中的权利要求对应性时，应当详细指明附加技术特征来自中国本申请的原始说明书正文和/或权利要求书的具体位置；附加技术特征应当和其指明的明确出处有着相同的描述。这也意味着附加技术特征不能是从中国本申请的原始说明书和/或权利要求书中概括、归纳或者推导出的技术特征。只有在满足了上述要求的基础上，在对应申请中可授权的权利要求基础上增加来自中国本申请原始说明书或权利要求书中的具体技术特征的情况才被认为是符合权利要求对应性要求的"范围小"的情形。

7. 与对应申请中可授权的权利要求相比，如果中国本申请权利要求的引用关系发生变化，是否满足权利要求的对应性要求？

中国本申请中的从属权利要求与对应申请中被认为可授权的从属权利要求相比，在其引用部分减少了部分引用的权利要求时，中国的此项权利要求也被认为是与对应申请的权利要求"充分对应"的。

例如，对应申请中可授权的权利要求 4 引用权利要求 1 至 3 中任意一项，中国本申请的权利要求 4 仅引用权利要求 1，而中国本申请的权利要求 1 与对应申请的权利要求 1 完全相同，此种情况下认为中国本申请的权利要求 4 与对应申请的权利要求 4 充分对应。

反之，当中国本申请中的从属权利要求与对应申请中被认为可授权的从属权利要求相比，在其引用部分多引用了新的权利要求时，则中国的该从属权利要求不一定与对应申请相应的从属权利要求"充分对应"。

例如，对应申请中可授权的权利要求 4 引用权利要求 1，中国本申请的权利要求 4 引用权利要求 1 至 3 中任意一项，而中国本申请的权利要求 1 与对应申请的权利要求 1 完全相同。此种情况下，当中国本申请的权利要求 2 和 3 被权利要求 1 进一步限定时，中国本申请的权利要求 4 与对应申请的权利要求 4 具有充分对应性；而当中国本申请的权利要求 2 和 3 不被权利要求 1 进一步限定时，中国本申请的权利要求 4 与对应申请的权利要求 4 不具有充分对应性。

8. 与对应申请中可授权的权利要求相比，如果中国本申请的权利要求中引入新的或者不同类型的权利要求，则是否满足权利要求的对应性要求？

如果中国本申请的权利要求与对应申请中可授权的权利要求相比，其中引入了新的或者不同类型的权利要求，此种情形下将认为两申请权利要求不具有充分对应性。当中国本申请的权利要求引入新的或者是不同类型的权利要求时，保护的内容发生了变化，将被直接认定为不具有对应性。比如，对应申请的权利要求中仅包含制备产品的方法权利要求，如果后续申请的权利要求中引入依赖对应申请方法权利要求的产品权利要求，则其属于引入不同类型的权利要求的情形，因此不满足权利要求的对应性要求。

9. 与对应申请中可授权的权利要求相比，如果中国本申请的权利要求中删除了个别非技术性词语，是否满足权利要求的对应性要求？

对应申请中可授权的权利要求中所包含的限定词往往涉及权利要求的保护范围，其是否删减将直接影响两申请的保护范围大小是否一致。一般情况下，当对应申请中可授权的权利要求包含限定词时，中国本申请的权利要求在相应位置也应当含有相应限定词，不得随意增减限定词语，否则将被认为不满足权利要求的对应性要求。

权利要求中可能包含的限定词如下。

（1）约数词，如：约、接近、等、大致上、实质上；

（2）范围限定术语，如：以上、以下、大于、小于、至少、部分、其中之一；

（3）并列选择语，如：和、或。

10. 与对应申请中可授权的权利要求相比，如果中国本申请的权利要求中将外文短语的全称修改为缩写，是否影响权利要求的对应性？

19

如果修改后的缩写属于普遍公知的技术术语简称，例如由"Light Emitting Diode"改为"LED"，通常不会影响权利要求的对应性，但对于非常专业的技术术语，建议随 PPH 请求一并提交专业技术词典关于全称与缩写关系的页面的复印件，包括词典的封面、版权页和相关全称与缩写的对照页。上述文件应当随 PPH 请求表一并以其他证明文件的方式提交。

11. 与对应申请中可授权的权利要求相比，如果中国本申请的权利要求中相关的技术术语发生了改变，是否满足权利要求的对应性要求？

当中国本申请的权利要求与对应申请的可授权权利要求相比，修改了相关技术术语将不能满足权利要求的对应性要求。

这种修改往往是申请人为了使申请的权利要求表述得更清楚，或者是为了使技术用语表述更统一一更规范而作出。在发明专利申请的实质审查过程中，这种修改是可能被接受的。但是 PPH 请求审查中，如果仅基于两申请权利要求记载的内容无法判断修改了技术用语后的权利要求的保护范围是否会发生变化，则此种修改将被认为是引入了新的权利要求，从而不再满足权利要求的对应性要求。

第三节　向 CNIPA 提交 PPH 请求及审批程序

一、提交 PPH 请求前的文件准备

1. 向 CNIPA 提交 PPH 请求，应当准备哪些文件？

申请人向 CNIPA 提交 PPH 请求前，需要按照《参与专利审查高速路（PPH）项目试点请求表》（以下简称"PPH 请求表"）中的要求准备相关信息，并收集对应申请的相关文件（以下简称"必要附件"）。

必要附件包括对应申请权利要求副本及其译文（即 PPH 请求表中的"OEE 认定为可授权的所有权利要求的副本及其如需的译文"）、对应申请审查意见通知书副本及其译文（即 PPH 请求表中的"OEE 工作结果及其如需的译文"）、对应申请审查意见引用文件副本（即 PPH 请求表中的"OEE 工作结果引用的文件"）。

2. PPH 请求表中的相关信息包括哪些？

PPH 请求表由六项组成，包括著录数据项、请求项、文件提交项、权利要求对应性项、说明事项以及签章项。

（1）A 项著录数据：中国本申请的申请号；

（2）B 项请求：申请人需要在此填写"在先审查局（OEE）"、"OEE 工作结果类型"、"OEE 申请号"（即对应申请号）以及"本申请与 OEE 申请的关系"；

（3）C 项文件提交：此项由四栏组成，分别涉及 OEE 工作结果及其所需译文、OEE 认定可授权的所有权利要求的副本及其所需译文、OEE 工作结果引用的文件、已提交文件；

（4）D 项权利要求对应性：申请人需要在此项中详细解释本申请与对应申请之间的权利要求对应性；

（5）E 项说明事项：此项应当填写 OEE 工作结果的副本名称、OEE 工作结果引用的文件副本名称以及特殊的解释说明内容；

（6）签章：该项中需要申请人或该案专利代理机构予以签章，并标明提交日期。

上述信息的填写要求，特别是涉及"中国本申请与对应申请的关联性关系""中国本申请与对应申请权利要求的对应性解释""OEE 工作结果的副本名称"的填写要求，在本章第二节相关部分已经介绍，本节不再赘述。

3. 在 PPH 请求表中填写中国本申请与对应申请间的关联性关系时，有哪些注意事项？

申请人应当在 PPH 请求表的 B 项如实、完整、清楚、准确地填写"在先审查局（OEE）"、"OEE 工作结果类型"、"OEE 申请号"以及"本申请与 OEE 申请的关系"。

中国本申请与对应申请关联性关系的填写要求在 CNIPA 与各专利审查机构签署的 PPH 流程中均有规定。对于"本申请与 OEE 申请的关系"，所涉及达成中国本申请与对应申请的关联关系应当被描述清楚，例如涉及优先权、分案申请或继续申请的情形，涉及 PCT 申请进入国家阶段的情形等；同时关联关系的描述应当与 PPH 流程中所涉及的情形相符合。

例 1：涉及分案申请、继续申请和共同要求的优先权的情形，例如中国本申请 A 是 PCT 申请 B 进入中国国家阶段申请的申请 C 的分案申请，对应申请 D 是美国申请 E 的继续申请，中国本申请 A 和对应申请 D 均要求了日本申请 F 和美国申请 G 作为优先权。

例 2：涉及分案申请和要求优先权的情形，例如中国本申请 A 是 PCT 申请 B 进入中国国家阶段申请的申请 C 的分案申请，对应申请 D 是美国申请 E 的分案申请，中国本申请 A 依《巴黎公约》要求了美国申请 E 的优先权。

例 3：涉及 PCT - PPH，例如中国本申请 A 是 PCT 申请 B 进入中国国家阶段的申请，其要求了 PCT 对应申请 C 作为优先权基础。

例 4：涉及 PCT – PPH，例如中国本申请 A 是对应 PCT 申请 B 进入中国国家阶段的申请，其要求了申请 C 作为优先权基础。

4. 在 PPH 请求表中填写权利要求对应性的相关内容时，有哪些注意事项？

申请人提出 PPH 请求，必须具体解释中国本申请的所有权利要求是如何与对应申请中被认为可授权的权利要求充分对应的。申请人应当将权利要求对应性解释填写在请求表 D 项"权利要求对应性"中。

"权利要求对应性"的解释栏一共分为三列，其中第一列应当为本申请的所有权利要求号，第二列应当为对应申请中可授权的权利要求号，第三列应当逐项解释本申请的权利要求与对应申请可授权权利要求的充分对应关系。

权利要求的对应关系应当为一一对应关系，即一个中国申请的权利要求仅应当对应于对应申请的一项可授权的权利要求。

若权利要求在文字上是完全相同的，申请人可仅在表中注明"完全相同"。若权利要求有差异，则应当详细解释每个权利要求的充分对应性。

5. 何种情况下，权利要求对应性解释填写"完全相同"？

对于"完全相同"，是指中国本申请的本项权利要求是按照对应申请的权利要求逐字逐句进行翻译的，即无论实质还是形式上，两者内容（包括权利要求的引用关系）都完全一致。

请注意，如果本申请与对应申请形式和实质内容完全一致，可以填写为"完全相同""它们是一样的""完全一致"等，但不能填写为"完全对应"。

6. 引用关系发生变化的情形，应当如何进行权利要求对应性解释？

当中国本申请中的从属权利要求与对应申请中被认为可授权的

从属权利要求相比，在其引用部分减少了部分引用的权利要求时，可以认为"仅修改了引用关系"。另外，当引用关系的修改是由于形式修改，比如中国本申请的权利要求副本进行了重新编号，也可以认为是"仅修改了引用关系"。当引用关系发生修改时，应当指明两者间的引用关系是如何变化的。

　　例如对应申请的权利要求 5 引用权利要求 1 至 4 中任意一项，中国本申请的权利要求 5 引用权利要求 1 或 2，在填写权利要求对应性时可以表述为"仅修改了权利要求间的引用关系，对应申请的权利要求 5 引用权利要求 1 至 4 中任意一项，中国本申请的权利要求 5 引用权利要求 1 或 2"。

7. 增加技术特征的情形，应当如何进行权利要求对应性解释？

　　"增加技术特征"，是指中国本申请的权利要求是在对应申请的权利要求基础上增加了来自中国本申请原始说明书和/或权利要求书中的技术特征。

　　申请人应当详细指明技术特征的出处及其具体内容。建议使用如下表述方式：权利要求……是在对应申请的权利要求……的基础上增加了来自中国本申请说明书……页……行的技术特征……

　　申请人需注意：增加的技术特征必须来自中国本申请的原始说明书和/或权利要求书中的一个具体的技术特征，且申请人应当在 PPH 请求表中指明所增加的技术特征源于本申请原始说明书和/或权利要求书的具体位置和具体内容。

　　申请人还需注意：在中国本申请权利要求增加了技术特征的情况下，其从属权利要求也会涉及增加技术特征。例如中国本申请的权利要求 3 在对应申请的权利要求 3 的基础上增加了来自本申请原始权利要求 2 中的技术特征 A，且中国本申请权利要求 4 引用权利要求 3，则中国本申请的权利要求 4 也应当包含本申请权利要求 3 中新增的技术特征 A，权利要求 4 的对应性解释中同样需要指明所增加技术特征的具体位置和具体内容。

8. 当中国本申请的独立权利要求对应于对应申请的从属权利要求时，应当如何进行权利要求的对应性解释？

申请人在进行对应性解释时，应当首先说明中国本申请的独立权利要求记载的是对应申请从属权利要求中的哪套技术方案，其次说明本申请的独立权利要求包含哪些对应申请权利要求的哪些技术特征。

请注意，涉及对应申请的从属权利要求有多项引用的情形时，应当写明中国申请独立权利要求记载的是以对应申请从属权利要求哪个或哪些引用关系为基础所确定的技术方案。

9. 权利要求对应性解释存在哪些不正确的情形？能否举例说明？

常见的权利要求对应性解释不正确的情形举例说明如下：

（1）权利要求之间的对应关系仅填写为"充分对应""完全对应""大部分相同""实质上相同"，未具体说明两项权利要求是如何对应的；

（2）权利要求对应性说明中没有逐项说明权利要求的对应性的；

（3）申请人在权利要求对应性解释中仅说明了本申请权利要求相对于对应申请权利要求修改的原因，没有详细解释权利要求之间是如何具有对应性关系的；

（4）权利要求对应性解释中仅指出本申请权利要求中增加的技术特征的位置，未详细说明增加的技术特征的内容，或仅说明了增加技术特征的内容，未指明该技术特征在本申请说明书和/或权利要求书中的位置的；

（5）中国本申请权利要求相对于对应申请的权利要求的引用关系发生变化，但权利要求对应性解释中未写明引用关系的变化内容和其变化后的影响的。

10. 在 PPH 请求表中填写 OEE 工作结果的副本名称时，有哪些注意事项？

申请人应当将 OEE 可授权的工作结果的名称填写在 PPH 请求表"E. 说明事项"的"OEE 工作结果的副本名称"中。

对于常规 PPH，应包括 OEE 就对应申请作出的与可授权性相关的所有通知书的名称和该通知书的发文日——在发文日无法确定的情况下，允许申请人填写其通知书的起草日或完成日。

对于 PCT - PPH，应包括作为国际检索或初审单位的 OEE 认为权利要求具有可专利性的最新工作结果的名称以及该工作结果的发文日。如果该工作结果中的发文日为"参见其同时发出的其他国际阶段通知书"时，则以其他国际阶段通知书中列出的发文日为准，例如国际检索单位书面意见的发文日可参见国际检索报告的发文日。在其他国际阶段通知书发文日无法获得的情况下，允许申请人填写通知书的起草日或完成日。

"OEE 工作结果的副本名称"应当使用其正式的中文译名填写。部分 OEE 工作结果通知书的规范中文译名可参见 CNIPA 与各专利审查机构签署的 PPH 流程的相关要求。

对于未在 PPH 流程中给出明确中文译名的通知书，申请人可以将其通知书原文名称自行翻译后填写在 PPH 请求表中，并将原文名称填写在翻译的中文名后的括号内。

如果有多个对应申请，应分别对各个对应申请进行工作结果的查询并填写到 PPH 请求表中。

11. 在 PPH 请求表中填写 OEE 工作结果引用的文件的副本名称时，有哪些注意事项？应当如何填写？

申请人应当将 OEE 工作结果中引用的所有文件的名称填写在 PPH 请求表"E. 说明事项"的"OEE 工作结果引用的文件的副本名称"中。

"OEE 工作结果引用的文件的副本名称"即为对应申请工作结

果引用文件的名称。

对于专利文献，申请人在填写时应至少给出国别和文献号。

对于非专利文献，申请人在填写时应按 OEE 在其工作结果中列出的全部信息完整填写。文献信息为外文的，申请人可以将其翻译成中文填写在请求表中，也可以直接以外文填写。

需要注意：

（1）申请人应当注意对应申请工作结果中引用文件填写的完整性。即根据 PPH 流程的规定，即使某些引用文件不必提交，其文件名称亦必须被填写在"PPH 请求表"中。

（2）申请人应当注意引用文件的名称填写的完整性。对于个别名称过长的非专利文献，应当尽可能在请求表中填写部分引用文件的名称信息；文件名称包含特殊字符的情况下，可以在请求表中用"*"代替特殊字符，但需要标注"完整名称见其他证明文件"，同时随 PPH 请求表提交其他证明文件并在其他证明文件中填全该引文名称。

（3）申请人认为 OEE 的授权公告文本等文件中记载的非专利文献名称错误的，应在请求表中按照 OEE 记载的名称填写，同时随 PPH 请求表同时提交其他证明文件，并对该情况予以说明。

12. PPH 请求表"说明事项"中的"特殊项的解释说明"栏一般包括哪些情形？

申请人可以在此栏对需要特殊说明的事项进行解释和提醒注意。

例如，OEE 为 EPO，当 EPO 审查员作出的审查意见通知书及其附加文件未明确指出特定的权利要求"具有可专利性/可授权"时，申请人应当在该项作出解释。

又如，申请人可以在此提醒审查员注意作为 PPH 请求审查基础的中国申请的权利要求的最新修改。

13. PPH 请求表中所指"文件提交"项的选择应当满足哪些要求?

"文件提交"项应当以申请人实际提交必要附件的情况进行选择。例如申请人实际提交了对应申请权利要求书副本/译文，则选择请求表 C 项第二栏中 3、4 的第一选项；如果需要 CNIPA 通过案卷访问系统或 PATENTSCOPE 获取，则选择请求表 C 项第二栏中 3、4 的第二选项。

对于"文件提交"项的第Ⅲ栏"OEE 工作结果引用的文件"，申请人应注意：

（1）当申请人提交了对应申请中涉及驳回理由的非专利文献时，即提交了对应申请审查意见引用文件副本；申请人应选择第Ⅲ栏 5 中的第一方框；

（2）当对应申请没有任何引用文件时，申请人应选择第Ⅲ栏 5 中的第二方框；

（3）当对应申请含有引用文件且其引用文件全部为专利文献或未构成驳回理由的非专利文献时，申请人无需提交相应的文献，在 PPH 请求表中不勾选第Ⅲ栏 5 中的选项。

14. 必要附件的准备需要注意什么?

向 CNIPA 提交 PPH 请求之前，申请人首先应当确认 OEE 认定可授权的权利要求内容，收集 OEE 针对对应申请作出的所有审查工作的结果，并依据工作结果查阅其中引用的专利和非专利文献，确认哪些文献构成了对应申请的驳回理由。

其后，申请人应当依据 CNIPA 与对应申请审查机构签订的项目协议，确定哪些必要附件必须提交，哪些必要附件可以请求 CNIPA 通过案卷访问系统或 PATENTSCOPE 获取。

例如，按照 IP5 PPH 协议的流程要求，当对应申请已经公开，OEE 认定可授权的权利要求副本及其译文、OEE 工作结果副本及其译文均可以通过 OEE 的案卷访问系统获取时，申请人无需提交相关的必要附件。

又如，按照 PCT – PPH 的流程要求，当 OEE 认定可专利性的权利要求、OEE 工作结果及其译文已经在 PATENTSCOPE 上公开，则申请人无需准备相关的必要附件；但是，如果 OEE 认定可专利性的权利要求非中文或英文，则申请人必须提交该权利要求的译文。

但对于 IP5 PPH 之外的其他常规 PPH 请求，OEE 认定可授权的权利要求副本及其译文、OEE 工作结果副本及其译文均需申请人自行提交，不得请求通过对应申请审查机构的案卷访问系统获取。

对于 OEE 工作结果中引用的文件，如果引用文件是专利文献或者不构成驳回理由的非专利文献，申请人可以不予提交；但如果引用文件是构成驳回理由的非专利文献，则申请人必须提交。

另需注意：申请人如需提交必要附件，则必须在提交 PPH 请求表的同时一并提交；不允许在提交请求表后补充提交。

15. OEE 工作结果引用的文件信息一般应当如何查找？

对于常规 PPH，OEE 工作结果引用的文件是指 OEE 就对应申请作出的所有审查意见通知书中引用的文件，包括各通知书正文和附件中所有列出的引用文件。引用文件的信息可以通过查找 OEE 针对该对应申请的授权公告文本、授权决定通知书或者 OEE 关于该申请的数据库来获得。

对于 PCT – PPH，OEE 工作结果引用的文件是指作为国际单位的 OEE 在对应申请的最新国际工作结果中引用的文件。引用文件的信息可参见国际工作结果的第 V 栏 "2. 引证和解释" 和第 VI 栏中的内容。

本书将在后续各章中对各对应申请审查机构工作结果中引用文件信息的具体获取方法予以分别说明。

16. 申请人针对 PPH 请求还需要提交其他文件吗？

通常，除 PPH 请求表及其必要附件之外，申请人无需针对

PPH 请求再提交其他文件。

但是，对于某些特殊事项无法在 PPH 请求表中说明时，申请人也可以以"其他证明文件"的方式提交相关声明或解释。

例如，"OEE 工作结果引用的文件副本名称"含有错误标识时，申请人应当在 PPH 请求表中按照原引用文件名称填写，同时随 PPH 请求表提交"其他证明文件"，对该情况予以说明。

又如 OEE 为 EPO 且 EPO 未在通知书中指明权利要求的可授权性时，申请人应当提交声明，并以"其他证明文件"的形式提供该权利要求相对于 EPO 审查员引用的对比文件可授权的说明。

17. 在准备 PPH 请求的相关文件时，申请人应当使用何种语言？

申请人应当使用中文来填写向 CNIPA 提交的 PPH 请求表，但是，对 PPH 请求表中对应申请引用文件的名称可以使用 OEE 在其通知书中列明的语言进行撰写。

OEE 认定可授权的权利要求副本、OEE 工作结果副本均按其原申请语言或工作语言提交；相应的译文应当为中文或英文。对于一次 PPH 请求，不同的文件可以使用不同语言进行翻译，但是同一份文件需要使用单一语言提交完整的翻译。一份权利要求副本译文，部分译成中文，部分译成英文的，将会导致 PPH 请求不合格。

如果需要提交 OEE 工作结果中引用的文件副本，即构成驳回理由的非专利文献，即使非专利文献是由除中文或英文之外的文字撰写，申请人也只需提交非专利文献文本即可而不需要对其进行翻译。

二、提交 PPH 请求的时机

1. 申请人提出 PPH 请求的时机是什么？

一般情况下，向 CNIPA 提出 PPH 请求的时机应当是中国申请进入实质审查阶段以后（含当日）至开始实质审查以前（含当日）。

中国申请进入实质审查阶段的时间，是指发明专利申请进入实质审查阶段通知书上记载的发文日。中国申请开始实质审查的时间，是指实质审查阶段发出的第一次通知书的发文日。

实质审查阶段第一次通知书是指实审员在实质审查阶段所发出的第一次通知书，比如第一次审查意见通知书、分案通知书等。实质审查阶段第一次通知书发文日以后（不含当日），该申请被视为已开始进行实质审查，申请人不能再提出 PPH 请求。

2. 申请人提出 PPH 请求的时机存在特殊情形吗？

向 CNIPA 提出 PPH 请求时机的一种特殊情形是：在中国申请进行国家公布以后，申请人可以在提出实质审查请求的同时提出 PPH 请求。

对于此种特殊情形，CNIPA 将在该申请进入实质审查阶段后再启动 PPH 请求的审查。

3. 针对同一申请可以提出几次 PPH 请求？

若 PPH 请求未能完全符合 PPH 流程的要求，请求将被不予批准，申请人将被告知结果以及请求存在的缺陷。如果属于 PPH 流程规定之外的填写瑕疵，CNIPA 将视情况给予申请人一次补正的机会，以克服请求存在的缺陷。

若请求未被批准，申请人可以再次提交请求，但至多一次。若再次提交的请求仍不符合要求，申请人将被告知结果，申请将按照正常程序等待审查。

三、PPH 请求的提交

1. 申请人应当采用何种方式提交 PPH 请求文件？

提出 PPH 请求的中国申请应当为电子申请，申请人应当通过专利业务办理系统网页版或客户端提交 PPH 请求。

申请人在手续办理项目下查找 PPH 请求，按界面提示逐项填写相关信息，并上传必要附件。

2. 申请人向 CNIPA 提交 PPH 请求时需要缴纳费用吗？

目前，向 CNIPA 提交 PPH 请求时不需要缴纳费用。

3. 必要附件的提交需要注意什么？

在专利业务办理系统网页版或客户端上，与 PPH 请求相关的附件包括六种：对应申请权利要求副本、对应申请权利要求副本译文、对应申请审查意见通知书副本、对应申请审查意见通知书副本译文、对应申请审查意见引用文件副本、其他证明文件。

因技术框架下和合作框架下的术语体系差别，专利业务办理系统的文件类型与 PPH 请求表选项中的文件类型名称略有差异但含义相同，对比如表 1.3 所示。

表 1.3 专利业务办理系统网页版或客户端中的文件类型与 PPH 请求表中文件类型对应表

专利业务办理系统的文件类型	PPH 请求表提及的文件类型
对应申请权利要求副本	OEE 认定为可授权的所有权利要求的副本
对应申请权利要求副本译文	OEE 认定为可授权的所有权利要求的副本译文
对应申请审查意见通知书副本	OEE 工作结果的副本
对应申请审查意见通知书副本译文	OEE 工作结果的副本译文
对应申请审查意见引用文件副本	OEE 工作结果引用的所有文件的副本

注："其他证明文件" 不是 PPH 协议中规定的专用文件类型，而是专利业务办理系统通用文件类型，因此此表中不列出。

需注意，提交文件时应确保其提交的内容完整，提交的类型正确。例如某些 OEE 工作结果副本中既包含著录项目信息页、正文内容页，又包括引用文件、检索结果等附件页——这些均应当完整

31

提交，且在提交相应的工作结果副本译文时，所有内容均需被完整翻译。

如果对应申请存在两份或两份以上 OEE 工作结果，则在提交时应当将所有工作结果合并至一份"对应申请审查意见通知书副本"中提交；当存在两份或两份以上 OEE 工作结果中构成驳回理由的非专利文献副本时，应该将其合并成一份"对应申请审查意见引用文件副本"提交。

四、PPH 请求的审批程序

1. 在满足何种条件的前提下，CNIPA 启动 PPH 请求审查？

对于满足审查条件的 PPH 请求，包括 CNIPA 已经对中国申请发出进入实质审查阶段通知书，且对应申请的所有审查历史及文本数据可查询时，CNIPA 通常会启动对 PPH 请求的审查。

但是，如果 CNIPA 尚未对中国申请发出进入实审阶段通知书，或者对应申请的审查历史、文本数据（例如通知书副本数据、对应申请的最新可授权权利要求副本数据）暂时不可查询时，对该中国申请的 PPH 请求将留待满足审查条件后启动审查。

正常情况下，申请人会在提交 PPH 请求之日起 1 个月内收到 PPH 请求审批的相关通知。

2. 申请人如何得知 PPH 的审查结论？

CNIPA 对 PPH 请求进行审查后，将作出是否对中国申请给予 PPH 试点项目下加快审查的决定，并通过 PPH 请求审批决定通知书告知申请人。

3. PPH 请求的相关通知书采用什么形式发送？

CNIPA 采用电子形式通过专利业务办理系统网页版或客户端发送 PPH 请求的相关通知书。

4. PPH 请求获得批准后，相较于一般国家申请，PPH 申请可以在哪些审查节点被加快处理？

就加快处理的审查节点而言，PPH 申请的加快属于整个实质审查阶段的加快：无论是申请提案、发出实质审查阶段第一次通知书阶段，还是申请结案，均被加快。

5. PPH 请求获得批准后，除了 PPH 申请本身，PPH 申请的分案申请是否也会得到加快处理？

PPH 请求获得批准后，CNIPA 仅针对该 PPH 申请进行加快处理，不会惠及其分案申请。如果申请人希望加快处理该申请的分案申请，应当单独提出 PPH 请求——该分案申请的 PPH 请求也同样需要满足 PPH 试点项目的要求。

6. PPH 请求未获得批准的，能否再次提出 PPH 请求？

申请人在收到第一次 PPH 请求不合格的 PPH 请求审批决定通知书之后，还有一次重新提交 PPH 请求的机会。重新提交 PPH 请求的请求时机、文件等也需要满足 PPH 试点项目要求。

若申请人已经提交了两次 PPH 请求并且均不合格，本申请将不能再参与 PPH 试点项目。

7. 审查员能否对 PPH 请求文件进行依职权修改？

目前 PPH 流程中无依职权修改的相关规定，一般情况下审查员不会对 PPH 请求文件进行依职权修改。

8. PPH 请求未获得批准的，如希望重新提交 PPH 请求，CNIPA 是否会延迟发出实质审查阶段的审查意见？

CNIPA 不会因等待申请人为克服 PPH 请求缺陷而重新提交参与 PPH 请求的行为而延迟就中国申请作出实质审查阶段审查意见。如果在 CNIPA 通知申请人其 PPH 请求存在缺陷之后，审查员启动了对本申请的实质审查并发出了实质审查阶段的第一次通知书，那么对任何重新提交的 PPH 请求将不予批准。如果重新提交的 PPH 请求克服了缺陷，同时此时实质审查尚未开始，即尚未发出实质审查阶段第一次通知书，那么对该 PPH 请求将予以批准。

9. 申请人再次提交 PPH 请求，需要注意什么？

由于对应申请的审查状态和被认为可授权的权利要求是处于动态变化中的，因此在再次提交 PPH 请求的情况下，申请人需重新核实对应申请的最新审查历史，核实 OEE 针对对应申请作出的工作结果的内容及最新可授权的权利要求书内容，例如 OEE 工作结果可能还包括对引文的更新。

同时，再次提交 PPH 请求也应当满足请求时机的要求，提交时也需要正确使用 PPH 请求的文件类型，各种文件类型不能混用。

10. 第一次提交 PPH 请求后、收到审批决定通知前，申请人是否可以提交第二次 PPH 请求？

部分申请人在提交第一次 PPH 请求后，主动发现该 PPH 请求存在缺陷，试图立即通过提交第二次 PPH 请求克服相应缺陷——这样做虽然不违反 PPH 项目相关规定，但是可能存在首次提交 PPH 请求时申请人未发现的其他缺陷，为避免浪费 PPH 请求机会，建议收到 PPH 审批决定通知书后再提交第二次 PPH 请求。

第四节　PPH 请求获准后的实质审查程序

1. PPH 请求批准后，PPH 申请的实质审查标准与一般申请相比是否相同？

PPH 申请的实质审查标准与一般申请的实质审查标准相同，这是因为 PPH 协议仅建立在 OSF 或 OLE 可以利用（而不是承认）OFF 或 OEE 作出的检索和审查结果的基础之上。因此 PPH 申请的实质审查仍然依据我国相关的专利法律法规进行，其实质审查的标准与一般中国申请的实质审查标准相同。

2. PPH 请求批准后，申请文件的修改是否存在特殊要求？

在 PPH 请求获得批准之后到审查员发出实质审查阶段第一次通知书之前，申请人对其权利要求的修改也应当满足权利要求的对应性要求——若不满足，则取消对 PPH 申请的加快审查，即作为一般申请重新等待实质审查。

在审查员发出实质审查阶段第一次通知书之后，CNIPA 不再要求申请人对权利要求的修改必须满足对应性要求。此后即使申请人收到第一次通知书后对申请文件的相应修改将导致 PPH 申请的权利要求与对应申请的权利要求不再充分对应，该 PPH 申请仍将被作为加快审查案件继续处理。

3. PPH 请求被批准后，申请人能否对权利要求进行形式上的修改？

即使仅形式上的修改也可能导致 PPH 申请不再符合参与 PPH 试点项目的条件。这种情况下，将重新启动 PPH 请求条件的审查，相应的 PPH 申请进而可能被退出 PPH 试点项目的加快审查程序。因此，建议申请人在实审员发出实质审查阶段第一次通知书后，再对 PPH 申请的权利要求书进行修改。

对于除权利要求以外的其他申请文件的修改，申请人可按照《专利法》及其实施细则关于主动修改的规定进行。

4. PPH 请求被批准后，实审员发现 PPH 申请权利要求的修改超出原始申请文件记载的范围或者不符合与对应申请的权利要求充分对应的要求，该申请是否会被取消加快审查资格？

如果实审员发现 PPH 申请的权利要求修改超出其原始申请文件记载的范围，或者不符合与对应申请的权利要求充分对应的要求，会将该 PPH 申请退回给 PPH 审查员。PPH 审查员将重新对 PPH 请求进行审查，发出不予加快的审批决定。

第二章　基于 PCT 国际阶段工作结果向中国国家知识产权局提交 PCT – PPH 请求

一、概述

PCT – PPH 是申请人利用对应 PCT 申请的国际阶段工作结果提出的 PPH 请求。该国际阶段工作结果是指外国专利审查机构作为国际检索单位或国际初步审查单位作出的肯定性意见，具体包括国际检索单位书面意见、国际初审单位书面意见、国际初步审查报告。

1. 基于 PCT 国际阶段的工作结果向 CNIPA 提交 PCT – PPH 请求的项目依据是什么？

CNIPA 与各国外专利审查机构签订 PPH 合作协议时，均明确了向 CNIPA 提交 PPH 请求的流程规范，并且与其中部分国外专利审查机构明确的流程中包含了第二部分 PCT – PPH 的流程（以下简称"PCT – PPH 流程"）。该 PCT – PPH 流程即为基于国外专利审查机构的 PCT 国际阶段工作结果向 CNIPA 提交 PCT – PPH 请求的项目依据。

2. 申请人可以基于哪些国外专利审查机构在 PCT 国际阶段的工作结果向 CNIPA 提交 PCT – PPH 请求？

截止到 2024 年 1 月 5 日，CNIPA 与各外国专利审查机构正式开展的 PCT – PPH 试点项目的项目起止时间如表 2.1 所示。

表 2.1 与 CNIPA 开展 PCT – PPH 试点项目的 OEE 及起止时间、合作类型

编号	合作方	项目起止时间
1	日本	2011. 11. 1 ~ 2028. 10. 31
2	美国	2011. 12. 1 ~ 无限期延长
3	韩国	2012. 3. 1 ~ 无限期延长
4	俄罗斯	2012. 7. 1 ~ 无限期延长
5	芬兰	2013. 1. 1 ~ 无限期延长
6	奥地利	2013. 3. 1 ~ 2026. 2. 28
7	新加坡	2013. 9. 1 ~ 2026. 8. 31
8	IP5 *	2014. 1. 6 ~ 2026. 1. 5
9	瑞典	2014. 7. 1 ~ 无限期延长
10	以色列	2014. 8. 1 ~ 无限期延长
11	智利	2018. 1. 1 ~ 2028. 12. 31
12	EAPO	2018. 4. 1 ~ 无限期延长
13	加拿大	2018. 9. 1 ~ 2026. 8. 31

* 之前已经签订的中日、中美、中韩 PPH 试点项目仍然有效，但是由于其规则已经包含在 IP5 PPH 试点项目之内，因而在实际操作中对于上述三局的 PPH 请求统一按照 IP5 PPH 试点项目流程的要求进行审查。

3. CNIPA 与外国专利审查机构开展 PPH 试点项目有无领域和数量限制？

目前，CNIPA 与各外国专利审查机构签署的 PPH 流程协议中，对基于 PCT 申请在国际阶段的工作结果向 CNIPA 提交 PPH 请求暂无具体领域和数量限制，但是 CNIPA 在请求数量超出可管理的水平时或出于其他任何原因均可终止相关试点项目。

4. 如何获得 PCT 对应申请的相关信息？

如图 2.1 所示，申请人可以通过登录世界知识产权组织的官方网站（网址 www. wipo. int）查询对应 PCT 申请的相关信息。

图 2.1　世界知识产权组织官网主页

　　如图 2.2 所示，申请人进入世界知识产权组织网站主页后，点击下方"PATENT"中的"PATENTSCOPE"，即可进入专利信息平台。

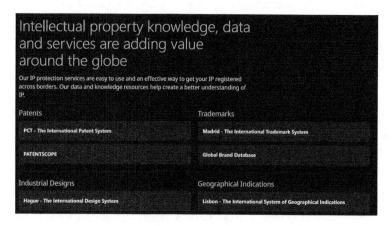

图 2.2　世界知识产权组织官网中的"PATENTSCOPE"

　　如图 2.3 所示，进入"PATENTSCOPE"后点击平台任务栏下方的"Access the PATENTSCOPE database"进入具体的专利信息查询界面。

图 2.3　PATENTSCOPE 查询界面

如图 2.4 所示，进入查询页面后，在"Field"中选择"ID/Number"，在"Search terms..."中输入对应申请正确的 OEE PCT 申请号，即可浏览对应申请相关文件，包括申请文件以及通知书等，如图 2.5、图 2.6 所示。

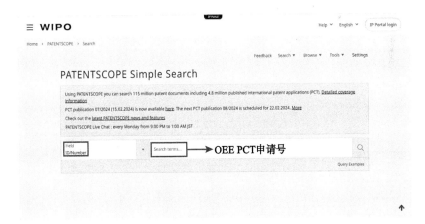

图 2.4　查询 OEE PCT 申请号

1. WO2018203360 - CONTROL METHOD FOR INTERNAL COMBUSTION ENGINE AND CONTROL DEVICE FOR INTERNAL COMBUSTION ENGINE

专利合作条约著录项目数据　全文　附图　国家阶段　专利族　通知　文件

永久链接

国际申请状态			
日期	标题	查看	下载
07.01.2024	国际申请状态报告	HTML PDF XML	PDF XML

已公布国际申请			
日期	标题	查看	下载
08.11.2018	初始公布时含国际检索报告 [ISR] [A1 45/2018]	PDF 18 p.	PDF 18 p. ZIP XML + TIFFs XML FullText

检索和审查 - 相关文件			
日期	标题	查看	下载
01.11.2019	[IPEA/409] 有关可专利性的国际初步报告补增	PDF 7 p.	PDF 7 p. ZIP + TIFFs
01.11.2018	[IPEA/409] 有关可专利性的国际初步报告补增的英文译文	PDF 4 p.	PDF 4 p. ZIP + TIFFs
08.11.2018	[ISA/210] 国际检索报告	PDF 3 p.	PDF 3 p. ZIP XML + TIFFs
08.11.2018	[ISA/237] 国际检索单位的书面意见	PDF 4 p.	PDF 4 p. ZIP XML + TIFFs
08.11.2018	国际检索报告 [ISR] 的译文	PDF 7 p.	PDF 7 p. ZIP XML + TIFFs

图 2.5　OEE PCT 申请相关文件列表

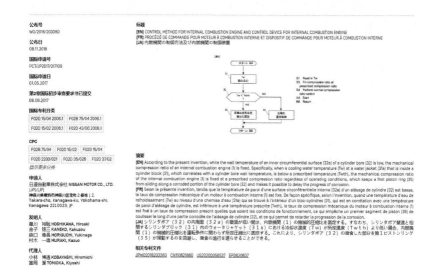

公布号
WO/2018/203360

公布日
08.11.2018

国际申请号
PCT/JP2017/017109

国际申请日
01.05.2017

第2章国际初步审查要求书已提交
06.08.2017

国际专利分类
F02D 15/04 2006.1　F02B 75/04 2006.1
F02D 15/02 2006.1　F02D 43/00 2006.1

CPC
F02B 75/04　F02D 15/02　F02D 15/04
F02D 2200/021　F02D 35/026　F02D 37/02
显示更多分类

申请人
日産自動車株式会社 NISSAN MOTOR CO., LTD.
[JP/JP]
神奈川県横滨市神奈川区宝町2番地 | 2.
Takara-cho, Kanagawa-ku, Yokohama-shi,
Kanagawa 2210023, JP

发明人
垦川　裕聡 HOSHIKAWA, Hiroaki
金子　格三 KANEKO, Kakuzuo
森口　幸長 MORIGUCHI, Yukinaga
村木　一雄 MURAKI, Kazuo

代理人
小林　博通 KOBAYASHI, Hiromichi
富岡　潔 TOMIOKA, Kiyoshi

标题
[EN] CONTROL METHOD FOR INTERNAL COMBUSTION ENGINE AND CONTROL DEVICE FOR INTERNAL COMBUSTION ENGINE
[FR] PROCÉDÉ DE COMMANDE POUR MOTEUR À COMBUSTION INTERNE ET DISPOSITIF DE COMMANDE POUR MOTEUR À COMBUSTION INTERNE
[JA] 内燃機関の制御方法及び内燃機関の制御装置

摘要
[EN] According to the present invention, while the wall temperature of an inner circumferential surface [32a] of a cylinder bore [32] is low, the mechanical compression ratio of an internal combustion engine [1] is fixed. Specifically, when a cooling water temperature [Tw] at a water jacket [31a] that is inside a cylinder block [31], which correlates with a cylinder bore wall temperature, is below a prescribed temperature [Twth], the mechanical compression ratio of the internal combustion engine [1] is fixed at a prescribed compression ratio regardless of operating conditions, which keeps a first piston ring [35] from sliding along a corroded portion of the cylinder bore [32] and makes it possible to delay the progress of corrosion.
[FR] Selon la présente invention, tandis que la température de paroi d'une surface circonférentielle interne [32a] d'un alésage de cylindre [32] est basse, le taux de compression mécanique d'un moteur à combustion interne [1] est fixe. De façon spécifique, selon l'invention, quand une température d'eau de refroidissement [Tw] au niveau d'une chemise d'eau [31a] qui se trouve à l'intérieur d'un bloc-cylindres [31], qui est en corrélation avec une température de paroi d'alésage de cylindre, est inférieure à une température prescrite [Twth], le taux de compression mécanique du moteur à combustion interne [1] est fixé à un taux de compression prescrit quelles que soient les conditions de fonctionnement, ce qui empêche un premier segment de piston [35] de coulisser le long d'une partie corrodée de l'alésage de cylindre [32], et ce qui permet de retarder la progression de la corrosion.
[JA] シリンダボア [32] の内周面 [32a] の壁温が低い間は、内燃機関 [1] の機械的圧縮比を固定する。すなわち、シリンダボア壁温と相関するシリンダブロック [31] 内のウォータジャケット [31a] における冷却水温度 [Tw] が所定温度 [Twth] より低い場合、内燃機関 [1] の機械的圧縮比を運転条件に関わらず所定圧縮比に固定する。これにより、シリンダボア [32] の腐食した部分を第1ピストンリング [35] が摺動するのを回避し、腐食の進行を遅らせることができる。

相关专利文件
JPWO2018203360　CN110821860　US20200056537　EP3620837

图 2.6　OEE PCT 申请公告文本信息

二、中国本申请与 PCT 对应申请关联性的确定

1. PCT 申请号的格式是什么？如何确认 PCT 对应申请号？

对于 PCT 申请，申请号的格式为 PCT/ZZ20×× /×××××× ，例如 PCT/US2018/035107 （见图 2.7），其中 ZZ 表示对应 PCT 申请的受理局，例如 US 表示 USPTO，IB 表示世界知识产权组织国际局（以下简称"国际局"）。

PATENT COOPERATION TREATY

From the
INTERNATIONAL SEARCHING AUTHORITY

To:

see form PCT/ISA/220

PCT

WRITTEN OPINION OF THE
INTERNATIONAL SEARCHING AUTHORITY
(PCT Rule 43*bis*.1)

Date of mailing
(day/month/year)　see form PCT/ISA/210 (second sheet)

| Applicant's or agent's file reference see form PCT/ISA/220 | | FOR FURTHER ACTION See paragraph 2 below | |

| International application No. PCT/US2018/035107 → PCT申请号 | International filing date *(day/month/year)* | Priority date *(day/month/year)* 30.05.2017 |

International Patent Classification (IPC) or both national classification and IPC
INV. A61M5/46 A61M5/142

Applicant
WEST PHARMA. SERVICES IL, LTD.

1. This opinion contains indications relating to the following items:

☒ Box No. I　Basis of the opinion
☐ Box No. II　Priority
☐ Box No. III　Non-establishment of opinion with regard to novelty, inventive step and industrial applicability
☐ Box No. IV　Lack of unity of invention
☒ Box No. V　Reasoned statement under Rule 43*bis*.1(a)(i) with regard to novelty, inventive step and industrial applicability; citations and explanations supporting such statement
☐ Box No. VI　Certain documents cited
☐ Box No. VII　Certain defects in the international application
☐ Box No. VIII　Certain observations on the international application

图 2.7　国际检索单位书面意见中的 PCT 申请号

2. 对 PCT 对应申请的著录项目信息（例如要求优先权）如何核实？

申请人一般可以通过以下两种方式获取并核实 PCT 对应申请的

著录项目信息。

　　一是在"PATENTSCOPE"网站中，PCT 对应申请的著录项目数据信息中获取，包括 PCT 申请号（如果有）、优先权（如果有）、申请人等信息，如图 2.8 所示。

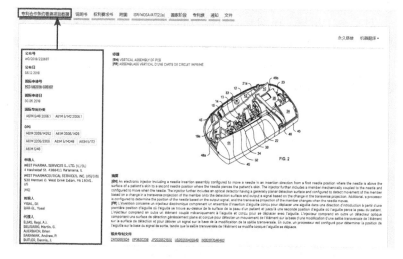

图 2.8　PATENTSCOPE 中查阅的 PCT 对应申请著录项目数据信息

　　二是通过 PCT 对应申请的公布本文获取并核实——相关著录项目信息会在公布文本的扉页显示，包括申请号、PCT 申请号（如果有）、优先权号（如果有）、申请人等，如图 2.9 所示。

3. 中国本申请与 PCT 对应申请的关联性关系一般包括哪些情形？

　　PCT–PPH 利用的是 PCT 对应申请的国际阶段工作结果，对 PCT 申请受理局、在先申请受理局均不作限制，仅要求 PCT 对应申请的国际检索或初审单位是与 CNIPA 签署 PCT–PPH 试点项目流程的国家或地区专利审查机构。以下列示具体情形。

　　（1）中国本申请是 PCT 对应申请的国家阶段申请

　　所述情形包括以下三种。

图 2.9　国际公布文本中的著录项目信息

如图 2.10 所示，中国本申请是 PCT 对应申请的国家阶段申请，PCT 对应申请未要求优先权。

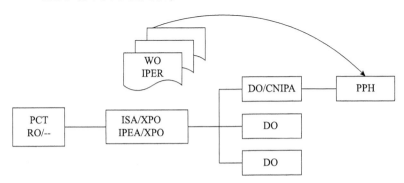

图 2.10　PCT 对应申请未要求优先权

如图 2.11 所示，中国本申请是对应 PCT 申请的国家阶段申请，PCT 对应申请要求任意一个国家申请的优先权，其中"ZZ"表示"任何专利审查机构"。

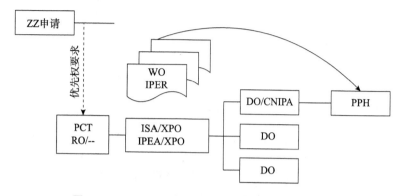

图 2.11　PCT 对应申请要求一个国家申请的优先权

如图 2.12 所示，中国本申请是 PCT 对应申请的国家阶段申请，PCT 对应申请要求一个 PCT 申请的优先权。

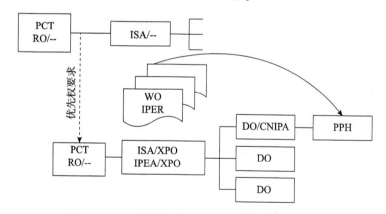

图 2.12　PCT 对应申请要求一个 PCT 申请的优先权

（2）中国本申请是作为 PCT 对应申请的优先权要求基础的国家申请

所述情形如图 2.13 所示。

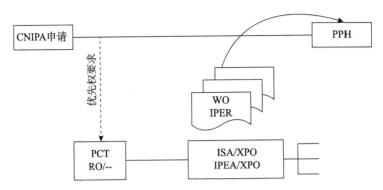

图 2.13　中国本申请是 PCT 对应申请优先权要求基础的国家申请

（3）中国本申请是要求了 PCT 对应申请优先权的国际申请的国家阶段申请

所述情形如图 2.14 所示。

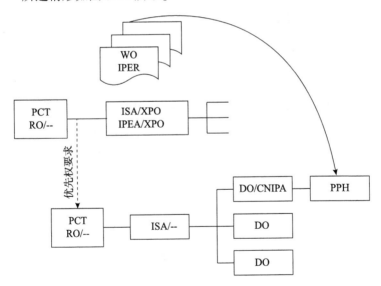

图 2.14　中国本申请是要求 PCT 对应申请优先权的国际申请的国家阶段申请

（4）中国本申请是有效要求 PCT 对应申请的国外/国内优先权的国家申请

所述情形如图 2.15 所示。

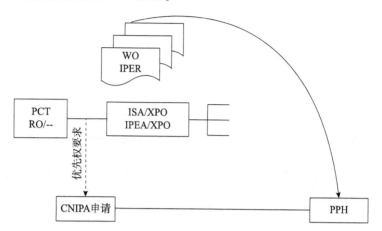

图 2.15　中国本申请是要求 PCT 对应申请的国外/国内优先权的国家申请

4. 中国本申请与对应 PCT 申请的派生申请是否满足要求？

如图 2.16 所示，如果中国申请与 PCT 对应申请符合 PCT – PPH 流程所规定的关联性关系，则中国申请的派生申请（例如中国申请的分案申请）作为中国本申请也符合关联性要求。例如中国本申请为 PCT 对应申请进入国家阶段申请的分案申请，该情形是符合要求的。

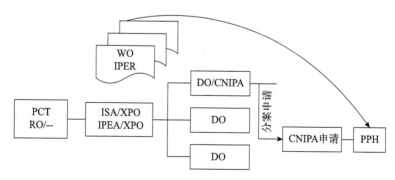

图 2.16　中国本申请为 PCT 国际对应申请进入国家阶段申请的分案申请

又如，中国本申请和 PCT 对应申请共同依《巴黎公约》有效要求了中国申请的优先权，此种情形也满足要求，如图 2.17 所示。

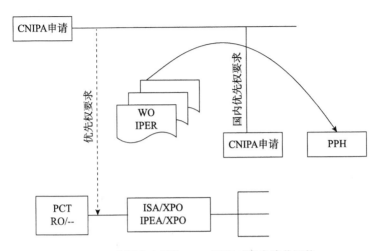

**图 2.17　中国本申请和 PCT 国际对应申请共同依
《巴黎公约》有效要求了中国申请的优先权**

三、PCT 对应申请可专利性的判定

1. 判定 PCT 对应申请可专利性的最新工作结果一般包括哪些?

PCT 对应申请权利要求可专利性是指在 PCT 对应申请国际阶段的最新工作结果中指出至少一项权利要求具有新颖性、创造性和工业实用性。PCT 对应申请国际阶段的最新工作结果具体包括：国际检索单位的书面意见、国际初步审查单位的书面意见或国际初步审查报告中，指出至少一项权利要求具有可专利性（从新颖性、创造性和工业实用性方面判断）。

注意：

①作出书面意见/审查报告的国际检索单位或国际初步审查单位际仅限于与 CNIPA 签署了 PCT – PPH 流程协议的，可以作为 PCT

国际检索和初审单位的外国专利审查机构。

②PCT 国际阶段的最新工作结果依次为国际初步审查报告、WO/IPEA 和 IPER。申请人不能基于 PCT 国际检索报告（ISR）提出 PCT – PPH 请求。

③PCT 国际初步审查报告又被称为"有关可专利性的国际初步报告第Ⅱ章"（IPRP 第Ⅱ章）。

PCT 对应申请的工作结果中的常见通知书如图 2.18 所示。

图 2.18   PCT 对应申请的工作结果中的常见通知书

2. PCT – PPH 国际阶段的最新工作结果中一般如何明确指出可专利性的权利要求的范围？

在国际阶段工作结果第Ⅷ栏无意见的情况下，国际阶段的最新工作结果"明确指出"的含义是通过国际阶段工作结果的第 V 栏来判断的。在国际阶段的工作结果中，第 V 栏均为按照 PCT 相关规定，关于新颖性、创造性或工业实用性的推断性声明，以及支持这种声明的引证和解释。其中第 1 项会以标准表格的形式明确列出具有和不具有新颖性、创造性以及工业实用性的权利要求的编号。在该栏中被认定为具有新颖性、创造性以及工业实用性的权利要求即可作为国际阶段的工作结果中明确表明具有可专利性的权利要求，如图 2.19 所示。

第Ⅴ欄　新規性、進歩性又は産業上の利用可能性についてのＰＣＴ規則 43 の 2.1(a)(i)に定める見解、それを裏付ける文献及び説明

1.　見解

新規性（Ｎ）　　　請求項　　2-4　　　　　　　　　　　　　　　　有
　　　　　　　　　　請求項　　1, 5-7　　　　　　　　　　　　　　無

進歩性（ＩＳ）　　　請求項　　2-4　　　　　　　　　　　　　　　有
　　　　　　　　　　請求項　　1, 5-7　　　　　　　　　　　　　　無

産業上の利用可能性（ＩＡ）　請求項　　1-7　　　　　　　　　　　有
　　　　　　　　　　　　請求項　　　　　　　　　　　　　　　　無

2.　文献及び説明
　文献 1：JP 2007-146701 A（トヨタ自動車株式会社）2007.06.14，段落 [0008]-[0009]，[0039]-[0042]，図 1,4（ファミリーなし）
　文献 2：JP 2005-69131 A（日産自動車株式会社）2005.03.17，段落 [0007]-[0008]，図 2-3, 5（ファミリーなし）
　文献 3：JP 2013-2370 A（日産自動車株式会社）2013.01.07，段落 [0032]，図 7（ファミリーなし）
　文献 4：JP 2009-293496 A（トヨタ自動車株式会社）2009.12.17，段落 [0040]-[0041]，図 1-2（ファミリーなし）
　文献 5：JP 2009-215913 A（トヨタ自動車株式会社）2009.09.24，段落 [0053]-[0054]（ファミリーなし）
　文献 6：WO 2014/141729 A1（日産自動車株式会社）2014.09.18，段落 [0026]，図 2（ファミリーなし）

图 2.19　国际检索单位书面意见第 V 栏对权利要求可专利性的指明

3. PCT – PPH 国际阶段的最新工作结果中影响 PCT 对应申请可专利性的内容还有哪些？

对应申请权利要求的可专利性除了在国际阶段工作结果的第 V 栏表明以外，还会受到工作结果第Ⅷ栏的影响。通常，PCT 对应申请最新国际阶段工作结果第Ⅷ栏中指明缺陷的权利要求及其从属权利要求在 PPH 审查中被认为不具有可专利性，如图 2.20 所示。

49

Formblatt PCT/IPEA/409 (Deckblatt) (Januar 2015)

图 2.20　国际初步审查报告中第Ⅷ栏的意见

四、相关文件的获取

1. 如何获取 PCT 对应申请的最新工作结果？

可以按如下步骤获取 PCT 对应申请的最新工作结果。

步骤 1：如图 2.21（a）所示，在世界知识产权组织官网的"PATENTSCOPE"中查询 PCT 对应申请的申请号。

步骤 2：如图 2.21（b）所示，找到 PCT 对应申请的审查记录。

步骤 3：如图 2.21（c）所示，找到 PCT 对应申请在国际审查阶段的最新工作结果。

2. 能否举例说明 PCT 对应申请工作结果副本的样式？

（1）国际检索单位/国际初审单位的书面意见

PCT 国际单位作出的国际检索单位/国际初审单位的书面意见包括首页和具体说明页，其中首页列出该书面意见所包含的各个项目，其他页是对首页各项目的具体说明。上述首页内容和第 V 栏表格部分的样页列举如图 2.22 和图 2.23 所示。

（a）步骤1：在世界知识产权组织官网上查询PCT对应申请号

（b）步骤2：找到PCT对应申请号的审查记录

（c）步骤3：找到PCT对应申请在国际阶段的最新工作结果

图 2.21　PCT 对应申请的最新工作结果的获取步骤

VERTRAG ÜBER DIE INTERNATIONALE ZUSAMMENARBEIT AUF DEM GEBIET DES PATENTWESENS

Absender: INTERNATIONALE RECHERCHENBEHÖRDE

An:

siehe Formular PCT/ISA/220

PCT

SCHRIFTLICHER BESCHEID DER INTERNATIONALEN RECHERCHENBEHÖRDE

(Regel 43*bis*.1 PCT)

Absendedatum (Tag/Monat/Jahr) 210 (Blatt 2)	siehe Formular PCT/ISA/

Aktenzeichen des Anmelders oder Anwalts siehe Formular PCT/ISA/220	**WEITERES VORGEHEN** siehe Punkt 2 unten	
Internationales Aktenzeichen PCT/EP2022/063225	Internationales Anmeldedatum (Tag/Monat/Jahr) 17.05.2022	Prioritätsdatum (Tag/Monat/Jahr) 18.06.2021

Internationale Patentklassifikation (IPC) oder nationale Klassifikation und IPC
INV. B22F10/25 B22F10/85 B22F12/90 B33Y10/00 B33Y50/02 G06N3/04 G06N3/08 B23K9/04 B23K26/02 B33Y30/00

Anmelder
SIEMENS AKTIENGESELLSCHAFT

1. Dieser Bescheid enthält Angaben zu folgenden Punkten:

☒ Feld Nr. I   Grundlage des Bescheids

☐ Feld Nr. II   Priorität

☐ Feld Nr. III   Keine Erstellung eines Gutachtens über Neuheit, erfinderische Tätigkeit und gewerbliche Anwendbarkeit

☐ Feld Nr. IV   Mangelnde Einheitlichkeit der Erfindung

☒ Feld Nr. V   Begründete Feststellung nach Regel 43*bis*.1 a) i) hinsichtlich der Neuheit, der erfinderischen Tätigkeit und der gewerblichen Anwendbarkeit; Unterlagen und Erklärungen zur Stützung dieser Feststellung

☐ Feld Nr. VI   Bestimmte angeführte Unterlagen

☒ Feld Nr. VII   Bestimmte Mängel der internationalen Anmeldung

☒ Feld Nr. VIII   Bestimmte Bemerkungen zur internationalen Anmeldung

2. **WEITERES VORGEHEN**

Wird ein Antrag auf internationale vorläufige Prüfung gestellt, so gilt dieser Bescheid als schriftlicher Bescheid der mit der internationalen vorläufigen Prüfung beauftragten Behörde ("IPEA"); dies trifft nicht zu, wenn der Anmelder eine andere Behörde als diese als IPEA wählt und die gewählte IPEA dem Internationale Büro nach Regel 66.1*bis* b) mitgeteilt hat, dass schriftliche Bescheide dieser internationalen Recherchenbehörde nicht anerkannt werden.

Wenn dieser Bescheid wie oben vorgesehen als schriftlicher Bescheid der IPEA gilt, so ist der Anmelder aufgefordert, bei der IPEA vor Ablauf von 3 Monaten ab dem Tag, an dem das Formblatt PCT/ISA/220 abgesandt wurde oder vor Ablauf von 22 Monaten ab dem Prioritätsdatum, je nachdem, welche Frist später abläuft, eine schriftliche Stellungnahme und, wo dies angebracht ist, Änderungen einzureichen.

Weitere Optionen siehe Formblatt PCT/ISA/220.

Name und Postanschrift der Internationalen Recherchenbehörde	Datum der Fertigstellung dieses Bescheids	Bevollmächtigter Bediensteter
Europäisches Patentamt P.B. 5818 Patentlaan 2 NL-2280 HV Rijswijk - Pays Bas Tel. +31 70 340 - 2040 Fax: +31 70 340 - 3016	siehe Formular PCT/ISA/210	Neibecker, Pascal Tel. +31 70 340-0

Formblatt PCT/ISA/237 (Deckblatt) (Januar 2015)

图 2.22 国际检索单位书面意见首页样例

52

Feld Nr. V　Begründete Feststellung nach Regel 43*bis*.1 a) i) hinsichtlich der Neuheit, der erfinderischen Tätigkeit und der gewerblichen Anwendbarkeit; Unterlagen und Erklärungen zur Stützung dieser Feststellung

1. Feststellung

Neuheit	Ja:	Ansprüche	2-14
	Nein:	Ansprüche	1, 15
Erfinderische Tätigkeit	Ja:	Ansprüche	
	Nein:	Ansprüche	1-15
Gewerbliche Anwendbarkeit	Ja:	Ansprüche:	1-15
	Nein:	Ansprüche:	

2. Unterlagen und Erklärungen:

siehe Beiblatt

图 2.23　国际检索单位书面意见正文第 V 栏表格部分样例

（2）国际初步审查报告

PCT 国际单位作出的国际初步审查报告包括首页和各项目具体说明页，其中首页列出该报告所包含的各个项目，后续各页是对首页各项目的具体说明。上述首页内容和第 V 栏具体说明页的样页例举如图 2.24 和图 2.25 所示。

3. 如何获取 PCT 对应申请的最新可专利性的权利要求副本？

被认为具有可专利性的 PCT 对应申请的权利要求副本可以通过"PATENTSCOPE"获得。如果 PCT 对应申请的最新工作结果是国际检索单位的书面意见，国际公布文本中的权利要求即为该 PCT 申请的最新可专利性的权利要求；如果对应 PCT 申请的最新工作结果是国际初审单位的书面意见或国际初步审查报告，则需要基于该工作结果中所列出的审查文本基础并通过工作结果的附件获取与工作结果相对应的最新可专利性的权利要求（见图 2.26）。

VERTRAG ÜBER DIE INTERNATIONALE ZUSAMMENARBEIT AUF DEM GEBIET DES PATENTWESENS

PCT

INTERNATIONALER VORLÄUFIGER BERICHT ÜBER DIE PATENTIERBARKEIT

(Kapitel II des Vertrags über die internationale Zusammenarbeit auf dem Gebiet des Patentwesens)

Aktenzeichen des Anmelders oder Anwalts 2021P05410WO	WEITERES VORGEHEN	siehe Formblatt PCT/IPEA/416
Internationales Aktenzeichen PCT/EP2022/063225	Internationales Anmeldedatum *(Tag/Monat/Jahr)* 17.05.2022	Prioritätsdatum *(Tag/Monat/Jahr)* 18.06.2021

Internationale Patentklassifikation (IPC) oder nationale Klassifikation und IPC
INV. B22F10/25

Anmelder
Siemens Aktiengesellschaft

1. Bei diesem Bericht handelt es sich um den internationalen vorläufigen Prüfungsbericht, der von der mit der internationalen vorläufigen Prüfung beauftragten Behörde nach Artikel 35 erstellt wurde und dem Anmelder gemäß Artikel 36 übermittelt wird.

2. Dieser BERICHT umfaßt insgesamt <u>13</u> Blätter einschließlich dieses Deckblatts.

3. Außerdem liegen dem Bericht ANLAGEN bei; diese umfassen
    a. ☒ *(an den Anmelder und das Internationale Büro gesandt)* insgesamt <u>5</u> Blätter; dabei handelt es sich um
       ☒ Blätter mit der Beschreibung, Ansprüchen und/oder Zeichnungen, die geändert wurden, und/oder Blätter mit Berichtigungen, denen die Behörde zugestimmt hat, sofern diese Blätter nicht überholt sind oder fortfallen, sowie etwaige Begleitschreiben (siehe Regeln 46.5, 66.8, 70.16, 91.2 und Abschnitt 607 der Verwaltungsvorschriften).
       ☐ Blätter mit Berichtigungen, die laut Entscheidung der Behörde nicht berücksichtigt werden, weil bis zu dem Zeitpunkt, zu dem die Behörde mit der Erstellung des Berichts begonnen hat, keine Zustimmung ihrerseits zu den Berichtigungen bzw. keine Mitteilung der Berichtigungen an die Behörde erfolgt ist, sowie etwaige Begleitschreiben (Regeln 66.4bis, 70.2 e), 70.16 und 91.2).
       ☐ überholte Blätter und etwaige Begleitschreiben, wenn nach Auffassung der Behörde entweder die späteren Blätter eine Änderung enthalten, die über den Offenbarungsgehalt der internationalen Anmeldung in der ursprünglich eingereichten Fassung hinausgeht, oder den späteren Blättern kein Begleitschreiben beigefügt war, das die Grundlage für die Änderungen in der ursprünglich eingereichten Anmeldung angibt, wie in Feld Nr. 1, Punkt 4 und im Zusatzfeld angegeben (siehe Regel 70.16 b)).
    b. ☐ *(nur an das Internationale Büro gesandt)* insgesamt <u>____</u> Blätter (bitte Art und Anzahl der/des elektronischen Datenträger(s) angeben) , der/die ein Sequenzprotokoll in Form einer Textdatei gemäß Anhang C/ST.25 enthält/enthalten, wie im Zusatzfeld betreffend das Sequenzprotokoll angegeben (siehe Ziffer 3ter des Anhangs C der Verwaltungsvorschriften).

4. Dieser Bericht enthält Angaben zu folgenden Punkten:
    ☒ Feld Nr. I   Grundlage des Berichts
    ☐ Feld Nr. II   Priorität
    ☐ Feld Nr. III Keine Erstellung eines Gutachtens über Neuheit, erfinderische Tätigkeit und gewerbliche Anwendbarkeit
    ☐ Feld Nr. IV   Mangelnde Einheitlichkeit der Erfindung
    ☒ Feld Nr. V   Begründete Feststellung nach Artikel 35(2) hinsichtlich der Neuheit, der erfinderischen Tätigkeit und der gewerblichen Anwendbarkeit; Unterlagen und Erklärungen zur Stützung dieser Feststellung
    ☐ Feld Nr. VI   Bestimmte angeführte Unterlagen
    ☒ Feld Nr. VII Bestimmte Mängel der internationalen Anmeldung
    ☒ Feld Nr. VIII Bestimmte Bemerkungen zur internationalen Anmeldung

Datum der Einreichung des Antrags	Datum der Fertigstellung dieses Berichts
23.03.2023	25.09.2023

Name und Postanschrift der mit der internationalen vorläufigen Prüfung beauftragten Behörde	Bevollmächtigter Bediensteter
Europäisches Patentamt P.B. 5818 Patentlaan 2 NL-2280 HV Rijswijk - Pays Bas Tel. +31 70 340 - 2040 Fax: +31 70 340 - 3016	Neibecker, Pascal Tel. +31 70 340-8037

Formblatt PCT/IPEA/409 (Deckblatt) (Januar 2015)

图 2.24　国际初步审查报告首页样例

特許性に関する国際予備報告 | 国際出願番号 PCT／JP2017／017109

第Ⅴ欄　新規性、進歩性又は産業上の利用可能性についての法第 12 条（PCT35 条⑵）に定める見解、
　　　　それを裏付ける文献及び説明

1.　見解

新規性（N）　　　　　　請求項　1,3-7 _____ 有
　　　　　　　　　　　　請求項 _____ 無

進歩性（IS）　　　　　　請求項　1,3-7 _____ 有
　　　　　　　　　　　　請求項 _____ 無

産業上の利用可能性（IA）　請求項　1,3-7 _____ 有
　　　　　　　　　　　　請求項 _____ 無

2.　文献及び説明（PCT規則 70.7）

文献 1 ：JP 2007-146701 A（トヨタ自動車株式会社）2007.06.14, 段落[0008]-[0009],
　　　　　[0039]-[0042], 図 1,4（ファミリーなし）
文献 2 ：JP 2005-69131 A（日産自動車株式会社）2005.03.17, 段落[0007]-[0008],
　　　　　図 2-3,5（ファミリーなし）
文献 3 ：JP 2013-2370 A（日産自動車株式会社）2013.01.07, 段落[0032], 図 7（ファ
　　　　　ミリーなし）
文献 4 ：JP 2009-293496 A（トヨタ自動車株式会社）2009.12.17, 段落[0040]-[0041],
　　　　　図 1-2（ファミリーなし）
文献 5 ：JP 2009-215913 A（トヨタ自動車株式会社）2009.09.24, 段落[0053]-[0054]
　　　　　（ファミリーなし）
文献 6 ：WO 2014/141729 A1（日産自動車株式会社）2014.09.18, 段落[0026], 図 2（フ
　　　　　ァミリーなし）

　　請求項 1、3－7 に係る発明は、国際調査報告で引用された上記いずれの文献に対
しても、新規性・進歩性を有する。

　　特に、所定温度より低いとき、機械的圧縮比を所定圧縮比に固定する内燃機関にお
いて、「所定温度がシリンダボアに凝縮水が発生するシリンダボア壁温に相当する温
度より高温側に設定される」ことは、国際調査報告で引用された上記いずれの文献に
も記載されておらず、しかもその点は、当業者といえども容易に想到し得ないことで
ある。

55

様式 PCT／IPEA／409（第Ⅴ欄）（2015 年 1 月）

图 2.25　国际初步审查报告第 Ⅴ 栏表格及解释样例

請求の範囲

[請求項1]（補正後）
シリンダボアに対するピストンの摺動範囲を変更することで機械的圧縮比を変更可能な内燃機関の制御方法において、

シリンダボア壁温と相関する温度を取得し、

取得した温度が所定温度より低いとき、機械的圧縮比を所定圧縮比に固定し、

上記所定温度は、上記シリンダボアに凝縮水が発生する上記シリンダボア壁温に相当する温度より高温側に設定される内燃機関の制御方法。

[請求項2]（削除）

[請求項3]（補正後）
上記ピストンは、ピストン冠面側の第1ピストンリングと、該第1ピストンリングよりピストン冠面から離れた第2ピストンリングと、を有し、

上記所定圧縮比は、制御範囲内の最低圧縮比と最高圧縮比との間の中間圧縮比であり、

上記所定圧縮比のときの上記第1ピストンリングの位置は、機械的圧縮比を制御範囲内の最高圧縮比に制御したときの上記第2ピストンリングの位置より高い請求項1に記載の内燃機関の制御方法。

[請求項4]（補正後）
上記所定圧縮比は、制御範囲内の最高圧縮比である請求項1に記載の内燃機関の制御方法。

[請求項5]（補正後）
上記シリンダボア壁温と相関する温度として、上記シリンダボアの周囲を流れる冷却水の温度を取得する請求項1、3、4のいずれかに記載の内燃機関の制御方法。

[請求項6]（補正後）
取得した上記シリンダボア壁温と相関する温度が、上記所定温度以上となったら、機関運転条件に基づく圧縮比の可変制御を行う請求項1、3~5のいずれかに記載の内燃機関の制御方法。

補正された用紙(条約第34条)

图 2. 26 作为国际初步审查报告的审查基础及附件的权利要求

4. 能否举例说明 PCT 对应申请可专利性权利要求副本的样式？

PCT 对应申请可专利性权利要求副本的样式列举如图 2.27 所示。

請求の範囲

[請求項1] シリンダボアに対するピストンの摺動範囲を変更することで機械的圧縮比を変更可能な内燃機関の制御方法において.
シリンダボア壁温する温度を取得し.
取得した温度が所定温度より低いとき, 機械的圧縮比を所定圧縮比に固定する内燃機関の制御方法.

[請求項2] 上記所定温度は, 上記シリンダボア壁温に凝縮水が発生する上記シリンダボア壁温に相当する温度より高温側に設定される請求項1に記載の内燃機関の制御方法.

[請求項3] 上記ピストンは, ピストン冠面側の第1ピストンリングと, 該第1ピストンリングよりピストン冠面から離れた第2ピストンリングと, を有し.
上記所定圧縮比は, 制御範囲内の最低圧縮比と最高圧縮比との間の中間圧縮比であり.
上記所定圧縮比のときの上記第1ピストンリングの位置は, 機械的圧縮比を制御範囲内の最高圧縮比に制御したときの上記第2ピストンリングの位置より高い請求項1または2に記載の内燃機関の制御方法.

[請求項4] 制御範囲内の最高圧縮比である請求項1または2に記載の内燃機関の制御方法.

[請求項5] 上記シリンダボア壁温と相関する温度として, 上記シリンダボアの周囲を流れる冷却水の温度を取得する請求項1~4のいずれかに記載の内燃機関の制御方法.

[請求項6] 取得した上記シリンダボア壁温と相関する温度が, 上記所定温度以上となったら, 機関運転条件に基づく圧縮比の可変制御を行う請求項1~5のいずれかに記載の内燃機関の制御方法.

[請求項7] シリンダボアに対するピストンの摺動範囲を変更することで機械的圧縮比を変更可能な内燃機関の制御装置において.
上記壁温取得手段で取得した温度が所定温度より低いとき, 機械的圧縮比を所定圧縮比に固定する圧縮比制御部と, を備える内燃機関の制御装置.

图 2.27　可专利性权利要求副本的样例

注：权利要求的全部内容都需提交，这里限于篇幅，不再展示后续内容。

5. 如何获取 PCT 对应申请最新工作结果中的引用文件信息？

PCT 对应申请工作结果中的引用文件分为专利文献和非专利文献。国际检索/国际初步审查单位的对应申请审查局在检索和审查中所引用的所有文件都会被记载在 PCT 对应申请的审查工作结果中。申请人可以通过查询最新的 PCT 对应申请工作结果的内容获取其信息，如图 2.28 所示。

Re Item V

Reasoned statement with regard to novelty, inventive step or industrial applicability; citations and explanations supporting such statement

1　　Reference is made to the following documents:

D1	US 2012/008788 A1 (JONSSON RAGNAR H [US] ET AL) 12 January 2012 (2012-01-12)
D2	FLORENCIO D A F ED - INSTITUTE OF ELECTRICAL AND ELECTRONICS ENGINEERS: "On the use of asymmetric windows for reducing the time delay in real-time spectral analysis", SPEECH PROCESSING 1. TORONTO, MAY 14 - 17, 1991; [INTERNATIONAL CONFERENCE ON ACOUSTICS, SPEECH & SIGNAL PROCESSING. ICASSP], NEW YORK, IEEE, US, vol. CONF. 16, 14 April 1991 (1991-04-14), pages 3261-3264, XP010043720, DOI: 10.1109/ICASSP.1991.150149 ISBN: 978-0-7803-0003-3

2　　Document D1 is regarded as being the prior art closest to the subject-matter of **claims 1, 13**, and discloses:

图 2.28　PCT 对应申请国际阶段工作结果中列出的引用文件

如果在国际单位的最新工作结果中未列出引用文件，申请人也可以查阅国际检索报告 C 栏的相关文件获取国际单位针对该申请所检索的所有相关文件。

6. 如何获知非专利文献是否构成 PCT 对应申请的驳回理由?

申请人可以通过查询国际检索/国际初步审查单位的对应申请审查局作出的工作结果，获取构成 PCT 对应申请驳回理由的非专利文献信息。若工作结果中含有利用该非专利文献对 PCT 对应申请的新颖性、创造性或工业实用性进行判断的内容，且内容中显示该非专利文献影响了 PCT 对应申请的新颖性、创造性或工业实用性，则该非专利文献属于构成驳回理由的文献（见图 2.29），申请人需要在提交 PPH 请求时将该非专利文献一并提交。

請求項６－９、１１に係る発明は、国際調査報告で引用された文献に対して新規性を有する。しかしながら、国際調査報告で引用された文献1、４、９より進歩性を有しない。

文献９には、気分・ストレス・睡眠・活動度・対処に関する認知的指標又は行動的指標を患者が自己報告する（338ページ左欄第20行～右欄第7行，図2(b)）ことが記載されている。そして、認知行動療法による治療においては、生活習慣に関する問診項目やメンタル状態に関する問診項目を設けたアンケートを行い、その結果が悪い場合は注意を促すことはよく行われているから、請求項６－９に係る発明は、文献1、４、９に記載された発明及び周知技術に基づいて、当業者であれば容易になし得たことである。

請求項１０に係る発明は、国際調査報告で引用された文献に対して新規性を有する。しかしながら、国際調査報告で引用された文献４－５、９より進歩性を有しない。

文献５には、生活習慣改善支援アプリにおいて、データに基づいて、「称賛」、「励まし」、「注意喚起」、「情報発信」など、行動状況に合わせて配信されることが記載されている（65ページ右欄第6-12行）。

様式 PCT/IPEA/409（第Ⅴ欄）（２０１５年1月）

图 2.29　国际阶段工作结果中构成驳回理由的非专利文献

五、信息填写和文件提交的注意事项

1. 在 PPH 请求表中填写中国本申请与 PCT 对应申请的关联性关系时，有哪些注意事项?

在 PPH 请求表中表述中国本申请与 PCT 对应申请间的关联性

关系时，必须写明中国本申请与 PCT 对应申请之间的关联的方式（如要求优先权等）。如果中国本申请与 PCT 对应申请达成关联需要经过一个或多个其他相关申请，也需写明相关申请的申请号以及达成关联的具体方式。

例如：①中国国家申请 A 是 PCT 对应申请进入中国国家阶段的申请，中国本申请是中国国家申请 A 的分案申请；②中国本申请是中国国家申请 A 的分案申请，中国国家申请 A 和 PCT 对应申请 B 均要求了中国申请 C 的优先权。

在 PCT – PPH 试点项目下，OEE 应当为相应的国际检索或初审单位，因此，OEE 不应当填写为 "IB"、"WIPO"、"国际局" 或该 PCT 对应申请的受理局，同时应当使用 OEE 的标准简称进行填写，例如 EPO 不应当写为 EU（欧盟）。

2. 在 PPH 请求表中填写中国本申请与 PCT 对应申请权利要求的对应性解释时，有哪些注意事项？

基于 PCT 国际阶段的工作结果向 CNIPA 提交 PPH 请求的，若权利要求的对应性解释无特别的注意事项，则参见本书第一章 "向 CNIPA 提交 PPH 请求的基本要求" 的相关内容即可。

3. 在 PPH 请求表中填写 PCT 对应申请最新工作结果的名称时，有哪些注意事项？

（1）应当填写最新的国际工作结果

国际工作结果仅包括 3 种，即国际检索单位的书面意见、国际初步审查单位的书面意见和国际初步审查报告。应当注意的是，国际工作结果并不包含国际检索报告。

如图 2.30 所示，该申请既有检索单位书面意见，又有国际初步审查报告，所以国际初步审查报告为最新的工作结果。

检索和审查 - 相关文件			
日期	标题	查看	下载
16.04.2023	[IPEA/409] 有关可专利性的国际初步报告第II章	PDF 6 p.	PDF 6 p. ZIP XML + TIFFs
16.04.2023	[IPEA/409] 有关可专利性的国际初步报告第II章的英文译文	PDF 6 p.	PDF 6 p. ZIP XML + TIFFs
21.04.2022	[ISA/210] 国际检索报告	PDF 4 p.	PDF 4 p. ZIP XML + TIFFs XML FullText
21.04.2022	[ISA/237] 国际检索单位的书面意见	PDF 5 p.	PDF 5 p. ZIP XML + TIFFs XML FullText
21.04.2022	国际检索报告 (ISR) 的译文	PDF 3 p.	PDF 3 p. ZIP XML + TIFFs

图 2.30　PCT 对应申请国际阶段的工作结果

（2）各通知书的作出时间应当填写其通知书的发文日，在发文日无法确定的情况下允许申请人填写其通知书的起草日或完成日

如图 2.31 和图 2.32 所示，所有通知书的发文日一般都在通知书的首页中可以找到，应准确填写。

特　許　協　力　条　約

発信人：日本国特許庁（国際調査機関）

あて先
雨宮　康仁　様
〒166-0002
日本国
東京都杉並区高円寺北三丁目２１番１７号　レインパレス高円寺２０１号

PCT

检索单位书面意见的发文日

国際調査機関の見解書

（法施行規則第40条の2）
［ＰＣＴ規則43の2.1］

発送日（日.月.年）　19.01.2021

出願人又は代理人の書類記号 P2020-0005	今後の手続については、下記２を参照すること。	
国際出願番号 PCT/JP2020/039197	国際出願日（日.月.年） 16.10.2020	優先日（日.月.年）

国際特許分類（ＩＰＣ）
G16H 20/30(2018.01)i; G16H 20/70(2018.01)i; G16H 80/00(2018.01)i
FI: G16H20/70; G16H20/30; G16H80/00

出願人（氏名又は名称）　株式会社ライフクエスト

1．この見解書は次の内容を含む。
- ☑ 第Ｉ欄　見解の基礎
- ☐ 第II欄　優先権
- ☐ 第III欄　新規性、進歩性又は産業上の利用可能性についての見解の不作成
- ☐ 第IV欄　発明の単一性の欠如
- ☑ 第Ｖ欄　新規性、進歩性及び産業上の利用可能性についてのＰＣＴ規則43の2.1(a)(i)に基づく見解並びにその見解を裏付ける文献及び説明
- ☐ 第VI欄　ある種の引用文献
- ☐ 第VII欄　国際出願の欠陥
- ☐ 第VIII欄　国際出願についての意見

图 2.31　国际检索单位书面意见的发文日

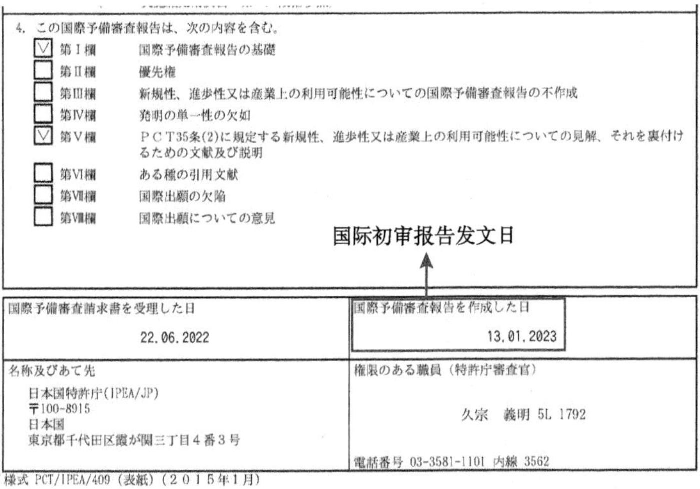

4. この国際予備審査報告は、次の内容を含む。

- ☑ 第Ⅰ欄　国際予備審査報告の基礎
- ☐ 第Ⅱ欄　優先権
- ☐ 第Ⅲ欄　新規性、進歩性又は産業上の利用可能性についての国際予備審査報告の不作成
- ☐ 第Ⅳ欄　発明の単一性の欠如
- ☑ 第Ⅴ欄　ＰＣＴ35条(2)に規定する新規性、進歩性又は産業上の利用可能性についての見解、それを裏付けるための文献及び説明
- ☐ 第Ⅵ欄　ある種の引用文献
- ☐ 第Ⅶ欄　国際出願の欠陥
- ☐ 第Ⅷ欄　国際出願についての意見

国際予備審査請求書を受理した日	国際予備審査報告を作成した日
22.06.2022	13.01.2023
名称及びあて先 日本国特許庁(IPEA/JP) 〒100-8915 日本国 東京都千代田区霞が関三丁目４番３号	権限のある職員（特許庁審査官） 久宗　義明 5L 1792 電話番号 03-3581-1101 内線 3562

様式 PCT/IPEA/409（表紙）（２０１５年１月）

图 2.32　国际初步审查报告的发文日

（3）各通知书的名称应当使用其正式的中文译名填写，不得以“通知书”或者“审查意见通知书”代替

PCT－PPH 试点项目相关协议规定了所有通知书规范的中文译名，包括国际检索单位的书面意见、国际初步审查单位的书面意见和国际初步审查报告。

4. 在 PPH 请求表中填写 PCT 对应申请工作结果引用副本的名称时，有哪些注意事项？

在填写 PCT 对应申请工作结果引用副本的名称时，若无特别注意事项，则参见本书第一章的相关内容即可。

5. 在提交 PCT 对应申请的工作结果副本及译文时，有哪些注意事项？

在提交 PCT 对应申请的工作结果时，申请人应当注意以下方面。

最新的工作结果副本需要完整提交，包括其著录项目信息、格式页或附件也应当被提交。

PCT 对应申请工作结果副本译文指 PCT 对应申请的工作结果语言非中文或英文时，申请人应提交其中文或英文的译文。工作结果副本的译文应当是对工作结果副本完整准确的翻译，包括对其著录项目信息、格式页或附件也应当翻译。同时注意：同一份文件需要使用单一语言提交完整的翻译，例如一份通知书副本译文中，部分译成中文，部分译成英文的文件不被接受——这种译文翻译不完整的情形将会导致 PPH 请求不合格。

根据 PCT – PPH 流程的规定，当 PCT 对应申请的工作结果副本及译文已经在世界知识产权组织官方网站上进行公布，CNIPA 可以通过 PATENTSCOPE 完整获取其所有信息时，申请人可以省略提交以上所述文件。

当申请人选择通过 PATENTSCOPE 获得对应 PCT 申请工作结果及译文，而实际上世界知识产权组织官方网站并未公布该 PCT 对应申请相应数据，或 CNIPA 无法正常获取世界知识产权组织官方网站数据时，CNIPA 会通知申请人自行提交相应文件。

6. 在提交 PCT 对应申请的最新可专利性权利要求副本时，有哪些注意事项？

申请人在提交 PCT 对应申请最新可专利性权利要求副本时，可以自行提交任意形式的权利要求副本，并非必须提交官方副本。提交副本时，一是要注意可授权权利要求是否最新；二是要注意权利要求的内容是否完整——即使有一部分权利要求在 CNIPA 申请中没有用到，也需要一起完整提交。

根据 PCT – PPH 流程的规定，当 PCT 对应申请可专利性的权利要求副本已经在世界知识产权组织官方网站上进行公布，CNIPA 可以通过 PATENTSCOPE 完整获取其所有信息时，申请人可以省略提交以上所述文件。

另外，如果申请人选择省略提交此文件，但是 CNIPA 审查中发现该 PCT 对应申请的权利要求副本数据暂时无法获得，将要求申请人补充提交上述文件。

当 PCT 对应申请可专利性权利要求的语言非中文或英文时，申请人应当提交 PCT 对应申请可专利性权利要求副本译文——该译文应当是对 PCT 对应申请中被认为可专利性权利要求内容进行完整且一致的翻译，仅翻译部分内容的译文不合格。

例如，PCT 对应申请包括 10 项可专利性/可授权的权利要求，但申请人仅提交了其中与中国本申请的权利要求相对应的 PCT 对应申请 5 项权利要求的译文，此种情形下译文提交不合格。

CNIPA 接受中文和英文两种语言的译文。对于一次 PPH 请求，不同的文件可以使用不同语言进行翻译，但是同一份文件需要使用单一语言提交完整的译文。一份权利要求的副本译文部分译成中文、部分译成英文的，将会导致此次 PPH 请求不合格。

申请人应注意：中国本申请的权利要求不应当被直接看作 PCT 对应申请的权利要求译文。例如，PCT 对应申请权利要求 10 引用权利要求 1 至 9 中任意一项，中国本申请权利要求 10 引用 1 或 2 中任意一项，如果申请人直接将中国本申请权利要求作为 PCT 对应申请权利要求的副本译文提交，将导致译文与副本原文不一致。

7. 在提交 PCT 对应申请国际阶段工作结果中引用的非专利文献副本时，有哪些注意事项？

当 PCT 对应申请工作结果中的非专利文献涉及驳回理由时，申请人应当在提交 PPH 请求时将所有涉及驳回理由的非专利文献一并提交。申请人提交文件时应确保其提交的内容完整，提交的类型正确，即按照"对应申请审查意见引用文件副本"类型提交。

如果所需提交的非专利文献是由除中文或英文之外的文字撰写，申请人也只需提交非专利文献文本即可，不需要对其进行翻译。

如果 PCT 对应申请存在两份或两份以上非专利文献副本，应该作为一份"对应申请审查意见引用文件副本"提交。

8. 在 PCT – PPH 试点项目的哪些情形下，PCT 对应申请的工作结果、权利要求副本可以通过案卷访问系统获得？

根据 PCT – PPH 流程的规定，当 PCT 对应申请的最新工作结果副本及译文、可专利性权利要求副本及译文已经在世界知识产权组织官方网站上进行公布，CNIPA 可以完整获取其所有信息时，申请人可以省略提交以上所述文件。

申请人提交 PPH 请求时，仅需在 PPH 请求表 C 项"文件提交"中勾选"请求通过案卷访问系统或 PATENTSCOPE 获取上述文件"，而无需再提交相应文件。

但是，当申请人选择通过 PATENTSCOPE 获得 PCT 对应申请工作结果及译文、可专利性权利要求副本及译文，而实际上 PATENT-SCOPE 并未公布该 PCT 对应申请相应数据，或 CNIPA 无法正常获取 PATENTSCOPE 数据时，CNIPA 会通知申请人自行提交相应文件。

第三章　基于日本特许厅工作结果向中国国家知识产权局提交常规 PPH 请求

一、概述

1. 基于 JPO 工作结果向 CNIPA 提交 PPH 请求的项目依据是什么？

中日 PPH 试点于 2011 年 11 月 1 日起开始试行。2013 年 9 月，IP5 就启动一项全面的 IP5 PPH 试点项目达成一致意见；IP5 PPH 试点项目于 2014 年 1 月 6 日启动。

《在中日专利审查高速路（PPH）试点项目下向中国国家知识产权局提出 PPH 请求的流程》（以下简称《中日流程》）和《在五局专利审查高速路（IP5 PPH）试点项目下向中国国家知识产权局（CNIPA）提出 PPH 请求的流程》（以下简称《五局流程》）即为基于 JPO 工作结果向 CNIPA 提交 PPH 请求的项目依据。

2. 基于 JPO 工作结果向 CNIPA 提交 PPH 请求的种类分为哪些？

按照提出 PPH 请求所使用的对应申请审查机构的工作结果来划分，基于 JPO 工作结果向 CNIPA 提交 PPH 请求的种类包括常规 PPH 和 PCT – PPH。本章内容仅涉及基于 JPO 工作结果向 CNIPA 提交常规 PPH 请求的实务；提交 PCT – PPH 请求的实务建议请见本书第二章内容。

3. CNIPA 与 JPO 开展 PPH 试点项目的期限有多长？

中日 PPH 试点项目自 2018 年 11 月 1 日起再延长五年，至 2023

年 10 月 31 日止。

现行 IP5 PPH 试点项目自 2023 年 1 月 6 日起再延长三年，至 2026 年 1 月 5 日止。

今后将视情况根据局际间的共同决定作出是否继续延长试点项目及相应延长期限的决定。

4. 基于 JPO 工作结果向 CNIPA 提交 PPH 请求有无领域和数量限制？

《五局流程》中提到："CNIPA 在请求数量超出可管理的水平时，或出于其他任何原因，可终止 IP5 PPH 试点。若 IP5 PPH 试点项目在 2023 年 1 月 5 日之前终止，CNIPA 将先行发布通知。"

5. 如何获得日本对应申请的相关信息？

如图 3.1 所示，申请人可以通过登录 JPO 的官方网站（网址 www. jpo. go. jp）查询日本对应申请的相关信息。

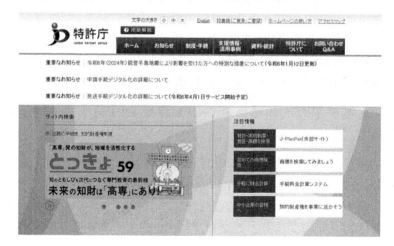

图 3.1　JPO 官网主页

如图 3.2 所示，申请人进入 JPO 网站主页后，点击右侧的"J‑Plat Pat"，即可进入 JPO 专利信息平台。点击平台任务栏"Patents/

Utility Models" 下方的 "Patents/Utility model number Search/OPD" 可进入具体的专利信息查询界面。

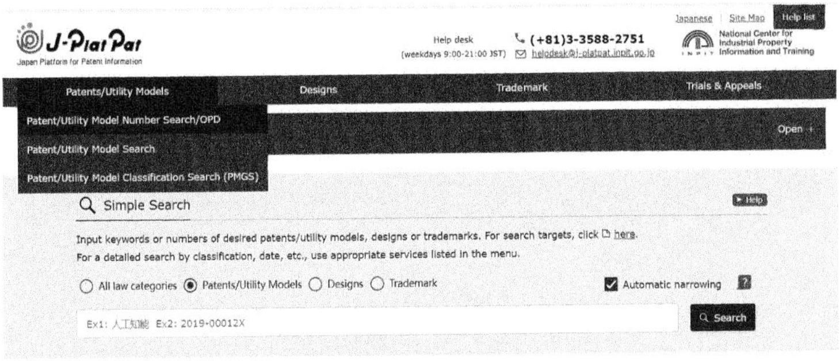

图 3.2 JPO 专利信息平台

如图 3.3 所示，进入查询页面后，在 "Search target" 中选择 "OPD Retrieval"，在 "Input type" 中选择 "Number"，之后输入对应申请正确的申请号，会弹出与输入申请号相关的同族专利（见图 3.4），选择对应申请的相关条目，点击条目右侧的 "Expand Document List" 即可浏览对应申请相关文件（见图 3.5），包括申请文件以及审查意见通知书等。

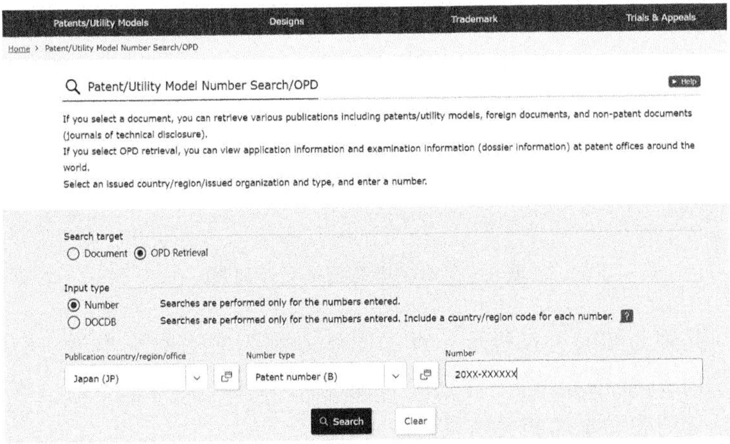

图 3.3 通过 JPO 的官方网站查询对应申请有关信息

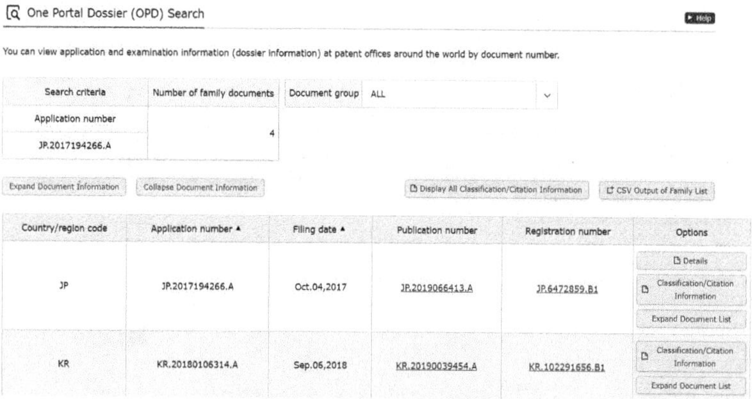

One Portal Dossier (OPD) Search

Help

You can view application and examination information (dossier information) at patent offices around the world by document number.

Search criteria	Number of family documents
Application number	4
JP.2017194266.A	

Document group: ALL

Expand Document Information | Collapse Document Information | Display All Classification/Citation Information | CSV Output of Family List

Country/region code	Application number ▲	Filing date ▲	Publication number	Registration number	Options
JP	JP.2017194266.A	Oct.04,2017	JP.2019066413.A	JP.6472859.B1	Details Classification/Citation Information Expand Document List
KR	KR.20180106314.A	Sep.06,2018	KR.20190039454.A	KR.102291656.B1	Classification/Citation Information Expand Document List

图 3.4　JPO 官网显示同族文献列表

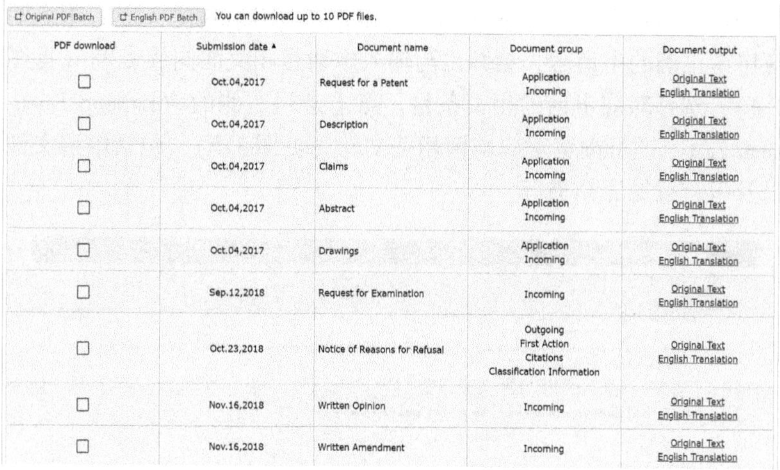

Original PDF Batch | English PDF Batch | You can download up to 10 PDF files.

PDF download	Submission date ▲	Document name	Document group	Document output
☐	Oct.04,2017	Request for a Patent	Application Incoming	Original Text English Translation
☐	Oct.04,2017	Description	Application Incoming	Original Text English Translation
☐	Oct.04,2017	Claims	Application Incoming	Original Text English Translation
☐	Oct.04,2017	Abstract	Application Incoming	Original Text English Translation
☐	Oct.04,2017	Drawings	Application Incoming	Original Text English Translation
☐	Sep.12,2018	Request for Examination	Incoming	Original Text English Translation
☐	Oct.23,2018	Notice of Reasons for Refusal	Outgoing First Action Citations Classification Information	Original Text English Translation
☐	Nov.16,2018	Written Opinion	Incoming	Original Text English Translation
☐	Nov.16,2018	Written Amendment	Incoming	Original Text English Translation

图 3.5　对应申请相关文件列表

此外，如图 3.6 所示，点击同族专利列表中对应申请一行中“Registration number”一栏下方的授权公告号，即可获取对应申请的授权公告文本的相关信息。

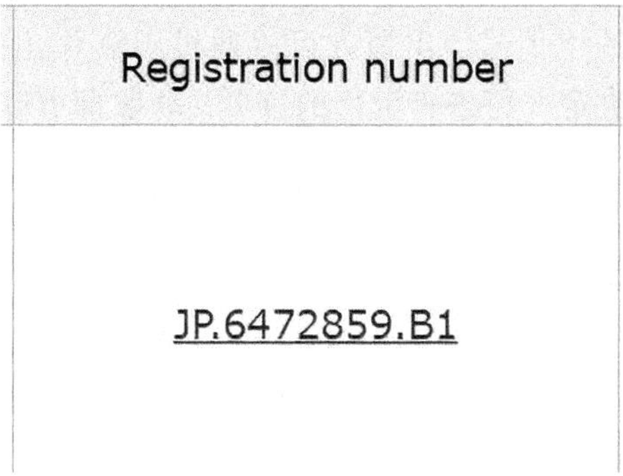

图 3.6　授权公告文本的获取位置

二、中国本申请与日本对应申请关联性的确定

1. 日本对应申请号的格式是什么？如何确认日本对应申请号？

对于 JPO 专利申请，申请号的格式一般为“特願 20××-××××××”，例如图 3.7 所示的“特願 2016－021212”。

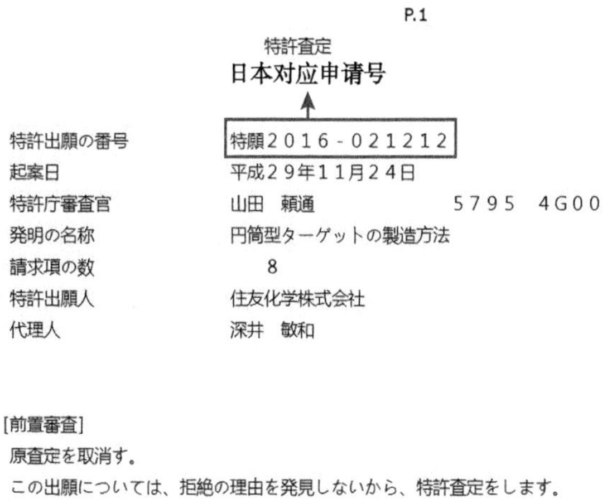
P.1

特許査定

日本对应申请号

特許出願の番号	特願２０１６－０２１２１２
起案日	平成２９年１１月２４日
特許庁審査官	山田　頼通　　　５７９５　４Ｇ００
発明の名称	円筒型ターゲットの製造方法
請求項の数	８
特許出願人	住友化学株式会社
代理人	深井　敏和

[前置審査]

原査定を取消す。

この出願については、拒絶の理由を発見しないから、特許査定をします。

图 3.7　授权决定中日本对应申请的申请号样式

日本对应申请号是指申请人在 PPH 请求中所要利用的 JPO 工作结果中记载的申请号。申请人可以通过 JPO 作出的国内工作结果，例如授权决定（特许查定）的首页，获取日本对应申请号。

2. 日本对应申请的著录项目信息如何核实？

与 PPH 流程规定的两申请关联性相关的对应申请的信息，例如优先权信息、分案申请信息、PCT 申请进入国家阶段信息等，通常会在对应申请的著录项目信息中记载。申请人一般可以通过以下两种方式获取日本对应申请的著录项目信息。

一是在日本对应申请的请求表中获取并核实，包括国际申请号（如果有）、优先权（如果有）、申请人等信息，如图 3.8 所示。

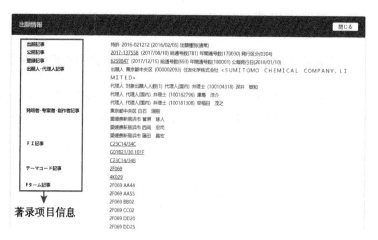

图 3.8　日本对应申请请求表中相关著录项目信息的获取

二是通过日本对应申请的授权公告文本核实。相关著录项目信息会在授权公告文本扉页显示，包括申请号、国际申请号（如果有）、优先权号（如果有）、申请人等，如图 3.9 所示。

对于分案申请，申请人可以通过分案情报（分案信息）获取相关信息。

JP 6259847 B2 2018.1.10

(19) 日本国特許庁(JP)	(12) **特　許　公　報(B2)**	(11) 特許番号
		特許第6259847号
		(P6259847)
(45) 発行日　平成30年1月10日(2018.1.10)		(24) 登録日　平成29年12月15日(2017.12.15)

(51) Int.Cl.			F I		
C23C	14/34	(2006.01)	C23C	14/34	C
G01B	21/30	(2006.01)	C23C	14/34	B
			G01B	21/30	101F

請求項の数 8　(全 15 頁)

(21) 出願番号	特願2016-21212 (P2016-21212)	(73) 特許権者	000002093
(22) 出願日	平成28年2月5日 (2016.2.5)		住友化学株式会社
(65) 公開番号	特開2017-137558 (P2017-137558A)		東京都中央区新川二丁目27番1号
(43) 公開日	平成29年8月10日 (2017.8.10)	(74) 代理人	100104318
	審査請求日　平成28年9月7日 (2016.9.7)		弁理士　深井　敏和
		(72) 発明者	白石　瑞樹
早期審査対象出願			東京都中央区新川2丁目27番1号　住友
			化学株式会社内
前置審査		(72) 発明者	菅原　琢人
			愛媛県新居浜市惣開町5番1号　住友化学
			株式会社内
		(72) 発明者	西岡　宏司
			愛媛県新居浜市大江町1番1号　住友化学
			株式会社内
			最終頁に続く

(54)【発明の名称】円筒型ターゲットの製造方法

↓
著录项目信息

(57)【特許請求の範囲】
【請求項1】

图3.9　日本对应申请授权公告文本中相关著录项目信息的展示

3. 中国本申请与日本对应申请的关联性关系一般包括哪些情形？

以日本申请为对应申请向 CNIPA 提出的 PPH 请求可以适用于 IP5 PPH 请求。IP5 常规 PPH 在基本型常规 PPH 的基础上拓展了申请间的关系，规定当首次申请与后续申请拥有共同的最早日（该日可以为优先权日，也可以为申请日）时，申请人即可以利用 OEE 作出的工作结果要求 OLE 进行加快审查，同时两申请间的关系也不再局限于中日两局间，可以扩展为共同要求第三个国家或地区的优先权。

具体情形如下。

71

（1）中国本申请要求了日本对应申请的优先权

中国本申请依《巴黎公约》有效要求日本对应申请的优先权，中国本申请和日本对应申请既可以是国家申请，也可以是 PCT 申请进入对应国家阶段的申请。如果中国本申请要求了多项优先权，只要在先申请中包括日本对应申请，即符合关联性关系。所述情形列举如下。

如图 3.10 所示，中国本申请和日本对应申请均为普通国家申请，且中国本申请要求了日本对应申请的优先权。

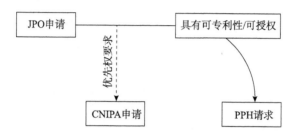

图 3.10　中国本申请和日本对应申请均为普通国家申请

如图 3.11 所示，中国本申请为 PCT 申请进入中国国家阶段的申请，且该 PCT 申请要求了日本对应申请的优先权。

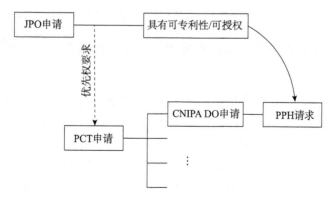

图 3.11　中国本申请为 PCT 申请进入中国国家阶段的申请

如图 3.12 所示，中国本申请要求了多项优先权，日本对应申请为其中一项优先权。

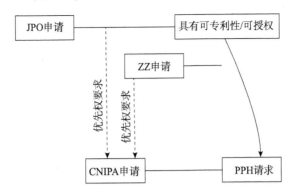

图 3.12 中国本申请要求包含日本对应申请的多项优先权

（2）日本对应申请要求了中国本申请的优先权

如果日本对应申请要求了中国申请的优先权且先于中国申请获得可授权性结论，根据《五局流程》，也可以利用日本对应申请对中国申请提出 PPH 请求。所述情形列举如下。

如图 3.13 所示，中国本申请和日本对应申请均为普通国家申请，且日本对应申请要求了中国本申请的优先权。

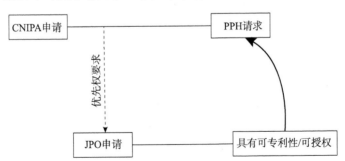

图 3.13 中国本申请和日本对应申请均为普通国家申请

如图 3.14 所示，日本对应申请为 PCT 申请进入日本国家阶段的申请，且该 PCT 申请要求了中国本申请的优先权。

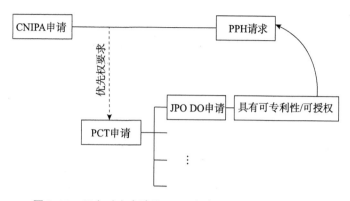

图 3.14　日本对应申请为 PCT 申请进入国家阶段的申请

如图 3.15 所示，日本对应申请要求了多项优先权，中国本申请为其中一项优先权。

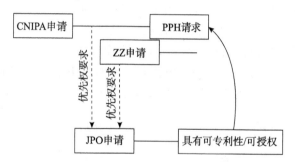

图 3.15　日本对应申请要求包含中国本申请的多项优先权

（3）中国本申请和日本对应申请要求了共同的优先权

如果中国本申请和日本对应申请要求了同一优先权，根据《五局流程》，作为中国本申请和日本对应申请共同优先权基础的在先申请可以是任意国家或地区的申请，例如日本申请、中国申请、其他国家或地区的申请、PCT 申请；而中国本申请和日本对应申请可以是普通国家申请，也可以是 PCT 申请进入国家阶段的申请。所述情形列举如下。

如图 3.16 所示，中国本申请和日本对应申请均为普通国家申请，共同要求了另一日本申请的优先权。

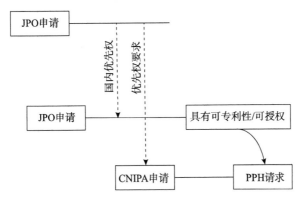

图 3.16　中国本申请和日本对应申请共同要求另一日本申请的优先权

　　如图 3.17 所示，中国本申请和日本对应申请均为普通国家申请，共同要求了另一中国申请的优先权。

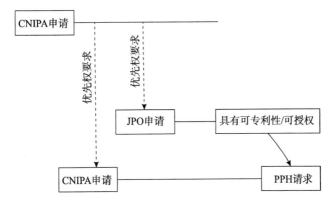

图 3.17　中国本申请和日本对应申请共同要求另一中国申请的优先权

　　如图 3.18 所示，中国本申请和日本对应申请均为普通国家申请，共同要求了其他国家或地区申请的优先权。

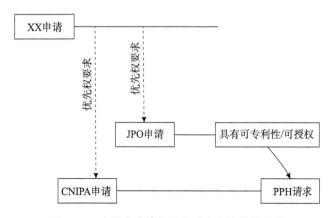

**图3.18　中国本申请和日本对应申请共同要求
其他国家或地区申请的优先权**

中国本申请和日本对应申请为同一 PCT 申请进入各自国家阶段
的申请，该 PCT 申请要求了其他国家或地区申请（见图 3.19）或
者 PCT 申请（见图 3.20）的优先权。

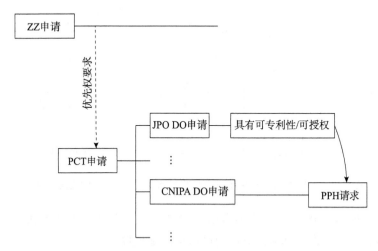

**图3.19　中国本申请和日本对应申请是同一 PCT 申请进入各自国家
阶段的申请且该 PCT 申请要求其他国家或地区申请的优先权**

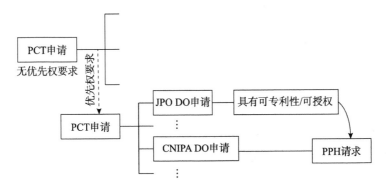

图 3.20　中国本申请和日本对应申请是同一 PCT 申请进入各自国家阶段的申请且该 PCT 申请要求另一 PCT 申请的优先权

如图 3.21 所示，中国本申请和日本对应申请共同要求了其他国家或地区申请的优先权；中国本申请和日本对应申请中，一个为普通国家申请，另一个为 PCT 申请进入国家阶段的申请。

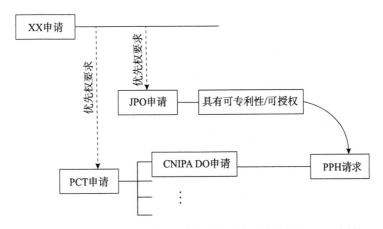

图 3.21　中国本申请与日本对应申请分别为国家申请和 PCT 申请进入国家阶段的申请且共同要求其他国家或地区申请的优先权

（4）中国本申请与日本对应申请为未要求优先权的同一 PCT 申请进入各自国家阶段的申请

详情如图 3.22 所示。

**图 3. 22　中国本申请与日本对应申请为未要求优先权的同一
PCT 申请进入各自国家阶段的申请**

（5）中国本申请要求了 PCT 申请的优先权，该 PCT 申请未要求优先权，日本对应申请是该 PCT 申请的国家阶段申请

如图 3.23 所示，中国本申请是普通国家申请，要求了 PCT 申请的优先权；日本对应申请为该 PCT 申请的国家阶段申请。

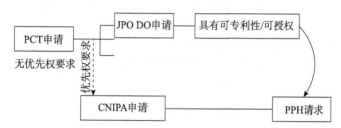

**图 3. 23　中国本申请要求 PCT 申请作为优先权且日本对应
申请为该 PCT 申请的国家阶段申请**

如图 3.24 所示，中国本申请是 PCT 申请进入中国国家阶段的申请，要求了另一 PCT 申请的优先权。日本对应申请是作为优先权基础的该另一 PCT 申请的国家阶段申请。

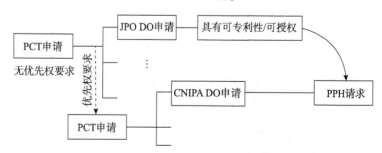

**图 3. 24　中国本申请作为 PCT 申请进入国家阶段申请要求另一 PCT 申请
的优先权且日本对应申请是作为优先权基础的 PCT 申请的国家阶段申请**

4. 中国本申请与日本对应申请的派生申请是否满足关联性要求？

如果中国申请与日本申请符合 PPH 流程所规定的申请间关联性关系，则中国申请的派生申请作为中国本申请，或者日本申请的派生申请作为对应申请，也符合申请间关联性关系。如图 3.25 所示，中国申请 A 为普通的中国国家申请并且有效要求了日本对应申请的优先权，中国申请 B 是中国申请 A 的分案申请，则中国申请 B 与日本对应申请的关系满足申请间关联性要求。

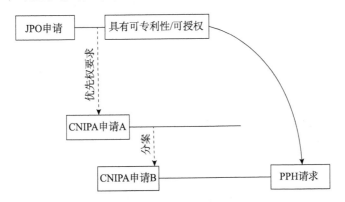

图 3.25　中国本申请为分案申请的情形

同理，如果中国本申请有效要求了日本申请 A 的优先权，日本对应申请 B 是日本申请 A 的分案申请，则该中国本申请与日本对应申请 B 的关系也满足申请间关联性要求。

三、日本对应申请可授权性的判定

1. 判定日本对应申请可授权性的最新工作结果一般包括哪些？

日本对应申请的工作结果是指与日本对应申请可授权性相关的所有日本国内工作结果，包括实质审查、复审、异议、无效、订正审判阶段通知书——通常包括授权决定、驳回理由通知书、驳回决定、审判、审决、异议决定等，如图 3.26 所示。

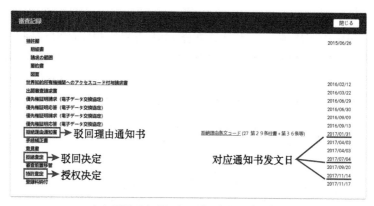

（a）驳回理由通知书、驳回决定、授权决定

（b）审决

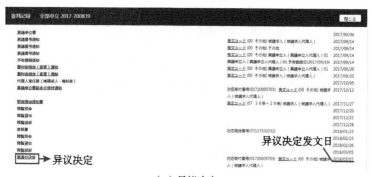

（c）异议决定

图 3.26　日本对应申请的工作结果（节选）

根据《五局流程》的规定，对于 JPO 申请而言，权利要求"被认定为可授权/具有可专利性"是指 JPO 审查员在最新的审查

意见通知书中明确指出权利要求"具有可专利性/可授权",即使该申请尚未得到专利授权。所述审查意见通知书包括授权决定(Decision to Grant a Patent)、驳回理由通知书(Notification of Reason for Refusal)、驳回决定(Decision of Refusal)、申诉决定(Appeal Decision)。

当同时存在上述多份通知书时,以向 CNIPA 提交 PPH 请求之前或当日最新的工作结果中的意见作为认定日本对应申请可授权性的标准。

2. JPO 一般如何明确指明最新可授权权利要求的范围?

在 JPO 针对对应申请作出的工作结果中,JPO 一般使用以下语段明确指明最新可授权权利要求范围。

当最新工作结果为授权决定时,JPO 通常会在通知书中指明可授权的权利要求权项范围以及如图 3.27 所示的语段。

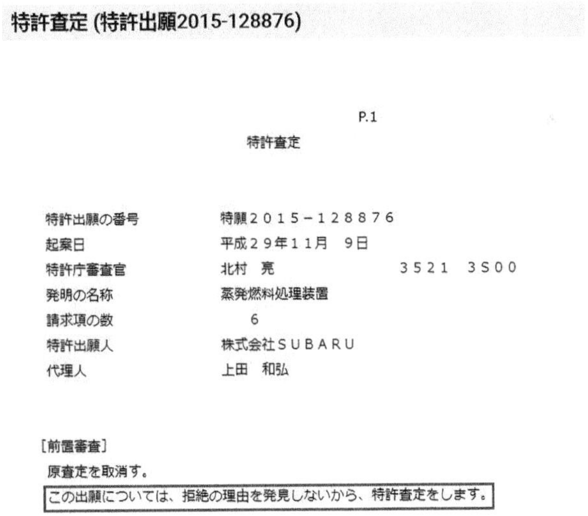

特許査定 (特許出願2015-128876)

P.1

特許査定

特許出願の番号	特願2015-128876
起案日	平成29年11月 9日
特許庁審査官	北村 亮　　　　3521 3S00
発明の名称	蒸発燃料処理装置
請求項の数	6
特許出願人	株式会社SUBARU
代理人	上田 和弘

[前置審査]
原査定を取消す。
この出願については、拒絶の理由を発見しないから、特許査定をします。

图 3.27　JPO 授权决定第一页可授权性语段示意

当日本对应申请的最新工作结果为驳回理由通知书或者驳回决

定时，JPO 一般会在通知书中指明该申请存在的缺陷和不能授权的原因。但是应注意驳回理由通知书不是最终的决定，申请人需要关注申请的后续审查进程。

若申请人在收到驳回决定后提出不服驳回决定审判请求（即复审请求），如果 JPO 认为申请人对申请文件的修改已经克服了驳回决定指出的缺陷，一般会撤销原驳回决定，作出应授予专利权的通知书，例如审判通知书。

一般来说，审判通知书中会指明可授权的权利要求权项范围，并表明该申请未被发现驳回缺陷，可以被授予专利权。

如果在日本申请授权后，公众启动了无效程序，则判定日本对应申请可授权的最新工作结果应当为无效程序中作出的工作结果，例如异议决定，如图 3.28 所示。

異議の決定 (特許出願2015-167304)

1/

異議の決定

異議２０１７－７００８３９

（省略）
特許権者　　　　　一広株式会社

（省略）
代理人弁理士　　　特許業務法人森本国際特許事務所

（省略）
特許異議申立人　　柏木 星実

特許第６１０９２６４号発明「タオルおよびタオルの製造方法」の特許異議申立事件について、次のとおり決定する。

結　論
　特許第６１０９２６４号の請求項１及び２に係る特許を維持する。

图 3.28　异议决定第一页

3. 如果日本对应申请存在授权后进行修改的情况，此时 JPO 判定权利要求可授权的最新工作结果是什么？

按照 JPO 的审查程序，专利权人在授权后可以请求对授权文本进行订正。如果在提出 PPH 请求之前，专利权人已经向 JPO 提出订正请求并被 JPO 接受，则日本对应申请可授权的最新工作结果为订正审判程序中作出的最新工作结果，例如"审决"（见图 3.29）。

此时，专利权人如果针对权利要求作出了新的修改并且为 JPO 所接受，最新可授权权利要求就不再是授权文本中公布的权利要求了，而应当为审查决定（审决）中所确定的修改后的权利要求。

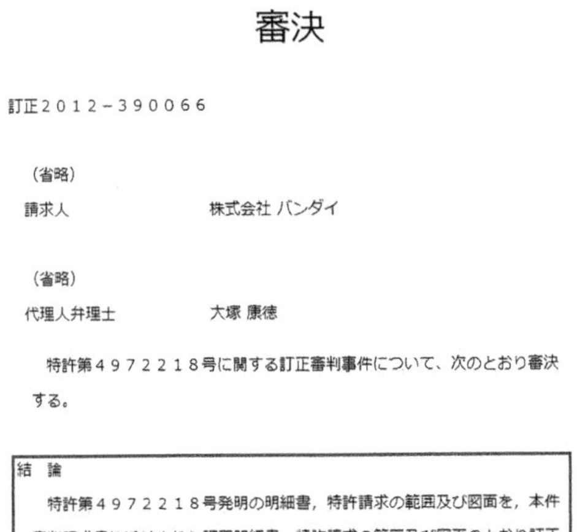

審決

訂正２０１２－３９００６６

（省略）

請求人　　　　　　　　株式会社バンダイ

（省略）

代理人弁理士　　　　　大塚　康徳

特許第４９７２２１８号に関する訂正審判事件について、次のとおり審決する。

> 結　論
> 特許第４９７２２１８号発明の明細書、特許請求の範囲及び図面を、本件審判請求書に添付された訂正明細書、特許請求の範囲及び図面のとおり訂正することを認める。

图 3.29　审决第一页

4. 能否举例说明日本对应申请的最新工作结果中不属于"明确指出"的模糊或假设性意思表示？

例如，JPO 在日本对应申请最新工作结果正文部分虽然指明该对应申请的现有技术检索结果中不存在对"三性"（新颖性、创造性、实用性）造成影响的文献，但是在通知书关于其他缺陷的评述中指出：说明书未对权利要求中记载的发明进行清楚完整的说明以使得所属技术领域的技术人员能够得以实现。类似于这种情况，JPO 未检出可驳回的对比文献，并不等同于该日本对应申请可授权——由于存在其他缺陷，实际上不能认为 JPO 给出任何权利要求可授权的意见，如图 3.30 所示。

图 3.30　驳回理由通知书中正文部分指明申请缺陷

四、相关文件的获取

1. 如何获取日本对应申请的所有工作结果副本？

可以按如下步骤获取日本对应申请的所有工作结果副本。

步骤 1 ［见图 3.31（a）］：在 JPO 官网 j–platpat 数据库中输入日本对应申请的申请号。

步骤 2 ［见图 3.31（b）］：找到日本对应申请的审查记录。

步骤 3 ［见图 3.31（c）］：找到日本对应申请在不同审查阶段的工作结果。

在步骤 3 中，申请人应当注意的是：审查记录中一般包含实质审查阶段的驳回理由通知书、驳回决定和授权决定；申诉记录中一般包含复审、异议、无效、订正审判阶段的审判、审决和异议决定；而分案信息则在分案记录中予以记载。

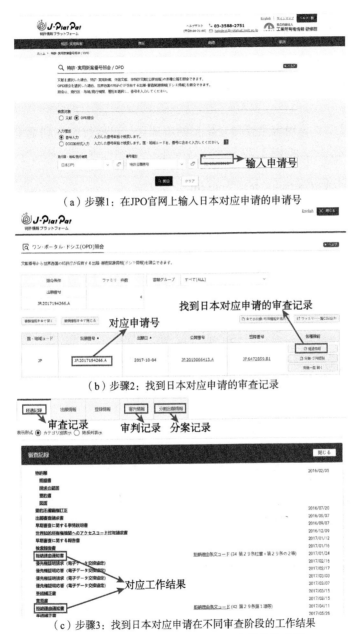

（a）步骤1：在JPO官网上输入日本对应申请的申请号

（b）步骤2：找到日本对应申请的审查记录

（c）步骤3：找到日本对应申请在不同审查阶段的工作结果

图 3.31　日本对应申请工作结果副本的获取步骤

2. 能否举例说明日本对应申请的工作结果副本的样式？

（1）授权决定

JPO 作出的授权决定一般包含首页、正文、参考信息三个部分。

其中首页内容主要包含申请的申请号、可授权的权利要求数以及授权决定，如图 3.32 所示。

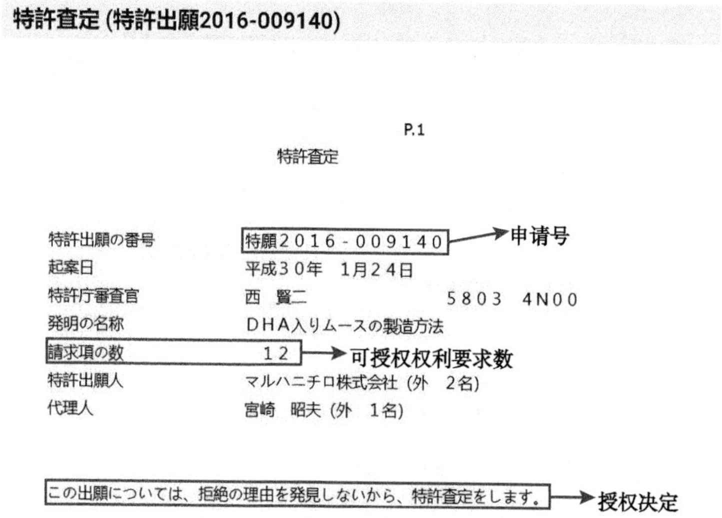

特許査定 (特許出願2016-009140)

图 3.32　JPO 作出的授权决定首页示例

授权决定正文部分之后会记载针对该申请的各类详细信息，其中包括该申请的分类号、参考专利文献和非专利文献等，如图 3.33 和图 3.34 所示。

（2）驳回理由通知书和驳回决定

JPO 作出的驳回理由通知书和驳回决定一般包含申请的驳回结论、驳回理由以及参考的专利和非专利文献，如图 3.35 和图 3.36 所示。

P.2

1．出願種別　　　　　通常

2．参考文献　　　　　有

3．特許法第３０条適用　無

4．発明の名称の変更　無

5．国際特許分類（ＩＰＣ）

A23L　17／00　　　A,
A23L　13／60　　　Z,
A23L　33／12

6．菌寄託

7．出願日の遡及を認めない旨の表示

图 3. 33　JPO 作出的授权决定示例

P.3

参考情報

特許出願の番号　　　特願２０１６－００９１４０

1．調査した分野（ＩＰＣ，DB名）

A23L　13／00-17／50
JSTPlus／JMEDPlus／JST7580（JDreamIII）
FSTA／WPIDS（STN）

2．参考特許文献

特開２０１１－１７７０９０　　　　　　（JP, A）　→专利文献

3．参考図書雑誌　　　　　　　　　　　　→非专利文献

DEY, Tanmoy kumar et al., Comparative study of gastrointestinal absorp
tion of EPA & DHA rich fish oil from nano and conventional emulsion fo
rmulation in rats, Food. Res. Int., ２０１２年, Vol. 49, pp. 72-79
WALKER, Rebecca et al., Development of food-grade nanoemulsions and em
ulsions for delivery of omega-3 fatty acids: opportunities and obstacl
es in the food industry, Food Funct., ２０１５年, Vol. 6, pp. 42-55

图 3. 34　JPO 作出的授权决定参考文献示例

P.1

拒絶理由通知書 ▶ **驳回理由通知书**

特許出願の番号	特願2015-128876
起案日	平成29年 1月23日
特許庁審査官	北村 亮 3521 3S00
特許出願人代理人	上田 和弘 様
適用条文	第29条第2項、第36条

驳回结论

この出願は、次の理由によって拒絶をすべきものです。これについて意見がありましたら、この通知書の発送の日から60日以内に意見書を提出してください。

理由 ▶ **驳回理由**

1．（進歩性）この出願の下記の請求項に係る発明は、その出願前に日本国内又は外国において、頒布された下記の刊行物に記載された発明又は電気通信回線を通じて公衆に利用可能となった発明に基いて、その出願前にその発明の属する技術の分野における通常の知識を有する者が容易に発明をすることができたものであるから、特許法第29条第2項の規定により特許を受けることができない。

2．（明確性）この出願は、特許請求の範囲の記載が下記の点で、特許法第36条第6項第2号に規定する要件を満たしていない。

記 （引用文献等については引用文献等一覧参照） ▶ **参考文献**

图3.35 JPO作出的驳回理由通知书示例

P.1

拒絶査定 ▶ **驳回决定**

特許出願の番号	特願2015-128876
起案日	平成29年 6月27日
特許庁審査官	北村 亮 3521 3S00
発明の名称	蒸発燃料処理装置
特許出願人	株式会社SUBARU
代理人	上田 和弘

驳回结论

この出願については、平成29年 1月23日付け拒絶理由通知書に記載した理由1によって、拒絶をすべきものです。

なお、意見書及び手続補正書の内容を検討しましたが、拒絶理由を覆すに足りる根拠が見いだせません。

備考

●理由1（特許法第29条第2項）について ▶ **驳回理由**

・請求項 1，4，6及び7

・引用文献等 1

・備考

图3.36 JPO作出的驳回决定示例

88

（3）授权后修改

JPO 作出的授权后修改的答复通知书一般包含申请授权后修改的结论、理由以及修改事项等内容，如图 3.37 所示的审决通知。

審決 (特許出願2011-177239)

審決 ——→ 审判决定

¹/

訂正2012-390066

結　論
　　特許第４９７２２１８号発明の明細書，特許請求の範囲及び図面を，本件審判請求書に添付された訂正明細書，特許請求の範囲及び図面のとおり訂正することを認める。 ——→ 审判结论

理　由 ——→ 审判理由
　1　手続の経緯
　　本件審判の請求に係る特許第４９７２２１８号発明 (以下，「本件特許」という。) は，平成２３年８月１２日に出願されたものであり，平成２４年１月１９日付けの手続補正書により補正された請求項１～９に係る発明について，平成２４年４月１３日に特許権の設定登録がなされたものである。

²/

　　その後，平成２４年５月２５日付けで審判請求書と訂正明細書，特許請求の範囲及び図面が提出され，訂正審判の請求 (以下，「本件審判の請求」という。) がなされたものである。

　2　請求の趣旨
　　本件審判の請求の趣旨は，本件特許に係る明細書，特許請求の範囲及び図面 (以下「本件特許明細書等」という。) を審判請求書に添付した訂正明細書，特許請求の範囲及び図面のとおり，すなわち，下記訂正事項 (1) ～ (4) のとおりに訂正することを求めるものである。

[訂正事項]
(1) 訂正事項1 ——→ 订正事项
　　請求項１，２に関して，全ての「イヤホンジャック」を，「イヤホンプラグ」と訂正する。

图 3.37　JPO 作出的审决通知示例

（4）无效通知

JPO 作出的无效通知书一般包含对申请是否无效的结论、理由

89

以及参考文献等内容，如图 3.38 所示的异议决定。

異議２０１７－７００８３９

　　（省略）
特許権者　　　　　　一広株式会社

　　（省略）
代理人弁理士　　　　特許業務法人森本国際特許事務所

　　（省略）
特許異議申立人　　　柏木 里実

特許第６１０９２６４号発明「タオルおよびタオルの製造方法」の特許異
議申立事件について、次のとおり決定する。

┌─────────────────────────────┐
│結　論   │
│　　特許第６１０９２６４号の請求項１及び２に係る特許を維持する。│ ➡ 异议决定
└─────────────────────────────┘

│理　由│ ➡ 异议理由

图 3.38　JPO 作出的异议决定示例

3. 如何获取日本对应申请的最新可授权的权利要求副本？

如图 3.39 所示，如果日本对应申请已经授权公告，则可以在
授权公告中获得已授权的权利要求。

No.	出願番号 ▲	公開番号 ▲	公告番号 ▲	登録番号 ▲
1	特願2016-083533	特開2017-192485	-	特許6419103
2	特願2016-018700	特開2016-083533	-	特許6236715

图 3.39　JPO 网站日本对应申请的授权公告信息列表

　　如图 3.40 所示，如果日本对应申请尚未授权公告，则可以通过查询审查记录获取最新可授权的权利要求。

| 経過記録 | 出願情報 | 登録情報 |

表示形式 ○ カテゴリ別表示 ◉ 時系列表示

審査記録	特許願	2016/04/19
審査記録	明細書	
審査記録	請求の範囲	
審査記録	要約書	
審査記録	図面	
審査記録	世界知的所有権機関へのアクセスコード付与	2016/12/21
	請求書	
審査記録	優先権証明請求 (電子データ交換協定)	2017/02/24
審査記録	優先権証明応答 (電子データ交換協定)	2017/02/27
審査記録	出願審査請求書	2017/07/26
審査記録	拒絶理由通知書	拒絶理由条文コード (22 第29条第1項等)	2018/07/10
審査記録	手続補正書	2018/08/29
審査記録	意見書	2018/08/29
審査記録	応対記録	2018/09/06
審査記録	特許査定	2018/09/11
登録記録	特許証発送	2018/09/11

图 3.40　JPO 网站日本对应申请的审查记录列表

4. 能否举例说明日本对应申请的可授权权利要求副本的样式？

　　申请人在提交日本对应申请的最新可授权权利要求副本时，可以自行提交任意形式的权利要求副本，并非必须提交官方副本。日本对应申请的可授权权利要求副本的样式如图 3.41 所示。

```
(19) 日本国特許庁(JP)          (12) 特 許 公 報(B2)          (11) 特許番号
                                                            特許第6419103号
                                                                (P6419103)
(45) 発行日  平成30年11月7日(2018.11.7)          (24) 登録日  平成30年10月19日(2018.10.19)

(51) Int.Cl.                      F I
  A 6 1 F  13/49   (2006.01)      A 6 1 F   13/49   3 1 1 Z
  A 6 1 F  13/15   (2006.01)      A 6 1 F   13/49   3 1 2 Z
  A 6 1 F  13/496  (2006.01)      A 6 1 F   13/15   3 1 1 A
                                  A 6 1 F   13/49   4 1 3
                                  A 6 1 F   13/496  1 0 0
                                       請求項の数 5  (全 15 頁)  最終頁に続く

(21) 出願番号   特願2016-83533 (P2016-83533)   (73) 特許権者  000115108
(22) 出願日    平成28年4月19日 (2016.4.19)              ユニ・チャーム株式会社
(65) 公開番号   特開2017-192485 (P2017-192485A)        愛媛県四国中央市金生町下分182番地
(43) 公開日    平成29年10月26日 (2017.10.26)  (74) 代理人  110000176
             審査請求日  平成29年7月26日 (2017.7.26)        一色国際特許業務法人
                                        (72) 発明者  吉岡 稔泰
                                              香川県観音寺市豊浜町和田浜1531-7
                                              ユニ・チャーム株式会社テクニカルセン
                                              ター内
                                        (72) 発明者  深澤 潤
                                              香川県観音寺市豊浜町和田浜1531-7
                                              ユニ・チャーム株式会社テクニカルセン
                                              ター内

                                                          最終頁に続く

(54) 【発明の名称】パンツ型の吸収性物品


(57) 【特許請求の範囲】
 【請求項1】
  縦方向と、前記縦方向と交差する横方向とを有し、
  排泄物を吸収する吸収性コアを備えた吸収性本体と、
  前記吸収性本体の一端側に位置する背側胴回り部と、
  前記吸収性本体の他端側に位置する腹側胴回り部と、
```

图 3.41 JPO 授权公告文本中记载的权利要求样式（节选）

注：权利要求的全部内容需完整提交，这里限于篇幅，不再展示后续内容。

5. 如何获取日本对应申请的工作结果中的引用文献信息？

日本对应申请的工作结果中的引用文献分为专利文献和非专利文献。JPO 在审查和检索中所引用的所有文献的信息都会被记载在日本对应申请的工作结果中。申请人可以通过查询日本对应申请的所有工作结果的内容获取其信息。

对于 JPO 已经作出授权决定的日本对应申请，申请人可以直接从日本对应申请的授权决定通知书中获取其所有的引用文献信息，包括专利文献信息和非专利文献信息，如图 3.42 所示。

２．参考特許文献

```
国際公開第２００５／００７７３１        （WO，A１）
特開２０１２-２１４６２３            （JP，A）
特開２０１５-１８３１８２            （JP，A）
特開２０１２-１９７３７３            （JP，A）
特開２０１０-２４７５２９            （JP，A）
```

３．参考図書雑誌

プラスチック材料の［摩擦・摩耗性］，樹脂プラスチック材料協会,［online］
，日本，２０１９年　８月１６日,インターネット, http:www.jushiplastic.
com/wear-resistance

图 3.42　日本对应申请的授权决定通知书中记载的引用文献信息

6. 如何获知引用文献中的非专利文献构成日本对应申请的驳回理由?

申请人可以通过查询 JPO 发出的各个阶段的工作结果如驳回理由通知书、驳回决定，获取 JPO 申请中构成驳回理由的非专利文献信息。若 JPO 工作结果中含有利用非专利文献对日本对应申请的新颖性、创造性进行评判的内容，且该内容中显示该非专利文献影响了日本对应申请的新颖性、创造性，则该非专利文献属于构成驳回理由的文献，如图 3.43 所示。

理由

１．（サポート要件）この出願は、特許請求の範囲の記載が下記の点で、特許法第３６条第６項第１号に規定する要件を満たしていない。

２．（実施可能要件）この出願は、発明の詳細な説明の記載が下記の点で、特許法第３６条第４項第１号に規定する要件を満たしていない。
　　記　　（引用文献等については引用文献等一覧参照）
●理由１、理由２について　　　　　驳回理由通知书中引出涉及
・請求項１、４-９　　　　　　　　 驳回理由的引用文件
・引用文献１

图 3.43　驳回理由通知书中构成驳回理由的非专利文献样例

五、信息填写和文件提交的注意事项

1. 在 PPH 请求表中填写中国本申请与日本对应申请的关联性关系时，有哪些注意事项？

（1）在 PPH 请求表中表述中国本申请与日本对应申请的关联性关系时，必须写明中国本申请与日本对应申请之间的关联方式（如优先权、PCT 申请不同国家阶段等）。如果中国本申请与日本对应申请达成关联需要经过一个或多个其他相关申请，也需写明相关申请的申请号以及达成关联的具体方式。

例如：

①中国本申请是中国申请 A 的分案申请，日本对应申请是日本申请 B 的分案申请，日本申请 B 要求了中国申请 A 的优先权。

②中国本申请是中国申请 A 的分案申请，中国申请 A 是 PCT 申请 B 进入中国国家阶段的申请。日本对应申请与 PCT 申请 B 共同要求了日本申请 C 的优先权。

（2）涉及多个日本对应申请时，则需分条逐项写明中国本申请与每一个日本对应申请的关系。

2. 在 PPH 请求表中填写中国本申请与日本对应申请权利要求的对应性解释时，有哪些注意事项？

在对中国本申请与日本对应申请权利要求的对应性进行解释时，需要注意的是，由于语言差异，某些形似的词语在中文和日文中具有不同的语义。例如，"刀具"一词在日文机械类词典中有时含义是"工具"，而中文中的"刀具"一般是"工具"的下位概念，仅指刀具。

其他注意事项参见本书第一章的相关内容即可。

3. 在 PPH 请求表中填写日本对应申请所有工作结果的副本名称时，有哪些注意事项？

（1）应当填写 JPO 在所有审查阶段作出的全部工作结果，既包括实质审查阶段的所有通知书，也包括实质审查阶段以后的审判、异议等阶段的所有通知书。

（2）各工作结果的作出时间应当为其发文日，在发文日无法确定的情况下允许申请人填写其起草日或完成日。如图 3.26 所示，所有工作结果的发文日一般都在审查记录中可以找到，应准确填写。

（3）对各工作结果的名称应当使用其正式的中文译名填写，不得以"通知书"或者"审查意见通知书"代替。《中日流程》和《五局流程》均列举了 JPO 作出的工作结果规范的中文译名，例如授权决定、驳回理由通知书、驳回决定。

（4）对于未在中日 PPH 试点项目相关协议中给出明确中文译名的工作结果，申请人可以按其原文名称自行翻译后填写在 PPH 请求表中并将其原文名称填写在翻译的中文名称后的括号内，以便审查核对。

（5）如果有多个日本对应申请，请分别对各个日本对应申请（即 OEE 申请）进行工作结果的查询并填写到 PPH 请求表中。

4. 在 PPH 请求表中填写日本对应申请所有工作结果引用副本的名称时，有哪些注意事项？

在填写日本对应申请所有工作结果引用副本的名称时，无特别注意事项，参见本书第一章的相关内容即可。

5. 在提交日本对应申请的工作结果副本及译文时，有哪些注意事项？

在提交日本对应申请的工作结果副本及译文时，申请人应当注意如下事项。

（1）根据《五局流程》的规定，当日本对应申请的所有工作结果副本及译文已经在 JPO 官方网站上进行公布，CNIPA 可以完整获取其所有信息时，申请人可以选择省略提交以上所述文件，但应当注意如下不能通过案卷访问系统获得的情形。

①当申请人选择通过案卷访问系统获得日本对应申请的工作结果及译文，而实际上 JPO 官方网站并未公布该日本对应申请的相应数据或 CNIPA 无法正常获取 JPO 官方网站数据时，CNIPA 会通知申请人自行提交相应文件。

②当日本对应申请的审批流程中涉及复审、异议、无效、订正程序时，如果 JPO 未在官方网站上完整公布上述通知书的完整信息，则申请人不能选择通过案卷访问系统获得，而必须自行准备并向 CNIPA 提交所有工作结果通知书副本及其译文。

③若日本对应申请在 JPO 授权公告后，又经过了异议、无效或订正程序，且最新的可授权权利要求文本发生了变化，则申请人应向 CNIPA 提交新的工作结果通知书副本及其译文。

（2）如果申请人自行提交日本对应申请的工作结果副本或其译文，则需要完整提交所有工作结果的副本或其译文——包括其著录项目信息、格式页或附件也应当提交。不允许自行提交部分工作结果副本或其译文——应请求通过案卷访问系统获取另一部分。

6. 在提交日本对应申请的最新可授权权利要求副本及译文时，有哪些注意事项？

申请人在提交日本对应申请的最新可授权权利要求副本时，一是要注意可授权权利要求是否最新，例如在授权后的订正程序中对权利要求有修改的情况；二是要注意权利要求的内容是否完整，即使有一部分权利要求在 CNIPA 申请中没有被利用到，也需要一起完整提交。

根据《五局流程》的规定，申请人还可以选择省略提交此文件——具体是在请求表中勾选"请求通过案卷访问系统或 PATENT-SCOPE 获取上述文件"，由审查员自行获取相关文件。

需要注意的是，如果申请人既未自行提交权利要求副本，又未选择省略提交利要求副本，将会导致此次 PPH 请求不合格。

另外，如果申请人选择请求通过案卷访问系统或 PATENT-SCOPE 获取上述文件，但是 CNIPA 审查中发现该日本对应申请的权利要求副本数据暂时无法获得，被要求申请人补充提交上述文件。

　　根据《五局流程》的规定，如果 JPO 官网中记载了关于该权利要求副本的机器翻译，则在常规 PPH 中，申请人可以选择省略提交日本对应申请权利要求副本译文。但是如果 CNIPA 审查员无法理解机器翻译的权利要求译文，将发出 PPH 补正通知书，要求申请人补充提交译文。JPO 官网关于权利要求副本的机器翻译如图 3.44 所示。

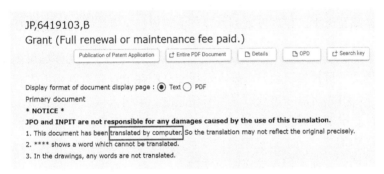

图 3.44　JPO 官网中可授权权利要求的机器翻译英文译文

　　如果申请人既未提交日本对应申请的权利要求副本译文，又未声明省略提交，将会导致此次 PPH 请求不合格。另外，如果申请人选择请求通过案卷访问系统或 PATENTSCOPE 获取上述文件，但是 CNIPA 审查中发现该日本对应申请权利要求的副本数据暂时无法获得，将要求申请人补充提交上述文件。

7. 在提交日本对应申请的工作结果中引用的非专利文献副本时，有哪些注意事项？

　　当日本对应申请的工作结果中的非专利文献涉及驳回理由时，申请人应当在提交 PPH 请求时将所有涉及驳回理由的非专利文献副本一并提交。而对于所有的专利文献和未构成驳回理由的非专利文献，申请人只需将其信息填写在 PPH 请求书 E 项第 2 栏中即可，不需要提交相应的文献副本。

申请人提交文献时应确保其提交的内容完整，提交的类型正确，即按照"对应申请审查意见引用文献副本"类型提交。

如果所需提交的非专利文献是由除中文或英文之外的语言撰写，申请人也只需提交非专利文献文本即可，不需要对其进行翻译。

如果日本对应申请存在两份或两份以上非专利文献副本，则应该作为一份"对应申请审查意见引用文献副本"提交。

8. 在常规 PPH 试点项目中，哪些情形下，日本对应申请的工作结果及译文、权利要求副本及译文可以通过案卷访问系统获得？

根据《五局流程》规定，当日本对应申请的所有工作结果副本及译文、可授权权利要求副本及译文已经在 JPO 官方网站上进行公布，CNIPA 可以完整获取其所有信息时，申请人可以省略提交上述文件。申请人提交 PPH 请求时，仅需在 PPH 请求表 C 项"文件提交"中勾选"请求通过案卷访问系统或 PATENTSCOPE 获取上述文件"即可，而无需再提交相应文件。

例外情形：

①当申请人选择通过案卷访问系统获得日本对应申请的工作结果及译文、可授权权利要求副本及译文，而实际上 JPO 官方网站并未公布该日本对应申请的相应数据或 CNIPA 无法正常获取 JPO 官方网站的数据时，CNIPA 将通知申请人自行提交相应文件。

②当针对日本对应申请的审批流程中涉及复审、异议、无效、订正程序时，如果 JPO 未在官方网站上完整公布上述通知书的完整信息，则申请人此时不能选择通过案卷访问系统获得，而必须自行准备并向 CNIPA 提交所有工作结果通知书副本及其译文。

③当日本对应申请授权公告后，又经过了异议、无效或订正程序，且最新的可授权权利要求文本发生了变化时，申请人应按照实际情况自行制作最新的可授权权利要求文本并向 CNIPA 提交该权利要求的副本及译文。

第四章 基于美国专利商标局工作结果向中国国家知识产权局提交常规 PPH 请求

一、概述

1. 基于 USPTO 工作结果向 CNIPA 提交 PPH 请求的项目依据是什么？

中美 PPH 试点于 2011 年 12 月 1 日起开始试行。2013 年 9 月，IP5 又就启动一项全面的 IP5 PPH 试点项目达成一致意见；IP5 PPH 试点项目于 2014 年 1 月 6 日启动。

《在中美专利审查高速路（PPH）试点项目下向中国国家知识产权局提出 PPH 请求的流程》（以下简称《中美流程》）和《五局流程》是基于 USPTO 工作结果向 CNIPA 提交 PPH 请求的项目依据。

2. 基于 USPTO 工作结果向 CNIPA 提交 PPH 请求的种类分为哪些？

按照提出 PPH 请求所使用的对应申请审查机构的工作结果来划分，基于 USPTO 工作结果向 CNIPA 提交 PPH 请求的种类包括常规 PPH 和 PCT – PPH。本章内容仅涉及基于 USPTO 工作结果向 CNIPA 提交常规 PPH 的实务；提交 PCT – PPH 的实务建议请见本书第二章内容。

3. CNIPA 与 USPTO 开展 PPH 试点项目的期限有多长？

现行中美 PPH 试点项目自 2013 年 12 月 1 日起无限期延长。在两局提交 PPH 请求的有关要求和流程不变。

现行 IP5 PPH 试点项目自 2023 年 1 月 6 日起再延长三年，至 2026 年 1 月 5 日止。

今后，CNIPA 将视情况，根据局际间的共同决定作出是否继续延长试点项目及相应延长期限的决定。

4. 基于 USPTO 工作结果向 CNIPA 提交 PPH 请求有无领域和数量限制？

《五局流程》中提到："两局在请求数量超出可管理的水平时，或出于其他任何原因，可终止本 PPH 试点。PPH 试点终止之前，将先行发布通知。"

5. 如何获得美国对应申请的相关信息？

申请人可以通过登录 USPTO 的官方网站（网址 www.uspto.gov）查询美国对应申请的相关信息。

如图 4.1 所示，申请人进入 USPTO 网站的"Patents"主页后，在"Search for Patents"项目下选择"Global Dossier"，即可进入全球案卷专利信息平台——此平台下目前可以查找到包括 IP5 在内的相关申请的案卷信息。点击平台任务栏"single portal/user interface"进入具体的专利信息查询界面。

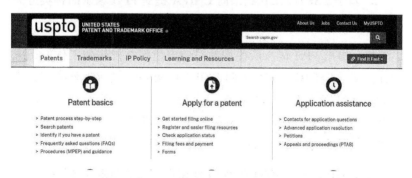

图 4.1　USPTO 专利主页

如图 4.2 所示，进入查询页面后，系统默认所选专利审查机构为 USPTO，类型为申请，输入对应申请正确的申请号即可进行检索，申请号填写格式为 × × nnnnnn，例如 10/123456 应当填写为 10123456。输入后，会弹出与输入申请号相关的同族专利，选择对应申请的相关条目，点击申请号下方的查看案卷（view dossier；见图 4.3），可以查看该申请的申请文件以及所有工作结果通知书等。

图 4.2　USPTO 全球案卷专利信息平台

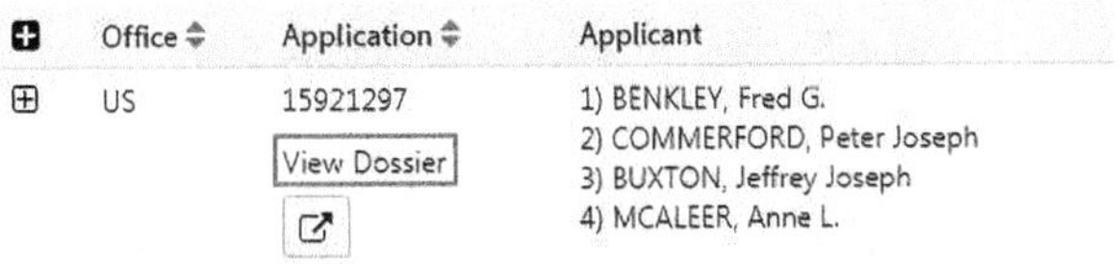

图 4.3　通过 USPTO 全球案卷系统查询对应申请有关信息

如图 4.4 所示，申请人在 "Search for Patents" 的项目下选择 "Patent Public Search"，进入后选择 "Advanced Search"，输入申请号，即可查阅美国对应申请的授权公告文本信息（见图 4.5）。

图 4.4　授权公告文本信息的获取过程

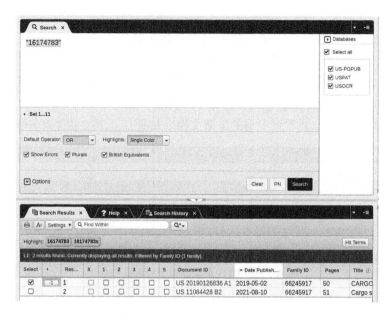

图 4.5　授权公告文本信息的获取结果

二、中国本申请与美国对应申请关联性的确定

1. 美国对应申请号的格式是什么？如何确认美国对应申请号？

如图 4.6 所示，对于 USPTO 专利申请，申请号的格式一般为
US 1 * / ******，如图 4.6 所示的 15/921297。

美国对应申请号是指申请人在 PPH 请求中所要利用的 USPTO
工作结果中记载的申请号。申请人可以通过 USPTO 作出的国内工
作结果，例如授权及缴费通知书，获取美国对应申请号。

需要注意的是，由于美国临时申请不会经过审查程序，因此临
时申请不能作为美国对应申请。美国临时申请的命名规则为 6 * / *
*****，在填写美国对应申请号时，美国对应申请号不应当被填写
为 6 * / ****** 的临时申请号。

APPLICATION NO.	FILING DATE	FIRST NAMED INVENTOR	ATTORNEY DOCKET NO.	CONFIRMATION NO.
15/921,297	03/14/2018	Fred G. BENKLEY III	3443-161.US	7240

6449	7590	01/25/2019		EXAMINER

ROTHWELL, FIGG, ERNST & MANBECK, P.C.
607 14th Street, N.W.
SUITE 800
WASHINGTON, DC 20005

EXAMINER	
VO, TUYEN KIM	

ART UNIT	PAPER NUMBER
2887	

NOTIFICATION DATE	DELIVERY MODE
01/25/2019	ELECTRONIC

Please find below and/or attached an Office communication concerning this application or proceeding.

The time period for reply, if any, is set in the attached communication.

Notice of the Office communication was sent electronically on above-indicated "Notification Date" to the following e-mail address(es):

PTO-PAT-Email@rfem.com

图 4.6　授权及缴费通知书中美国对应申请的申请号

103

2. 美国对应申请的著录项目信息如何核实？

申请人一般可以通过以下三种方式获取美国对应申请的著录项目信息。

一是在美国对应申请的请求书（见图 4.7）或受理通知书（见图 4.8）中获取相关著录项目信息，包括优先权（如果有；见图 4.8）、申请人等信息。

Application Data Sheet 37 CFR 1.76	Attorney Docket Number	3443-161.US
	Application Number	
Title of Invention	SENSOR ARRAY SYSTEM SELECTIVELY CONFIGURABLE AS A FINGERPRINT SENSOR OR DATA ENTRY DEVICE	

The application data sheet is part of the provisional or nonprovisional application for which it is being submitted. The following form contains the bibliographic data arranged in a format specified by the United States Patent and Trademark Office as outlined in 37 CFR 1.76.
This document may be completed electronically and submitted to the Office in electronic format using the Electronic Filing System (EFS) or the document may be printed and included in a paper filed application.

Secrecy Order 37 CFR 5.2:

☐ Portions or all of the application associated with this Application Data Sheet may fall under a Secrecy Order pursuant to 37 CFR 5.2 (Paper filers only. Applications that fall under Secrecy Order may not be filed electronically.)

Inventor Information:

Inventor	1			Remove	
Legal Name					
Prefix	Given Name	Middle Name	Family Name		Suffix
▼	Fred	G.	BENKLEY		III ▼
Residence Information (Select One)		● US Residency	Non US Residency	Active US Military Service	
City	Andover	State/Province	MA	Country of Residence	US

图 4.7　美国对应申请请求书首页样例

Applicant(s)
Konstantin Tikhonov, Pleasanton, CA;
Tobias Johnson, Union City, CA;
Jesse Chau, Newark, CA;
Ka Ki Yip, San Leandro, CA;
Marc Juzkow, Livermore, CA;
Assignment For Published Patent Application
Leyden Energy, Inc., Fremont, CA
Power of Attorney: None

Domestic Priority data as claimed by applicant
This appln claims benefit of 61/413,171 11/12/2010

Foreign Applications (You may be eligible to benefit from the **Patent Prosecution Highway** program at the USPTO. Please see http://www.uspto.gov for more information.)

If Required, Foreign Filing License Granted: 10/26/2011

The country code and number of your priority application, to be used for filing abroad under the Paris Convention, is **US 13/273,114**

图4.8 美国对应申请受理通知书中的优先权信息

二是通过美国对应申请的授权公告本文获取并核实相关著录项目信息（见图4.9），相关著录项目信息会在授权公告文本的扉页显示，包括申请号、国际申请号（如果有）、优先权号（如果有）、申请人。

著录项目信息

(19) **United States**
(12) **Patent Application Publication** (10) Pub. No.: US 2019/0126836 A1
Navarro et al. (43) **Pub. Date:** **May 2, 2019**

(54) CARGO STORAGE SYSTEM FOR A VEHICLE

(71) Applicant: **Pro-gard Products, LLC**, Noblesville, IN (US)

(72) Inventors: **Mike Navarro**, Noblesville, IN (US); **John Eichhorn**, Indianapolis, IN (US)

(73) Assignee: **Pro-gard Products, LLC**, Noblesville, IN (US)

(21) Appl. No.: **16/174,783**

(22) Filed: **Oct. 30, 2018**

Related U.S. Application Data

(60) Provisional application No. 62/579,122, filed on Oct. 30, 2017.

Publication Classification

(51) Int. Cl.
B60R 5/00 (2006.01)
(52) U.S. Cl.
CPC *B60R 5/003* (2013.01)

(57) **ABSTRACT**

A cargo storage system for a vehicle configured to be installed in the rear storage area of the vehicle. The illustrative cargo storage system includes a plurality of upright support brackets and a cargo shelf. The cargo shelf illustratively includes at least one reinforcing rib for strengthening the cargo shelf. The cargo shelf may also include an adjustable sliding panel configured to move relative to the cargo shelf.

图4.9 美国对应申请授权公告文本中的相关著录项目信息

三是涉及派生申请时——包括分案申请、继续申请、部分继续申请，也包括优先权以及享受在先申请的权益等情形时，申请人应当在 USPTO 数据库中详细查找。

3. 中国本申请与美国对应申请的关联性关系一般包括哪些情形？

以美国申请为对应申请向 CNIPA 提出的 PPH 请求可以适用于 IP5 PPH 请求。IP5 常规 PPH 在基本型常规 PPH 的基础上拓展了申请间的关系，规定当首次申请与后续申请拥有共同的最早日（该日可以为优先权日，也可以为申请日）时，申请人即可以利用 OEE 作出的工作结果要求 OLE 进行加快审查，同时两申请间的关系也不再局限于中美两局间，可以扩展为共同要求第三个国家或地区的优先权。

具体情形如下。

（1）中国本申请要求了美国对应申请的优先权

中国本申请依《巴黎公约》有效要求美国对应申请的优先权，中国本申请和美国对应申请既可以是国家申请，也可以是 PCT 申请进入对应国家阶段的申请。

如果中国本申请要求了多项优先权，只要在先申请中包括美国对应申请，即符合关联性关系。所述情形列举如下。

如图 4.10 所示，中国本申请和美国对应申请均为普通国家申请，且中国本申请要求了美国对应申请的优先权。

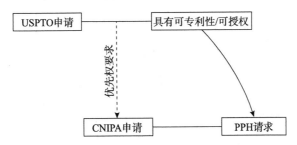

图 4.10　中国本申请和美国对应申请均为普通国家申请

如图 4.11 所示，中国本申请为 PCT 申请进入国家阶段的申请，且该 PCT 申请要求了美国对应申请的优先权。

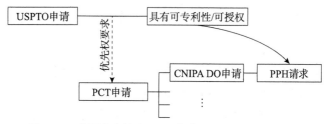

图 4.11　中国本申请为 PCT 申请进入国家阶段的申请

如图 4.12 所示，中国本申请要求了多项优先权，美国对应申请为其中一项优先权。

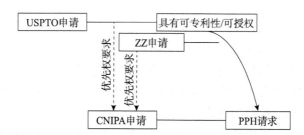

图 4.12　中国本申请要求包含美国对应申请的多项优先权

（2）美国对应申请要求了中国本申请的优先权

如果美国对应申请要求了中国申请的优先权且先于中国申请获得可授权性结论，根据《五局流程》，也可以利用美国对应申请对中国申请提出 PPH 请求。所述情形列举如下。

如图 4.13 所示，中国本申请和美国对应申请均为普通国家申请，且美国对应申请要求了中国本申请的优先权。

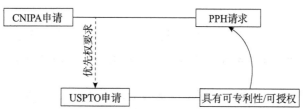

图 4.13　中国本申请和美国对应申请均为普通国家申请

如图 4.14 所示，美国对应申请为 PCT 申请进入国家阶段的申请，且该 PCT 申请要求了中国本申请的优先权。

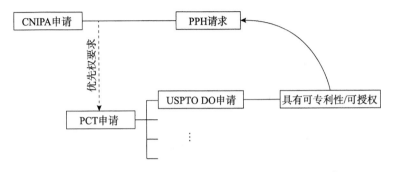

图 4.14　美国对应申请为 PCT 申请进入国家阶段的申请

如图 4.15 所示，美国对应申请要求了多项优先权，中国本申请为其中一项优先权。

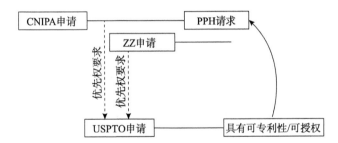

图 4.15　美国对应申请要求包含中国本申请的多项优先权

（3）中国本申请和美国对应申请要求了共同的优先权

如果中国本申请和美国对应申请要求了同一优先权，根据《五局流程》，作为中国本申请和美国对应申请共同优先权基础的在先申请可以是任意国家或地区的申请，例如美国申请、中国申请、其他国家或地区的申请、PCT 申请；而中国本申请和美国对应申请可以是普通国家申请，也可以是 PCT 申请进入各自国家阶段的申请。所述情形列举如下。

如图 4.16 所示，中国本申请和美国对应申请均为普通国家申请，共同要求了另一美国申请的优先权。

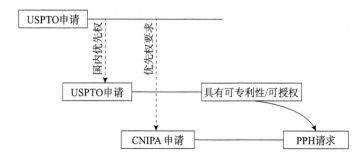

图 4.16　中国本申请与美国对应申请共同要求另一美国申请的优先权

　　如图 4.17 所示，中国本申请和美国对应申请均为普通国家申请，共同要求了另一中国申请的优先权。

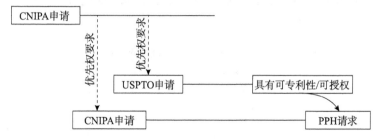

图 4.17　中国本申请与美国对应申请共同要求另一中国申请的优先权

　　如图 4.18 所示，中国本申请和美国对应申请均为普通国家申请，共同要求了其他国家或地区申请的优先权。

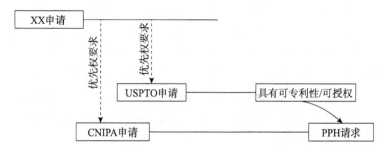

图 4.18　中国本申请与美国对应申请共同要求其他国家或地区申请的优先权

　　中国本申请和美国对应申请为同一 PCT 申请进入各自国家阶段的申请，该 PCT 申请要求了其他国家或地区申请（见图 4.19）或者 PCT 申请（见图 4.20）的优先权。

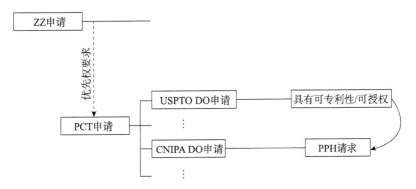

图 4.19　中国本申请与美国对应申请为同一 PCT 申请进入各自国家阶段的申请且该 PCT 申请要求其他国家或地区申请的优先权

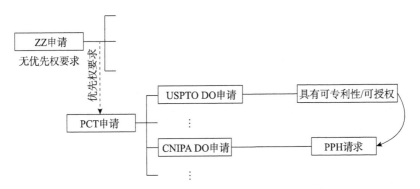

图 4.20　中国本申请与美国对应申请为同一 PCT 申请进入各自国家阶段的申请且该 PCT 申请要求另一 PCT 申请的优先权

　　如图 4.21 所示，中国本申请和美国对应申请共同要求了其他国家或地区申请的优先权；中国本申请和美国对应申请中，一个为普通国家申请，另一个为 PCT 申请进入国家阶段的申请。

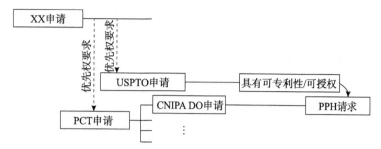

图 4.21　中国本申请与美国对应申请分别为国家申请和 PCT 申请进入国家阶段的申请且共同要求一个其他国家或地区申请的优先权

（4）中国本申请与美国对应申请为未要求优先权的同一 PCT 申请进入各自国家阶段的申请

如图 4.22 所示。

图 4.22　中国本申请与美国对应申请为未要求优先权的同一 PCT 申请进入各自国家阶段的申请

（5）中国本申请要求了 PCT 申请的优先权，该 PCT 申请未要求优先权，美国对应申请为该 PCT 申请的国家阶段

如图 4.23 所示。

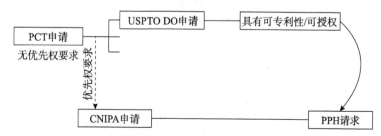

图 4.23　中国本申请要求 PCT 申请优先权且美国对应申请为该 PCT 申请的国家阶段

4. 中国申请与美国申请的派生申请是否满足 PPH 的关联性要求？

如果中国申请与美国申请符合 PPH 流程所规定的关联性关系，则中国申请的派生申请（例如中国申请的分案申请）作为中国本申请，或者美国申请的派生申请（例如美国分案申请或继续、部分继续申请的情形）作为对应申请也符合申请间关联性关系。

（1）两申请的关系涉及分案申请的情形

如图 4.24 所示，中国申请 A 为普通的中国国家申请并且有效要求了美国对应申请的优先权，中国本申请 B 是中国申请 A 的分案申请，则中国本申请 B 与美国对应申请的关系满足 PPH 的申请间关联性关系。

111

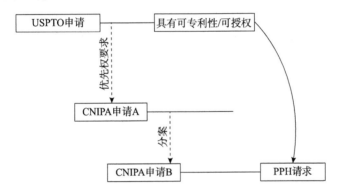

图 4.24　中国本申请为分案申请的情形

同理，如果中国本申请有效要求了美国申请 A 的优先权，美国对应申请 B 是申请 A 的分案申请，则该中国本申请与美国对应申请 B 的关系也满足申请间的关联性关系。

（2）美国申请除分案申请外，还存在其他派生申请的情形，包括继续申请和部分继续申请，此类派生申请也符合要求

例如美国对应申请 B 为美国申请 A 的继续申请，且中国本申请有效要求了美国申请 A 的优先权，则该中国本申请与美国对应申请 B 的关系也满足申请间的关联性关系。

再如，美国对应申请 B 为美国申请 A 的部分继续申请，且中国本申请有效要求了美国申请 A 的优先权，则该中国本申请与美国对应申请 B 的关系也满足申请间的关联性关系。

以上情形中，涉及美国派生申请的情形时，申请人应当在 US-PTO 数据库中详细查找。

三、美国对应申请可授权性的判定

1. 判定美国对应申请可授权性的最新工作结果一般包括哪些？

美国对应申请的工作结果是指与美国对应申请可授权性相关的所有美国国内工作结果，包括实质审查（继续审查）、上诉、无效、授权后修改阶段通知书——通常包括非最终驳回意见通知、最终驳回意见通知、授权及缴费通知、基于美国专利法实施细则第 312 条的修改答复通知、改正证明等；部分节选如图 4.25 所示。

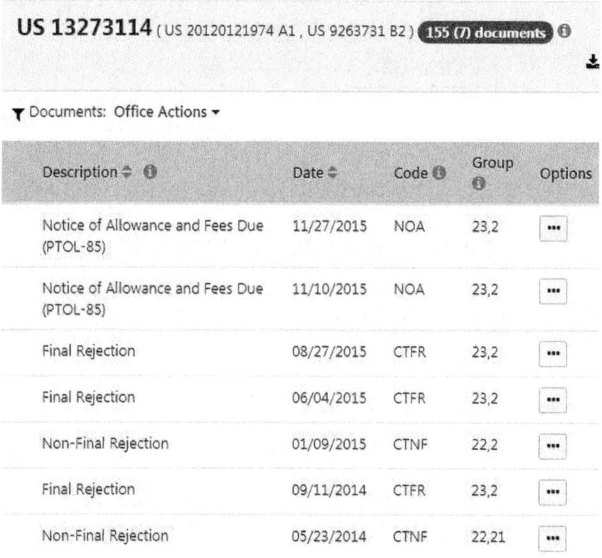

US 13273114 (US 20120121974 A1 , US 9263731 B2) 155 (7) documents

Documents: Office Actions

Description	Date	Code	Group	Options
Notice of Allowance and Fees Due (PTOL-85)	11/27/2015	NOA	23,2	•••
Notice of Allowance and Fees Due (PTOL-85)	11/10/2015	NOA	23,2	•••
Final Rejection	08/27/2015	CTFR	23,2	•••
Final Rejection	06/04/2015	CTFR	23,2	•••
Non-Final Rejection	01/09/2015	CTNF	22,2	•••
Final Rejection	09/11/2014	CTFR	23,2	•••
Non-Final Rejection	05/23/2014	CTNF	22,21	•••

图 4.25　美国对应申请的工作结果（节选）

当同时存在上述多份通知书时，以向 CNIPA 提交 PPH 请求之前或当日最新的工作结果中的意见作为认定美国对应申请可授权性的标准。

2. 在授权前的各项程序中，USPTO 一般如何明确指明最新可授权权利要求的范围？

在各程序的工作结果中，USPTO 一般使用以下语段明确指明最新可授权权利要求范围。

当最新工作结果为授权及缴费通知（Notice of Allowance and Fees Due）时，USPTO 通常会在通知的授权通知部分（Notice of Allowability；见图 4.26）的"可授权的权利要求是____"（The allowed claim（s）is/are ____）栏中列出的权利要求。

| | Application No.
13/273,114 | Applicant(s)
TIKHONOV ET AL. | |
| *Notice of Allowability* | Examiner
Robert S. Carrico | Art Unit
1727 | AIA (First Inventor to File) Status
No |

-- The MAILING DATE of this communication appears on the cover sheet with the correspondence address--
All claims being allowable, PROSECUTION ON THE MERITS IS (OR REMAINS) CLOSED in this application. If not included herewith (or previously mailed), a Notice of Allowance (PTOL-85) or other appropriate communication will be mailed in due course. **THIS NOTICE OF ALLOWABILITY IS NOT A GRANT OF PATENT RIGHTS.** This application is subject to withdrawal from issue at the initiative of the Office or upon petition by the applicant. See 37 CFR 1.313 and MPEP 1308.

1. ☒ This communication is responsive to *the after final amendment received 10/27/2015.*
   ☐ A declaration(s)/affidavit(s) under 37 CFR 1.130(b) was/were filed on____.

2. ☐ An election was made by the applicant in response to a restriction requirement set forth during the interview on ____; the restriction requirement and election have been incorporated into this action.

图 4.26　USPTO 授权及缴费通知中的可授权权利要求

需要注意的是，USPTO 经常在该通知书的正文中一并写明授权时的依职权修改内容或是重新对授权时的权利要求进行排序，因此最新可授权的权利要求的范围也应当包含授权时对权利要求的修改内容。

同时，USPTO 发出授权及缴费通知后，有可能由于申请人发现了新的现有技术文献或审查员认为需要进一步修改授权及缴费通知，而存在多份授权及缴费通知——这些授权及缴费通知都应当被认为是工作结果的一部分，如图 4.27 所示。

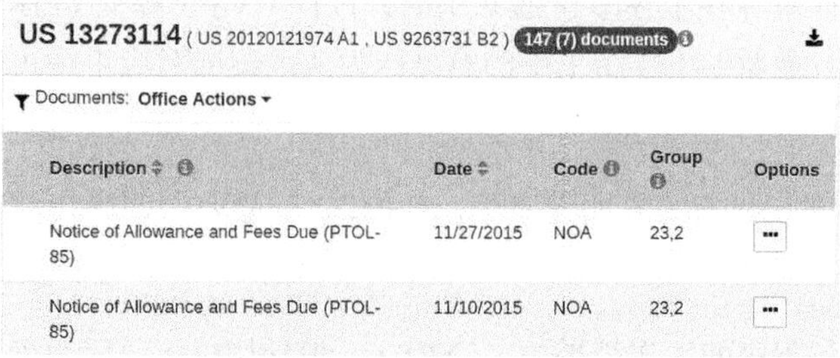

US 13273114 (US 20120121974 A1 , US 9263731 B2) 147 (7) documents

Documents: Office Actions

Description	Date	Code	Group	Options
Notice of Allowance and Fees Due (PTOL-85)	11/27/2015	NOA	23,2	···
Notice of Allowance and Fees Due (PTOL-85)	11/10/2015	NOA	23,2	···

图 4.27　USPTO 工作结果中包含多份授权及缴费通知的样例

当美国对应申请的最新工作结果为非最终驳回意见通知、最终驳回意见通知时，USPTO 一般会在通知书意见总结部分（Office Action Summary）的“可授权的权利要求是____”（Claim（s）____ is/are allowed）栏中列出可授权的权利要求。

但是应注意：非最终驳回意见通知和最终驳回意见通知不是最终的决定，申请人在提交 PPH 请求前需要关注申请的后续审查进程。

如果申请人在收到最终驳回意见后请求继续审查程序（Request for Continued Examination，RCE）且修改了权利要求，此时该申请将被 USPTO 继续审查。此阶段 USPTO 将可能继续发出非最终驳回意见通知、最终驳回意见通知或者授权及缴费通知。请注意：继续审查阶段的所有与可授权相关的通知书也被认为是美国对应申请工作结果的一部分。

如果申请人在收到最终驳回意见后请求上诉或上诉前预审程序（此两项程序类似于中国申请的复审程序），则此阶段 USPTO 发出的所有与可授权相关的通知书也被认为是工作结果的一部分。

例如，在上诉程序中，审查员通常首先发出对上诉请求的审查员意见（Examiner's Answer to Appeal Brief，类似于中国的前置审查程序），在申请人提交答复后发出上诉请求中的缺陷通知（Notice of Non－Compliment Appeal Brief）并要求申请人进行修改，并在其后启动会晤，在其中的面谈记录中给出修改意见（proposed amendments)，申请人进行最终修改，如果审查员接受则给予授权。

再如，在上诉前预审程序中，一般组成合议组，针对申请人提出的意见进行合议并发出审议决定（Notice of Panel Decision from Pre – Appeal Brief Review)，审议决定中的意见一般包括以下三种情形。

①上诉前预审因为不符合要求而被撤销（improper request)；

②维持原意见，进入上诉程序（processed to Board of Patent Appeals and Interference)；

③重新开始专利审查程序（Reopen Prosecution)，即撤回原驳回理由，发出审查意见。

该审议决定也作为判断对应申请权利要求可授权性的最新工作结果。

3. 在美国的专利再审程序中，USPTO 一般如何明确指明最新可授权权利要求的范围？

在美国对应申请被授权后，如果 USPTO 启动了专利再审程序（类似于中国的专利无效宣告请求程序)[①]，包括单方再审程序（Ex Parte Reexamination)、双方再审程序（Inter Partes Review)、授权后再审程序（Post Grant Review) 及适用于商业方法的过渡程序，则在上述程序中 USPTO 有可能对该专利宣告全部或部分无效——此时需要关注由此带来的最新可授权权利要求范围的变化，而判定美国对应申请可授权的最新工作结果应当为上述程序中作出的最新工作结果。

例如，授权后再审程序的工作结果可能包含批准审判的请求（Request for Trial Granted)、审判终止或最终书面决定（Trial Termination or Final Written Decision)。

再如，双方再审程序的工作结果可能包括是否启动审理（立

---

① 本书中的授权后程序不包含再审完成后上诉至美国联邦巡回上诉法院（CAFC)的程序。

案）的决定（Institution Decision）① 或批准审判的请求（Request for Trial Granted）②，审判终止（Trial Termination）或最终书面决定（Final Written Decision）③。

还如，在单方再审程序中，再审申请人向 USPTO 提供数据或文书沟通仅限在该局对该专利请求再审后的第一个正式书面意见前，后续纯粹为专利权人和 USPTO 之间的答辩——如同一般的专利审查程序，期间 USPTO 发出的通知也都属于工作结果的一部分。

上述程序中，往往最终决定含有与原始授权不一致的范围，此时 USPTO 一般会重新发出证书，写明重新认定的可授权权利要求的范围。

如图 4.28 和图 4.29 所示的授权后再审程序（Post Grant Review）中发出的证书。

(12) **POST-GRANT REVIEW CERTIFICATE** (133rd)

United States Patent　　(10) Number: 　US 9,408,862 J1

Tabuteau　　(45) Certificate Issued: 　Jun. 11, 2019

(54) THERAPEUTIC COMPOSITIONS COMPRISING IMIDAZOLE AND IMIDAZOLIUM COMPOUNDS

(71) Applicant: **Herriot Tabuteau**

(72) Inventor: **Herriot Tabuteau**

(73) Assignee: **ANTECIP BIOVENTURES II LLC**

Trial Number:
PGR2017-00022 filed May 8, 2017

Post-Grant Review Certificate for:
Patent No.: **9,408,862**
Issued: **Aug. 9, 2016**
Appl. No.: **14/968,514**
Filed: **Dec. 14, 2015**

The results of PGR2017-00022 are reflected in this post-grant review certificate under 35 U.S.C. 328(b).

图 4.28　美国对应申请的授权后再审程序证书首页（一）

---

① 对于获准立案的案件，专利审判和上诉委员会（PTAB）还会确定对哪些要被无效的权利要求进行审理以及 PTAB 将审理的理由。

② 其中在通知中具体写明标注为"decision on petition for inter parts review under 35 U. S. C. 311"。

③ 最终书面决定将会总结双方的论点、解决任何余下的权利要求解释问题，以及详细地解释说明受质疑的权利要求是否符合专利要求。

POST-GRANT REVIEW CERTIFICATE
U.S. Patent 9,408,862 J1
Trial No. PGR2017-00022
Certificate Issued Jun. 11, 2019

<table>
<tr><td>1</td><td></td><td>2</td></tr>
</table>

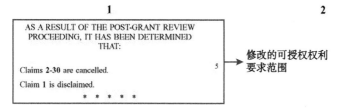

AS A RESULT OF THE POST-GRANT REVIEW PROCEEDING, IT HAS BEEN DETERMINED THAT:

Claims **2-30** are cancelled. 5

Claim 1 is disclaimed.

* * * * *

修改的可授权权利
要求范围

图 4.29　美国对应申请的授权后再审程序证书首页（二）

再如，双方再审程序证书如图 4.30 和图 4.31 所示。

117

(12) **INTER PARTES REVIEW CERTIFICATE** (124th)
United States Patent　　(10) **Number:**　　**US 7,790,869 K1**
Ju et al.　　(45) **Certificate Issued:**　　**Apr. 21, 2016**

(54) **MASSIVE PARALLEL METHOD FOR DECODING DNA AND RNA**

(75) Inventors: **Jingyue Ju; Zengmin Li; John Robert Edwards; Yasuhiro Itagaki**

(73) Assignee: **The Trustees of Columbia University in the City of New York**

Trial Number:

　IPR2012-00007 filed Sep. 16, 2012

Petitioner:　　Illumina, Inc.

Patent Owner: The Trustees of Columbia University in the City of New York

Inter Partes Review Certificate for:

　Patent No.: **7,790,869**
　Issued: **Sep. 7, 2010**
　Appl. No.: **11/810,509**
　Filed: **Jun. 5, 2007**

The results of IPR2012-00007 are reflected in this inter partes review certificate under 35 U.S.C. 318(b).

图 4.30　美国对应申请的双方再审程序证书首页

INTER PARTES REVIEW CERTIFICATE
U.S. Patent 7,790,869 K1
Trial No. IPR2012-00007
Certificate Issued Apr. 21, 2016

| 1 | | 2 |

AS A RESULT OF THE INTER PARTES REVIEW
PROCEEDING, IT HAS BEEN DETERMINED
THAT:

Claims 12, 13, 15-17, 20-26, 28, 29, 31 and 33 are can-
celled.

* * * * *

修改的可授权权利
要求范围

图 4.31　美国对应申请的双方复审程序证书决定页

上述程序中，USPTO 还可能在审判终止或最终书面决定中指明最新的可授权性意见，如图 4.32 所示的授权后再审程序的最终书面决定通知。

FINAL WRITTEN DECISION AND RELATED ORDERS

Finding Claims 1–21 and 26 Unpatentable
35 U.S.C. § 328(a) and 37 C.F.R. § 42.73

Granting-in-part and Denying-in-part Patent Owner's Motion to Amend
35 U.S.C. § 326(d); 37 C.F.R. § 42.221

Denying-in-part and Dismissing-in-part Patent Owner's Motion to Exclude
Evidence
37 C.F.R. § 42.64

图 4.32　美国对应申请的最终书面决定中的可授权性的判定

4. 如果 USPTO 发出授权及缴费通知后存在对美国对应申请进行修改或改正的情况，此时判定权利要求可授权的最新工作结果是什么？

按照 USPTO 的审查程序，在发出授权及缴费通知后，申请人可以基于美国专利法实施细则第 312 条对申请文件进行修改。如果修改内容被 USPTO 所接受，USPTO 将在基于美国专利法实施细则第 312 条的修改答复通知书（response to amendment under the Rule 312；见图 4.33）中予以明确表明，同时在授权公告中将修改后的文件予以公告。

Response to Rule 312 Communication	Application No.	Applicant(s)
	16/174,763	BENKLEY et al.
	Examiner	Art Unit	AIA (FITF) Status
	Tuyen K Vo	2887	Yes

-- The MAILING DATE of this communication appears on the cover sheet with the correspondence address --

1. ☑ The amendment filed on 23 September 2019 under 37 CFR 1.312 has been considered, and has been:
  a) ☑ entered.
  b) ☐ entered as directed to matters of form not affecting the scope of the invention.
  c) ☐ disapproved because the amendment was filed after the payment of the issue fee.
    Any amendment filed after the date the issue fee is paid must be accompanied by a petition under 37 CFR 1.313(c)(1) and the required fee to withdraw the application from issue.
  d) ☐ disapproved. See explanation below.
  e) ☐ entered in part. See explanation below.

图 4.33　基于美国专利法实施细则第 312 条的修改答复通知书准予修改　119

　　按照 USPTO 的审查程序，在授权公告后，申请人可以对授权后专利文献中的错误进行改正，包括错拼的单词、遗漏部分著录项目信息或错将修改后的权利要求在公告中写为修改前的权利要求等。此时该改正请求如被接受，USPTO 将发出改正证明（certificate of correction；见图 4.34），并在其中指明改正后的相关内容。此时，改正证明作为判定美国对应申请可授权性的最新工作结果，其中的权利要求为美国对应申请指明的最新可授权的权利要求。

UNITED STATES PATENT AND TRADEMARK OFFICE
CERTIFICATE OF CORRECTION　改正证明

PATENT NO. : 8,221,915 B2　　　　Page 1 of 1
APPLICATION NO. : 13/350722
DATED : July 17, 2012
INVENTOR(S) : Tikhonov et al.

It is certified that error appears in the above-identified patent and that said Letters Patent is hereby corrected as shown below:

In the Claims:

Claim 26, Column 19, Line 34: please delete "lithium-alloy-foaming" and insert --lithium-alloy-forming--.

图 4.34　改正证明中涉及权利要求的修改

四、相关文件的获取

1. 如何获取美国对应申请的所有工作结果副本？

可以按如下步骤获取美国对应申请的所有工作结果副本。

步骤 1［见图 4.35（a）］：在 USPTO 官网 Global Dossier 数据库中输入美国对应申请的申请号。

步骤 2［见图 4.35（b）］：找到美国对应申请的所有文件列表。

在步骤 2 中需注意：申请人可以选择"documents"键筛选工作结果，其中选择"office actions"列表将直接得到该美国对应申请的实审阶段的通知书，例如非最终驳回意见通知、最终驳回意见通知、授权及缴费通知；但是基于美国专利法实施细则第 312 条的修改答复通知、改正证明仅在"view all"列表中出现，如果按照"office actions"列表筛选将遗漏上述通知。因此，申请人需要在"view all"列表中关注是否存在以上通知。

此外，如果该美国申请还存在上诉程序和专利再审程序，则还需要关注该程序中的通知书。

步骤 3［见图 4.35（c）］：点击具体通知书查看不同通知书的内容。

2. 能否举例说明美国对应申请工作结果副本的样式？

（1）授权及缴费通知

USPTO 作出的授权及缴费通知一般包含首页、表格页、正文、附件四个部分。

其中首页内容主要包含通知书名称、申请号。图 4.36 所示为首页的部分内容。

表格页部分记载了该申请的申请号、可授权的权利要求范围、通知书附件范围等内容，如图 4.37 所示。

（a）步骤1：在 Global Dossier 输入美国对应申请的申请号

（b）步骤2：查看美国对应申请的审查记录

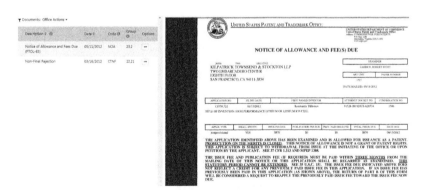

（c）步骤3：查看通知书具体内容

图 4.35 美国对应申请工作结果副本的获取步骤

NOTICE OF ALLOWANCE AND FEE(S) DUE

授权及缴费通知

6449 7590 09/11/2019

ROTHWELL, FIGG, ERNST & MANBECK, P.C.
607 14th Street, N.W.
SUITE 800
WASHINGTON, DC 20005

EXAMINER	
VO, TUYEN KIM	
ART UNIT	PAPER NUMBER
2887	

DATE MAILED: 09/11/2019

申请号

APPLICATION NO.	FILING DATE	FIRST NAMED INVENTOR	ATTORNEY DOCKET NO.	CONFIRMATION NO.
16/174,763	10/30/2018	Fred G. BENKLEY III	3443-161.US3	6094

TITLE OF INVENTION: SENSOR ARRAY SYSTEM SELECTIVELY CONFIGURABLE AS A FINGERPRINT SENSOR OR DATA ENTRY DEVICE

APPLN. TYPE	ENTITY STATUS	ISSUE FEE DUE	PUBLICATION FEE DUE	PREV. PAID ISSUE FEE	TOTAL FEE(S) DUE	DATE DUE
nonprovisional	SMALL	$500	$0.00	$0.00	$500	12/11/2019

THE APPLICATION IDENTIFIED ABOVE HAS BEEN EXAMINED AND IS ALLOWED FOR ISSUANCE AS A PATENT. PROSECUTION ON THE MERITS IS CLOSED. THIS NOTICE OF ALLOWANCE IS NOT A GRANT OF PATENT RIGHTS. THIS APPLICATION IS SUBJECT TO WITHDRAWAL FROM ISSUE AT THE INITIATIVE OF THE OFFICE OR UPON PETITION BY THE APPLICANT. SEE 37 CFR 1.313 AND MPEP 1308.

图 4.36　授权及缴费通知首页示例（节选）

申请号

Notice of Allowability	Application No. 16/174,763	Applicant(s) BENKLEY et al.	
	Examiner Tuyen K Vo	Art Unit 2887	AIA (FITF) Status Yes

-- The MAILING DATE of this communication appears on the cover sheet with the correspondence address--

All claims being allowable, PROSECUTION ON THE MERITS IS (OR REMAINS) CLOSED in this application. If not included herewith (or previously mailed), a Notice of Allowance (PTOL-85) or other appropriate communication will be mailed in due course. **THIS NOTICE OF ALLOWABILITY IS NOT A GRANT OF PATENT RIGHTS.** This application is subject to withdrawal from issue at the initiative of the Office or upon petition by the applicant. See 37 CFR 1.313 and MPEP 1308.

1.☑ This communication is responsive to 10/30/2018.

☐ A declaration(s)/affidavit(s) under **37 CFR 1.130(b)** was/were filed on ____.

可授权权利要求的范围

2.☐ An election was made by the applicant in response to a restriction requirement set forth during the interview on ____; the restriction requirement and election have been incorporated into this action.

3.☑ The allowed claim(s) is/are 1-3,7 and 9-18 . As a result of the allowed claim(s), you may be eligible to benefit from the **Patent Prosecution Highway** program at a participating intellectual property office for the corresponding application. For more information , please see **http://www.uspto.gov/patents/init_events/pph/index.jsp** or send an inquiry to **PPHfeedback@uspto.gov.**

4.☐ Acknowledgment is made of a claim for foreign priority under 35 U.S.C. § 119(a)-(d) or (f).

Certified copies:

a) ☐All　b) ☐ Some　*c) ☐ None of the:

1. ☐ Certified copies of the priority documents have been received.
2. ☐ Certified copies of the priority documents have been received in Application No. ____ .
3. ☐ Copies of the certified copies of the priority documents have been received in this national stage application from the International Bureau (PCT Rule 17.2(a)).

* Certified copies not received: ____ .

Applicant has THREE MONTHS FROM THE "MAILING DATE" of this communication to file a reply complying with the requirements noted below. Failure to timely comply will result in ABANDONMENT of this application.
THIS THREE-MONTH PERIOD IS NOT EXTENDABLE.

5.☐ CORRECTED DRAWINGS (as "replacement sheets") must be submitted.

☐ including changes required by the attached Examiner's Amendment / Comment or in the Office action of Paper No./Mail Date ____ .

Identifying indicia such as the application number (see 37 CFR 1.84(c)) should be written on the drawings in the front (not the back) of each sheet. Replacement sheet(s) should be labeled as such in the header according to 37 CFR 1.121(d).

6.☐ DEPOSIT OF and/or INFORMATION about the deposit of BIOLOGICAL MATERIAL must be submitted. Note the attached Examiner's comment regarding REQUIREMENT FOR THE DEPOSIT OF BIOLOGICAL MATERIAL.

该通知书的附件

Attachment(s)

1.☑ Notice of References Cited (PTO-892)	5. ☑ Examiner's Amendment/Comment
2.☑ Information Disclosure Statements (PTO/SB/08), Paper No./Mail Date ____.	6. ☑ Examiner's Statement of Reasons for Allowance
3.☐ Examiner's Comment Regarding Requirement for Deposit of Biological Material ____.	7. ☐ Other ____.
4.☑ Interview Summary (PTO-413), Paper No./Mail Date.	

图 4.37　授权及缴费通知表格页示例

正文部分记载了该申请的授权理由、授权时审查员的修改等,
如图 4.38 和图 4.39 所示。

Application/Control Number: 16/174,763   Page 2
Art Unit: 2887

Notice of Pre-AIA or AIA Status

1.   The present application, filed on or after March 16, 2013, is being examined

under the first inventor to file provisions of the AIA. 授权及缴费通知中审查员的修改

EXAMINER'S AMENDMENT

123

2.   An examiner's amendment to the record appears below. Should the changes

and/or additions be unacceptable to applicant, an amendment may be filed as provided

by 37 CFR 1.312. To ensure consideration of such an amendment, it MUST be

submitted no later than the payment of the issue fee.

       Authorization for this examiner's amendment was given in an interview with Mr.

Richard Wydeven (Reg. No. 39,881) on 08/08/2019.

       The application has been amended as follows:

In the claim:

       Claim 1. (Currently Amended) An overlay configured to provide power to an

electronic device having terminals for connecting a source of electric power to the

electronic device, wherein the overlay comprises:

图 4.38 授权及缴费通知的正文部分示例（第一页审查员修改节选）

Application/Control Number: 16/174,763   Page 5
Art Unit: 2887

      Claim 6. (Cancelled).

      Claim 8. (Cancelled).

      Claims 19- 27. (Cancelled).

3.   Claims 19-27 have been cancelled because they are drawn to different invention which would require restriction.   授权及缴费通知中授权理由

Reasons for Allowance

4.   The following is an examiner's statement of reasons for allowance:

      The prior art of record, taken alone or in combination, fails to teach or fairly suggest an overlay configured to provide power to an electronic device having terminals for connecting a source of electric power to the electronic device, especially, the circuit closure comprises:

      A)   a power element contact pad disposed on the film and on which the power element is disposed; and a conductive contact disposed on a portion of the film that is spatially distinct from the power element contact pad, wherein the conductive material comprises a first power connection trace extending from the power element contact pad to a first terminal of the electronic device and a second:

图 4.39　授权及缴费通知的正文部分示例（第五页授权理由节选）

授权及缴费通知正文部分还会包含 USPTO 审查员授权时对美国对应申请的权利要求的修改——此时授权权利要求与申请人在先提交的权利要求修改的内容不同。另外，授权及缴费通知可能还包含授权时 USPTO 对权利要求的重新编号（见图 4.40）——此时编号有可能与申请人所提交的在先权利要求修改文件的编号顺序并不相同。

权利要求的索引表

Index of Claims	Application/Control No. 16/174,763	Applicant(s)/Patent Under Reexamination BENKLEY et al.
	Examiner Tuyen K Vo	Art Unit 2887

✓	Rejected	-	Cancelled	N	Non-Elected	A	Appeal
=	Allowed	÷	Restricted	I	Interference	O	Objected

CLAIMS				
☐ Claims renumbered in the same order as presented by applicant			☐ CPA　☐ T.D.　☐ R.1.47	
CLAIM			DATE	
Final	Original	08/12/2019		
1	1	=		
2	2	=		
3	3	=		
	4	-		
	5			
	6	-		
4	7	=	→美国审查员对权利要求	
	8	-	编号的重新梳理	
5	9	=		
6	10	=		
7	11	=		
8	12	=		
9	13	=		
10	14	=		
11	15	=		
12	16	=		
13	17	=		
14	18	=		

图 4.40　授权及缴费通知的权利要求索引表示例

附件部分记载了该申请的引用文献通知（PTO‑892）、信息披露声明（IDS）等，如图 4.41 和图 4.42 所示。

请申请人注意：在授权及缴费通知附件栏中，审查员可能会勾选多份附件，例如选择多份不同日期的信息披露声明、多份引用文献通知、多份申请人引用并被审查员考虑的引用文献（PTO‑1449）；被勾选的上述文件均属于通知书附件的一部分。

（2）非最终驳回意见通知和最终驳回意见通知

USPTO 作出的非最终驳回意见通知和最终驳回意见通知一般包含首页、表格页、正文、附件四个部分；各部分所包含内容与授权与缴费通知包含的内容大体相似。下面仅以表格页举例，如图 4.43 和图 4.44 所示。

125

引用文献通知（PTO-892）

美国专利文献

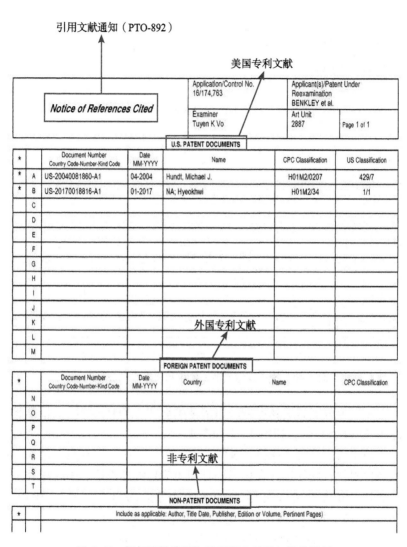

图 4.41　授权及缴费通知的引用文献通知部分示例

信息披露声明

INFORMATION DISCLOSURE STATEMENT BY APPLICANT (Not for submission under 37 CFR 1.99)	Application Number	16174763
	Filing Date	2018-10-30
	First Named Inventor	Fred G. BENKLEY, III
	Art Unit	2887
	Examiner Name	Tuyen Kim Vo
	Attorney Docket Number	3443-161.US3

美国专利

U.S.PATENTS

Examiner Initial*	Cite No	Patent Number	Kind Code[1]	Issue Date	Name of Patentee or Applicant of cited Document	Pages,Columns,Lines where Relevant Passages or Relevant Figures Appear
	1					

美国专利申请公开

If you wish to add additional U.S. Patent citation information please click the Add button.

U.S.PATENT APPLICATION PUBLICATIONS

Examiner Initial*	Cite No	Publication Number	Kind Code[1]	Publication Date	Name of Patentee or Applicant of cited Document	Pages,Columns,Lines where Relevant Passages or Relevant Figures Appear
	1					

If you wish to add additional U.S. Published Application citation information please click the Add button.

FOREIGN PATENT DOCUMENTS → 外国专利文献

Examiner Initial*	Cite No	Foreign Document Number[3]	Country Code[2]i	Kind Code[4]	Publication Date	Name of Patentee or Applicant of cited Document	Pages,Columns,Lines where Relevant Passages or Relevant Figures Appear	T[5]
	1							☐

If you wish to add additional Foreign Patent Document citation information please click the Add button

NON-PATENT LITERATURE DOCUMENTS → 非专利文献

Examiner Initials*	Cite No	Include name of the author (in CAPITAL LETTERS), title of the article (when appropriate), title of the item (book, magazine, journal, serial, symposium, catalog, etc), date, pages(s), volume-issue number(s), publisher, city and/or country where published.	T[5]

图 4.42　授权及缴费通知的信息披露声明部分示例

127

128

意见总结

Office Action Summary	13/350,722	TIKHONOV ET AL.
	Examiner	Art Unit
	ROBERT S. CARRICO	1727

-- The MAILING DATE of this communication appears on the cover sheet with the correspondence address --

Period for Reply

A SHORTENED STATUTORY PERIOD FOR REPLY IS SET TO EXPIRE *3* MONTH(S) OR THIRTY (30) DAYS, WHICHEVER IS LONGER, FROM THE MAILING DATE OF THIS COMMUNICATION.
- Extensions of time may be available under the provisions of 37 CFR 1.136(a). In no event, however, may a reply be timely filed after SIX (6) MONTHS from the mailing date of this communication.
- If NO period for reply is specified above, the maximum statutory period will apply and will expire SIX (6) MONTHS from the mailing date of this communication.
- Failure to reply within the set or extended period for reply will, by statute, cause the application to become ABANDONED (35 U.S.C. § 133).
  Any reply received by the Office later than three months after the mailing date of this communication, even if timely filed, may reduce any earned patent term adjustment. See 37 CFR 1.704(b).

Status

1)☒ Responsive to communication(s) filed on *13 January 2012*.
2a)☐ This action is **FINAL**.   2b)☒ This action is non-final.
3)☐ An election was made by the applicant in response to a restriction requirement set forth during the interview on _____; the restriction requirement and election have been incorporated into this action.
4)☐ Since this application is in condition for allowance except for formal matters, prosecution as to the merits is closed in accordance with the practice under *Ex parte Quayle*, 1935 C.D. 11, 453 O.G. 213.

Disposition of Claims

5)☒ Claim(s) *1-22* is/are pending in the application.
5a) Of the above claim(s) _____ is/are withdrawn from consideration.
6)☐ Claim(s) _____ is/are allowed.
7)☒ Claim(s) *1-22* is/are rejected.
8)☐ Claim(s) _____ is/are objected to.
9)☐ Claim(s) _____ are subject to restriction and/or election requirement

对权利要求可授权性的判定

Application Papers

10)☐ The specification is objected to by the Examiner.
11)☒ The drawing(s) filed on *13 January 2012* is/are: a)☒ accepted or b)☐ objected to by the Examiner.
Applicant may not request that any objection to the drawing(s) be held in abeyance. See 37 CFR 1.85(a).
Replacement drawing sheet(s) including the correction is required if the drawing(s) is objected to. See 37 CFR 1.121(d).
12)☐ The oath or declaration is objected to by the Examiner. Note the attached Office Action or form PTO-152.

Priority under 35 U.S.C. § 119

13)☐ Acknowledgment is made of a claim for foreign priority under 35 U.S.C. § 119(a)-(d) or (f).
a)☐ All b)☐ Some * c)☐ None of:
1.☐ Certified copies of the priority documents have been received.
2.☐ Certified copies of the priority documents have been received in Application No. _____.
3.☐ Copies of the certified copies of the priority documents have been received in this National Stage application from the International Bureau (PCT Rule 17.2(a)).
* See the attached detailed Office action for a list of the certified copies not received.

附件栏

Attachment(s)

1)☒ Notice of References Cited (PTO-892)
2)☐ Notice of Draftsperson's Patent Drawing Review (PTO-948)
3)☒ Information Disclosure Statement(s) (PTO/SB/08) Paper No(s)/Mail Date *01/13/2012*.
4)☐ Interview Summary (PTO-413) Paper No(s)/Mail Date. _____
5)☐ Notice of Informal Patent Application
6)☐ Other: _____

图 4.43　非最终驳回意见通知表格页示例

Application/Control Number: 13/350,722   Page 2
Art Unit: 1727

DETAILED ACTION

Claim Disposition

The claims filed on 01/13/2012 have been entered and fully considered. Claims 1-22

are currently pending.　　　权利要求驳回理由

Claim Rejections - 35 USC § 112

The following is a quotation of the second paragraph of 35 U.S.C. 112:

The specification shall conclude with one or more claims particularly pointing out and distinctly
claiming the subject matter which the applicant regards as his invention.

Claim 10 and 16 are rejected under 35 U.S.C. 112, second paragraph, as being

indefinite for failing to particularly point out and distinctly claim the subject matter which

applicant regards as the invention.

129

图 4.44　非最终驳回意见通知正文页示例

请申请人注意：非最终驳回意见通知和最终驳回意见通知中可能会勾选多份附件，例如选择多份不同日期的信息披露声明、多份引用文献通知、多份由信息披露声明中引用文件重新构成的引用文献通知——被勾选的上述文件均属于通知书附件的一部分。

（3）基于美国专利法实施细则第 312 条的修改答复通知书

USPTO 作出的基于美国专利法实施细则第 312 条的修改答复通知一般包含对是否允许修改的判定，如图 4.45 所示。

图 4.45　基于细则 312 条的修改答复通知书示例

请注意，申请人具体的修改内容应当参见在此份答复通知书前申请人提交的基于美国专利法实施细则第 312 条对申请文件中进行修改的文件，如图 4.46 所示。

IN THE UNITED STATES PATENT AND TRADEMARK OFFICE

Application No.   : 16/174763
First Named Inventor : Fred G. BENKLEY, III
Filed   : October 30, 2018
TC/A.U.   : 2887
Examiner   : Tuyen Kim Vo
Docket No.   : 3443-161.US3
Customer No.   : 6449   基于美国专利法实施细则第312条的修改描述
Confirmation No.   : 6094

AMENDMENT UNDER 37 C.F.R. §1.312

MAIL STOP: AMENDMENT
Commissioner for Patents
P.O. Box 1450
Alexandria, Virginia 22313-1450

Dear Sir:

This Amendment is timely submitted following the Notice of Allowance mailed September 11, 2019 and before filing of the issue fee.

Amendments to the Claims are reflected in the listing of claims which begin on **page 2** of this paper.

Remarks begin on **page 6** of this paper.

图 4.46　申请人提交的基于美国专利法实施细则
第 312 条修改的描述示例（节选）

（4）改正证明

在授权公告后，申请人可以提交"请求改正证书"对授权后专利文件中的错误进行改正，为此，USPTO 将发出改正证明（见图 4.47），并在其中指明改正后的相关内容。

UNITED STATES PATENT AND TRADEMARK OFFICE
CERTIFICATE OF CORRECTION   Page 1 of 1

PATENT NO.   : 8,221,915 B2
APPLICATION NO.   : 13/350722
DATED   : July 17, 2012   改正证明
INVENTOR(S)   : Tikhonov et al.

It is certified that error appears in the above-identified patent and that said Letters Patent is hereby corrected as shown below:

In the Claims:

Claim 26, Column 19, Line 34: please delete "lithium-alloy-foaming" and insert --lithium-alloy-forming--.

图 4.47　改正证明示例

（5）其他工作结果

除实审程序（基于美国专利法实施细则第 312 条修改）外，如果美国对应申请又经过了上诉、上诉前预审、专利再审程序（四种再审程序均包含在内），则这些程序中的工作结果通知书①及最新证明也属于工作结果的一部分。

3. 如何获取美国对应申请的最新可授权的权利要求副本？

如果美国对应申请尚未授权公告，可以通过查询审查记录获取最新可授权的权利要求。在查询最新可授权权利要求时需要注意以下情况。

如果美国对应申请在最新的授权及缴费通知中被修改，且该修改涉及权利要求，一般情况下该修改将体现在授权公告中。如果申请人在获得授权及缴费通知后在授权公告前查询最新可授权的对应申请权利要求副本，则应当将上述修改考虑在内。

如果美国对应申请曾基于美国专利法实施细则第 312 条被修改，且该修改涉及权利要求，则一般情况下该修改将被体现在授权公告中。如果申请人在授权公告前查询最新可授权的对应申请的权利要求副本，则应当将上述修改考虑在内。

如果美国对应申请已经授权公告，且申请人或公众未针对该授权的对应申请启动其他程序，则最新可授权的权利要求即为美国对应申请的授权公告文本中记载的权利要求。申请人可以在 USPTO 官网"Patent Public Search"数据库中输入美国对应申请的申请号，查找到美国对应申请的授权公告文本及其中最新授权的权利要求。

如果美国对应申请已经授权公告，但在授权公告后还经历了以下程序，则申请人查询对应申请最新可授权的权利要求时需注意：

（1）如果美国对应申请在授权公告后进行了改正并被接受，且该改正涉及权利要求，则 USPTO 一般仅会以改正证明的形式公开改正内容，并不会重新授权公告——此时申请人必须以含有上述改

---

① 具体通知内容可参见本节问题二的解答。

正内容的最新可授权的权利要求为准，并应当提交最新可授权的权利要求的副本。

（2）如果美国对应申请经历上诉、上诉前预审、专利再审程序，且最新的可授权权利要求文本发生了变化，则应当将上述权利要求的修改考虑在内。如果存在最新公告，以公告内容为准。

4. 能否举例说明美国对应申请可授权权利要求副本的样式？

申请人在提交美国对应申请最新可授权权利要求副本时，可以自行提交任意形式的权利要求副本，并非必须提交官方副本。美国对应申请可授权权利要求副本的样式如图 4.48 所示。

126

of this disclosure is intended to include all modifications and variations encompassed within the spirit and scope of the following appended claims.

The invention claimed is:

1. An overlay configured to provide power to an electronic device having terminals for connecting a source of electric power to the electronic device, wherein the overlay comprises:

a film, wherein at least a portion of the film is configured to be removably secured to a surface of the electronic device, and wherein the film is configured to conform to the surface of the electronic device when secured thereto;

a power element supported on the film;

conductive material disposed on or embedded in the film, wherein the conductive material connects the power element to the terminals of the electronic device when the overlay is secured to the surface of the electronic device; and

a circuit closure configured to enable a user to selectively close a power circuit between the power element and the terminals of the electronic device to enable power transmission between the power element and the electronic device, wherein the circuit closure comprises one of

图 4.48 USPTO 授权公告文本中记载的权利要求（节选）样例

注：权利要求的全部内容都需提交，这里限于篇幅，不再展示后续内容。

5. 如何获取美国对应申请工作结果中的引用文献信息？

美国对应申请工作结果中的引用文献分为专利文献和非专利文

献。USPTO 在审查和检索中所引用的所有文献都会被记载在美国对应申请的工作结果中。申请人可以通过查询美国对应申请所有工作结果的内容获取其信息。

对于已经授权公告的美国对应申请，申请人可以通过查找对应申请授权公告文本来查找申请引用文献的信息。

如图 4.49 所示，美国授权公告文本的引用文献一项中以美国专利文献、外国专利文献、其他公开出版物三种类别分别列出了所有引用文献的类型。

图 4.49　美国专利授权公告中对引用文献的记载

如果该美国申请尚未授权公告，申请人可以查找 USPTO 官网的 Global Dossier 数据库，在对应申请的电子案卷中查找引用文件列表。通常 USPTO 使用引用文献通知、信息披露声明、申请人引用并被审查员考虑的引用文献（PTO－1449）三类表格分别列出的该对应申请的所有引用文献。

需要注意以下情况。

（1）当授权公告文本中引用文献项目的美国专利文献、外国专利文献、其他公开出版物下方出现"下页继续"（continued）标识，说明该页引用文献信息不完整，申请人需要翻页至下一页继续查找引用文献信息。

（2）审查员引用文献通知、被审查员引用的信息披露声明、申请人引用并被审查员考虑的引用文献（PTO－1449）表格均为引用文献的列表，其中均以美国专利文献、外国专利文献、非专利文献分别列明相关引用文献，申请人在查找时应当填写完整。

6. 如何获知非专利文献是否构成对应申请的驳回理由？

申请人可以通过查询 USPTO 发出的各个阶段的工作结果，例如非最终驳回意见通知、最终驳回意见通知，在通知正文的驳回理由处获取 USPTO 申请中构成驳回理由的非专利文献的信息。若 USPTO 发出的审查意见通知书中的正文部分含有利用该非专利文献对美国对应申请的新颖性、创造性进行评判的内容，且该内容中显示该非专利文献影响了美国对应申请的新颖性、创造性，则该非专利文献属于构成驳回理由的文献，申请人需要在提交 PPH 请求时将该非专利文献一并提交。

五、信息填写和文件提交的注意事项

1. 在 PPH 请求表中填写中国本申请与美国对应申请的关联性关系时，有哪些注意事项？

（1）必须写明中国本申请与美国对应申请之间的关联的方式（如优先权、PCT 申请不同国家阶段等）；涉及多个美国对应申请时，则需分条逐项写明中国本申请与每一个美国对应申请的关系。如果中国本申请与美国对应申请达成关联需要经过一个或多个其他相关申请，也需写明相关申请的申请号以及达成关联的具体方式。

（2）涉及继续申请情形时，尤其对应申请为美国某申请的继续申请时，必须正确写明两美国申请间的关系，不能仅写明对应申请 B 为美国申请 A 的派生申请，而应当具体写明对应申请 B 是美国申请 A 的继续申请、分案申请或部分继续申请。

（3）涉及临时申请情形时，必须正确写明临时申请与正式申请间的关联：应当具体写明对应申请 B 有效要求了临时申请 A 的优先权，或对应申请 B 享受临时申请 A 的权益，不能仅以"对应申请 B 是美国临时申请 A 的正式申请"替代。

（4）涉及优先权情形时，还需要注意核实要求的优先权是否成立，例如：

1）中国本申请是中国申请 A 的分案申请，美国对应申请是美国申请 B 的继续申请，美国申请 B 要求了中国申请 A 的优先权。

2）中国本申请是中国申请 A 的分案申请，中国申请 A 是 PCT 申请 B 进入中国国家阶段的申请。美国对应申请与中国申请 A 共同要求了美国申请 C 的优先权。

3）中国本申请有效要求了美国申请 A 的优先权，对应申请要求了美国在先申请 A 的权益。

2. 在 PPH 请求表中填写中国本申请与美国对应申请权利要求的对应性解释时，有哪些注意事项？

基于 USPTO 工作结果向 CNIPA 提交 PPH 请求的，在权利要求的对应性解释上无特别的注意事项，参见本书第一章的相关内容即可。

3. 在 PPH 请求表中填写美国对应申请所有工作结果的副本名称时，有哪些注意事项？

（1）应当填写 USPTO 在所有审查阶段作出的全部工作结果，既包括实质审查阶段的所有通知书，也包括实质审查阶段以后的上诉、专利再审等阶段的所有通知书，还包括其他与可专利性权利要求范围修改相关的所有通知书。

图 4.50 所示的案例中，该申请的"Office Actions"中记载有 3 份授权及缴费通知；同时查看该案的所有文件列表（View All），还可以发现该案于 2019 年 10 月 15 日发出过基于美国专利法实施细则第 312 条的修改答复通知，上述通知均需要填写到 PPH 请求

表中。

图 4.50　美国对应申请的工作结果及发文日示例

（2）就各工作结果的作出时间应当填写其通知书的发文日，如图 4.48（a）所示的"date"。所有通知书的发文日一般都在审查记录中可以找到，应准确填写。在发文日无法确定的情况下，允许申请人填写其通知书的起草日或完成日。需要注意的是，Global Dossier 上记载的通知书发文日格式为"月/日/年"格式，申请人在填写发文日时应正确识别日期并填写。

（3）各工作结果的名称应当使用其正式的中文译名填写，不得以"通知书"或者"审查意见通知书"代替。《中美流程》和《五局流程》列举了 USPTO 作出的工作结果规范的中文译名，例如授权及缴费通知（Notice of Allowance and Fees Due）、非最终驳回意见（Non - final Rejection）、最终驳回意见（Final Rejection）。

4. 在 PPH 请求表中填写美国对应申请所有工作结果引用文献的名称时，有哪些注意事项？

在填写美国对应申请所有工作结果引用文献的名称时，无特别注意事项，参见本书第一章的相关内容即可。

5. 在提交美国对应申请的工作结果副本时，有哪些注意事项？

在提交美国对应申请的工作结果时，申请人应当注意以下事项。

（1）美国对应申请的所有工作结果副本均需要被完整提交，包括其著录项目信息、表格页、正文页或附件也应当被提交。

（2）根据《五局流程》的规定，当美国对应申请的所有工作结果副本及译文已经在 USPTO 官方网站上进行公布，CNIPA 可以完整获取其所有信息时，申请人可以省略提交以上所述文件。

（3）不能通过案卷访问系统获得的情形：

1）当申请人选择通过案卷访问系统获得美国对应申请工作结果及译文，而实际上 USPTO 官方网站并未公布该美国对应申请相应数据或 CNIPA 无法正常获取 USPTO 官方网站数据时，CNIPA 会通知申请人自行提交相应文件。

2）当美国对应申请的审批流程中涉及上诉、上诉前预审、专利再审程序时，如果 USPTO 未在官方网站上公布上述通知书的完整信息，则申请人此时不能选择通过案卷访问系统获取，而必须自行准备并向 CNIPA 提交所有工作结果通知书的副本。

（4）如果 USPTO 审查员在授权及缴费通知正文中对权利要求进行修改和/或重新编号，此时修改和/或重新编号的权利要求为最新可授权权利要求，而之前申请人所提交的美国对应申请的权利要求的修改文件已非最新可授权的权利要求文件。如果申请人自行提交对应申请的权利要求副本，则应当以授权及缴费通知中修改和/或重新编号后的权利要求作为最新可授权的权利要求副本。

（5）授权及缴费通知、非最终驳回意见、最终驳回意见的附件栏中可能会被勾选多份附件，例如选择多份不同日期的信息披露声明、多份引用文献通知、申请人引用并被审查员考虑的引用文献——被勾选的上述文件均属于通知书附件的一部分。

（6）在提交 PPH 请求时，对于非最终驳回意见和最终驳回意见中被引用评述权利要求的非专利文献，申请人应当将其作为"对应申请审查意见引用文件副本"进行提交，不允许省略提交。

（7）由于美国对应申请的官方工作语言为英语，因此上述工作结果不需要提交译文。

137

6. 在提交美国对应申请的最新可授权权利要求副本时，有哪些注意事项？

在提交美国对应申请的最新可授权权利要求副本时，一是要注意可授权权利要求是否最新，例如在授权后的改正程序中权利要求是否有修改；二是要注意权利要求的内容是否完整，即使有一部分权利要求在 CNIPA 申请中没有被利用到，也需要一起完整提交。

根据《五局流程》的规定，申请人可以选择省略提交此文件，具体是通过在请求表中勾选"请求通过案卷访问系统或 PATENT-SCOPE 获取上述文件"，由审查员自行获取相关文件。

需要注意的是，如果申请人既未自行提交权利要求副本，又未选择"请求通过案卷访问系统或 PATENTSCOPE 获取上述文件"以获取权利要求副本，将会导致本次 PPH 请求不合格。

另外，如果申请人选择"请求通过案卷访问系统或 PATENT-SCOPE 获取上述文件"来获取相关文件，但是 CNIPA 审查中发现该美国对应申请权利要求副本数据暂时无法获得，将要求申请人补充提交上述文件。

7. 在提交美国对应申请国内工作结果中引用的非专利文献副本时，有哪些注意事项？

当美国对应申请工作结果中的非专利文献涉及驳回理由时，申请人应当在提交 PPH 请求时将所有涉及驳回理由的非专利文献副本一并提交；而对于所有的专利文献和未构成驳回理由的非专利文献，申请人只需将其信息填写在 PPH 请求书 E 项第 2 栏中即可，不需要提交相应的文献副本。

申请人提交文件时应确保其提交的内容完整、提交的类型正确，即按照"对应申请审查意见引用文件副本"类型提交。

如果所需提交的非专利文献是由除中文或英文之外的文字撰写，申请人也只需提交非专利文献文本即可而不需要对其进行翻译。

如果美国对应申请存在两份或两份以上非专利文献副本，应该作为一份"对应申请审查意见引用文件副本"提交。

8. 在常规 PPH 试点项目中，哪些情形下，美国对应申请工作结果、权利要求副本可以通过案卷访问系统获得？

根据《五局流程》的规定，当美国对应申请的所有工作结果副本、可授权权利要求副本已经在 USPTO 官方网站上进行公布，CNIPA 可以完整获取其所有信息时，申请人可以省略提交以上所述文件。申请人提交 PPH 请求时，仅需在 PPH 请求表 C 项"文件提交"中勾选"请求通过案卷访问系统或 PATENTSCOPE 获取上述文件"即可，无需再提交相应文件。

以下为例外情形。

（1）当申请人选择通过案卷访问系统获得美国对应申请工作结果、可授权权利要求副本，而实际上 USPTO 官方网站并未公布该美国对应申请相应数据或 CNIPA 无法正常获取 USPTO 官方网站数据时，CNIPA 会通知申请人自行提交相应文件。

（2）当针对美国对应申请的审批流程中涉及上诉、上诉前预审、专利再审程序时，如果 USPTO 未在官方网站上完整公布上述工作结果的完整信息，则申请人此时不能选择通过案卷访问系统获得，而必须自行准备并向 CNIPA 提交所有工作结果通知书副本。

（3）若美国对应申请授权公告后又经过了改正、专利再审程序，且最新的可授权权利要求文本发生了变化，则申请人应按照实际情况自行制作最新的可授权权利要求文本并向 CNIPA 提交该权利要求副本。

另外，因 USPTO 的工作语言是英文，申请人无需针对美国对应申请提交 OEE 工作结果副本译文和可授权权利要求副本译文。

第五章 基于韩国特许厅工作结果向中国国家知识产权局提交常规 PPH 请求

一、概述

1. 基于 KIPO 工作结果向 CNIPA 提交 PPH 请求的项目依据是什么？

中韩 PPH 试点于 2012 年 3 月 1 日启动。2013 年 9 月，IP5 又就启动一项全面的 IP5 PPH 试点项目达成一致意见；IP5 PPH 试点项目于 2014 年 1 月 6 日启动。

《在中韩专利审查高速路（PPH）试点项目下向中国国家知识产权局提出 PPH 请求的流程》（以下简称《中韩流程》）和《五局流程》即为基于 KIPO 工作结果向 CNIPA 提交 PPH 请求的项目依据。

2. 基于 KIPO 工作结果向 CNIPA 提交 PPH 请求的种类分为哪些？

按照提出 PPH 请求所使用的对应申请审查机构的工作结果来划分，基于 KIPO 工作结果向 CNIPA 提交 PPH 请求的种类包括常规 PPH 和 PCT – PPH。

本章内容仅涉及基于 KIPO 工作结果向 CNIPA 提交常规 PPH 的实务；提交 PCT – PPH 的实务指南请见本书第二章内容。

3. CNIPA 与 KIPO 开展 PPH 试点项目的期限有多长？

现行中韩 PPH 试点项目自 2016 年 3 月 1 日起无限期延长。在两局提交 PPH 请求的有关要求和流程不变。

现行 IP5 PPH 试点项目自 2023 年 1 月 6 日起再延长三年，至 2026 年 1 月 5 日止。

今后，将视情况，根据局际间的共同决定作出是否继续延长试点项目及相应延长期限的决定。

4. 基于 KIPO 工作结果向 CNIPA 提交 PPH 请求有无领域和数量限制？

《五局流程》中提到："两局在请求数量超出可管理的水平时，或出于其他任何原因，可终止本 PPH 试点。PPH 试点终止之前，将先行发布通知。"

5. 如何获得韩国对应申请的相关信息？

如图 5.1 所示，申请人可以通过登录 KIPO 的官方网站（网址 www. kipo. go. kr/en/）查询韩国对应申请的相关信息。

图 5.1　KIPO 官网主页

141

　　申请人进入 KIPO 网站主页后，在其下方的"Intellectual Property Information Search"一栏右侧选择"Patent"，并输入对应申请的申请号（见图 5.2），会弹出与输入的申请号相关的同族专利（见图 5.3）；选择对应申请的相关条目，点击对应申请的发明名称，即可浏览对应申请的相关文件，包括申请文件以及审查意见通知书等（见图 5.4）。

图 5.2　通过 KIPO 的官方网站查询对应申请信息（输入申请号）

图 5.3　输入申请号后弹出同族专利

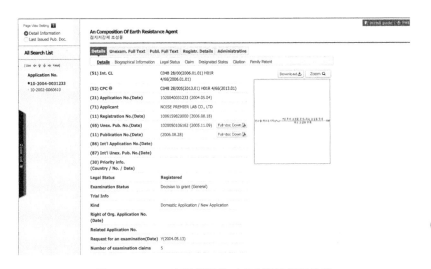

图 5.4　KIPO 官网显示的对应申请的相关信息

点击任务栏一行中的"Publ. Full Text"按钮（见图 5.5），即可获取对应申请的授权公告文本的相关信息。

An Composition Of Earth Resistance Agent
접지저감제 조성물

图 5.5　授权公告文本相关信息的获取位置

此外，如图 5.6 所示，点击任务栏一行中的"Administrative"按钮，可以获取对应申请的相关文件信息列表。

二、中国本申请与韩国对应申请关联性的确定

1. 韩国对应申请号的格式是什么？如何确认韩国对应申请号？

对于 KIPO 专利申请，申请号的格式一般为"10 – 20 × × – × × × × × × ×"或"20 – 20 × × – × × × × × × ×"，例如 10 –

An Composition Of Earth Resistance Agent
접지저감제 조성물

Details | Unexam. Full Text | Publ. Full Text | Registr. Details | **Administrative**
▶ **Administrative Actions**

No.	Document Title	Receipt/Delivery Date	Status
1	Patent Application (특허출원서)	2004.05.04	Accepted (수리)
2	Submission of Attachment to Electronic Document (전자문서첨부서류제출서)	2004.05.06	Accepted (수리)
3	Request for Examination (출원심사청구서)	2004.05.13	Accepted (수리)
4	Request for Prior Art Search (선행기술조사의뢰서)	2006.01.16	Accepted (수리)
5	Report of Prior Art Search (선행기술조사보고서)	2006.02.20	Accepted (수리)
6	Notification of reason for refusal (의견제출통지서)	2006.02.28	Completion of Transmission (발송처리완료)
7	Amendment to Description, etc. (명세서등보정서)	2006.05.01	Regarded as an acceptance of amendment (보정승인간주)
8	Written Opinion (의견서)	2006.05.01	Accepted (수리)
9	Decision to grant (등록결정서)	2006.06.15	Completion of Transmission (발송처리완료)
10	Registration of Establishment (설정등록)	2005.08.18	Accepted (수리)

图 5.6　对应申请的相关文件信息列表

2020 – 1234567 或 20 – 2020 – 1234567。

　　所谓的韩国对应申请号是指申请人在 PPH 请求中所要利用的 KIPO 工作结果中记载的申请号。值得一提的是，韩国实用新型专利申请（申请号格式为"20 – 20 × × – × × × × × × ×"）也会经过实质审查，因此经过实质审查后、被给出授权意向的韩国实用新型专利申请也可以作为对应申请，但是参与 PPH 试点项目的中国本申请必须为发明专利申请。

　　如图 5.7 所示，申请人可以通过 KIPO 作出的授予专利权决定通知书的首页获取韩国对应申请号。

2. 韩国对应申请的著录项目信息如何核实？

　　申请人一般可以通过以下两种方式获取韩国对应申请的著录项目信息。

　　一是在韩国对应申请的查询界面首页中获取相关著录项目信息，包括国际申请号（如果有）、优先权（如果有）、申请人等信息，如图 5.8 所示。

The Korean Intellectual Property Office

발송번호: 9-5-2017-085088564
발송일자: 2017.12.04.
제출기일

YOUR INVENTION PARTNER
특 허 청
특허결정서

출원인	성명 주소	전승주 (특허고객번호: 420170120212) 경기도 파주시 청암로 28, 815동 1001호 (목동동, 산내마을8단지 월드메르디앙)
대리인	성명 주소	박기원 서울특별시 금천구 가산디지털1로 212 (가산동) 1410호 (강한국제특허법률사무소)
발명자	성명 주소	전승주 경기도 파주시 청암로 28, 815동 1001호 (목동동, 산내마을8단지 월드메르디앙)

| 출원번호
청구항수 | 10-2017-0062913
3 | → 对应申请号 |

발명의명칭   다중 사용자의 인증요소를 조합하여 보안키를 생성하는 보안인증방법

이 출원에 대하여 특허법 제66조에 따라 특허결정합니다. (특허권은 특허료를 납부하여 특허법 제87조에 따라 설정등록을 받음으로
써 발생하게 됩니다.)

图 5.7 授予专利权决定通知书中韩国对应申请的申请号样式

145

An Composition Of Earth Resistance Agent
접지저감제 조성물

| Details | Unexam. Full Text | Publ. Full Text | Registr. Details | Administrative |

| **Details** | Biographical Information | Legal Status | Claim | Designated States | Citation | Family Patent |

(51) Int. CL	C04B 28/00(2006.01.01) H01R 4/66(2006.01.01)
(52) CPC	C04B 28/005(2013.01) H01R 4/66(2013.01)
(21) Application No.(Date)	1020040031233 (2004.05.04)
(71) Applicant	NOISE PREMIER LAB CO., LTD
(11) Registration No.(Date)	1006159820000 (2006.08.18)
(65) Unex. Pub. No.(Date)	1020050106162 (2005.11.09) Full-doc Down
(11) Publication No.(Date)	(2006.08.28) Full-doc Down
(86) Int'l Application No.(Date)	→ 著录项目信息
(87) Int'l Unex. Pub. No.(Date)	
(30) Priority info. (Country / No. / Date)	
Legal Status	Registered
Examination Status	Decision to grant (General)
Trial Info	
Kind	Domestic Application / New Application

Right of Org. Application No. (Date)

Related Application No.

Request for an examination(Date) Y(2004.05.13)

Number of examination claims 5

图 5.8 韩国对应申请中相关著录项目信息的获取

关于申请人、优先权等更加详细的相关著录项目信息，可以通过点击 "Biographical Information"（见图5.9）进行查询，结果如图5.10所示。

图5.9　韩国对应申请中更详细的相关著录项目信息的获取

图5.10　点击 "Biographical Information" 之后的结果

二是通过韩国对应申请的授权公告本文获取相关著录项目信息。KIPO认证的相关著录项目信息会在授权公告文本的开头位置显示，包括申请号、国际申请号（如果有）、优先权号（如果有）、申请人等，如图5.11所示。

(19)대한민국특허청(KR)등록특허공보(B1)

(51) Int.CI. 8
A61K 8/92 (2006.01)
A61K 8/97 (2017.01)
A61Q 19/00 (2006.01)

공고일자	2020년02월05일
등록번호	10-2074013
등록일자	2020년01월30일
출원번호	10-2014-7033142
출원일자	2013년03월15일
공개일자	2015년03월23일
번역문 제출일자	2014년11월25일
국제출원번호	PCT/US2013/032371
국제공개번호	WO 2013/162769
국제공개일자	2013년10월31일
대리인	특허법인아주
발명자	부욱팀킨, 서벳
	부욱팀킨, 네이더
	에거, 제임스 엘.
	리우, 앨버트
권리자	이노버스 파마슈티컬스, 인코포레이티드
심사관	홍수민
발명의명칭	민감화 조성물 및 이용 방법
선행기술조사문헌	CN102076312 A
	US20090068128 A1∗
	US20100215775 A1∗
	US20110086116 A1
	∗는 심사관에 의하여 인용된 문헌

요약

본 발명은, 구체적으로, 생리학적으로 허용 가능한 국소 담체 중에 감편도유, 라벤더유, 장미오일, 게피유 및 코리앤더 종자유로 이루어진, 국소 조성물 및 그의 이용 방법에 관한 것이다. 조성물은, 민감도를 증대시키기 위하여 포경수술 한 음경에, 바람직하게는 적어도 약 2주의 시간 기간 동안 1일 2회 도포된다. 그 후 유지량이 목적으로 하는 수준의 민 감도를 유지시키기 위하여 1일 1회 도포될 수 있다.

图 5.11　韩国对应申请授权公告文本中有关著录项目信息的展示

3. 中国本申请与韩国对应申请的关联性关系一般包括哪些情形？

以韩国申请为对应申请向 CNIPA 提出的常规 PPH 请求可以适用于 IP5 常规 PPH 请求。IP5 常规 PPH 在基本型常规 PPH 的基础上拓展了申请间的关系，规定当首次申请与后续申请拥有共同的最早日（该日可以为优先权日，也可以为申请日）时，申请人即可以利用 OEE 作出的工作结果要求 OLE 进行加快审查，同时两申请间的关系也不再局限于中韩两局间，可以扩展为共同要求第三个国家或地区的优先权。具体情形包括以下五类。

（1）中国本申请要求了韩国对应申请的优先权

中国本申请依《巴黎公约》有效要求韩国对应申请的优先权。中国本申请和韩国对应申请既可以是国家申请，也可以是 PCT 申请进入对应国家阶段的申请。如果中国本申请要求了多项优先权，只要在先申请中包括韩国对应申请，即符合关联性关系。所述情形列举如下。

如图 5.12 所示，中国本申请和韩国对应申请均为普通国家申请，且中国本申请要求了韩国对应申请的优先权。

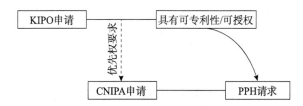

图 5.12　中国本申请和韩国对应申请均为普通国家申请

如图 5.13 所示，中国本申请为 PCT 进入中国国家阶段的申请，且该 PCT 申请要求了韩国对应申请的优先权。

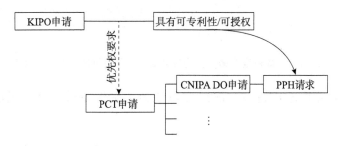

图 5.13　中国本申请为 PCT 申请进入国家阶段的申请

如图 5.14 所示，中国本申请要求了多项优先权，韩国对应申请为其中一项优先权。

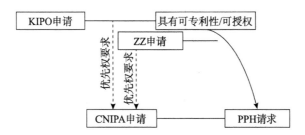

图 5.14 中国本申请要求包含韩国对应申请的多项优先权

（2）韩国对应申请要求了中国本申请的优先权

如果韩国对应申请要求了中国申请的优先权且先于中国申请获得可授权性结论，根据《五局流程》，也可以利用韩国对应申请对中国申请提出 PPH 请求。所述情形列举如下。

如图 5.15 所示，中国本申请和韩国对应申请均为普通国家申请，且韩国对应申请要求了中国本申请的优先权。

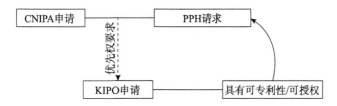

图 5.15 中国本申请和韩国对应申请均为普通国家申请

如图 5.16 所示，韩国对应申请为 PCT 申请进入韩国国家阶段的申请，且该 PCT 申请要求了中国本申请的优先权。

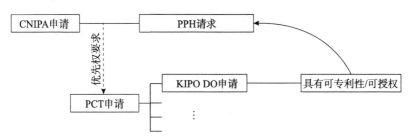

图 5.16 韩国对应申请为 PCT 进入国家阶段申请

如图 5.17 所示，韩国对应申请要求了多项优先权，中国本申请为其中一项优先权。

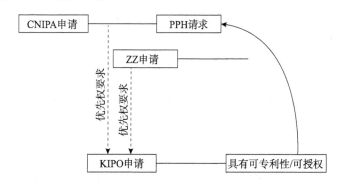

图 5.17　韩国对应申请要求包含中国本申请的多项优先权

（3）中国本申请和韩国对应申请要求了共同的优先权

如果中国本申请和韩国对应申请要求了同一优先权，根据《五局流程》，作为中国本申请和韩国对应申请共同优先权基础的在先申请可以是任意国家或地区的申请，例如韩国申请、中国申请、其他国家或地区的申请、PCT 申请；而中国本申请和韩国对应申请可以是普通国家申请，也可以是 PCT 申请进入各自国家阶段的申请。所述情形列举如下。

如图 5.18 所示，中国本申请和韩国对应申请均为普通国家申请，共同要求了另一韩国申请的优先权。

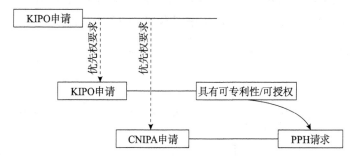

图 5.18　中国本申请与韩国对应申请共同要求另一韩国申请的优先权

如图 5.19 所示，中国本申请和韩国对应申请均为普通国家申请，共同要求了另一中国申请的优先权。

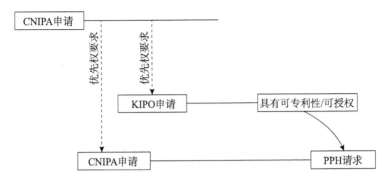

图 5.19　中国本申请与韩国对应申请共同要求另一中国申请的优先权

如图 5.20 所示，中国本申请和韩国对应申请均为普通国家申请，共同要求其他国家或地区申请的优先权。

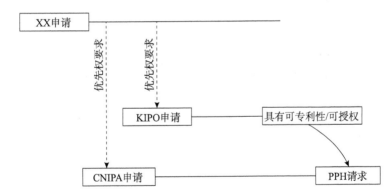

**图 5.20　中国本申请与韩国对应申请共同要求
其他国家或地区申请的优先权**

中国本申请和韩国对应申请为同一 PCT 申请进入各自国家阶段的申请，该 PCT 申请要求了其他国家或地区申请（见图 5.21）或者 PCT 申请（见图 5.22）的优先权。

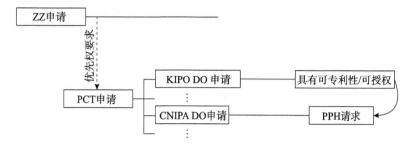

图 5.21 中国本申请与韩国对应申请为同一 PCT 申请进入各自国家阶段的申请且该 PCT 申请要求其他国家或地区优先权

152

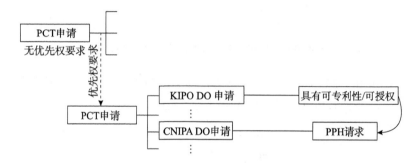

图 5.22 中国本申请与韩国对应申请为同一 PCT 申请进入各自国家阶段的申请且该 PCT 申请要求另一 PCT 申请的优先权

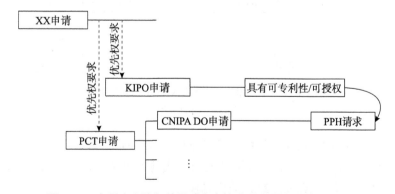

图 5.23 中国本申请与韩国对应申请分别为国家申请和 PCT申请进入国家阶段的申请且共同要求其他国家或地区申请的优先权

如图 5.23 所示，中国本申请和韩国对应申请共同要求了其他国家或地区申请的优先权；中国本申请和韩国对应申请中，一个为普通国家申请，另一个为 PCT 申请进入国家阶段的申请。

（4）中国本申请与韩国对应申请为未要求优先权的同一 PCT 进入各自国家阶段的申请

如图 5.24 所示。

**图 5.24　中国本申请与韩国对应申请为未要求优先权的同一
PCT 申请进入各自国家阶段的申请**

（5）中国本申请要求了 PCT 申请的优先权，该 PCT 申请未要求优先权，韩国对应申请为该 PCT 申请的国家阶段申请

如图 5.25 所示，中国本申请是普通国家申请，要求了 PCT 申请的优先权。韩国对应申请是该 PCT 申请的国家阶段申请。

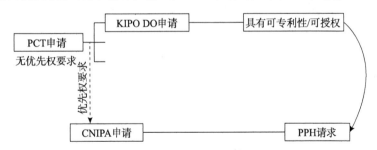

**图 5.25　中国本申请要求 PCT 申请优先权且韩国对应申请为
该 PCT 申请的国家阶段申请**

如图 5.26 所示，中国本申请是 PCT 申请的国家阶段申请，要求了另一 PCT 申请的优先权。韩国对应申请是作为优先权基础的该另一 PCT 申请的国家阶段申请。

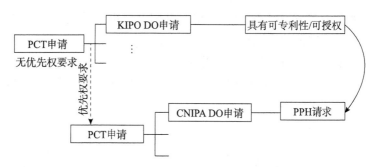

图 5.26 中国本申请作为 PCT 申请进入国家阶段的申请要求另一 PCT 申请的优先权且韩国对应申请是作为优先权基础的 PCT 申请的国家阶段申请

4. 中国申请与韩国申请的派生申请是否满足关联性要求？

如果中国申请与韩国申请符合 PPH 流程所规定的申请间关联性关系，则中国申请的派生申请作为中国本申请，或者韩国申请的派生申请作为对应申请，也符合申请间关联性关系。

如图 5.27 所示，中国申请 A 为普通的中国国家申请并且有效要求了韩国对应申请的优先权，中国申请 B 是中国申请 A 的分案申请，则中国申请 B 与韩国对应申请的关系满足 PPH 的申请间关联性关系。

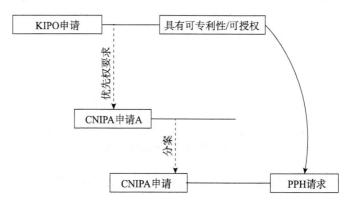

图 5.27 中国本申请为分案申请的情形

同理，如果中国本申请有效要求了韩国申请 A 的优先权，韩国对应申请 B 是韩国申请 A 的分案申请，则该中国本申请与韩国对应申请 B 的关系也满足 PPH 的申请间关联性关系。

三、韩国对应申请可授权性的判定

1. 判定韩国对应申请可授权性的最新工作结果一般包括哪些？

韩国对应申请的工作结果是指与韩国对应申请可授权性相关的所有韩国国内工作结果，包括实质审查、复审、上诉等阶段的通知书。

根据《五局流程》的规定，对于 KIPO 申请而言，申请的权利要求经 KIPO 审查后，通常在审查意见通知书中会被认定为"具有可专利性"或"存在驳回理由"，因此，权利要求"被认定为可授权/具有可专利性"是指 KIPO 审查员在最新的审查意见通知书中明确指出权利要求"具有可专利性"——即使该申请尚未得到专利授权。所述审查意见通知书包括：驳回理由通知书（Notice of Grounds for Rejection）、驳回决定（Decision of Rejection）、授予专利权决定（Decision to Grant a Patent），如图 5.28 所示。上述审查意见通知书可以在实质审查阶段、复审阶段或上诉阶段作出。

上述最新的审查意见通知书是以向 CNIPA 提交 PPH 请求之前或当日作为时间点来判断的，即以向 CNIPA 提交 PPH 请求之前或当日最新的工作结果中的意见作为认定韩国对应申请权利要求"可授权/具有可专利性"的标准。

2. KIPO 一般如何明确指明最新可授权权利要求的范围？

在针对对应申请作出的工作结果中，KIPO 一般使用以下语段明确指明最新可授权权利要求范围。

155

No.	Document Title	Receipt/Delivery Date
1	[Patent Application] Document according to the Article 203 of Patent Act (특허출원)특허법 제203조에 따른 서면)	2014.11.25
2	Request for Amendment (보정요구서)	2014.12.03
3	[Designated Period Extension] Application of Period Extension(Reduction, Progress relief) ((지)정기간연장기간연장(단축, 경과구제)신청서)	2014.12.31
4	[Amendment to Patent Application, etc.] Amendment ((출원서등 보정)보정서)	2015.01.27
5	[Change of Applicant] Report on Change of Proprietary Status ((출원인변경)권리관계변경신고서)	2015.02.09
6	[Request for Examination] Request for Examination ((심사청구)심사청구서)	2018.03.14
7	Notification of reason for refusal (의견제출통지서)	2019.05.07
8	[Designated Period Extension] Application of Period Extension(Reduction, Progress relief) ((지)정기간연장기간연장(단축, 경과구제)신청서)	2019.07.08
9	[Opinion according to the Notification of Reasons for Refusal] Written Opinion(Written Reply, Written Substantiation) ((거절이유 등 통지에 따른 의견)의견(답변, 소명)서)	2019.08.06
10	[Amendment to Description, etc.] Amendment ((명세서등 보정)보정서)	2019.08.06
11	Notification of change of applicant's information (출원인정보변경(경정)신고서)	2019.09.23
12	Decision to grant (등록결정서)	2019.11.22
13	[Patent-Registration Fee] Payment Form ((설정 특허·등록료)납부서)	2020.01.30
14	[Annual Patent-Registration Fee] Payment Form ((연차 특허·등록료)납부서)	2022.12.23

图 5.28 韩国对应申请的工作结果（节选）

（1）当最新工作结果为授予专利权决定时，KIPO 通常会在通知书中指明可授权的权利要求的权项范围以及如图 5.29 所示的语段。

（2）当韩国对应申请的最新工作结果为驳回理由通知书或者驳回决定时，KIPO 一般会在通知书中指明申请存在的缺陷和不能授权的原因。申请人可以在驳回理由通知书中查询到不符合韩国专利法的有关权利要求以及具体原因（即驳回理由）——该部分位于通知书中的位置详见图 5.30。

The Korean Intellectual Property Office

발송번호: 9-5-2017-085088564
발송일자: 2017.12.04.
제출기일

YOUR INVENTION PARTNER
특 허 청
특허결정서

157

출원인	성명	전승주 (특허고객번호: 4201 70120212)
	주소	경기도 파주시 청암로 28, 815동 1001호 (목동동, 산내마을8단지 월드메르디앙)
대리인	성명	박기원
	주소	서울특별시 금천구 가산디지털1로 212 (가산동) 1410호(강한국제특허법률사무소)
발명자	성명	전승주
	주소	경기도 파주시 청암로 28, 815동 1001호 (목동동, 산내마을8단지 월드메르디앙)

출원번호   10-2017-0062913
청구항수   3

발명의명칭   다중 사용자의 인증요소를 조합하여 보안키를 생성하는 보안인증방법

이 출원에 대하여 특허법 제66조에 따라 특허결정합니다. (특허권은 특허료를 납부하여 특허법 제87조에 따라 설정등록을 받음으로써 발생하게 됩니다.)

[특기사항] 이 건 발명의 선출원에 대한 검색은 2017.11.29 까지 출원된 자료를 대상으로 하였으며, 이 날짜 이후 조약우선권 주장을 통해 진입하는 출원에 의한 특허법 제29조제3항 및 제4항 또는 제36조제1항 내지 제3항 위반 여부는 판단하지 아니하였습니다. 끝. [참고문헌] 1. KR1020170022857 A 2. KR101450013 B1 3. KR1020160150097 A

图 5. 29 KIPO 授权决定中的可授权语段

출원번호	10-2017-0062913
발명의 명칭	다중 사용자의 인증요소를 조합하여 보안키를 생성하는 보안 인증방법

1. 이 출원에 대한 심사결과 다음과 같은 거절이유가 있어 특허법 제63조에 따라 이를 통지하오니 의견이 있거나 보정이 필요할 경우에는 상기 제출기일(2017.10. 22.)까지 의견(답변, 소명)서[특허법시행규칙 별지 제24호서식] 또는/및 보정서[특허법시행규칙 별지 제9호서식]를 제출하여 주시기 바랍니다. 2. 상기 제출기일(2017.10. 22.)을 연장하려는 경우에는 지정기간연장신청을 통해 그 제출기일을 4개월까지 연장할 수 있습니다. 이 경우 연장신청은 1개월 단위로 해야 하며, 필요 시 4개월을 초과하지 않는 범위에서 2개월 이상을 일괄하여 연장신청할 수 있습니다. 불가피한 사유의 발생(하단의 안내 참조)으로 4개월을 초과하여 지정기간을 연장받고자 하는 때에는 그 사유를 기재한 소명서를 추가로 첨부해서 연장신청을 해야 합니다.

[심사결과]

158

□ 심사 대상 청구항 :
제1-4항

□ 이 출원의 거절이유가 있는 부분과 관련 법조항
순번 거절이유가 있는 부분 관련 법조항
1
청구항 제3항
특허법 제42조제4항제2호 ──▶ 不符合韩国专利法的权项
2
청구항 전항
특허법 제29조제2항

[구체적인 거절이유] ──▶ 具体驳回理由

1. 이 출원은 청구범위의 청구항 제3항의 기재가 아래에 지적한 바와 같이 불비하여 특허법 제42조제4항제2호에 따른 요건을 충족하지 못하므로 특허를 받을 수 없습니다.

- 아 래 - 청구항 제3항에 기재된 RFID태그, WIFI SSID, 비콘, 센서값의 정보를 포함하는 영역감지정보와; 사용자의 이메일 주소, 아이디, 비밀번호를 포함하는 지식기반정보와; 센서, UUID(Universal Unique Identifier; 범용단일식별자), 상태정보, MAC 어드레스를 포함하는 상태정보와; 전화번호, NFC태그, QR코드, 바코드를 포함하는 소유정보라는 구성에서, 밑줄 친 부분의 전·후 결합관계(즉, AND인지 OR인지)가 불명확하며, 제3항이 명확하게 기재되었다 볼 수 없습니다.

图 5.30　KIPO 驳回理由通知书中对不予授权的权利要求的指明

需要注意的是：如果 KIPO 审查意见通知书未明确指出特定的

权利要求"具有可专利性"或"存在驳回理由"，申请人必须随参与 PPH 试点项目请求附上"KIPO 审查意见通知书未就某权利要求提出驳回理由，因此该权利要求被 KIPO 认定为可授权/具有可专利性"的解释。

四、相关文件的获取

1. 如何获取韩国对应申请的所有工作结果副本？

可以按如下步骤获取韩国对应申请的所有工作结果副本。

步骤 1（见图 5.31）：在 KIPO 官网 KIPRIS 数据库中输入韩国对应申请的申请号。

步骤 2（见图 5.32）：选择对应申请，点击进入相关页面。

步骤 3（见图 5.33）：找到韩国对应申请的审查记录。

步骤 4（见图 5.34）：查看韩国对应申请在不同审查阶段被作出的审查意见通知书。

在步骤 4 中，申请人应当注意的是：审查记录中一般包含实质审查阶段的驳回理由通知书、驳回决定和授予专利权决定，申诉记录中一般包含复审、无效阶段的审判决定；而分案信息则在分案记录中予以记载。

图 5.31　步骤 1：在 KIPRIS 数据库中输入韩国对应申请的申请号

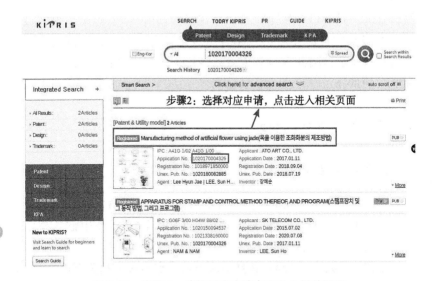

图 5.32　步骤 2：选择对应申请点击进入相关页面

图 5.33　步骤 3：找到韩国对应申请的审查记录

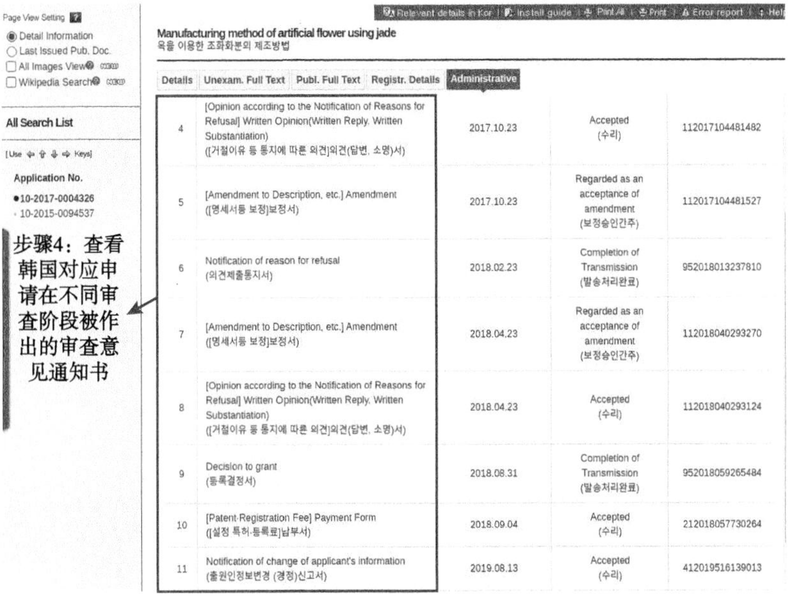

4	[Opinion according to the Notification of Reasons for Refusal] Written Opinion(Written Reply, Written Substantiation) ([거절이유 등 통지에 따른 의견]의견(답변, 소명)서)	2017.10.23	Accepted (수리)	112017104481482
5	[Amendment to Description, etc.] Amendment ([명세서등 보정]보정서)	2017.10.23	Regarded as an acceptance of amendment (보정승인간주)	112017104481527
6	Notification of reason for refusal (의견제출통지서)	2018.02.23	Completion of Transmission (발송처리완료)	952018013237810
7	[Amendment to Description, etc.] Amendment ([명세서등 보정]보정서)	2018.04.23	Regarded as an acceptance of amendment (보정승인간주)	112018040293270
8	[Opinion according to the Notification of Reasons for Refusal] Written Opinion(Written Reply, Written Substantiation) ([거절이유 등 통지에 따른 의견]의견(답변, 소명)서)	2018.04.23	Accepted (수리)	112018040293124
9	Decision to grant (등록결정서)	2018.08.31	Completion of Transmission (발송처리완료)	952018059265484
10	[Patent Registration Fee] Payment Form ([설정 특허·등록료]납부서)	2018.09.04	Accepted (수리)	212018057730264
11	Notification of change of applicant's information (출원인정보변경 (경정)신고서)	2019.08.13	Accepted (수리)	412019516139013

图 5.34　步骤 4：查看韩国对应申请在不同审查阶段被作出的审查意见通知书

2. 能否举例说明韩国对应申请工作结果副本的样式??

（1）授予专利权决定

KIPO 作出的授予专利权决定一般为一页，其中内容主要包含该申请的申请人信息、代理人信息、发明人信息、申请号、可授权的权利要求数、发明名称以及授权决定，如图 5.35 所示。

（2）驳回理由通知书和驳回决定

KIPO 作出的驳回理由通知书（见图 5.36）和驳回决定（见图 5.37）一般包含该申请的驳回结论、驳回理由以及引用的专利文献和非专利文献等。

The Korean Intellectual Property Office ─────────────────────────────────

발송번호:　　　　　9-5-2017-085088564
발송일자:　　　　　2017.12.04.
제출기일

YOUR INVENTION PARTNER
특 허 청
특허결정서

출원인	성명	전승주 (특허고객번호: 420170120212)
	주소	경기도 파주시 청암로 28, 815동 1001호 (목동동, 산내마을8 단지 월드메르디앙)
대리인	성명	박기원
	주소	서울특별시 금천구 가산디지털1로 212 (가산동) 1410호(강한 국제특허법률사무소)
발명자	성명	전승주
	주소	경기도 파주시 청암로 28, 815동 1001호 (목동동, 산내마을8 단지 월드메르디앙)

출원번호: 청구항수	10-2017-0062913 3

→ 申请号、可授权权利要求数

발명의명칭	다중 사용자의 인증요소를 조합하여 보안키를 생성하는 보안 인증방법

이 출원에 대하여 특허법 제66조에 따라 특허결정합니다. (특허권은 특허료를 납부하여
특허법 제87조에 따라 설정등록을 받음으로써 발생하게 됩니다.)

↓

授权决定

图 5.35　KIPO 作出的授予专利权决定首页示例 （节选）

The Korean Intellectual Property Office ———————————————————

발송번호: 9-5-2017-058250194
발송일자: 2017.08.22.
제출기일: 2017.10.22.

YOUR INVENTION PARTNER
특허청
외견제출통지서 ➡ 驳回理由通知书

163

출원인 성명 전승주 (특허고객번호: 420170120212)
      주소 경기도 파주시 청암로 28, 815동 1001호 (목동동, 산내마을8
          단지 월드메르디앙)
대리인 성명 박기원
      주소 경기도 안양시 동안구 시민대로 273, 224호 (관양동,효성인텔
          리안2층)(박기원 특허법률사무소)
발명자 성명 전승주
      주소 경기도 파주시 청암로 28, 815동 1001호 (목동동, 산내마을8
          단지 월드메르디앙)

출원번호   10-2017-0062913 ➡ 对应申请号

발명의 명칭 다중 사용자의 인증요소를 조합하여 보안키를 생성하는 보안
          인증방법

1. 이 출원에 대한 심사결과 다음과 같은 거절이유가 있어 특허법 제63조에 따라 이를 통지하오니 의견이 있거나 보정이 필요할 경우에는 상기 제출기일(2017.10. 22.)까지 의견(답변, 소명)서[특허법시행규칙 별지 제24호서식] 또는/및 보정서[특허법시행규칙 별지 제9호서식]를 제출하여 주시기 바랍니다. 2. 상기 제출기일(2017.10. 22.)를 연장하려는 경우에는 지정기간연장신청을 통해 그 제출기일을 4개월까지 연장할 수 있습니다. 이 경우 연장신청은 1개월 단위로 해야 하며, 필요 시 4개월을 초과하지 않는 범위에서 2개월 이상을 일괄하여 연장신청할 수 있습니다. 불가피한 사유의 발생(하단의 안내 참조)으로 4개월을 초과하여 지정기간을 연장받고자 하는 때에는 그 사유를 기재한 소명서를 추가로 첨부해서 연장신청을 해야 합니다.

[심사결과]

□ 심사 대상 청구항:
제1-4항

(a) KIPO 作出的驳回理由通知书首页示例

图 5. 36   KIPO 作出的驳回理由通知书示例

□ 이 출원의 거절이유가 있는 부분과 관련 법조항
순번 거절이유가 있는 부분 관련 법조항
1
청구항 제3항
특허법 제42조제4항제2호
2
청구항 전항
특허법 제29조제2항

▶ 不符合韩国专利法的权项

[구체적인 거절이유] **▶ 具体驳回理由**

1. 이 출원은 청구범위의 청구항 제3항의 기재가 아래에 지적한 바와 같이 불비하여 특허법 제42조제4항제2호에 따른 요건을 충족하지 못하므로 특허를 받을 수 없습니다.

- 아래 - 청구항 제3항에 기재된 RFID태그, WIFI SSID, 비콘, 센서값의 정보를 포함하는 영역감지정보와; 사용자의 이메일 주소, 아이디, 비밀번호를 포함하는 지식기반정보와; 센서, UUID(Universal Unique Identifier; 범용단일식별자), 상태정보, MAC 어드레스를 포함하는 상태정보와; 전화번호, NFC태그, QR코드, 바코드를 포함하는 소유정보라는 구성에서, 밑줄 친 부분의 전·후 결합관계(즉, AND인지 OR인지)가 불명확하여, 제3항이 명확하게 기재되었다 볼 수 없습니다.

(b) KIPO 作出的驳回理由通知书正文页示例

[附加]
附件1专利公开号10-1450013（2014.10.13）1个副本。所附专利申请公开号10-2017-0022857（2017.03.02。）1份。附件3第10-2016-0150097号出版物（2016.12.28。）1个副本。结束

↓

参考文献

(c) KIPO 作出的驳回理由通知书对比文献示例

图 5.36 KIPO 作出的驳回理由通知书示例（续）

图 5.37 KIPO 作出的驳回决定示例

3. 如何获得韩国对应申请的最新可授权的权利要求副本？

如图 5.38 所示，如果韩国对应申请已经授权公告，则可以在授权公告中获得已授权的权利要求——在对应申请页面点击"Publ. Full Text"即可。

图 5.38　韩国对应申请的授权公告文本的获取

如图 5.39 所示，如果韩国对应申请尚未授权公告，可以通过点击"Details"一栏下的"Claims"获取最新可授权的权利要求。

4. 能否举例说明韩国对应申请可授权权利要求副本的样式？

申请人在提交韩国对应申请最新可授权权利要求副本时，可以自行提交任意形式的权利要求副本，并非必须提交官方副本。韩国对应申请可授权权利要求副本的样式如图 5.40 所示。

165

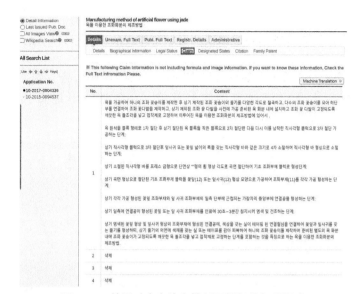

图 5.39　韩国对应申请中最新可授权的权利要求

图 5.40　韩国对应申请可授权权利要求的样页

5. 如何获取韩国对应申请的工作结果中的引用文献信息？

韩国对应申请的工作结果中的引用文献分为专利文献和非专利文献。KIPO 在审查和检索中所引用的所有文献都会被记载在韩国对应申请的工作结果中。申请人可以通过查询韩国对应申请所有工作结果的内容获取其信息。当韩国对应申请已经被授权时，申请人可以直接从韩国对应申请的授予专利权决定中获取其所有的引用文献信息，如图 5.41 所示。

The Korean Intellectual Property Office

발송번호:　9-5-2018-060989759
발송일자:　2018.09.06.
제출기일

YOUR INVENTION PARTNER
특 허 청
특허결정서

출원인	성명	김형철 (특허고객번호: 420050429820)
	주소	인천광역시 남동구 양지로6번길 5, 1동 B-02호 (간석동, 대림빌라)
대리인	성명	유기현
	주소	인천광역시 남동구 인하로 537, 6층 가나국제특허법률사무소 (구월동, 성말빌딩)
발명자	성명	김형철
	주소	인천광역시 남동구 양지로6번길 5, 1동 B-02호 (간석동, 대림빌라)

출원번호　10-2018-0045525
청구항수　5

발명의명칭　반려동물용 목걸이

이 출원에 대하여 특허법 제66조에 따라 특허결정합니다. (특허권은 특허료를 납부하여 특허법 제87조에 따라 설정등록을 받음으로써 발생하게 됩니다.)

[특기사항] 이 건 발명의 선출원에 대한 검색은 2018.09.05 까지 출원된 자료를 대상으로 하였으며, 이 날자 이후 조약우선권 주장을 통해 진입하는 출원에 의한 특허법 제29조제3항 및 제4항 또는 제36조제1항 내지 제3항 위반 여부는 판단하지 아니하였습니다. 끝. [참고문헌] 1. KR200435138 Y1 2. KR1020170052176 A 3. KR101811011B1 4. JP2011055798A

图 5.41　KIPO 作出的授予专利权决定中的引用文献示例

6. 如何获知引用文献中的非专利文献构成对应申请的驳回理由？

申请人可以通过查询 KIPO 作出的各个阶段的工作结果如驳回理由通知书、驳回决定，获取 KIPO 申请中构成驳回理由的非专利文献信息。若 KIPO 的工作结果中含有利用该非专利文献对韩国对应申请的新颖性、创造性进行判断的内容，且该内容中显示该非专利文献影响了韩国对应申请的新颖性、创造性，则该非专利文献属于构成驳回理由的文献。

驳回理由通知书中涉及非专利文献的部分如图 5.42 所示。

图 5.42　KIPO 作出的驳回理由通知书中构成驳回理由的非专利文献样例

五、信息填写和文件提交的注意事项

1. 在 PPH 请求表中填写中国本申请与韩国对应申请的关联性关系时，有哪些注意事项？

（1）在 PPH 请求表中表述中国本申请与韩国对应申请的关联性关系时，必须写明中国本申请与韩国对应申请之间关联的方式（如优先权、PCT 申请不同国家阶段等）。如果中国本申请与韩国对应申请达成关联需要经过一个或多个其他相关申请，也需写明相关申请的申请号以及达成关联的具体方式。

例如：

1）中国本申请是中国申请 A 的分案申请，韩国对应申请是韩国申请 B 的分案申请。韩国申请 B 要求了中国申请 A 的优先权。

2）中国本申请是中国申请 A 的分案申请，中国申请 A 是 PCT 申请 B 进入中国国家阶段的申请。韩国对应申请与 PCT 申请 B 共同要求了韩国申请 C 的优先权。

（2）涉及多个韩国对应申请时，需分条逐项写明中国本申请与每一个韩国对应申请的关系。

2. 在 PPH 请求表中填写中国本申请与韩国对应申请权利要求的对应性解释时，有哪些注意事项？

基于 KIPO 工作结果向 CNIPA 提交 PPH 请求的，在权利要求的对应性解释上无特别的注意事项，参见本书第一章的相关内容即可。

3. 在 PPH 请求表中填写韩国对应申请所有工作结果的名称时，有哪些注意事项？

（1）应当填写 KIPO 在所有审查阶段作出的全部工作结果。既包括实质审查阶段的所有通知书，也包括实质审查阶段以后的复审、上诉等阶段的所有通知书。

如图 5. 34 中的示例，该申请有 2 份驳回理由通知书和 1 份授权决定，均需要被填写到请求表中。

No.	Receipt/Delivery No.	Receipt/Delivery Date	Document Title(KOR.)
1	1-1-2017-0035483-27	2017.01.11	[Patent Application] Patent Application ([특허출원]특허출원서)
2	4-1-2017-5120831-72	2017.07.28	Notification of change of applicant's information (출원인정보변경(경정)신고서)
3	9-5-2017-0586932-41	2017.08.22	Notification of reason for refusal (의견제출통지서)
4	1-1-2017-1044815-27	2017.10.23	[Amendment to Description, etc.] Amendment ([명세서등 보정]보정서)
5	1-1-2017-1044814-82	2017.10.23	[Opinion according to the Notification of Reasons for Refusal] Written Opinion(Written Reply, Written Substantiation) ([거절이유 등 통지에 따른 의견]의견(답변, 소명)서)
6	9-5-2018-0132378-10	2018.02.23	Notification of reason for refusal (의견제출통지서)
7	1-1-2018-0402931-24	2018.04.23	[Opinion according to the Notification of Reasons for Refusal] Written Opinion(Written Reply, Written Substantiation) ([거절이유 등 통지에 따른 의견]의견(답변, 소명)서)
8	1-1-2018-0402932-70	2018.04.23	[Amendment to Description, etc.] Amendment ([명세서등 보정]보정서)
9	9-5-2018-0592654-84	2018.08.31	Decision to grant (등록결정서)

图 5. 43　韩国对应申请的工作结果及发文日示例

（2）就各通知书的作出时间应当填写各通知书的发文日，在发文日无法确定的情况下允许申请人填写其通知书的起草日或完成日。如图 5.43 所示，所有通知书的发文日一般都在审查记录中可以找到，应准确填写。

（3）对各通知书的名称应当使用其正式的中文译名填写，不得以"通知书"或者"审查意见通知书"代替。在中韩 PPH 试点项目相关协议中列举了部分通知书的规范中文译名，包括授予专利权决定、驳回理由通知书、驳回决定、审判决定（Trial/Appeal Decision）。

应注意，上面列举的通知书并非涵盖了 KIPO 针对对应申请所作出的所有工作结果。只要是与韩国对应申请获得授权有关的通知书，申请人均需在 PPH 请求表中填写并提交。

（4）对于未在《五局流程》或《中韩流程》中给出明确中文译名的通知书，申请人可以按其通知书原文名称自行翻译后填写在 PPH 请求表中，并将其原文名称填写在翻译的中文名后的括号内，以便审查核对。

（5）如果有多个韩国对应申请，则应分别对各个韩国对应申请（即 OEE 申请）进行工作结果的查询并填写到 PPH 请求表中。

4. 在 PPH 请求表中填写韩国对应申请所有工作结果引用文件的名称时，有哪些注意事项？

在填写韩国对应申请所有工作结果引用文件的名称时，无特别注意事项，参见本书第一章的相关内容即可。

5. 在提交韩国对应申请的工作结果副本及译文时，有哪些注意事项？

（1）对韩国对应申请的所有工作结果副本均需要完整提交，包括其著录项目信息、格式页或附件也应当提交。

（2）根据《五局流程》的规定，申请人可以选择省略提交以上所述文件，但应注意如下不能通过案卷访问系统获得的情形：

1）当申请人选择通过案卷访问系统获得韩国对应申请工作结果及译文，而实际上 KIPO 官方网站并未公布该韩国对应申请的相应数据，或 CNIPA 无法正常获取 KIPO 官方网站数据时，CNIPA 会通知申请人自行提交相应文件。

2）当韩国对应申请的审批流程中涉及复审、异议、无效、订正程序时，如果 KIPO 未在官方网站上完整公布上述通知书的完整信息，则申请人此时不能选择通过案卷访问系统获得，而必须自行准备并向 CNIPA 提交所有工作结果通知书副本及其译文。

3）若韩国对应申请在 KIPO 授权公告后又经过了复审或无效程序，且最新的可授权权利要求文本发生了变化，则申请人应向 CNIPA 提交新的工作结果通知书副本及其译文。

171

6. 在提交韩国对应申请的最新可授权权利要求副本及译文时，有哪些注意事项？

申请人在提交韩国对应申请最新可授权权利要求副本时，一是要注意可授权权利要求是否最新，例如在授权后的程序中权利要求有修改的情况；二是要注意权利要求的内容是否完整，即使有一部分权利要求在 CNIPA 申请中没有利用到，也需要一起完整提交。

另外，在韩国对应申请的授权公告文本中，某些已经删除的权利要求的序号仍保留在文本之中，申请人不需将该序号删除，也不应对已经授权的权利要求自行重新编号。

根据《五局流程》的规定，申请人还可以选择省略提交此文件——具体是通过在请求表中勾选"请求通过案卷访问系统或 PATENTSCOPE 获取上述文件"，由审查员自行获取相关文件。

需要注意的是，如果申请人既未自行提交权利要求副本，又未选择"请求通过案卷访问系统或 PATENTSCOPE 获取上述文件"以获取权利要求副本，将会导致此次 PPH 请求不合格。

另外，如果申请人选择"请求通过案卷访问系统或 PATENT-SCOPE 获取上述文件"，但是 CNIPA 审查中发现该韩国对应申请的权利要求副本数据暂时无法获得，将要求申请人补充提交上述文件。

韩国对应申请可授权权利要求副本译文应当是对韩国对应申请中所有被认为可授权的权利要求的内容进行的完整且一致的翻译；仅翻译部分内容的译文不合格。

另外，根据《五局流程》的规定，如果 KIPO 网站中记载了关于该权利要求副本的机器翻译，申请人还可以选择省略提交韩国对应申请权利要求副本译文——具体是通过在请求表中勾选"请求通过案卷访问系统或 PATENTSCOPE 获取上述文件"，由审查员自行获取相关文件。但是如果 CNIPA 审查员无法理解机器翻译的权利要求译文，会要求申请人重新提交译文。KIPO 官网中关于权利要求副本的机器翻译，如图 5.44 和图 5.55 所示。

图 5.44 获取 KIPO 授权权利要求的机器翻译译文的方式

Manufacturing method of artificial flower using jade
옥을 이용한 조화화분의 제조방법

| Details | Unexam. Full Text | Publ. Full Text | Registr. Details | Administrative |

| Details | Biographical Information | Legal Status | **Claim** | Designated States | Citation | Family Patent |

No.	Content
1	The jade is processed and the stem of the above-mentioned manufactured harmonization open flower one harmonization open flower is curved toward the various angle after doing manufacture and multiple harmonization open flowers are collected and the lower end portion is connected and the harmonization flowers is made. The step: petal harmonization member which is respectively processed and shaped the rectangular bar consisting of the rectangular bar shape with the step : subclause it speaks with subclause the step : the above of respectively processing and shaping the harmonization member (11) to the press die it processes the basis harmonization member block cut with the basis harmonization member block furnace formation step : curved surface shape to the petal (12) or the leaf (13) shape shape it is the curved surface cut to the bending shape angle of the section feature "" type it speaks the fourth subclause to the size like the rectangular bar having the width of leaf or the petal width to that in rectangle block after the third cut and the petal in which the connection hole is formed in the step : one side forming the connection hole on the edge central part which is near to one end of the leaf corp. ear harmonization member or the step of dipping the leaf corp. ear harmonization member in the pigment in 30 second ~3 discrimination and dyeing and drying of again severing and processing this with the flat rectangle block with the third it cuts the above-mentioned cut jade block the , jade raw ore as to the manufacturing method of the artificial flower pot which uses the jade which is made it fixes to the adhesive it puts the jade piece which is clean the harmonization flower bunch is fixed it sets up within the jade flowerpot in advance prepared to process the above-mentioned manufactured harmonization flower bunch in the block type after the first cut in the small block with the second. The manufacturing method of the artificial flower pot using the jade comprising putting and fixing to the adhesive the jade piece which is clean to the harmonization open flower be fixed within the separate jade flowerpot in which makes and which is prepared the thread forming the stem connecting the connection iron core in which the thread having color is taped to the connection hole formed in the harmonization member of the leaf shape and above-mentioned dyed petal shape and has the petal

173

图 5.45　KIPO 授权权利要求的机器翻译译文示例

需要注意的是，如果申请人既未提交韩国对应申请权利要求副本译文，又未选择"请求通过案卷访问系统或 PATENTSCOPE 获取上述文件"，将会导致此次 PPH 请求不合格。

7. 在提交韩国对应申请的工作结果中引用的非专利文献副本时，有哪些注意事项？

当韩国对应申请工作结果中的非专利文献涉及驳回理由时，申请人应当在提交 PPH 请求时将所有涉及驳回理由的非专利文献副本一并提交。而对于所有的专利文献和未构成驳回理由的非专利文献，申请人只需将其信息填写在 PPH 请求书 E 项第 2 栏中即可，不需要提交相应的文件副本。

申请人提交文件时应确保其提交的内容完整，提交的类型正确，即按照"对应申请审查意见引用文件副本"类型提交。

如果所需提交的非专利文献是由除中文或英文之外的语言撰写，申请人也只需提交非专利文献文本即可，不需要对其进行翻译。

如果韩国对应申请存在两份或两份以上非专利文献副本，则应该作为一份"对应申请审查意见引用文件副本"提交。

8. 在常规 PPH 试点项目中，哪些情形下，韩国对应申请的工作结果、权利要求副本可以通过案卷访问系统获得？

根据《五局流程》的规定，当韩国对应申请的所有工作结果副本及译文、可授权权利要求副本及译文已经在 KIPO 官方网站上进行公布，CNIPA 可以完整获取其所有信息时，申请人可以省略提交上述文件。申请人提交 PPH 请求时，仅需在 PPH 请求表 C 项"文件提交"中勾选"请求通过案卷访问系统或 PATENTSCOPE 获取上述文件"即可，而无需再提交相应文件。

以下为例外情形。

（1）当申请人选择通过案卷访问系统获得韩国对应申请工作结果及译文、可授权权利要求副本及译文，而实际上 KIPO 官方网站并未公布该韩国对应申请的相应数据，或 CNIPA 无法正常获取 KIPO 官方网站的数据时，CNIPA 会通知申请人自行提交相应文件。

（2）当针对韩国对应申请的审批流程中涉及复审、异议、无效、订正程序时，如果 KIPO 未在官方网站上完整公布上述工作结果的完整信息，则申请人此时不能选择通过案卷访问系统获得，而必须自行准备并向 CNIPA 提交所有工作结果副本及其译文。

（3）当韩国对应申请授权公告后，又经过了异议、无效或订正程序，且最新的可授权权利要求文本发生了变化时，申请人应按照实际情况自行制作最新的可授权权利要求文本并向 CNIPA 提交该权利要求的副本及译文。

第六章 基于欧洲专利局工作结果向中国国家知识产权局提交常规 PPH 请求

一、概述

1. 基于 EPO 工作结果向 CNIPA 提交 PPH 请求的项目依据是什么？

2013 年 9 月，IP5 就启动一项全面的 IP5 PPH 试点项目达成一致意见。IP5 PPH 试点项目于 2014 年 1 月 6 日启动。《五局流程》即为基于 EPO 工作结果向 CNIPA 提交 PPH 请求的项目依据。

2. 基于 EPO 工作结果向 CNIPA 提交 PPH 请求的种类分为哪些？

按照提出 PPH 请求所使用的对应申请审查机构的工作结果来划分，CNIPA 与 EPO 开展的 PPH 试点项目包括常规 PPH 和 PCT – PPH。

本章内容仅涉及基于 EPO 工作结果向 CNIPA 提交常规 PPH 请求的实务，提交 PCT – PPH 请求的实务建议参见本书第二章内容。

3. CNIPA 与 EPO 开展 PPH 试点项目的期限有多长？

IP5 PPH 试点项目自 2023 年 1 月 6 日起再延长三年，至 2026 年 1 月 5 日止。

今后，将视情况，根据局际间的共同决定作出是否继续延长试点项目及相应延长期限的决定。

4. CNIPA 与 EPO 开展 PPH 试点项目有无领域和数量限制？

《五局流程》中提到："两局在请求数量超出可管理的水平时，或出于其他任何原因，可终止本 PPH 试点。PPH 试点终止之前，将先行发布通知。"。

5. 如何获得欧洲对应申请的相关信息？

如图 6.1 所示，申请人可以通过登录 EPO 的官方网站（网址www. epo. org）查询欧洲对应申请的相关信息。

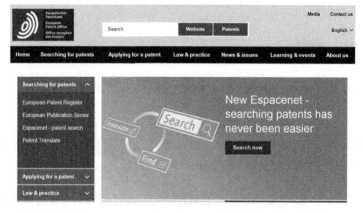

图 6.1　EPO 官网主页

如图 6.2 所示，申请人进入 EPO 网站主页后，点击左侧的"European Patent Register"即可进入 EPO 专利信息平台。

图 6.2　EPO 官网检索页

如图 6.3 所示，点击平台任务栏"European Patent Register"下方的"Open"进入具体的专利信息查询界面。

图 6.3　EPO 专利信息平台

进入查询页面后，在"Smart Search"中输入对应申请正确的申请号，点击"Search"，会弹出与输入申请号相关的所有信息（见图 6.4）。选择对应申请的相关条目，点左侧的"European procedure"即可浏览对应申请相关文件，包括法律状态、引用文件信息息（见图 6.5）以及审查意见通知书等。

图 6.4　EPO 官方网站显示对应申请有关信息

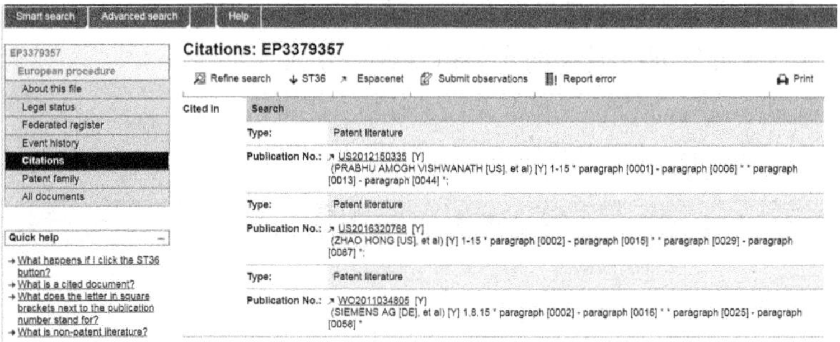

图 6.5　EPO 官网显示对应申请引用文件列表

如图 6.6 所示，点击“Publication”中的“B1 Patent specification”，即可获取对应申请的授权公告文本的相关文件。

Publication	Type:	A1 Application with search report
	No.:	EP3379357
	Date:	26.09.2018
	Language:	EN
	[2018/39]	
	Type:	B1 Patent specification
	No.:	EP3379357
	Date:	10.07.2019
	Language:	EN
	[2019/28]	

图 6.6　EPO 官网授权对应申请授权公告文本的获取位置

二、中国本申请与欧洲对应申请关联性的确定

1. 欧洲对应申请号的格式是什么？如何确认欧洲对应申请号？

对于 EPO 专利申请，申请号的格式一般为“EP20××××××.×”，如图 6.7 和图 6.8 所示。

所谓欧洲对应申请号是指申请人在此次 PPH 请求中所要利用的 EPO 工作结果中记载的申请号。申请人可以通过 EPO 作出的国

内工作结果，例如授权意向通知书中的首页，获取欧洲对应申请号。如果对应申请已经授权公告，申请人也可通过 EPO 作出的授权公告文本首页获取欧洲对应申请号。

Anlage zu EPA Form 2004, Mitteilung gemäß Regel 71 (3) EPÜ

Bibliografische Daten der europäischen Patentanmeldung Nr. 20 820 355.4

Für die beabsichtigte Erteilung des europäischen Patents werden nachfolgend die bibliografischen Daten zur Information mitgeteilt:

Bezeichnung:	– VERBUNDVERPACKUNG ZUR ERLEICHTERTEN ASEPTISCHEN PRÄSENTATION VON MEDIZINPRODUKTEN – COMPOSITE PACKAGING FACILITATING AN ASEPTIC PRESENTATION OF MEDICINAL PRODUCTS – EMBALLAGE COMPOSITE FACILITANT LA PRÉSENTATION ASEPTIQUE DE PRODUITS MÉDICINAUX
Klassifikation:	INV. A61B50/30 A61F2/00 A61B50/00
Anmeldetag:	02.12.2020

179

图 6.7 授权意向通知书中欧洲对应申请的申请号

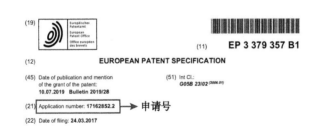

图 6.8 授权公告文本中欧洲对应申请的申请号

2. 欧洲对应申请的著录项目信息如何核实？

与 PPH 流程规定的两申请关联性相关的对应申请的信息，例如优先权信息、分案申请信息、PCT 申请进入国家阶段的信息等，通常会在对应申请的著录项目信息记载。申请人一般可以通过以下三种方式获取欧洲对应申请的著录项目信息。

　　一是在欧洲对应申请的请求表中获取相关著录项目信息，包括国际申请号（如果有）、优先权（如果有）、申请人等信息（见图 6.9）。

图 6.9　欧洲对应申请请求表中相关信息的获取

二是通过 EPO 官方网站查到欧洲对应申请后，点击首页的 "About this file"，可从官方网站上获取相关著录项目信息，包括国际申请号（如果有）、优先权（如果有）、申请人等信息（见图 6.10）。

Applicant(s)	For all designated states ABB Schweiz AG Brown Boveri Strasse 6 5400 Baden / CH
	[2018/39]
Inventor(s)	01 / Hollender, Martin Am Rebgarten 50 69221 Dossenheim / DE
	02 / Klöpper, Benjamin Adlerstr. 12 68199 Mannheim / DE
	03 / Lundh, Michael ABB Haspelgatan 13 72349 Västeras / SE
	04 / Chioua, Moncef ABB Bahnhofstr. 59 69115 Heidelberg / DE
	↗ [2018/39]
Representative(s)	Bittner, Peter , et al Peter Bittner und Partner Herrenwiesenweg 2 69207 Sandhausen / DE
	[N/P]
Application number, filing date	17162852.2
	[2018/39]
Filing language	EN

图 6.10　EPO 官方网站中有关著录项目信息的展示

三是通过欧洲对应申请的授权公告本文：相关著录项目信息会

在授权公告文本的扉页显示，包括申请号、国际申请号（如果有）、优先权号（如果有）、申请人等（见图 6.11）。

(19) Europäisches Patentamt / European Patent Office / Office européen des brevets

(11) **EP 3 379 357 B1**

(12) **EUROPEAN PATENT SPECIFICATION**

(45) Date of publication and mention of the grant of the patent:
10.07.2019 Bulletin 2019/28

(51) Int Cl.:
G05B 23/02 *(2006.01)*

(21) Application number: 17162852.2

(22) Date of filing: 24.03.2017

(54) COMPUTER SYSTEM AND METHOD FOR MONITORING THE TECHNICAL STATE OF INDUSTRIAL PROCESS SYSTEMS

COMPUTERSYSTEM UND VERFAHREN ZUR ÜBERWACHUNG DES ZUSTANDS VON INDUSTRIELLEN ANLAGEN

SYSTÈME INFORMATIQUE ET PROCÉDÉ DE SURVEILLANCE DE L'ÉTAT DE SYSTÈMES DE PROCESSUS INDUSTRIEL

(84) Designated Contracting States:
AL AT BE BG CH CY CZ DE DK EE ES FI FR GB GR HR HU IE IS IT LI LT LU LV MC MK MT NL NO PL PT RO RS SE SI SK SM TR

(43) Date of publication of application:
26.09.2018 Bulletin 2018/39

(73) Proprietor: ABB Schweiz AG
5400 Baden (CH)

(72) Inventors:
• Hollender, Martin
69221 Dossenheim (DE)

• Klöpper, Benjamin
68199 Mannheim (DE)
• Lundh, Michael
72349 Västeras (SE)
• Chioua, Moncef
69115 Heidelberg (DE)

(74) Representative: Bittner, Peter et al
Peter Bittner und Partner
Seegarten 24
69190 Walldorf (DE)

(56) References cited:
WO-A1-2011/034805   US-A1- 2012 150 335
US-A1- 2016 320 768

图 6.11　欧洲对应申请授权公告文本中有关著录项目信息的展示

3. 中国本申请与欧洲对应申请的关联性关系一般包括哪些情形？

以欧洲申请为对应申请向 CNIPA 提出的 PPH 请求属于 IP5 PPH 请求。IP5 常规 PPH 在基本型常规 PPH 的基础上拓展了申请间的关系，并规定当首次申请与后续申请拥有共同的最早日（该日可以为优先权日，也可以为申请日）时，申请人即可以利用 OEE 作出的工作结果要求 OLE 进行加快审查，同时两申请间的关系也不再局限于中欧两局间，可以扩展为共同要求第三个国家或地区的优先权。

具体情形如下。

（1）中国本申请要求了欧洲对应申请的优先权

如图 6.12 所示，中国本申请和欧洲对应申请均为普通国家申请，且中国本申请要求了欧洲对应申请的优先权。

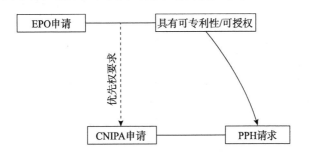

图 6.12　中国本申请和欧洲对应申请均为普通国家申请

如图 6.13 所示，中国本申请为 PCT 申请进入中国国家阶段的申请，且该 PCT 申请要求了欧洲对应申请的优先权。

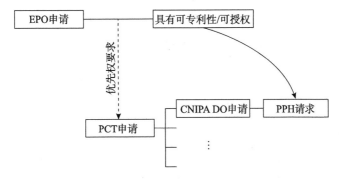

图 6.13　中国本申请为 PCT 申请进入国家阶段的申请

如图 6.14 所示，中国本申请要求了多项优先权，欧洲对应申请为其中一项优先权。

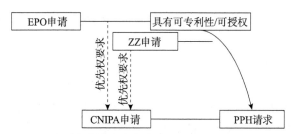

图 6.14　中国本申请要求包含欧洲对应申请的多项优先权

（2）欧洲对应申请要求了中国本申请的优先权

如果欧洲对应申请要求了中国申请的优先权，且先于中国申请获得可授权性结论，则根据《五局流程》也可以利用欧洲对应申请对中国申请提出 PPH 请求。

如图 6.15 所示，中国本申请和欧洲对应申请均为普通国家申请，且欧洲对应申请要求了中国本申请的优先权。

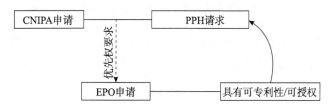

图 6.15　中国本申请和欧洲对应申请均为普通国家申请

如图 6.16 所示，欧洲对应申请为 PCT 申请进入欧洲国家阶段的申请，且要求了中国本申请的优先权。

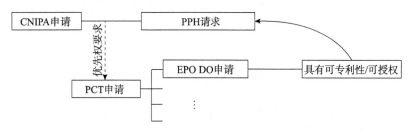

图 6.16　欧洲对应申请为 PCT 申请进入国家阶段申请

如图 6.17 所示，欧洲对应申请要求了多项优先权，中国本申请为其中一项优先权。

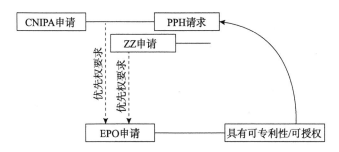

图 6.17　欧洲对应申请要求包含中国本申请的多项优先权

（3）中国本申请和欧洲对应申请要求了共同的优先权

根据《五局流程》的规定，作为中国本申请和欧洲对应申请共同优先权基础的在先申请可以是任意国家和地区的申请，例如欧洲申请、中国申请、其他国家或地区的申请、PCT 申请；而中国本申请和欧洲对应申请可以是普通国家申请，也可以是 PCT 申请进入各自国家阶段的申请。

如图 6.18 所示，中国本申请和欧洲对应申请均为普通国家申请，共同要求了另一欧洲申请的优先权。

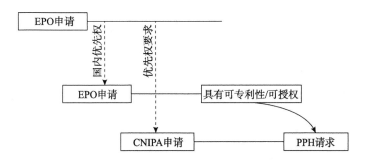

图 6.18　中国本申请与欧洲对应申请共同要求另一欧洲申请的优先权

如图 6.19 所示，中国本申请和欧洲对应申请均为普通国家申请，共同要求了另一中国申请的优先权。

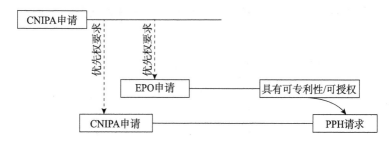

图 6.19 中国本申请与欧洲对应申请共同要求另一中国申请的优先权

如图 6.20 所示，中国本申请和欧洲对应申请均为普通国家申请，共同要求了另一其他国家或地区申请的优先权。

186

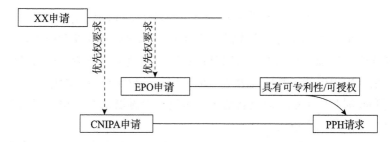

图 6.20 中国本申请与欧洲对应申请共同要求另一
其他国家或地区申请的优先权

如图 6.21 和图 6.22 所示，中国本申请和欧洲对应申请为同一 PCT 申请进入各自国家阶段的申请，该 PCT 申请要求了其他国家或地区申请或 PCT 申请的优先权。

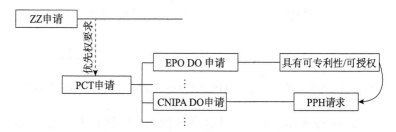

图 6.21 中国本申请与欧洲对应申请为同一 **PCT** 申请进入各自
国家阶段的申请且其要求了其他国家或地区申请的优先权

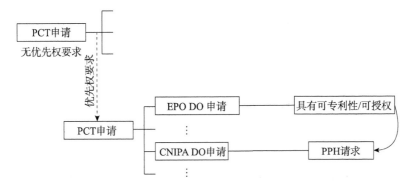

图 6.22 中国本申请与欧洲对应申请为同一 PCT 申请进入各自
国家阶段的申请且其要求了另一 PCT 申请的优先权

如图 6.23 所示，中国本申请和欧洲对应申请共同要求了其他
国家或地区申请作为优先权基础，且中国本申请和欧洲对应申请
中，一个为普通国家申请，另一个为 PCT 申请进入国家阶段的申请。

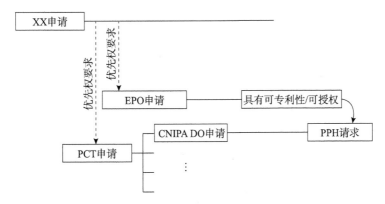

图 6.23 中国本申请与欧洲对应申请分别为普通国家
申请和 PCT 申请进入国家阶段的
申请且共同要求了一个其他国家或地区申请的优先权

（4）中国本申请与欧洲对应申请为未要求优先权的同一 PCT
申请进入各自国家阶段的申请

详见图 6.24。

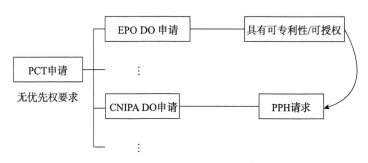

**图 6.24　中国本申请与欧洲对应申请为未要求优先权的
同一 PCT 申请进入各自国家阶段的申请**

（5）中国本申请要求了 PCT 申请的优先权，该 PCT 申请未要求优先权，欧洲对应申请为该 PCT 申请的国家阶段申请

如图 6.25 所示，中国本申请是普通国家申请，要求了 PCT 申请的优先权，欧洲对应申请是该 PCT 申请的国家阶段申请。

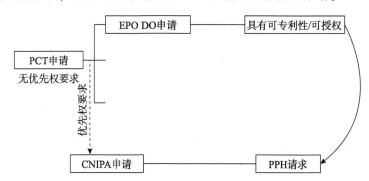

**图 6.25　中国本申请要求了 PCT 申请作为优先权且欧洲对
应申请为该 PCT 申请的国家阶段申请**

如图 6.26 所示，中国本申请是 PCT 申请进入中国国家阶段的申请，要求了另一 PCT 申请的优先权，欧洲对应申请是作为优先权基础的另一 PCT 国家阶段申请。

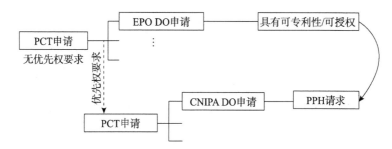

图 6. 26　中国本申请作为 PCT 国家阶段申请要求了另一 PCT 申请的
优先权且欧洲对应申请是作为优先权基础的 PCT 国家阶段申请

4. 中国申请与欧洲申请的派生申请是否满足关联性要求？

　　如果中国申请与欧洲申请符合 PPH 流程所规定的关联性关系，则中国申请的派生申请作为中国本申请，或者欧洲申请的派生申请作为对应申请，也符合 PPH 的关联性关系。例如，中国申请 A 为普通的中国国家申请并且有效要求了欧洲对应申请的优先权，中国申请 B 是中国申请 A 的分案申请，则中国申请 B 与欧洲对应申请的关系满足申请间的关联性关系（见图 6.27）。

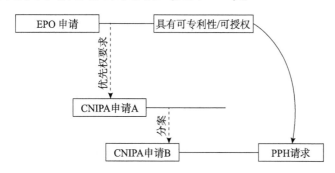

图 6. 27　分案申请的情形

　　同理，如果中国本申请要求了欧洲申请 A 的优先权，欧洲申请 B 是申请 A 的分案申请，则该中国本申请与欧洲对应申请 B 的关系也满足申请间的关联性关系。

三、欧洲对应申请可授权性的判定

1. 判定欧洲对应申请可授权性的最新工作结果一般包括哪些?

欧洲对应申请的工作结果是指与欧洲对应申请可授权性相关的所有欧洲国内工作结果，包括实质审查、异议阶段等各个阶段的通知书，通常包括（以下为 IP5 PPH 试点项目相关协议中例举的规范中文译名）EPO 审查员作出的审查意见通知书（Communication from the Examining Division）及其附加文件（Annex to the Communication）、EPO 审查员作出的检索报告（European Search Report；以下简称"欧洲检索报告"）、EPO 审查员作出的检索意见（European Search Opinion；以下简称"欧洲检索意见"）、授予欧洲专利之意向的通知书［Communication under Rule 71（3）EPC；以下简称"欧洲授权意向通知"］、异议决定等（见图 6.28）。EPO 的通知书通常会使用英语、法语或德语三种语言之一进行撰写。

☐	05.03.2019	Communication about intention to grant a European patent
☐	05.03.2019	Intention to grant (signatures)
☐	05.03.2019	Text intended for grant (clean copy)
☐	05.03.2019	Text intended for grant (version for approval)
☐	15.02.2019	Examination started
☐	02.01.2019	(Electronic) Receipt
☐	02.01.2019	Amended claims filed after receipt of (European) search report
☐	02.01.2019	Amended claims with annotations
☐	02.01.2019	Amendments received before examination
☐	02.01.2019	Letter accompanying subsequently filed items
☐	01.10.2018	Reminder period for payment of examination fee/designation fee and correction of deficiencies in Written Opinion/amendment
☐	29.08.2018	Notification of forthcoming publication
☐	04.09.2017	Communication regarding the transmission of the European search report
☐	04.09.2017	European search opinion
☐	04.09.2017	European search report

图 6.28　欧洲对应申请的工作结果（节选）

当同时存在上述多份通知书时，以向 CNIPA 提交 PPH 请求之前或当日最新的工作结果中的意见作为认定欧洲对应申请可授权性的标准。

2. EPO 一般如何明确指明最新可授权权利要求的范围？

在 EPO 针对对应申请作出的工作结果中，EPO 一般使用以下语段明确指明最新可授权权利要求范围。

（1）如图 6.29 所示，当欧洲对应申请的最新工作结果为欧洲授权意向通知时，在该通知中一般会写明审查员关于申请可以被授予专利权的意见，并随附欧洲对应申请可授权文件的文本作为通知的附件。

图 6.29　欧洲授权意向通知首页的可授权权利要求信息

（2）当欧洲对应申请的最新工作结果为审查意见通知书时，该通知书或其附加文件明确指出某些权利要求"可授权/具有可专利性"。但是应注意：EPO 审查员作出的审查意见通知书不是最终的决定，需要关注申请的后续审查进程。

（3）如果在欧洲申请授权后，公众启动了异议程序，则判定欧洲对应申请可授权的最新工作结果应当为异议程序中作出的工作结果，即异议决定。

3. 如果欧洲对应申请存在授权后进行修改的情况，此时 EPO 判定权利要求可授权的最新工作结果是什么？

按照 EPO 的审查程序，专利权人在授权后可以请求对授权文本进行订正。如果在提出 PPH 请求之前，专利权人已经向 EPO 提出授权后进行修改请求，则欧洲对应申请可授权的最新工作结果为修改程序中作出的最新工作结果。

4. 欧洲对应申请的最新工作结果中没有"明确指出"特定权利要求可授权时，申请人该如何处理？

如果 EPO 审查员作出的审查意见通知书及其附加文件未明确指出特定的权利要求"具有可专利性/可授权"，则申请人应当在 PPH 请求表的 E 项"特殊项的解释说明"中说明"EPO 审查意见通知书未就某权利要求提出驳回理由，因此，该权利要求被 EPO 认定为可授权/具有可专利性"的解释，同时，还应当提供该权利要求相对于 EPO 审查员引用的对比文件具有可专利性/可授权的说明。

四、相关文件的获取

1. 如何获取欧洲对应申请的所有工作结果？

可以按如下步骤获取欧洲对应申请的所有工作结果。

步骤 1（见图 6.30）：在 EPO 官网 European Patent Register 数据

库中输入欧洲对应申请的申请号。

步骤 2（见图 6.31）：找到欧洲对应申请的申请信息。

步骤 3（见图 6.32）：找到欧洲对应申请在不同审查阶段的工作结果。

在步骤 3 中，申请人应当注意的是：审查记录中一般包括实质审查、异议阶段通知书，通常包括审查意见通知书及其附加文件、欧洲检索报告、检索意见、欧洲授权意向通知、异议决定等。

图 6.30　步骤 1：输入欧洲对应申请的申请号

图 6.31　步骤 2：找到欧洲对应申请的申请信息

Date ▲	Document type
22.04.2020	Bibliographic data of the European patent application
22.04.2020	Communication about intention to grant a European patent
14.01.2020	(Electronic) Receipt
11.09.2019	Annex to the communication
11.09.2019	Communication from the Examining Division
04.09.2019	Examination started
11.06.2019	(Electronic) Receipt
04.01.2019	Reminder period for payment of examination fee/designation fee and correction of deficiencies in Written Opinion/amendment
28.11.2018	Notification of forthcoming publication
11.12.2017	Communication regarding the transmission of the European search report
11.12.2017	European search opinion
11.12.2017	European search report
11.12.2017	Information on Search Strategy
29.11.2017	Search started

194

图 6.32　步骤 3：找到欧洲对应申请在不同审查阶段的工作结果

2. 能否举例说明欧洲对应申请工作结果的样式？

（1）欧洲授权意向通知

EPO 作出的欧洲授权意向通知一般包含主页和附录项目。其中首页（见图 6.33）包括著录项目信息，如该申请的申请人和申请号、授权决定信息、可授权文本信息；附录项目（见图 6.34）是

图 6.33　欧洲授权意向通知首页示例

需要申请人注意的各种事项信息。

1.2　Bibliographic data

The title of the invention in the three official languages of the European Patent Office, the international patent classification, the designated contracting states, the registered name(s) of the applicant(s) and the other bibliographic data are shown on EPO Form 2056 (enclosed).

2.　Invitation

You are invited, **within a non-extendable period of four months** of notification of this communication,

2.1　to EITHER approve the <u>text</u> communicated above and verify the <u>bibliographic data</u> (Rule 71(5) EPC)

(1)　by filing a translation of the claim(s) in the other two official languages of the EPO

		Fee code	EUR
(2a)	by paying the fee for grant including the fee for publication: minus any amount already paid (Rule 71a(5) EPC):	007	925.00 0.00
		Total amount:	925.00
(3)	by paying additional claims fees under Rule 71(4) EPC; number of claims fees payable: 0 minus any amount already paid (Rule 71a(5) EPC):	016	0.00 0.00
		Total amount:	0.00

Important: If the translations of the claims and fees have already been filed and paid respectively in reply to a previous communication under Rule 71(3) EPC, e.g. in the case of resumption of examination after approval (see Guidelines C-V, 6), **agreement as to the text to be granted** (Rule 71a(1) EPC) must be expressed within the same time limit (e.g. by approving the text and verifying the bibliographic data, by confirming that grant proceedings can go ahead with the documents on file and/or by stating which translations of the claims already on file are to be used).

Note 1: See "Notes concerning fee payments" below.
Note 2: Any overpaid "minus" amounts will be refunded when the decision to grant (EPO Form 2006A) has been issued.
Note 3: For the calculation of the grant fee under Article 2(2), No. 7, RFees (old fee structure), the number of pages is determined on the basis of a clean copy of the application documents, in which text deleted as a result of any amendments by the examining division is not shown. Such clean copy is made available via on-line file inspection only.

2.2　OR, in the case of disapproval, to request <u>reasoned</u> amendments or corrections to the <u>text</u> communicated above or keep to the latest text submitted by you (Rule 71(6) EPC).

In this case the translations of the claims and fee payments mentioned under point 2.1 above are NOT due.

图 6.34　欧洲授权意向通知附录项目示例

（2）审查意见通知书

EPO 作出的审查意见通知书一般包含通知书的正文及附件。正文（见图 6.35）中包括申请的驳回意见、答复期限。附件中包括申请的审查基础（见图 6.36）、审查员参考的专利和非专利文献（见图 6.37），以及具体的驳回理由（见图 6.38）。

Application No. 16 775 673.3 - 1110	Ref. NVL15P01EP3	Date 16.10.2019
Applicant Novaliq GmbH		

Communication pursuant to Article 94(3) EPC

The examination of the above-identified application has revealed that it does not meet the requirements of the European Patent Convention for the reasons enclosed herewith. If the deficiencies indicated are not rectified the application may be refused pursuant to Article 97(2) EPC.

You are invited to file your observations and insofar as the deficiencies are such as to be rectifiable, to correct the indicated deficiencies within a period

of   2   months

from the notification of this communication, this period being computed in accordance with Rules 126(2) and 131(2) and (4) EPC. One set of amendments to the description, claims and drawings is to be filed within the said period on separate sheets (R. 50(1) EPC).

If filing amendments, you must identify them and indicate the basis for them in the application as filed. Failure to meet either requirement may lead to a communication from the Examining Division requesting that you correct this deficiency (R. 137(4) EPC).

Failure to comply with this invitation in due time will result in the application being deemed to be withdrawn (Art. 94(4) EPC).

图 6.35   EPO 作出的审查意见通知书正文示例

The examination is being carried out on the **following application documents**

Main Request

Description, Pages

1-20   as published

Claims, Numbers

1-11   filed in electronic form on   21-08-2019

图 6.36   EPO 作出的审查意见通知书附件审查基础示例

D1   XP009134460 (Meinert, H. et al., European Journal of Ophthalmology, vol. 10, no. 3 (2000), p. 189-197)

D2   WO 2014/041055 A1

D3   XP55256850 (Barata-Vallejo, S. et al., J. Org. Chem., vol. 75, no. 18 (2010), p. 6141-6148)

图 6.37   EPO 作出的审查意见通知书附件引用文献示例

| Datum
Date 16.10.2019
Date | Blatt
Sheet 2
Feuille | Anmelde-Nr:
Application No: 16 775 673.3
Demande n°: |

The newly filed claims according to the Main Request are considered to be allowable. The applicant is therefore requested to bring the description into conformity with these claims.

Embodiments which do not fall within the scope of the amended claims should be deleted, or clearly identified as not according to the invention.

The last two paragraphs on page 2 according to which a method of treatment is an aspect of the invention should be deleted or reformulated (Article 53(c) EPC).

The formula on page 1, line 12 is incomplete and should be corrected (Article 84 EPC).

图 6.38　EPO 作出的审查意见通知书附件驳回理由示例

（3）欧洲检索报告

欧洲检索报告（见图 6.39 和图 6.40）主要包括 EPO 审查员检索的对比文件信息和同族信息。

EUROPEAN SEARCH REPORT

Application Number
EP 17 16 2852

	DOCUMENTS CONSIDERED TO BE RELEVANT		
Category	Citation of document with indication, where appropriate, of relevant passages	Relevant to claim	CLASSIFICATION OF THE APPLICATION (IPC)
Y	US 2012/150335 A1 (PRABHU AMOGH VISHWANATH [US] ET AL) 14 June 2012 (2012-06-14) * paragraph [0001] - paragraph [0006] * * paragraph [0013] - paragraph [0044] * -----	1-15	INV. G05B23/02
Y	US 2016/320768 A1 (ZHAO HONG [US] ET AL) 3 November 2016 (2016-11-03) * paragraph [0002] - paragraph [0015] * * paragraph [0029] - paragraph [0087] * -----	1-15	
Y	WO 2011/034805 A1 (SIEMENS AG [DE]; YUAN CHAO [US]; NEUBAUER CLAUS [US]; HACKSTEIN HOLGER) 24 March 2011 (2011-03-24) * paragraph [0002] - paragraph [0016] * * paragraph [0025] - paragraph [0058] * -----	1,8,15	
			TECHNICAL FIELDS SEARCHED (IPC) G05B G06N G06F

图 6.39　欧洲检索报告示例（检索结果部分）

ANNEX TO THE EUROPEAN SEARCH REPORT
ON EUROPEAN PATENT APPLICATION NO.   EP 17 16 2852

This annex lists the patent family members relating to the patent documents cited in the above-mentioned European search report.
The members are as contained in the European Patent Office EDP file on
The European Patent Office is in no way liable for these particulars which are merely given for the purpose of information.

29-08-2017

Patent document cited in search report		Publication date	Patent family member(s)		Publication date
US 2012150335	A1	14-06-2012	NONE		
US 2016320768	A1	03-11-2016	US 2016320768 A1		03-11-2016
			WO 2016178955 A1		10-11-2016
WO 2011034805	A1	24-03-2011	CN 102498445 A		13-06-2012
			EP 2478423 A1		25-07-2012
			US 2012304008 A1		29-11-2012
			WO 2011034805 A1		24-03-2011

图 6.40　欧洲检索报告示例（同族信息部分）

（4）欧洲检索意见

欧洲检索意见主要包括对应申请的审查基础信息，审查员检索的对比文件信息（见图 6.41），审查员关于对应申请的新颖性、创造性和工业实用性的评述（见图 6.42）及审查结论（见图 6.43）。

The examination is being carried out on the **following application documents**

Description, Pages

1-20   as originally filed

Claims, Numbers

1-15   as originally filed

Drawings, Sheets

1/6-6/6   as originally filed

Reference is made to the following documents; the numbering will be adhered to in the rest of the procedure.

D1   US 2012/150335 A1 (PRABHU AMOGH VISHWANATH [US] ET AL) 14 June 2012

D2   US 2016/320768 A1 (ZHAO HONG [US] ET AL) 3 November 2016

D3   WO 2011/034805 A1 (SIEMENS AG [DE]; YUAN CHAO [US]; NEUBAUER CLAUS [US]; HACKSTEIN HOLGER) 24 March 2011

图 6.41　欧洲检索意见示例（审查基础及引文部分）

1   Clarity (Art 84 EPC)

Claim 8 defines a computer-implemented method for monitoring the technical status of an industrial process system comprising:
generating an anomaly alert based on the one or more indicators, the anomaly alert configured to enable deactivating of the advanced process controller; and
outputting the anomaly alert to an operator of the industrial process system or to the industrial process system.

It is not clear what the underlined features mean, when the alert is sent to an operator, and how these underlined features contribute to define technical characteristics of the alert.

The subject-matter of claim 8 is, thus, not clear.

图 6.42 欧洲检索意见示例（评述部分）

3   Conclusion

It is not at present apparent which part of the application could serve as a basis for a new allowable set of claims. Should the applicant nevertheless regard some particular matter as patentable, the following should be attended to:

3.1   The applicant should indicate in their reply from which parts of the original documents the new claims are directly and unambiguously derivable (see Article 123(2) EPC, Rule 137(4) EPC, Guidelines H-III 2.2 and H-IV 4.2 §1).

图 6.43 欧洲检索意见示例（审查结论）

3. 如何获取欧洲对应申请的最新可授权的权利要求副本？

如果欧洲对应申请已经授权公告且申请人或公众未启动异议，则可以在授权公告中获得已授权的权利要求（见图 6.44）。

Type:	授权公告文本 ← ↗ B1 Patent specification
No.:	EP3379357
Date:	10.07.2019
Language:	EN

图 6.44 EPO 官网授权公告文本信息

如果欧洲对应申请尚未授权公告，则可以通过查询审查记录获取最新可授权的权利要求（见图 6.45）。

26.04.2019 <u>French translation of claims</u>

26.04.2019 <u>German translation of the claims</u>

26.04.2019 <u>Letter accompanying subsequently filed items</u>

02.01.2019 <u>Amended claims filed after receipt of (European) search report</u>

02.01.2019 <u>Amended claims with annotations</u>

图 6.45　EPO 官网最新权利要求本文信息

4. 能否举例说明欧洲对应申请的可授权权利要求副本的样式？

申请人在提交欧洲对应申请的最新可授权权利要求副本时，可以自行提交任意形式的权利要求副本，而并非必须提交官方副本。欧洲对应申请的可授权权利要求副本的样式举例如图 6.46 所示。

ausgebildet ist, wobei die Drehscheibe (12) bzw. der Drehring (11) durch Eingriff einer Fingerkuppe an der Fingerkuppen-Kontaktfläche (21, 22) rotatorisch antreibbar ist, und wobei die Fingerkuppen-Kontaktfläche (21, 22) konkav gewölbt ist, und wobei die Fingerkuppen-Kontaktfläche (21) eine kreisringförmige oder eine kreisförmige Gestalt aufweist, und wobei die erste Fingerkuppen-Kontaktfläche (22) der Drehscheibe (12) bzw. des Drehrings (11), mit der die erste Welle (09) antreibbar ist, und die zweite Fingerkuppen-Kontaktfläche (21) der Drehscheibe bzw. des Drehrings (11), mit der die zweite Welle (10) antreibbar ist, auf der gleichen Höhe relativ zur Außenseite des Gehäuses der Lichtstellbedieneinheit (01) angeordnet sind.

2.　Lichtstellbedieneinheit nach Anspruch 1,

dadurch gekennzeichnet,
dass an der ersten Welle (09) ein erstes Rastwerk zur Verrastung unterschiedlicher Drehlagen der ersten Welle (09) vorgesehen ist, wobei der erste Drehsignalgeber zur Erzeugung eines ein Umschalten zwischen zwei Rastlagen anzeigenden Datensignals vorgesehen ist, und wobei an der zweiten Welle (10) ein zweites Rastwerk zur Verrastung unterschiedlicher Drehlagen der zweiten Welle (10) vorgesehen ist, und wobei der zweite Drehsignalgeber zur Erzeugung eines ein Umschalten zwischen zwei

Claims

1.　A lighting control operating unit (01) for a lighting system, digital adjusting commands being generated in the lighting control operating unit (01), which commands can be transmitted to a processing unit (20) via a data link, and said lighting control operating unit (01) comprising several control elements, in particular key buttons (03), slide controls (04) and/or rotary controls (05), which are disposed at the upper side of a housing (02) and with the aid of which control commands can be entered,
characterised in that
at least one dual encoder (07) is provided in a control panel (08) of the lighting control operating unit (01), which dual encoder allows users to enter input values, wherein the dual encoder (07) presents a first shaft (09) being mounted in a housing (16) so as to be rotatable, and wherein a first rotation signal generator, for generating a data signal, is provided at the first shaft, and wherein a second shaft (10) being mounted in the housing (16) of the dual encoder (10) so as to be coaxially rotatable is provided at the dual encoder (07), and wherein a second rotation signal generator for generating a data signal is provided at the second shaft (10), and wherein both shafts (09, 10) present actuating elements (11, 12), at which adjusting movements can be transmitted onto the shafts (09, 10) by hand, and wherein the actuating elements, for hand-actuated adjustment of the shafts (09, 10), are embodied in the manner of a rotary disk

图 6.46　EPO 授权公告文本中记载的权利要求样例

注：权利要求的全部内容都需提交，这里限于篇幅，不再展示后续内容。

5. 如何获取欧洲对应申请的工作结果中的引用文献信息？

欧洲对应申请的工作结果中的引用文献分为专利文献和非专利文献。EPO 在检索和审查中所引用的所有文献信息都会被记载在欧洲对应申请的审查工作结果中。申请人可以通过查询欧洲对应申请的所有工作结果的内容获取其信息。

（1）当欧洲对应申请已经获得授权时，申请人可以直接从欧洲对应申请的授权公告文本中获取其所有的引用文献信息，如图 6.47 所示。

图 6.47 EPO 授权公告文本中的引用文献信息

（2）当欧洲对应申请尚未获得授权时，申请人可以直接以 EPO 官网中的"Citations"查询其引用文献信息，如图 6.48 所示。

图 6.48 EPO 官网中的引用文献信息（一）

6. 如何获知引用文献中的非专利文献构成对应申请的驳回理由？

申请人可以通过查询 EPO 发出的各个阶段的工作结果，如审查意见通知书，获取欧洲对应申请中构成驳回理由的非专利文献信息。当 EPO 的工作结果中含有利用非专利文献对欧洲对应申请的新颖性、创造性进行评判的内容，且该内容中显示该非专利文献影响了欧洲对应申请的新颖性、创造性时，则该非专利文献属于构成驳回理由的文献。

申请人还可以根据 EPO 官方网站"Citations"中标注的文件类型信息进行判断。官方网站相关内容如图 6.49 所示。

图 6.49 EPO 官网中的引用文献信息（二）

五、信息填写和文件提交的注意事项

1. 在 PPH 请求表中填写中国本申请与欧洲对应申请的关联性关系时，有哪些注意事项？

（1）在 PPH 请求表中表述中国本申请与欧洲对应申请的关联性关系时，必须写明中国本申请与欧洲对应申请之间的关联方式（如优先权、PCT 申请不同国家阶段等）。如果中国本申请与欧洲对应申请达成关联需要经过一个或多个其他相关申请，也需写明相关申请的申请号以及达成关联的具体方式。

例如：中国本申请是中国国家申请 A 的分案申请，对应申请是欧洲申请 B 的分案申请，欧洲申请 B 要求了中国国家申请 A 的优先权。

中国本申请是中国国家申请 A 的分案申请，中国国家申请 A 是 PCT 申请 B 进入中国国家阶段的申请，欧洲对应申请与 PCT 申请 B 共同要求了欧洲申请 C 的优先权。

（2）涉及多个欧洲对应申请时，需分条逐项写明中国本申请与每一个欧洲对应申请的关系。

2. 在 PPH 请求表中填写中国本申请与欧洲对应申请权利要求的对应性解释时，有哪些注意事项？

基于 EPO 工作结果向 CNIPA 提交 PPH 请求的，权利要求的对应性解释上无特别的注意事项，参见本书第一章的相关内容即可。

3. 在 PPH 请求表中填写欧洲对应申请所有工作结果的名称时，有哪些注意事项？

（1）应当填写 EPO 作出的关于可专利性的、与实质审查相关的全部工作结果，例如 EPO 作出的任何形式的检索报告和检索意见、实质审查阶段 EPO 作出的审查意见通知书及其附加文件、欧洲授权意向通知、实审阶段之后的异议决定等（见图 6.50）。

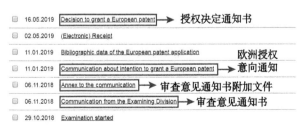

图 6.50　欧洲对应申请审查阶段的工作结果列表

（2）各通知书的作出时间应当填写其通知书的发文日。所有工作结果的发文日一般都在 EPO 官网的审查记录中可以找到，申请人应准确填写。在发文日无法确定的情况下，允许申请人填写其通知书的起草日或完成日。

（3）各通知书的名称应当使用其正式的中文译名填写，不得全部以"通知书"或者"审查意见通知书"代替。《五局流程》中列举了部分通知书规范的中文译名。

（4）对于未在《五局流程》中给出明确中文译名的工作结果，申请人可以按其通知书原文名称自行翻译后填写在 PPH 请求表中，并将其原文名称填写在翻译的中文名后的括号内，以便审查核对。

（5）如果有多个欧洲对应申请，建议分别对各个欧洲对应申请进行工作结果的查询并填写到 PPH 请求表中。

（6）对于 PCT 申请进入欧洲阶段的欧洲对应申请，如果其 PCT 申请的国际检索单位或国际初审单位是 EPO，则在进入欧洲阶段后，审查员一般会直接利用其 PCT 申请的国际阶段工作结果（见图 6.51），不再重复作出欧洲阶段的检索报告和检索意见。此种情形下，申请人需要将其 PCT 申请的国际检索报告和检索意见信息填写在 PPH 请求表中。申请人注意：如果对应申请的 PCT 申请的国际阶段工作结果不是 EPO 作出，则 EPO 会针对该进入欧洲阶段的 PCT 申请重新制定检索报告和检索意见，申请人不用在 PPH 请求表中填写其国际阶段的通知书信息。

图 6.51　欧洲对应申请的国际阶段审查信息

4. 在 PPH 请求表中填写欧洲对应申请所有工作结果引用文献的名称时，有哪些注意事项？

在填写欧洲对应申请所有工作结果引用文献的名称时，无特别注意事项，参见本书第一章的相关内容即可。

5. 在提交欧洲对应申请的工作结果副本及译文时，有哪些注意事项？

在提交欧洲对应申请的工作结果及译文时，申请人应当注意：

（1）根据《五局流程》的规定，当欧洲对应申请的所有工作结果副本及译文已经在 EPO 官方网站上进行公布，CNIPA 可以完整获取其所有信息时，申请人可以选择省略提交以上所述文件，但应当注意如下不能通过案卷访问系统获得的情形。

当申请人选择通过案卷访问系统获得欧洲对应申请工作结果及译文，而实际上 EPO 官方网站并未公布该欧洲对应申请的相应数据或 CNIPA 无法正常获取 EPO 官方网站数据时，CNIPA 会通知申请人自行提交相应文件。

当欧洲对应申请的审批流程中涉及异议等程序时，如果 EPO 未在官方网站上完整公布上述通知书的完整信息，则申请人此时不能选择通过案卷访问系统获得，必须自行准备并向 CNIPA 提交所有工作结果通知书副本。

（2）如果申请人自行提交欧洲对应申请的工作结果副本或其译文，则需要完整提交所有工作结果的副本或其译文——包括其著录项目信息、格式页或附件也应当提交。不允许仅自行提交部分工作结果副本或其译文而请求通过案卷访问系统获取另一部分。

（3）欧洲对应申请工作结果的语言通常会与申请人提交 EPO 申请时所使用的语言保持一致，即英语、法语或德语。当欧洲对应申请的工作结果语言是法语或德语而非英语时，申请人应提交其所有工作结果的中文或英文的译文。

6. 在提交欧洲对应申请的最新可授权权利要求副本及译文时，有哪些注意事项？

申请人在提交欧洲对应申请的最新可授权权利要求副本时，一是要注意可授权权利要求是否最新，例如在授权后的订正程序中权利要求是否有被修改；二是要注意权利要求的内容是否完整——即使有一部分权利要求在 CNIPA 申请中没有利用到，也需要一起被完整提交。

根据《五局流程》的规定，申请人还可以选择省略提交此文件，具体是通过在请求表中勾选"请求通过案卷访问系统或 PATENTSCOPE 获取上述文件"，由审查员自行获取相关文件。

需要注意的是：如果申请人既未自行提交权利要求副本，又未选"请求通过案卷访问系统或 PATENTSCOPE 获取上述文件"以提交权利要求副本，将会导致 PPH 请求不合格。

另外，如果申请人选择"请求通过案卷访问系统或 PATENTSCOPE 获取上述文件"提交上述文件，但是 CNIPA 审查中发现该欧洲对应申请的权利要求副本数据暂时无法获得，则申请人将被要求补充提交上述文件。

欧洲授权公告文件中一般会使用英语、法语和德语三种语言同时对专利进行公布，此类情形下申请人可以不用提交其译文。

7. 在提交欧洲对应申请国内工作结果中引用的非专利文献副本时，有哪些注意事项？

当欧洲对应申请工作结果中的非专利文献涉及驳回理由时，申请人应当在提交 PPH 请求时将所有涉及驳回理由的非专利文献副本一并提交。而对于所有的专利文献和未构成驳回理由的非专利文献，申请人只需将其信息填写在 PPH 请求书 E 项第 2 栏中即可，不需要提交相应的文件副本。

申请人提交文件时应确保其提交的内容完整、提交的类型正确，即按照"对应申请审查意见引用文献副本"类型提交。

如果所需提交的非专利文献是由除中文或英文之外的语言撰写，则申请人也只需提交非专利文献文本即可，不需要对其进行翻译。

如果欧洲对应申请存在两份或两份以上非专利文献副本，则应该作为一份"对应申请审查意见引用文献副本"提交。

8. 在常规 PPH 试点项目中，哪些情形下，欧洲对应申请工作结果及译文、权利要求副本及译文可以通过案卷访问系统获得？

根据《五局流程》的规定，当欧洲对应申请的所有工作结果副本及译文、可授权权利要求副本及译文已经在 EPO 官方网站上进行公布，CNIPA 可以完整获取其所有信息时，申请人可以省略提交上述文件。申请人提交 PPH 请求时，仅需在 PPH 请求表 C 项"文件提交"中勾选"请求通过案卷访问系统或 PATENTSCOPE 获取上述文件"即可，而无须再提交相应文件。

以下为例外情形。

（1）当申请人选择通过案卷访问系统获得欧洲对应申请工作结果、可授权权利要求副本，而实际上 EPO 官方网站并未公布该欧洲对应申请的相应数据，或 CNIPA 无法正常获取 EPO 官方网站的数据时，CNIPA 会通知申请人自行提交相应文件。

（2）当 EPO 所作出的工作结果的语言非英文，且 EPO 官方网站不提供该工作结果的英文译文时，申请人应提交其所有工作结果的中文或英文的译文，而不能选择通过案卷访问系统获得欧洲对应申请工作结果的译文。

（3）当欧洲对应申请的审批流程中涉及异议、无效等程序时，如果 EPO 未在官方网站上完整公布上述通知书的完整信息，则申请人此时不能选择通过案卷访问系统获得，而必须自行准备并向 CNIPA 提交所有工作结果通知书副本及其译文。

（4）当欧洲对应申请授权公告后，又经过了异议等程序，且最新的可授权权利要求文本发生了变化时，申请人应按照实际情况自行制作最新的可授权权利要求文本并向 CNIPA 提交该权利要求的副本——当权利要求副本非英文时，还应当提交其译文。

第七章 基于德国专利商标局工作结果向中国国家知识产权局提交常规 PPH 请求

一、概述

1. 基于 DPMA 工作结果向 CNIPA 提交 PPH 请求的项目依据是什么？

中德 PPH 试点于 2012 年 1 月 23 日启动。《在中德专利审查高速路（PPH）试点项目下向中国国家知识产权局提出 PPH 请求的流程》（以下简称《中德流程》）为基于 DPMA 工作结果向 CNIPA 提交 PPH 请求的项目依据。

2. 基于 DPMA 工作结果向 CNIPA 提交 PPH 请求的种类分为哪些？

CNIPA 与 DPMA 签署的为双边 PPH 试点项目。按照提出 PPH 请求所使用的对应申请审查机构的工作结果来划分，基于 DPMA 工作结果向 CNIPA 提交 PPH 请求的种类仅包括基本型常规 PPH。

3. CNIPA 与 DPMA 开展 PPH 试点项目的期限有多长？

中德 PPH 试点项目自 2012 年 1 月 23 日开始启动，为期两年，其后于 2014 年、2018 年、2021 年、2024 年各延长五年或三年，至 2027 年 1 月 22 日止。

今后，将视情况，根据局际间的共同决定作出是否继续延长试点项目及相应延长期限的决定。

4. 基于 DPMA 工作结果向 CNIPA 提交 PPH 请求有无领域和数量限制？

《中德流程》中提到："两局在请求数量超出可管理的水平时，或出于其他任何原因，可终止本 PPH 试点。PPH 试点终止之前，将先行发布通知。"

5. 如何获得德国对应申请的相关信息？

如图 7.1 所示，申请人可以通过登录 DPMA 的官方网站（网址 www. dpma. de）查询德国对应申请的相关信息，该网站提供英文界面。

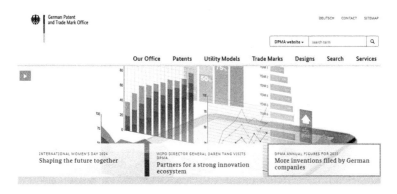

图 7.1　DPMA 官网主页

如图 7.2 所示，申请人进入 DPMA 网站主页后，在其下面的 "DPMAregister" 下输入德国对应申请的申请号，即可查找到该申请的相关信息。

图 7.2　DPMA 官网主页检索入口

也可以点击"DPMAregister"然后在"Go directly to the Beginners search"下方选择专利检索，进入其检索界面（见图7.3）。

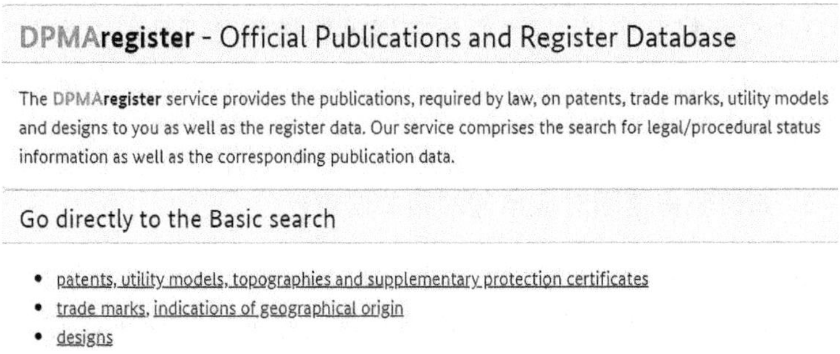

DPMAregister – Official Publications and Register Database

The DPMAregister service provides the publications, required by law, on patents, trade marks, utility models and designs to you as well as the register data. Our service comprises the search for legal/procedural status information as well as the corresponding publication data.

Go directly to the Basic search

- patents, utility models, topographies and supplementary protection certificates
- trade marks, indications of geographical origin
- designs

图 7.3　DPMA 官网检索界面

如图7.4所示，进入检索页面后，在"File Number"中输入对应申请正确的申请号，即可浏览德国对应申请的相关文件——包括申请文件以及审查意见通知书信息等（见图7.5）。

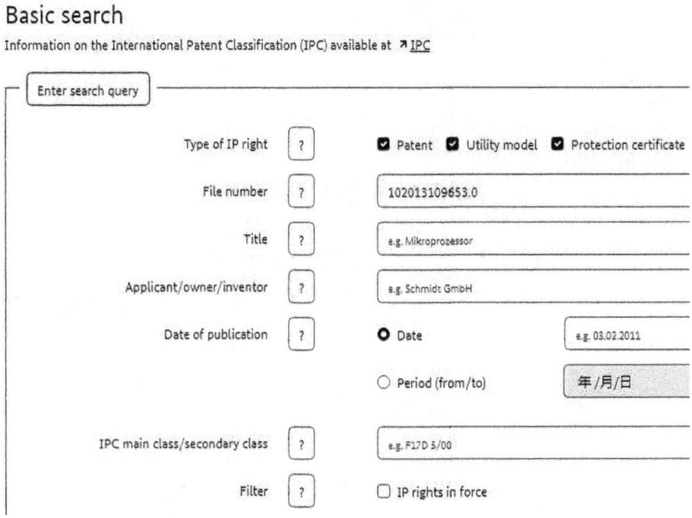

Basic search

Information on the International Patent Classification (IPC) available at ↗ IPC

Enter search query

Type of IP right	?	☑ Patent　☑ Utility model　☑ Protection certificate
File number	?	102013109653.0
Title	?	e.g. Mikroprozessor
Applicant/owner/inventor	?	e.g. Schmidt GmbH
Date of publication	?	⦿ Date　　e.g. 03.02.2011
		○ Period (from/to)　　年 / 月 / 日
IPC main class/secondary class	?	e.g. F17D 5/00
Filter	?	☐ IP rights in force

图 7.4　通过 DPMA 检索平台查询对应申请有关信息

INID	Criterion	Field	Content
	Type of IP right	SART	Patent
	Status	ST	Pending/in force
21	DE file number	DAKZ	10 2013 109 653.0
54	Designation/title	TI	Steckverbindergehäuse und Verfahren zum Öffnen seines Kabelabgangs
51	IPC main class	ICM (ICMV)	↗ H01R 13/52 (2006.01)
51	IPC secondary class(es)	ICS (ICSV)	↗ H01R 13/46 (2006.01), ↗ H02G 3/06 (2006.01), ↗ H02G 15/013 (2006.01)
22	DE application date	DAT	Sep 4, 2013
43	Date of first publication	OT	Mar 5, 2015
	Date of publication of grant	PET	Jan 30, 2020
71/73	Applicant/owner	INH	HARTING Electric Stiftung & Co. KG, 32339 Espelkamp, DE
72	Inventor	IN	Busse, Reiner, 32427 Minden, DE; Rüter, Andreas, 32369 Rahden, DE
10	Published DE documents	DEPN	Original document: 🗎 DE102013109653A1 Searchable text: 🗎 DE102013109653A1 Original document: 🗎 DE102013109653B4 Searchable text: 🗎 DE102013109653B4
	Address for service		HARTING Stiftung & Co. KG, 32339 Espelkamp, DE
	Due date	FT FG	Sep 30, 2024 Annual fee for the 12th year ↗ Patent fees
	Patent division in charge		34
56	Citations	CT	🗎 EP000000546637B1 (EP 0 546 637 B1) 🗎 DE000010303800B3 (DE 103 03 800 B3)

图 7.5　通过 DPMA 检索平台获取的对应申请有关信息

二、中国本申请与德国对应申请关联性的确定

1. 德国对应申请号的格式是什么？如何确认德国对应申请号？

对于 DPMA 专利申请，申请号的格式一般为"1020 × × × × × × × × . ×"，如图 7.6 和图 7.7 所示。

德国对应申请号是指申请人在 PPH 请求中所要利用的 DPMA 工作结果中记载的申请号。申请人可以通过 DPMA 作出的工作结果，例如授权决定通知书首页或授权公告文本的首页，获取德国对应申请号。

2. 德国对应申请的著录项目信息如何核实？

与 PPH 流程规定的两申请关联性相关的对应申请的信息，例如优先权信息、分案申请信息、PCT 申请进入国家阶段信息等，通常会在对应申请的著录项目信息记载。申请人一般可以通过以下两

种方式获取德国对应申请的著录项目信息。

POSTANSCHRIFT Deutsches Patent- und Markenamt • 80297 München

Müller-Boré & Partner
Patentanwälte PartG mbB
Friedenheimer Brücke 21
80639 München

HAUSANSCHRIFT Zweibrückenstraße 12, 80331 München
POSTANSCHRIFT 80297 München
KONTAKT Dr. Rammelmeier
TEL +49 89 2195-2732
FAX +49 89 2195-2221
INTERNET www.dpma.de
AKTENZEICHEN 10 2019 008 379.2
ANMELDERANHABER Interroll Holding AG

IHR ZEICHEN I 5010 - ru
ERSTELLT AM 16.08.2021

212

图 7.6   DPMA 授权决定通知书中德国对应申请的申请号样式

(19) Deutsches
Patent- und Markenamt

(10) **DE 10 2013 109 653 B4** 2020.01.30

(12)

Patentschrift

(21) Aktenzeichen: **10 2013 109 653.0**
(22) Anmeldetag: **04.09.2013**
(43) Offenlegungstag: **05.03.2015**
(45) Veröffentlichungstag
der Patenterteilung: **30.01.2020**

(51) Int Cl.: **H01R 13/52** (2006.01)
    H01R 13/46 (2006.01)
    H02G 3/06 (2006.01)
    H02G 15/013 (2006.01)

Innerhalb von neun Monaten nach Veröffentlichung der Patenterteilung kann nach § 59 Patentgesetz gegen das Patent Einspruch erhoben werden. Der Einspruch ist schriftlich zu erklären und zu begründen. Innerhalb der Einspruchsfrist ist eine Einspruchsgebühr in Höhe von 200 Euro zu entrichten (§ 6 Patentkostengesetz in Verbindung mit der Anlage zu § 2 Abs. 1 Patentkostengesetz).

(73) Patentinhaber:
HARTING Electric GmbH & Co. KG, 32339
Espelkamp, DE

(72) Erfinder:
Busse, Reiner, 32427 Minden, DE; Rüter, Andreas,
32369 Rahden, DE

(56) Ermittelter Stand der Technik:
DE   103 03 800   B3
EP   0 546 637   B1

(54) Bezeichnung: Steckverbindergehäuse und Verfahren zum Öffnen seines Kabelabgangs

图 7.7   DPMA 授权公告文本中德国对应申请的申请号样式

一是在德国对应申请的请求表中获取相关著录项目信息，包括国际申请号（如果有）、优先权（如果有）、申请人等信息，如图 7.8所示。

INID	Criterion	Field	Content
	Type of IP right	SART	Patent
	Status	ST	Pending/in force
21	DE file number	DAKZ	10 2013 109 653.0
54	Designation/title	TI	Steckverbindergehäuse und Verfahren zum Öffnen seines Kabelabgangs
51	IPC main class	ICM (ICMV)	↗ H01R 13/52 (2006.01)
51	IPC secondary class(es)	ICS (ICSV)	↗ H01R 13/46 (2006.01), ↗ H02G 3/06 (2006.01), ↗ H02G 15/013 (2006.01)
22	DE application date	DAT	Sep 4, 2013
43	Date of first publication	OT	Mar 5, 2015
	Date of publication of grant	PET	Jan 30, 2020
71/73	Applicant/owner	INH	HARTING Electric Stiftung & Co. KG, 32339 Espelkamp, DE

213

图 7.8　德国对应申请请求表中的相关著录项目信息

二是通过德国对应申请的授权公告本文核实。相关著录项目信息会在授权公告文本扉页显示，包括申请号、国际申请号（如果有）、优先权号（如果有）、申请人等，如图 7.9 所示。

(21) Aktenzeichen: **10 2013 109 653.0**
(22) Anmeldetag: **04.09.2013**
(43) Offenlegungstag: **05.03.2015**
(45) Veröffentlichungstag
　　der Patenterteilung: **30.01.2020**

(51) Int Cl.:　**H01R 13/52** (2006.01)
　　H01R 13/46 (2006.01)
　　H02G 3/06 (2006.01)
　　H02G 15/013 (2006.01)

Innerhalb von neun Monaten nach Veröffentlichung der Patenterteilung kann nach § 59 Patentgesetz gegen das Patent Einspruch erhoben werden. Der Einspruch ist schriftlich zu erklären und zu begründen. Innerhalb der Einspruchsfrist ist eine Einspruchsgebühr in Höhe von 200 Euro zu entrichten (§ 6 Patentkostengesetz in Verbindung mit der Anlage zu § 2 Abs. 1 Patentkostengesetz).

(73) Patentinhaber:
　　HARTING Electric GmbH & Co. KG, 32339
　　Espelkamp, DE

(72) Erfinder:
　　Busse, Reiner, 32427 Minden, DE; Rüter, Andreas,
　　32369 Rahden, DE

(56) Ermittelter Stand der Technik:
　　DE　　　　103 03 800　　B3
　　EP　　　　0 546 637　　B1

(54) Bezeichnung: **Steckverbindergehäuse und Verfahren zum Öffnen seines Kabelabgangs**

图 7.9　DPMA 授权公告文本中德国对应申请相关著录项目信息的展示

3. 中国本申请与德国对应申请的关联性关系一般包括哪些情形？

以德国申请作为对应申请向 CNIPA 提出的 PPH 请求限于基本

型常规 PPH 请求，申请人不能利用 OSF 先作出的工作结果要求 OFF 进行加快审查，同时两申请间的关系仅限于中德两局间，不能扩展为共同要求第三个国家或地区的优先权。

具体情形如下。

（1）中国本申请要求了德国申请的优先权

如图 7.10 所示，中国本申请和德国对应申请均为普通国家申请，且中国本申请要求了德国对应申请的优先权。

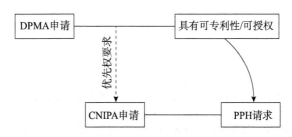

图 7.10　中国本申请和德国对应申请均为普通国家申请

如图 7.11 所示，中国本申请是 PCT 申请进入中国国家阶段的申请，且该 PCT 申请要求了德国对应申请的优先权。

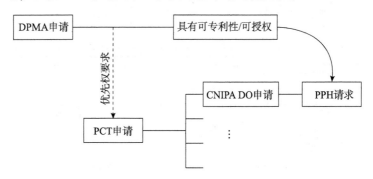

图 7.11　中国本申请为 PCT 申请进入国家阶段的申请

如图 7.12 所示，中国本申请要求了多项优先权，德国对应申请为其中一项优先权。

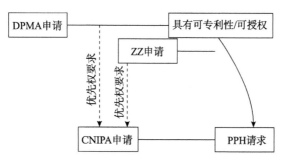

图 7.12　中国本申请要求包含德国对应申请的多项优先权

如图 7.13 所示，中国本申请和德国对应申请共同要求了另一德国申请的优先权。

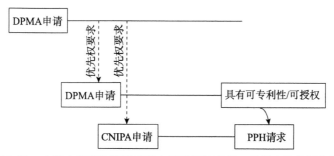

图 7.13　中国本申请和德国对应申请共同要求另一德国申请的优先权

如图 7.14 所示，中国本申请和德国对应申请是同一 PCT 申请进入各自国家阶段的申请，且该 PCT 申请要求了另一德国申请的优先权。

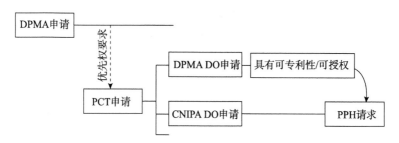

图 7.14　中国本申请和德国对应申请是要求另一德国
申请优先权的 PCT 申请进入各自国家阶段的申请

（2）中国本申请和德国对应申请为未要求优先权的同一 PCT 申请进入各自国家阶段的申请

详如图 7.15 所示。

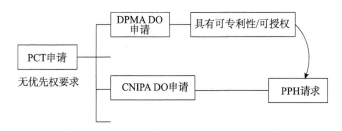

**图 7.15　中国本申请和德国对应申请为未要求优先权的
同一 PCT 申请进入各自国家阶段的申请**

（3）中国本申请要求了 PCT 申请的优先权，该 PCT 申请未要求优先权，德国对应申请为该 PCT 申请的国家阶段申请

如图 7.16 所示，中国本申请是普通国家申请，要求了 PCT 申请的优先权；德国对应申请是该 PCT 申请的国家阶段申请。

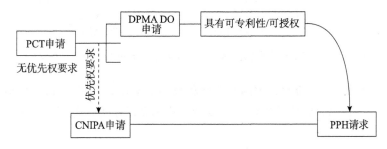

**图 7.16　中国本申请要求 PCT 申请的优先权且德国对应
申请是 PCT 申请的国家阶段申请**

如图 7.17 所示，中国本申请是 PCT 申请进入国家阶段的申请，该 PCT 申请要求了另一 PCT 申请的优先权；德国对应申请是作为优先权基础的 PCT 申请的国家阶段申请。

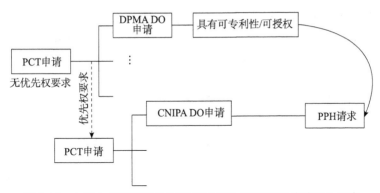

图 7.17　中国本申请是要求 PCT 申请优先权的 PCT 申请进入国家阶段的申请且德国对应申请是作为优先权基础的 PCT 申请的国家阶段申请

如图 7.18 所示，中国本申请和德国对应申请是同一 PCT 申请进入各自国家阶段的申请，该 PCT 申请要求了另一 PCT 申请的优先权。

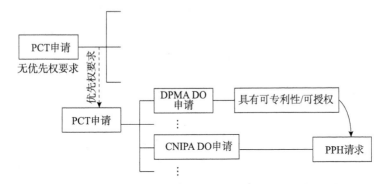

图 7.18　中国本申请和德国对应申请是同一 PCT 申请进入各自国家阶段的申请且该 PCT 申请要求另一 PCT 申请的优先权

4. 中国本申请与德国对应申请的派生申请是否满足要求？

如果中国申请与德国申请符合 PPH 流程所规定的申请间关联性关系，则中国申请的派生申请作为中国本申请，或者德国申请的派生申请作为对应申请，也符合申请间关联性关系。如图 7.19 所示，某中国申请A要求了德国对应申请的优先权，中国申请B是某中国申请A的分案申请，则中国申请B与德国对应申请的关系满足PPH的申请间关联性要求。

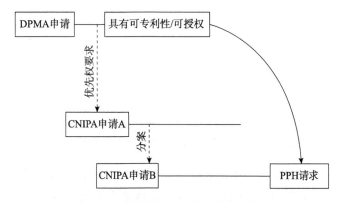

图7.19　中国本申请为分案申请的情形

同理，如果中国本申请要求了德国申请A的优先权，德国对应申请B是A的分案申请，则该中国本申请与德国对应申请B的关系也满足PPH的申请间关联性要求。

三、德国对应申请可授权性的判定

德国对应申请的工作结果是指与德国对应申请可授权性相关的所有德国国内工作结果，包括实质审查、复审、异议、无效阶段通知书——通常包括专利授权公告（Granted Patent Publication）、审查意见通知书［Pruefungsbescheide（Communications of the Examiner）；见图7.20］、授予专利权的最终决定［Erteilungsbeschluss（Final Decision to Grant a Patent）；见图7.21］、授权专利申请（Granted Patent Application）等。

Deutsches
Patent- und Markenamt

POSTANSCHRIFT Deutsches Patent- und Markenamt • 8029/ München

Müller-Boré & Partner
Patentanwälte PartG mbB
Friedenheimer Brücke 21
80639 München

HAUSANSCHRIFT	Zweibrückenstraße 12, 80331 München
POSTANSCHRIFT	80297 München
KONTAKT	Dr. Tobias Rammelmeier
TEL	+49 89 2195-2732
FAX	+49 89 2195-2221
INTERNET	www.dpma.de
AKTENZEICHEN	10 2019 008 379.2
ANMELDER/INHABER	Interroll Holding AG

IHR ZEICHEN I 5010 - ru
ERSTELLT AM 26.08.2020

图 7. 20　德国对应申请的审查意见通知书

Deutsches
Patent- und Markenamt

Aktenzeichen: **10 2019 008 379.2**

Erteilungsbeschluss

In Sachen der/des

Interroll Holding AG, Sant' Antonino, CH

Verfahrensbevollmächtigter: Müller-Boré & Partner Patentanwälte PartG mbB, 80639 München, DE

betreffend die Patentanmeldung mit dem amtlichen Aktenzeichen 10 2019 008 379.2

hat die Prüfungsstelle des Deutschen Patent- und Markenamts am 12.08.2021 beschlossen:

Das Patent wird mit den Unterlagen gemäß beigefügter Zusammenstellung der Publikationsunterlagen für die Patentschrift erteilt.

Die Laufzeit des Patents beginnt am 03.12.2019.

Änderungen in den Publikationsunterlagen sind aus den beigefügten, geänderten Beschreibungsseiten, Ansprüchen und/oder Figuren ersichtlich.

Das Patent führt die Nummer **10 2019 008 379.**

Auf die beigefügte Rechtsmittelbelehrung wird hingewiesen.

图 7. 21　德国对应申请的授予专利权的最终决定

　　根据《中德流程》的规定，权利要求"被认定为可授权/具有可专利性"是指 DPMA 审查员在最新的审查意见通知书中明确指出权利要求"具有可专利性"，即使该申请尚未得到专利授权。所述审查意见通知书包括专利授权公告和/或明确指出权利要求具有可专利性的审查意见通知书。

注意：如果权利要求未被审查意见通知书明确认定为具有可专利性或在后进行了修改，则申请人必须提供授予专利权的最终决定或授权专利申请。

在德国的专利制度中，与《欧洲专利公约》相似，也规定了专利权人可以根据规定请求对授权文件进行修改，但修改的主题不得超出原始申请的内容。

四、相关文件的获取

1. 如何获取德国对应申请的所有工作结果副本？

可以按如下步骤获取德国对应申请的所有工作结果副本。

步骤 1（见图 7.22）：在 DPMA 官网数据库中输入德国对应申请的申请号。

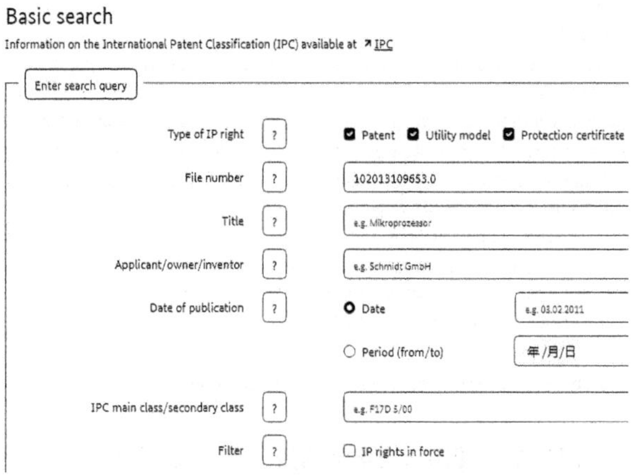

图 7.22　步骤 1：在 DPMA 官网上输入德国对应申请的申请号

步骤 2（见图 7.23）：找到德国对应申请的审查记录。

步骤 3（见图 7.24）：找到德国对应申请在不同审查阶段的工作结果。

VERFAHRENSDATEN					
Nr.	Verfahrensart	Verfahrensstand	Verfahrensstandtag ▲	Erstveröffentlichungstag	Alle Details anzeigen
1	Vorverfahren	Die Anmeldung befindet sich in der Vorprüfung	20.03.2019		Details anzeigen
2	Klassifikationsänderung	Änderung der IPC-Hauptklasse	21.03.2019		Details anzeigen
3	Anmelder-/Inhaberänderung	Änderung des Anmelders/Inhabers	10.04.2019		Details anzeigen
4	Prüfungsverfahren	Prüfungsantrag wirksam gestellt	23.04.2019		Details anzeigen
5	Vorverfahren	Das Vorverfahren ist abgeschlossen	07.05.2019		Details anzeigen
6	Prüfungsverfahren	Prüfungsbescheid	31.10.2019		Details anzeigen
7	Prüfungsverfahren	Erwiderung auf Prüfungsbescheid	13.02.2020		Details anzeigen
8	Prüfungsverfahren	Prüfungsbescheid	19.02.2020		Details anzeigen
9	Prüfungsverfahren	Erwiderung auf Prüfungsbescheid	26.02.2020		Details anzeigen
10	Publikationen	Offenlegungsschrift	30.07.2020	30.07.2020	Details anzeigen
11	Prüfungsverfahren	Erteilungsbeschluss durch Prüfungsstelle/Patentabteilung	08.01.2021		Details anzeigen
12	Publikationen	Patentschrift	25.02.2021	25.02.2021	Details anzeigen
13	Prüfungsverfahren	Patent rechtskräftig erteilt	26.11.2021	03.02.2022	Details anzeigen

图 7. 23　步骤 2：找到德国对应申请的审查记录

Prüfungsantrag, wirksam gestellt am 02.12.2019
Die Prüfung der oben genannten Patentanmeldung hat zu dem nachstehenden Ergebnis geführt.
Zur Äußerung wird eine Frist

von 10 Monaten

gewährt. Bei angegebener Fristdauer beginnt die Frist an dem Tag zu laufen, der auf den Tag des Zugangs des Bescheids folgt. Ansonsten gilt das angegebene Datum als Fristende.

Werden die Beschreibung, die Patentansprüche oder die Zeichnungen im Laufe des Verfahrens geändert, so hat der Anmelder, sofern die Änderungen nicht vom Deutschen Patent- und Markenamt vorgeschlagen sind, im Einzelnen anzugeben, an welcher Stelle die in den neuen Unterlagen beschriebenen Erfindungsmerkmale in den ursprünglichen Unterlagen offenbart sind.

Es wird darauf hingewiesen, dass Erwiderungen auf Prüfungsbescheide auch auf elektronischem Weg mit der Software DPMAdirekt eingereicht werden können. Nähere Informationen hierzu enthalten die Internetseiten des Deutschen Patent- und Markenamts
(www.dpma.de/service/elektronische_anmeldung/index.html).

Prüfungsstelle für Klasse B65G

图 7. 24　步骤 3：找到德国对应申请在不同审查阶段的工作结果

2. 能否举例说明德国对应申请工作结果副本的样式？

（1）授权决定

DPMA 作出的授权决定中通常会包括授权日、专利生效日等重要信息，还包括授权所依据的申请文本、审查员依职权修改的信息，以及对授权后程序的提示，其样式如图 7.25 所示。

Aktenzeichen: **10 2021 207 141.4**

Erteilungsbeschluss

In Sachen der/des

Siemens Healthcare GmbH, München, DE

betreffend die Patentanmeldung mit dem amtlichen Aktenzeichen 10 2021 207 141.4

hat die Prüfungsstelle des Deutschen Patent- und Markenamts am 21.09.2022 beschlossen:

Das Patent wird mit den Unterlagen gemäß beigefügter Zusammenstellung der Publikationsunterlagen für die Patentschrift erteilt.

Die Laufzeit des Patents beginnt am 08.07.2021.

Änderungen in den Publikationsunterlagen sind aus den beigefügten, geänderten Beschreibungsseiten, Ansprüchen und/oder Figuren ersichtlich.

Das Patent führt die Nummer **10 2021 207 141**.

Auf die beigefügte Rechtsmittelbelehrung wird hingewiesen.

图 7.25 DPMA 作出的授权决定示例

（2）审查意见通知书

DPMA 作出的审查意见通知书中通常包括所检索的对比文件，审查所依据的申请文本，以及审查员基于对比文件对新颖性、创造性和工业实用性的评述，并在首页明确指出答复的时限，其样式如图 7.26 所示。

KONTAKT Dr. Antretter
TEL +49 89 2195-2496
FAX +49 89 2195-2221
INTERNET www.dpma.de
AKTENZEICHEN 10 2021 206 501.5
ANMELDER/INHABER Siemens Healthcare GmbH

Siemens AG
Patentabteilung
Postfach 221634
80506 München

IHR ZEICHEN 2021P05134 DE
ERSTELLT AM 22.02.2022

Bitte Aktenzeichen und Anmelder/Inhaber bei allen Eingaben und Zahlungen angeben!

Prüfungsantrag, wirksam gestellt am 05.07.2021

Hiermit erhalten Sie den Prüfungsbescheid vom 22.02.2022, gegebenenfalls mit zugehörigen Anlagen.

Zur Äußerung wird eine Frist

von 6 Monaten

gewährt. Bei angegebener Fristdauer beginnt die Frist an dem Tag zu laufen, der auf den Tag des Zugangs des Bescheids folgt. Ansonsten gilt das angegebene Datum als Fristende.

Werden die Beschreibung, die Patentansprüche oder die Zeichnungen im Laufe des Verfahrens geändert, so hat der Anmelder, sofern die Änderungen nicht vom Deutschen Patent- und Markenamt vorgeschlagen sind, im Einzelnen anzugeben, an welcher Stelle die in den neuen Unterlagen beschriebenen Erfindungsmerkmale in den ursprünglichen Unterlagen offenbart sind.

Es wird darauf hingewiesen, dass Erwiderungen auf Prüfungsbescheide auch auf elektronischem Weg mit der Software DPMAdirekt eingereicht werden können. Nähere Informationen hierzu enthalten die Internetseiten des Deutschen Patent- und Markenamts

www.dpma.de/service/elektronische_anmeldung/index.html.

223

Prüfungsstelle für Klasse H05G

Dieses Dokument wurde elektronisch erstellt und ist ohne Unterschrift gültig.

Zugang DPMAdirektPro   Anlage(n)

图 7.26　DPMA 作出的审查意见通知书首页示例

Datum: 22.02.2022
Aktenzeichen: 10 2021 206 501.5

    1) DE 10 2017 208 955 A1
    2) DE 10 2015 225 774 B3
    3) DE 101 39 234 A1

Der Prüfung liegen die ursprünglich eingereichten Unterlagen, insbesondere die Patentansprüche 1 bis 11 zugrunde.

Gegenüber dem ermittelten Stand der Technik sind Neuheit und erfinderische Tätigkeit des Anmeldungsgegenstandes anzuerkennen.

Zum Stand der Technik wurden die Druckschriften 1) bis 3) ermittelt.

Die aus diesen Druckschriften bekannten Gegenstände unterscheiden sich jedoch so wesentlich von dem beanspruchten Gegenstand, dass sie diesem nicht patenthindernd entgegenstehen.

Die Anmelderin wird nun gebeten, den Stand der Technik in der Beschreibungseinleitung zu würdigen.

Mit den vorliegenden Unterlagen ist die Erteilung eines Patents noch nicht möglich.

Falls eine Äußerung in der Sache nicht beabsichtigt ist, wird um eine formlose Mitteilung über den Erhalt dieses Bescheids gebeten.

Prüfungsstelle für Klasse H05G
Dr. Antretter

图 7.27　DPMA 作出的审查意见通知书正文页示例

3. 如何获取德国对应申请的最新可授权的权利要求副本？

如果德国对应申请已经授权公告，则可以在授权公告中获得已授权的权利要求——点击相应的申请号即可。如果德国对应申请尚未授权公告，则可以通过查询审查记录获取最新可授权的权利要求。

4. 能否举例说明德国对应申请可授权权利要求副本的样式？

申请人在提交德国对应申请最新可授权权利要求副本时，可以自行提交任意形式的权利要求副本，并非必须提交官方副本。德国对应申请可授权权利要求副本的样式如图 7. 28 所示。

Patentansprüche

1. Verfahren zur Übergabe eines Transportguts (10; 11; 12) von einem Endabschnitt (2) eines Fließlagers (1) an ein Entnahmegerät (20) mit den Schritten:
- Benutzen eines in Sperrposition angeordneten Endstops (4) zum Zurückhalten zumindest eines ersten Transportguts (10) auf dem Endabschnitt (2) des Fließlagers (1) und/oder
- Benutzen eines in Sperrposition angeordneten Separators (5) zum Zurückhalten zumindest eines zweiten Transportguts (11) auf einem Rückhalteabschnitt (3) des Fließlagers (1);
- Anordnen (100) des Entnahmegeräts (20) benachbart zum Endabschnitt (2) des Fließlagers (1) in einer Entnahmeposition;
- Benutzen zumindest eines Sensors (21) des Entnahmegeräts (20) zum Überprüfen (101; 111), ob der Endstop (4) und/oder der Separator (5) in seiner jeweiligen Sperrposition angeordnet ist; und
- Übergeben (104) des ersten Transportguts (10) vom Endabschnitt (2) an das Entnahmegerät (20).

2. Verfahren nach Anspruch 1, wobei der Sensor (21) des Entnahmegeräts (20) als ein Lichtsensor ausgebildet ist, der ein Lichtsignal aussendet und/oder empfängt.

图 7. 28　DPMA 授权公告文本中记载的权利要求样例

注：权利要求的全部内容都需提交，这里限于篇幅，不再展示后续内容。

5. 如何获取德国对应申请的工作结果中的引用文献信息？

德国对应申请的工作结果中的引用文献分为专利文献和非专利文献。DPMA 在审查和检索中所引用的所有文献信息都会被记载在德国对应申请的审查工作结果中。申请人可以通过查询德国对应申请所有工作结果的内容获取其信息（见图 7. 29）。当德国对应申请已经授权时，申请人可以直接从德国对应申请的授权公告文本扉页的内容中获取其所有的引用文件信息。

Zitierung in Betracht gezogener Druckschriften

Aktenzeichen: 10 2019 008 379.2

Nummer	Druckschrift
1	DE 25 00 786 A1
2	DE 20 2018 101 774 U1
3	US 2010 / 0 290 874 A1

图 7.29 德国对应申请工作结果中记载的引用文献

(19) Deutsches Patent- und Markenamt

(10) **DE 10 2013 109 653 B4** 2020.01.30

(12) **Patentschrift**

(21) Aktenzeichen: 10 2013 109 653.0
(22) Anmeldetag: 04.09.2013
(43) Offenlegungstag: 05.03.2015
(45) Veröffentlichungstag
der Patenterteilung: 30.01.2020

(51) Int Cl.: **H01R 13/52** (2006.01)
H01R 13/46 (2006.01)
H02G 3/06 (2006.01)
H02G 15/013 (2006.01)

Innerhalb von neun Monaten nach Veröffentlichung der Patenterteilung kann nach § 59 Patentgesetz gegen das Patent Einspruch erhoben werden. Der Einspruch ist schriftlich zu erklären und zu begründen. Innerhalb der Einspruchsfrist ist eine Einspruchsgebühr in Höhe von 200 Euro zu entrichten (§ 6 Patentkostengesetz in Verbindung mit der Anlage zu § 2 Abs. 1 Patentkostengesetz).

(73) Patentinhaber: HARTING Electric GmbH & Co. KG, 32339 Espelkamp, DE (72) Erfinder: Busse, Reiner, 32427 Minden, DE; Rüter, Andreas, 32369 Rahden, DE	(56) Ermittelter Stand der Technik: DE 103 03 800 B3 EP 0 546 637 B1

(54) Bezeichnung: Steckverbindergehäuse und Verfahren zum Öffnen seines Kabelabgangs

图 7.30 DPMA 授权公告文本中记载的引用文献

6. 如何获知引用文献中的非专利文献构成对应申请的驳回理由？

申请人可以通过查询 DPMA 发出的各个阶段的审查工作结果，

获取 DPMA 申请中构成驳回理由的非专利文献信息。若 DPMA 的工作结果中含有利用非专利文献对德国对应申请的新颖性、创造性进行评判的内容，且该内容中显示该非专利文献影响了德国对应申请的新颖性、创造性，则该非专利文献属于构成驳回理由的文献，申请人需要在提交 PPH 请求时将该非专利文献一并提交。

五、信息填写和文件提交的注意事项

1. 在 PPH 请求表中填写中国本申请与德国对应申请的关联性关系时，有哪些注意事项？

（1）在 PPH 请求表中表述中国本申请与德国对应申请的关联性关系时，必须写明中国本申请与德国对应申请之间的关联的方式（如优先权、PCT 申请不同国家阶段等）。

如果中国本申请与德国对应申请达成关联需要经过一个或多个其他相关申请，也需写明相关申请的申请号以及达成关联的具体方式。

例如：①中国本申请是中国申请 A 的分案申请，德国对应申请是德国申请 B 的分案申请，中国申请 A 要求了德国申请 B 的优先权。②中国本申请是中国申请 A 的分案申请，中国申请 A 是 PCT 申请 B 进入中国国家阶段的申请；德国对应申请与 PCT 申请 B 共同要求了德国申请 C 的优先权。

（2）涉及多个德国对应申请时，则需分条逐项写明中国本申请与每一个德国对应申请的关系。

2. 在 PPH 请求表中填写中国本申请与德国对应申请权利要求的对应性解释时，有哪些注意事项？

基于 DPMA 工作结果向 CNIPA 提交 PPH 请求的，在权利要求的对应性解释上无特别的注意事项，参见本书第一章的相关内容即可。

3. 在 PPH 请求表中填写德国对应申请所有工作结果的副本名称时，有哪些注意事项？

（1）应当填写 DPMA 在所有审查阶段作出的全部工作结果，既包括实质审查阶段的所有通知书，也包括实质审查阶段以后的复审、异议、无效、授权后更正等阶段的所有通知书。

（2）各通知书的作出时间应当填写其通知书的发文日，在发文日无法确定的情况下允许申请人填写其通知书的起草日或完成日。通常通知书的发文日在审查记录中可以找到，应准确填写。

（3）各通知书的名称应当使用其正式的中文译名填写，不得以"通知书"代替。

（4）对于未在《中德流程》中给出明确中文译名的通知书，申请人可以按其通知书原文名称自行翻译后填写在 PPH 请求表中并将其原文名称填写在翻译的中文名后的括号内，以便审查核对。

（5）如果有多个德国对应申请，请分别对各个德国对应申请进行工作结果的查询并填写到 PPH 请求表中。

4. 在 PPH 请求表中填写德国对应申请所有工作结果引用文件的名称时，有哪些注意事项？

在填写德国对应申请所有工作结果引用文件的名称时，无特别注意事项，参见本书第一章的相关内容即可。

5. 在提交德国对应申请的工作结果的副本及译文时，有哪些注意事项？

（1）德国对应申请的所有工作结果副本均需要被完整提交；工作结果中所包含的著录项目信息、格式页或附件也应当被提交。

（2）德国工作结果所使用的语言为德语；根据《中德流程》的规定，申请人应当提交其中文或英文译文。申请人提交时应当注意：所有工作结果副本的译文均需要被完整提交，包括对其著录项目信息、格式页或附件也应当翻译。

同一份文件需要使用单一语言提交完整的翻译，例如不接受一份审查意见通知书副本译文中部分译成中文、部分译成英文的文件——这种译文翻译不完整的情形将会导致 PPH 请求不合格。

（3）德国对应申请的所有工作结果副本及译文不能省略提交。

6. 在提交德国对应申请的最新可授权权利要求副本及译文时，有哪些注意事项？

（1）申请人在提交德国对应申请的最新可授权权利要求副本时，一是要注意可授权权利要求是否最新，二是要注意权利要求的内容是否完整。

（2）德国对应申请可授权权利要求副本的译文应当是对德国对应申请中所有被认为可授权的权利要求的内容进行的完整且一致的翻译；仅翻译部分内容的译文不合格。

CNIPA 接受中文和英文两种语言的译文。对于一次 PPH 请求，不同的文件可以使用不同语言进行翻译，但是同一份文件需要使用单一语言提交完整的翻译。一份权利要求的副本内容，部分译成中文、部分译成英文的，将会导致此次 PPH 请求不合格。

（3）德国对应申请可授权权利要求副本及译文不能省略提交。

7. 在提交德国对应申请国内工作结果中引用的非专利文献副本时，有哪些注意事项？

当德国对应申请的工作结果中的非专利文献涉及驳回理由时，申请人应当在提交 PPH 请求时将所有涉及驳回理由的非专利文献副本一并提交。而对于所有的专利文献和未构成驳回理由的非专利文献，申请人只需将其信息填写在 PPH 请求书 E 项第 2 栏中即可，不需要提交相应的文件副本。

申请人提交文件时应确保其提交的内容完整、提交的类型正确，即按照"对应申请审查意见引用文件副本"类型提交。

如果所需提交的非专利文献是由除中文或英文之外的文字撰写，则申请人也只需提交非专利文献文本即可，不需要对其进行翻译。

如果德国对应申请存在两份或两份以上非专利文献副本，则应该作为一份"对应申请审查意见引用文件副本"提交。

第八章 基于俄罗斯联邦知识产权局工作结果向中国国家知识产权局提交常规 PPH 请求

一、概述

1. 基于 ROSPATENT 工作结果向 CNIPA 提交 PPH 请求的项目依据是什么？

中俄 PPH 试点于 2012 年 7 月 1 日启动。《在中俄专利审查高速路（PPH）试点项目下向中国国家知识产权局提出 PPH 请求的流程》（以下简称《中俄流程》）为基于 ROSPATENT 工作结果向 CNIPA 提交 PPH 请求的项目依据。

2. 基于 ROSPATENT 工作结果向 CNIPA 提交 PPH 请求的种类分为哪些？

CNIPA 与 ROSPATENT 签署的为双边 PPH 试点项目。按照提出 PPH 请求所使用的对应申请审查机构的工作结果来划分，基于 ROSPATENT 工作结果向 CNIPA 提交 PPH 请求的种类包括基本型常规 PPH 和 PCT – PPH。本章内容仅涉及基于 ROSPATENT 工作结果向 CNIPA 提交常规 PPH 的实务；提交 PCT – PPH 的实务指南请见本书第二章的内容。

3. CNIPA 与 ROSPATENT 开展 PPH 试点项目的期限有多长？

中俄 PPH 试点于 2012 年 7 月 1 日启动，为期一年，其后分别于 2013 年、2015 年、2018 年 3 次延长。现行中俄 PPH 试点自 2023

年 7 月 1 日起无限期延长，在两局提交 PPH 请求的有关要求和流程不变。

4. 基于 ROSPATENT 工作结果向 CNIPA 提交 PPH 请求有无领域和数量限制？

《中俄流程》中提到："两局在请求数量超出可管理的水平时，或出于其他任何原因，可终止本 PPH 试点。PPH 试点终止之前，将先行发布通知。"

5. 如何获得俄罗斯对应申请的相关信息？

如图 8.1 所示，申请人可以通过登录 ROSPATENT 的官方网站（网址 www. rospatent. gov. ru／）查询俄罗斯对应申请的相关信息。

图 8.1 ROSPATENT 官网主页

点击"ENG"可切换为英文版，如图 8.2 所示。

如图 8.3 所示，在页面下部点击 Open registers（RU），可访问 ROSPATENT 的公开数据库。

图 8.2　ROSPATENT 官网主页英文版

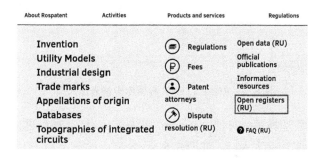

图 8.3　ROSPATENT 官网主页的数据库查询入口

图 8.4　ROSPATENT 数据库查询入口

进入界面后，点击最下方的"ПЕРЕЙТИВОТКРЫТЫЕ РЕЕСТРЫ"标签页，进入申请查询入口（见图8.5）；申请人也可以直接输入网址 https：//new. fips. ru/registers – web/，进入该界面。

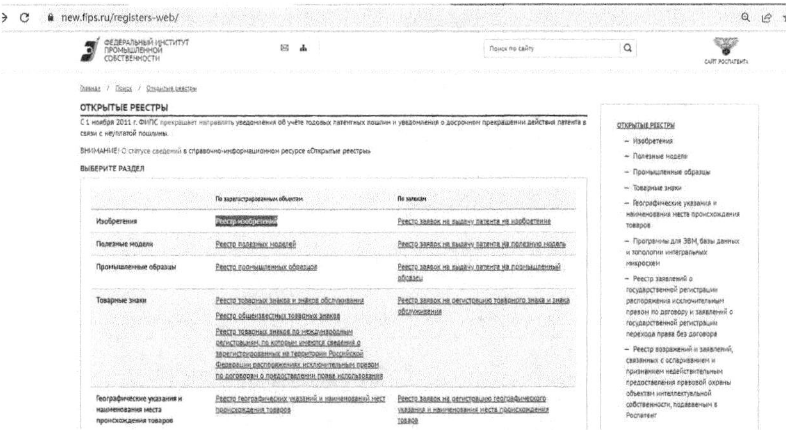

图8.5 ROSPATENT 数据库申请查询入口

进入后选择第一行的"Реестр изобретений"，即可进入发明专利申请申请号检索入口，如图8.6所示。

图8.6 ROSPATENT 数据库发明专利申请申请号检索入口

输入对应申请正确的申请号，即可显示案件的法律状态、发出的通知书名称及日期、申请人提交的文件及日期，如图 8.7 和图 8.8 所示。

235

图 8.7　通过 ROSPATENT 专利数据库查询的对应申请有关信息

① 不安全 | new.fips.ru/registers-doc-view/fips_servlet?DB=RUPATAP&DocNumber=2015152593&TypeFile=html

Делопроизводство

Исходящая корреспонденция		Входящая корреспонденция	
		Платежный документ	27.01.2017
Решение о выдаче патента	19.12.2016	Дополнительные материалы	27.10.2016
Уведомление об удовлетворении ходатайства	19.12.2016	Ходатайство о внесении изменений в формулу изобретения	27.10.2016
		Письмо для сведения	30.11.2016
Отчет об информационном поиске	10.10.2016		
Запрос экспертизы	10.10.2016		
Уведомление об удовлетворении ходатайства	22.03.2016	Дополнительные материалы	31.12.2015
Уведомление о положительном результате формальной экспертизы	17.03.2016		
Уведомление о зачете пошлины	17.03.2016	Платежный документ	31.12.2015
Уведомление о поступлении документов заявки	09.12.2015		
		Ходатайство о проведении экспертизы заявки по существу	09.12.2015

图 8.8　通过 ROSPATENT 专利数据库查询的对应申请有关信息

如图 8.9 所示，点击页面中的出版号，即可获取对应申请的授权公告文本的相关信息。

РОССИЙСКАЯ ФЕДЕРАЦИЯ

(19) **RU** (11) **2015 152 593** (13) **A**

ФЕДЕРАЛЬНАЯ СЛУЖБА
ПО ИНТЕЛЛЕКТУАЛЬНОЙ
СОБСТВЕННОСТИ
(12) **ЗАЯВКА НА ИЗОБРЕТЕНИЕ**
Состояние делопроизводства: Экспертиза по существу завершена. Учтена пошлина за регистрацию и выдачу патента (последнее изменение статуса: 05.04.2023)
Пошлина: Учтена пошлина за поддержание в силе за восьмой год

(21)(22) Заявка: **2015152593**, 09.12.2015

Выдан патент № **2 609 264**

图 8.9　授权公告文本的获取位置

二、中国本申请与俄罗斯对应申请关联性的确定

1. 俄罗斯对应申请号的格式是什么？如何确认俄罗斯对应申请号？

对于 ROSPATENT 专利申请，申请号的格式一般为"20×××××××"（前四位为年份），如图 8.10 所示。

俄罗斯对应申请号是指申请人在 PPH 请求中所要利用的 ROSPATENT 工作结果中记载的申请号。申请人可以通过 ROSPATENT 作出的工作结果，例如俄罗斯联邦发明申请的授权决定的首页，获取俄罗斯对应申请号。

Форма № 01 ИЗ-2014

ФЕДЕРАЛЬНАЯ СЛУЖБА ПО ИНТЕЛЛЕКТУАЛЬНОЙ СОБСТВЕННОСТИ
(РОСПАТЕНТ)

Бережковская наб., 30, корп. 1, Москва, Г-59, ГСП-3, 125993.　　Телефон (8-499) 240- 60- 15. Факс (8-495) 531- 63- 18

俄罗斯对应申请号

На № - от -

Наш № 2022101180/03(002309)

При переписке просим ссылаться на номер заявки

Исходящая корреспонденция от

03.04.2023

ООО "ИНЭВРИКА"
Страстной бульвар,4,1,100
Москва
125009

Р Е Ш Е Н И Е
о выдаче патента на изобретение

(21) Заявка № 2022101180/03(002309)　　　　(22) Дата подачи заявки 17.06.2020

237

В результате экспертизы заявки на изобретение по существу установлено, что заявленная группа изобретений

图 8.10　授权决定中俄罗斯对应申请的申请号样式

2. 俄罗斯对应申请的著录项目信息如何核实?

与 PPH 流程规定的两申请关联性相关的对应申请的信息，例如优先权信息、分案申请信息、PCT 申请进入国家阶段信息等，通常会在对应申请的著录项目信息记载。申请人一般可以通过以下两种方式获取俄罗斯对应申请的著录项目信息。

一是在俄罗斯对应申请的请求表中获取相关著录项目信息，包括国际申请号（如果有）、优先权（如果有）、申请人等信息，如图 8.11 所示。

二是申请人可以通过俄罗斯对应申请的授权公告本文核实。相关著录项目信息会在授权公告文本扉页显示，包括申请号、优先权号（如果有）、申请人等，如图 8.12 所示。

Делопроизводство

Исходящая корреспонденция		Входящая корреспонденция	
		Платежный документ	27.01.2017
Решение о выдаче патента	19.12.2016	Дополнительные материалы	27.10.2016
Уведомление об удовлетворении ходатайства	19.12.2016	Ходатайство о внесении изменений в формулу изобретения	27.10.2016
		Письмо для сведения	30.11.2016
Отчет об информационном поиске	10.10.2016		
Запрос экспертизы	10.10.2016		
Уведомление об удовлетворении ходатайства	22.03.2016	Дополнительные материалы	31.12.2015
Уведомление о положительном результате формальной экспертизы	17.03.2016		
Уведомление о зачете пошлины	17.03.2016	Платежный документ	31.12.2015
Уведомление о поступлении документов заявки	09.12.2015		
		Ходатайство о проведении экспертизы заявки по существу	09.12.2015

图 8.11　俄罗斯对应申请请求表中相关著录项目信息的获取

РОССИЙСКАЯ ФЕДЕРАЦИЯ　(19) **RU** (11) **2 609 264** (13) **C1**

(51) МПК
C07C 27/16 (2006.01)
C07C 45/28 (2006.01)
C10L 1/185 (2006.01)
C10L 1/02 (2006.01)

ФЕДЕРАЛЬНАЯ СЛУЖБА ПО ИНТЕЛЛЕКТУАЛЬНОЙ СОБСТВЕННОСТИ

(12) **ОПИСАНИЕ ИЗОБРЕТЕНИЯ К ПАТЕНТУ**

Статус: действует (последнее изменение статуса: 28.10.2019)
Пошлина: учтена за 4 год с 10.12.2016 по 09.12.2019

(21)(22) Заявка: 2015152593, 09.12.2015

(24) Дата начала отсчета срока действия патента: 09.12.2015

Приоритет(ы):
(22) Дата подачи заявки: 09.12.2015

(45) Опубликовано: 31.01.2017 Бюл. № 4

(56) Список документов, цитированных в отчете о поиске: US 20090014354 A1, 15.01.2009. RU 2270185 C1, 20.02.2006. RU 2227133 C2, 20.04.2004. Newman, S. G., Lee, K., Cai, J., Yang, L., Green, W. H., & Jensen, K. F. (2014). Continuous thermal oxidation of alkenes with nitrous oxide in a packed bed reactor. Industrial & Engineering Chemistry Research, 54(16), 4166-4173.

Адрес для переписки:
630090, г. Новосибирск, пр. Академика Лаврентьева, 5, Институт катализа им. Г.К.

(72) Автор(ы):
Харитонов Александр Сергеевич (RU),
Парфенов Михаил Владимирович (RU),
Дубков Константин Александрович (RU),
Иванов Дмитрий Петрович (RU),
Семиколенов Сергей Владимирович (RU),
Чернявский Валерий Сергеевич (RU),
Пирютко Лариса Владимировна (RU),
Носков Александр Степанович (RU),
Головачев Валерий Александрович (RU),
Русецкая Кристина Андреевна (RU),
Кузнецов Сергей Евгеньевич (RU),
Клейменов Андрей Владимирович (RU),
Кондрашев Дмитрий Олегович (RU),
Мирошкина Валентина Дмитриевна (RU)

(73) Патентообладатель(и):
Акционерное общество "Газпромнефть - Московский НПЗ" (АО "Газпромнефть - МНПЗ") (RU)

图 8.12　俄罗斯对应申请授权公告文本中著录项目信息的展示

3. 中国本申请与俄罗斯对应申请的关联性关系一般包括哪些情形？

以俄罗斯申请作为对应申请向 CNIPA 提出的常规 PPH 请求限于基本型常规 PPH 请求。申请人不能利用 OSF 先作出的工作结果要求 OFF 进行加快审查。同时，两申请间的关系仅限于中俄两局间，不能扩展为共同要求第三个国家或地区的优先权。

符合中国本申请与俄罗斯对应申请关联性关系的具体情形如下。

（1）中国本申请要求了俄罗斯对应申请的优先权

所述情形列举如下。

如图 8.13 所示，中国本申请和俄罗斯对应申请均为普通国家申请，且中国本申请要求了俄罗斯对应申请的优先权。

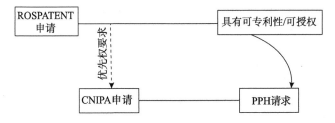

图 8.13　中国本申请和俄罗斯对应申请均为普通国家申请

如图 8.14 所示，中国本申请是 PCT 申请进入中国国家阶段的申请，且要求了俄罗斯对应申请的优先权。

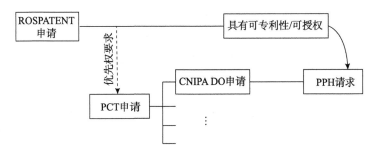

图 8.14　中国本申请为 PCT 申请进入国家阶段的申请

如图 8.15 所示，中国本申请要求了多项优先权，俄罗斯对应申请为其中一项优先权。

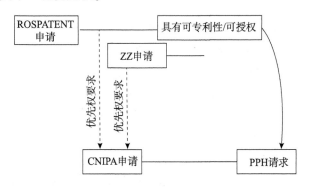

图 8.15　中国本申请要求包含俄罗斯对应申请的多项优先权

如图 8.16 所示，中国本申请和俄罗斯对应申请共同要求了另一俄罗斯申请的优先权。

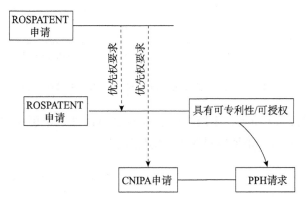

图 8.16　中国本申请和俄罗斯对应申请共同要求另一俄罗斯申请的优先权

如图 8.17 所示，中国本申请和俄罗斯对应申请是同一 PCT 申请进入各自国家阶段的申请，且该 PCT 申请要求了另一俄罗斯申请的优先权。

（2）中国本申请和俄罗斯对应申请为未要求优先权的同一 PCT

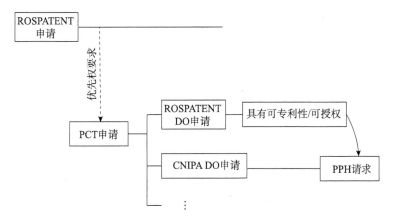

图 8.17　中国本申请和俄罗斯对应申请是要求另一俄罗斯申请优先权的 PCT 申请进入各自国家阶段的申请

申请进入各自国家阶段的申请

　　详情如图 8.18 所示。

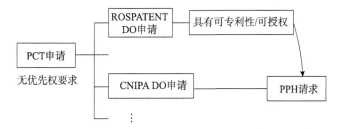

图 8.18　中国本申请和俄罗斯对应申请为未要求优先权的同一 PCT 申请进入各自国家阶段的申请

　　(3) 中国本申请要求了 PCT 申请的优先权，该 PCT 申请未要求优先权，俄罗斯对应申请为该 PCT 申请的国家阶段申请

　　如图 8.19 所示，中国本申请是普通国家申请，要求了 PCT 申请的优先权，俄罗斯对应申请是该 PCT 申请的国家阶段申请。

　　如图 8.20 所示，中国本申请是 PCT 申请进入国家阶段的申请，要求了另一 PCT 申请的优先权。俄罗斯对应申请是作为优先权基础的该另一 PCT 申请的国家阶段申请。

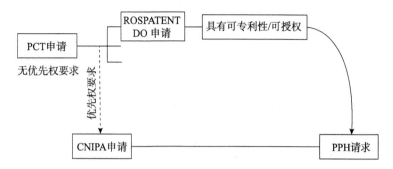

图 8.19　中国本申请要求 PCT 申请的优先权且俄罗斯对应
申请是该 PCT 申请的国家阶段申请

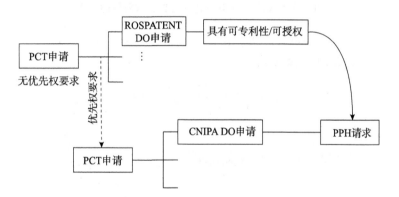

图 8.20　中国本申请是 PCT 申请进入国家阶段的申请且
俄罗斯对应申请是作为优先权基础的 PCT 申请的国家阶段申请

如图 8.21 所示，中国本申请和俄罗斯对应申请是同一 PCT 申请进入各自国家阶段的申请，该 PCT 申请要求了另一 PCT 申请的优先权。

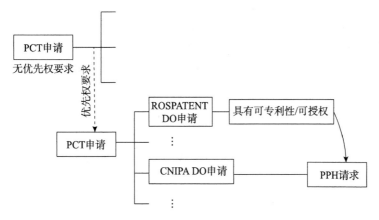

图 8.21　中国本申请和俄罗斯对应申请是同一 PCT 申请进入各自国家阶段的申请且该 PCT 申请要求另一 PCT 申请的优先权

4. 中国本申请与俄罗斯对应申请的派生申请是否满足要求？

如果中国申请与俄罗斯申请符合 PPH 流程所规定的申请间关联性关系，则中国申请的派生申请作为中国本申请，或者俄罗斯申请的派生申请作为对应申请，也符合申请间关联性关系。如图 8.22 所示，中国申请 A 有效要求了俄罗斯对应申请的优先权，中国申请 B 是某中国申请 A 的分案申请，则中国申请 B 与俄罗斯

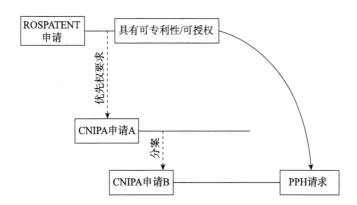

图 8.22　中国本申请为分案申请的情形

对应申请的关系满足 PPH 的申请间关联性要求。

同理，如果中国本申请有效要求了俄罗斯申请 A 的优先权，俄罗斯申请 B 是俄罗斯申请 A 的分案申请，则该中国本申请与俄罗斯对应申请 B 的关系也满足 PPH 的申请间关联性要求。

三、俄罗斯对应申请可授权性的判定

1. 判定俄罗斯对应申请可授权性的最新工作结果一般包括哪些？

俄罗斯对应申请的工作结果是指与俄罗斯对应申请可授权性相关的所有俄罗斯国内工作结果，包括实质审查、复审、无效等程序中作出的与可授权性相关的所有通知书。

根据《中俄流程》的规定，权利要求"被认定为可授权/具有可专利性"是指 ROSPATENT 审查员在最新的审查意见通知书中明确指出权利要求"具有可专利性"，即使该申请尚未得到专利授权。所述审查意见通知书包括：实质审查调查（Inquiry of the Substantive Examination；见图 8.23）、俄罗斯联邦发明申请的授权决定（Decision to Grant a Patent of Russian Federation on the Invention；见图 8.24），以及申请可专利性的检验结果通知书（Notification under the Results of the Test for the Patentability of the Application；见图 8.25）。

上述最新的审查意见通知书是以向 CNIPA 提交 PPH 请求之前或当日作为时间点来判断的，即以向 CNIPA 提交 PPH 请求之前或当日最新的工作结果中的意见作为认定俄罗斯对应申请权利要求"可授权/具有可专利性"的标准。

图 8.23　俄罗斯对应申请工作结果之实质审查调查

Форма № 01 ИЗ-2014

ФЕДЕРАЛЬНАЯ СЛУЖБА ПО ИНТЕЛЛЕКТУАЛЬНОЙ СОБСТВЕННОСТИ (РОСПАТЕНТ)

Бережковская наб., 30, корп. 1, Москва, Г-59, ГСП-3, 125993.　　Телефон (8-499) 240- 60- 15. Факс (8-495) 531- 63- 18

На № - от -

Наш № 2022101180/03(002309)

При переписке просим ссылаться на номер заявки

Исходящая корреспонденция от

03.04.2023

ООО "ИНЭВРИКА"
Страстной бульвар,4,1,100
Москва
125009

РЕШЕНИЕ
о выдаче патента на изобретение

(21) Заявка № 2022101180/03(002309)　　　　(22) Дата подачи заявки 17.06.2020

В результате экспертизы заявки на изобретение по существу установлено, что заявленная группа изобретений

图 8.24　俄罗斯对应申请工作结果之发明申请授权决定

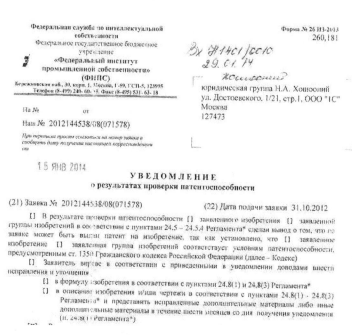

图 8.25　俄罗斯对应申请工作结果之申请可专利性的检验结果通知书

2. ROSPATENT 一般如何明确指明最新可授权权利要求的范围?

在针对俄罗斯对应申请作出的工作结果中，ROSPATENT 一般会在授权通知书中明确指明可授权的公开文本，其中包含最新的权利要求范围，如图 8.26 所示。

3. 如果俄罗斯对应申请存在授权后进行修改的情况，此时判定权利要求可授权的最新工作结果是什么?

按照 ROSPATENT 的审查程序，专利权人在授权后可以请求对授权文本进行修改或更正。如果在提出 PPH 请求之前，专利权人已经向 ROSPATENT 提出更正请求，则俄罗斯对应申请可授权的最新工作结果为更正程序中作出的最新工作结果。

246

(21) 2016149365/04

(51) МПК
B01J 23/83 (2006.01)
B01J 37/03 (2006.01)
C01B 3/38 (2006.01)

(57)

1. Катализатор конверсии природного или попутного газа в синтез-газ в процессе автотермического риформинга, имеющий удельную площадь поверхности в прокаленном состоянии 20-50 м²/г катализатора и удельную площадь поверхности металлического никеля после восстановления катализатора 8-11 м²/г, средний размер частиц металлического никеля 3-8 нм и дисперсность частиц 10-16%, содержит 5-15 мас. % никеля от массы прокаленного катализатора и носитель, имеющий удельную площадь поверхности 40-120 м²/г и объем пор носителя 0,2-0,4 см³/г, выбранный из смеси: оксида циркония и оксида церия или оксида магния, оксида церия и оксида циркония - остальное.

2. Катализатор по п. 1, отличающийся тем, что он дополнительно содержит промотор, выбранный из группы: палладий, рутений в количестве от 0,01 до 0,5 мас. %.

247

图 8.26　俄罗斯联邦发明申请的授权决定中的权利要求

专利权人如果针对已授权权利要求作出了新的修改并且为 ROS-PATENT 所接受，最新可授权权利要求就不再是授权文本中公布的权利要求了，而应当为新修改的权利要求。

四、相关文件的获取

1. 如何获取俄罗斯对应申请的所有工作结果副本？

由于公众只能通过 ROSPATENT 网站获得已经授权的俄罗斯对应申请的著录项目信息和部分审查通知书的名称和日期，或者通过 EPO 的 Espacenet 网站（https：//worldwide. espacenet. com/）获得已授权俄罗斯对应申请的著录项目信息和授权公告文本，因此申请人应当将所有 ROSPATENT 的实质审查（Substantive Examination）、无效程序（Nullity Proceedings）、上诉程序（Appeal Proceedings）等与俄罗斯对应申请获得授权有关的所有工作结果自行梳理并全部提交。

2. 能否举例说明俄罗斯对应申请工作结果副本的样式？

（1）授权决定

ROSPATENT 作出的的授权决定中，除了相关的著录项目信息，还包括授权的依据、审查员对申请文件依职权修改的信息等，并且会附上授权的权利要求以及引用的对比文件，其首页如图 8.27 所示。

图 8.27　ROSPATENT 作出的授权决定的首页示例

（2）实质审查调查

ROSPATENT 作出的实质审查调查的正文部分是审查员给予该申请依据法律规定是否可授权的全面评述，其样式如图 8.28 和图 8.29 所示。

2018800531435

Федеральная служба по интеллектуальной
собственности
Федеральное государственное бюджетное
учреждение

⑦ «Федеральный институт
промышленной собственности»
(ФИПС)
Бережковская наб., 30, корп. 1, Москва, Г-59, ГСП-3, 125993
Телефон (8-499) 240- 60- 15, Факс (8-495) 531-63-18

Форма N 10 ИЗ-2017
100,181

а/я 365
Москва
121151

Ни № - от -
Наш № 2018113763/14(021582)

З А П Р О С
экспертизы по существу

(21) Заявка № 2018113763/14(021582)

(22) Дата подачи заявки 16.04.2018

(71) Заявитель(и) Дзалаева Фатима Казбековна, RU

(51) МПК
A61B5/00 (2006.01) *A61C7/00* (2006.01) *G16H50/30* (2018.01)

图 8. 28　ROSPATENT 作出的实质审查调查首页示例

ВОПРОСЫ, ДОВОДЫ, ЗАМЕЧАНИЯ, ПРЕДЛОЖЕНИЯ

1. Заявлен «Способ выявления и планирования корректировки особенностей систем
организма, связанных с прикусом перед началом ортопедического и ортодонтического
лечения».
Заявитель испрашивает приоритет от 16.04.2018 по дате подачи заявки в патентное
ведомство RU.
К рассмотрению принимается формула, содержащая один независимый пункт.

2. В соответствии с пунктом 2 статьи 1386 Кодекса* проведена проверка соответствия
заявленного решения условиям патентоспособности, предусмотренным статьей 1350
Кодекса*, требованиям статьи 1375 Кодекса*, требованиям пунктов 43-99 Правил**** и
положениям глав I-VI Требований*****. Обращаем внимание, что оценка
патентоспособности в части «промышленной применимости», «новизны» и
«изобретательского уровня» невозможна в связи с выявлением следующих нарушений.

图 8. 29　ROSPATENT 作出的实质审查调查正文示例

249

（3）申请可专利性的检索结果通知书

ROSPATENT 作出的申请可专利性的检索结果通知书中，通常包括同族信息、优先权信息、单一性判定、被检索的权利要求、分类信息、检索到的对比文件信息及其对三性影响的归类，其样式如图 8.30 所示。

图 8.30 ROSPATENT 作出的检索结果通知书的首页示例

3. 如何获得俄罗斯对应申请的最新可授权的权利要求副本？

如果俄罗斯对应申请已经授权公告，则可以通过查阅其授权公告文本获得已授权的权利要求。

如果俄罗斯对应申请尚未授权公告，则可以在相应的工作结果例如俄罗斯联邦发明申请的授权决定中获取最新可授权的权利要求。

4. 能否举例说明俄罗斯对应申请可授权权利要求副本的样式？

申请人在提交俄罗斯对应申请最新可授权权利要求副本时，可以自行提交任意形式的权利要求副本，并非必须提交官方副本。俄罗斯对应申请可授权权利要求副本的样式如图 8. 31 所示。

不安全 | new.fips.ru/registers-doc-view/fips_servlet?DB=RUPAT&DocNumber=2609264&TypeFile=html

Формула изобретения

1. Способ получения высокооктанового компонента моторных топлив из олефинсодержащих смесей, отличающийся тем, что олефинсодержащую смесь подвергают окислению закисью азота с последующим выделением смеси продуктов в качестве высокооктанового компонента.

2. Способ по п. 1, отличающийся тем, что в качестве олефинсодержащей смеси используют газообразные продукты каталитического крекинга.

3. Способ по п. 1, отличающийся тем, что способ осуществляют при температуре 300-550°C и поддерживают давление 1-100 атм.

4. Способ по п. 1, отличающийся тем, что поддерживают объемное соотношение олефинсодержащей смеси к закиси азота от 2 до 10.

5. Способ получения высокооктанового компонента моторных топлив из олефинсодержащих смесей, отличающийся тем, что на первой стадии олефинсодержащую смесь подвергают окислению закисью азота в газовой фазе, а на второй стадии проводят конденсацию продуктов, полученных на первой стадии, с последующим выделением смеси продуктов в качестве высокооктанового компонента.

6. Способ по п. 5, отличающийся тем, что в качестве олефинсодержащей смеси используют газообразные продукты каталитического крекинга.

7. Способ по п. 5, отличающийся тем, что первую стадию проводят при температуре 300-550°C, а вторую стадию при температуре 30-400°C, на первой стадии поддерживают давление 1-100 атм, а на второй стадии 1-10 атм.

8. Способ по п. 5, отличающийся тем, что на первой стадии поддерживают объемное соотношение олефинсодержащей смеси к закиси азота от 2 до 10.

9. Способ по п. 5, отличающийся тем, что продукты окисления олефиновой фракции перед использованием в качестве исходного сырья на второй стадии подвергают разделению на альдегидную и кетонную фракции.

10. Способ по п. 9, отличающийся тем, что кетонную и альдегидную фракции подвергают процессу конденсации раздельно.

11. Способ по п. 9, отличающийся тем, что кетонную фракцию непосредственно используют в качестве высокооктанового компонента, а альдегидную фракцию подвергают процессу конденсации.

12. Способ по п. 5, отличающийся тем, что продукты окисления олефиновой фракции перед использованием в качестве исходного сырья на второй стадии подвергают разделению на отдельные компоненты с последующей их реализацией в качестве целевого продукта и/или использования в качестве сырья для процесса

图 8. 31　ROSPATENT 授权公告文本中记载的权利要求示例

注：权利要求的全部内容都需提交，这里限于篇幅，不再展示后续内容。

5. 如何获取俄罗斯对应申请的工作结果中的引用文献信息？

俄罗斯对应申请的工作结果中的引用文献分为专利文献和非专利文献。ROSPATENT 在审查和检索中引用的文献会被记载在检索报告中，如图 8. 32 所示。

6. ДОКУМЕНТЫ, ОТНОСЯЩИЕСЯ К ПРЕДМЕТУ ПОИСКА		
Кате-гория*	Наименование документа с указанием (где необходимо) частей, относящихся к предмету поиска	Относится к пункту формулы №
1	2	3
A	CN 1365652 A (MARITSUGU ARANO, ARANO MARITSUGU), 28.08.2002	1-25
A	US 4125117 A (Lee; Denis C.), 14.11.1978	1-25

图 8.32　ROSPATENT 检索报告中的引用文献

另外，ROSPATENT 发出的授权决定中也会记载审查过程中的引用文献，如图 8.33 所示。

(56) US 2016038092 A1 11.02.2016;
RU 2616761 C1 18.04.2017;
RU 2635827 C1 16.11.2017;
US 2015342545 A1 03.12.2015;
Восточно-Европейская школа остеопатии. Киевский институт остеопатии.
Учебное пособие по постурологии. Киев 2016, 50 с.

图 8.33　ROSPATENT 授权决定中的引用文献

6. 如何获知引用文献中的非专利文献构成俄罗斯对应申请的驳回理由？

申请人可以通过查询 ROSPATENT 发出的各个阶段的审查工作结果，如申请可专利性的检索结果通知书、实质审查调查，获取 ROSPATENT 申请中构成驳回理由的非专利文献信息。若 ROSPATENT 的工作结果中显示某专利文献影响了俄罗斯对应申请的新颖性、创造性，则该非专利文献构成驳回理由。

五、信息填写和文件提交的注意事项

1. 在 PPH 请求表中填写中国本申请与俄罗斯对应申请的关联性关系时，有哪些注意事项？

（1）在 PPH 请求表中表述中国本申请与俄罗斯对应申请的关

联性关系时，必须写明中国本申请与俄罗斯对应申请之间的关联的方式（如优先权、PCT 申请不同国家阶段等），如果中国本申请与俄罗斯对应申请达成关联需要经过一个或多个其他相关申请，也需写明相关申请的申请号以及达成关联的具体方式。

例如：①中国本申请是中国申请 A 的分案申请，俄罗斯对应申请是俄罗斯申请 B 的分案申请，中国国家申请 A 有效要求了俄罗斯申请 B 的优先权。②中国本申请是中国申请 A 的分案申请，中国申请 A 是 PCT 申请 B 进入中国国家阶段的申请。俄罗斯对应申请、中国申请 A 与 PCT 申请 B 均要求了俄罗斯申请 C 的优先权。

（2）涉及多个俄罗斯对应申请时，则需分条逐项写明中国本申请与每一个俄罗斯对应申请的关系。

2. 在 PPH 请求表中填写中国本申请与俄罗斯对应申请权利要求的对应性解释时，有哪些注意事项？

基于 ROSPATENT 工作结果向 CNIPA 提交 PPH 请求的，权利要求的对应性解释上无特别的注意事项，参见本书第一章的相关内容即可。

3. 在 PPH 请求表中填写俄罗斯对应申请所有工作结果的名称时，有哪些注意事项？

（1）应当填写 ROSPATENT 在所有审查阶段作出的全部工作结果，既包括实质审查阶段的所有通知书，也包括实质审查阶段以后的复审、无效、授权后更正等阶段的所有通知书。

（2）各通知书的作出时间应当填写其通知书的发文日，在发文日无法确定的情况下允许申请人填写其通知书的起草日或完成日。所有通知书的发文日一般在通知书首页可以找到，应准确填写。

（3）对各通知书的名称应当使用其正式的中文译名填写，不得以"通知书"或者"审查意见通知书"代替。在《中俄流程》中列举了三种通知书规范的中文译名，即实质审查调查（Inquiry of the Substantive Examination）、俄罗斯联邦发明申请的授权决定

（Decision to Grant a Patent of Russian Federation on the Invention），以及申请可专利性的检验结果通知书（Notification under the Results of the Test for the Patentability of the Application）。

（4）对于未在《中俄流程》中给出明确中文译名的通知书，申请人可以按其通知书原文名称自行翻译后填写在 PPH 请求表中并将其原文名称填写在翻译的中文名后的括号内，以便审查核对。

（5）如果有多个俄罗斯对应申请，请分别对各个俄罗斯对应申请进行工作结果的查询并填写到 PPH 请求表中。

4. 在 PPH 请求表中填写俄罗斯对应申请所有工作结果引用文献的名称时，有哪些注意事项？

在填写俄罗斯对应申请所有工作结果引用文献的名称时，无特别注意事项，参见本书第一章的相关内容即可。

5. 在提交俄罗斯对应申请的工作结果副本及译文时，有哪些注意事项？

（1）根据《中俄流程》，所有的工作结果副本均需要被完整提交——包括其著录项目信息、格式页或附件。

（2）俄罗斯工作结果所使用的语言为俄语，但根据《中俄流程》的规定，申请人应当提交其中文或英文译文。申请人提交时应当注意：所有工作结果副本的译文均需要被完整提交——包括其著录项目信息、格式页或附件也应当被翻译并完整提交。

同一份文件需要使用单一语言提交完整的翻译，例如不接受一份工作结果副本译文中部分译成中文、部分译成英文的文件——这种译文翻译不完整的情形将会导致 PPH 请求不合格。

（3）对于俄罗斯对应申请，不存在工作结果副本及其译文可以省略提交的情形。

6. 在提交俄罗斯对应申请最新可授权权利要求副本及译文时，有哪些注意事项？

申请人在提交俄罗斯对应申请最新可授权权利要求副本时，一是要注意可授权权利要求是否最新，例如在授权后的更正程序中权利要求有修改的情况；二是要注意权利要求的内容是否完整，即使有一部分权利要求在 CNIPA 申请中没有利用到，也需要一起完整提交。

俄罗斯对应申请可授权权利要求副本译文应当是对俄罗斯对应申请最新可授权权利要求副本内容进行的完整且一致的翻译；仅翻译部分内容的译文不合格。

对于中俄 PPH 试点项目，对应申请可授权的权利要求副本及其译文不能被省略提交。

7. 在提交俄罗斯对应申请的工作结果中引用的非专利文献副本时，有哪些注意事项？

当俄罗斯对应申请的工作结果中的非专利文献涉及驳回理由时，申请人应当在提交 PPH 请求时将所有涉及驳回理由的非专利文献一并提交。而对于所有的专利文献和未构成驳回理由的非专利文献，申请人只需将其信息填写在 PPH 请求书 E 项第 2 栏中即可，不需要提交相应的文件副本。

申请人提交文件时应确保其提交的内容完整，提交的类型正确，即按照"对应申请审查意见引用文件副本"类型提交。

如果所需提交的非专利文献是由除中文或英文之外的语言撰写，申请人也只需提交非专利文献文本即可，不需要对其进行翻译。

如果俄罗斯对应申请存在两份或两份以上非专利文献副本，则应该作为一份"对应申请审查意见引用文件副本"提交。

第九章　基于丹麦专利商标局工作结果向中国国家知识产权局提交常规 PPH 请求

一、概述

1. 基于 DKPTO 工作结果向 CNIPA 提交 PPH 请求的项目依据是什么？

中丹 PPH 试点于 2013 年 1 月 1 日启动。《在中丹专利审查高速路（PPH）项目试点下向中国国家知识产权局提出 PPH 请求的流程》（以下简称《中丹流程》）即为基于 DKPTO 工作结果向 CNIPA 提交 PPH 的项目依据。

2. 基于 DKPTO 工作结果向 CNIPA 提交 PPH 请求的种类分为哪些？

CNIPA 与 DKPTO 签署的为双边 PPH 试点项目。按照提出 PPH 请求所使用的对应申请审查机构的工作结果来划分。基于 DKPTO 工作结果向 CNIPA 提出 PPH 请求的种类仅包括基本型常规 PPH。

3. CNIPA 与 DKPTO 开展 PPH 试点项目的期限？

中丹 PPH 试点项目自 2013 年 1 月 1 日启动，其后于 2014 年 1 月 1 日、2016 年 1 月 1 日、2019 年 1 月 1 日各延长一次，至 2023 年 12 月 31 日止。

按照《中丹流程》，必要时，试点时间将继续延长，直至 CNIPA 和 DKPTO 受理足够数量的 PPH 申请，以恰当地评估 PPH 项目的可行性。两局在请求数量超过可管理的水平时，或出于其他任何原因，可终止该 PPH 试点项目；终止之前，将先行发布通知。

4. 基于 DKPTO 工作结果向 CNIPA 提交 PPH 请求有无领域和数量限制？

《中丹流程》中提到："两局在请求数量超出可管理的水平时，或出于其他任何原因，可终止本 PPH 试点。PPH 试点终止之前，将先行发布通知。"

5. 如何获得丹麦对应申请的相关信息？

如图 9.1 所示，申请人可以通过登录 DKPTO 的官方网站（网址 www. dkpto. org/）查询丹麦对应申请的相关信息。

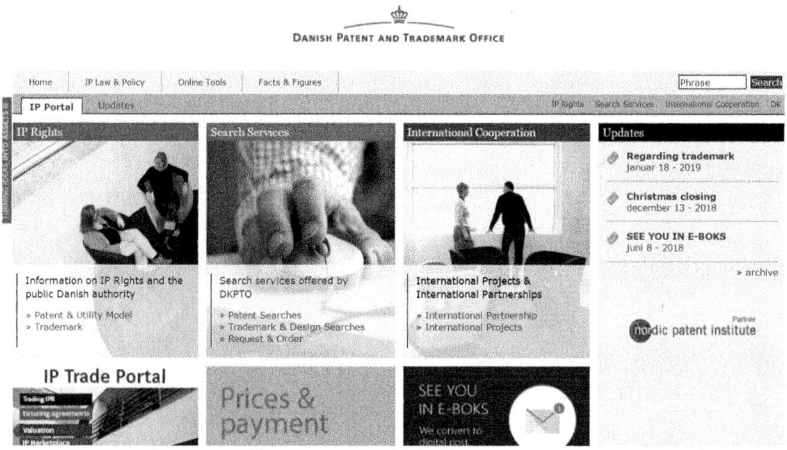

图 9.1 DKPTO 官网主页

如图 9.2 所示，申请人通过访问官网检索页面（https：//on-lineweb. dkpto. dk/pvsonline？language=GB），即可进入 DKPTO 专利检索服务页面。

图 9.2　DKPTO 官网检索数据库

　　申请人可点击图 9.2 中页面左侧的 "Patent & Brugsmodel"，即可进行 DKPTO 专利信息检索，如图 9.3 所示。

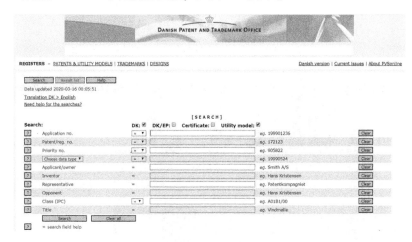

图 9.3　DKPTO 专利信息平台

　　进入查询页面后，在 "Application no." 后的方框中输入对应申请正确的申请号，点击下方的 "Search"，会弹出与输入申请号相关的专利申请链接，如图 9.4 所示。选择对应申请的条目链接，会直接跳转入此专利申请信息界面，如图 9.5 所示。

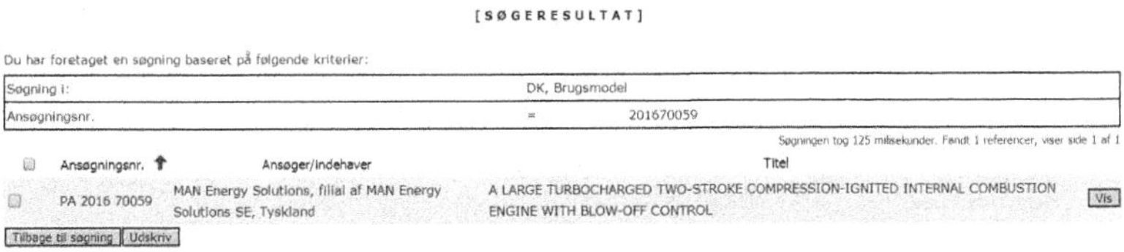

图 9.4　DKPTO 专利信息平台的对应申请链接

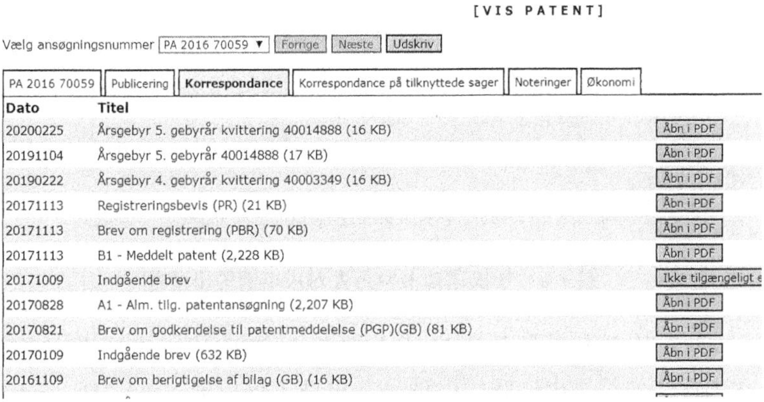

259

图 9.5　DKPTO 专利信息平台的对应申请有关信息

　　在图 9.5 中，第一标签栏是对应申请的所有著录项目信息，包括申请号、申请日、申请人、发明人等信息；第二标签栏是对应申请的公布文本信息；第三标签栏是对应申请的所有审批流程信息；第四标签栏是对应申请的所有相关申请文件信息；第五标签栏是国际申请（如果有）进入国家阶段的信息；第六标签栏是对应申请的所有费用信息。

二、中国本申请与丹麦对应申请关联性的确定

1. 丹麦对应申请号的格式是什么？如何确认丹麦对应申请号？

　　对于 DKPTO 专利申请，申请号的格式一般为"PA20××××

×××"，例如图9.6所示的"PA201670059"，其中前四位一般是
年份。

Our reference   PA 2016 70059 → 申请号   21 August 2017
Your reference   02517-DK-P
Applicant   MAN DIESEL & TURBO, FILIAL
               AF MAN DIESEL & TURBO SE,
               TYSKLAND
CVR-/P-No.   31611792
Time limit   21 October 2017

Reply to your letter of 9 January 2017.

3rd. technical examination of your patent application

Grant

1. Conclusion
Your patent application has been approved for grant on the basis of the following documents:

图9.6　授权通知书中丹麦对应申请的申请号

丹麦对应申请号是指申请人在此次 PPH 请求中所要利用的
DKPTO 工作结果中记载的申请号。申请人可以通过 DKPTO 作出的
国内工作结果，例如授权通知书中的首页，获取丹麦对应申请号。
如果对应申请已经授权公告，申请人也可通过 DKPTO 作出的授权
公告文本首页获取丹麦对应申请号，如图9.7所示。

(19) **DANMARK**   (10)   **DK 179120 B1**

(12)   **PATENTSKRIFT**

Patent- og
Varemærkestyrelsen

(51) Int.Cl.:   *F 02 B 77/08 (2006.01)*   *F 02 B 19/14 (2006.01)*

(21) Ansøgningsnummer: PA 2016 70059 → 申请号

(22) Indleveringsdato: 2016-02-03

(24) Løbedag: 2016-02-03

(41) Alm. tilgængelig: 2017-08-04

图9.7　授权公告文本中丹麦对应申请的申请号

2. 丹麦对应申请的著录项目信息如何核实？

与 PPH 流程规定的两申请关联性相关的对应申请的信息，例如优先权信息、分案申请信息、PCT 申请进入国家阶段信息等，通常会在对应申请的著录项目信息中记载。申请人一般可以通过以下三种方式获取丹麦对应申请的著录项目信息。

一是在丹麦对应申请的请求书中获取相关著录项目信息，包括国际申请号（如果有）、优先权（如果有）、申请人等信息，如图 9.8 和图 9.9 所示。

Application number	PA 2015 70199		
Submission number	1400007948		
Date of receipt	07 April 2015		
Your reference	136185		
Applicant 1	MDT A/S, Kolding		
Title of the invention	System for counting scores in a sports match		
Documents submitted	package-data.xml	dk-request.xml	
	application-body.xml	dk-fee-sheet.xml	
	dk-fee-sheet.pdf (1 p.)	dk-request.pdf (1 p.)	
	SPEC.pdf (13 p.)	SPEC-1.pdf (8 p.)	

图 9.8　丹麦对应申请请求书首页回执中的相关著录项目信息

二是通过 DKPTO 官方网站获取。申请人输入申请号点击搜索，即可从官方网站上获取相关著录项目信息，如申请号（如果有）、优先权（如果有）、申请人等。

Patent

DANISH PATENT AND TRADEMARK OFFICE

Helgeshøj Allé 81
2630 Taastrup PA 2015 70199
Tlf   43 07-04-2015
Fax   43 50 80 01
CVR-nr   17 03 94 15
pvs@dkpto.dk
www.dkpto.dk

Applicants reference: 136185

I/we are entitled to apply for this patent. The inventor(s) are informed hereof and agree to it.

1 TITLE OF INVENTION			
Title:	System for counting scores in a sports match		
2 INTERNATIONAL SEARCH REPORT REQUEST	☐		
3 EXAMINATION			
Examination in English:	☒		
4 DIVISIONAL APPLICATION	☐		
5 SEPARATED APPLICATION	☐		
6 CONTINUED PCT APPLICATION	☐		
7 PRIORITY CLAIMS	Country or Organization	Date	Number
8-1 APPLICANT			
Name:	MDT A/S		
Street:	Værkstedsvej 2		
City:	Kolding		
Postcode:	6000		
Country:	DK		
CVR:	31588073		
9-1 REPRESENTATIVE			
Name:	Awapatent A/S		
Street:	Rigensgade 11		
City:	København K		
Postcode:	1316		
Country:	DK		
CVR:	26379342		
Telephone number:	43995511		
E-mail:	dk@awapatent.com		

图 9.9　丹麦对应申请请求书相关著录项目信息的展示

[VIS PATENT]

Vælg ansøgningsnummer PA 2016 70059 ▼ | Forrige | Næste | Udskriv

| PA 2016 70059 | Publicering | Korrespondance | Korrespondance på tilknyttede sager | Noteringer | Økonomi |

Der er i øjeblikket registrerede danske patent- og brugsmodelsager hvor registreringsnummeret ikke fremgår af sagen. Der arbejdes på at løse problemet.

Ansøgningsnr. og dato	PA 2016 70059 (espacenet), 20160203
Patent/reg.nr. og dato	DK 179120, 20171113
Tilgængelighedsdato	20170804
Prioritetsnr. og dato	
EP publ. nr. og dato	
Løbedag	20160203
Ansøger/indehaver	MAN Energy Solutions, filial af MAN Energy Solutions SE, Tyskland, Teglholmsgade 41, 2450 København SV
Ansøgers ref. nr.	02517-DK-P
Opfinder	Mads Røgild, Højvangen 1, 2860 Søborg, Poul Cenker, Restrupvej 68, 2770 Kastrup
Fuldmægtig	NORDIC PATENT SERVICE A/S, Bredgade 30, 1260 København K, DK

图 9.10　DKPTO 官方网站中对应申请相关著录项目信息的展示

　　三是通过丹麦对应申请的授权公告本文核实。相关著录项目信息会在授权公告文本扉页显示，包括申请号、国际申请号（如果有）、优先权号（如果有）、申请人等。

(19) **DANMARK** (10) **DK 179120 B1**

(12) **PATENTSKRIFT**

Patent- og
Varemærkestyrelsen

(51) Int.Cl.: *F 02 B 77/08 (2006.01)*   *F 02 B 19/14 (2006.01)*

(21) Ansøgningsnummer: PA 2016 70059

(22) Indleveringsdato: 2016-02-03

(24) Løbedag: 2016-02-03

(41) Alm. tilgængelig: 2017-08-04

(45) Patentets meddelelse bkg. den: 2017-11-13

(73) Patenthaver: MAN DIESEL & TURBO, FILIAL AF MAN DIESEL & TURBO SE, TYSKLAND, Teglholmsgade 41, 2450 København SV, Danmark

(72) Opfinder: Mads Røgild, Højvangen 1, 2860 Søborg, Danmark
Poul Cenker, Restrupvej 68, 2770 Kastrup, Danmark

263

图 9.11   丹麦对应申请授权公告文本中相关著录项目信息的展示

3. 中国本申请与丹麦对应申请的关联性关系一般包括哪些情形？

以丹麦申请作为对应申请向 CNIPA 提出的常规 PPH 请求限于基本型常规 PPH 请求。申请人不能利用 OSF 先作出的工作结果要求 OFF 进行加快审查，同时两申请间的关系仅限于中丹两局间，不能扩展为共同要求第三个国家或地区的优先权。

符合中国本申请与丹麦对应申请关联性关系的具体情形如下。

（1）中国本申请要求了丹麦对应申请的优先权

如图 9.12 所示，中国本申请和丹麦对应申请均为普通国家申请，且中国本申请要求了丹麦对应申请的优先权。

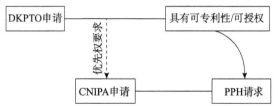

图 9.12   中国本申请和丹麦对应申请均为普通国家申请

如图 9.13 所示，中国本申请是 PCT 申请进入中国国家阶段的申请，且要求了丹麦对应申请的优先权。

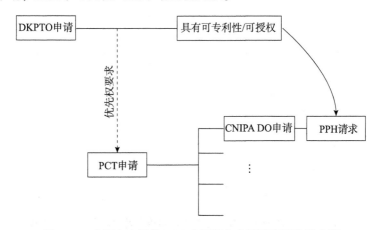

图 9.13　中国本申请是 PCT 申请进入中国国家阶段的申请

如图 9.14 所示，中国本申请要求了多项优先权，丹麦对应申请为其中一项优先权。

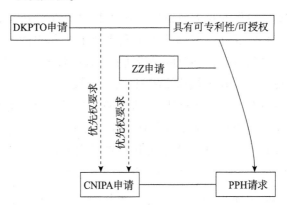

图 9.14　中国本申请要求包含丹麦对应申请的多项优先权

如图 9.15 所示，中国本申请和丹麦对应申请共同要求了另一丹麦申请的优先权。

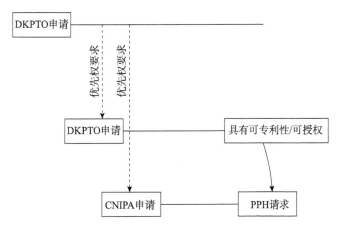

图 9.15　中国本申请和丹麦对应申请共同要求另一丹麦申请的优先权

　　如图 9.16 所示，中国本申请和丹麦对应申请是同一 PCT 申请进入各自国家阶段的申请，该 PCT 申请要求了另一丹麦申请的优先权。

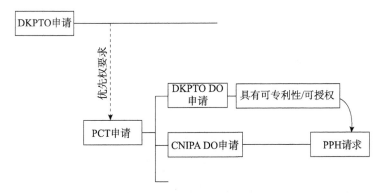

图 9.16　中国本申请和丹麦对应申请是要求另一丹麦申请优先权的 PCT 申请进入各自国家阶段的申请

　　(2) 中国本申请和丹麦对应申请为未要求优先权的同一 PCT 申请进入各自国家阶段的申请

　　详情如图 9.17 所示。

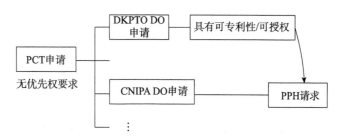

**图 9.17　中国本申请和丹麦对应申请为未要求优先权的同一
PCT 申请进入各自国家阶段的申请**

（3）中国本申请要求了 PCT 申请的优先权，该 PCT 申请未要
求优先权，丹麦对应申请为该 PCT 申请的国家阶段申请

如图 9.18 所示，中国本申请是普通国家申请，要求 PCT 申请
的优先权，丹麦对应申请是该 PCT 申请的国家阶段申请。

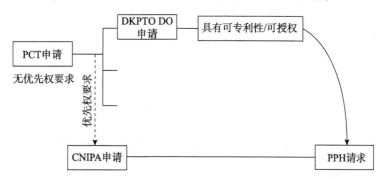

**图 9.18　中国本申请要求 PCT 申请的优先权且丹麦对应申请是
PCT 申请的国家阶段申请**

如图 9.19 所示，中国本申请是 PCT 申请进入国家阶段的申请，
要求另一 PCT 申请的优先权。丹麦对应申请是作为优先权基础的该
另一 PCT 申请的国家阶段申请。

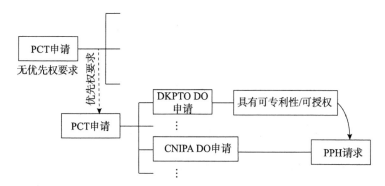

图 9. 19　中国本申请是要求另一 PCT 申请优先权的 PCT 申请进入国家阶段的申请且丹麦对应申请是作为优先权基础的 PCT 申请的国家阶段申请

　　如图 9. 20 所示，中国本申请和丹麦对应申请是同一 PCT 申请进入各自国家阶段的申请，该 PCT 申请要求了另一 PCT 申请的优先权。

图 9. 20　中国本申请和丹麦对应申请是同一 PCT 申请进入各自国家阶段且该 PCT 申请要求另一 PCT 申请的优先权

4. 中国本申请与丹麦对应申请的派生申请是否满足要求？

　　如果中国申请与丹麦申请符合 PPH 流程所规定的申请间关联性关系，则中国申请的派生申请作为中国本申请，或者丹麦申请的派生申请作为对应申请，也符合申请间关联性关系。如图 9. 21 所示，中国申请 A 要求了丹麦对应申请的优先权，中国申请 B 是中国申请 A 的分案申请，则中国申请 B 与丹麦对应申请的关系满足申请间关联性关系。

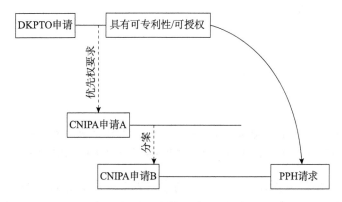

图 9.21　中国本申请为分案申请的情形

同理，如果中国本申请要求了丹麦申请 A 的优先权，丹麦申请 B 是丹麦申请 A 的分案申请，则该中国本申请与丹麦对应申请 B 的关系也满足 PPH 的申请间关联性要求。

三、丹麦对应申请可授权性的判定

1. 判定丹麦对应申请可授权性的最新工作结果一般包括哪些？

丹麦对应申请的工作结果是指与丹麦对应申请可授权性相关的所有丹麦国内工作结果，包括实质审查、异议阶段通知书，例如技术审查通知书［Brev om Behandling（丹麦文）或 Technical Examination of Your Patent Application（英文）］、授权意向通知书［Berigtigelse af Bilag（丹麦文）或 Intention to Grant（英文）］、授权通知书［Godkendelse（丹麦文）或 Grant（英文）］等，如图 9.22 所示。

图 9.22　丹麦对应申请的工作结果（节选）

根据《中丹流程》的规定，权利要求"被认定为具有可专利性/可授权"是指 DKPTO 审查员在最新的审查意见通知书中明确指出权利要求是可授权/具有可专利性的，即使该申请尚未得到专利授权。所述审查意见通知书包括授权通知书或授权意向通知书。

上述最新的审查意见通知书是以向 CNIPA 提交 PPH 请求之前或当日作为时间点来判断的，即以向 CNIPA 提交 PPH 请求之前或当日最新的工作结果中的意见作为认定丹麦对应申请权利要求"可授权/具有可专利性"的标准。

2. DKPTO 一般如何明确指明最新可授权权利要求的范围？

如图 9.23 所示，当最新工作结果为授权通知书时，DKPTO 一般会写明本申请可以被授予专利权的意见并指明可授权的权利要

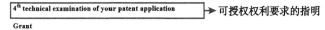

图 9.23　DKPTO 作出的授权通知书中对可授权权利要求的指明

求等。

当最新工作结果为技术审查通知书时，DKPTO 通常会明确指出某些权利要求"可授权/具有可专利性"，如图 9.24 所示。但是应注意：DKPTO 审查员作出的技术审查通知书不是最终的决定，需要关注申请的后续审查进程。

The subject matter of claim 17 differs from D1 in that the method is further describing the steps of:
when the steady state operating conditions have been determined:
- controlling the air-fuel ratio individually for each combustion chamber as a function of operating conditions to a value for the air-fuel ratio that is lesser than said known operating condition dependent critical level by a margin that is initially set at a first value (p1),
- reducing over time for each combustion chamber individually said margin in decrements from an actual value towards a second value (p2), said second value (p2) being smaller than said first (p1) value and larger than zero,
- monitoring each combustion chamber individually for partial misfiring events, misfiring events, and preignition events, and
- upon detection of partial misfiring events, misfiring events, and/or pre-ignition events increasing said margin in increments from an actual value towards said first value (p1) until partial misfiring events, misfiring events and pre-ignition events are no longer detected.

The problem addressed by the subject matter of claims 1 and 17 may be considered as: How to optimize operating conditions of the engine during the compression stroke.

We consider that the person skilled in the art of controlling large two-stroke engines, who would like to solve the above mentioned problem, would not be inspired by his common, specialist or other specific knowledge within the field to suggest the solution mentioned in claims 1 and 17 of your application.

The subject matter of independent claims 1, 17 and the dependent claims 2-16 is therefore both new and differs essentially from the prior art. You will thus be able to obtain a patent for the subject matter of these claims.

可授权权利要求的指明

4. The draft of your application
In order to obtain a patent for your invention you have to do the following:

图 9.24　DKPTO 作出的技术审查通知书中对可授权权利要求的指明

如果在丹麦申请授权后，公众启动了异议程序，则判定丹麦对应申请可授权的最新工作结果应当为异议程序中作出的异议决定。在异议决定中，审查员也会指明可授权的权利要求。

四、相关文件的获取

1. 如何获取丹麦对应申请的所有工作结果副本？

可以按如下步骤获取丹麦对应申请的所有工作结果副本。
步骤 1（见图 9.25）：在 DKPTO 官网数据库中输入丹麦对应申

请的申请号。

步骤 2 (见图 9.26)：找到丹麦对应申请的申请信息。

步骤 3 (见图 9.27)：找到丹麦对应申请在不同审查阶段的工作结果。

在步骤 3 中，申请人应当注意的是：审查记录中一般包括 DKPTO 审查员作出的技术审查通知书、授权意向通知书、授权通知书、异议决定等。

步骤1：输入申请号

[SØGNING I PATENTSAGER]

Søgning i:	DK: ✓ DK/EP: ☐ Certifikat: ☐ Brugsmodel: ✓	
?	Ansøgningsnr.	=	201670360	fx 199901236
?	Patent/reg.nr.	=		fx 172123

271

图 9.25　步骤 1：在 DKPTO 官网上输入丹麦对应申请的申请号

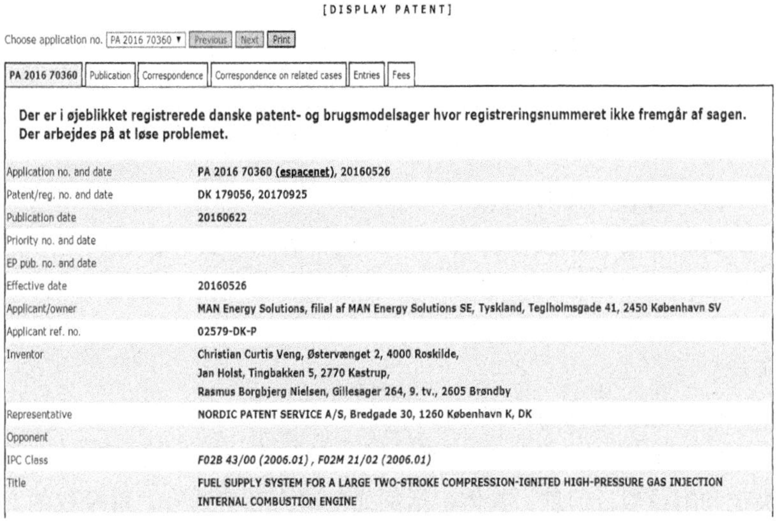

[DISPLAY PATENT]

Choose application no. PA 2016 70360 ▼ | Previous | Next | Print

PA 2016 70360 | Publication | Correspondence | Correspondence on related cases | Entries | Fees

Der er i øjeblikket registrerede danske patent- og brugsmodelsager hvor registreringsnummeret ikke fremgår af sagen. Der arbejdes på at løse problemet.

Application no. and date	PA 2016 70360 (espacenet), 20160526
Patent/reg. no. and date	DK 179056, 20170925
Publication date	20160622
Priority no. and date	
EP pub. no. and date	
Effective date	20160526
Applicant/owner	MAN Energy Solutions, filial af MAN Energy Solutions SE, Tyskland, Teglholmsgade 41, 2450 København SV
Applicant ref. no.	02579-DK-P
Inventor	Christian Curtis Veng, Østervænget 2, 4000 Roskilde, Jan Holst, Tingbakken 5, 2770 Kastrup, Rasmus Borgbjerg Nielsen, Gillesager 264, 9. tv., 2605 Brøndby
Representative	NORDIC PATENT SERVICE A/S, Bredgade 30, 1260 København K, DK
Opponent	
IPC Class	F02B 43/00 (2006.01), F02M 21/02 (2006.01)
Title	FUEL SUPPLY SYSTEM FOR A LARGE TWO-STROKE COMPRESSION-IGNITED HIGH-PRESSURE GAS INJECTION INTERNAL COMBUSTION ENGINE

图 9.26　步骤 2：找到丹麦对应申请号的申请信息

[DISPLAY PATENT]

Choose application no. [PA 2016 70360 ▼] [Previous] [Next] [Print]

| PA 2016 70360 | Publication | **Correspondence** | Correspondence on related cases | Entries | Fees |

Date	Title	
20200227	Årsgebyr 5. gebyrår 40017529 (32 KB)	Open
20190524	Årsgebyr 4. gebyrår kvittering 40006135 (16 KB)	Open
20190227	Årsgebyr 4. gebyrår faktura 40006135 (17 KB)	Open
20170925	Brev om registrering (PBR) (69 KB)	Open
20170925	B1 - Meddelt patent (3,467 KB)	Open
20170925	Registreringsbevis (PR) (21 KB)	Open
20170807	Indgående brev	Not ava
20170703	Brev om godkendelse til patentmeddelelse (PGP)(GB) (80 KB)	Open
20170623	Indgående brev (260 KB)	Open
20170426	Brev om berigtigelse af bilag (GB) (83 KB)	Open
20170330	Indgående brev (682 KB)	Open
20170224	Brev om behandling (PBT)(GB) (814 KB)	Open
20170127	Indgående brev (354 KB)	Open
20161207	Behandlingsrapport (47 KB)	Open
20161207	Nyhedsrapport (GB) (31 KB)	Open
20161207	Brev om behandling (PBT)(GB) (801 KB)	Open

图 9.27 步骤 3：找到丹麦对应申请在不同审查阶段的工作结果

2. 能否举例说明丹麦对应申请工作结果副本的样式？

（1）授权通知书

DKPTO 作出的授权通知书一般包含著录项目、授权决定和附录信息；具体包括例如申请人和申请号信息、获得授权的文件基础、应缴费用、申请人需要注意的各种事项等。其样式如图 9.28 所示。

（2）授权意向通知书

DKPTO 作出的授权意向通知书一般包含著录项目、授权意向决定和附录项目信息；具体包括例如申请人和申请号、可授权的文件基础，审查员审查结论，申请人需要注意的各种事项信息。其样式如图 9.29 所示。

Our reference	PA 2016 70059	21 August 2017
Your reference	02517-DK-P	
Applicant	MAN DIESEL & TURBO, FILIAL	
	AF MAN DIESEL & TURBO SE,	
	TYSKLAND	
CVR-/P-No.	31611792	
Time limit	21 October 2017	

Reply to your letter of 9 January 2017.

3rd. technical examination of your patent application

Grant

1. Conclusion

Your patent application has been approved for grant on the basis of the following documents:

- Description of 13 October 2016
- Danish claims of 9 January 2017.
- Figure(s)/drawing(s) of 3 February 2016.

273

2. Patent publication fee

Before we can grant your patent, you must pay the prescribed fee of DKK 2000 for the publication of the patent specification (Section 19(4) of the Danish Patents Act no. 221 of 26 February 2017).

图 9.28　DKPTO 作出的授权通知书首页示例

Our reference	PA 2016 70059	9 November 2016
Your reference	02517-DK-P	
Applicant	MAN DIESEL & TURBO, FILIAL AF MAN DIESEL	
	& TURBO SE, TYSKLAND	
CVR-/P-No.	31611792	
Time limit	9 January 2017	

Reply to your letter of 13 October 2016.

2nd technical examination of your patent application

Intention to grant

1. Conclusion

You will be able to obtain a patent on the basis of the following documents:

- Description and claims of 13 October 2016.
- Figures/drawings of 3 February 2016.

图 9.29　DKPTO 作出的授权意向通知书首页示例

授权意向通知书正文中包括审查员引用的专利和非专利对比文件以及具体的审查结论；举例如图9.30和图9.31所示。

You must send us a Danish translation of your claims. The Danish text must be confirmed or accompanied by a statement affirming that its content is identical to the English-language documents.

If you do not want this draft of your patent you must send us other documents which can provide a basis for the patent. You can send us the new documents by post, e-mail or via IP Client.

If you decide to send other documents, we must receive them within the time limit mentioned at the top of this letter.

2. Our evaluation of your invention
The relevant prior art is described in the following document:

(D1)   GB 817018 A (PETERSEN OVE) 1959.07.22.
            See page 1, lines 10 – 26 and line 83 – page 2, line 12, Fig. pos. 3, 4, 5, 6, 22, 23.

图9.30   DKPTO作出的授权意向通知书正文示例1

3. Supplementary Search
Our search may not be fully comprehensive. At most Patent Offices, patent applications are normally withheld from public inspection for 18 months. The eventual publication of these patent applications may affect the patentability of your invention. We can only be certain that these applications have been registered in the electronic databases we use in our search approximately 24 months after the filing of your application.

At your request, we can at this point perform a supplementary search to see if your invention is still new. You can request a supplementary search by ticking the relevant box in IP Client or by filling in the form "Supplementary Search", which is available on our website. On request, we can also send the form to you by post.

图9.31   DKPTO作出的授权意向通知书正文示例2

（3）技术审查通知书

DKPTO作出的技术审查通知书一般包含著录项目和正文；具体包括例如该申请的申请人和申请号、检索报告和检索意见、答复期限和应缴费用信息。其样式如图9.32所示。

3. 如何获得丹麦对应申请的最新可授权的权利要求副本？

如果丹麦对应申请已经授权公告且未经过后续修改程序，则可以在授权公告中获得已授权的权利要求，点击相应的授权公告文本即可，如图9.33所示。

Our reference	PA 2016 70059	4 October 2016
Your reference	02517-DK-P	
Applicant	MAN DIESEL & TURBO, FILIAL AF MAN DIESEL & TURBO SE, TYSKLAND	
CVR-/P-No.	31611792	
Time limit	4 April 2017	

Introduction

Reply to your patent application of 3 February 2016.
1st technical examination of your patent application.

Search report

For your information, we have enclosed a search report. The report shows the documents retrieved in our search.

We have enclosed a copy of the documents.

Search opinion

For your information we have enclosed a search opinion. The opinion identifies non-patentable claims.

图 9.32 DKPTO 作出的技术审查通知书首页示例

20180914	Årsgebyr 4. gebyrår kvittering 15813688 (16 KB)
20171030	B1 - Meddelt patent (45,727 KB)
20171030	Brev om registrering (PBR) (69 KB)
20171030	Registreringsbevis (PR) (21 KB)
20170913	Indgående brev

图 9.33 DKPTO 官网授权公告文本信息

如果丹麦对应申请尚未授权公告，则可以通过查询审查记录获取最新可授权的权利要求，如图 9.34 和图 9.35 所示。

20170703	Brev om godkendelse til patentmeddelelse (PGP)(GB) (80 KB)
20170623	Indgående brev (260 KB)
20170426	Brev om berigtigelse af bilag (GB) (83 KB)
20170330	Indgående brev (682 KB) → 答复或修改文件
20170224	Brev om behandling (PBT)(GB) (814 KB)
20170127	Indgående brev (354 KB)

图 9.34 DKPTO 官网权利要求修改文本信息

Patent- og Varemærkestyrelsen
Helgeshøj Allé 81
DK-2630 Taastrup

DATE: October 13, 2016
OUR REF: 02617-DK-P

Sent electronically to pvs@dkpto.dk

Danish patent application no. PA201670059

Dear Sirs,

We write in response to the Search Opinion issued on October 4, 2016 for this application.

We hereby file new pages 1 to 21 replacing pages 1 to 21 presently on file and we hereby file new claims 1 to 14 replacing claims 1 to 15 presently on file in clean and marked up form for the Examiner's ease of reference.

Amendments

- The features of present claim 2 have been included in new claim 1.
- Claim 1 has been cast in the two-part form with the features known from D1 being placed in the preamble.
- The subsequent claims have been renumbered accordingly.
- Introductory portion of the description has been brought in line with the amendments to the claims.
- The closest prior art (D1) has been mentioned and acknowledged in the introductory portion of the description.

图 9.35 申请人提交的修改文本示例

4. 能否举例说明丹麦对应申请的可授权权利要求副本的样式？

申请人在提交丹麦对应申请最新可授权权利要求副本时，可以自行提交任意形式的权利要求副本，并非必须提交官方副本。丹麦对应申请可授权权利要求副本的样式如图 9.36 所示。

PATENTKRAV ➞ 可授权权利要求

1. Stor, turboladet, totakts-, kompressionstændt
forbrændingsmotor med krydshoveder (43), hvilken motor
omfatter:

et antal cylindere (1), der fungerer som forbrændingskamre
(27), hvilke cylindere (1) er forsynet med et
cylinderdæksel (22), med en udstødsventil (4) placeret
centralt i cylinderdækslet (22) og med en udstødskanal
(35), der forbinder udstødsventilen (4) med en udstødsgas-
receiver (3),

hvor cylinderdækslet (22) er forsynet med en
sikkerhedsventil (50) med en indgang (57) til
sikkerhedsventilen (50), der fluidmæssigt er forbundet med
forbrændingskammeret (27), og en udgang (58) fra
sikkerhedsventilen (50), der fluidmæssigt er forbundet med
en afgangskanal,

图 9.36　DKPTO 授权公告文本中记载的权利要求样例（节选）

注：权利要求的全部内容都需提交，这里限于篇幅，不再展示后续内容。

5. 如何获取丹麦对应申请的工作结果中的引用文献信息？

　　丹麦对应申请的工作结果中的引用文献分为专利文献和非专利文献。DKPTO 在审查和检索中所引用的所有文献的信息都会被记载在丹麦对应申请的审查工作结果中。

　　（1）丹麦对应申请已经授权公告的，申请人可以直接从丹麦对应申请授权公告文本中获取其所有的引用文件信息，如图 9.37 所示。

　　（2）若丹麦对应申请尚未授权，则申请人可以查询 DKPTO 发出的各个阶段的审查意见通知书，从中获取丹麦对应申请工作结果中的所有引用文件信息，如图 9.38 所示。

Patent- og
Varemærkestyrelsen

(51)	Int.Cl.:	*F 02 B 77/08 (2006.01)* *F 02 B 19/14 (2006.01)*
(21)	Ansøgningsnummer: PA 2016 70059	
(22)	Indleveringsdato: 2016-02-03	
(24)	Løbedag: 2016-02-03	
(41)	Alm. tilgængelig: 2017-08-04	
(45)	Patentets meddelelse bkg. den: 2017-11-13	
(73)	Patenthaver: MAN DIESEL & TURBO, FILIAL AF MAN DIESEL & TURBO SE, TYSKLAND, Teglholmsgade 41, 2450 København SV, Danmark	
(72)	Opfinder: Mads Røgild, Højvangen 1, 2860 Søborg, Danmark Poul Cenker, Restrupvej 68, 2770 Kastrup, Danmark	
(74)	Fuldmægtig: NORDIC PATENT SERVICE A/S, Bredgade 30, 1260 København K, Danmark	
(54)	Benævnelse: A LARGE TURBOCHARGED TWO-STROKE COMPRESSION-IGNITED INTERNAL COMBUSTION ENGINE WITH BLOW-OFF CONTROL	

(56) Fremdragne publikationer:
GB 817018 A
GB 495391 A
US 2011/0315132 A1
EP 0103064 A2
EP 2541018 A1

➡ 对比文件信息

图 9.37　DKPTO 授权公告文本中的引用文件信息

Reply to your letter of March 26th, 2018.

2nd technical examination of your patent application

1. Conclusion
We have examined your application again. We have read your comments to our letter and studied the new documents to the application. Part of the invention for which you now apply was already known and the new part of your invention does not differ significantly over the prior art. Therefore you will not be able to obtain a patent. Below, please find an explanation of our conclusion.

2. Your invention
Observation

Dependent claim 17 seems to disclose that the second input is associated with selecting a second filter for applying a second lighting effect and transitioning from the first lighting effect to the second lighting effect. However, independent claim 1 clearly states that the second input is associated with capturing image data. Further, it is not clear if the second input is used to capture image data or to select the second lighting effect. Your arguments regarding the clarity of dependent claim 18 are not persuasive. Thus, dependent claim 17 lacks clarity as required by DOP, Section 13(3). Therefore, the subject matter of dependent claim 18 has not been subject to a search and examination.

3. Our evaluation of your invention
The closest prior art is the following document:

(D1)	US 2016/0307324 A1 (NAKADA et al.) 2016.10.20 Paragraphs [0091]-[0121], [0140]-[0145]; figures 21-24B, 31-32

D1 discloses in paragraphs [0095]-[0103] and figures 21 and 23 an electronic device (1010) comprising a processor (2020), a display (1060), one or more input devices (1030, 1070) and a camera (1020, 2010, 2050). The electronic device (1010) also comprises a memory (2030, 2040) storing instructions (commands) for performing the method of acquiring image data and applying lighting effects.

图 9.38　DKPTO 第二次技术审查通知书中的引用文献信息

6. 如何获知引用文献中的非专利文献构成丹麦对应申请的驳回理由？

申请人可以查询 DKPTO 发出的各个阶段的工作结果，从中获得构成丹麦对应申请中驳回理由的非专利文献信息。当 DKPTO 作出的检索报告中含有例如 X、Y 类非专利文献时，则认为该非专利文献属于构成丹麦对应申请驳回理由的文献。或者如果 DKPTO 发出的技术审查通知书中含有利用该非专利文献对丹麦对应申请的新颖性、创造性进行判断的内容，且内容中显示该非专利文献影响了丹麦对应申请的新颖性、创造性，则该非专利文献属于构成驳回理由的文献，如图 9.39 所示。

Considered claims
Our consideration has included claims 1 – 11.

Nonpatentable claims
Lack of novelty   Claims: 1 – 4

Lack of essential difference   Claims: 1 – 4

Explanation regarding lack of novelty and essential difference for the subject matter of claims 1 – 4.
The relevant prior art is described in the following document:

(D1)   JPS 5569754 A (MITSUBISHI HEAVY INDUSTRIES LTD) 1980.05.26.
            See English abstract, Fig. 1, pos. Fig. 3, pos. 1a, 1b, 2, 4, 11 and 16.

图 9.39　构成驳回理由的引用文件示例

五、信息填写和文件提交的注意事项

1. 在 PPH 请求表中填写中国本申请与丹麦对应申请的关联性关系时，有哪些注意事项？

（1）在 PPH 请求表中表述申请间的关联性关系时，必须写明中国本申请与丹麦对应申请之间的关联的方式（如优先权、PCT 申请不同国家阶段等）。如果中国本申请与丹麦对应申请达成关联需要经过一个或多个其他相关申请，也需写明相关申请的申请号以及达成关联的具体方式。

例如：①中国本申请是中国申请 A 的分案申请，丹麦对应申请是丹麦申请 B 的分案申请，中国申请 A 要求了丹麦申请 B 的优先权。②中国本申请是中国申请 A 的分案申请，中国申请 A 是 PCT 申请 B 进入中国国家阶段的申请。丹麦对应申请与 PCT 申请 B 共同要求了丹麦申请 C 的优先权。

（2）涉及多个丹麦对应申请时，则需分条逐项写明中国本申请与每一个丹麦对应申请的关系。

2. 在 PPH 请求表中填写中国本申请与丹麦对应申请权利要求的对应性解释时，有哪些注意事项？

基于 DKPTO 工作结果向 CNIPA 提交 PPH 请求的，权利要求的对应性解释无特别的注意事项，参见本书第一章的相关内容即可。

3. 在 PPH 请求表中填写丹麦对应申请所有工作结果的名称时，有哪些注意事项？

（1）应当填写 DKPTO 在所有审查阶段作出的全部工作结果，即包括实质审查阶段、异议等阶段的所有通知书。

（2）各通知书的作出时间应当填写其通知书的发文日。所有通知书的发文日一般都在 DKPTO 官网审查记录中可以找到，申请人应准确填写。在发文日无法确定的情况下，允许申请人填写其通知书的起草日或完成日。

（3）各通知书的名称应当使用其正式的中文译名填写，不得以"通知书"或者"审查意见通知书"代替。在《中丹流程》中列举了部分通知书规范的中文译名，包括技术审查通知书、授权意向通知书、授权通知书、异议决定等。

（4）对于未在《中丹流程》中给出明确中文译名的通知书，申请人可以按其通知书原文名称自行翻译后填写在请求表中并将其原文名称填写在翻译的中文名称后的括号内，以便审查核对。

（5）如果有多个丹麦对应申请，请分别对各个丹麦对应申请进行工作结果的查询并填写到 PPH 请求表中。

4. 在 PPH 请求表中填写丹麦对应申请所有工作结果引用文献的名称时，有哪些注意事项？

在填写丹麦对应申请所有工作结果引用文献的名称时，无特别注意事项，参见本书第一章的相关内容即可。

5. 在提交丹麦对应申请的工作结果副本及译文时，有哪些注意事项？

（1）根据《中丹流程》的规定，丹麦对应申请的所有工作结果副本均需要被完整提交，不存在工作结果副本可以省略提交的情形。工作结果中所包含的著录项目信息、格式页或附件也应当被提交。

（2）丹麦对应申请的工作结果通常使用英语撰写，申请人无须再提交其中文或英文译文。当然，根据《中丹流程》的规定，申请人也可以提交所有工作结果的中文译文。

如果申请人提交丹麦对应申请的工作结果副本译文，则所有的工作结果副本的译文均需要被完整提交，包括其著录项目信息、格式页或附件的翻译译文。

6. 在提交丹麦对应申请的最新可授权权利要求副本及译文时，有哪些注意事项？

（1）申请人在提交丹麦对应申请最新可授权权利要求副本时，一是要注意可授权权利要求是否最新，例如在授权后的订正程序中对权利要求有修改的情况；二是要注意权利要求的内容是否完整，即使有一部分权利要求在 CNIPA 申请中没有被利用到，也需要一起完整提交。

（2）丹麦授权公告文件中一般会使用丹麦语或英语对专利进行公告。根据《中丹流程》的规定，当对应申请可授权权利要求的语言为丹麦语时，申请人需要提交丹麦对应申请可授权权利要求副本的译文。

丹麦对应申请可授权权利要求副本译文应当是对丹麦对应申请中最新被认为可授权的所有权利要求内容进行的完整且一致的翻译；仅翻译部分内容的译文不合格。

（3）对丹麦对应申请可授权权利要求副本及译文不能省略提交。

7. 在提交丹麦对应申请国内工作结果中引用的非专利文献副本时，有哪些注意事项？

当丹麦对应申请的工作结果中的非专利文献涉及驳回理由时，申请人应当在提交 PPH 请求时将所有涉及驳回理由的非专利文献副本一并提交。而对于所有的专利文献和未构成驳回理由的非专利文献，申请人只需将其信息填写在 PPH 请求书 E 项第 2 栏中即可，不需要提交相应的文件。

申请人提交文件时应确保其提交的内容完整，提交的类型正确，即按照"对应申请审查意见引用文件副本"类型提交。

如果所需提交的非专利文献是由除中文或英文之外的语言撰写，申请人也只需提交非专利文献文本即可，不需要对其进行翻译。

如果丹麦对应申请存在两份或两份以上非专利文献副本，则应该作为一份"对应申请审查意见引用文件副本"提交。

第十章 基于芬兰国家专利与注册委员会工作结果向中国国家知识产权局提交常规 PPH 请求

一、概述

1. 基于 PRH 工作结果向 CNIPA 提交 PPH 请求的项目依据是什么？

中芬 PPH 试点于 2013 年 1 月 1 日启动。《中芬专利审查高速路（PPH）试点项目下向中国国家知识产权局提出 PPH 请求的流程》（以下简称《中芬流程》）为 CNIPA 与 PRH 开展试点项目的依据。

2. 基于 PRH 工作结果向 CNIPA 提交 PPH 请求的种类分为哪些？

CNIPA 与 PRH 签署的为双边 PPH 试点项目。按照提出 PPH 请求所使用的对应申请审查机构的工作结果来划分，基于 PRH 工作结果向 CNIPA 提交 PPH 请求的种类包括基本型常规 PPH 和 PCT - PPH。

本章内容仅涉及基于 PRH 工作结果向 CNIPA 提交常规 PPH 的实务；提交 PCT - PPH 的实务建议请见本书第二章的内容。

3. CNIPA 与 PRH 开展 PPH 试点项目的期限？

中芬 PPH 试点项目自 2013 年 1 月 1 日开始，为期一年，至 2013 年 12 月 31 日止；其后自 2014 年 1 月 1 日起无限期延长。

4. 基于 PRH 工作结果向 CNIPA 提交 PPH 请求有无领域和数量限制？

《中芬流程》中提到："两局在请求数量超出可管理的水平时，或出于其他任何原因，可终止本 PPH 试点。PPH 试点终止之前，将先行发布通知。"

5. 如何获得芬兰对应申请的相关信息？

如图 10.1 所示，申请人可以通过登录 PRH 的官方网站（网址 www. prh. fi/en/）查询芬兰对应申请的相关信息。

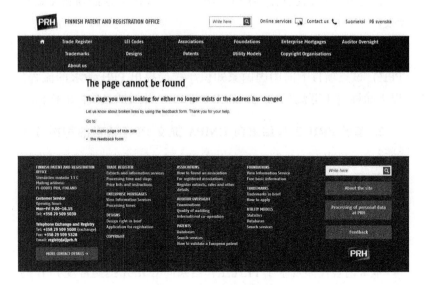

图 10.1 PRH 官网主页

如图 10.2 所示，申请人进入 PRH 官网主页后，点击上方的"PATENTS"一栏中下方的"Databases"选项，进入 PRH 专利信息的专门页面，点击页面右侧的"Patent Information Service"，即可进入如图 10.3 所示的 PRH 专利信息平台。

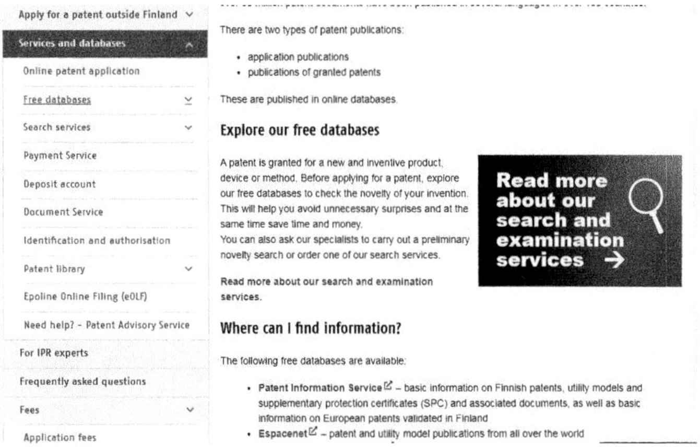

图 10.2　PRH 专利信息查询平台

　　如图 10.4 所示，进入查询页面后，在查询栏的第一个选框中输入对应申请正确的申请号，会弹出与对应申请的有关信息，包括分类号、发明名称、申请人、案件状态以及相关文件等信息。

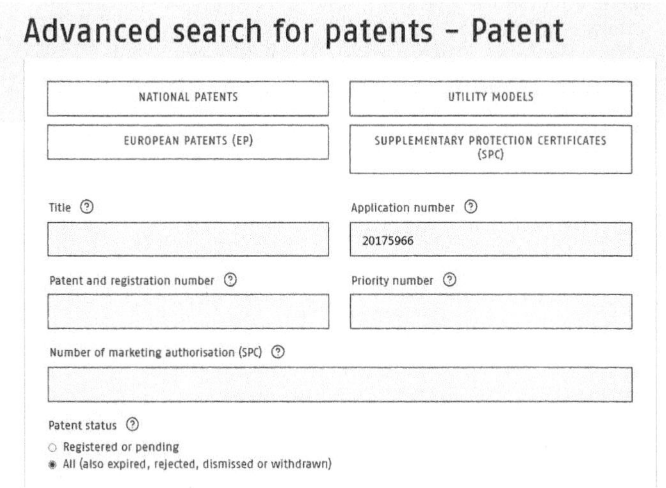

图 10.3　PRH 专利信息平台查询页面

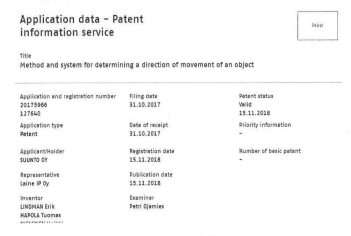

图 10.4　PRH 专利信息平台中的对应申请相关信息

如图 10.5 所示，点击对应申请号、发明名称或者申请人，可以获得更为详细的相关著录项目信息。

Application data – Patent information service

Print

Title
Method and system for determining a direction of movement of an object

Application and registration number 20175966 127640	Filing date 31.10.2017	Patent status Valid 15.11.2018
Application type Patent	Date of receipt 31.10.2017	Priority information -
Applicant/Holder SUUNTO OY	Registration date 15.11.2018	Number of basic patent -
Representative Laine IP Oy	Publication date 15.11.2018	
Inventor LINDMAN Erik HAPOLA Tuomas NIEMINEN Heikki	Examiner Petri Ojamies	

图 10.5　芬兰对应申请的著录项目信息

如图 10.6 所示，点击列表中"Documents"中的"Publication"链接，即可获取芬兰对应申请的授权公告文本。

图 10.6　芬兰对应申请相关文件信息以及授权公告文本列表展示

二、中国本申请与芬兰对应申请关联性的确定

1. 芬兰对应申请号的格式是什么？如何确认芬兰对应申请号？

对于 PRH 专利申请，申请号的格式一般为"FI20××××
×"——此处注意如图 10.7 所示，在 PRH 网站查询对应申请时可
不必输入 FI。

芬兰对应申请号是指申请人在此次 PPH 请求中所要利用的
PRH 工作结果中记载的申请号。申请人可以通过 PRH 作出的授权
决定（Notification Under Section 19 of Patents Act – application can be
accepted）首页获取芬兰对应申请号。

```
FINNISH PATENT AND REGISTRATION      NOTIFICATION UNDER SECTION 19 OF PATENTS ACT -
OFFICE                               application can be accepted

                                     19.02.2019

Espatent Oy
Kaivokatu 10 D
FI-00100 Helsinki
FINLAND


Patent application number    20185316    → 对应申请号
Class                        C10G
Applicant                    Neste Oyj

Agent                        Espatent Oy
Agent's reference            31694FI-1f

Deadline                     19.04.2019
Fee                          400,00 €
Payment reference            RF04 2018 5316 0255

Please give the number and class of your patent application in your letter to the Finnish Patent and
Registration Office.
```

图 10.7　授权决定中芬兰对应申请的申请号样式

2. 芬兰对应申请的著录项目信息如何核实？

与 PPH 流程规定的两申请关联性相关的对应申请的信息，例如优先权信息、分案申请信息、PCT 申请进入国家阶段信息等，通常会在对应申请的著录项目信息中记载。申请人一般可以通过以下两种方式获取芬兰对应申请的著录项目信息。

一是在芬兰对应申请的查询界面获取相关著录项目信息，包括国际申请号（如果有）、优先权（如果有）、申请人等，如图 10.8 所示。

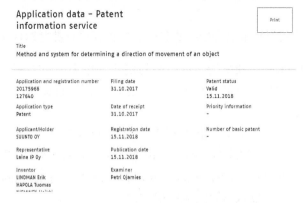

图 10.8　芬兰对应申请中相关信息的获取

二是通过芬兰对应申请的授权公告本文核实。相关著录项目信息会在授权公告文本扉页显示，包括申请号、国际申请号（如果有）、优先权号（如果有）、申请人等，如图 10.9 所示。

图 10.9　芬兰对应申请授权公告文本中有关著录项目信息的展示

3. 中国本申请与芬兰对应申请的关联性关系一般包括哪些情形？

以芬兰申请作为对应申请向 CNIPA 提出的常规 PPH 请求限于基本型常规 PPH 请求。申请人不能利用 OSF 先作出的工作结果要求 OFF 进行加快审查，同时两申请间的关系仅限于中芬两局间，不能扩展为共同要求第三个国家或地区的优先权。

符合中国本申请与芬兰对应申请关联性关系的具体情形如下。

（1）中国本申请要求了芬兰申请的优先权

如图 10.10 所示，中国本申请和芬兰对应申请均为普通国家申请，且中国本申请要求了芬兰对应申请的优先权。

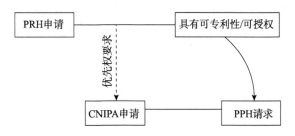

图 10. 10　中国本申请和芬兰对应申请均为普通国家申请

如图 10.11 所示，中国本申请是 PCT 申请进入中国国家阶段的申请，且要求了芬兰对应申请的优先权。

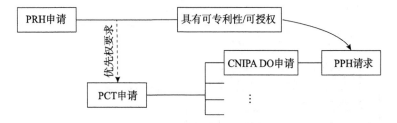

图 10. 11　中国本申请为 PCT 申请进入国家阶段的申请

如图 10.12 所示，中国本申请要求了多项优先权，芬兰对应申请为其中一项优先权。

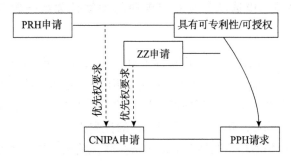

图 10. 12　中国本申请要求包含芬兰对应申请的多项优先权

　　如图 10.13 所示，中国本申请和芬兰对应申请共同要求了另一芬兰申请的优先权。

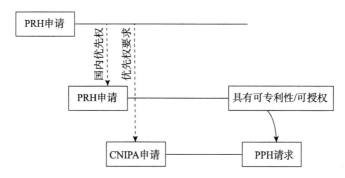

图 10.13　中国本申请和芬兰对应申请共同要求另一芬兰申请的优先权

　　如图 10.14 所示，中国本申请和芬兰对应申请是同一 PCT 申请进入各自国家阶段的申请，该 PCT 申请要求了另一芬兰申请的优先权。

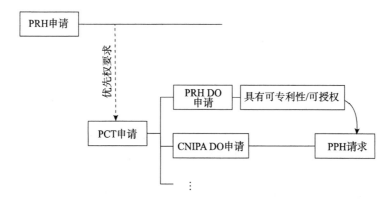

图 10.14　中国本申请和芬兰对应申请是要求另一芬兰申请优先权的 PCT 申请进入各自国家阶段的申请

　　(2) 中国本申请和芬兰对应申请为未要求优先权的同一 PCT 申请进入各自国家阶段的申请

　　详情如图 10.15 所示。

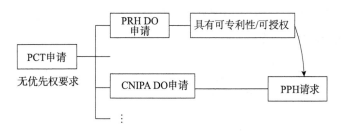

**图 10.15　中国本申请和芬兰对应申请为未要求优先权的
同一 PCT 申请进入各自国家阶段的申请**

（3）中国本申请要求了 PCT 申请的优先权，且该 PCT 申请未要求优先权，芬兰对应申请为该 PCT 申请的国家阶段申请

如图 10.16 所示，中国本申请是普通国家申请，要求 PCT 申请的优先权，芬兰对应申请是该 PCT 申请的国家阶段申请。

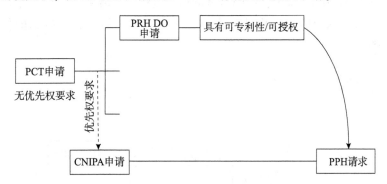

**图 10.16　中国本申请要求 PCT 申请的优先权且芬兰对应
申请是该 PCT 申请的国家阶段申请**

如图 10.17 所示，中国本申请是 PCT 申请进入国家阶段的申请，要求了另一 PCT 申请的优先权，芬兰对应申请是作为优先权基础的该另一 PCT 申请的国家阶段申请。

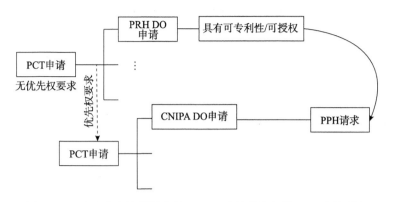

图 10.17　中国本申请是要求另一 PCT 申请优先权的 PCT 申请进入
国家阶段的申请且芬兰对应申请是作为优先权基础的该另一
PCT 申请的国家阶段申请

如图 10.18 所示，中国本申请和芬兰对应申请是同一 PCT 申请进入各自国家阶段的申请，该 PCT 申请要求了另一 PCT 申请的优先权。

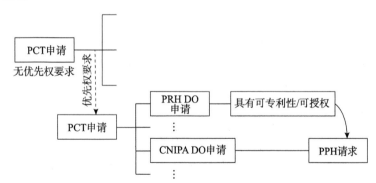

图 10.18　中国本申请和芬兰对应申请是同一 PCT 申请进入各自国家
阶段的申请且该 PCT 申请要求另一 PCT 申请的优先权

4. 中国本申请与芬兰对应申请的派生申请是否满足要求？

如果中国申请与芬兰申请符合 PPH 流程所规定的申请间关联性关系，则中国申请的派生申请作为中国本申请，或者芬兰申请的派生申请作为对应申请，也符合申请间关联性关系。如图 10.19 所示，中国申请 A 要求了芬兰对应申请的优先权，中国申请 B 是中国申请 A 的分案申请，则中国申请 B 与芬兰对应申请的关系满足申请间关联性关系。

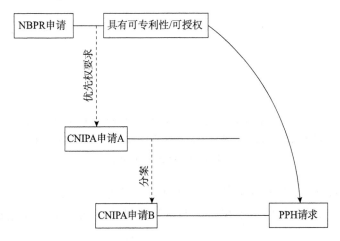

图 10.19　中国本申请为分案申请的情形

同理，如果中国本申请要求了芬兰申请 A 的优先权，芬兰申请 B 是芬兰申请 A 的分案申请，则该中国本申请与芬兰对应申请 B 的关系也满足申请间的关联性关系。

三、芬兰对应申请可授权性的判定

1. 判定芬兰对应申请可授权性的最新工作结果一般包括哪些？

芬兰对应申请的工作结果是指与芬兰对应申请可授权性相关的所有芬兰国内工作结果，包括实质审查、复审等阶段的通知书，例如图 10.20 所示。

根据《中芬流程》的规定，权利要求"被认定为可授权/具有可专利性"是指 PRH 审查员在最新的审查意见通知书中明确指出权利要求"具有可专利性/可授权"，即使该申请尚未得到专利授权。上述审查意见通知书包括：审查意见通知书（Välipäätös）、认可审查意见通知书（Hyväksyvä välipäätös）。

Documents	Date
A1 – Patent application made available to the public (fi).pdf	30.10.2020
Patent Bublication (B) (fi).pdf	15.04.2019
Claims (fi).pdf	03.04.2019
Abstract (fi).pdf	03.04.2019
Reply to the communication (en).pdf	03.04.2019
Announcement – according to Section 19 of Patents Act (en).pdf	19.02.2019
Reply to the communication (en).pdf	18.02.2019
Official action of approval (en).pdf	22.11.2018
Reply to the communication (en).pdf	22.10.2018
Claims (en).pdf	22.10.2018
Official action technical (en).pdf	28.06.2018
Search Report (en).pdf	28.06.2018
Abstract (en).pdf	05.04.2018
Description (en).pdf	05.04.2018
Claims (en).pdf	05.04.2018
Drawings (en).pdf	05.04.2018

图 10.20　芬兰对应申请的工作结果（节选）

上述最新的审查意见通知书是以向 CNIPA 提交 PPH 请求之前或当日作为时间点来判断的，即以向 CNIPA 提交 PPH 请求之前或当日最新的工作结果中的意见作为认定芬兰对应申请权利要求"具有可专利性/可授权"的标准。

2. PRH 一般如何明确指明最新可授权权利要求的范围？

在 PRH 针对对应申请作出的工作结果中，PRH 一般使用以下方式明确指明最新可授权权利要求范围。

（1）当最新工作结果为审查意见通知书时，PRH 通常会在通知书中以表格的形式指明哪些权利要求具有新颖性、创造性和工业实用性，如图 10.21 所示。

OPINION ON PATENTABILITY

For an invention to be patented, it must meet the basic requirements of sections 1 and 2 of the Patents Act:

Section 1(1) of the Patents Act: Anyone who has, in any field of technology, made an invention which is susceptible to **industrial application**, or his or her successor in title, is entitled, on application, to a patent and thereby to the exclusive right to exploit the invention commercially, in accordance with this Act.

Section 2(1) of the Patents Act: Patents may only be granted for inventions which are **new** in relation to what was known before the filing date of the patent application, and which also **involve an inventive step** with respect thereto.

Fulfilment of basic requirements of patentability

Novelty

Patent claims: 5, 6, 7, 13, 14, 15	Yes
Patent claims: 1–4, 8–12	No

Inventive step

Patent claims: 13, 14, 15	Yes
Patent claims: 1–12	No

Industrial applicability

Patent claims: 1–15	Yes
Patent claims: None	No

图 10. 21　PRH 审作出的审查意见通知书中对权利要求的"三性"评判

（2）当 PRH 的最新工作结果为认可审查意见通知书时，PRH 一般会在通知书中指明该申请具有授权意向，并且申请人可以在认可审查意见通知书中查询到拟授权的权利要求的提交日期——该部分位于通知书中的位置，如图 10.22 所示。

FINNISH PATENT AND REGISTRATION OFFICE

COMMUNICATION OF ACCEPTANCE under section 29a of Patents Decree

22.11.2018

Espatent Oy
Kaivokatu 10 D
FI-00100 Helsinki
FINLAND

Patent application number	20185316
Class	*C10G*
Applicant	Neste Oyj
Agent	Espatent Oy
Agent's reference	31694FI-1f
Deadline	22.02.2019

Please give the number and class of your patent application in your letter to the Finnish Patent and Registration Office.

Taking into account the applicant's statement, it is considered that the inventions presented in the amended claims 1-13, delivered to the Patent Office on 22.10.2018, are novel and meet the requirement of an inventive step (section 2 of the Patents Act). Thus, the claims are acceptable.

The Finnish Patent and Registration Office encloses the application documents showing the wording with which it intends to grant the patent. Your statement as to whether you accept this wording must be submitted to us by the above deadline.

The enclosed documents have been submitted to the Finnish Patent and Registration Office on the following dates:

- Description (English), pages 1-25, 05.04.2018

- Claims (English), numbers 1-13, 22.10.2018

- Drawings, pages 1-1, 05.04.2018

- Abstract (English), 05.04.2018

You are required to submit a translation into Finnish/Swedish of the acceptable patent claims.

Please submit also the abstract in Finnish or Swedish.

No corrections have been made to the enclosed documents.

Further steps in the application procedure

Once you have submitted your statement, the Finnish Patent and Registration Office will inform you under section 19 of the Patents Act that your application can be accepted, and will ask you to pay a publication fee. Please do not pay the fee until you have received the notice under section 19, in which the amount of the publication fee will be stated.

The publication fee is determined by the way in which you have submitted, or will submit, the documents to be published (description, patent claims, drawings) to the Finnish Patent and Registration Office.

Post	Finnish Patent and Registration Office FI-00091 PRH FINLAND	Street	Sörnäisten rantatie 13 C Helsinki	Telephone	029 509 5000
Bank	Nordea Bank Ab (publ) Finnish Branch FI97 1660 3000 1042 27 NDEAFIHH		OP Corporate Bank Plc FI47 5000 0120 2535 79 OKOYFIHH		Danske Bank Plc FI34 8919 9710 0007 32 DABAFIHH

图 10.22 PRH 作出的认可审查意见通知书中涉及的权利要求

四、相关文件的获取

1. 如何获取芬兰对应申请的所有工作结果副本？

可以按如下步骤获取芬兰对应申请的所有工作结果副本。

步骤 1（见图 10.23）：在 PRH 官网专利信息平台中输入芬兰对应申请的申请号。

步骤 2（见图 10.24）：选择对应申请，点击"Asiakirjat"，找到芬兰对应申请的审查记录。

步骤 3（见图 10.25）：查看芬兰对应申请在不同审查阶段所发出的审查意见通知书。

在步骤 3 中，申请人应当注意的是：审查记录中一般包含实质审查阶段的审查意见通知书、认可审查意见通知书和授权决定。

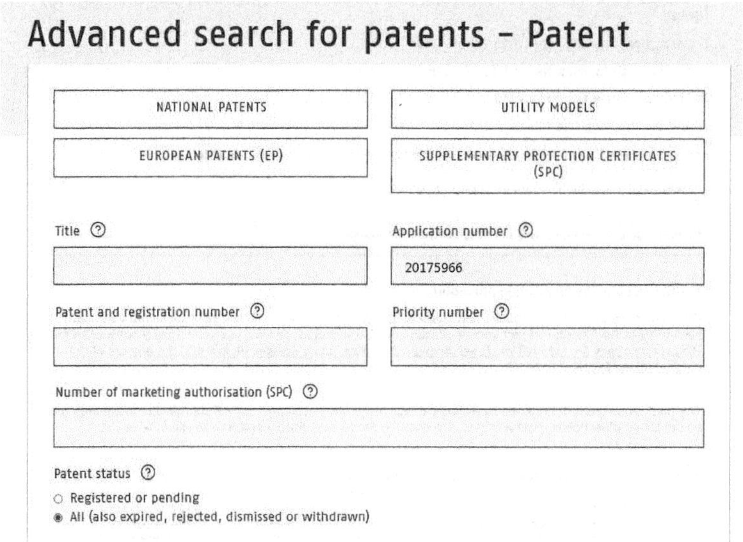

图 10.23　步骤 1：在 PRH 官网专利信息平台中输入芬兰对应申请的申请号

Search ⊙

| Search word | | SEARCH |

Advanced search

Search results 1 ⬇

Filter and sort >

Display settings: ▤ ▤

Application and registration number	Title	IPC class	Applicant	Patent status
20175966 127640	Method and system for determining a direction of movement of an object	G01C 21/16	SUUNTO OY	Valid

图 10.24 步骤 2：选择对应申请，找到芬兰对应申请的审查记录

Documents	Date
Publication (A1) (fi).pdf	15.10.2020
Publication (B) (fi).pdf	15.11.2018
Announcement – according to Section 19 of Patents Act (en).pdf	26.09.2018
Claims (fi).pdf	25.09.2018
Claims (en).pdf	25.09.2018
Description (en).pdf	25.09.2018
Reply to the communication (en).pdf	25.09.2018
Official action of approval according to Section 29 of Patents Decree (en).pdf	01.08.2018
Abstract (en).pdf	13.07.2018
Description (en).pdf	13.07.2018
Claims (fi).pdf	13.07.2018
Reply to the communication (en).pdf	13.07.2018
Claims (en).pdf	13.07.2018

图 10.25 步骤 3：查看芬兰对应申请在不同审查
阶段所发出的审查意见通知书

2. 能否举例说明芬兰对应申请工作结果副本的样式？

（1）审查意见通知书

PRH 作出的审查意见通知书中包含有对权利要求"三性"的明确意见、引证的文件、基于引证文件对权利要求"三性"评述的具体意见，同时还包含了检索报告。其样式如图 10.26 和图 10.27 所示。

OPINION ON PATENTABILITY

For an invention to be patented, it must meet the basic requirements of sections 1 and 2 of the Patents Act:

Section 1(1) of the Patents Act: Anyone who has, in any field of technology, made an invention which is susceptible to **industrial application**, or his or her successor in title, is entitled, on application, to a patent and thereby to the exclusive right to exploit the invention commercially, in accordance with this Act.

Section 2(1) of the Patents Act: Patents may only be granted for inventions which are **new** in relation to what was known before the filing date of the patent application, and which also **involve an inventive step** with respect thereto.

Fulfilment of basic requirements of patentability

Novelty

Patent claims:	5, 6, 7, 13, 14, 15	Yes
Patent claims:	1–4, 8–12	No

Inventive step

Patent claims:	13, 14, 15	Yes
Patent claims:	1–12	No

Industrial applicability

Patent claims:	1–15	Yes
Patent claims:	None	No

图 10.26　PRH 作出的审查意见通知书首页示例

This office action concerns the original application documents and the novelty search all patent claims. Independent claims 1, 21 and 42 define determining direction of movement by measuring acceleration of a cyclically moving part to determine tilting of the part relative to horizon, measuring magnetic field to determine orientation of part and using the tilting and orientation to the determination. Dependent claims 2–20 and 22–41 define further embodiments.

Documents cited:
1. WO 00/36520 A1 (ACCELERON TECHNOLOGIES LLC [US]), 22.6.2000
2. US 2014/0200847 A1 (SINGIRESU DHEERAJ [US] et al.), 17.7.2014
3. US 2011/0208444 A1 (SOLINSKY JAMES C [US]), 25.8.2011
4. US 2017/0011210 A1 (CHEONG CHEOL-HO [KR] et al.), 12.1.2017

Document 1 presents a motion (speed and direction) measurement system that utilizes magnetometers with rotation sensors and linear accelerometers providing signals, which are low pass filtered to obtain tilt information, and is coupled with a satellite positioning system GPS (page 4 line 20 – page 6 line 5). The measured motion can be graphically presented in real time of stored for later display (page 6 lines 16–20). The measured movement is cyclic (page 7 line 10 – page 8 line 15). Magnetometers are used to sense the direction of travel and the affect of tilt is taken into account (page 8 line 16 – page 9 line 19). The system is

图 10.27　PRH 作出的审查意见通知书第二页示例

（2）认可审查意见通知书

PRH 作出的认可审查意见通知书中通常包含认可意见所基于的文件基础以及对申请文件中还包含的其他缺陷的具体意见。其样式如图 10.28 所示。

Patent application number	20215750
Applicant	Cargotec Finland Oy
Agent	Papula Oy
Agent's reference	P-FI143800MT
Deadline	16.05.2022

Please give the number of the patent application in your letter to the Finnish Patent and Registration Office.

The application is allowable for grant regarding the amended claims and the grounds presented in the statement of the applicant. The amendments define only minor improvements in the form of the claims, but the issue of 'exteroceptive observation' is proven inventive by the applicant.

This office action is based on the following application documents:
– description, pages 1–48, 15.2.2022
– claims (in English), numbers 1–14, pages 49–52, 15.2.2022
– drawings, pages 1/10–10/10, figures 1–20, 24.6.2021
– abstract (in English), 15.2.2022

It is considered that the amendments made in the application are based on the basic document (Pat Act 13 & Pat Dec 19).

Independent claims 1, 13 and 14 are considered novel and inventive in regard the prior art cited in the first office action. Dependent claims 2–12 include the features of the preceding independent claim 1 and are as such also novel and inventive. The claims are considered industrially applicable.

Repeating a name for more than a hundred times in an application is unreasonable. The Oxford Dictionary of English includes only form 'operable' from Latin 'operabilis'.

图 10.28　PRH 作出的认可审查意见通知书首页示例

3. 如何获取芬兰对应申请的最新可授权的权利要求副本？

如图 10.29 所示，如果芬兰对应申请已经授权公告，则可以在

Documents	Date
A1 - Patent application made available to the public (fi).pdf	15.10.2020
Patent Bublication (B) (fi).pdf	15.11.2018
Announcement – according to Section 19 of Patents Act (en).pdf	26.09.2018
Claims (fi).pdf	25.09.2018
Claims (en).pdf	25.09.2018
Description (en).pdf	25.09.2018

图 10.29　PRH 作出的授权公告文本

301

授权公告文本中获得已授权的权利要求——在审查历史页面点击"Patenttikirja"文件即可查阅到芬兰对应申请的授权公告文本。

4. 能否举例说明芬兰对应申请可授权权利要求副本的样式？

申请人在提交芬兰对应申请最新可授权权利要求副本时，可以自行提交任意形式的权利要求副本，并非必须提交官方副本。芬兰对应申请可授权权利要求副本的样式如图 10.30 所示。

26

CLAIMS

1. A process for hydrogenation of a hydrocarbon stream comprising olefinic compounds, aromatic compounds or a combination thereof, comprising the steps of

    i) feeding the hydrocarbon stream and hydrogen into a first reaction zone of a hydrogenation process unit,

    ii) hydrogenating in the first reaction zone in the presence of a catalyst at least part of said aromatic compounds, olefinic compounds or combination thereof to produce a first intermediate,

    iii) cooling and separating said first intermediate into liquid stream and gas stream,

    iv) conducting the first intermediate gas stream to a second reaction zone of the hydrogenation process unit

    v) conducting said first intermediate liquid stream to

        a) the inlet of the first reaction zone as a liquid recycle stream in order to restrict the temperature rise in the first reaction zone to less than 60 °C, and to

        b) a second reaction zone, wherein the remaining aromatic compounds, olefinic compounds or combination thereof contained in said first intermediate liquid stream are hydrogenated with the first intermediate gas stream in the presence of a catalyst to produce a saturated product, or

        c) a liquid bypass line, which bypasses the second reaction zone, wherein said first intermediate liquid stream comprises a saturated product

    vi) separating the saturated product obtained from b) or c) into liquid product stream and a separated gas stream,

    vii) recovering the liquid product stream from the hydrogenation process unit,

    wherein said steps from i) to vii) within high-pressure section are conducted at a constant pressure selected from 2 – 8 MPa, preferably from 3 – 6 MPa.

2. The process according to claim 1 wherein the feed hydrocarbon stream comprises olefinic compounds less than 70 wt-%, preferably less than 50 wt-%, more preferably less than 30 wt-% of the total feed mass.

20185316 PRH 22 -10- 2018

图 10.30   PRH 授权公告文本中记载的权利要求样例

注：权利要求的全部内容都需提交，这里限于篇幅，不再展示后续内容。

5. 如何获取芬兰对应申请的工作结果中的引用文献信息？

芬兰对应申请的工作结果中的引用文献分为专利文献和非专利文献。PRH 在审查和检索中所引用的所有文献的信息都会被记载在芬兰对应申请的审查工作结果中。申请人可以直接从芬兰对应申请的授权公告文本中获取其所有的引用文献信息，如图 10.31 所示。

图 10.31 引用文献位于 PRH 授权公告文本中的位置

6. 如何获知引用文献中的非专利文献构成对应申请的驳回理由？

申请人可以通过查询 PRH 发出的各个阶段的审查工作结果，如各种审查意见通知书、认可审查意见通知书，获知构成芬兰对应申请驳回理由的非专利文献信息。若 PRH 的工作结果中含有利用非专利文献对芬兰对应申请的新颖性、创造性进行评判的内容，且该内容中显示该非专利文献影响了芬兰对应申请的新颖性、创造性，则该非专利文献属于构成驳回理由的文献。

五、信息填写和文件提交的注意事项

1. 在 PPH 请求表中填写中国本申请与芬兰对应申请的关联性关系时，有哪些注意事项？

（1）在 PPH 请求表中表述中国本申请与芬兰对应申请的关联性关系时，必须写明中国本申请与芬兰对应申请之间的关联的方式（如优先权、PCT 申请不同国家阶段等）。如果中国本申请与芬兰对应申请达成关联需要经过一个或多个其他相关申请，也需写明相关申请的申请号以及达成关联的具体方式。

例如：①中国本申请是中国申请 A 的分案申请，芬兰对应申请是芬兰申请 B 的分案申请，中国申请 A 要求了芬兰申请 B 的优先权。②中国本申请是中国申请 A 的分案申请，中国申请 A 是 PCT 申请 B 进入中国国家阶段的申请。芬兰对应申请、中国申请 A 与 PCT 申请 B 均要求了芬兰申请 C 的优先权。

（2）涉及多个芬兰对应申请时，则需分条逐项写明中国本申请与每一个芬兰对应申请的关系。

2. 在 PPH 请求表中填写中国本申请与芬兰对应申请权利要求的对应性解释时，有哪些注意事项？

基于 PRH 工作结果向 CNIPA 提交 PPH 请求的，权利要求的对应性解释无特别的注意事项，参见本书第一章的相关内容即可。

3. 在 PPH 请求表中填写芬兰对应申请所有工作结果的名称时，有哪些注意事项？

（1）应当填写 PRH 在所有审查阶段的全部工作结果，既包括实质审查阶段的所有通知书，也包括实质审查阶段以后的无效审判等阶段的所有通知书。

如图 10.32 所示，该申请有 1 份审查意见通知书、1 份认可审查意见通知书和 1 份授权决定，均需要被填写到 PPH 请求表中。

Documents	Date
A1 – Patent application made available to the public (fi).pdf	30.10.2020
Patent Bublication (B) (fi).pdf	15.04.2019
Claims (fi).pdf	03.04.2019
Abstract (fi).pdf	03.04.2019
Reply to the communication (en).pdf	03.04.2019
Announcement – according to Section 19 of Patents Act (en).pdf	19.02.2019
Reply to the communication (en).pdf	18.02.2019
Official action of approval (en).pdf	22.11.2018
Reply to the communication (en).pdf	22.10.2018
Claims (en).pdf	22.10.2018
Official action technical (en).pdf	28.06.2018
Search Report (en).pdf	28.06.2018
Abstract (en).pdf	05.04.2018
Description (en).pdf	05.04.2018
Claims (en).pdf	05.04.2018
Drawings (en).pdf	05.04.2018

图 10.32 PRH 审查阶段的工作结果及发文日

（2）各通知书的作出时间应当填写其通知书的发文日，在发文日无法确定的情况下允许申请人填写其通知书的起草日或完成日。如图 10.32 所示，所有通知书的发文日一般都在审查记录中可以找到，应准确填写。

（3）各通知书的名称应当使用其正式的中文译名填写，不得全部以"通知书"或者"审查意见通知书"代替。例如在《中芬流程》中列举了部分通知书规范的中文译名，包括认可审查意见通知书、审查意见通知书。

（4）对于未在《中芬流程》中给出明确中文译名的通知书，申请人可以按其通知书原文名称自行翻译后填写在 PPH 请求表中并将其原文名称填写在翻译的中文名后的括号内，以便审查核对。

（5）如果有多个芬兰对应申请，请分别对各个芬兰对应申请进行工作结果的查询并填写到 PPH 请求表中。

4. 在 PPH 请求表中填写芬兰对应申请所有工作结果引用文件的名称时，有哪些注意事项？

在填写芬兰对应申请所有工作结果引用文件的名称时，无特别注意事项，参见本书第一章的相关内容即可。

5. 在提交芬兰对应申请的工作结果副本时，有哪些注意事项？

在提交芬兰对应申请的工作结果副本时，申请人应当注意如下事项。

（1）所有的工作结果副本均需要被完整提交——包括其著录项目信息、格式页或附件也应当提交。

对于芬兰对应申请，不存在工作结果副本可以省略提交的情形。

（2）由于芬兰对应申请的官方工作语言为英语，因此针对上述工作结果不需要提交译文。当然，根据《中芬流程》的规定，申请人也可以提交所有工作结果的中文译文。

如果申请人提交芬兰对应申请的工作结果副本译文，则对所有的工作结果副本的译文均需要完整提交——包括对其著录项目信息、格式页或附件也应当提交翻译译文。

6. 在提交芬兰对应申请的最新可授权权利要求副本时，有哪些注意事项？

申请人在提交芬兰对应申请最新可授权权利要求副本时，一是要注意可授权权利要求是否最新；二是要注意权利要求的内容是否完整，即使有一部分权利要求在 CNIPA 申请中没有被利用到，也需要一起完整提交。

芬兰对应申请可授权权利要求均包含英文版本，因此申请人无需提交其译文。

7. 在提交芬兰对应申请的工作结果中引用的非专利文献副本时，有哪些注意事项？

当芬兰对应申请工作结果中的非专利文献涉及驳回理由时，申请人应当在提交 PPH 请求时将所有涉及驳回理由的非专利文献副本一并提交。而对于所有的专利文献和未构成驳回理由的非专利文献，申请人只需将其信息填写在 PPH 请求书 E 项第 2 栏中即可，不需要提交相应的文件副本。

申请人提交文件时应确保其提交的内容完整，提交的类型正确，即按照"对应申请审查意见引用文件副本"类型提交。

如果所需提交的非专利文献是由除中文或英文之外的语言撰写，申请人也只需提交非专利文献文本即可，不需要对其进行翻译。

如果芬兰对应申请存在两份或两份以上非专利文献副本，则应该作为一份"对应申请审查意见引用文件副本"提交。

第十一章　基于墨西哥工业产权局工作结果向中国国家知识产权局提交常规 PPH 请求

一、概述

1. 基于 IMPI 工作结果向 CNIPA 提交 PPH 请求的项目依据是什么？

中墨 PPH 试点自 2013 年 3 月 1 日启动。在《在中墨专利审查高速路（PPH）项目试点下向中国国家知识产权局提出 PPH 请求的流程》（以下简称《中墨流程》）即为基于 IMPI 工作结果向 CNIPA 提交 PPH 请求的项目依据。

2. 基于 IMPI 工作结果向 CNIPA 提交 PPH 请求的种类分为哪些？

CNIPA 与 IMPI 签署的为双边 PPH 试点项目。按照提出 PPH 请求所使用的对应申请审查机构的工作结果来划分，基于 IMPI 工作结果向 CNIPA 提出 PPH 请求的种类仅包括基本型常规 PPH。

3. CNIPA 与 IMPI 开展 PPH 试点项目的期限？

中墨 PPH 试点自 2013 年 3 月 1 日起开始试行，为期 1 年，至 2014 年 2 月 28 日结束；其后，自 2014 年 3 月 1 日起无限延长。

4. 基于 IMPI 工作结果向 CNIPA 提交 PPH 请求有无领域和数量限制？

《中墨流程》中提到："两局在请求数量超出可管理的水平时，

或出于其他任何原因，可终止本 PPH 试点。PPH 试点终止之前，将先行发布通知。"

5. 如何获得 IMPI 申请的相关信息？

如图 11.1 所示，申请人可以通过登录 IMPI 的官方网站（网址 http：//siga. impi. gob. mx）查询对应申请的相关信息。

图 11.1　IMPI 官网主页

申请人进入 IMPI 主页后，官网上提供的工业产权公报信息系统（SIGA）是检索各种工业产权信息的工具，设置了三种查询界面。如图 11.2 所示，点击其中的"简单检索"（Búsquedas Simple），即可进入 IMPI 具体的专利信息查询界面。

图 11.2　IMPI 专利信息平台

如图 11.3 所示，进入查询页面后，输入对应申请正确的申请

309

号，点击条目右侧的"BUSCAR"，即可浏览对应申请相关文件，包括申请文件以及审查意见通知书等。

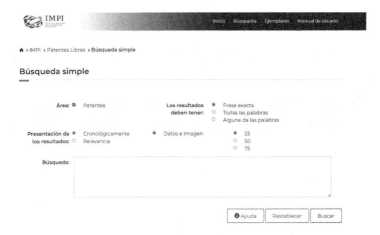

图 11.3　通过 IMPI 专利信息平台查询对应申请有关信息

如图 11.4 所示，申请人也可以通过登录 EPO 的 Espacenet 检索网站（网址 www. worldwide. espacenet. com/）检索 IMPI 公布的专利文献。

图 11.4　通过 Espacenet 网站查询对应申请有关信息

二、中国本申请与墨西哥对应申请关联性的确定

1. IMPI 对应申请号的格式是什么？如何确认 IMPI 对应申请号？

对于 IMPI 专利申请，申请号的格式一般为"PA/a/2003/000001"，其中的两个大写字母表示申请的接受办事处，例如 PA、GT、JL、NL、YU 等；小写字母表示工业产权申请类型，其中 a 表示专利申请；4 位数字（如 2003）表示申请提交的年份；最后 6 个数字表示识别单个申请的序列号。为方便申请号的易读性，上述的四个部分用斜线分隔。

墨西哥对应申请号是指申请人在 PPH 请求中所要利用的 IMPI 工作结果中记载的申请号。申请人可以通过 IMPI 作出的工作结果，例如授权决定（Decision to Grant a Patent）首页（见图 11.5），获取墨西哥对应申请号。

DIRECCIÓN DIVISIONAL DE PATENTES
SUBDIRECCION DIVISIONAL DE EXAMEN DE FONDO DE
PATENTES AREAS MECANICA, ELECTRICA Y DE REGISTROS
DE DISEÑOS INDUSTRIALES Y MODELOS DE UTILIDAD
COORDINACION DEPARTAMENTAL DE EXAMEN DE FONDO AREA
MECANICA

Certificado de acuse de recibo
registro(s):
MX/2022/024780

Expediente de Patente MX/a/2019/014147

Asunto: Procede el otorgamiento.

Ciudad de México, a 20 de junio de 2022.

Israel JIMENEZ HERNANDEZ
Apoderado de
OITECH S. DE R.L. DE C.V.
JOSE MARIA VELASCO 13 SUITE 201
SAN JOSÉ INSURGENTES
03900, BENITO JUÁREZ, Ciudad de México, México

No. Folio: 55544

REF: Su solicitud No. MX/a/2019/014147 de Patente presentada el 26 de noviembre de 2019.

图 11.5　授权决定中墨西哥对应申请的申请号样式

2. 对应申请的著录项目信息如何核实？

与 PPH 流程规定的两申请关联性相关的对应申请的信息，例如优先权信息、分案申请信息、PCT 申请进入国家阶段信息等，通常会在对应申请的著录项目信息中记载。申请人一般可以通过以下两种方式获取 IMPI 对应申请的著录项目信息。

一是在专利查询网址（例如 Espacenet 网站）查询到该申请后，在其著录项目数据界面中获取相关著录项目信息，包括国际申请号（如果有）、优先权（如果有）、申请人、代理人等信息，如图 11.6 所示。

图 11.6　墨西哥对应申请中相关信息在专利查询网站的获取

二是通过墨西哥对应申请的授权公告本文核实。相关著录项目信息会在授权公告文本扉页显示，包括申请号、国际申请号（如果有）、优先权号（如果有）、申请人等，如图 11.7 所示。

Instituto
Mexicano
de la Propiedad
Industrial

(11) **MX PA06006209 A**

(12)

SOLICITUD de PATENTE

(43) Fecha de publicación: 09/08/2006

(51) Int. Cl. 7: **A01N 43/00**

(22) Fecha de presentación: 01/06/2006
(21) Número de solicitud: PA06006209

(86) Número de solicitud PCT: EP 04/13198
(87) Número de publicación PCT: WO 2005/053405 (16/06/2005)

(30) Prioridad(es): 04/12/2003 DE 10356551.5
03/05/2004 DE 102004021566.9

(71) Solicitante:
BAYER CROPSCIENCE AKTIENGESELLSCHAFT
Alfred-Nobel-Str. 50 40789 Monheim DE

(72) Inventor(es):
HEIKE HUNGENBERG
Louveciennesstr. 2A Langenfeld 40764 DE

(74) Representante:
MANUEL M. SOTO GUTIERREZ.*
Hamburgo No. 260 Distrito Federal 06600 MX

313

(54) Título: COMBINACIONES DE COMPUESTOS ACTIVOS QUE TIENEN PROPIEDADES INSECTICIDAS Y
ACARICIDAS.
(54) Title: ACTIVE SUBSTANCE COMBINATION HAVING INSECTICIDAL AND ACARICIDAL PROPERTIES.

(57) Resumen

La invención se refiere a combinaciones novedosas de compuestos activos, insecticidas que comprenden, en primer
lugar, cetoenoles cíclicos u otros compuestos activos desde el punto de vista insecticida y, en segundo lugar, además
compuestos activos desde el punto de vista insecticida del grupo de las antranilamidas, las combinaciones que son
altamente adecuadas para controlar plagas de animales, tales como insectos y acáridos no deseados.

(57) Abstract

The invention relates to novel active substance combinations comprising cyclic keto-enols or other insecticides and
additional insecticides from the group of anthranilic acid amines. Said active substance combinations are very suitable
for controlling animal pests such as insects and undesired mites.

图 11.7 墨西哥对应申请授权公告文本中有关著录项目信息的展示

3. 中国本申请与墨西哥对应申请的关联性关系一般包括哪些情形?

对应申请为墨西哥申请的 PPH 请求属于基本型常规 PPH 请求,申请人不能利用 OSF 先作出的工作结果要求 OFF 进行加快审查,同时两申请间的关系仅限于中墨两局间,不能扩展为共同要求第三个国家或地区的优先权。具体情形如下。

（1）中国本申请要求了墨西哥申请的优先权

如图 11.8 所示，中国本申请和墨西哥对应申请均为普通国家申请，且中国本申请要求了墨西哥对应申请的优先权。

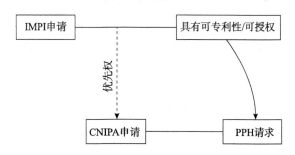

图 11.8　中国本申请和墨西哥对应申请均为普通国家申请

如图 11.9 所示，中国本申请是 PCT 申请进入中国国家阶段的申请，且要求了墨西哥对应申请的优先权。

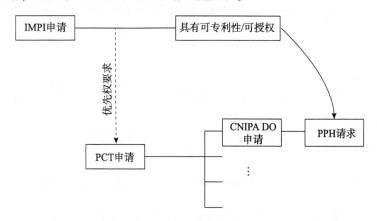

图 11.9　中国本申请为 PCT 申请进入国家阶段的申请

如图 11.10 所示，中国本申请要求了多项优先权，墨西哥对应申请为其中一项优先权。

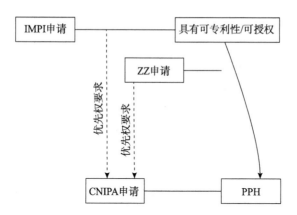

图 11.10　中国本申请要求包含墨西哥对应申请的多项优先权

　　如图 11.11 所示，中国本申请和墨西哥对应申请共同要求了另一墨西哥申请的优先权。

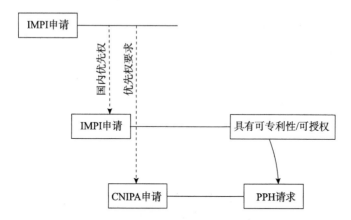

图 11.11　中国本申请和墨西哥对应申请共同要求
另一墨西哥申请的优先权

　　如图 11.12 所示，中国本申请和墨西哥对应申请是同一 PCT 申请进入各自国家阶段的申请，该 PCT 申请要求了另一墨西哥申请的优先权。

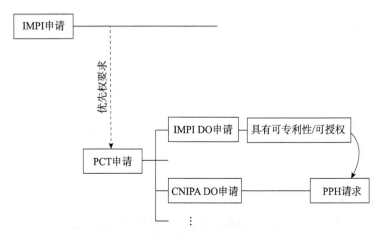

图 11.12　中国本申请和墨西哥对应申请是要求另一
墨西哥申请优先权的 PCT 申请进入各自国家阶段的申请

（2）中国本申请和墨西哥对应申请为未要求优先权的同一 PCT 申请进入各自国家阶段的申请

详情如图 11.13 所示。

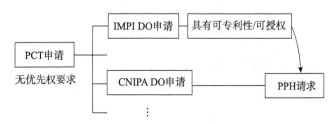

图 11.13　中国本申请和墨西哥对应申请为未要求优先权的
同一 PCT 申请进入各自国家阶段的申请

（3）中国本申请要求了 PCT 申请的优先权，且该 PCT 申请未要求优先权，墨西哥对应申请为该 PCT 申请的国家阶段申请

如图 11.14 所示，中国本申请是普通国家申请，要求了 PCT 申请的优先权，墨西哥对应申请是该 PCT 申请的国家阶段申请。

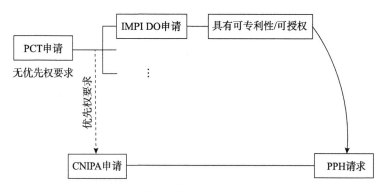

**图 11. 14   中国本申请要求 PCT 申请的优先权且墨西哥
对应申请是 PCT 申请的国家阶段申请**

317

如图 11. 15 所示，中国本申请是 PCT 申请进入国家阶段的申请，要求了另一 PCT 申请的优先权，墨西哥对应申请是作为优先权基础的 PCT 申请的国家阶段申请。

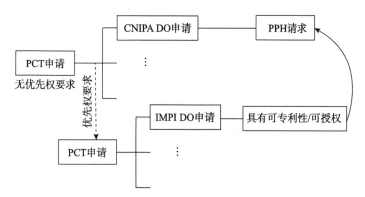

**图 11. 15   中国本申请是要求 PCT 申请优先权的 PCT 申请进入国家阶段的
申请且墨西哥对应申请是作为优先权基础的 PCT 申请的国家阶段申请**

如图 11. 16 所示，中国本申请和墨西哥对应申请是同一 PCT 申请进入各自国家阶段的申请，该 PCT 申请要求了另一 PCT 申请的优先权。

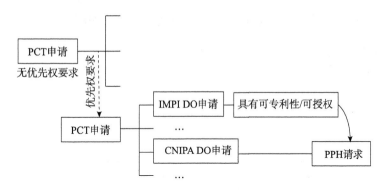

图 11.16 中国本申请和墨西哥对应申请是同一 PCT 申请进入各自国家
阶段的申请且该 PCT 申请要求另一 PCT 申请的优先权

318

4. 中国本申请与墨西哥对应申请的派生申请是否满足要求?

如果中国申请与墨西哥申请符合 PPH 流程所规定的申请间关
联性关系，则中国申请的派生申请作为中国本申请，或者墨西哥申
请的派生申请作为对应申请，也符合申请间关联性关系。如图
11.17 所示，中国申请 A 要求了墨西哥对应申请的优先权，中国申
请 B 是中国申请 A 的分案申请，则中国申请 B 与墨西哥对应申请
的关系满足 PPH 的申请间关联性要求。

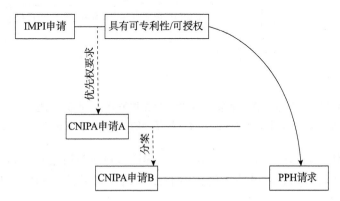

图 11.17 中国本申请为分案申请的情形

同理，如果中国本申请的对应申请是墨西哥申请 A 的分案申请 B，并且该中国本申请有效要求了墨西哥申请 A 的优先权，则该中国本申请与墨西哥对应申请 B 的关系也满足 PPH 的申请间关联性要求。

三、墨西哥对应申请可授权性的判定

1. 判定墨西哥对应申请权利要求可授权的最新工作结果通知书类型一般包括哪些？

墨西哥对应申请的工作结果是指与墨西哥对应申请可授权性相关的所有墨西哥国内工作结果，包括实质审查、复审、无效阶段通知书。

根据《中墨流程》的规定，权利要求"被认定为具有可专利性/可授权"是指 IMPI 审查员在最新的工作结果中明确指出权利要求是可授权/具有可专利性的，即使该申请尚未得到专利授权。所述审查意见通知书包括：①授权决定（Decision to Grant a Patent）、②驳回理由通知书（Notification of Reasons for Refusal）、③驳回决定（Decision of Refusal）、④申诉决定（Appeal Decision）。

上述最新的审查意见通知书是以向 CNIPA 提交 PPH 请求之前或当日作为时间点来判断的，即以向 CNIPA 提交 PPH 请求之前或当日最新的工作结果中的意见作为认定墨西哥对应申请权利要求"可授权/具有可专利性"的标准。

2. IMPI 一般如何明确指明最新可授权权利要求的范围？

如果 IMPI 的工作结果是驳回理由通知书或者驳回决定，则通常 IMPI 不会明确指出特定的权利要求是可授权的，申请人必须随参与 PPH 试点项目请求书附上包含对 IMPI 审查意见通知书的相关说明的解释，以表明某些权利要求被 IMPI 认为"具有可专利性/可授权"。

319

3. 如果对应申请存在授权后进行修改的情况，此时 IMPI 判定权利要求可授权的最新工作结果通知书是指哪种通知书？

按照 IMPI 的审查程序，专利权人在授权后可以请求对授权文本进行申诉。如果在提出 PPH 请求之前，专利权人已经向 IMPI 提出申诉请求，则判定 IMPI 权利要求可授权的最新工作结果通知书应当为申诉程序中作出的最新工作结果，即申诉决定。

在申诉决定中，专利权人如果针对权利要求作出了新的修改并且为 IMPI 所接受，此时最新可授权权利要求就不再是授权文本中公布的权利要求了，而应当是申诉决定中所确定的修改后的权利要求。

320

四、相关文件的获取

1. 如何获取墨西哥对应申请的所有工作结果副本？

由于公众只能通过 IMPI 检索网站获得已经授权的墨西哥对应申请的著录项目信息，或者通过 EPO 的 Espacenet 网站获得已授权的墨西哥对应申请的著录项目信息和授权公告文本，因此申请人应当将所有 IMPI 工作结果包括授权决定、驳回理由通知书、驳回决定、申诉决定等与墨西哥对应申请获得授权有关的所有工作结果自行梳理并全部提交。

2. 能否举例说明墨西哥对应申请工作结果副本的样式？

IMPI 作出的授权决定通常包括授权所依据的法律规定和专利权维持需缴纳费用的提示，其样式如图 11.18 所示。

3. 如何获得墨西哥对应申请的最新可授权的权利要求副本？

如果墨西哥对应申请已经授权公告且未经过更正、无效等后续程序，则授权公告的权利要求为最新可授权的权利要求；申请人可以在授权公告文本中获得已授权的权利要求。墨西哥对应申请的授权公告文本可以通过墨西哥专利检索网站或者通过 Espacenet 网站获得。

DIRECCIÓN DIVISIONAL DE PATENTES
SUBDIRECCION DIVISIONAL DE EXAMEN DE FONDO DE
PATENTES AREAS MECANICA, ELECTRICA Y DE REGISTROS
DE DISEÑOS INDUSTRIALES Y MODELOS DE UTILIDAD
COORDINACION DEPARTAMENTAL DE EXAMEN DE FONDO AREA
MECANICA

Certificado de acuse de recibo
registro(s):
MX/2022/024780

Expediente de Patente MX/a/2019/014147

Asunto: Procede el otorgamiento.

Ciudad de México, a 20 de junio de 2022.

Israel JIMENEZ HERNANDEZ
Apoderado de
OITECH S. DE R.L. DE C.V.
JOSE MARIA VELASCO 13 SUITE 201
SAN JOSÉ INSURGENTES
03900, BENITO JUÁREZ, Ciudad de México, México

No. Folio: 55544

321

REF: Su solicitud No. MX/a/2019/014147 de Patente presentada el 26 de noviembre de 2019.

En relación con la solicitud arriba indicada, comunico a usted que una vez satisfecho lo dispuesto en los arts. 38, 50 y 52 de la Ley de la Propiedad Industrial (LPI), se ha efectuado el examen de fondo previsto por el artículo 53 de la citada Ley y se cumplen los requisitos establecidos por los artículos 16 y demás relativos de dicha Ley y su Reglamento por lo que es procedente el otorgamiento de la patente respectiva. En consecuencia, de acuerdo con el artículo 57 de la LPI, se le requiere para que efectúe el pago por la expedición del título y las anualidades correspondiente a este año calendario y las de los cuatro siguientes, efectuándose por quinquenios y por año calendario completo, pudiendo pagar dos o más quinquenios en forma anticipada, de conformidad con el tercero y cuarto párrafos del artículo segundo de las Disposiciones Generales de la tarifa vigente y exhiba el comprobante de pago correspondiente a fin de expedirle el Título de Patente.

Para cumplir lo anterior, se le concede un plazo de dos meses, contado a partir del día hábil siguiente a la fecha en que se le notifique el presente oficio en términos de lo dispuesto por el artículo 184 de la LPI, mismo que podrá extenderse por un plazo adicional de dos meses conforme lo señala el artículo 58 de la LPI, comprobando el pago del artículo 31 de la tarifa vigente por cada mes adicional, apercibido que de no hacerlo dentro del plazo inicial o adicional antes precisados, su solicitud se considerará abandonada.

La suscrita autoridad firma el presente oficio con fundamento en los artículos 5º fracciones I y XIX, 9 y 10 de la Ley Federal de Protección a la Propiedad Industrial; artículos 1º, 3º fracción V inciso a) sub inciso iii) primer guion, 4º y 12º fracciones I, II, III, IV y VI del Reglamento del Instituto Mexicano de la Propiedad Industrial; artículos 1º, 3º, 5º fracción V inciso a) sub inciso iii) primer guion, 16 fracciones I, II, III, IV y VI y 30 del Estatuto Orgánico del Instituto Mexicano de la Propiedad Industrial; 1º, 3º y 5º fracciones V, VI y XV y penúltimo párrafo del Acuerdo Delegatorio de Facultades del Instituto Mexicano de la Propiedad Industrial.

MX/2022/55544

Avenue No. 550, Pueblo Santa Maria Tepepan, Xochimilco, C.P. 16020, CDMX.
Tel. (55) 5624 0400   buzon@impi.gob.mx   www.gob.mx/impi   Creatividad para el Bienestar

图 11.18　IMPI 作出的授权决定首页

4. 能否举例说明墨西哥对应申请可授权权利要求副本的样式？

申请人在提交墨西哥对应申请最新可授权权利要求副本时，可以自行提交任意形式的权利要求副本，并非必须提交官方副本。墨西哥对应申请可授权权利要求副本的样式如图 11.19 所示。

-34-

REIVINDICACIONES

    Habiéndose descrito la invención como antecedente se reclama como propiedad lo contenido en las siguientes reivindicaciones:

5   1. Composición cosmética detergente, caracterizada porque comprende en un medio acuoso cosméticamente aceptable, (A) al menos un agente tensioactivo aniónico sulfato o sulfonato, (B) al menos un agente tensioactivo aniónico carboxílico diferente del agente tensioactivo citado en (A)

10   seleccionado entre los ácidos alquil (C_6-C_{24}) éter carboxílicos polioxialquilenados, los ácidos alquil (C_6-C_{24}) aril éter carboxílicos polioxialquilenados y sus sales, los ácidos alquil (C_6-C_{24}) amido éter carboxílicos polioxialquilenados y sus sales, (C) al menos un agente tensioactivo anfótero, y (D)

15   al menos un éster de ácido carboxílico insoluble en agua

    los ésteres son elegidos entre:

    1) los ésteres de ácido carboxílico de C_3-C_{30} y de alcohol de C_1-C_{30}, siendo uno al menos ácido o alcohol ramificado, y

图 11.19　IMPI 授权公告文本中记载的权利要求样例（节选）

注：权利要求的全部内容都需提交，这里限于篇幅，不再展示后续内容。

5. 如何获取墨西哥对应申请的工作结果中的引用文献信息？

墨西哥对应申请的工作结果中的引用文献分为专利文献和非专

利文献。IMPI 在审查和检索中所引用的所有文献都会被记载在 IM-PI 的审查工作结果中。当 IMPI 对应申请已经授权时，申请人可以直接从该申请的授权决定通知书中获取其所有的引用文献信息。

6. 如何获知引用文献中的非专利文献构成墨西哥对应申请的驳回理由？

申请人可以通过查询 IMPI 发出的各个阶段的审查工作结果如驳回理由通知书，获取 IMPI 申请中构成驳回理由的非专利文献信息。若 IMPI 的工作结果中含有利用非专利文献对该 IMPI 申请的新颖性、创造性进行判断的内容，且该内容中显示该非专利文献影响了 IMPI 申请的新颖性、创造性，则该非专利文献属于构成驳回理由的文献。

五、信息填写和文件提交的注意事项

1. 在 PPH 请求表中填写中国本申请与墨西哥对应申请的关联性关系时，有哪些注意事项？

（1）在 PPH 请求表中表述中国本申请与墨西哥对应申请的关联性关系时，必须写明中国本申请与墨西哥对应申请之间的关联方式（如优先权、PCT 申请不同国家阶段等）。如果中国本申请与墨西哥对应申请达成联系需要经过一个或多个其他相关申请，也需写明相关申请的申请号以及达成关联的具体方式。

例如中国本申请是中国申请 A 的分案申请，中国申请 A 是 PCT申请 B 进入中国国家阶段的申请。墨西哥对应申请、中国申请 A 与PCT 申请 B 均要求了墨西哥申请 C 的优先权。

（2）涉及多个墨西哥对应申请时，则需分条逐项写明中国本申请与每一个墨西哥对应申请的关系。

2. 在 PPH 请求表中填写中国本申请与墨西哥对应申请权利要求的对应性解释时，有哪些注意事项？

基于 IMPI 工作结果向 CNIPA 提交 PPH 请求的，权利要求的对应性解释上无特别的注意事项，参见本书第一章的相关内容即可。

3. 在 PPH 请求表中填写墨西哥对应申请的所有工作结果的名称时，有哪些注意事项？

（1）应当填写 IMPI 在所有审查阶段作出的全部工作结果。既包括实质审查阶段的所有通知书，也包括实质审查阶段以后的申诉阶段的所有通知书。

（2）各通知书的作出时间应当填写其通知书的发文日，在发文日无法确定的情况下允许申请人填写其通知书的起草日或完成日。

（3）各通知书的名称应当使用其正式的中文译名填写，不得以"通知书"或者"审查意见通知书"代替。《中墨流程》中列举了部分通知书规范的中文译名，例如授权决定、驳回理由通知书、驳回决定、申诉决定。

（4）对于未在《中墨流程》中给出明确中文译名的通知书，申请人可以按其通知书原文名称自行翻译后填写在 PPH 请求表中（建议将其原文名称填写在翻译的中文名称后的括号中，以便审查核对）。

（5）如果有多个墨西哥对应申请，请分别对各个对应申请进行工作结果的查询并填写到 PPH 请求表中。

4. 在 PPH 请求表中填写墨西哥对应申请所有工作结果引用文件的名称时，有哪些注意事项？

在填写墨西哥对应申请所有工作结果引用文件的名称时，无特别注意事项，参见本书第一章的相关内容即可。

5. 在提交墨西哥对应申请的工作结果副本时，有哪些注意事项？

在提交墨西哥对应申请的工作结果副本时，申请人应当注意如下事项。

（1）根据《中墨流程》的规定，对所有的工作结果副本均需要完整提交——包括其著录项目信息、格式页或附件也应当提交。

（2）当墨西哥工作结果所使用的语言非英语时，根据《中墨流程》的规定，申请人应当提交其中文或英文译文。申请人提交时应当注意：所有工作结果副本的译文均需要被完整提交，包括其著录项目信息、格式页或附件的翻译译文。一般情形下，IMPI 提供其审查工作结果的英文机器翻译，申请人可以提交英文机器翻译后的工作结果作为译文。需注意：同一份文件需要使用单一语言提交完整的翻译，例如不接受一份审查意见通知书副本译文中部分译成中文部分译成英文的文件——这种译文翻译不完整的情形将会导致 PPH 请求不合格。

（3）对于墨西哥对应申请，不存在工作结果副本及其译文可以省略提交的情形。

6. 在提交墨西哥对应申请最新可授权权利要求副本及译文时，有哪些注意事项？

申请人在提交墨西哥对应申请最新可授权权利要求副本时，一是要注意可授权权利要求是否最新，例如在授权后的申诉程序中权利要求是否有修改的情况；二是要注意权利要求的内容是否完整，即使有一部分权利要求在 CNIPA 申请中没有被利用到，也需要一起完整提交。

当墨西哥对应申请可授权权利要求非英文时，申请人应当提交其中文或英文译文，且该译文应当是对墨西哥对应申请最新可授权权利要求副本内容进行的完整且一致的翻译——仅翻译部分内容的译文不合格。IMPI 通常会提供权利要求副本的英文机器翻译，申请人可以直接提交 IMPI 官网中的此机器翻译。

根据《中墨流程》的规定，对应申请可授权权利要求副本及其译文不能省略提交。

7. 在提交墨西哥对应申请的工作结果中引用的非专利文献副本时，有哪些注意事项？

当墨西哥对应申请的工作结果中的非专利文献涉及驳回理由时，申请人应当在提交 PPH 请求时将所有涉及驳回理由的非专利文献一并提交。而对于所有的专利文献和未构成驳回理由的非专利文献，申请人只需将其信息填写在 PPH 请求书 E 项第 2 栏中即可，不需要提交相应的文件副本。

申请人提交文件时应确保其提交的内容完整，提交的类型正确，即按照"对应申请审查意见引用文件副本"类型提交。

如果所需提交的非专利文献是由除中文或英文之外的语言撰写，申请人也只需提交非专利文献文本即可，不需要对其进行翻译。

如果 IMPI 申请存在两份或两份以上非专利文献副本，则应该作为一份"对应申请审查意见引用文件副本"提交。

第十二章　基于奥地利专利局工作结果向中国国家知识产权局提交常规 PPH 请求

一、概述

1. 基于 APO 工作结果向 CNIPA 提交 PPH 请求的项目依据是什么？

中奥 PPH 试点于 2013 年 3 月 1 日起开始试行。《在中奥专利审查高速路（PPH）试点项目下向中国国家知识产权局提出 PPH 请求的流程》（以下简称《中奥流程》）即为基于 APO 工作结果向 CNIPA 提交 PPH 的项目依据。

2. 基于 APO 工作结果向 CNIPA 提交 PPH 请求的种类分为哪些？

CNIPA 与 APO 签署的为双边 PPH 试点项目。按照提出 PPH 请求所使用的对应申请审查机构的工作结果来划分，基于 APO 工作结果向 CNIPA 提交 PPH 请求的种类包括基本型常规 PPH 和 PCT - PPH 两种。

本章内容仅涉及基于 APO 工作结果向 CNIPA 提交常规 PPH 的实务；提交 PCT - PPH 的实务建议请见本书第二章的内容。

3. CNIPA 与 APO 开展 PPH 试点项目的期限有多长？

中奥 PPH 试点自 2013 年 3 月 1 日起开始试行，曾于 2014 年、2016 年、2018 年和 2021 年共计延长四次，至 2026 年 2 月 28 日止。

今后，将视情况，根据局际间的共同决定作出是否继续延长试点项目及相应延长期限的决定。

4. 基于 APO 工作结果向 CNIPA 提交 PPH 请求有无领域和数量限制？

《中奥流程》中提到："两局在请求数量超出可管理的水平时，或出于其他任何原因，可终止本 PPH 试点。PPH 试点终止之前，将先行发布通知。"

5. 如何获得奥地利对应申请的相关信息？

申请人可以通过登录 APO 的官方网站（网址 www. patentamt. at）查询奥地利对应申请的相关信息。申请人进入 APO 网站主页后，进入英文界面，点击上方"PATENTS"，进入专利界面，再点击"Search and Examination Report according to Section 57 B Patent Law"，点击右侧"Search for patents"，再点击如图 12.1 中所示的"REGISTER – SEE. IP"即可进入具体的专利信息检索界面（见图12.2）。

图 12.1　APO 官网主页

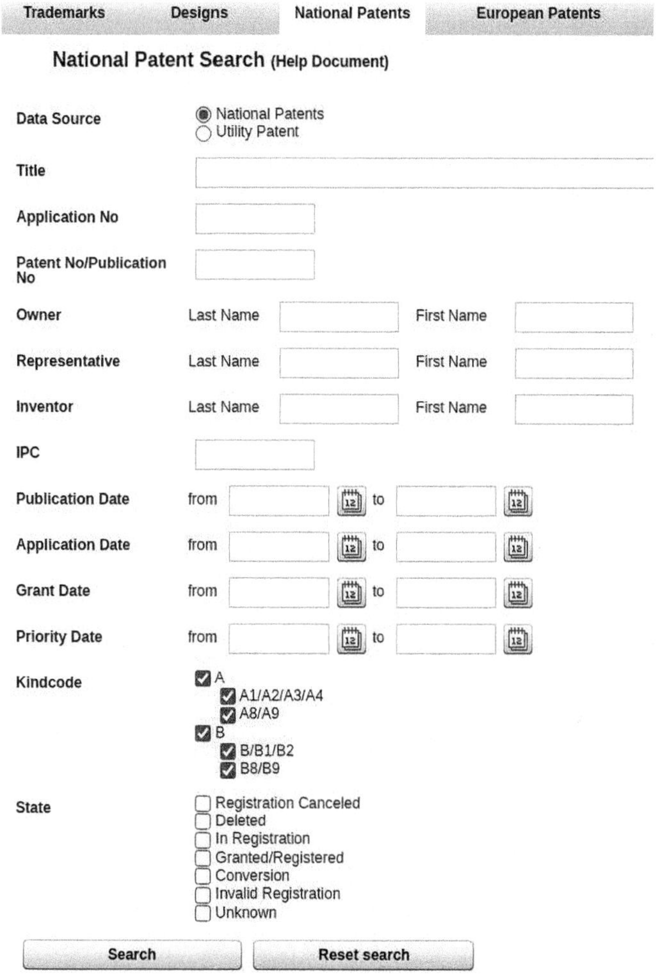

图 12. 2 APO 专利信息检索界面

点击列表中对应申请号，即可获取对应申请的授权公告文本的相关信息。

申请人还可以登录 EPO 的 Espacenet 网站获取奥地利对应申请的文件信息；查询界面如图 12. 3 所示。

图 12.3　通过 Espacenet 网站查询对应申请有关信息

二、中国本申请与奥地利对应申请关联性的确定

1. 奥地利对应申请号的格式是什么？如何确认奥地利对应申请号？

对于 APO 专利申请，申请号的格式一般为"A *****/****"，例如 A12345/2016，其中 A 代表发明专利申请，12345 为序列号，2016 为年份。

奥地利对应申请号是指申请人在 PPH 请求中所要利用的 APO 工作结果中记载的申请号。申请人可以通过 APO 作出的授权决定通知书首页（见图 12.4）或授权公告文本首页（见图 12.5）获取奥地利对应申请号。

330

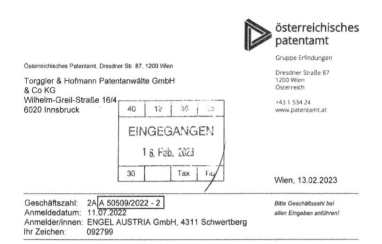

图 12.4　APO 授权决定中奥地利对应申请的申请号

图 12.5　APO 授权公告文本中奥地利对应申请的申请号

2. 奥地利对应申请的著录项目信息如何核实？

与 PPH 流程规定的两申请关联性相关的对应申请的信息，例如优先权信息、分案申请信息、PCT 申请进入国家阶段信息等，通常会在对应申请的著录项目信息中记载。如图 12.6 和图 12.7 所示，申请人一般可以通过奥地利对应申请的授权公告本文和授权决定核实其著录项目。相关著录项目信息会在开头位置显示，包括申请号、国际申请号（如果有）、优先权号（如果有）、申请人等。

(21) Anmeldenummer: A 50509/2022
(22) Anmeldetag: 11.07.2022
(45) Veröffentlicht am: 15.06.2023

(51) Int. Cl.: **B29C 45/24** (2006.01)
B29C 45/17 (2006.01)

(56) Entgegenhaltungen:
WO 9304841 A1
WO 9429097 A1
DE 20080290 U1
WO 9847687 A1
DE 3615586 C1
WO 2007124519 A1
EP 0343280 A2
DE 19811273 A1

(73) Patentinhaber:
ENGEL AUSTRIA GmbH
4311 Schwertberg (AT)

(72) Erfinder:
Klammer Günther Dipl.-Ing.
3361 Aschbach Markt (AT)
Köpplmayr Thomas Dipl.-Ing. Dr.
4020 Linz (AT)
Bäck Gerhard Dipl.-Ing.
4311 Schwertberg (AT)
Rathner Raffael Johannes Dipl.-Ing. Dr.
4644 Scharnstein (AT)
Fellner Klaus Dipl.-Ing. Dr.
4400 Steyr (AT)

(74) Vertreter:
Torggler & Hofmann Patentanwälte GmbH & Co KG
6020 Innsbruck (AT)

(54) **Plastifiziereinheit für eine Formgebungsmaschine**

图 12.6　APO 授权公告文本中奥地利对应申请著录项目信息的展示

Anmeldetag	11.07.2022
Patentanmelder/innen	ENGEL AUSTRIA GmbH, 4311 Schwertberg
Titel der Anmeldung	Plastifiziereinheit für eine Formgebungsmaschine
Zusatz zu Patent Nr.	
Umwandlung von GM	
Gesonderte Anmeldung aus (Teilung)	
Priorität(en)	
Erfinder/innen	Dipl.-Ing. Klammer Günther, 3361 Aschbach Markt Dipl.-Ing. Dr. Köpplmayr Thomas, 4020 Linz Dipl.-Ing. Bäck Gerhard, 4311 Schwertberg Dipl.-Ing. Dr. Rathner Raffael Johannes, 4644 Scharnstein Dipl.-Ing. Dr. Fellner Klaus, 4400 Steyr
Ermittelter Stand der Technik	D1: WO 9304841 A1 (EREMA) 18. März 1993 (18.03.1993) D2: WO 9429097 A1 (BACHER HELMUT, SCHULZ HELMUTH, WENDELIN GEORG) 22. Dezember 1994 (22.12.1994) D3: DE 20080290 U1 (BACHER HELMUT, SCHULZ HELMUTH, WENDELIN GEORG) 24. Januar 2002 (24.01.2002) D4: WO 9847687 A1 (BACHER HELMUT, SCHULZ HELMUTH,

图 12.7　APO 授权决定中奥地利对应申请著录项目信息的展示

3. 中国本申请与奥地利对应申请的关联性关系一般包括哪些情形？

以奥地利申请作为对应申请向 CNIPA 提出的常规 PPH 请求限

于基本型常规 PPH 请求。申请人不能利用 OSF 先作出的工作结果要求 OFF 进行加快审查，同时两申请间的关系仅限于中奥两局间，不能扩展为共同要求第三个国家或地区的优先权。

具体情形如下。

（1）中国本申请要求奥地利申请的优先权

如图 12.8 所示，中国本申请和奥地利对应申请均为普通国家申请，且中国本申请要求了奥地利对应申请的优先权。

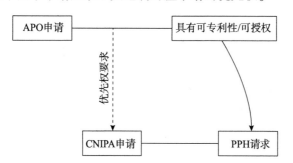

图 12.8　中国本申请和奥地利对应申请均为普通国家申请

如图 12.9 所示，中国本申请是 PCT 申请进入中国国家阶段的申请，且要求了奥地利对应申请的优先权。

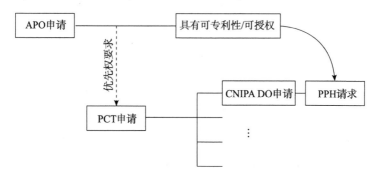

图 12.9　中国本申请为 PCT 申请进入国家阶段的申请

如图 12.10 所示，中国本申请要求了多项优先权，奥地利对应申请为其中一项优先权。

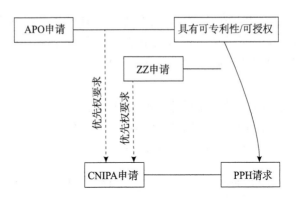

图 12.10　中国本申请要求包含奥地利对应申请的多项优先权

　　如图 12.11 所示，中国本申请和奥地利对应申请共同要求了另一奥地利申请的优先权。

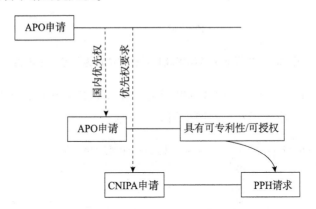

**图 12.11　中国本申请和奥地利对应申请共同要求
另一奥地利申请的优先权**

　　如图 12.12 所示，中国本申请和奥地利对应申请是同一 PCT 申请进入各自国家阶段的申请，该 PCT 申请要求了另一奥地利申请的优先权。

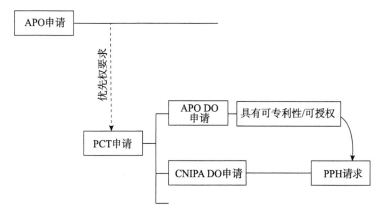

图 12. 12　中国本申请和奥地利对应申请是要求另一奥地利申请优先权的 PCT 申请进入各自国家阶段的申请

（2）中国本申请和奥地利对应申请为未要求优先权的同一 PCT 申请进入各自国家阶段的申请

详情如图 12. 13 所示。

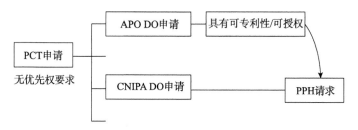

图 12. 13　中国本申请和奥地利对应申请是未要求优先权的 同一 PCT 申请进入各自国家阶段的申请

（3）中国本申请要求了 PCT 申请的优先权，且该 PCT 申请未要求优先权，奥地利对应申请为该 PCT 申请的国家阶段申请

如图 12. 14 所示，中国本申请是普通国家申请，要求了 PCT 申请的优先权，奥地利对应申请是该 PCT 申请的国家阶段申请。

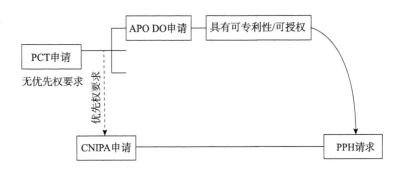

图 12.14 中国本申请要求 PCT 申请的优先权且奥地利对应
申请是该 PCT 申请的国家阶段申请

如图 12.15 所示，中国本申请是 PCT 申请进入国家阶段的申请，要求了另一 PCT 申请的优先权，奥地利对应申请是作为优先权基础的 PCT 申请的国家阶段申请。

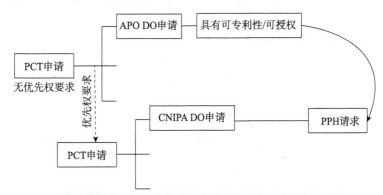

图 12.15 中国本申请是要求 PCT 申请优先权的 PCT 申请进入国家阶段的
申请且奥地利对应申请是作为优先权基础的 PCT 申请的国家阶段申请

如图 12.16 所示，中国本申请和奥地利对应申请是同一 PCT 申请进入各自国家阶段的申请，该 PCT 申请要求了另一 PCT 申请的优先权。

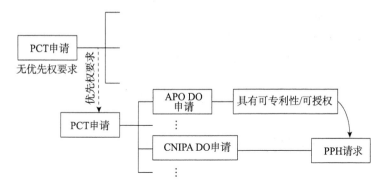

图 12.16　中国本申请和奥地利对应申请是同一 PCT 申请进入各自国家阶段的申请且该 PCT 申请要求另一 PCT 申请的优先权

4. 中国本申请与奥地利对应申请的派生申请是否满足要求？

如果中国申请与奥地利申请符合 PPH 流程所规定的申请间关联性关系，则中国申请的派生申请作为中国本申请，或者奥地利申请的派生申请作为对应申请，也符合申请间关联性关系。如图 12.17 所示，中国申请 A 要求了奥地利对应申请的优先权，中国申请 B 是中国申请 A 的分案申请，则中国申请 B 与奥地利对应申请的关系满足 PPH 的申请间关联性要求。

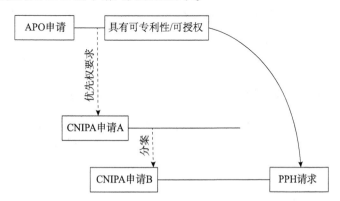

图 12.17　中国本申请为分案申请的情形

同理，如果中国本申请要求了奥地利申请 A 的优先权，奥地利申请 B 是奥地利申请 A 的分案申请，则该中国本申请与奥地利对应申请 B 的关系也满足 PPH 的申请间关联性要求。

三、奥地利对应申请可授权性的判定

1. 判定奥地利对应申请可授权性的最新工作结果一般包括哪些？

奥地利对应申请的工作结果是指与奥地利对应申请可授权性相关的所有奥地利国内工作结果，包括实质审查、复审、异议、无效阶段通知书。

根据《中奥流程》的规定，权利要求"被认定为可授权/具有可专利性"是指 APO 审查员在最新的审查意见通知书中明确指出权利要求"具有可专利性/可授权"，即使该申请尚未得到专利授权。所述审查意见通知书包括：授权决定（Erteilungsbeschluss）、审查意见通知书（Vorbescheid）。

上述最新的审查意见通知书是以向 CNIPA 提交 PPH 请求之前或当日作为时间点来判断的，即以向 CNIPA 提交 PPH 请求之前或当日最新的工作结果中的意见作为认定奥地利对应申请权利要求"可授权/具有可专利性"的标准。

奥地利对应申请工作结果示例如图 12.18 和图 12.19 所示。

2. APO 一般如何明确指明最新可授权权利要求的范围？

当 APO 的工作结果为授权决定时，APO 会在授权决定中明确指出被授权权利要求的提交日期和权项，如图 12.20 所示。

GEBUCHT

österreichisches
patentamt

Gruppe Erfindungen

Österreichisches Patentamt, Dresdner Str. 87, 1200 Wien

Dresdner Straße 87
1200 Wien
Österreich

Mag. Dr. Paul Torggler
Wilhelm-Greil-Straße 16
6020 Innsbruck

+43 1 534 24
www.patentamt.at

40	12	36	35

EINGEGANGEN

2 3. April 2020

30		Tax	Ro

Wien, 14.04.2020

339

Geschäftszahl:　2A A 50551/2019 - 1
Anmeldedatum:　19.06.2019
Anmelder/innen:　ENGEL AUSTRIA GmbH, 4311 Schwertberg
Ihr Zeichen:　　85660

*Bitte Geschäftszahl bei
allen Eingaben anführen!*

1. Vorbescheid

Zur gegenständlichen Anmeldung hat die Gesetzmäßigkeitsprüfung gemäß § 99 PatG das
im Folgenden beschriebene vorläufige Ergebnis geliefert:

D1: Josef Gießauf; Christian Maier; Paul Kapeller; Georg Pillwein; Georg Steinbichler:
"Zahlen, die zählen." Kunststoffe 09/2017, Seite 100 - 104
D2: US 2010295199 A1 (ZHANG GONG et al.) 25. November 2010 (25.11.2010)

Zum vorliegenden Schutzbegehren ist zunächst die Veröffentlichung D1 zu nennen, aus der
hervorgeht, dass zur Prozessüberwachung Größen mittels Sensoren gemessen werden und
dass Prozesszustände grafisch dargestellt werden sollen (Bild 3 zeigt z.B. jeweils drei
Prozesszustände für unterschiedliche Prozessgrößen, nämlich einen Zustand unterhalb
eines angestrebten Bereiches, einen Zustand in einem angestrebten Bereich und einen
Zustand oberhalb eines angestrebten Bereiches), wobei Signalfarben Informationen an den
Bediener vermitteln. Programmierungstechnisch ist dabei unmittelbar von einem im
Schutzbegehren dargestellten Ablauf auszugehen.

图 12. 18　奥地利对应申请工作结果之审查意见通知书

图 12. 19　奥地利对应申请工作结果之授权决定

Zur Veröffentlichung der Patentschrift werden folgende Unterlagen bestimmt:

1	Seite	Deckblatt (vgl. Tabelle der bibliographischen Daten)		
27	Seite(n)	Beschreibung	vom	19.06.2019
	Seite(n)	Beschreibung	vom	
	Seite(n)	Beschreibung	vom	
10	Seite(n)	Patentanspruch/sprüche 1-21	vom	19.06.2019
1	Seite(n)	Zusammenfassung	vom	19.06.2019
5	Seite(n)	Zeichnungen (Fig. 1-5)	vom	19.06.2019
	Seite(n)	Zeichnungen (Fig.　　)	vom	

图 12. 20　APO 授权决定中对可授权权利要求的指明

　　当 APO 在某次审查意见通知书中认为专利申请可被授权时，APO 会在通知书的开始部分明确表示该申请被考虑授予专利权并且以表格的形式指明可授权权利要求的提交日期，如图 12.21、图 12. 22 和图 12. 23 所示。

1. Vorbescheid

Die Erteilung eines Patentes auf die Patentanmeldung A 50860/2019 ist von der zuständigen Technischen Abteilung des Patentamtes in Aussicht genommen.

Folgende Daten werden am Deckblatt der Patentschrift vermerkt:

图 12. 21　APO 审查意见通知书中对申请可授权的指明示例之一

Folgende Unterlagen sind zur Veröffentlichung der Patentschrift vorgesehen:

1	Seite	Deckblatt (vgl. Tabelle der bibliographischen Daten)		
12	Seite(n)	Beschreibung	vom	09.10.2019
	Seite(n)	Beschreibung	vom	
	Seite(n)	Beschreibung	vom	
3	Seite(n)	Patentanspruch/sprüche 1-15	vom	09.10.2019
1	Seite(n)	Zusammenfassung	vom	09.10.2019
3	Seite(n)	Zeichnungen (Fig. 1-3)	vom	09.10.2019
	Seite(n)	Zeichnungen (Fig.　)	vom	

图 12. 22　APO 审查意见通知书中对可授权权利要求的指明示例之二

1. Vorbescheid

Zur gegenständlichen Anmeldung hat die Gesetzmäßigkeitsprüfung gemäß § 99 PatG das im Folgenden beschriebene vorläufige Ergebnis geliefert.

Zum Gegenstand der vorliegenden Anmeldung wurde das folgende der Öffentlichkeit vor dem Prioritätstag der Anmeldung zugänglich gemachte Material ermittelt:

D1: DE 102015107024 B3 (BT BAYERN TREUHAND MAN & TECH AG [DE]) 21. Juli 2016 (21.07.2016)
D2: DE 69126700 T2 (MOLDFLOW PTY LTD [AU]) 29. Januar 1998 (29.01.1998)
D3: DE 4446857 B4 (TOSHIBA MACHINE CO LTD [JP], MUNEKATA CO [JP], SHOWA DENKO KK [JP]) 15. Juli 2004 (15.07.2004)
D4: DE 102017131032 A1 (ENGEL AUSTRIA GMBH [AT]) 28. Juni 2018 (28.06.2018)

Alle vier zitierten Dokumente beschreiben Verfahren und Vorrichtungen zur Steuerung eines Produktionszyklus einer Formgebungsmaschine insbesondere Spritzgießmaschine zur Festlegung eines Sollwertverlaufs für zumindest eine Stellgröße. Jedoch zeigt keines der zitierten Dokumente alleine die erfindungswesentlichen Merkmale gemäß Hauptanspruch 1 der gegenständlichen Anmeldung unter Verwendung einer ersten und zweiten Konfiguration für die Annäherung von Istverlauf an den Sollverlauf. Weiters sind diese Merkmale auch durch keine Kombination dieser Dokumente nahe gelegt.

Das Verfahren gemäß der Ansprüche 1 – 13 der vorliegenden Anmeldung ist daher gegenüber dem zitierten Stand der Technik neu und weist auch eine erfinderische Tätigkeit auf.

Sohin wird die Vorschreibung der Veröffentlichungsgebühr für die Patentschrift und die Fassung des Erteilungsbeschlusses nach Bezahlung derselben in Aussicht gestellt.

Allerdings könnte bei unaufgeforderter Zahlung der für die Veröffentlichung der Patentschrift fälligen Gebühr in der erforderlichen Höhe auf eine gesonderte Vorschreibung dieser Gebühr in einem weiteren Vorbescheid verzichtet und das Erteilungsverfahren daher beschleunigt

图 12. 23　APO 审查意见通知书中对可授权权利要求的指明示例之三

四、相关文件的获取

1. 如何获取奥地利对应申请的所有工作结果副本？

在 APO 官网数据库中输入奥地利对应申请的申请号（见图 12.24），即可找到奥地利对应审查记录（见图 12.25）。

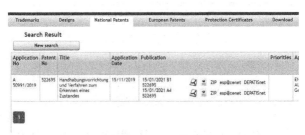

图 12. 24　在 APO 官网数据库中输入奥地利对应申请的申请号

图 12. 25　找到奥地利对应申请的审查记录

2. 能否举例说明奥地利对应申请工作结果副本的样式？

（1）授权决定

APO 授权决定除包含著录项目信息外，还包括引用的对比文件、授权的文件基础以及对后续应办理手续的提示，具体如图 12.26 和图 12.27 所示。

Beschluss

Die Erteilung eines Patentes auf die Patentanmeldung A 50860/2019 wird verfügt.

Folgende Daten werden nach Rechtskraft dieses Beschlusses im Register eingetragen und am Deckblatt der Patentschrift vermerkt:

Anmeldetag	09.10.2019
Patentanmelder/innen	ENGEL AUSTRIA GmbH, 4311 Schwertberg
Titel der Anmeldung	Messanordnung für eine Formgebungsmaschine
Zusatz zu Patent Nr.	
Umwandlung von GM	
Gesonderte Anmeldung aus (Teilung)	
Priorität(en)	
Erfinder/innen	Mühlehner David BSc, 4212 Neumarkt DI Balka Christoph, 4311 Schwertberg
Ermittelter Stand der Technik	D1: CN 107290101 A (PIXART IMAGING INC) 24. Oktober 2017 (24.10.2017) D2: DE 102009014311 A1 (PRIAMUS SYSTEM TECHNOLOGIES AG) 18. Februar 2010 (18.02.2010) D3: US 4377851 A (MCNAMARA) 22. März 1983 (22.03.1983)

图 12.26　APO 作出的授权决定示例（首页）

（2）审查意见通知书

APO 作出的审查意见通知书除包含著录项目信息外，还通常包括引用的对比文件、基于对于文件对申请文件的审查评述和结论等。如在审查意见通知书中已经考虑授予申请专利权，APO 通常会以明确的方式表明被考虑授权的权利要求（例如以表格形式）；如有检索报告，APO 也会将检索报告作为该通知书的附件。具体如图 12.28、图 12.29、图 12.30 和图 12.31 所示。

Zur Veröffentlichung der Patentschrift werden folgende Unterlagen bestimmt:

1	Seite	Deckblatt (vgl. Tabelle der bibliographischen Daten)		
12	Seite(n)	Beschreibung	vom	09.10.2019
	Seite(n)	Beschreibung	vom	
	Seite(n)	Beschreibung	vom	
3	Seite(n)	Patentanspruch/sprüche 1-15	vom	09.10.2019
1	Seite(n)	Zusammenfassung	vom	09.10.2019
3	Seite(n)	Zeichnungen (Fig. 1-3)	vom	09.10.2019
	Seite(n)	Zeichnungen (Fig.)	vom	

Die Erteilung des Patentes wird erst nach Rechtskraft dieses Beschlusses (das ist frühestens zwei Monate nach dessen Zustellung) durch Bekanntmachung im Patentblatt, Ausgabe der Patentschrift, Eintragung ins Patentregister und Zusendung der Patenturkunde erfolgen.

Nach der Erteilung wird in einem gesonderten Schreiben die Nummer, unter der das Patent in das Patentregister eingetragen wird, mitgeteilt werden.
Im Falle einer gewährten Gebührenstundung werden die Fälligkeit und das Ausmaß der gestundeten Verfahrensgebühren ebenfalls mit diesem Schreiben bekannt gegeben.

Rechtsmittelbelehrung:

Dieser Beschluss kann binnen zwei Monaten ab seiner Zustellung mittels Rekurs nach dem Außerstreitgesetz angefochten werden.

Der Rekurs ist an das Oberlandesgericht Wien zu richten, jedoch beim Österreichischen Patentamt schriftlich einzubringen. Er muss hinreichend erkennen lassen, aus welchen Gründen sich die Partei beschwert erachtet und welche andere Entscheidung sie anstrebt.

Im Rekursverfahren besteht keine Vertretungspflicht; wird jedoch eine Vertretung gewünscht, muss sich die Partei durch eine in Österreich zur berufsmäßigen Parteienvertretung befugte Person aus der Rechts- oder Patentanwaltschaft oder einen Notar bzw. eine Notarin vertreten lassen.

Ein an das Oberlandesgericht Wien weitergeleiteter Rekurs unterliegt einer Gerichtsgebühr von 392,- €. Diese Gebühr wird zwei Wochen nach Einlangen des Rekurses beim Oberlandesgericht Wien fällig und ist an dieses zu entrichten.

图 12. 27　APO 作出的授权决定示例（次页）

1. Vorbescheid

Zur gegenständlichen Anmeldung hat die Gesetzmäßigkeitsprüfung gemäß § 99 PatG das im Folgenden beschriebene vorläufige Ergebnis geliefert.

Zum Gegenstand der vorliegenden Anmeldung wurde das folgende der Öffentlichkeit vor dem Prioritätstag der Anmeldung zugänglich gemachte Material ermittelt:

D1: DE 102015107024 B3 (BT BAYERN TREUHAND MAN & TECH AG [DE]) 21. Juli 2016 (21.07.2016)
D2: DE 69126700 T2 (MOLDFLOW PTY LTD [AU]) 29. Januar 1998 (29.01.1998)
D3: DE 4446857 B4 (TOSHIBA MACHINE CO LTD [JP], MUNEKATA CO [JP], SHOWA DENKO KK [JP]) 15. Juli 2004 (15.07.2004)
D4: DE 102017131032 A1 (ENGEL AUSTRIA GMBH [AT]) 28. Juni 2018 (28.06.2018)

Alle vier zitierten Dokumente beschreiben Verfahren und Vorrichtungen zur Steuerung eines Produktionszyklus einer Formgebungsmaschine insbesondere Spritzgießmaschine zur Festlegung eines Sollwertverlaufs für zumindest eine Stellgröße. Jedoch zeigt keines der zitierten Dokumente alleine die erfindungswesentlichen Merkmale gemäß Hauptanspruch 1 der gegenständlichen Anmeldung unter Verwendung einer ersten und zweiten Konfiguration für die Annäherung von Istverlauf an den Sollverlauf. Weiters sind diese Merkmale auch durch keine Kombination dieser Dokumente nahe gelegt.

Das Verfahren gemäß der Ansprüche 1 – 13 der vorliegenden Anmeldung ist daher gegenüber dem zitierten Stand der Technik neu und weist auch eine erfinderische Tätigkeit auf.

Sohin wird die Vorschreibung der Veröffentlichungsgebühr für die Patentschrift und die Fassung des Erteilungsbeschlusses nach Bezahlung derselben in Aussicht gestellt.

345

Allerdings könnte bei unaufgeforderter Zahlung der für die Veröffentlichung der Patentschrift fälligen Gebühr in der erforderlichen Höhe auf eine gesonderte Vorschreibung dieser Gebühr in einem weiteren Vorbescheid verzichtet und das Erteilungsverfahren daher beschleunigt

图 12.28 APO 作出的审查意见通知书示例（首页形式一）

1. Vorbescheid

Die Erteilung eines Patentes auf die Patentanmeldung A 50860/2019 ist von der zuständigen Technischen Abteilung des Patentamtes in Aussicht genommen.

Folgende Daten werden am Deckblatt der Patentschrift vermerkt:

Anmeldetag	09.10.2019
Patentanmelder/innen	ENGEL AUSTRIA GmbH, 4311 Schwertberg
Titel der Anmeldung	Messanordnung für eine Formgebungsmaschine
Zusatz zu Patent Nr.	
Umwandlung von GM	
Gesonderte Anmeldung aus (Teilung)	
Priorität(en)	
Erfinder/innen	
Ermittelter Stand der Technik	D1: CN 107290101 A (PIXART IMAGING INC) 24. Oktober 2017 (24.10.2017) D2: DE 102009014311 A1 (PRIAMUS SYSTEM TECHNOLOGIES AG) 18. Februar 2010 (18.02.2010) D3: US 4377851 A (MCNAMARA) 22. März 1983 (22.03.1983)

图 12.29 APO 作出的审查意见通知书示例（首页形式二）

Folgende Unterlagen sind zur Veröffentlichung der Patentschrift vorgesehen:

1	Seite	Deckblatt (vgl. Tabelle der bibliographischen Daten)		
12	Seite(n)	Beschreibung	vom	09.10.2019
	Seite(n)	Beschreibung	vom	
	Seite(n)	Beschreibung	vom	
3	Seite(n)	Patentanspruch/sprüche 1-15	vom	09.10.2019
1	Seite(n)	Zusammenfassung	vom	09.10.2019
3	Seite(n)	Zeichnungen (Fig. 1-3)	vom	09.10.2019
	Seite(n)	Zeichnungen (Fig.)	vom	

Gesamtumfang der zur Veröffentlichung bestimmten Unterlagen:	20	Seiten
Gemäß § 4 Patentamtsgebührengesetz iVm PAG-ValV2014 beträgt die Veröffentlichungsgebühr für die Veröffentlichung der Patentschrift	208	Euro
sowie zusätzlich, je nach Zahl der für die Veröffentlichung bestimmten Seiten, ab der 16. Seite für jeweils 15 Seiten, das sind 1 x 135,-- € also	135	Euro
zusammen	343	Euro

Für die Erteilung des Patentes ist die Veröffentlichungsgebühr für die Patentschrift im Ausmaß von 343,-- Euro zu zahlen.

Die Gebühr ist innerhalb einer Frist von zwei Monaten ab Zustellung dieses Vorbescheides auf das Konto des Österreichischen Patentamtes (IBAN: AT75 0100 0000 0516 0000, BIC: BUNDATVWW) zu überweisen bzw. einzuzahlen.
Als Verwendungszweck ist Folgendes anzuführen:
A 50860/2019, Veröffentlichungsgebühr

Bis zur allfälligen Zahlung der Veröffentlichungsgebühr besteht auch die Möglichkeit, sich über den Inhalt des Vorbescheides zu äußern, insbesondere für den Fall, dass irrtümlich

图 12.30　APO 作出的审查意见通知书示例（次页）

Recherchenbericht zu A 50860/2019　　　österreichisches patentamt

Klassifikation des Anmeldungsgegenstands gemäß IPC: G01L 27/00 (2006.01); B29C 45/77 (2006.01)	
Klassifikation des Anmeldungsgegenstands gemäß CPC: G01L 27/002 (2013.01); B29C 45/77 (2013.01)	
Recherchierter Prüfstoff (Klassifikation): G01L, B29C	
Konsultierte Online-Datenbank: EPODOC; TXT NN	

Dieser Recherchenbericht wurde zu den am 09.10.2019 eingereichten Ansprüchen 1-15 erstellt.

Kategorie*)	Bezeichnung der Veröffentlichung: Ländercode, Veröffentlichungsnummer, Dokumentart (Anmelder), Veröffentlichungsdatum, Textstelle oder Figur soweit erforderlich	Betreffend Anspruch
A	CN 107290101 A (PIXART IMAGING INC) 24. Oktober 2017 (24.10.2017) Abstract	1-15
A	DE 102009014311 A1 (PRIAMUS SYSTEM TECHNOLOGIES AG) 18. Februar 2010 (18.02.2010) Abstract	1-15
A	US 4377851 A (MCKAMARA) 22. März 1983 (22.03.1983) Abstract	1-15

图 12.31　APO 作出的审查意见通知书示例（检索报告页）

3. 如何获取奥地利对应申请的最新可授权的权利要求副本?

如果奥地利对应申请已授权公告，且没有经过复审、无效或更正等后续程序，则申请人一般可以通过授权公告文本获得该奥地利对应申请最新可授权的权利要求。

如果奥地利对应申请尚未授权公告，则申请人可以通过查询审查记录获取最新可授权的权利要求。

4. 能否举例说明奥地利对应申请可授权权利要求副本的样式？

申请人在提交奥地利对应申请的最新可授权权利要求副本时，可以自行提交任意形式的权利要求副本，并非必须提交官方副本。奥地利对应申请的可授权权利要求副本的样式如图 12.32 所示。

图 12.32　奥地利对应申请可授权权利要求副本样例

注：权利要求的全部内容需完整提交，这里限于篇幅，不再展示后续内容。

5. 如何获取奥地利对应申请的工作结果中的引用文献信息？

奥地利对应申请工作结果中的引用文献分为专利文献和非专利文献。APO 在审查和检索中所引用的所有文献信息均会被记载在奥地利对应申请的审查工作结果中。奥地利对应申请已经授权公告的，申请人可以直接从奥地利对应申请的授权公告文本中找到相关的引文信息，如图 12.33 所示。

图 12.33 奥地利对应申请授权公告文本中的引用文献

如果奥地利对应申请尚未授权公告，则申请人可以通过查询奥地利对应申请所有工作结果的内容获取其信息，如图 12.34 所示。

6. 如何获知引用文献中的非专利文献构成奥地利对应申请的驳回理由？

申请人可以通过查询 APO 发出的各次审查意见通知书——例如获取 APO 申请中构成驳回理由的非专利文献信息。若 APO 发出的审查意见通知书中含有利用非专利文献对奥地利对应申请的新颖性、创造性进行判断的内容，且该内容中显示该非专利文献影响了奥地利对应申请的新颖性、创造性，则该非专利文献属于构成驳回理由的文献。

GEBUCHT

österreichisches patentamt

Gruppe Erfindungen

Österreichisches Patentamt, Dresdner Str. 87, 1200 Wien

Dresdner Straße 87
1200 Wien
Österreich

Mag. Dr. Paul Torggler
Wilhelm-Greil-Straße 16
6020 Innsbruck

+43 1 534 24
www.patentamt.at

40	12	36	35

EINGEGANGEN

2 3. April 2020

| 30 | | Tax | Ho |

Wien, 14.04.2020

349

Geschäftszahl:　2A A 50551/2019 - 1
Anmeldedatum:　19.06.2019
Anmelder/innen:　ENGEL AUSTRIA GmbH, 4311 Schwertberg
Ihr Zeichen:　85660

Bitte Geschäftszahl bei
allen Eingaben anführen!

1. Vorbescheid

Zur gegenständlichen Anmeldung hat die Gesetzmäßigkeitsprüfung gemäß § 99 PatG das im Folgenden beschriebene vorläufige Ergebnis geliefert:

D1: Josef Gießauf; Christian Maier; Paul Kapeller; Georg Pillwein; Georg Steinbichler: "Zahlen, die zählen." Kunststoffe 09/2017, Seite 100 - 104
D2: US 2010295199 A1 (ZHANG GONG et al.) 25. November 2010 (25.11.2010)

Zum vorliegenden Schutzbegehren ist zunächst die Veröffentlichung D1 zu nennen, aus der hervorgeht, dass zur Prozessüberwachung Größen mittels Sensoren gemessen werden und dass Prozesszustände grafisch dargestellt werden sollen (Bild 3 zeigt z.B. jeweils drei Prozesszustände für unterschiedliche Prozessgrößen, nämlich einen Zustand unterhalb eines angestrebten Bereiches, einen Zustand in einem angestrebten Bereich und einen Zustand oberhalb eines angestrebten Bereiches), wobei Signalfarben Informationen an den Bediener vermitteln. Programmierungstechnisch ist dabei unmittelbar von einem im Schutzbegehren dargestellten Ablauf auszugehen.

图 12.34　APO 作出的审查通知书中引用的文献

五、信息填写和文件提交的注意事项

1. 在 PPH 请求表中填写中国本申请与奥地利对应申请的关联性关系时，有哪些注意事项？

（1）在 PPH 请求表中表述中国本申请与奥地利对应申请的关

联性关系时，必须写明中国本申请与奥地利对应申请之间的关联的方式（如优先权、PCT 申请不同国家阶段等）。如果中国本申请与奥地利对应申请达成关联需要经过一个或多个其他相关申请，也需写明相关申请的申请号以及达成关联的具体方式。

例如：①中国本申请是中国申请 A 的分案申请，奥地利对应申请是奥地利申请 B 的分案申请，中国申请 A 要求了奥地利申请 B 的优先权。②中国本申请是中国申请 A 的分案申请，中国申请 A 是 PCT 申请 B 进入中国国家阶段的申请。奥地利对应申请、中国申请 A 与 PCT 申请 B 均要求了奥地利申请 C 的优先权。

（2）涉及多个奥地利对应申请时，则需分条逐项写明中国本申请与每一个奥地利对应申请的关系。

2. 在 PPH 请求表中填写中国本申请与奥地利对应申请权利要求的对应性解释时，有哪些注意事项？

基于 APO 工作结果向 CNIPA 提交 PPH 请求的，在权利要求的对应性解释上无特别的注意事项，参见本书第一章的相关内容即可。

3. 在 PPH 请求表中填写奥地利对应申请所有工作结果的名称时，有哪些注意事项？

（1）应当填写 APO 在所有审查阶段作出的全部工作结果，既包括实质审查阶段的所有通知书，也包括实质审查阶段以后的所有通知书。

（2）就各通知书的作出时间应当填写其发文日，在发文日无法确定的情况下允许申请人填写其通知书的起草日或完成日。所有通知书的发文日一般在审查记录中可以找到，应准确填写。

（3）对各通知书的名称应当使用其正式的中文译名填写，不得全部以"审查意见通知书"代替。在《中奥流程》中列举了部分通知书规范的中文译名，包括授权决定、审查意见通知书。

应注意，上面列举的通知书并非涵盖了 APO 针对对应申请所作出的所有工作结果。只要是与奥地利对应申请获得授权有关的通知书，申请人均需相应在 PPH 请求表中填写并提交。

（4）对于未在《中奥流程》中给出明确中文译名的通知书，申请人可以按其通知书原文名称自行翻译后填写在 PPH 请求表中并将其原文名称填写在翻译的中文名称后的括号内，以便审查核对。

（5）如果有多个奥地利对应申请，请分别对各个奥地利对应申请（即 OFF 申请）进行工作结果的查询并填写到 PPH 请求表中。

4. 在 PPH 请求表中填写奥地利对应申请所有工作结果引用文件的名称时，有哪些注意事项？

在填写奥地利对应申请所有工作结果引用文件的名称时，无特别注意事项，参见本书第一章的相关内容即可。

5. 在提交奥地利对应申请的工作结果副本及译文时，有哪些注意事项？

在提交奥地利对应申请的工作结果副本及译文时，申请人应当注意如下事项。

（1）根据《中奥流程》的规定，所有的工作结果副本均需要完整提交——包括其著录项目信息、格式页或附件也应当提交。

注意：申请人必须以可辨方式，在所有工作结果的副本中指明 APO 审查员认定的与可专利性有关的结论（例如对上述结论加上阴影标记），如图 12.35 所示。

（2）奥地利的官方工作语言为德语，因此申请人必须提交完整的奥地利对应申请所有工作结果副本的中文或英文译文。

（3）对于奥地利对应申请，不存在工作结果副本及其译文可以省略提交的情形。

Beschluss

Die Erteilung eines Patentes auf die Patentanmeldung A 50551/2019 wird verfügt.	

Folgende Daten werden nach Rechtskraft dieses Beschlusses im Register eingetragen und am Deckblatt der Patentschrift vermerkt:

Anmeldetag	19.06.2019
Patentanmelder/innen	ENGEL AUSTRIA GmbH, 4311 Schwertberg
Titel der Anmeldung	Vorrichtung und Verfahren zum Visualisieren oder Beurteilen eines Prozesszustandes

图 12.35　APO 工作结果副本中的可专利性结论

6. 在提交奥地利对应申请的最新可授权权利要求副本及译文时，有哪些注意事项？

　　申请人在提交奥地利对应申请的最新可授权权利要求副本时，一是要注意可授权权利要求是否最新；二是要注意权利要求的内容是否完整，即使有一部分权利要求在 CNIPA 申请中没有被利用到，也需要一起完整提交。

　　奥地利对应申请可授权权利要求副本译文应当是对奥地利对应申请中所有被认为可授权的权利要求内容进行的完整且一致的翻译——仅翻译部分内容的译文不合格。

　　CNIPA 接受中文和英文两种语言的译文。对于一次 PPH 请求，对不同的文件可以使用不同语言进行翻译，但是同一份文件需要使用单一语言提交完整的翻译。一份权利要求副本的译文部分译成中文、部分译成英文的，将会导致 PPH 请求不合格。

　　根据《中奥流程》的规定，对奥地利对应申请的可授权权利要求副本及其译文不能省略提交。

7. 在提交奥地利对应申请的工作结果中引用的非专利文献副本时，有哪些注意事项？

　　当奥地利对应申请的工作结果中的非专利文献涉及驳回理由时，申请人应当在提交 PPH 请求时将所有涉及驳回理由的非专利文献副本一并提交。而对于所有的专利文献和未构成驳回理由的非专利文献，申请人只需将其信息填写在 PPH 请求书 E 项第 2 栏中即可，不需要提交相应的文件副本。

申请人提交文件时应确保其提交的内容完整，提交的类型正确，即按照"对应申请审查意见引用文件副本"类型提交。

如果所需提交的非专利文献是由除中文或英文之外的语言撰写，申请人也只需提交非专利文献文本即可，不需要对其进行翻译。

如果奥地利对应申请存在两份或两份以上非专利文献副本，则应该作为一份"对应申请审查意见引用文件副本"提交。

第十三章 基于波兰知识产权局工作结果向中国国家知识产权局提交常规 PPH 请求

一、概述

1. 基于 PPO 工作结果向 CNIPA 提交 PPH 请求的项目依据是什么?

中波 PPH 试点于 2013 年 7 月 1 日启动。《在中波专利审查高速路（PPH）试点项目下向中国国家知识产权局提出 PPH 请求的流程》（以下简称《中波流程》）即为基于 PPO 工作结果向 CNIPA 提交 PPH 的项目依据。

2. 基于 PPO 工作结果向 CNIPA 提交 PPH 请求的种类分为哪些?

CNIPA 与 PPO 签署的为双边 PPH 试点项目。按照提出 PPH 请求所使用的对应申请审查机构的工作结果来划分，基于 PPO 工作结果向 CNIPA 提出 PPH 请求的种类仅包括基本型常规 PPH。

3. CNIPA 与 PPO 开展 PPH 试点项目的期限有多长?

现行中波 PPH 试点自 2013 年 7 月 1 日启动，为期两年，至 2015 年 6 月 30 日止；其后，自 2015 年 7 月 1 日起无限期延长。

4. 基于 PPO 工作结果向 CNIPA 提交 PPH 请求有无领域和数量限制?

《中波流程》中提到："两局在请求数量超出可管理的水平时，

或出于其他任何原因，可终止本 PPH 试点。PPH 试点终止之前，将先行发布通知。"

5. 如何获得波兰对应申请的相关信息？

如图 13.1 所示，申请人可以通过登录 PPO 的官方网站（网址 www. uprp. gov. pl/pl）了解波兰专利申请的常用信息。

图 13.1　PPO 官网主页

如图 13.2 所示，为获得波兰对应申请的相关信息，可进入 PPO 专利数据库（网址 www. ewyszukiwarka. pue. uprp. gov. pl/search/ simple – search）。

图 13.2　PPO 专利数据库查询入口

如图 13.3 所示，已知申请号或公布号时，即可查询对应申请有关信息。

图 13.3　在 PPO 专利数据库中查询对应申请有关信息

以申请号为例，在相应的文本框中输入申请号，点击 Search 按钮，即可查看或下载授权公告信息，如图 13.4 所示。

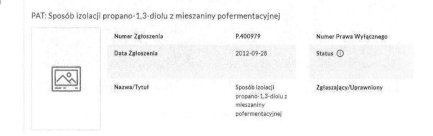

图 13.4　在 PPO 专利数据库中查看授权公告信息

二、中国本申请与波兰对应申请关联性的确定

1. 波兰对应申请号的格式是什么？如何确认波兰对应申请号？

对于 PPO 专利申请，申请号无年份号，只有流水号，例如"123456"。

波兰对应申请号是指申请人在 PPH 请求中所要利用的 PPO 工作结果中记载的申请号。申请人可以通过 PPO 作出的工作结果通知书首页，例如授予专利权的决定的首页获取波兰对应申请号如图 13.5所示。

URZĄD PATENTOWY
RZECZYPOSPOLITEJ POLSKIEJ　　　　　　　　　Warszawa, 2014 -07- 2 5
Departament Badań Patentowych
Al. Niepodległości 188/192
00-950 Warszawa, skr. poczt. 203

Nasz znak: DP/P.394994/9/aper
Wasz znak: P0017PL00/JM

DECYZJA

Na podstawie art. 24 i art. 52 ustawy z dnia 30 czerwca 2000r. Prawo własności przemysłowej (Dz.U. z 2013r. poz. 1410) Urząd Patentowy RP po rozpatrzeniu zgłoszenia oznaczonego numerem P.394994 dokonanego w dniu 2011-05-23 udziela na rzecz:
INTERNATIONAL TOBACCO MACHINERY POLAND SPÓŁKA Z OGRANICZONĄ ODPOWIEDZIALNOŚCIĄ, Radom, Polska

PATENTU

na wynalazek(i) pt.:
Odłączalna głowica tnąca do urządzenia do podawania zestawów segmentów filtrowych, urządzenie napędowe do odłączalnej głowicy tnącej i sposób wymiany odłączalnej głowicy tnącej

图 13. 5　PPO 授予专利权决定中波兰对应申请号

357

2. 波兰对应申请的著录项目信息如何核实？

对 PPH 流程所要求的申请间关联性相关的对应申请的信息，例如优先权信息、分案申请信息、PCT 申请进入国家阶段的信息等，需要通过核实中国本申请和对应申请的著录项目信息来确定。申请人可以通过 PPO 专利数据库查询并核实波兰对应申请著录项目的详细信息，如图 13. 6 所示。

图 13. 6　PPO 专利数据库提供的著录项目信息

申请人也可以通过波兰对应申请授权公告文本的扉页核实著录项目信息，包括申请号、国际申请号（如果有）、优先权号（如果有)、申请人等，如图 13.7 所示。

RZECZPOSPOLITA
POLSKA

(12) **OPIS PATENTOWY**   (19) **PL**   (11) **222957**

(13) **B1**

(21) Numer zgłoszenia: **400979**

(51) Int.Cl.
C07C 29/74 (2006.01)
C12P 7/18 (2006.01)

Urząd Patentowy
Rzeczypospolitej Polskiej

(22) Data zgłoszenia: **28.09.2012**

(54)   **Sposób izolacji propano-1,3-diolu z mieszaniny pofermentacyjnej**

(43) Zgłoszenie ogłoszono:
31.03.2014 BUP 07/14

(45) O udzieleniu patentu ogłoszono:
30.09.2016 WUP 09/16

(73) Uprawniony z patentu:
**PROCHIMIA SURFACES
SPÓŁKA Z OGRANICZONĄ
ODPOWIEDZIALNOŚCIĄ, Sopot, PL**

(72) Twórca(y) wynalazku:
**AGNIESZKA LINDSTAEDT, Gdańsk, PL
DARIUSZ WITT, Gdańsk, PL
JOANNA PUZEWICZ-BARSKA, Gdynia, PL
PIOTR BARSKI, Sopot, PL**

(74) Pełnomocnik:
rzecz. pat. Mirosława Ważyńska

图 13.7　PPO 专利授权公告文本扉页的著录项目信息

3. 中国本申请与波兰对应申请的关联性关系一般包括哪些情形？

以波兰申请作为对应申请向 CNIPA 提出的 PPH 请求限于基本型常规 PPH 请求，申请人不能利用 OSF 先作出的工作结果要求 OFF 进行加快审查，同时两申请间的关系仅限于中波两局间，不能扩展为共同要求第三个国家或地区的优先权。

符合中国本申请与波兰对应申请关联性要求的具体情形如下。

（1）中国本申请要求了波兰申请的优先权

如图 13.8 所示，中国本申请和波兰对应申请均为普通国家申请，且中国本申请要求了波兰对应申请的优先权。

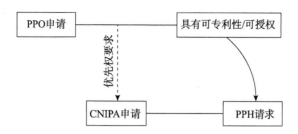

图 13.8　中国本申请和波兰对应申请均为普通国家申请

如图 13.9 所示，中国本申请是 PCT 申请进入中国国家阶段的申请，且要求了波兰对应申请的优先权。

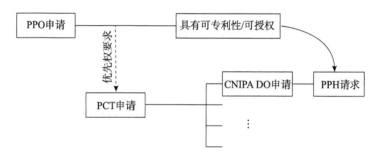

图 13.9　中国本申请为 PCT 申请进入国家阶段的申请

如图 13.10 所示，中国本申请要求了多项优先权，波兰对应申请为其中一项优先权。

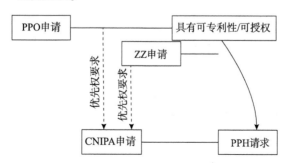

图 13.10　中国本申请要求包含波兰对应申请的多项优先权

如图 13.11 所示，中国本申请和波兰对应申请共同要求了另一波兰申请的优先权。

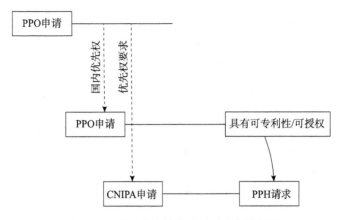

图 13.11　中国本申请和波兰对应申请共同要求另一波兰申请的优先权

如图 13.12 所示，中国本申请和波兰对应申请是同一 PCT 申请进入各自国家阶段的申请，该 PCT 申请要求了另一波兰申请的优先权。

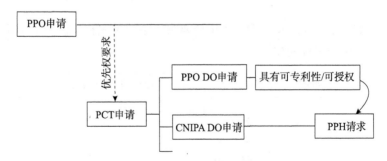

图 13.12　中国本申请和波兰对应申请是要求另一波兰申请优先权的 PCT 申请进入各自国家阶段的申请

（2）中国本申请和波兰对应申请为未要求优先权的同一 PCT 申请进入各自国家阶段的申请

详情如图 13.13 所示。

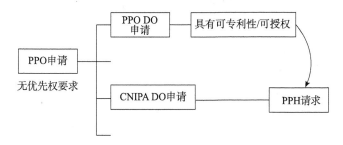

图 13.13　中国本申请和波兰对应申请是未要求优先权的
同一 PCT 申请进入各自国家阶段的申请

（3）中国本申请要求了 PCT 申请的优先权，且该 PCT 申请未要求优先权，波兰对应申请为该 PCT 申请的国家阶段申请

如图 13.14 所示，中国本申请是普通国家申请，要求了 PCT 申请的优先权，波兰对应申请是该 PCT 申请的国家阶段申请。

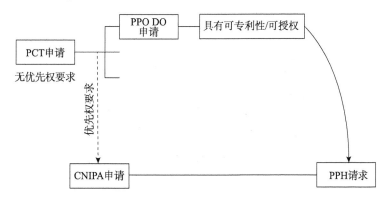

图 13.14　中国本申请要求 PCT 申请的优先权且波兰对应申请
是该 PCT 申请的国家阶段申请

如图 13.15 所示，中国本申请是 PCT 申请进入国家阶段的申请，要求了另一 PCT 申请的优先权，波兰对应申请是作为优先权基础的 PCT 申请的国家阶段申请。

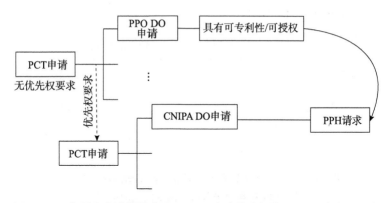

图 13.15 中国本申请是要求另一 PCT 申请优先权的 PCT 申请进入国家 阶段的申请且波兰对应申请是作为优先权基础的 PCT 申请的国家阶段申请

如图 13.16 所示，中国本申请和波兰对应申请是同一 PCT 申请 进入各自国家阶段的申请，该 PCT 申请要求了另一 PCT 申请的优 先权。

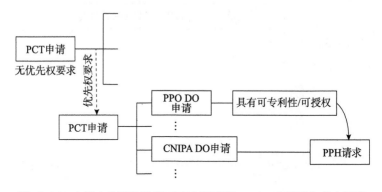

图 13.16 中国本申请和波兰对应申请是同一 PCT 申请进入各自国家 阶段的申请且该 PCT 申请要求另一 PCT 申请的优先权

4. 中国本申请与波兰对应申请的派生申请是否满足要求？

如果中国申请与波兰申请符合 PPH 流程所规定的关联性关系，则中国申请的派生申请作为中国本申请，或者波兰申请的派生申请作为对应申请，也符合关联性要求。例如，中国申请 A 为普通的中国国家申请并且有效要求了波兰对应申请的优先权，中国申请 B 是中国申请 A 的分案申请，则中国申请 B 与波兰对应申请的关系满足 PPH 关联性要求。

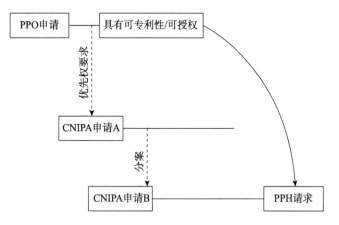

图 13.17　中国本申请为分案申请的情形

同理，如果中国本申请要求了波兰申请 A 的优先权，波兰申请 B 是申请 A 的分案申请，则该中国本申请与波兰对应申请 B 的关系也满足 PPH 的申请间关联性要求。

三、波兰对应申请可授权性的判定

1. 判定波兰对应申请可授权性的最新工作结果一般包括哪些？

波兰对应申请的工作结果是指 PPO 作出的与波兰对应申请可授权性相关的所有审查意见通知书，包括实质审查、复审、异议、无效等阶段的通知书，常见的例如：审查报告（Post Anowienie；见图 13.18）、授予专利权的决定（Decyzja；见图 13.19）等。

URZĄD PATENTOWY
RZECZYPOSPOLITEJ POLSKIEJ
Departament Badań Patentowych
Al. Niepodległości 188/192
00-950 Warszawa, skr. poczt. 203

Warszawa, dnia 23.10.2015r.

Nr **DP.P.400979.17.auci**
Wasz znak: **14994/12/R-P/WA/MW+17965/13**

POSTANOWIENIE

Na podstawie art. 46 ust. 1, ustawy z dnia 30 czerwca 2000r. Prawo własności przemysłowej (Dz.U. z 2013r. poz.1410) w związku z dokonaniem w dniu **28.09.2012r.** zgłoszenia wynalazku oznaczonego numerem **P400979** Urząd Patentowy RP wzywa zgłaszającego PROCHIMIA SURFACES Sp. z o.o., Sopot, Polska

do wprowadzenia określonych poprawek lub uzupełnień w dokumentacji zgłoszenia:

364

图 13.18   波兰对应申请的工作结果之审查报告

URZĄD PATENTOWY
RZECZYPOSPOLITEJ POLSKIEJ
Departament Badań Patentowych
Al. Niepodległości 188/192
00-950 Warszawa, skr. poczt. 203

Warszawa,   25 listopada 2015

Nasz znak: DP.P.400979.19.auci
Wasz znak: 14994/12/P-R/MW

DECYZJA

Na podstawie art. 24 i art. 52 ustawy z dnia 30 czerwca 2000r. Prawo własności przemysłowej (Dz.U. z 2013r. poz. 1410) Urząd Patentowy RP po rozpatrzeniu zgłoszenia oznaczonego numerem **P.400979** dokonanego w dniu **2012-09-28** udziela na rzecz:
PROCHIMIA SURFACES SPÓŁKA Z OGRANICZONĄ ODPOWIEDZIALNOŚCIĄ, Sopot, Polska

PATENTU

na wynalazek(i) pt.:
Sposób izolacji propano-1,3-diolu z mieszaniny pofermentacyjnej

pod warunkiem uiszczenia opłaty w wysokości 480zł. za I okres ochrony wynalazku(ów) rozpoczynający się w dniu **2012-09-28** i obejmujący 1-3 rok ochrony*.

图 13.19   波兰对应申请工作结果之授予专利权的决定

　　按照《中波流程》的规定，权利要求"被认定为可授权/具有可专利性"是指 PPO 审查员在最新的审查意见通知书中明确指出权利要求"具有可专利性/可授权"，即使该申请尚未得到专利授权。

　　上述审查意见通知书包括：审查报告（指出授予专利权尚存在的问题）、部分驳回专利权的决定（指出驳回的权利要求及理由）、授予专利权的决定、上诉决定。

　　上述最新的审查意见通知书是以向 CNIPA 提交 PPH 请求之前

或当日作为时间点来判断的，即以向 CNIPA 提交 PPH 请求之前或当日最新的工作结果中的意见作为认定波兰对应申请权利要求"可授权/具有可专利性"的标准。

2. 如果波兰对应申请存在授权后进行修改的情况，此时 PPO 判定权利要求可授权的最新工作结果是什么？

按照 PPO 的审查程序，专利权人在授权后可以请求对授权文本进行更正。如果在提出 PPH 请求之前，专利权人已经向 PPO 提出更正请求，则波兰对应申请可授权的最新工作结果为更正程序中作出的最新工作结果。在更正程序中，专利权人如果针对已授权权利要求提出了更正请求并且为 PPO 所接受，这时候最新的可授权权利要求就不再是授权文本中公布的权利要求了，而应当为更正后的权利要求。

四、相关文件的获取

1. 如何获取波兰对应申请的所有工作结果副本？

由于公众只能通过波兰检索网站获得已经授权的波兰对应申请的著录项目信息，或者通过 EPC 的 Espacenet 网站获得已授权波兰对应申请的著录项目信息和授权公告文本，因此申请人应当将所有 PPO 实审、异议、更正或者上诉阶段的与波兰对应申请获得授权有关的所有工作结果自行梳理并全部提交。

需要注意的是，对 PPO 在实审、异议、上诉等各个阶段作出的所有工作结果，申请人均应当一一核实，避免遗漏。

2. 能否举例说明波兰对应申请工作结果副本的样式？

（1）授予专利权的决定

PPO 作出的授予专利权的决定通常包括依据的法律条款、授权发明的名称、应缴费用及缴费期限信息等，具体如图 13.20 所示。

PATENTU

na wynalazek(i) pt.:
Sposób izolacji propano-1,3-diolu z mieszaniny pofermentacyjnej

pod warunkiem uiszczenia opłaty w wysokości **480zł**. za I okres ochrony wynalazku(ów) rozpoczynający się w dniu **2012-09-28** i obejmujący 1-3 rok ochrony*.

Podstawa prawna: art. 224 ust. 1 ustawy Prawo własności przemysłowej oraz pkt II ppkt 1 tabeli opłat stanowiącej załącznik nr 1 do rozporządzenia Rady Ministrów z 26 lutego 2008r. zmieniającego rozporządzenie w sprawie opłat związanych z ochroną wynalazków, wzorów użytkowych, wzorów przemysłowych, znaków towarowych, oznaczeń geograficznych i topografii układów scalonych (Dz. U. z 2001 r. Nr 90, poz. 1000, Dz. U. z 2004 r. Nr 35, poz. 309, Dz. U. z 2008 r. Nr 41, poz. 241).

Urząd Patentowy RP wzywa do wniesienia tej opłaty w ciągu trzech miesięcy od dnia doręczenia decyzji.

W razie nieuiszczenia wskazanej opłaty w wyznaczonym terminie Urząd Patentowy RP, na podstawie art. 52 ust. 2 ustawy Prawo własności przemysłowej stwierdzi wygaśnięcie decyzji o udzieleniu patentu.

Od niniejszej decyzji stronie służy wniosek o ponowne rozpatrzenie sprawy przez Urząd Patentowy RP w terminie dwóch miesięcy od dnia jej doręczenia.

Na podstawie art. 227 ustawy Prawo własności przemysłowej oraz pkt I ppkt 12 powołanej tabeli opłat Urząd Patentowy RP wzywa do wniesienia w terminie trzech miesięcy opłaty w wysokości **130zł** za publikację o udzieleniu patentu.

图 13. 20   PPO 作出的授予专利权的决定示例

366

（2）审查报告

PPO 作出的审查报告属于审查阶段的工作结果，主要包括依据的法律条款、指明申请文件缺陷、对申请文件的修改建议以及答复期限等，其样式如图 13. 21 所示。

URZĄD PATENTOWY
RZECZYPOSPOLITEJ POLSKIEJ
Departament Badań Patentowych
Al. Niepodległości 188/192
00-950 Warszawa, skr. poczt. 203

Warszawa, dnia 23.10.2015r.

Nr **DP.P.400979.17.auci**
Wasz znak: 14994/12/R-P/WA/MW+17965/13

POSTANOWIENIE

Na podstawie art. 46 ust. 1, ustawy z dnia 30 czerwca 2000r. Prawo własności przemysłowej (Dz.U. z 2013r. poz.1410) w związku z dokonaniem w dniu **28.09.2012r**. zgłoszenia wynalazku oznaczonego numerem **P400979** Urząd Patentowy RP wzywa zgłaszającego PROCHIMIA SURFACES Sp. z o.o., Sopot, Polska

do wprowadzenia określonych poprawek lub uzupełnień w dokumentacji zgłoszenia:

1. Należy przeredagować opis w taki sposób, aby dostosować go do aktualnej wersji zastrzeżeń patentowych.

W/w dokumenty patentowe należy złożyć w 1 egzemplarzu w terminie

1 miesiąca od dnia otrzymania postanowienia

W razie niezastosowania się do postanowienia w wyznaczonym wyżej terminie postępowanie w sprawie zostanie umorzone.

Jednocześnie Urząd informuje, że zgodnie z art. 37 ust. 3 w/w ustawy w przypadku, gdy zgłaszający wprowadzi do zgłoszenia uzupełnienia i poprawki, a także, jeśli w toku postępowania nastąpi zmiana zakresu żądanej ochrony zgłaszający obowiązany jest do nadesłania odpowiednio zmienionego skrótu opisu wynalazku.

Na postanowienie stronie przysługuje wniosek o ponowne rozpatrzenie sprawy przez Urząd Patentowy RP w terminie jednego miesiąca od dnia jego doręczenia.

Otrzymuje:

图 13. 21   PPO 作做出的审查报告示例

3. 如何获取波兰对应申请最新可授权的权利要求副本？

如图 13.22 所示，如果波兰对应申请已经授权，则可以在波兰专利数据库查询界面获得已授权的权利要求。

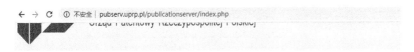

图 13.22　PPO 专利数据库中波兰对应申请可授权的权利要求文件

如图 13.23，如果波兰对应申请尚未授权，可以访问 PPO 专利数据库，从审查过程文档中下载经审查的最新修改的权利要求，但最新修改的权利要求并不一定是最新可授权的权利要求，申请人应当通过 PPO 作出的最新审查工作结果来进一步判定。

4. 能否举例说明波兰对应申请可授权权利要求副本的样式？

申请人在提交波兰对应申请最新可授权权利要求副本时，可以自行提交任意形式的权利要求副本，并非必须提交官方副本。波兰对应申请可授权权利要求副本的样式举例如图 13.24 所示。

368

图 13. 23   PPO 专利数据库中的审查通知书中指明的可授权权利要求

Zastrzeżenia patentowe poprawione

1.   Sposób izolacji propano-1,3-diolu z mieszaniny pofermentacyjnej
polegający na ekstrakcji propano-1,3-diolu mieszaniną rozpuszczalników
organicznych,
znamienny tym, że 2-butanonem, obecnym w mieszaninie
rozpuszczalników organicznych, z mieszaniny pofermentacyjnej, z której
uprzednio usunięto biomasę, izoluje się propano-1,3-diol; przy czym
zawartość 2-butanonu w mieszaninie rozpuszczalników organicznych
wynosi minimum 10%.

2. Sposób według zastrz.1 **znamienny tym, że** sposób prowadzi się ciągle,
przy czym rozpuszczalnik organiczny użyty do ekstrakcji stosuje się
wielokrotnie.

3. Sposób według zastrz.1 **znamienny tym, że** sposób prowadzi się
etapami, przy czym rozpuszczalnik organiczny użyty do ekstrakcji stosuje
się wielokrotnie.

图 13. 24   波兰对应申请可授权权利要求副本样例
注：权利要求的全部内容都需提交，这里限于篇幅，不再展示后续内容。

5. 如何获取波兰对应申请工作结果中的引用文献信息?

波兰对应申请工作结果中的引用文献分为专利文献和非专利文献。波兰授权公告文本首页不记载引用文件信息, PPO 在审查和检索中引用的文献会被记载在检索报告中, 如图 13.25 所示。

SPRAWOZDANIE O STANIE TECHNIKI ZGŁOSZENIA NR 400979

Klasyfikacja zgłoszenia: C07C29/74; C12P7/18		
Poszukiwania prowadzone w klasach: C07C29/74; C12P7/18		
Bazy komputerowe w których prowadzono poszukiwania: EPODOC, WPI, BAZY DANYCH UPRP		
Kategoria dokumentu	Dokumenty – z podaną identyfikacją	Odniesienie do zastrz.
X	CN1460671 A (DALIAN UNIV. OF TECHNOLOGY; DALIAN POLYTECHNIC UNIV) 10.12.2003; skrót, zastrz.1	1-8
A	EP0261554 A (RUHRCHEMIE AKTIENGESELLSCHAFT; HOECHST AKTIENGESELLSCHAFT) 30.03.1988	1-8
A	EP1103618 A (ROQUETTE FRERES) 30.05.2001	1-8
A	CN101497556 A (SOUTHEAST UNIVERSITY) 05.08.2009	1-8

X dokument podważający nowość wynalazku
Y dokument podważający poziom wynalazczy wynalazku
A dokument stanowiący znany stan techniki, ale niepodważający nowości i poziomu wynalazczego wynalazku
E dokument podważający nowość wynalazku, ale opublikowany po dacie zgłoszenia rozwiązania

Sprawozdanie wykonał: Agnieszka Ucińska data 08.02.2013 podpis mgr inż. Agnieszka Ucińska EKSPERT

Uwagi do zgłoszenia
Sprawozdanie zostało sporządzone dla wersji zastrzeżeń z dnia 28.09.2012r.

图 13.25 PPO 作出的检索报告中的引用文件信息

通过 EPO 的 Espacenet 网站检索, 也可以获得相关信息, 如图 13.26 和图 13.27 所示。

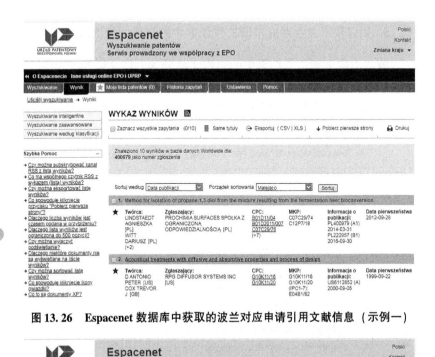

图 13. 26　Espacenet 数据库中获取的波兰对应申请引用文献信息　(示例一)

图 13. 27　Espacenet 数据库中获取的波兰对应申请引用文献信息　(示例二)

6. 如何获知引用文献中的非专利文献构成波兰对应申请的驳回理由？

申请人可以通过查询 PPO 发出的各个阶段的审查工作结果，如各种检索报告、审查报告，获知构成波兰对应申请驳回理由的非专利文献信息。若 PPO 的工作中显示某非专利文献影响了对应申请的新颖性、创造性，则该非专利文献构成驳回理由，申请人需要在提交 PPH 请求时一并提交该非专利文献。

五、信息填写和文件提交的注意事项

1. 在 PPH 请求表中填写中国本申请与波兰对应申请的关联性关系时，有哪些注意事项？

（1）在 PPH 请求表中表述中国本申请与波兰对应申请的关联性关系时，必须写明中国本申请与波兰对应申请之间的关联方式（如优先权、PCT 申请不同国家阶段等）。如果中国本申请与波兰对应申请达成关联需要经过一个或多个其他相关申请，也需写明相关申请的申请号以及达成关联的具体方式。

例如：

1）中国本申请是中国申请 A 的分案申请，波兰对应申请是波兰申请 B 的分案申请，中国申请 A 要求了波兰申请 B 的优先权。

2）中国本申请是中国申请 A 的分案申请，中国申请 A 是 PCT 申请 B 进入中国国家阶段的申请。波兰对应申请、中国国家申请 A 与 PCT 申请 B 均要求了波兰申请 C 的优先权。

（2）涉及多个波兰对应申请时，则需分条逐项写明中国本申请与每一个波兰对应申请的关系。

2. 在 PPH 请求表中填写中国本申请与波兰对应申请权利要求的对应性解释时，有哪些注意事项？

基于 PPO 工作结果向 CNIPA 提交 PPH 请求的，权利要求的对应性解释无特别的注意事项，参见本书第一章的相关内容即可。

3. 在 PPH 请求表中填写波兰对应申请所有工作结果的名称时，有哪些注意事项？

（1）应当填写 PPO 在所有审查阶段作出的全部工作结果，既包括实质审查阶段的所有通知书，也包括实质审查阶段以后的复审、异议、无效、授权后更正等阶段的所有通知书。

（2）各通知书的作出时间应当填写其通知书的发文日，在发文日无法确定的情况下允许申请人填写其通知书的起草日或完成日。所有通知书的发文日一般都在通知书首页可以找到，应准确填写。

（3）对于各通知书的名称，申请人可以按其通知书原文名称自行翻译后填写在 PPH 请求表中并将其原文名称填写在翻译的中文名后的括号内，以便审查核对。各通知书的名称应当使用其正式的中文译名填写，不得以"通知书"或者"审查意见通知书"代替。

（4）如果有多个波兰对应申请，请分别对各个波兰对应申请进行工作结果的查询并填写到 PPH 请求表中。

4. 在 PPH 请求表中填写波兰对应申请所有工作结果引用文件的名称时，有哪些注意事项？

在填写波兰对应申请所有工作结果引用文件的名称时，无特别注意事项，参见本书第一章的相关内容即可。

5. 在提交波兰对应申请国内工作结果的副本及译文时，有哪些注意事项？

（1）根据《中波流程》，所有的工作结果副本均需要被完整提交，包括其著录项目信息、格式页或附件也应当提交。

（2）按照 PPO 审查程序，PPO 的工作语言为波兰语，因此，申请人必须提交完整的波兰对应申请所有工作结果副本的中文或英文译文。

（3）对于波兰对应申请，不存在工作结果副本及其译文可以省略提交的情形。

6. 在提交波兰对应申请最新可授权权利要求副本时，有哪些注意事项？

申请人在提交波兰对应申请最新可授权权利要求副本时，一是要注意可授权权利要求是否最新，例如在授权后的更正程序中对权利要求有修改的情况；二是要注意权利要求的内容是否完整，即使有一部分权利要求在 CNIPA 申请中没有被利用到，也需要一起完整提交。

对于中波 PPH 试点项目，对应申请可授权的权利要求副本及其译文不能被省略提交。

7. 在提交波兰对应申请国内工作结果中引用的非专利文献副本时，有哪些注意事项？

当波兰对应申请工作结果中的非专利文献涉及驳回理由时，申请人应当在提交 PPH 请求时将所有涉及驳回理由的非专利文献副本一并提交。而对于所有的专利文献和未构成驳回理由的非专利文献，申请人只需将其信息填写在 PPH 请求书 E 项第 2 栏中即可，不需要提交相应的文件副本。

申请人提交文件时应确保其提交的内容完整，提交的类型正确，即按照"对应申请审查意见引用文件副本"类型提交。

如果所需提交的非专利文献是由除中文或英文之外的语言撰写，申请人也只需提交非专利文献文本即可，不需要对其进行翻译。

如果波兰对应申请存在两份或两份以上非专利文献副本，则应该作为一份"对应申请审查意见引用文件副本"提交。

第十四章 基于新加坡知识产权局工作结果向中国国家知识产权局提交常规 PPH 请求

一、概述

1. 基于 IPOS 工作结果向 CNIPA 提交 PPH 请求的项目依据是什么？

中新 PPH 试点于 2013 年 9 月 1 日启动。《在中新专利审查高速路（PPH）试点项目下向中国国家知识产权局提出 PPH 请求的流程》（以下简称《中新流程》）即为基于 IPOS 工作结果向 CNIPA 提交 PPH 请求的项目依据。

2. 基于 IPOS 工作结果向 CNIPA 提交 PPH 请求的种类分为哪些？

CNIPA 与 IPOS 签署的为双边 PPH 试点项目。按照提出 PPH 请求所使用的对应申请审查机构的工作结果来划分，2013 年 9 月 1 日中新 PPH 试点项目启动时，基于 IPOS 工作结果向 CNIPA 提交 PPH 请求的种类仅包括基本型常规 PPH；2017 年 9 月 1 日起增加了 PCT‑PPH；自 2021 年 9 月起，常规 PPH 又拓展了申请间的关联性关系，即由基本型常规 PPH 拓展为再利用型常规 PPH。目前，基于 IPOS 工作结果向 CNIPA 提交 PPH 请求的种类为再利用型常规 PPH 和 PCT‑PPH。

本章内容仅涉及基于 IPOS 工作结果向 CNIPA 提交常规 PPH 的实务；提交 PCT‑PPH 的实务建议请见本书第二章的内容。

3. CNIPA 与 IPOS 开展 PPH 试点项目的期限有多长？

中新 PPH 试点项目自 2013 年 9 月 1 日起开始试行，为期两年；

其后分别于 2015 年 9 月 1 日、2017 年 9 月 1 日、2019 年 9 月 1 日、2021 年 9 月 1 日延长四次。现行中新 PPH 试点项目至 2026 年 8 月 31 日止。

今后，将视情况，根据局际间的共同决定作出是否继续延长试点项目及相应延长期限的决定。

4. 基于 IPOS 工作结果向 CNIPA 提交 PPH 请求有无领域和数量限制？

《中新流程》中提到："两局在请求数量超出可管理的水平时，或出于其他任何原因，可暂停或终止本 PPH 试点。PPH 试点暂停或终止之前，将先行发布通知。"

5. 如何获得新加坡对应申请的相关信息？

如图 14.1 所示，申请人可以通过登录 IPOS 的官方网站（网址 www. ipos. gov. sg）了解新加坡专利申请的常用信息。

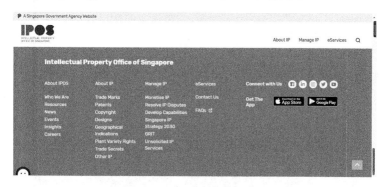

图 14.1　IPOS 官网主页

为获得新加坡对应申请的相关信息，需要访问新加坡专利数据库。点击页面中的 "eServices"，并在 eServices 界面选择 "IPOS Digital Hub"，进入界面后在其下面选择 "IP Search" 进入查询入口如图 14.2 所示。

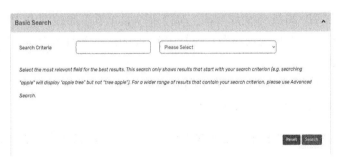

图 14.2　IPOS 专利数据库查询入口一

也可以直接输入网址 https：//digitalhub. ipos. gov. sg/FAMN/es-ervice/IP4SG/，然后点击选择键进入查询入口如图 14.3 所示。

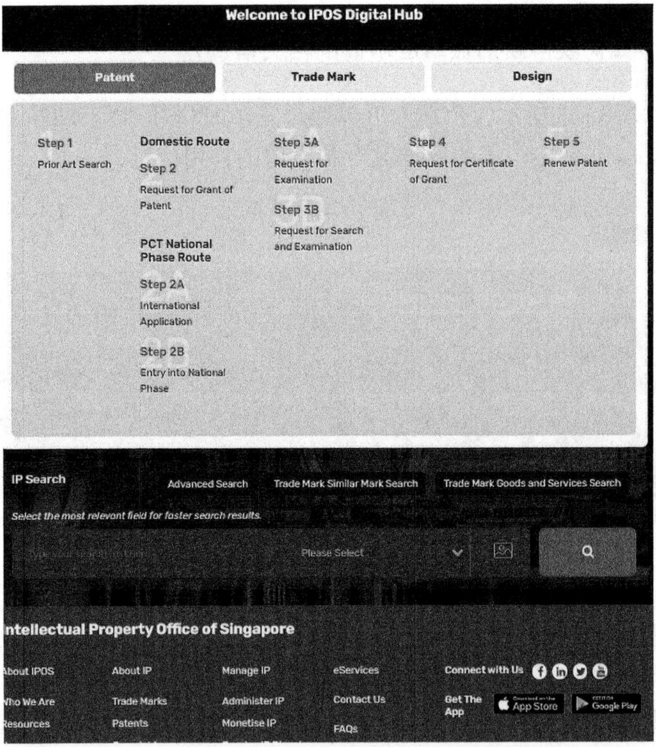

图 14.3　IPOS 专利数据库查询入口二

　　在已知对应专利申请号的情况下，基础检索（Basic Search）已足够满足需要。在检索条件中输入新加坡专利申请号，即可查询到该申请的信息，如图 14.4 所示。

图 14.4　在 IPOS 专利数据库中查询对应申请有关信息

　　点击申请号后，会显示该新加坡专利的详细信息，包括法律状态、申请日、优先权信息、IPC 分类号、授权日等；通过 PCT 进入新加坡国家阶段的，还会显示国际申请相关信息。详如图 14.5 所示。

　　点击页面右上方的"Patents Open Dossier"，即可获取对应申请的审查过程和授权文本的相关信息。

二、中国本申请与新加坡对应申请关联性的确定

1. 新加坡对应申请号的格式是什么？如何确认新加坡对应申请号？

　　对于 IPOS 专利申请，申请号第 1 位表示保护类型（其中"1"为发明专利，新加坡无实用新型专利），第 2 位表示来源（0 为直接向 IPOS 提交，1 为通过 PCT 途径进入新加坡国家阶段），第 3～6位为年份，第 7～11 位为序列号，最后一位为校验位。例

378

图 14.5 在 IPOS 专利数据库中查询对应申请详细信息

如：11201911007W。

　　新加坡对应申请号是指申请人在此次 PPH 请求中所要利用的 IPOS 工作结果中记载的申请号。申请人可以通过 IPOS 作出的工作结果，例如授权通知的首页，获取新加坡对应申请号，如图 14.6 所示。

IPOS
INTELLECTUAL PROPERTY
OFFICE OF SINGAPORE

In reply please quote our reference

Your reference:	30197SG12/KJR/EDW/cty
Our reference:	2017/2719319754Y
Date:	04 January 2017
Writer's direct number:	63302749

SPRUSON & FERGUSON (ASIA) PTE LTD
P.O. BOX 1531
ROBINSON ROAD POST OFFICE
SINGAPORE 903031

Dear Sir/Madam

Patent Application No.:	10201503723T
Title of Invention:	DISSOLVING PULP
Proprietor(s):	PT Sateri Viscose International

Date of Filing of Patent:	12 May 2015
Date of Grant of Patent:	04 January 2017

Notification of Grant

We are pleased to enclose herewith the Certificate of Grant of Patent. The grant of the patent will be published in the next Patents Journal.

图 14.6　IPOS 授权通知中新加坡对应申请的申请号

2. 新加坡对应申请的著录项目信息如何核实？

与 PPH 流程规定的两申请关联性相关的对应申请的信息，例如优先权信息、分案申请信息、PCT 申请进入国家阶段信息等，通常会在对应申请的著录项目信息中记载，如图 14.7 所示。申请人可以通过新加坡专利数据库查询详细信息，得到法律状态、申请日、优先权信息、IPC 分类号、授权日等；通过 PCT 途径进入新加坡国家阶段的，还会显示国际申请相关信息。

3. 中国本申请与新加坡对应申请的关联性关系一般包括哪些情形？

以新加坡申请为对应申请向 CNIPA 提出的常规 PPH 请求在基

Application No.	11201609770T
Application Status	Patent In Force
Filing Date	21/05/2015
PCT Application No.	PCT/US2015/031931
Entry Date	22/11/2016
Priority Claimed	23/05/2014 US 62/002,366 20/04/2015 US 62/150,004
Title of Invention	COMBINATION THERAPIES FOR THE TREATMENT OF CANCER
International Patent Classification	A61K 31/415, A61K 31/7068, A61K 39/00, A61P 35/00
PCT Publication No.	WO/2015/179615
Date of Publication of Entry into National Phase	29/12/2016
Date of Grant of Patent	03/06/2019
Date of Next Renewal Due	21/05/2020
Date of Last Renewal	04/07/2019
Year of Last Renewal	5
Expiry Date	21/05/2035

图 14.7　IPOS 专利数据库提中新加坡对应申请的著录项目信息

本型常规 PPH 的基础上拓展了两申请间的关联性关系，允许申请人利用 OSF 率先作出的工作结果要求 OFF 进行加快审查——但是两申请间的关系仅限于中新两局间，不能扩展为共同要求第三个国家或地区的优先权。

具体情形如下。

（1）中国本申请要求了新加坡申请的优先权

如图 14.8 所示，中国本申请和新加坡对应申请均为普通国家申请，且中国本申请要求了新加坡对应申请的优先权。

图 14.8　中国本申请和新加坡对应申请均为普通国家申请

如图 14.9 所示，中国本申请是 PCT 申请进入中国国家阶段的申请，且要求了新加坡对应申请的优先权。

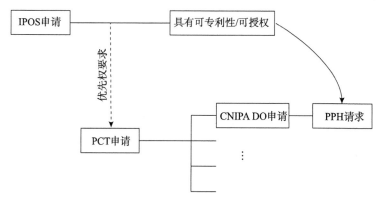

图 14.9 中国本申请为 PCT 申请进入国家阶段的申请且其要求新加坡对应申请的优先权

如图 14.10 所示，中国本申请要求了多项优先权，新加坡对应申请为其中一项优先权。

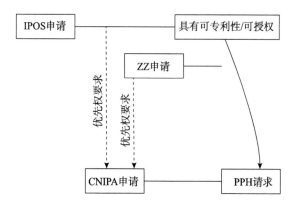

图 14.10 中国本申请要求包含新加坡对应申请的多项优先权

如图 14.11 所示，中国本申请和新加坡对应申请共同要求了另一新加坡申请的优先权。

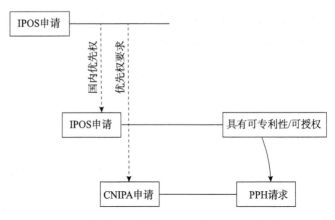

图 14.11   中国本申请和新加坡对应申请共同要求另一
新加坡申请的优先权

如图 14.12 所示，中国本申请和新加坡对应申请是同一 PCT 申请进入各自国家阶段的申请，该 PCT 申请要求了另一新加坡申请的优先权。

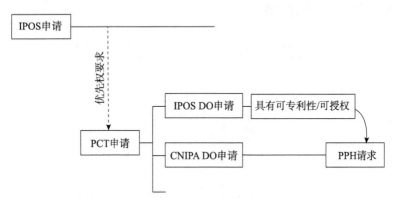

图 14.12   中国本申请和新加坡对应申请是要求另一新加坡
申请优先权的 PCT 申请进入各自国家阶段申请

（2）新加坡对应申请要求了中国本申请的优先权

如图 14.13 所示，中国本申请和新加坡对应申请均为普通国家申请，且新加坡对应申请要求了中国本申请的优先权。

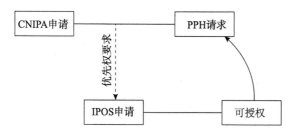

图 14.13 中国本申请和新加坡对应申请均为普通国家申请

如图 14.14 所示，新加坡对应申请是 PCT 申请进入中国国家阶段的申请，且要求了中国本申请的优先权。

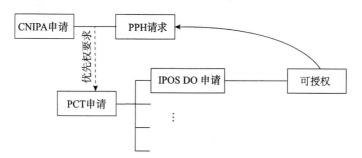

图 14.14 新加坡对应申请为 PCT 申请进入国家阶段的申请且
其要求中国本申请的优先权

（3）中国本申请和新加坡对应申请为未要求优先权的同一 PCT 申请进入各自国家阶段的申请

详情如图 14.15 所示。

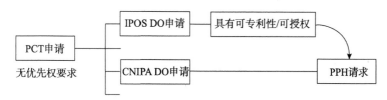

图 14.15 中国本申请和新加坡对应申请是未要求优先权的
同一 PCT 申请进入各自国家阶段的申请

（4）中国本申请要求了 PCT 申请的优先权，且该 PCT 申请未要求优先权，新加坡对应申请为该 PCT 申请的国家阶段申请

如图 14.16 所示，中国本申请是普通国家申请，要求了 PCT 申请的优先权，新加坡对应申请是该 PCT 申请的国家阶段申请。

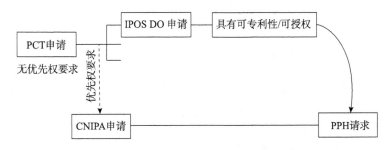

图 14.16　中国本申请要求 PCT 申请的优先权且新加坡对应申请是该 PCT 申请的国家阶段申请

如图 14.17 所示，中国本申请是 PCT 申请进入国家阶段的申请，要求了另一 PCT 申请的优先权，新加坡对应申请是作为优先权基础的 PCT 申请的国家阶段申请。

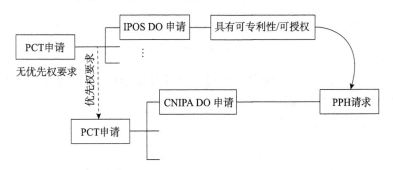

图 14.17　中国本申请是要求 PCT 申请优先权的 PCT 申请进入国家阶段的申请且新加坡对应申请是作为优先权基础的 PCT 申请的国家阶段申请

如图 14.18 所示，中国本申请与新加坡对应申请是同一 PCT 申请进入各自国家阶段的申请，该 PCT 申请要求了另一 PCT 申请的优先权。

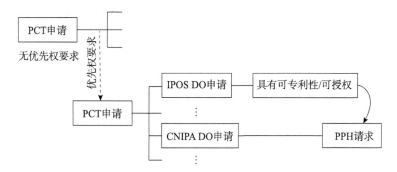

图 14.18　中国本申请和新加坡对应申请是同一 PCT 申请进入各自国家阶段的申请且该 PCT 申请要求另一 PCT 申请的优先权

385

4. 中国本申请与新加坡对应申请的派生申请是否满足要求？

如果中国申请与新加坡申请符合 PPH 流程所规定的申请间关联性关系，则中国申请的派生申请作为中国本申请，或者新加坡申请的派生申请作为对应申请，也均符合 PPH 的申请间关联性关系。情形一如图 14.19 所示，中国申请 A 要求了新加坡申请 C 的优先权，新加坡对应申请 D 要求了新加坡申请 C 的国内优先权，中国申请 B 是中国申请 A 的分案申请，则中国申请 B 与新加坡申请 D 的关系满足 PPH 的申请间关联性关系。

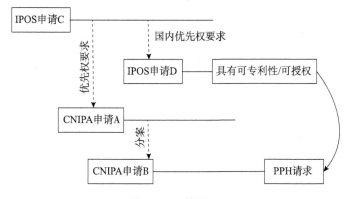

图 14.19　情形一

情形二如图 14.20 所示，某中国申请为分案申请，其原申请有效要求了新加坡对应申请的优先权，则中国分案申请与新加坡申请满足关联性关系。

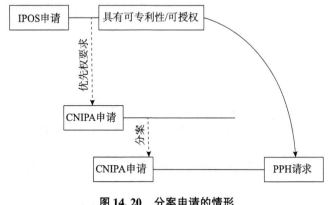

图 14.20　分案申请的情形

三、新加坡对应申请可授权性的判定

1. 判定新加坡对应申请可授权性的最新工作结果一般包括哪些？

新加坡对应申请的工作结果是指与新加坡对应申请可授权性相关的所有新加坡国内工作结果，包括实质审查、复审、无效等阶段的通知书。常见的例如：答复书面意见邀请（Invitation to Respond to Written Opinion；见图 14.21）、检索报告（Search Report）、书面意见（Written Opinion）、授权资格通知（Notice of Eligibility for Grant）、审查报告（Examination Report；见图 14.22）、授权通知（Notification of Grant；见图 14.23）等。

根据《中新流程》的规定，权利要求"被认定为可授权/具有可专利性"是指在最新的审查意见通知书中权利要求被明确指为"具有可专利性/可授权"，即使该申请尚未得到专利授权。所述审查意见通知书包括：书面意见、检索及审查报告或审查报告。

上述最新的审查意见通知书是以向 CNIPA 提交 PPH 请求之前或当日作为时间点来判断的，即以向 CNIPA 提交 PPH 请求之前或当日最新的工作结果中的意见作为认定新加坡对应申请权利要求"可授权/具有可专利性"的标准。

IPOS
INTELLECTUAL PROPERTY
OFFICE OF SINGAPORE

In reply please quote our reference

Your reference:	1564SG359/MBR/pyd
Our reference:	2017/3792775748T
Date:	13 December 2017
Writer's direct number:	63302750

SPRUSON & FERGUSON (ASIA) PTE LTD
P.O. BOX 1531
ROBINSON ROAD POST OFFICE
SINGAPORE 903031

Dear Sir/Madam,

Patent Application No.:	11201609770T
Title of invention:	COMBINATION THERAPIES FOR THE TREATMENT OF CANCER
Applicant(s):	EISAI R&D MANAGEMENT CO., LTD.

Invitation to Respond to Written Opinion

The Written Opinion has been established and a copy of it is attached for your reference.

You may respond to the opinion by submitting Patents Form 13A (https://www.ip2.sg/RPS/WP/PT/FormPF13AP.aspx) together with –

(a) Written submissions in response to the Examiner's opinion and/ or
(b) Amendment of the specification of the application

within **5 months** from the date of this letter. Otherwise, an Examination Report will be established based on this written opinion.

Ms Umarani Rajagopal
for Registrar of Patents
Singapore

Encl:Written Opinion - 11201609770T-WRO-Written Opinion [1]

图 14.21　新加坡答复书面意见邀请

INTELLECTUAL PROPERTY
OFFICE OF SINGAPORE

Examination Report

Application No.
11201609770T

Application filing date	(Earliest) Priority Date	Examiner's Reference Number
21/05/2015	23/05/2014	IPOS/STLJ

1. This Examination Report is issued under Section 29(4) of the *Patents Act* with effect from 14/02/2014.

2. This report contains indications relating to the following items:

I	☒	Basis of the report
II	☐	Priority
III	☐	Non-establishment of report with regard to novelty, inventive step and industrial applicability
IV	☐	Unity of invention
V	☒	Reasoned statement with regard to novelty, inventive step or industrial applicability; citations and explanations supporting such statement
VI	☐	Defects in the form or contents of the application
VII	☐	Clarity, Clear and Complete Disclosure, and Support
VIII	☐	Double patenting

3. The search report used was issued by the European Patent Office.

4. This report does not contain any unresolved objection.

Intellectual Property Office of Singapore 51 Bras Basah Road #01-01 Manulife Centre Singapore 189554 E-mail address: operation@iposinternational.com	Date of Examination Report: 01/04/2019
	Authorized Officer Serena Tan Li Jun (Dr)

图 14.22　新加坡审查报告

IPOS
INTELLECTUAL PROPERTY
OFFICE OF SINGAPORE

In reply please quote our reference

Your reference:	1564SG359/MBR(TYQ)/amh
Our reference:	2019/5562915767W
Date:	03 June 2019
Writer's direct number:	63308610

SPRUSON & FERGUSON (ASIA) PTE LTD
P.O. BOX 1531
ROBINSON ROAD POST OFFICE
SINGAPORE 903031

Dear Sir/Madam

Patent Application No.:	11201609770T
Title of Invention:	COMBINATION THERAPIES FOR THE TREATMENT OF CANCER
Proprietor(s):	EISAI R&D MANAGEMENT CO., LTD.
Date of Filing of Patent:	21 May 2015
Date of Grant of Patent:	03 June 2019

Notification of Grant

We are pleased to enclose herewith the Certificate of Grant of Patent. The grant of the patent will be published in the next Patents Journal.

What's Next

You need to renew your patent annually by filing Patents Form 15 (https://www.ip2.sg). The first renewal will be due on the 4th anniversary of the filing date or 3 months from the grant date, whichever is later.

We will send a renewal notice to the address above before the renewal due date. For any changes to the address, you should file Form CM1 (https://www.ip2.sg) to update any changes in the agent or Form CM2 (https://www.ip2.sg) to update any changes in the address for service.

图 14.23 新加坡授权通知

2. 如果新加坡对应申请存在授权后进行修改的情况，此时 IPOS 判定权利要求可授权的最新工作结果是什么？

按照 IPOS 的审查程序，专利权人在授权后可以请求对授权文本进行更正。如果在提出 PPH 请求之前，专利权人已经向 IPOS 提出更正请求，则新加坡对应申请可授权的最新工作结果为更正程序中作出的最新工作结果。在更正程序中，专利权人如果针对已授权权利要求提出了更正请求并且为 IPOS 所接受，这时候最新可授权权利要求就不再是授权文本中公布的权利要求，而应当为更正后的权利要求。

3. IPOS 一般如何明确指明最新可授权权利要求的范围？能否举例说明？

在 IPOS 针对对应申请作出的工作结果中，IPOS 一般使用以下语段明确指明最新可授权权利要求范围。

（1）在 IPOS 作出的书面意见或审查报告中，IPOS 通常在通知书中以表格的形式列出哪些权利要求具有新颖性、创造性或工业实用性，如图 14.24 所示。

Written Opinion

Application No.
10202006466Y

V.	Reasoned statement with regard to novelty, inventive step or industrial applicability; Citation and explanation supporting such statement

Statement with regard to novelty, inventive step or industrial applicability

Novelty (N)	Claim(s)	1-15	YES
	Claim(s)	NONE	NO
Inventive Step (IS)	Claim(s)	1-15	YES
	Claim(s)	NONE	NO
Industrial applicability (IA)	Claim(s)	1-15	YES
	Claim(s)	NONE	NO

1. Citations
The following citations are referred to in this opinion. Full bibliographic details are provided in the Search Report:

D1 — CN 111161062 A
      (the original non-English language document was used for the purpose of establishing the opinion)
D2 — CN 109409877 A

图 14.24　IPOS 作出的书面意见中对权利要求可授权性的指明

（2）在 IPOS 作出的检索报告中，其通常在通知书中以表格的形式对对比文件影响了哪些权利要求的新颖性、创造性予以表明。需注意的是：检索报告不会单独作为权利要求可授权的工作结果，通常，IPOS 会在发出检索报告的同时发出书面意见或审查报告，如图 14.25 所示。

IPOS
INTELLECTUAL PROPERTY
OFFICE OF SINGAPORE

Search Report

	Application No.
	10201912999V

A. CLASSIFICATION OF SUBJECT-MATTER
According to International Patent Classification (IPC)
G06Q 20/40, H04L 9/00

B. FIELDS SEARCHED

Minimum documentation searched (classification system followed by classification symbols)
G06Q, H04L

Documentation searched other than minimum documentation to the extent that such documents are included in the fields searched

Electronic database consulted during the search (name of database and, where applicable, search terms used)
FAMPAT, Internet: authenticate, verify, validate, 认证, 确认, 校验, 验证, select, subset, choose, 选, parameter, point, score, credit, mark, 点, 分, 数, priority, order, ranking, grading, seniority, preference, incentive, 优先, 排行, 排序, blockchain, distributed ledger, consensus network, cryptocurrency, bitcoin, 区块链, 分布式网络, 分布式账本, 比特币, 加密货币 and related terms

C. DOCUMENTS CONSIDERED TO BE RELEVANT

Category	Citation of document, with indication, where appropriate, of the relevant passages	Relevant to claim no.
Y	KRÓL M. ET AL., Proof-of-Prestige: A Useful Work Reward System for Unverifiable Tasks. *IEEE International Conference on Blockchain and Cryptocurrency (ICBC)*, 17 May 2019, pages 293-301 Page 293 right column third paragraph, page 294 left column second and fourth paragraphs, page 294 right column second to fourth paragraphs, page 294 right column last paragraph - page 295 left column second paragraph, page 297 right column fourth paragraph, page 298 right column second and third paragraphs, page 300 left column second paragraph, Figures 3 and 4 Citation is not enclosed due to copyright restrictions.	1-19
Y	CN 110580653 A (CHANGSHA UNIVERSITY OF SCIENCE AND TECHNOLOGY) 17 December 2019 Paragraphs [0028]-[0033] of the original non-English language document (a machine translation is enclosed only for your reference)	1-19

图 14. 25　IPOS 作出的检索报告中影响权利要求可授权性的文献列表

四、相关文件的获取

1. 如何获取新加坡对应申请的所有工作结果副本?

可以按如下步骤获取新加坡对应申请的所有工作结果副本。

步骤 1 (见图 14. 26): 在 IPOS 的 Digitalhub 页 (网址 https://digitalhub.ipos.gov.sg/) 选择专利申请号检索并输入新加坡对应申请的申请号。

步骤 2 (见图 14. 27): 选择对应申请,点击进入相关页面,获得新加坡对应申请的信息。

步骤 3 (见图 14. 28): 在页面右上方点击 "Patent Open Dossier",找到新加坡对应申请的审查记录。

391

步骤4（见图14.29）：查看新加坡对应申请在不同审查阶段所发出的审查意见通知书。

在步骤4中，审查记录中包含的实质审查阶段工作结果有检索报告、书面意见、审查报告、答复书面意见邀请、授权资格通知和授权通知等。

图14.26 在 IPOS 的 Digitalhub 页上输入新加坡对应申请的申请号

图14.27 选择对应申请，点击进入相关页面，获得对应申请的信息

图 14.28　找到新加坡对应申请的审查记录

S/No.	Document Name	File Size	Lodgement Date	
11	Search Report	317 KB	20/07/2015	☐
12	Written Opinion	426 KB	20/07/2015	☐
13	Invitation to Respond to Written Opinion	186 KB	20/07/2015	☐
14	Cover Letter	518 KB	11/12/2015	☐
15	Form PF13A	92 KB	11/12/2015	☐
16	Amendment of Description with Claim(s)	238 KB	11/12/2015	☐
17	RESPONSE TO WRITTEN OPINION TO EXAMINER	184 KB	30/12/2015	☐
18	Written Opinion	94 KB	25/02/2016	☐
19	Invitation to Respond to Written Opinion	185 KB	10/03/2016	☐
20	Form PF13A	92 KB	19/07/2016	☐

Showing 11 to 20 of 46 entries

☐ Merge selected PDFs

图 14.29　查看新加坡对应申请工作结果的具体内容

2. 能否举例说明新加坡对应申请工作结果副本的样式？

（1）授权通知

IPOS 会随其作出的授权通知送达专利证书，同时在授权通知中告知专利将被公布，并提示专利权人后续办理的手续例如续展等，如图 14.30 所示。

Dear Sir/Madam

Patent Application No.:　　　　　　10202100813P
Title of Invention:　　　　　　　　A SYSTEM AND METHOD FOR DETECTING DOMAIN
　　　　　　　　　　　　　　　　　GENERATION ALGORITHMS (DGAs) USING DEEP
　　　　　　　　　　　　　　　　　LEARNING AND SIGNAL PROCESSING TECHNIQUES
Proprietor(s):　　　　　　　　　　ENSIGN INFOSECURITY PTE. LTD.

Date of Filing of Patent:　　　　　26 January 2021
Date of Grant of Patent:　　　　　05 October 2021

Notification of Grant

We are pleased to enclose herewith the Certificate of Grant of Patent. The grant of the patent will be published in the next Patents Journal.

What's Next

You need to renew your patent annually by filing Patents Form 15 (https://www.ip2sg.ipos.gov.sg). The first renewal will be due on the 4th anniversary of the filing date or 3 months from the grant date, whichever is later.

We will send a renewal notice to the address above before the renewal due date. For any changes to the address, you should file Form CM1 (https://www.ip2sg.ipos.gov.sg) to update any changes in the agent or Form CM2 (https://www.ip2sg.ipos.gov.sg) to update any changes in the address for service.

Patent Cooperation with Cambodia

You may also be interested to know that we have established a patent cooperation with the Ministry of Industry & Handicraft (MIH) Cambodia. Patent owners in Singapore will be able to re-register their Singapore patents in Cambodia. Find out how you may be able to benefit from this cooperation from our website (https://www.ipos.gov.sg/).

Unsolicited IP Services – Requests for Payment of Fees

Should you receive mails to make payments for renewal and/or other transactions from private establishments not related to IPOS or your appointed IP agent, please treat them with caution.

Ideas Today. Assets Tomorrow.

图 14.30　IPOS 作出的授权通知样式首页

（2）授权资格通知

IPOS 作出的授权资格通知中会通知申请人该专利申请有资格获得专利权，如图 14.31 所示。

Our reference:　　　　2016/2682246636P
Date:　　　　　　　　28 December 2016
Writer's direct number:　63302750

SPRUSON & FERGUSON (ASIA) PTE LTD
P.O. BOX 1531
ROBINSON ROAD POST OFFICE
SINGAPORE 903031

Dear Sir/Madam,

Patent Application No.:　　10201503723T
Title of invention:　　　　Dissolving Pulp
Applicant(s):　　　　　　PT Sateri Viscose International

Notice of Eligibility for Grant

We are pleased to inform you that the patent application is eligible for grant. Please find the Examination Report enclosed for your reference.

What's Next

You may wish to file Patents Form 14 (https://www.ip2.sg/RPS/WP/PT/FormPF14P.aspx) by **28 February 2017** to request for the issuance of a certificate of grant. Otherwise, the application will be treated as abandoned.

Work Sharing Programmes

You may also be interested to know that we have established the following work sharing programmes to share search and examination results between offices to allow applicants in both countries to obtain corresponding patents faster and more efficiently –

图 14.31　IPOS 作出的授权资格通知样式首页

（3）审查报告和书面意见

IPOS 作出的审查报告和书面意见的样式基本相同，包括首页和正文页。其中首页包含了法律依据，并以表格勾选的形式列出了正文部分所包含的信息，例如报告的基础、优先权信息、单一性信息、三性判定信息等。正文是对首页中所勾选的内容的具体说明，例如对三性结果的具体解释等。样式如图 14.32 和图 14.33 所示。

INTELLECTUAL PROPERTY
OFFICE OF SINGAPORE

Examination Report

| Application No. |
| 10202100813P |

Application filing date	(Earliest) Priority Date	Examiner's Reference Number
26/01/2021		IPOS/YEG

1. This Examination Report is issued under Section 29(5) of the *Patents Act* with effect from 14/02/2014.

2. This report contains indications relating to the following items:

I	☒	Basis of the report
II	☐	Priority
III	☐	Non-establishment of report with regard to novelty, inventive step and industrial applicability
IV	☐	Unity of invention
V	☒	Reasoned statement with regard to novelty, inventive step or industrial applicability; citations and explanations supporting such statement
VI	☐	Defects in the form or contents of the application
VII	☐	Clarity, Clear and Complete Disclosure, and Support
VIII	☐	Double patenting

3. The search report used was issued by the Intellectual Property Office of Singapore.

4. This report does not contain any unresolved objection.

Intellectual Property Office of Singapore	Date of Examination Report:
1 Paya Lebar Link #11-03	21/09/2021
PLQ 1, Paya Lebar Quarter	Authorized Officer
Singapore 408533	Yeo Eng Guan (Dr)
E-mail address: operations@iposinternational.com	

图 14.32　IPOS 作出的审查报告首页样式

IPOS
INTELLECTUAL PROPERTY
OFFICE OF SINGAPORE

Examination Report

Application No.
10202100813P

V.	Reasoned statement with regard to novelty, inventive step or industrial applicability; Citation and explanation supporting such statement

Statement with regard to novelty, inventive step or industrial applicability

Novelty (N)	Claim(s)	1-18	YES
	Claim(s)	NONE	NO
Inventive Step (IS)	Claim(s)	1-18	YES
	Claim(s)	NONE	NO
Industrial applicability (IA)	Claim(s)	1-18	YES
	Claim(s)	NONE	NO

1. Citations

The following citations are referred to in this report. Full bibliographic details are provided in the Search Report:

D1 — LI Y. ET AL. , 2019
D2 — KUMAR A. D. ET AL. , 2019
D3 — LO E. ET AL. , 2020

2. Novelty (Section 14 of the *Patents Act*)

None of the available prior art documents individually discloses all the features of any of the claims 1-18. Therefore the subject matter of these claims is novel.

3. Inventive Step (Section 15 of the *Patents Act*)

D1 discloses the following features of claim 1 (references in parentheses refer to D1; strikethrough wordings refer to features that are not disclosed in D1 and have been highlighted by the examiner):
A system for detecting Domain Generation Algorithm (DGA) behaviours comprising:
- a deep learning classifier (DL-C) module configured to: receive a stream of Domain Name System (DNS) records (1. Introduction: pattern filter filter incoming DNS queries to obtain domains);
- identify DNS records having DGA associated domain names and the DGA characteristics associated with each of the DGA associated domain names (1. Introduction: identify DGA domains using classification models to classify DGA domains and normal domains);
- a series filter-classifier (SFC) module configured to: group identified DNS records from the DL-C module into series based on source IP, destination IP and time period of analysis associated with

图 14. 33　IPOS 作出的审查报告正文页样式

（4）检索报告

IPOS 作出的检索报告包括首页和正文页。首页包含了法律依据，并以表格勾选的形式列出了报告所包含的信息，例如对某些权利要求不进行检索的情形，缺乏单一性的情形，对发明名称、摘要或摘要附图指定或修改的情形等。正文页除对首页中所勾选的部分内容进行具体说明外，还主要包含了该申请的 IPC 分类、检索的领域以及检索出的相关文献。如图 14.34 和图 14.35 所示。

图 14.34 IPOS 作出的检索报告首页样式

INTELLECTUAL PROPERTY
OFFICE OF SINGAPORE

Search Report

Application No.
10201503723T

A. CLASSIFICATION OF SUBJECT-MATTER

According to International Patent Classification (IPC)

D21C 1/02, D21C 3/02, D01F 2/06, C08L 97/02, C08B 5/00, C08B 5/10, C08B 9/00, C08B 16/00, D01F 2/22, D21C 9/14, D21C 9/16

B. FIELDS SEARCHED

Minimum documentation searched (classification system followed by classification symbols)

Documentation searched other than minimum documentation to the extent that such documents are included in the fields searched

Electronic database consulted during the search (name of database and, where applicable, search terms used)

Databases: EPODOC, WPI, English Patent Full Text, STN, and Internet.

Keywords: Acacia, crassicarpa, wattle, pulping, dissolving pulp, Kraft, viscose, rayon and like terms.

C. DOCUMENTS CONSIDERED TO BE RELEVANT

Category	Citation of document, with indication, where appropriate, of the relevant passages	Relevant to claim no.
X	XUE, G.-X. ET AL., Pulping And Bleaching Of Plantation Fast-Growing Acacias (Part 1) Chemical Composition And Pulpability. *Japan Tappi Journal*, 31 March 2001, Vol. 55, No. 3, pages 366 – 372 (see Abstract, Table 2, page 96 and Conclusions). Citation not enclosed due to copyright restrictions.	1 – 24
A	ANDREW G. WILKES, The Viscose Process. *Regenerated Cellulose Fibres*, 30 April 2001, pages 37 – 61 (see page 37 – 50, Table 3.1 and Figure 3.1). Citation not enclosed due to copyright restrictions.	
A	US 2015/0013925 A1 (MARCELO MOREIRA LEITE) 15 January 2015 (see Abstract, [0021] – [0023], [0048] – [0049] and [0051]).	

☒ Further documents are listed in the continuation of box C.

Special categories of cited documents:

A: document defining the general state of the art which is not considered to be of particular relevance

E: earlier application or patent but published on or after the filing date

L: document which may throw doubts on priority claim(s) or which is cited to establish the publication date of another citation or other special reason (as specified)

O: document referring to an oral disclosure, use, exhibition or other means

P: document published prior to the filing date but later than the priority date claimed

T: later document published after the filing date or priority date and not in conflict with the application but cited to understand the principle or theory underlying the invention

X: document of particular relevance; the claimed invention cannot be considered novel or cannot be considered to involve an inventive step when the document is taken alone

Y: document of particular relevance; the claimed invention cannot be considered to involve an inventive step when the document is combined with one or more other such documents; such combination being obvious to a person skilled in the art

&: document member of the same patent family

Date of submission of the request to the Intellectual Property Office of Singapore:	Date of actual completion of the search:
	25/06/2015

图 14.35 IPOS 作出的检索报告正文页样式

3. 如何获取新加坡对应申请的最新可授权的权利要求副本？

如果新加坡对应申请已经授权，可以在新加坡专利数据库查询界面获得已授权的权利要求，如图 14.36 所示。

399

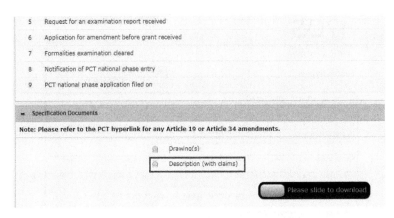

图 14.36　IPOS 授权公告文本的查询入口

　　如果新加坡对应申请尚未授权，可以在审查过程文档中查询经审查的最新修改的权利要求，如图 14.37 所示。

31	Notice of Eligibility for Grant	118 KB	28/12/2016
32	Form PF14	94 KB	03/01/2017
33	Description (with claims)	999 KB	03/01/2017
34	Drawing(s)	89 KB	03/01/2017
35	Notification of Grant	88 KB	04/01/2017
36	Form CM2	89 KB	29/01/2018
37	CM2- Approval Letter	88 KB	29/01/2018
38	Pre-Renewal Notice	81 KB	12/02/2019
39	Form PF15	85 KB	13/05/2019

图 14.37　IPOS 在审查过程中确定的最新可授权的权利要求

4. 能否举例说明新加坡对应申请可授权权利要求副本的样式？

　　申请人在提交新加坡对应申请最新可授权权利要求副本时，可以自行提交任意形式的权利要求副本，并非必须提交官方副本。新加坡对应申请可授权权利要求副本的样式如图 14.38 所示。

WHAT IS CLAIMED IS:

1. Use of an EP4 antagonist in the manufacture of a medicament for treating cancer in a subject in need thereof wherein the medicament is to be used in combination with a therapy selected from the group consisting of: radiation therapy, an antibody therapy, and combinations thereof; wherein the EP4 antagonist is:

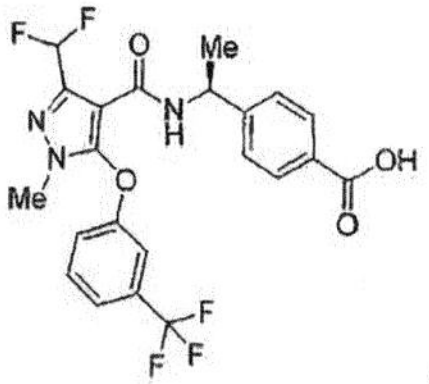

or a pharmaceutically acceptable salt thereof.

2. Use of an EP4 antagonist in the manufacture of a medicament for generating a memory immune response against a cancer in a subject in need thereof wherein the medicament is to be used in combination with a therapy selected from the group consisting of: radiation therapy, an antibody therapy, and combinations thereof; wherein the EP4 antagonist is:

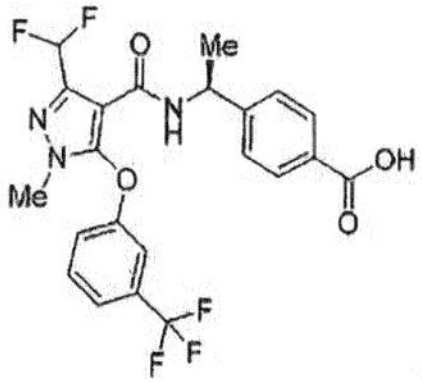

or a pharmaceutically acceptable salt thereof.

图 14.38　新加坡对应申请权利要求副本样式（节选）
注：权利要求的全部内容都需提交，这里限于篇幅，不再展示后续内容。

5. 如何获取新加坡对应申请工作结果中的引用文献信息？

新加坡对应申请工作结果中的引用文献分为专利文献和非专利文献。IPOS 在审查和检索中引用的文献会被记载在检索报告中，并且，对权利要求的评述的对比文件也会在书面意见或审查报告中列出，因此申请人可以通过查询新加坡对应申请的上述工作结果的内容获取其引用文件信息。如图 14.39 和图 14.40 所示。

C. DOCUMENTS CONSIDERED TO BE RELEVANT	
Category	Citation of document, with indication, where appropriate, of the relevant passages
X	XUE, G.-X. ET AL., Pulping And Bleaching Of Plantation Fast-Growing Acacias (Part 1) Chemical Composition And Pulpability. *Japan Tappi Journal*, 31 March 2001, Vol. 55, No. 3, pages 366 – 372 (see Abstract, Table 2, page 96 and Conclusions). Citation not enclosed due to copyright restrictions.
A	ANDREW G. WILKES, The Viscose Process. *Regenerated Cellulose Fibres*, 30 April 2001, pages 37 – 61 (see page 37 – 50, Table 3.1 and Figure 3.1). Citation not enclosed due to copyright restrictions.
A	US 2015/0013925 A1 (MARCELO MOREIRA LEITE) 15 January 2015 (see Abstract, [0021] – [0023], [0048] – [0049] and [0051]).

图 14.39　IPOS 检索报告中的专利文献和非专利文献

Examination Report

Application No.
10201503723T

V.	Reasoned statement with regard to novelty, inventive step or industrial applicability; Citation and explanation supporting such statement

Statement with regard to novelty, inventive step or industrial applicability

Novelty (N)	Claim(s)	1 – 19	YES
	Claim(s)	NONE	NO
Inventive Step (IS)	Claim(s)	1 – 19	YES
	Claim(s)	NONE	NO
Industrial applicability (IA)	Claim(s)	1 – 19	YES
	Claim(s)	NONE	NO

1. Citations
The following citations are referred to in this report. Full bibliographic details are provided in the Search Report:

D1　–　XUE, G.-X. ET AL., 2010
D2　–　ANDREW G. WILKES, 2001
D3　–　US 2015/0013925 A1
D4　–　UZAIR ET AL., 1990
D5　–　UZAIR AND ANDOYO SUGIHARTO, 1989
D6　–　PIETARINEN, S. ET AL., 2004

图 14.40　IPOS 书面意见中引用的文献

6. 如何获知引用文献中的非专利文献构成新加坡对应申请的驳回理由？

　　申请人可以通过查询 IPOS 发出的各个阶段的审查工作结果如各种检索报告、书面意见、审查报告，获取 IPOS 申请中构成驳回理由的非专利文献信息。当 IPOS 的工作结果中显示某专利文献影响了对应申请的新颖性、创造性，则该非专利文献属于构成驳回理由的文献，例如图 14.41 所示。

C. DOCUMENTS CONSIDERED TO BE RELEVANT	
Category	Citation of document, with indication, where appropriate, of the relevant passages
X	XUE, G.-X. ET AL., Pulping And Bleaching Of Plantation Fast-Growing Acacias (Part 1) Chemical Composition And Pulpability. *Japan Tappi Journal*, 31 March 2001, Vol. 55, No. 3, pages 366 – 372 (see Abstract, Table 2, page 96 and Conclusions). Citation not enclosed due to copyright restrictions.
A	ANDREW G. WILKES, The Viscose Process. *Regenerated Cellulose Fibres*, 30 April 2001, pages 37 – 61 (see page 37 – 50, Table 3.1 and Figure 3.1). Citation not enclosed due to copyright restrictions.
A	US 2015/0013925 A1 (MARCELO MOREIRA LEITE) 15 January 2015 (see Abstract, [0021] – [0023], [0048] – [0049] and [0051]).

图 14.41　需要提交非专利文献引用文件的情形示例

五、信息填写和文件提交的注意事项

1. 在 PPH 请求表中填写中国本申请与新加坡对应申请的关联性关系时，有哪些注意事项？

（1）在 PPH 请求表中表述中国本申请与新加坡对应申请的关联性关系时，必须写明中国本申请与新加坡对应申请之间的关联的方式（如优先权、PCT 申请不同国家阶段等），如果中国本申请与新加坡对应申请达成关联需要经过一个或多个其他相关申请，也需写明相关申请的申请号以及达成关联的具体方式。

例如：①中国本申请是中国申请 A 的分案申请，新加坡对应申请是新加坡申请 B 的分案申请，中国申请 A 要求了新加坡申请 B 的优先权；②中国本申请是中国申请 A 的分案申请，中国申请 A 是 PCT 申请 B 进入中国国家阶段的申请。新加坡对应申请、中国申请 A 与 PCT 申请 B 均要求了新加坡申请 C 的优先权。

（2）涉及多个新加坡对应申请时，则需分条逐项写明中国本申请与每一个新加坡对应申请的关系。

2. 在 PPH 请求表中填写中国本申请与新加坡对应申请权利要求的对应性解释时，有哪些注意事项？

基于 IPOS 工作结果向 CNIPA 提交 PPH 请求的，权利要求的对应性解释无特别的注意事项，参见本书第一章的相关内容即可。

3. 在 PPH 请求表中填写新加坡对应申请所有工作结果的名称时，有哪些注意事项？

①应当填写 IPOS 在所有审查阶段作出的全部工作结果。

②各通知书的作出时间应当填写其通知书的发文日，在发文日无法确定的情况下允许申请人填写其通知书的起草日或完成日。所有通知书的发文日一般都在通知书首页可以找到，应准确填写。

③对各通知书的名称，申请人可以按其通知书原文名称自行翻译后填写在 PPH 请求表中并将其原文名称填写在翻译的中文名后的括号内，以便审查核对。各通知书的名称应当使用其正式的中文译名填写，不得以"通知书"或者"审查意见通知书"代替。

④如果有多个新加坡对应申请，请分别对各个新加坡对应申请进行工作结果的查询并填写到请求表中。

4. 在 PPH 请求表中填写新加坡对应申请所有工作结果引用文件的名称时，有哪些注意事项？

在填写新加坡对应申请所有工作结果引用文件的名称时，无特别注意事项，参见本书第一章的相关内容即可。

5. 在提交新加坡对应申请的工作结果副本时及译文时，有哪些注意事项？

在提交新加坡对应申请的工作结果副本时，申请人应当注意如下事项。

（1）根据《中新流程》，所有的工作结果副本均需要被完整提交——包括其著录项目信息、格式页或附件也应当提交。对于新加坡对应申请，不存在工作结果副本可以省略提交的情形。

（2）由于新加坡对应申请的工作语言为英文，因此申请人无需提交新加坡对应申请工作结果副本的译文。当然，申请人也可以提交其中文译文——此种情况下，申请人应当注意：所有的工作结果副本的译文均需要被完整提交，而不能仅提交工作结果副本的部分译文。

6. 在提交新加坡对应申请的最新可授权权利要求副本时，有哪些注意事项？

申请人在提交新加坡对应申请最新可授权权利要求副本时，一是要注意可授权权利要求是否最新，例如在授权后的更正程序中对权利要求有修改的情况；二是要注意权利要求的内容是否完整，即使有一部分权利要求在 CNIPA 申请中没有被利用到，也需要一起完整提交。

根据《中新流程》的规定，对新加坡对应申请可授权的权利要求副本不能省略提交。

由于新加坡对应申请的最新可授权权利要求所使用的语言为英语（或中文），因此不需要提交其译文。

7. 在提交新加坡对应申请的工作结果中引用的非专利文献副本时，有哪些注意事项？

当新加坡对应申请的工作结果中的非专利文献涉及驳回理由时，申请人应当在提交 PPH 请求时将所有涉及驳回理由的非专利文献副本一并提交。而对于所有的专利文献和未构成驳回理由的非专利文献，申请人只需将其信息填写在 PPH 请求书 E 项第 2 栏中即可，不需要提交相应的文件副本。

申请人提交文件时应确保其提交的内容完整，提交的类型正确，即按照"对应申请审查意见引用文件副本"类型提交。

如果所需提交的非专利文献是由除中文或英文之外的语言撰写，申请人也只需提交非专利文献文本即可，不需要对其进行翻译。

如果新加坡对应申请存在两份或两份以上非专利文献副本，则应该作为一份"对应申请审查意见引用文件副本"提交。

第十五章 基于加拿大知识产权局 工作结果向中国国家知识产权局 提交常规 PPH 请求

一、概述

1. 基于 CIPO 工作结果向 CNIPA 提交 PPH 请求的项目依据是什么？

中加 PPH 试点于 2013 年 9 月 1 日启动。《在中加专利审查高速路（PPH）试点项目下向中国国家知识产权局提出 PPH 请求的流程》（以下简称《中加流程》）即为基于 CIPO 工作结果向 CNIPA 提交 PPH 的项目依据。

2018 年 9 月 1 日，经双方协定，对《中加流程》进行了更新；基于 CIPO 工作结果向 CNIPA 提交 PPH 请求以更新版的《中加流程》为依据。

2. 基于 CIPO 工作结果向 CNIPA 提交 PPH 请求的种类分为哪些？

CNIPA 与 CIPO 签署的为双边 PPH 试点项目。按照提出 PPH 请求所使用的对应申请审查机构的工作结果来划分，基于 CIPO 工作结果向 CNIPA 提出 PPH 请求的种类包括常规 PPH 和 PCT–PPH。

本章内容仅涉及基于 CIPO 工作结果向 CNIPA 提交常规 PPH 的实务；提交 PCT–PPH 的实务建议请见本书第二章的内容。

3. CNIPA 与 CIPO 开展 PPH 试点项目的期限有多长？

中加 PPH 试点项目自 2013 年 9 月 1 日起开始试行，为期两年。

随后该试点项目分别于 2015 年 9 月 1 日、2018 年 9 月 1 日、2021 年 9 月 1 日各延长三年，至 2026 年 8 月 31 日止。

今后，将视情况，根据局际间的共同决定作出是否继续延长试点项目及相应延长期限的决定。

4. 基于 CIPO 工作结果向 CNIPA 提交 PPH 请求有无领域和数量限制？

《中加流程》中提到："……直至 CNIPA 和加拿大知识产权局（CIPO）受理足够数量的 PPH 请求，以恰当地评估 PPH 项目的可行性。"

5. 如何获得加拿大对应申请的相关信息？

如图 15.1 所示，申请人可以通过登录 CIPO 的官方网站（网址 www. cipo. gc. ca）查询加拿大对应申请的相关信息。

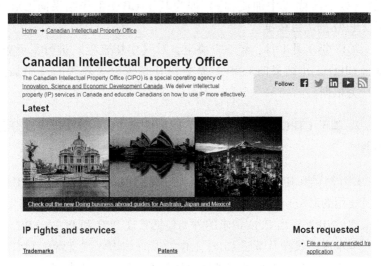

图 15.1　CIPO 官网主页

进入加拿大知识产权局网站主页，点击下方的"Patents"，即可进入 CIPO 专利信息平台。

如图 15.2 所示，点击右侧的"Search patent document"或者"Search by file number"可以进入具体的专利信息查询界面。

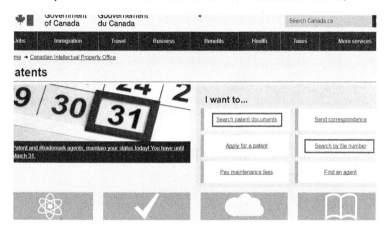

图 15.2　CIPO 专利信息平台

如点击"Search patent document"进入查询页面，还需在"Search Options"中选择"Number Search"。若点击"Search by file number"，则直接进入申请号查询界面，如图 15.3 所示。

图 15.3　通过 CIPO 专利信息平台查询加拿大对应申请有关信息

在"Search Patent Number"中输入加拿大对应申请正确的申请号（7位阿拉伯数字），即可浏览已经公布的对应申请的相关信息和文件，包括对应申请的著录项目信息、申请文件、案件状态以及审查意见通知书等，如图15.4所示。

图15.4　CIPO专利信息平台中对应申请相关文件列表

二、中国本申请与加拿大对应申请关联性的确定

1. 加拿大对应申请号的格式是什么？如何确认加拿大对应申请号？

如图15.5所示，对于CIPO专利申请，申请号的格式一般为"CA×××××××"，例如CA2938096。申请号由七位阿拉伯数字顺序编号而成；从1989年10月1日起，申请号从2000001开始顺序编号。

加拿大对应申请号是指申请人在此次PPH请求中所要利用的CIPO工作结果中记载的申请号。申请人可以通过CIPO作出的工作结果,例如审查员报告(Examiner's Report)或最终审查意见通知书(Final Action)获取加拿大对应申请的申请号。

```
Application No.      :   2,938,096  ──▶ 加拿大申请号
Owner               :   SUNCOR ENERGY INC.
Title               :   STABILIZED EMULSIONS
Classification      :   A01N 61/02 (2006.01)
Your File No.       :   017142-0104
Examiner            :   Ginette Devarennes
```

YOU ARE HEREBY NOTIFIED OF A REQUISITION BY THE EXAMINER IN ACCORDANCE WITH SUBSECTION 30(2) OF THE *PATENT RULES*. IN ORDER TO AVOID ABANDONMENT UNDER PARAGRAPH 73(1)(a) OF THE *PATENT ACT*, A WRITTEN REPLY MUST BE RECEIVED WITHIN THE **SIX (6)** MONTH PERIOD AFTER THE ABOVE DATE.

This application has been examined as originally filed.

The number of claims in this application is 48.

图 15.5   加拿大对应申请的申请号样式

2. 加拿大对应申请的著录项目信息如何核实?

与 PPH 流程规定的两申请关联性相关的对应申请的信息,例如优先权信息、分案申请信息、PCT 申请进入国家阶段信息等,通常会在对应申请的著录项目信息中记载。申请人一般可以通过以下两种方式获取加拿大对应申请的著录项目信息。

一是通过申请号检索进入检索界面后,第一行即显示为著录项目信息,如图 15.6 所示。

(12) Patent:	(11) CA 2775330
(54) English Title:	REVERSE CEMENTING VALVE
(54) French Title:	VANNE DE CIMENTATION INVERSE
Status:	Granted

▶ **Bibliographic Data** ──▶ 著录项目信息

▶ Abstracts

▶ Claims

▶ Description

▶ Representative Drawing

▶ Administrative Status

▶ Owners on Record

▶ Documents

图 15.6   加拿大对应申请检索页面的著录项目信息

著录项目信息包括国际申请号（如果有）、申请人等信息，如图 15.7 所示。

▼ Bibliographic Data

(51) International Patent Classification (IPC):	F16K 35/00 (2006.01) E21B 33/14 (2006.01) E21B 34/10 (2006.01) F16K 3/24 (2006.01) F16K 3/30 (2006.01) F16K 31/12 (2006.01)
(72) Inventors :	HANSON, ANDREW JAMES (Canada) MARCIN, JOZEPH ROBERT (Canada) BIEDERMANN, RANDAL BRENT (Canada) WARD, DAMIAN LEONARD (Canada) ANDERSEN, CLAYTON R. (United States of America)
(73) Owners :	WEATHERFORD TECHNOLOGY HOLDINGS, LLC (United States of America)
(71) Applicants :	WEATHERFORD/LAMB, INC. (United States of America)
(74) Agent:	DEETH WILLIAMS WALL LLP
(74) Associate agent:	
(45) Issued:	2016-08-16
(22) Filed Date:	2012-04-25
(41) Open to Public Inspection:	2013-10-04
Examination requested:	2012-04-25
Availability of licence:	N/A
(25) Language of filing:	English
Patent Cooperation Treaty (PCT):	No

(30) Application Priority Data:	→ 优先权信息

Application No.	Country/Territory	Date
13/439,207	United States of America	2012-04-04

图 15.7　加拿大对应申请检索列表中的著录项目信息

二是通过加拿大对应申请的授权公告本文核实。相关著录项目信息会在授权公告文本扉页显示，包括申请号、国际申请号（如果有）、优先权号（如果有）、申请人、发明人等；申请是分案申请的，还会记录原申请号，如图 15.8 所示。

Office de la Propriété Intellectuelle du Canada / Un organisme d'Industrie Canada	Canadian Intellectual Property Office / An agency of Industry Canada	CA 2838102 C 2016/01/19

(11)(21) **2 838 102**

(12) **BREVET CANADIEN CANADIAN PATENT**

(13) **C**

(22) Date de dépôt/Filing Date: 2009/08/13　　原申请号
(41) Mise à la disp. pub./Open to Public Insp.: 2010/02/25
(45) Date de délivrance/Issue Date: 2016/01/19
(62) Demande originale/Original Application: 2 733 623
(30) Priorités/Priorities: 2008/08/21 (US12/229,272);
　　2008/12/03 (US12/315,754); 2008/12/03 (US12/315,666);
　　2008/12/03 (US12/315,805)

(51) CI.Int./Int.CI. *E04B 1/24* (2006.01),
　　E04B 1/19 (2006.01), *E04C 3/32* (2006.01),
　　E04H 9/02 (2006.01)
(72) Inventeurs/Inventors:
　　HOUGHTON, DAVID L., US;
　　KARNS, JESSE E., US;
　　GALLART, ENRIQUE A., US
(73) Propriétaire/Owner:
　　MITEK HOLDINGS, INC., US
(74) Agent: SMART & BIGGAR

图 15.8　加拿大授权公告文本中相关著录项目信息的展示

3. 中国本申请与加拿大对应申请的关联性关系一般包括哪些情形？

以加拿大申请作为对应申请向 CNIPA 提出的常规 PPH 请求限于基本型常规 PPH 请求，申请人不能利用 OSF 先作出的工作结果要求 OFF 进行加快审查，同时两申请间的关系仅限于中加两局间，不能扩展为共同要求第三个国家或地区的优先权。

符合中国本申请与加拿大对应申请关联性关系的具体情形如下。

（1）中国本申请要求了加拿大申请的优先权

如图 15.9 所示，中国本申请和加拿大对应申请均为普通国家申请，且中国本申请要求了加拿大对应申请的优先权。

如图 15.10 所示，中国本申请为 PCT 申请进入中国国家阶段的申请，且该 PCT 申请要求了加拿大对应申请的优先权。

413

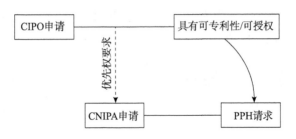

图 15.9　中国本申请和加拿大对应申请均为普通国家申请

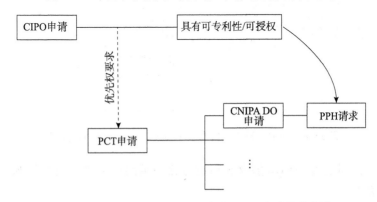

图 15.10　中国本申请为 PCT 申请进入国家阶段的申请

如图 15.11 所示，中国本申请要求了多项优先权，加拿大对应申请为其中一项优先权。

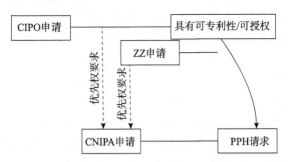

图 15.11　中国本申请要求包含加拿大对应申请的多项优先权

如图 15.12 所示，中国本申请和加拿大对应申请共同要求了另一加拿大申请的优先权。

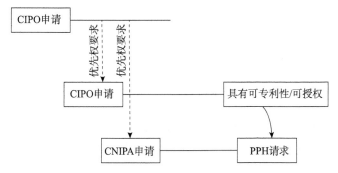

**图 15.12　中国本申请和加拿大对应申请共同
要求另一加拿大申请的优先权**

如图 15.13 所示，中国本申请和加拿大对应申请是同一 PCT 申请进入各自国家阶段的申请，该 PCT 申请要求了另一加拿大申请的优先权。

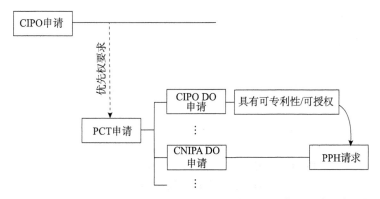

**图 15.13　中国本申请和加拿大对应申请是要求另一加拿大申请优先权的
PCT 申请进入各自国家阶段的申请**

（2）中国本申请和加拿大对应申请为未要求优先权的同一 PCT 申请进入各自国家阶段的申请。

详情如图 15.14 所示。

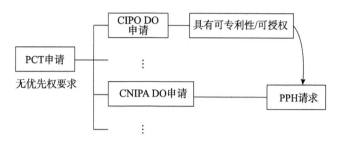

图 15.14 中国本申请和加拿大对应申请是未要求优先权的同一PCT 申请进入各自国家阶段的申请

（3）中国本申请要求了 PCT 申请的优先权，且 PCT 申请未要求优先权，加拿大对应申请为该 PCT 申请的国家阶段申请

如图 15.15 所示，中国本申请是普通国家申请，要求了 PCT 申请的优先权，加拿大对应申请是该 PCT 申请的国家阶段申请。

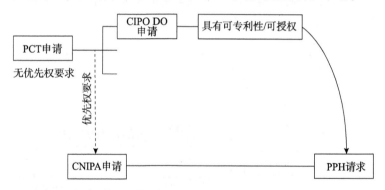

图 15.15 中国本申请要求 PCT 申请的优先权且加拿大对应申请是该 PCT 申请的国家阶段申请

如图 15.16 所示，中国本申请是 PCT 申请进入国家阶段的申请，要求了另一 PCT 申请的优先权；加拿大对应申请是作为优先权基础的 PCT 申请的国家阶段申请。

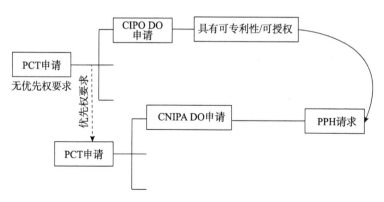

图 15.16 中国本申请是要求 PCT 申请优先权的 PCT 申请进入国家阶段的申请且加拿大对应申请是作为优先权基础的 PCT 申请的国家阶段申请

如图 15.17 所示，中国本申请和加拿大对应申请是同一 PCT 申请进入各自国家阶段的申请，该 PCT 申请要求了另一 PCT 申请的优先权。

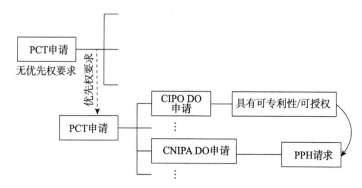

图 15.17 中国本申请和加拿大对应申请是同一 PCT 申请进入各自国家阶段的申请且该 PCT 申请要求另一 PCT 申请的优先权

4. 中国本申请与加拿大对应申请的派生申请是否满足关联性要求？请举例说明。

如果中国本申请与加拿大申请符合 PPH 流程所规定的申请间关联性关系，则加拿大申请的派生申请（如分案申请的情形）作为对应申请，也符合申请间关联性关系。如图 15.18 所示，中国申请 A 要求了加拿大对应申请的优先权，中国申请 B 是中国申请 A 的分案申请，则中国申请 B 与加拿大对应申请的关系满足 PPH 的申请间关联性要求。

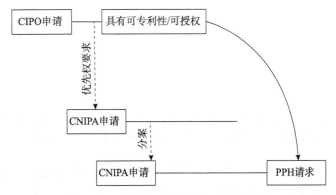

图 15.18　中国本申请为分案申请的情形

　　同理，如果中国本申请要求了加拿大申请 A 的优先权，加拿大申请 B 是 A 的分案申请，则中国本申请与加拿大对应申请 B 的关系也满足 PPH 的申请间关联性要求。

三、加拿大对应申请可授权性的判定

1. 判定加拿大对应申请可授权性的最新工作结果一般包括哪些？请举例说明。

　　加拿大对应申请的工作结果是指与加拿大对应申请可授权性相关的所有加拿大国内工作结果，一般包括实质审查、复审、再颁、上诉、更正阶段的通知书，例如审查员报告、最终审查意见通知书、授权通知（Notice of Allowance）等。

　　权利要求"被认定为可授权/具有可专利性"是指 CIPO 审查员在最新的审查意见通知书中明确指出权利要求"具有可专利性"，即使该申请尚未得到专利授权。所述审查意见通知书包括：审查员报告和最终审查意见通知书。

上述最新的审查意见通知书是以向 CNIPA 提交 PPH 请求之前或当日作为时间点来判断的，即以向 CNIPA 提交 PPH 请求之前或当日最新的工作结果中的意见作为认定加拿大对应申请权利要求"可授权/具有可专利性"的标准。

2. CIPO 一般如何明确指明最新可授权权利要求的范围？

在 CIPO 针对对应申请作出的工作结果中，CIPO 一般使用以下语段明确指明最新可授权权利要求范围。

（1）授权通知

当最新工作结果为如图 15.19 所示的授权通知时，则表明CIPO已经针对申请人的申请作出了授予专利权的认可。但 CIPO 的授权通知中并不记载作出该授权决定所针对的申请文本，申请人可以在授权公告文本中查询授权的权利要求内容。

图 15.19 CIPO 作出的最终审查意见通知书样例

（2）最终审查意见通知书

当最新工作结果是最终审查意见通知书时，CIPO 通常会指出该申请不予授权的理由。如果申请人不向上诉委员会提出复审请求，则最终审查意见通知书即为对该申请的最终审查决定。如图 15.20 所示是一个不授予专利权的最终审查意见通知书的示例。

2,307,484   5

> PLEASE NOTE THAT UNDER PARAGRAPH 30(6)(b) OF THE *PATENT RULES*, IF AMENDMENTS ARE MADE IN RESPONSE TO THIS FINAL ACTION BUT THE EXAMINER DOES NOT FIND THE AMENDED APPLICATION TO BE ALLOWABLE, THESE AMENDMENTS SHALL BE CONSIDERED NOT TO HAVE BEEN MADE.

Dan Marinescu
Patent Examiner
819-639-8202

图 15.20　CIPO 作出的最终审查意见通知书样例

（3）专利局长决定（Decision of the Commissioner of Patents）

如果申请人在收到最终审查意见通知书后提出向上诉委员会（Appeal Board）提出复审，CIPO 会对申请文件进一步审查并发出专利局长决定（首页样式见图 15.21），并在该决定中作出驳回申请（见图 15.22）或授予该申请专利权（见图 15.23）的决定。

Innovation, Sciences et
Développement économique Canada
Office de la propriété intellectuelle du Canada

Innovation, Science and
Economic Development Canada
Canadian Intellectual Property Office

REGISTERED MAIL

February 14, 2020

BORDEN LADNER GERVAIS LLP
100 Queen Street, Suite 1300
Ottawa, Ontario.
K1P 1J9

Application No.	:	**2,307,484**
Owner	:	KUHURO INVESTMENTS AG, L.L.C.
Title	:	**PREDICTIVE MODELING OF CONSUMER FINANCIAL BEHAVIOR**
Classification	:	G06Q 30/02 (2012.01)
Your File No.	:	PAT 71921-1
Our File No.	:	FA 1520

Please find enclosed a Commissioner's Decision concerning the above-mentioned patent application.

Yours sincerely,

图 15.21　CIPO 作出的专利局长决定首页

DECISION OF THE COMMISSIONER

[49] I concur with the findings of the Board and its recommendation to refuse the application. The claims on file do not comply with section 2 of the *Patent Act.*

[50] Accordingly, I refuse to grant a patent for this application. Under section 41 of the *Patent Act*, the Applicant has six months to appeal my decision to the Federal Court of Canada.

图 15. 22　拒绝授予专利权的专利局长决定

DECISION

[61] I concur with the conclusions and recommendation of the Board. In accordance with subsection 86(10) of the *Patent Rules*, I hereby notify the Applicant that the rejection of the instant application is withdrawn, the instant application has been found allowable and I will direct my officials to issue a Notice of Allowance in due course.

图 15. 23　决定授予专利权的专利局长决定

注意：如果上诉委员会撤销原驳回决定，则直接在决定中作出授予专利权的决定。

（4）再颁决定

如果在加拿大对应申请授权后，申请人提出了再颁程序，则判定加拿大对应申请可授权的最新工作结果应当为再颁程序中作出的工作结果，即再颁决定。

3. 如果加拿大对应申请存在授权后进行修改的情况，此时 CIPO 判定权利要求可授权的最新工作结果是什么？

按照 CIPO 的审查程序，专利权人在授权后可以请求对授权文本进行更正。如果在提出 PPH 请求之前，专利权人已经向 CIPO 提出更正请求，则加拿大对应申请可授权的最新工作结果为更正程序中作出的最新工作结果，如图 15. 24 所示。

421

Patent No.	:	**2,872,375**
Issued	:	**December 8, 2015**
Owner	:	**LAFOREST, REMI**
Title	:	**PROFILED ELEMENT FOR GENERATING A FORCE**
Classification	:	B64C 21/10 (2006.01)
Your File No.	:	**297700.00003**

Dear Sir/Madam,

We acknowledge receipt of your letter dated **20 June 2017 (20-06-2017)** requesting a correction pursuant to section 8 of the Patent Act.

The Certificate of Correction for the above mentioned patent was issued on **11 August 2017 (11-08-2017)** and an original certificate is enclosed herewith so that it may be attached to the Patent Grant.

422

Bureau canadien des brevets / *Canadian Patent Office*

Certificat de correction   Certificate of Correction

Canadian Patent No. 2,872,375
Granted: 8 December 2015 (08-12-2015)

Les corrections suivantes sont faites en raison de l'article 8 de la *Loi sur les brevets* et le document doit être lu tel que corrigé.

The following corrections are made pursuant to section 8 of the *Patent Act* and the document should read as corrected.

In the Patent Grant:

Pages 18 & 19 of the claims should be read as attached pages 18 & 19.

图 15.24　CIPO 作出的授权更正通知书

在更正程序中，专利权人如果针对已授权权利要求提出了更正请求并且为 CIPO 所接受。这时候最新可授权权利要求就不再是授权文本中公布的权利要求了，而应当为更正后的权利要求。CIPO 通常会重新公告更正后的权利要求书，如图 15.25 所示。

14.　The profiled element as claimed in claim 11, wherein at least one pin hole has an opening with a diameter value ranging from 10 to 15 microns for a relative speed comprised between 250 km/h and 400 km/h.

15.　The profiled element as claimed in any one of claims 1 to 14, wherein the airflow circulation is caused by a motion of the profiled element.

16.　The profiled element as claimed in any one of claims 1 to 14, wherein the airflow circulation is caused by air being forced against the active surface.

图 15.25　CIPO 对授权后更正的权利要求的重新公告样式

四、相关文件的获取

1. 如何获取加拿大对应申请的所有工作结果副本？

可以按如下步骤获取加拿大对应申请的所有工作结果副本。

步骤 1（见图 15.26）：在 CIPO 官网 PATENT 数据库中输入加拿大对应申请的申请号。

步骤 2（见图 15.27）：通过著录项目查看加拿大对应申请的审查请求日、授权公告日等信息。

步骤 3（见图 15.28）：通过文件列表找到加拿大对应申请在审查阶段的审查记录。

图 15.26　步骤 1：在 CIPO 官网上输入加拿大对应申请的申请号

(12) Patent:	(11) CA 2803172
(54) English Title:	IMPACT BAFFLE FOR CONTROLLING HIGH-PRESSURE FLUID JETS AND METHODS OF CUTTING WITH FLUID JETS
(54) French Title:	CHICANE A IMPACT POUR REGLER DES JETS DE FLUIDE HAUTE PRESSION ET METHODES DE COUPE AVEC DES JETS DE FLUIDE
Status:	Deemed expired

▼ Bibliographic Data

(51) International Patent Classification (IPC):	B24C 5/00 (2006.01)
(72) Inventors :	ROTH, PHILIPP (Switzerland) MAURER, WALTER (Switzerland) DE VRIES, VERA (Switzerland)
(73) Owners :	GENERAL ELECTRIC TECHNOLOGY GMBH (Not Available)
(71) Applicants :	ALSTOM TECHNOLOGY LTD. (Switzerland)
(74) Agent:	CRAIG WILSON AND COMPANY
(74) Associate agent:	
(45) Issued:	2015-11-03
(22) Filed Date:	2013-01-16
(41) Open to Public Inspection:	2013-07-20
Examination requested:	2013-06-28

图 15.27　步骤 2：找到加拿大对应申请号的信息记录

Select All ☐	Document Description ⬆⬇	Date (yyyy-mm-dd) ⬆⬇	Number of pages ⬆⬇	Size of Image (KB) ⬆⬇
☐	PAB Letter ➡审查工作结果	2020-02-14	17	651
☐	Letter to PAB	2019-11-25	2	51
☐	Letter to PAB	2019-11-14	1	39
☐	PAB Letter ➡审查工作结果	2019-10-24	14	619
☐	Letter to PAB	2018-04-05	1	33
☐	PAB Letter ➡审查工作结果	2018-02-09	6	206
☐	PAB Letter ➡审查工作结果	2018-02-09	6	206
☐	Summary of Reasons (SR)	2018-02-01	3	215
☐	Final Action - Response	2017-11-08	29	1,571
☐	Final Action ➡审查工作结果	2017-05-11	6	359
☐	Description	2016-10-21	66	2,912
☐	Claims	2016-10-21	7	247
☐	Amendment	2016-10-21	27	1,213
☐	Examiner Requisition	2016-03-22	5	321
☐	Claims	2015-10-01	6	185

425

图 15. 28　步骤 3：找到加拿大对应申请在审查阶段的审查记录

2. 能否举例说明加拿大对应申请的工作结果副本的样式？

（1）审查员报告和最终审查意见通知书

CIPO 作出的审查员报告（见图 15.29 和图 15.30）和最终审查意见通知书（见图 15.31 和图 15.32）除第一段所引用的法律法规和指定的答复期限等标准语段外，一般包含审查基础、引用的专利和非专利文献、审查员对该申请的审查结论以及具体评述理由。

GOUDREAU GAGE DUBUC
cipo@ggd.com

11 June 2014 (11-06-2014)

发文日

Application No.	:	2,848,798
PCT No.	:	CA2013050125
Owner	:	DUCHESNAY INC.
Title	:	FORMULATION OF DOXYLAMINE AND PYRIDOXINE AND/OR METABOLITES OR SALTS THEREOF
Classification	:	A61K 9/00 (2006.01)
Your File No.	:	780/11621.219
Examiner	:	Isabelle Gagné

YOU ARE HEREBY NOTIFIED OF A REQUISITION BY THE EXAMINER IN ACCORDANCE WITH SUBSECTION 30(2) OF THE *PATENT RULES*. CONSISTENT WITH THE OBJECTIVES OF SECTION 28 OF THE *PATENT RULES*, IN ORDER TO AVOID ABANDONMENT UNDER PARAGRAPH 73(1)(a) OF THE *PATENT ACT*, A WRITTEN REPLY MUST BE RECEIVED WITHIN **THREE (3)** MONTHS AFTER THE ABOVE DATE.

This application has been examined taking into account the: ► 审查基础

Description,	pages 2-46 and 48, as originally filed; pages 1 and 47, as received on 14 March 2014 (14-03-2014) during the national phase;
Claims,	1-41, as received on 14 March 2014 (14-03-2014) during the national phase; and
Drawings,	pages 1/17 to 17/17, as originally filed.

This application has been examined taking into account applicant's correspondence on prior art received in this office on 14 March 2014 (14-03-2014).

The number of claims in this application is 41.

Documents Cited: ► 引用文献

D1:* EP 1 397 133   Gervais   17 March 2014 (17-03-2014)

D2: Koren et al., "Effectiveness of delayed-release doxylamine and pyridoxine for nausea and vomitting of pregnancy: a randomized placebo controlled trial", *Am. J. Obstet. Gynecol.*, 203(6), Page 571, 1 December 2010 (01-12-2010)

D3:* US 2007/0141147   Heil et al.   21 June 2007 (21-06-2007)

* document cited by a foreign patent office

图 15.29　CIPO 作出的审查员报告示例一

The examiner has identified the following defects in the application: 审查员对缺陷的评述

The claims on file do not comply with section 28.3 of the *Patent Act*. These claims are directed to subject-matter that would have been obvious at the claim date to a person skilled in the art or science to which it pertains having regard to D1 and D2 in view of D3. A formulation comprising both an immediate release and a delayed release component of a drug was known on the claim date. It would have been obvious to a person skilled in the art to combine the immediate release component of D1 with the delayed release component of D2 in a formulation comprising both, as taught in D3.

In accordance with subsection 28(2) of the *Patent Rules*, this application will no longer qualify for advanced examination requested by the applicant if the application is deemed to be abandoned in accordance with subsection 73(1) of the *Patent Act* or if an extension of time under subsection 26(1) of the *Patent Rules* is granted.

In view of the foregoing defects, the applicant is requisitioned, under subsection 30(2) of the *Patent Rules*, to amend the application in order to comply with the *Patent Act* and the *Patent Rules* or to provide arguments as to why the application does comply.

Under section 34 of the *Patent Rules*, any amendment made in response to this requisition must be accompanied by a statement explaining the nature thereof, and how it corrects each of the above identified defects.

Isabelle Gagné
Senior Patent Examiner
819-997-2743

As per CIPO Client Service Standards, a response to a telephone enquiry or voice mail should be provided by the end of the next business day. In the event that attempts to reach the examiner are unsuccessful, the examiner's Section Head, André Martin, can be reached at 819-953-6441.

图 15.30　CIPO 作出的审查员报告示例二

426

BORDEN LADNER GERVAIS LLP
World Exchange Plaza
100 Queen Street, Suite 1300
OTTAWA Ontario
K1P 1J9

Application No.	:	**2,307,484**
Owner	:	**KUHURO INVESTMENTS AG, L.L.C.**
Title	:	**PREDICTIVE MODELING OF CONSUMER FINANCIAL BEHAVIOR**
Classification	:	G06Q 30/02 (2012.01)
Your File No.	:	**PAT 71921-1**
Examiner	:	Dan Marinescu

<u>FINAL ACTION</u>

IN ACCORDANCE WITH SUBSECTION 30(4) OF THE *PATENT RULES*, YOU ARE HEREBY NOTIFIED OF A REQUISITION BY THE EXAMINER. IN ORDER TO AVOID ABANDONMENT UNDER PARAGRAPH 73(1)(a) OF THE *PATENT ACT*, A WRITTEN REPLY MUST BE RECEIVED WITHIN THE **SIX (6)** MONTH PERIOD AFTER THE ABOVE DATE. ➤审查基础

This application has been examined taking into account the applicant's correspondence received in this office on 21 October 2016 (21-10-2016).

The number of claims in this application is 21.

The examiner has identified the following defects in the application:

Summary of defects
Claims 19 and 20 are not fully supported by the description and do not comply with section 84 of the *Patent Rules*.

The claims on file do not comply with section 2 of the *Patent Act*.

Lack of support
Claims 19 and 20 are not fully supported by the description and do not comply with section 84 of the *Patent Rules*. The claimed features, "first memory", "second memory", "third memory", "fourth memory", "fifth memory", "sixth memory" and "seventh memory" (claim 20 only) are not described

图 15. 31　CIPO 作出的最终审查意见通知书示例一

As described above, the essential elements of the claims are directed to a scheme of predictive modeling of consumer financial behaviour based on historical spending patterns, meaningful classifications of merchants based on the actual spending patterns, and predicting future spending patterns in specific merchant groupings. Therefore, <u>claims 1 to 21 do not disclose a patentable category of invention and do not comply with section 2 of the *Patent Act*.</u> ➤审查结论

THIS APPLICATION IS REJECTED PURSUANT TO SUBSECTION 30(3) OF THE PATENT RULES. THE APPLICANT IS REQUISITIONED PURSUANT TO SUBSECTION 30(4) OF THE *PATENT RULES* TO AMEND THE APPLICATION IN ORDER TO COMPLY WITH THE *PATENT ACT* AND THE *PATENT RULES* OR TO PROVIDE ARGUMENTS AS TO WHY THE APPLICATION DOES COMPLY.

PLEASE NOTE THAT UNDER PARAGRAPH 30(6)(b) OF THE *PATENT RULES*, IF AMENDMENTS ARE MADE IN RESPONSE TO THIS FINAL ACTION BUT THE EXAMINER DOES NOT FIND THE AMENDED APPLICATION TO BE ALLOWABLE, THESE AMENDMENTS SHALL BE CONSIDERED NOT TO HAVE BEEN MADE. ➤本通知的效力

图 15. 32　CIPO 作出的最终审查意见通知书示例二

（2）专利局长决定

CIPO 作出的专利局长决定包括通知首页、正文等。首页除第一段所引用的法律法规和指定的答复期限等标准语段外，一般包含审查基础、引用的专利和非专利文献、审查员对该申请的审查结论以及具体评述理由，如图 15.33 和图 15.34 所示。

Innovation, Sciences et
Développement économique Canada
Office de la propriété intellectuelle du Canada

Innovation, Science and
Economic Development Canada
Canadian Intellectual Property Office

REGISTERED MAIL

428

February 14, 2020

BORDEN LADNER GERVAIS LLP
100 Queen Street, Suite 1300
Ottawa, Ontario.
K1P 1J9

Application No.	:	**2,307,484**
Owner	:	KUHURO INVESTMENTS AG, L.L.C.
Title	:	**PREDICTIVE MODELING OF CONSUMER FINANCIAL BEHAVIOR**
Classification	:	G06Q 30/02 (2012.01)
Your File No.	:	PAT 71921-1
Our File No.	:	FA 1520

Please find enclosed a Commissioner's Decision concerning the above-mentioned patent application.

Yours sincerely,

图 15.33　CIPO 作出的专利局长决定首页

INTRODUCTION

[1]　This recommendation concerns the review of rejected Canadian patent application number 2,307,484 which is entitled "Predictive modeling of consumer financial behavior" and is owned by KUHURO INVESTMENTS AG, L.L.C. ("the Applicant"). A review of the rejected application has been conducted by the Patent Appeal Board ("the Board") pursuant to paragraph 199(3)(c) of the *Patent Rules* (SOR/2019-251). As explained in more detail below, our recommendation to the Commissioner of Patents is to refuse the application.

BACKGROUND

The application

429

[2]　The application, with a claimed priority date of May 6, 1999, was filed on May 4, 2000, and was laid open to public inspection on November 6, 2000.

[3]　The application relates to analysis of consumer financial behaviour. More specifically, the application is directed to a method of predicting financial behaviour of consumers by feeding transaction data to predictive models to produce predicted spending amounts in different merchant segments.

Prosecution history

[4]　On May 11, 2017, a Final Action ("FA") was issued pursuant to subsection 30(4) of the *Patent Rules* (SOR/96-423) as they read immediately before October 30, 2019 ("the former *Rules*"), in which the application was rejected on the basis of lack of support and non-statutory subject-matter. The FA stated that claims 1 to 21, dated October 21, 2016 ("the claims on file"), did not comply with section 2 of the *Patent Act*, and that claims 19 and 20 were not fully supported by the description and did not comply with section 84 of the former *Rules* (now section 60 of the *Patent Rules*).

图 15.34　CIPO 作出的专利局长决定正文（节选）

3. 如何获取加拿大对应申请的最新可授权的权利要求副本？

如图 15.35 所示，如果加拿大对应申请已经授权公告，则可以在加拿大检索网站的"Documents"中选择"At Issuance"，查找得到已授权公告的权利要求。

ⓘ To view images, click a link in the Document Description column. To download the documents, select one or more checkboxes in the first column and then click the "Download Selected in PDF format (Zip Archive)" or the "Download Selected as Single PDF" button.

List of published and non-published patent-specific documents on the CPD.

If you have any difficulty accessing content, you can call the Client Service Centre at 1-866-997-1936 or send them an e-mail at CIPO Client Service Centre.

Filter

At Issuance

- ⓘ Download Selected in PDF format (Zip Archive)
- ⓘ Patent documents at time of Issuance
- ⓘ Download Selected as Single PDF

Select All ☐	Document Description ↑↓	Date (yyyy-mm-dd) ↑↓	Number of pages ↑↓	Size of Image (KB) ↑↓
☐	Cover Page	2014-12-04	1	61
☐	Representative Drawing	2014-12-04	1	27
☐	Description	2014-09-05	48	2,815
☐	Claims	2014-03-15	6	210
☐	Abstract	2014-03-14	1	70
☐	Drawings	2014-03-14	17	1,403

图 15.35   CIPO 授权公告的权利要求

　　申请人也可以通过在 EPO 的 Espacenet 检索网站中输入加拿大申请号获得加拿大对应申请的授权公告文本，从而获取已授权的权利要求。

　　如果加拿大对应申请尚未授权公告，也可以通过查询审查记录获取最新可授权的权利要求。

4. 能否举例说明加拿大对应申请可授权权利要求副本的样式？

　　申请人在提交加拿大对应申请最新可授权权利要求副本时，可以自行提交任意形式的权利要求副本，并非必须提交官方副本。加拿大对应申请可授权权利要求副本的样式举例如图 15.36 所示。

CLAIMS:

1.　A computer-implemented method of predicting financial behavior of consumers, comprising:

generating, at a system for predicting consumer financial behavior having one or more processors, from transaction data for a plurality of consumers in a master file in communication with the one or more processors, a date ordered sequence of transactions for each consumer;

2.　The method of claim 1, further comprising:

for each consumer, associating the consumer with the merchant segment for which the consumer had the highest predicted spending relative to other merchant segments.

3.　The method of claim 1, further comprising:

for each merchant segment, determining a segment vector as a summary vector of merchant vectors of merchants associated with the segment; and

for each consumer, associating the consumer with the merchant segment having the greatest dot product between the segment vector of the segment and a consumer vector of the consumer.

图 15.36　CIPO 可授权权利要求副本样式（节选）

注：权利要求的全部内容需完整提交，这里限于篇幅，不再展示后续内容。

5. 如何获取加拿大对应申请的工作结果中的引用文献信息?

加拿大对应申请的工作结果中的引用文献分为专利文献和非专利文献。CIPO 通常会在发出的审查员报告中附具检索报告，在审查和检索中所引用的所有文献都会被记载在加拿大对应申请的各次审查员报告的首页和检索报告中。申请人可以通过查询加拿大对应申请所有工作结果的内容获取其信息。举例如图 15.37 和图 15.38 所示。

```
Application No.     :   2,838,104
Owner              :   IBM CANADA LIMITED - IBM CANADA LIMITEE
Title              :   HYBRID TASK ASSIGNMENT FOR WEB CRAWLING
Classification     :   H04L 12/16 (2006.01)
Your File No.      :   CA9-2013-0037CA1
Examiner           :   Paul Sabharwal
```

YOU ARE HEREBY NOTIFIED OF A REQUISITION BY THE EXAMINER IN ACCORDANCE
WITH SUBSECTION 30(2) OF THE *PATENT RULES*. IN ORDER TO AVOID ABANDONMENT
UNDER PARAGRAPH 73(1)(*a*) OF THE *PATENT ACT*, A WRITTEN REPLY MUST BE
RECEIVED WITHIN THE **SIX (6)** MONTH PERIOD AFTER THE ABOVE DATE.

This application has been examined as originally filed.

The number of claims in this application is 20.

Documents Cited:

D1:	US6182085B1	EICHSTAEDT et al.	30 January 2001 (30-01-2001)
D2:	US7062561B1	REISMAN	13 June 2006 (13-06-2006)

* document cited by a foreign patent office

图 15. 37　CIPO 作出的审查员报告中记载的引用文献

Examination Search Report

Box I: General Information			
Application No.	2,838,104	Search Report Date	2019-09-16
Title	HYBRID TASK ASSIGNMENT FOR WEB CRAWLING		
Examiner	Paul Sabharwal	Search Conducted?	Yes

Box II: Family Prosecution		
Family Member	File Wrapper Reviewed	Status of Prosecution
US10262065B2	2019-09-12	Completed
US2019147004A1	NO	

Box III: Search History

Claims Searched	1-20	Date of Search	2019-09-05

Type of Search Conducted (select all that apply):

Canadian first to file search	■	Supplemental/top up search	☐
Inventor/applicant search	■	Non laid open search	☐
Comprehensive search	☐	In-house searcher	☐

Search History from Databases Consulted:

```
##### CANADIAN PATENT DATABASE/INTELLECT ##########

1      filing-date:[2008-12-24 TO 2014-12-24] AND ipc:(H04L\ 12/16 OR G06F\ 9/46 OR G06F\
16/951)    1,433
2      filing-date:[2008-12-24 TO 2014-12-24] AND ipc:(H04L\ 12/16 OR G06F\ 9/46 OR G06F\
16/951) and (node and task and idle and application and crawling)  1
3      inventor:("JOURDAN GUY-VINCENT"~3 OR "ONUT IOSIF VIOREL"~3 OR "TAHERI SAYED M. MIR"~3
OR "VON BOCHMANN GREGOR"~3) OR applicant:("IBM CANADA LIMITED - IBM CANADA LIMITEE"~3) 7
4      inventor:("JOURDAN GUY-VINCENT"~3 OR "ONUT IOSIF VIOREL"~3 OR "TAHERI SAYED M. MIR"~3
OR "VON BOCHMANN GREGOR"~3) OR applicant:("IBM CANADA LIMITED - IBM CANADA LIMITEE"~3) and
(node and task and idle and application and crawling) 1
```

图 15. 38　CIPO 作出的检索报告中记载的引用文献

6. 如何获知引用文献中的非专利文献构成对应申请的驳回理由？

申请人可以通过查询 CIPO 发出的各个阶段的工作结果如审查员报告、最终审查意见通知书，获取 CIPO 申请中构成驳回理由的非专利文献信息。若 CIPO 的工作结果中含有利用非专利文献对加拿大对应申请的新颖性、创造性进行判断的内容，且该内容中显示该非专利文献影响了加拿大对应申请的新颖性、创造性，则该非专利文献属于构成驳回理由的文献。审查员报告或最终审查意见通知书中非专利文献的引证如图 15.39 所示。

433

Application No.	:	2,877,324
PCT No.	:	CA2013000552
Owner	:	ABB INC.
Title	:	METHOD OF APPLYING A THIN SPRAY-ON LINER AND ROBOTIC APPLICATOR THEREFOR
Classification	:	E21D 11/00 (2006.01)
Your File No.	:	55078201-631CA
Examiner	:	Javier Jorge

YOU ARE HEREBY NOTIFIED OF A REQUISITION BY THE EXAMINER IN ACCORDANCE WITH SUBSECTION 30(2) OF THE *PATENT RULES*. IN ORDER TO AVOID ABANDONMENT UNDER PARAGRAPH 73(1)(a) OF THE *PATENT ACT*, A WRITTEN REPLY MUST BE RECEIVED WITHIN THE **SIX (6)** MONTH PERIOD AFTER THE ABOVE DATE.

This application has been examined taking into account the:

Description,	pages 1 to 30, as originally filed;
Claims,	1 to 20, as originally filed; and
Drawings,	pages 1/7 to 7/7, as originally filed.

The examiner has identified the following defects in the application:

Documents Cited:
D1:　TOLLYNKSY, N., "Research consortium tests spray-on liner", *Sudbury Mining Solutions Journal*, 1 July 2012 (01-07-2012)
D2:　US5851580A　　AMBERG et al.　　　　22 December 1998 (22-12-1998)
D3:　RISPIN, M., "Is Computerized Shotcreting a Possibility? ... It's a Reality", *Master Builders Inc.*, 14 October 2004 (14-10-2004)

The claims on file do not comply with section 28.2 of the *Patent Act*. In the present case the claim set on file is identical to the claim set that was examined in the International Preliminary Report on Patentability (IPRP), which concluded that the claims on file lack novelty as required under PCT Article 33(2). The prior art cited in the IPRP and the detailed reasons supporting a lack of novelty have been considered and are found to be relevant and persuasive with respect to anticipation and section 28.2 of the *Patent Act*. These claims encompass subject-matter that, in light of the

图 15.39　CIPO 作出的审查员报告或最终审查意见通知书中的非专利文献样式

五、信息填写和文件提交的注意事项

1. 在 PPH 请求表中填写中国本申请与加拿大对应申请的关联性关系时，有哪些注意事项？

（1）在 PPH 请求表中表述中国本申请与加拿大对应申请的关联性关系时，必须写明中国本申请与加拿大对应申请之间的关联的方式（如优先权、PCT 申请不同国家阶段等）。如果中国本申请与加拿大对应申请达成关联需要经过一个或多个其他相关申请，也需写明相关申请的申请号以及达成关联的具体方式。

例如：①本申请是中国申请 A 的分案申请，加拿大对应申请是加拿大申请 B 的分案申请，中国申请 A 要求了加拿大申请 B 的优先权；②中国本申请是中国申请 A 的分案申请，中国申请 A 是 PCT 申请 B 进入中国国家阶段的申请。加拿大对应申请、中国国家申请 A 与 PCT 申请 B 均要求了加拿大申请 C 的优先权。

（2）涉及多个加拿大对应申请时，则需分条逐项写明中国本申请与每一个加拿大对应申请的关系。

2. 在 PPH 请求表中填写中国本申请与加拿大对应申请权利要求的对应性解释时，有哪些注意事项？

基于 CIPO 工作结果向 CNIPA 提交 PPH 请求的，权利要求的对应性解释上无特别的注意事项，参见本书第一章的相关内容即可。

3. 在 PPH 请求表中填写加拿大对应申请所有工作结果的名称时，有哪些注意事项？

（1）应当填写 CIPO 在所有审查阶段作出的全部工作结果，既包括实质审查阶段的所有通知书，也包括实质审查阶段以后的复审、再颁等阶段的所有通知书。实质审查阶段的通知书如审查员报告、最终审查意见通知书等；复审阶段的通知书如专利局长决定；

再颁阶段的通知书如再颁决定等。

（2）各通知书的作出时间应当填写其通知书的发文日。所有通知书的发文日通常都可以在审查记录中找到，应准确填写。在发文日无法确定的情况下，允许申请人填写其通知书的起草日或完成日。

（3）各通知书的名称应当使用其正式的中文译名填写，不得以"通知书"或者"审查意见通知书"代替。在《中加流程》中例举了部分通知书规范的中文译名，包括审查员报告或者最终审查意见通知书。

（4）对于未在《中加流程》中给出明确中文译名的通知书，申请人可以按其通知书原文名称自行翻译后填写在 PPH 请求表中并将其原文名称填写在翻译的中文名后的括号内，以便审查核对。

435

（5）如果有多个加拿大对应申请，请分别对各个加拿大对应申请进行工作结果的查询并填写到 PPH 请求表中。

4. 在 PPH 请求表中填写加拿大对应申请所有工作结果引用文献的名称时，有哪些注意事项？

在填写加拿大对应申请所有工作结果引用文件的名称时，无特别注意事项，参见本书第一章的相关内容即可。

5. 在提交加拿大对应申请的工作结果副本时，有哪些注意事项？

在提交加拿大对应申请的工作结果副本时，申请人应当注意：

（1）所有工作结果副本均需要被完整提交，包括其著录项目信息、格式页或附件也应当提交。例如审查员报告中有对比文件，该报告中同时应当附有检索报告，在提交加拿大对应申请的工作结果时，检索报告也属于工作结果的一部分，应当被一并提交。

对于加拿大对应申请，不存在工作结果副本可以省略提交的情形。

（2）由于加拿大对应申请的官方工作语言为英语，因此针对上述工作结果不需要提交译文。当然，根据《中加流程》的规定，申请人也可以提交所有工作结果的中文译文。

如果申请人提交加拿大对应申请的工作结果副本译文，则所有的工作结果副本的译文均需要被完整提交，包括其著录项目信息、格式页或附件也应当翻译后提交。

6. 在提交加拿大对应申请的最新可授权权利要求副本时，有哪些注意事项？

申请人在提交加拿大对应申请最新可授权权利要求副本时，一是要注意可授权权利要求是否最新，例如在授权后的更正程序中对权利要求有修改的情况；二是要注意权利要求的内容是否完整，即使有一部分权利要求在 CNIPA 申请中没有被利用到，也需要一起完整提交。

按照《中加流程》的规定，申请人不可以选择省略提交此文件，必须在请求表中勾选"提交了 OEE 认可为可授权的所有权利要求副本"并与 PPH 请求表一并提交 CIPO 认定的最新可授权权利要求副本。申请人未在 PPH 请求表中作相应的勾选或未实际提交权利要求副本的，将会导致此次 PPH 请求不合格。

CNIPA 接受中文和英文两种语言的译文，但加拿大对应申请可授权权利要求副本通常使用英文撰写，这种情况下不需要提交可授权权利要求副本的译文。

当然，申请人也可以提交其中文译文。此种情况下，中文译文应当是对加拿大对应申请中所有被认为可授权的权利要求的内容进行的完整且一致的翻译，仅翻译部分内容的译文不合格。

7. 在提交加拿大对应申请的工作结果中引用的非专利文献副本时，有哪些注意事项？

当加拿大对应申请的工作结果中的非专利文献涉及驳回理由时，申请人应当在提交 PPH 请求时将所有涉及驳回理由的非专利文献副本一并提交。而对于所有的专利文献和未构成驳回理由的非专利文献，申请人只需将其信息填写在 PPH 请求书 E 项第 2 栏中即可，不需要提交相应的文献副本。

　　申请人提交文件时应确保其提交的内容完整，提交的类型正确，即按照"对应申请审查意见引用文献副本"类型提交。

　　如果所需提交的非专利文献是由除中文或英文之外的语言撰写，申请人也只需提交非专利文献文本即可，不需要对其进行翻译。

　　如果加拿大对应申请存在两份或两份以上非专利文献副本，则应该作为一份"对应申请审查意见引用文献副本"提交。

437

第十六章　基于葡萄牙工业产权局工作结果向中国国家知识产权局提交常规 PPH 请求

一、概述

1. 基于 INPI 工作结果向 CNIPA 提交 PPH 请求的项目依据是什么？

中葡 PPH 试点于 2014 年 1 月 1 日正式启动。《在中葡专利审查高速路（PPH）项目试点下向中国国家知识产权局提出 PPH 请求的流程》（以下简称《中葡流程》）即为基于 PPO 工作结果向 CNIPA 提交 PPH 的项目依据。

2. 基于 INPI 工作结果向 CNIPA 提交 PPH 请求的种类分为哪些？

CNIPA 与 INPI 签署的为双边 PPH 试点项目。按照提出 PPH 请求所使用的对应申请审查机构的工作结果来划分，基于 INPI 工作结果向 CNIPA 提出 PPH 请求的种类仅包括基本型常规 PPH。

3. CNIPA 与 INPI 开展 PPH 试点项目的期限？

中葡 PPH 试点自 2014 年 1 月 1 日启动，为期两年，至 2015 年 12 月 31 日止，其后，分别自 2016 年 1 月 1 日、2019 年 1 月 1 日、2022 年 1 月 1 日起再延长三年、三年和五年，至 2026 年 12 月 31 日止。

今后，将视情况，根据局际间的共同决定作出是否继续延长试点项目及相应延长期限的决定。

4. 基于 INPI 工作结果向 CNIPA 提交 PPH 请求有无领域和数量限制？

《中葡流程》中提到：“两局在请求数量超出可管理的水平时，或出于其他任何原因，可终止本 PPH 试点。PPH 试点终止之前，将先行发布通知。”

5. 如何获得葡萄牙对应申请的相关信息？

如图 16.1 所示，申请人可以通过登录 INPI 的官方网站（网址 www. inpi. justica. gov. pt／）查询葡萄牙对应申请的相关信息。

图 16.1　葡萄牙工业产权局官网主页

申请人进入 INPI 网站主页后，点击页面中间的 “Patente” 链接（见图 16.2），即可进入 INPI 专利事项服务页面（见图 16.3）。

图 16.2　INPI 官网主页 “Patente” 链接

图 16.3　INPI 专利事项服务页面

申请人进入"Patente"页面后，点击页面右侧的"Pesquisar Patente"链接，即可进入 INPI 专利检索服务页面（见图 16.4）。

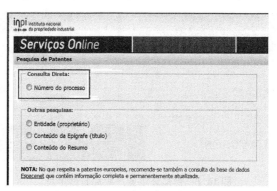

图 16.4　INPI 专利检索服务页面

如图 16.5 所示，申请人可以按照专利申请类别进行检索。

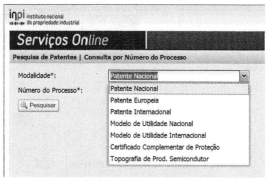

图 16.5　INPI 官网检索页面

二、中国本申请与葡萄牙对应申请关联性的确定

1. 葡萄牙对应申请号的格式是什么？如何确认葡萄牙对应申请号？

对于 INPI 专利申请，申请号的格式一般为 5 位数字，如 "52555"。

葡萄牙对应申请号是指申请人在此次 PPH 请求中所要利用的 INPI 工作结果中记载的申请号。申请人可以通过 INPI 作出的工作结果，例如授权通知书中的首页，获取葡萄牙对应申请号。如果对应申请已经授权公告，申请人也通过 INPI 作出的授权公告文本首页获取葡萄牙对应申请号。

2. 葡萄牙对应申请的著录项目信息如何核实？

PPH 流程所要求的申请间关联性关系相关的对应申请的信息，例如优先权信息、分案申请信息、PCT 申请进入国家阶段的信息等，需要通过核实中国本申请和对应申请的著录项目信息来确定。申请人可以通过以下几种方式获取葡萄牙对应申请的著录项目信息。

一是在葡萄牙对应申请的请求书中获取相关著录项目信息，包括国际申请号（如果有）、优先权（如果有）、申请人、代理人等。

二是通过 INPI 官方网站，申请人输入申请号后点击搜索，即可从官方网站上获取相关著录项目信息，包括申请号（如果有）、优先权（如果有）、申请人等。

三是通过葡萄牙对应申请的授权公告本文核实。相关著录项目信息会在授权公告文本的扉页显示，包括申请号、国际申请号（如果有）、优先权号（如果有）、申请人等。

3. 中国本申请与葡萄牙对应申请的关联性关系一般包括哪些情形？

以葡萄牙申请作为对应申请向 CNIPA 提出的 PPH 请求的类型

限于基本型常规 PPH 请求，申请人不能利用 OSF 先作出的工作结果要求 OFF 进行加快审查。同时，两申请间的关系仅限于中葡两局间，不能扩展为共同要求第三个国家或地区的优先权。

符合中国本申请与葡萄牙对应申请关联性关系的具体情形如下。

（1）中国本申请要求了葡萄牙申请的优先权

如图 16.6 所示，中国本申请和葡萄牙对应申请均为普通国家申请，且中国本申请要求了葡萄牙对应申请的优先权。

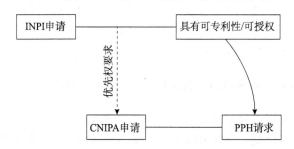

图 16.6　中国本申请和葡萄牙对应申请均为普通国家申请

如图 16.7 所示，中国本申请是 PCT 申请进入中国国家阶段的申请，且要求了葡萄牙对应申请的优先权。

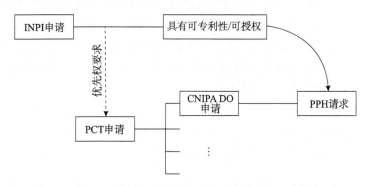

图 16.7　中国本申请为 PCT 申请进入中国国家阶段的申请

如图 16.8 所示，中国本申请要求了多项优先权，葡萄牙对应申请为其中一项优先权。

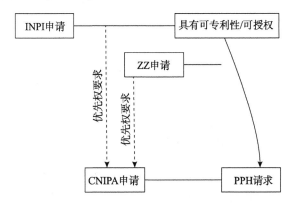

图 16.8　中国本申请要求包含葡萄牙对应申请的多项优先权

443

如图 16.9 所示，中国本申请和葡萄牙对应申请共同要求了另一葡萄牙申请的优先权。

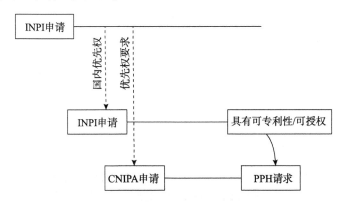

图 16.9　中国本申请和葡萄牙对应申请共同要求
另一葡萄牙申请的优先权

（2）中国本申请和葡萄牙对应申请为未要求优先权的同一 PCT
申请进入各自国家阶段的申请

详情如图 16.10 所示。

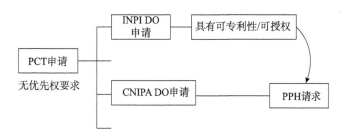

**图 16.10　中国本申请和葡萄牙对应申请是未要求优先权的
同一 PCT 申请进入各自国家阶段的申请**

（3）中国本申请要求了 PCT 申请的优先权，葡萄牙对应申请
为该 PCT 申请的国家阶段申请

444

如图 16.11 所示，中国本申请是普通国家申请，要求了 PCT 申
请的优先权，葡萄牙对应申请是该 PCT 申请的国家阶段申请。

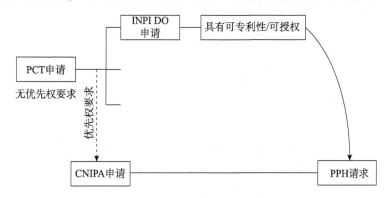

**图 16.11　中国本申请要求 PCT 申请的优先权且葡萄牙
对应申请是该 PCT 申请的国家阶段申请**

如图 16.12 所示，中国本申请是 PCT 申请进入国家阶段的申
请，要求了另一 PCT 申请的优先权，葡萄牙对应申请是作为优先权
基础的 PCT 申请的国家阶段申请。

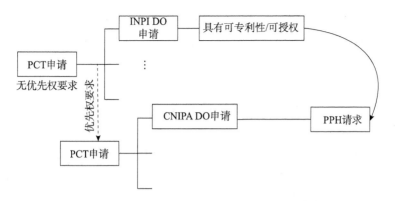

**图 16.12　中国本申请是要求 PCT 申请优先权的 PCT 申请进入中国国家
阶段的申请且葡萄牙对应申请是作为优先权基础的 PCT 申请的国家阶段申请**

**4. 中国本申请与葡萄牙对应申请的派生申请是否满足要求？
请举例说明。**

如果中国申请与葡萄牙申请符合 PPH 流程所规定的关联性关系，
则中国申请的派生申请作为中国本申请，或者葡萄牙申请的派生申请
作为对应申请，也符合关联性关系。例如：中国申请 A 有效要求了
葡萄牙对应申请的优先权，中国申请 B 是中国申请 A 的分案申请，
则中国申请 B 与葡萄牙对应申请的关系满足申请间关联性要求。

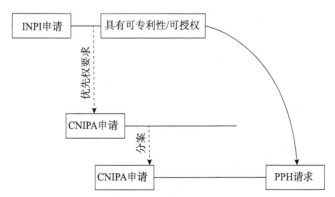

图 16.13　中国本申请为分案申请的情形

同理，如果中国本申请的对应申请要求了葡萄牙申请 A 的优先权，葡萄牙申请 B 是 A 的分案申请，则该中国本申请与葡萄牙对应申请 B 的关系也满足申请间关联性要求。

三、葡萄牙对应申请可授权性的判定

葡萄牙对应申请的工作结果是指与 INPI 作出的与葡萄牙对应申请可授权性相关的所有葡萄牙国内工作结果，包括实质审查、异议等阶段的通知书。

按照《中葡流程》的规定，权利要求"被认定为可授权/具有可专利性"是指 INPI 审查员在最新的审查意见通知书中明确指出权利要求"具有可专利性/可授权"，即使该申请尚未得到专利授权。上述审查意见通知书包括：附有书面意见的检索报告（Relatório de Pesquisa com Opinião Escrita）、审查报告（Relatório de Exame），以及授权公告（Publicação da Concessão）等。

上述最新的审查意见通知书是以向 CNIPA 提交 PPH 请求之前或当日作为时间点来判断的，即以向 CNIPA 提交 PPH 请求之前或当日最新的工作结果中的意见作为认定葡萄牙对应申请权利要求"可授权/具有可专利性"的标准。

另外，INPI 的通知书通常会使用葡萄牙语进行撰写。当最新工作结果为授权公布时，在 INPI 发出的授权公告中，一般会写明审查员关于申请可以被授予专利权的意见并指明可授权权利要求的提交版本和具体项数。

四、相关文件的获取

1. 如何获取葡萄牙对应申请的所有工作结果副本？

可以按如下步骤获取葡萄牙对应申请的所有工作结果副本。

在 INPI 官网数据库中输入葡萄牙对应申请的申请号，即可查找葡萄牙对应申请的申请信息和葡萄牙对应申请在不同审查阶段的工作结果。

申请人应当注意的是：审查记录中一般包括 INPI 审查员作出的附有书面意见的检索报告、审查报告，以及授权公告等。

2. 如何获取葡萄牙对应申请的最新可授权的权利要求副本？

如果葡萄牙对应申请已经授权公告且未经过更正、无效等后续程序，则授权公告的权利要求为最新可授权的权利要求。申请人可以在授权公告中获得已授权的权利要求，在 INPI 官网点击相应的授权公告文本即可。

如果葡萄牙对应申请尚未授权公告，可以通过查询审查记录获取最新可授权的权利要求。

3. 如何获取葡萄牙对应申请工作结果中全部的引用文献？

葡萄牙对应申请工作结果中的引用文献分为专利文献和非专利文献。INPI 在审查和检索中所引用的所有文献都会被记载在葡萄牙对应申请的审查工作结果中。申请人可以通过查询葡萄牙对应申请所有工作结果的内容获取其信息。

当葡萄牙对应申请已经授权时，申请人可以直接从葡萄牙对应申请授权公告文本中获取其所有的引用文献信息。

4. 如何获知引用文献中的非专利文献构成葡萄牙对应申请的驳回理由？

申请人可以通过查询 INPI 发出的各个阶段的审查工作结果获取 INPI 申请中构成驳回理由的非专利文献信息。当 INPI 工作结果中含有利用非专利文献对葡萄牙对应申请的新颖性、创造性进行判断的内容，且内容中显示该非专利文献影响了葡萄牙对应申请的新颖性、创造性，则该非专利文献属于构成驳回理由的文献，申请人需要在提交 PPH 请求时将其一并提交。

447

五、信息填写和文件提交的注意事项

1. 在 PPH 请求表中填写中国本申请与葡萄牙对应申请的关联性关系时，有哪些注意事项？

（1）在 PPH 请求表中表述中国本申请与葡萄牙对应申请的关联性关系时，必须写明中国本申请与葡萄牙对应申请之间的关联方式（如优先权、PCT 申请不同国家阶段等）。如果中国本申请与葡萄牙对应申请达成关联需要经过一个或多个其他相关申请，也需写明相关申请的申请号以及达成关联的具体方式。

例如：①中国本申请是中国申请 A 的分案申请，葡萄牙对应申请是葡萄牙申请 B 的分案申请，葡萄牙申请 B 要求了中国申请 A 的优先权。②中国本申请是中国申请 A 的分案申请，中国申请 A 是 PCT 申请 B 进入中国国家阶段的申请。葡萄牙对应申请、中国国家申请 A 与 PCT 申请 B 均要求了葡萄牙申请 C 的优先权。

（2）涉及多个葡萄牙对应申请时，则需分条逐项写明中国本申请与每一个葡萄牙对应申请的关系。

2. 在 PPH 请求表中填写中国本申请与葡萄牙对应申请权利要求的对应性解释时，有哪些注意事项？

基于 INPI 工作结果向 CNIPA 提交 PPH 请求的，权利要求的对应性解释上无特别的注意事项，参见本书第一章的相关内容即可。

3. 在 PPH 请求表中填写葡萄牙对应申请所有工作结果的名称时，有哪些注意事项？

（1）应当填写 INPI 在所有审查阶段作出的全部工作结果，例如包括实质审查阶段的所有通知书，包括 INPI 作出的附有书面意见的检索报告、审查报告，以及授权公告等。

（2）各通知书的作出时间应当填写其通知书的发文日，在发文日无法确定的情况下允许申请人填写其通知书的起草日或完成日。所有通知书的发文日一般都在 INPI 官网的审查记录中可以找到，申请人应准确填写。

（3）对各通知书的名称应当使用其正式的中文译名填写，不得以"通知书"或者"审查意见通知书"代替。《中葡流程》例举了部分通知书规范的中文译名，包括 INPI 审查员作出的附有书面意见的检索报告、审查报告，以及授权公告、异议决定等。

（4）对于未在《中葡流程》中给出明确中文译名的通知书，申请人可以按其通知书原文名称自行翻译后填写在 PPH 请求表中并将其原文名称填写在翻译的中文名称后的括号内，以便审查核对。

（5）如果有多个葡萄牙对应申请，请分别对各个葡萄牙对应申请（即 OEE 申请）进行工作结果的查询并填写到 PPH 请求表中。

4. 在 PPH 请求表中填写葡萄牙对应申请所有工作结果引用文献的名称时，有哪些注意事项？

在填写葡萄牙对应申请所有工作结果引用文献的名称时，无特别注意事项，参见本书第一章的相关内容即可。

5. 在提交葡萄牙对应申请的工作结果副本及译文时，有哪些注意事项？

（1）根据《中葡流程》的规定，所有的工作结果副本均需要被完整提交，包括其著录项目信息、格式页或附件也应当被提交。

（2）葡萄牙对应申请工作结果的语言通常会使用葡萄牙语进行撰写，申请人需要提交其中文或英文的译文。在提交译文时注意：INPI 所有国内工作结果副本的译文均需要被完整提交，包括其著录项目信息、格式页或附件也应当被翻译。

一般情形下，INPI 提供其审查工作结果的英文机器翻译，申请人可以提交英文机器翻译后的工作结果作为译文。需注意：同一份文件需要使用单一语言提交完整的翻译，例如不接受一份审查意见通知书副本部分译成中文，部分译成英文的文件，这种译文翻译不完整的情形将会导致 PPH 请求不合格。

（3）对于葡萄牙对应申请，不存在工作结果副本及其译文可以省略提交的情形。

6. 在提交葡萄牙对应申请最新可授权权利要求副本及译文时，有哪些注意事项？

（1）申请人在提交葡萄牙对应申请最新可授权权利要求副本时，可以自行提交任意形式的权利要求副本，并非必须提交官方副本。

提交副本时，一要注意可授权权利要求是否最新，例如在授权后的更正程序中对权利要求有修改的情况；二要注意权利要求的内容是否完整，即使有一部分权利要求在 CNIPA 申请中没有被利用到，也需要一起完整提交。

（2）葡萄牙对应申请可授权权利要求副本译文应当是对葡萄牙对应申请中所有被认为可授权的权利要求的内容进行的完整且一致的翻译，仅翻译部分内容的译文不合格。

CNIPA 接受中文和英文两种语言的译文。对于一次 PPH 请求，不同的文件可以使用不同语言进行翻译，但是同一份文件需要使用单一语言提交完整的翻译。一份权利要求副本部分译成中文，部分译成英文的，将会导致此次 PPH 请求不合格。

葡萄牙授权公告文件中一般会使用葡萄牙语对专利进行公布。申请人不能省略提交对应葡萄牙申请可授权权利要求文本的译文。INPI 通常会提供权利要求副本的英文机器翻译。申请人可以直接提交 INPI 官网中关于该权利要求副本的机器翻译。

但是，如果 CNIPA 审查员无法理解机器翻译的权利要求译文，会要求申请人重新提交译文。

（3）对于葡萄牙对应申请，不存在权利要求副本及其译文可以省略提交的情形。

7. 在提交葡萄牙对应申请的工作结果中引用的非专利文献副本时，有哪些注意事项？

当葡萄牙对应申请的工作结果中的非专利文献涉及驳回理由时，申请人应当在提交 PPH 请求时将所有涉及驳回理由的非专利文献副本一并提交。而对于所有的专利文献和未构成驳回理由的非专利文献，申请人只需将其信息填写在 PPH 请求书 E 项第 2 栏中即可，不需要提交相应的文献副本。

申请人提交文献时应确保其提交的内容完整，提交的类型正确，即按照"对应申请审查意见引用文献副本"类型提交。

如果所需提交的非专利文献是由除中文或英文之外的文字撰写，申请人也只需提交非专利文献文本即可，不需要对其进行翻译。

如果葡萄牙对应申请存在两份或两份以上非专利文献副本，则应该作为一份"对应申请审查意见引用文献副本"提交。

第十七章 基于瑞典专利注册局工作结果向中国国家知识产权局提交常规 PPH 请求

一、概述

1. 基于 PRV 工作结果向 CNIPA 提交 PPH 请求的项目依据是什么？

中瑞 PPH 试点于 2014 年 7 月 1 日起开始试行。《在中瑞专利审查高速路（PPH）试点项目下向中国国家知识产权局提出 PPH 请求的流程》（以下简称《中瑞流程》）即为基于 PRV 工作结果向 CNIPA 提交 PPH 请求的项目依据。

2. 基于 PRV 工作结果向 CNIPA 提交 PPH 请求的种类分为哪些？

CNIPA 与 PRV 签署的为双边 PPH 试点项目。按照提出 PPH 请求所使用的对应申请审查机构的工作结果来划分，基于 PRV 工作结果向 CNIPA 提交 PPH 请求的种类包括基本型常规 PPH 和 PCT – PPH。

本章内容仅涉及基于 PRV 工作结果向 CNIPA 提交常规 PPH 的实务；提交 PCT – PPH 的实务建议请见本书第二章的内容。

3. CNIPA 与 PRV 开展 PPH 试点项目的期限？

中瑞 PPH 试点项目自 2014 年 7 月 1 日开始，为期两年，至 2016 年 6 月 30 日止，其后自 2016 年 7 月 1 日起无限期延长。

4. 基于 PRV 工作结果向 CNIPA 提交 PPH 请求有无领域和数量限制？

《中瑞流程》中提到："两局在请求数量超出可管理的水平时，或出于其他任何原因，可终止本 PPH 试点。PPH 试点终止之前，将先行发布通知。"

5. 如何获得瑞典对应申请的相关信息？

申请人可以通过登录 PRV 的官方网站（网址 www. prv. se），在其专利数据库中查询瑞典对应申请的相关信息。在 PRV 官方网站可以选择以英语语言查阅，如图 17.1 所示。

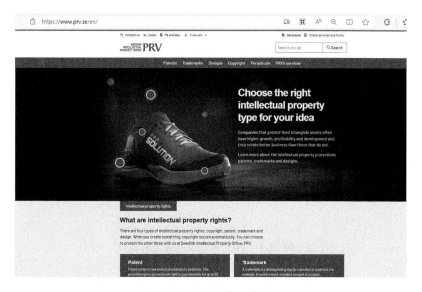

图 17.1 PRV 官网主页

申请人进入 PRV 网站主页后，点击下侧的"Patent"，即可进入 PRV 专利信息页面。点击如图 17.2 所示的专利数据库平台链接，即可进入具体的专利信息查询界面（见图 17.3）。

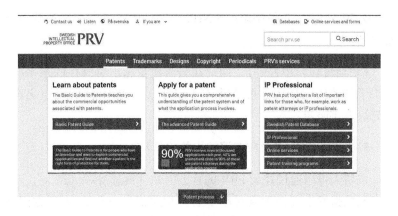

图 17.2　PRV 专利信息平台

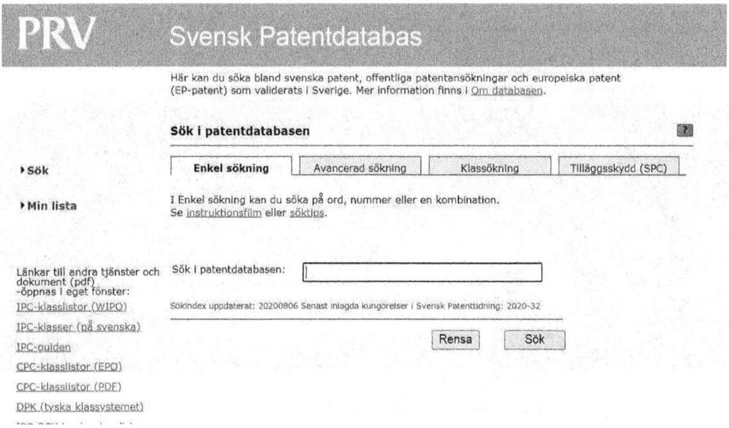

图 17.3　PRV 专利信息查询界面

　　进入检索页面后，在"快速检索"栏中可以进行简单的文字或数字组合的搜索；在"高级搜索"栏（见图 17.4）中可以组合不同的搜索条件进行更具体的搜索，在此处，输入瑞典对应申请正确的申请号，会弹出与输入的申请号相关的同族专利，选择瑞典对应申请的相关条目，即可浏览瑞典对应申请相关文件，包括申请文件以及审查意见通知书等，如图 17.5 所示。瑞典申请号的输入范例如"9203624 - 3""2050426"。

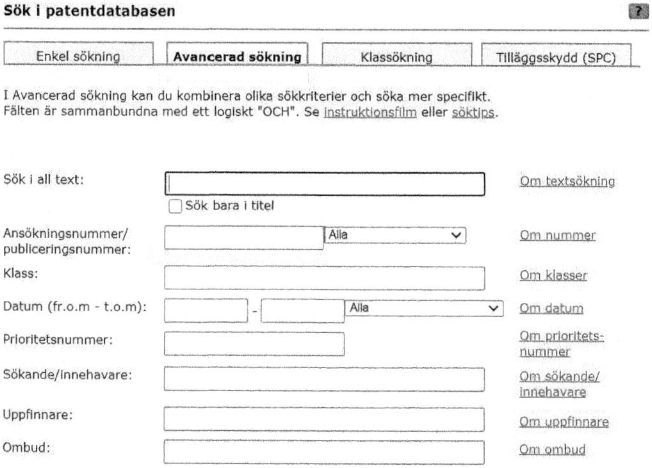

图 17.4　"高级检索"栏

图 17.5　瑞典对应申请查询列表

二、中国本申请与瑞典对应申请关联性的确定

1. 瑞典对应申请号的格式是什么？如何确认瑞典对应申请号？

对于 PRV 专利申请，申请号的格式一般为"× × × × × × × –
×"，例如"1550727 – 0"。其中，前两位代表申请日所在年份的最

后两位，后面为顺序号，最后一位为计算机校验位，如图 17.6
所示。

瑞典对应申请号是指申请人在此次 PPH 请求中所要利用的
PRV 工作结果中记载的申请号。申请人可以通过 PRV 作出的国内
工作结果，例如技术通知的首页，获取瑞典对应申请号。

PRV
SWEDISH PATENT AND REGISTRATION OFFICE

NOTICE (4 MONTHS)

Date 2018-08-24

Patent application No. 1751613-9
International classification (IPC) G06K9/00

KRANSELL & WENNBORG KB
Johan Piscator
Box 2096
403 12 Göteborg

Applicant:	Fingerprint Cards AB
Agent:	KRANSELL & WENNBORG KB Ref: 170806SE
Title:	Biometric imaging device and method for manufacturing the biometric imaging device

A written reply must be received by the Swedish Patent and Registration Office
(PRV) no later than 2018-12-27.

图 17.6   PRV 工作结果中瑞典对应申请的申请号样式

2. 瑞典对应申请的著录项目信息如何核实？

与 PPH 流程规定的两申请关联性相关的对应申请的信息，例
如优先权信息、分案申请信息、PCT 申请进入国家阶段信息等，通
常会在对应申请的著录项目信息记载。申请人一般可以通过以下两
种方式获取瑞典对应申请的著录项目信息。

一是在瑞典对应申请的请求表中获取相关著录项目信息，包括
国际申请号（如果有）、优先权（如果有）、申请人等信息。

二是通过瑞典对应申请的授权公告本文核实。相关著录项目信
息会在授权公告文本扉页显示，包括申请号、国际申请号（如果
有）、优先权号（如果有）、申请人等，如图 17.7 所示。

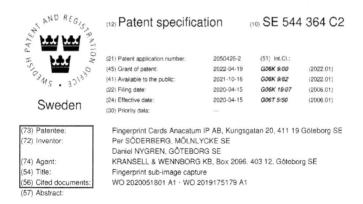

the present disclosure relates to a method of a fingerprint sensing system (110) arranged in a smartcard (100) configured to acquire fingerprint data of a user with a fingerprint sensor (102) for biometric authentication, and a fingerprint sensing system performing the method.

457

图 17.7　PRV 授权公告文本扉页中著录项目信息的展示

3. 中国本申请与瑞典对应申请的关联性关系一般包括哪些情形？

以瑞典申请作为对应申请向 CNIPA 提出的常规 PPH 请求限于基本型常规 PPH 请求。申请人不能利用 OSF 先作出的工作结果要求 OFF 进行加快审查，同时两申请间的关系仅限于中瑞两局间，不能扩展为共同要求第三个国家或地区的优先权。

符合中国本申请与瑞典对应申请关联性关系的具体情形如下。

（1）中国本申请要求了瑞典申请的优先权

如图 17.8 所示，中国本申请和瑞典对应申请均为普通国家申请，且中国本申请要求了瑞典对应申请的优先权。

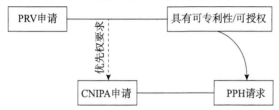

图 17.8　中国本申请和瑞典对应申请均为普通国家申请

　　如图 17.9 所示，中国本申请是 PCT 申请进入中国国家阶段的申请，且要求了瑞典对应申请的优先权。

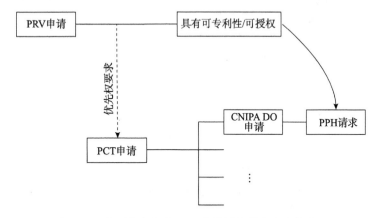

**图 17.9　中国本申请为 PCT 申请进入国家阶段申请且
其要求瑞典对应申请的优先权**

　　如图 17.10 所示，中国本申请要求了多项优先权，瑞典对应申请为其中一项优先权。

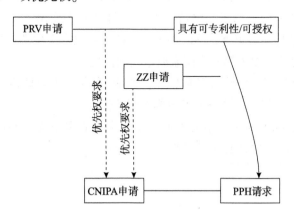

图 17.10　中国本申请要求包含瑞典对应申请的多项优先权

　　如图 17.11 所示，中国本申请和瑞典对应申请共同要求了另一瑞典申请的优先权。

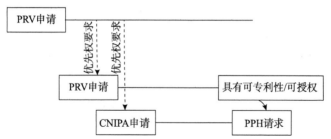

图 17.11　中国本申请和瑞典对应申请共同要求
另一瑞典申请的优先权

如图 17.12 所示，中国本申请和瑞典对应申请为同一 PCT 申请进入各自国家阶段的申请，该 PCT 申请要求了另一瑞典申请的优先权。

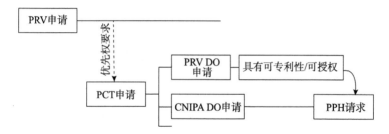

图 17.12　中国本申请和瑞典对应申请是要求另一瑞典申请
优先权的 PCT 申请进入各自国家阶段的申请

（2）中国本申请和瑞典对应申请为未要求优先权的同一 PCT 申请进入各自国家阶段的申请

详情如图 17.13 所示。

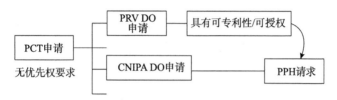

图 17.13　中国本申请和瑞典对应申请为未要求优先权的
同一 PCT 申请进入各自国家阶段的申请

（3）中国本申请要求了 PCT 申请的优先权，瑞典对应申请为该 PCT 申请的国家阶段申请

如图 17.14 所示，中国本申请是普通国家申请，要求了 PCT 申请的优先权，瑞典对应申请是该 PCT 申请的国家阶段申请。

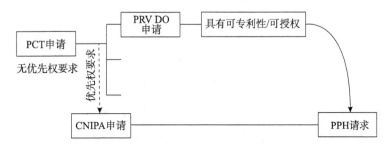

图 17.14   中国本申请要求 PCT 申请的优先权且瑞典对应申请是 PCT 申请的国家阶段申请

如图 17.15 所示，中国本申请是 PCT 申请进入中国国家阶段的申请，要求了另一 PCT 申请的优先权，瑞典对应申请是作为优先权基础的 PCT 申请的国家阶段申请。

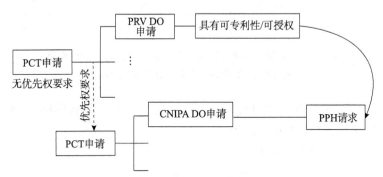

图 17.15   中国本申请是要求 PCT 申请优先权的 PCT 申请进入中国国家阶段的申请且瑞典对应申请是作为优先权基础的 PCT 申请的国家阶段申请

如图 17.16 所示，中国本申请与瑞典对应申请是同一 PCT 申请进入各自国家阶段的申请，该 PCT 申请要求了另一 PCT 申请的优

先权。

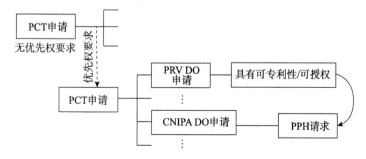

图 17.16　中国本申请和瑞典对应申请是同一 PCT 申请进入各自国家阶段的申请且该 PCT 申请要求另一 PCT 申请的优先权

461

4. 中国本申请与瑞典对应申请的派生申请是否满足要求?

如果中国申请与瑞典申请符合 PPH 流程所规定的关联性关系，则中国申请的派生申请作为中国本申请，或者瑞典申请的派生申请作为对应申请，也符合关联性要求。例如图 17.17 所示，中国申请 A 要求了瑞典对应申请的优先权，中国申请 B 是中国申请 A 的分案申请，则中国申请 B 与瑞典对应申请的关系满足申请间关联性要求。

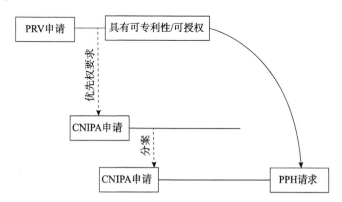

图 17.17　中国本申请为分案申请的情形

同理，如果中国本申请有效要求了瑞典申请 A 的优先权，瑞典申请 B 是瑞典申请 A 的分案申请，则该中国本申请与瑞典对应申请 B 的关系也满足申请间关联性要求。

三、瑞典对应申请可授权性的判定

1. 判定瑞典对应申请可授权性的最新工作结果一般包括哪些？请举例说明。

瑞典对应申请的工作结果是指与瑞典对应申请可授权性相关的所有瑞典国内工作结果，包括实质审查、复审、异议、无效等阶段通知书。

根据《中瑞流程》的规定，权利要求"被认定为可授权/具有可专利性"是指 PRV 审查员在最新的审查意见通知书中明确指出权利要求"具有可专利性/可授权"，即使该申请尚未得到专利授权。所述审查意见通知书例如技术通知（英文是"Technical Notice"，瑞典文是"Tekniskt Föreläggande"，见图 17.18）、最终通知（英文是"Final Notice"，瑞典文是"Slutföreläggande"，见图 17.19）。

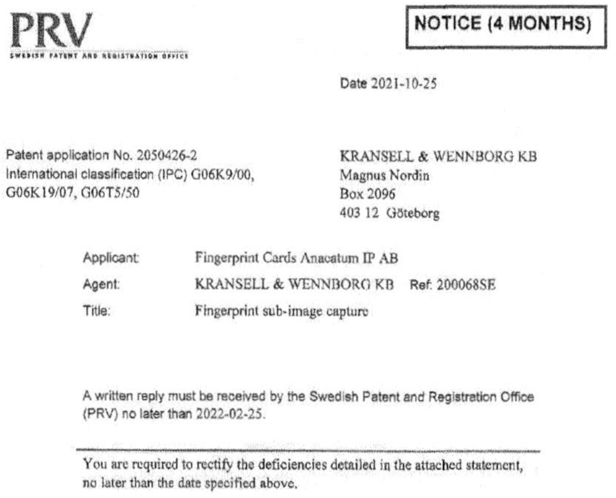

PRV
SWEDISH PATENT AND REGISTRATION OFFICE

NOTICE (4 MONTHS)

Date 2021-10-25

Patent application No. 2050426-2
International classification (IPC) G06K9/00,
G06K19/07, G06T5/50

KRANSELL & WENNBORG KB
Magnus Nordin
Box 2096
403 12 Göteborg

Applicant: Fingerprint Cards Anacatum IP AB
Agent: KRANSELL & WENNBORG KB   Ref: 200068SE
Title: Fingerprint sub-image capture

A written reply must be received by the Swedish Patent and Registration Office
(PRV) no later than 2022-02-25.

You are required to rectify the deficiencies detailed in the attached statement,
no later than the date specified above.

图 17.18　PRV 技术通知

SWEDISH PATENT AND REGISTRATION OFFICE

FINAL NOTICE (2 MONTHS)

Date 2021-12-17

Patent application No. 2050426-2
International classification (IPC) G06K9/00,
G06K19/07, G06T5/50

KRANSELL & WENNBORG KB
Magnus Nordin
Box 2096
403 12 Göteborg

Applicant:	Fingerprint Cards Anacatum IP AB
Agent:	KRANSELL & WENNBORG KB　Ref: 200068SE
Title:	Fingerprint sub-image capture

463

A written reply must be received by the Swedish Patent and Registration Office
(PRV) no later than 2022-02-17.

Notice regarding attestation of the Final Documents

图 17. 19　PRV 最终通知

上述最新的审查意见通知书是以向 CNIPA 提交 PPH 请求之前或当日作为时间点来判断的，即以向 CNIPA 提交 PPH 请求之前或当日最新的工作结果中的意见作为认定瑞典对应申请权利要求"可授权/具有可专利性"的标准。

2. PRV 一般如何明确指明最新可授权权利要求的范围？能否举例说明？

在 PRV 针对对应申请作出的工作结果中，PRV 一般使用以下语段明确指明最新可授权权利要求范围。

当最新工作结果为最终通知时，PRV 会在最终通知中明确指明可授权的权利要求，如图 17. 20 所示。

Notice regarding attestation of the Final Documents
PRV intends to grant your patent application in accordance with the text and
drawings indicated below. These documents are provided enclosed as the Final
Documents. You are now required to attest the contents of these documents by
the date specified above. If you do not reply by the date specified, the
application will be dismissed (see Section 15 of the Swedish Patents Act).

Please fill in the attached confirmation form and return it to PRV if you want
the patent to be granted as specified in the final documents. However, if you
do not wish for the patent to be granted as specified in these documents, please
contact me without delay.

Final Documents
Description from	2020-01-09
Patent Claims from	2020-01-09
Abstract from	2020-01-09
Drawings from	2020-01-09

图 17.20   PRV 作出的最终通知中对权利要求可授权性的指明

如图 17.21 所示，当最新工作结果为技术通知时，PRV 会在技
术通知的开头部分包括一份对于发明的概要，其中表明权利要求是
否满足新颖性、创造性和工业实用性的标准。如果一项权利要求对于
所有标准均以"是"标识，则该权利要求被认为是可授权的。

Therefore, the size of the Yankee cylinder should be included in claim 1 for
assuring the technical effect over the whole claim (Section 8 of the Swedish
Patents Act and Section 12 of the Swedish Patent Regulations).

Assessment

Novelty	Claim	1-8	Yes
	Claim	---	No
Inventive step	Claim	4, 6	Yes
	Claim	1-3, 5, 7-8	No
Industrial applicability	Claim	1-8	Yes
	Claim	---	No
Not searched	Claim	---	
Not assessed	Claim	---	

Cited documents
D1: US 2019/0360155 A1
D2: WO 2009/067066 A1
D3: "CRESCENT FORMER TISSUE MACHINE ESCHER WYSS MAX
SHEET WIDTH 2.740 mm MAX SPEED 1.800 m/min AND CAPACITY 90
Tpd AND DISMANTLED ALL WITHOUT THE YANKEE " Pdf-file from
consultoria de tecnologias papeleras, s.l. [retrieved on 2020-09-09] Retrived
from the Internet: <URL: https://ctpaper.com/webwp/wp-
content/uploads/Escher-wyss-crescent-forme-machine.pdf >
D4: Support regarding the publication date of D3 (could be downloaded for
more than 3 years ago)

图 17.21   PRV 作出的技术通知中对权利要求可授权性的指明

四、相关文件的获取

1. 如何获取瑞典对应申请的所有工作结果副本？

在 PRV 专利信息检索平台中输入瑞典对应申请的申请号，找到瑞典对应申请的审查记录，即可找到瑞典对应申请所有的工作结果。

2. 能否举例说明瑞典对应申请工作结果副本的样式？

（1）最终通知

PRV 作出的最终通知一般包含申请可获得授权的明确意见以及授权所基于的文件基础。并且，PRV 会将其确定的授权文本随最终通知一并发给申请人，由申请人在该通知规定的期限内进行修改或确认。其样式如图 17.22 所示。

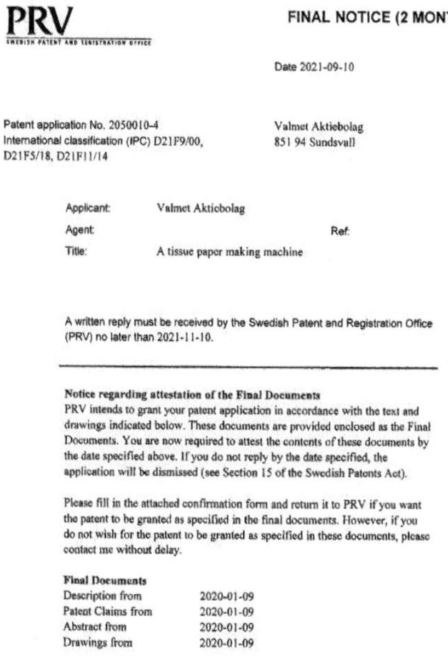

图 17.22 PRV 作出的最终通知首页样式

（2）技术通知

PRV 作出的技术通知一般包含作出该通知的文件基础、对申请文件可专利性的评估意见，以及具体的评述意见等。其样式如图 17. 23所示。

Statement

Deficiencies affecting substantive examination of the application
Claim 1 defines a distance between the Yankee axis and the forming roll axis which should make a rebuild with for example TAD cylinders easier. However, the necessary distance is dependent upon the dimension on the machine to be rebuilt. Considering that paper machines over time has reached larger and larger sizes it is not justified to leave the dependence of the machine size out in claim 1. According to the description on page 11, the Yankee drying cylinder diameter should be in the range of 3.5 m – 7 m. For example, it is questioned if a distance of 18 m would solve the problem for a machine having a larger Yankee size than 7 m (which could be expected in the future).

Therefore, the size of the Yankee cylinder should be included in claim 1 for assuring the technical effect over the whole claim (Section 8 of the Swedish Patents Act and Section 12 of the Swedish Patent Regulations).

Assessment

Novelty	Claim	1-8	Yes
	Claim	---	No
Inventive step	Claim	4, 6	Yes
	Claim	1-3, 5, 7-8	No
Industrial applicability	Claim	1-8	Yes
	Claim	---	No
Not searched	Claim	---	
Not assessed	Claim	---	

Cited documents
D1: US 2019/0360155 A1
D2: WO 2009/067066 A1
D3: "CRESCENT FORMER TISSUE MACHINE ESCHER WYSS MAX SHEET WIDTH 2.740 mm MAX SPEED 1.800 m/min AND CAPACITY 90 Tpd AND DISMANTLED ALL WITHOUT THE YANKEE " Pdf-file from consultoría de tecnologías papeleras, s.l. [retrieved on 2020-09-09] Retrived from the Internet: <URL: https://ctpaper.com/webwp/wp-content/uploads/Escher-wyss-crescent-forme-machine.pdf >
D4: Support regarding the publication date of D3 (could be downloaded for more than 3 years ago)

Reasoning
Document D1 is considered to represent the closest prior art. D1 (claim 1, Fig. 1) discloses a tissue paper making machine comprising a forming section

图 17. 23　PRV 作出的技术通知首页样式

3. 如何获取瑞典对应申请的最新可授权的权利要求副本？

如果瑞典对应申请已经授权公告，则可以在 EPC 的 Espacenet

网站中输入瑞典对应申请的申请号，获取其授权公告文本，查看已授权的权利要求。

4. 能否举例说明瑞典对应申请的可授权权利要求副本的样式?

申请人在提交瑞典对应申请的最新可授权权利要求副本时，可以自行提交任意形式的权利要求副本，并非必须提交官方副本。瑞典对应申请的可授权权利要求副本的样式如图 17.24 所示。

1.　Förfarande för ett fingeravtrycksavkänningssystem (110) anordnat i ett smartkort (100), varvid fingeravtrycksavkänningssystemet (110) är konfigurerat att förvärva fingeravtrycksdata från en användare med en fingeravtryckssensor (102) för biometrisk autentisering, innefattande:

att detektering (S501) ett finger hos användaren som kommer i kontakt med ett avkänningsområde på fingeravtryckssensorn (102);

att initiera (S502) fingeravtryckssensorn (102) med en i förväg bestämd sensorinställning;

att förvärva (S503), för fingret som detekteras att komma i kontakt med avkänningsområdet för fingeravtryckssensorn (102), en kalibreringsdelbild som är begränsad i storlek till ett delområde av avkänningsområdet, varvid fingeravtryckssensorn (102) initieras med den i förväg bestämda sensorinställningen;

att bestämma (S504) huruvida ett kvalitetskriterium är uppfyllt för den förvärvade kalibreringsdelbilden för att möjliggöra att efterföljande förvärvade delbilder används för autentisering av användaren, och om så är fallet;

att inhämta (S505) och lagra en eller flera ytterligare delbilder begränsade i storlek till ett delområde av avkänningsområdet, varvid fingeravtryckssensorn (102) initieras med den förutbestämda sensorinställningen; och

att kombinera (S506) ett flertal av de förvärvade och lagrade ytterligare delbilderna till en representation av ett fingeravtryck av användaren, varvid de

图 17.24　PRV 授权公告文本中记载的权利要求样式

注：权利要求的全部内容需完整提交，这里限于篇幅，不再展示后续内容。

5. 如何获取瑞典对应申请的工作结果中的引用文献信息?

瑞典对应申请的工作结果中的引用文献分为专利文献和非专利文献。PRV 在审查和检索中所引用的所有文献的信息都会被记载在瑞典对应申请的审查工作结果中。申请人可以通过查询瑞典对应申

467

请所有工作结果的内容获取其信息。如图 17.25 所示为 PRV 技术通知中所记载的引用文献。

Cited documents
D1: US 2019/0360155 A1
D2: WO 2009/067066 A1
D3: "CRESCENT FORMER TISSUE MACHINE ESCHER WYSS MAX
SHEET WIDTH 2.740 mm MAX SPEED 1.800 m/min AND CAPACITY 90
Tpd AND DISMANTLED ALL WITHOUT THE YANKEE " Pdf-file from
consultoría de tecnologías papeleras, s.l. [retrieved on 2020-09-09] Retrieved
from the Internet: <URL: https://ctpaper.com/webwp/wp-
content/uploads/Escher-wyss-crescent-forme-machine.pdf >
D4: Support regarding the publication date of D3 (could be downloaded for
more than 3 years ago)

Reasoning
Document D1 is considered to represent the closest prior art. D1 (claim 1,
Fig. 1) discloses a tissue paper making machine comprising a forming section

图 17.25　瑞典对应申请的工作结果中的引用文献信息

当瑞典对应申请已经获授权时，申请人可以直接从瑞典对应申请的授权决定通知书中获取其所有的引用文献信息，如图 17.26 所示。

图 17.26　瑞典对应申请授权决定通知书中记载的引用文献信息

6. 如何获知引用文献中的非专利文献构成瑞典对应申请的驳回理由？

申请人可以通过查询 PRV 发出的技术通知获取 PRV 申请中构成驳回理由的非专利文献信息。当 PRV 发出的技术通知中含有利用非专利文献对瑞典对应申请的新颖性、创造性进行判断的内容，且该内容中显示该非专利文献影响了瑞典对应申请的新颖性、创造性，则该非专利文献属于构成驳回理由的文献，申请人需要在提交 PPH 请求时将其一并提交。如图 17. 27 所示：

Cited documents
D1: US 2019/0360155 A1
D2: WO 2009/067066 A1
D3: "CRESCENT FORMER TISSUE MACHINE ESCHER WYSS MAX SHEET WIDTH 2.740 mm MAX SPEED 1.800 m/min AND CAPACITY 90 Tpd AND DISMANTLED ALL WITHOUT THE YANKEE " Pdf-file from consultoría de tecnologías papeleras, s.l. [retrieved on 2020-09-09] Retrieved from the Internet: <URL: https://ctpaper.com/webwp/wp-content/uploads/Escher-wyss-crescent-forme-machine.pdf >
D4: Support regarding the publication date of D3 (could be downloaded for more than 3 years ago)

Reasoning
Document D1 is considered to represent the closest prior art. D1 (claim 1, Fig. 1) discloses a tissue paper making machine comprising a forming section

图 17. 27 需要提交引用文献中的非专利文献的情形

五、信息填写和文件提交的注意事项

1. 在 PPH 请求表中填写中国本申请与瑞典对应申请的关联性关系时，有哪些注意事项？

（1）在 PPH 请求表中表述中国本申请与瑞典对应申请的关联性关系时，必须写明中国本申请与瑞典对应申请之间的关联方式（如优先权、PCT 申请不同国家阶段等）。如果中国本申请与瑞典对应申请达成关联需要经过一个或多个其他相关申请，也需写明相关申请的申请号以及达成关联的具体方式。

例如：①中国本申请是中国申请 A 的分案申请，瑞典对应申请是瑞典申请 B 的分案申请，中国国家申请 A 要求了瑞典申请 B 的优先权；②中国本申请是中国申请 A 的分案申请，中国申请 A 是 PCT 申请 B 进入中国国家阶段的申请。瑞典对应申请、中国国家申请 A 与 PCT 申请 B 共同要求了瑞典申请 C 的优先权。

（2）涉及多个瑞典对应申请时，则需分条逐项写明中国本申请与每一个瑞典对应申请的关系。

2. 在 PPH 请求表中填写中国本申请与奥地利对应申请权利要求的对应性解释时，有哪些注意事项？

基于 APO 工作结果向 CNIPA 提交 PPH 请求的，权利要求的对应性解释无特别的注意事项，参见本书第一章的相关内容即可。

3. 在 PPH 请求表中填写瑞典对应申请的所有工作结果的名称时，有哪些注意事项？

（1）应当填写 PRV 在所有审查阶段的全部工作结果，既包括实质审查阶段的所有通知书，也包括实质审查阶段以后的复审、无效等阶段的所有通知书。

（2）各工作结果的作出时间应当填写其发文日，在发文日无法确定的情况下允许申请人填写其起草日或完成日。

（3）各通知书的名称应当使用其正式的中文译名填写，例如技术通知、最终通知等。不得以"通知书"或者"审查意见通知书"代替。

（4）对于未在《中瑞流程》中给出明确中文译名的通知书，申请人可以按其通知书原文名称自行翻译后填写在 PPH 请求表中并将其原文名称填写在翻译的中文名称后的括号内，以便审查核对。

（5）如果有多个瑞典对应申请，请分别对各个瑞典对应申请进行工作结果的查询并填写到 PPH 请求表中。

4. 在 PPH 请求表中填写奥地利对应申请所有工作结果引用文献的名称时,有哪些注意事项?

在填写奥地利对应申请所有工作结果引用文献的名称时,无特别注意事项,参见本书第一章的相关内容即可。

5. 在提交瑞典对应申请的工作结果副本及译文时,有哪些注意事项?

在提交瑞典对应申请的工作结果副本及译文时,申请人应当注意如下事项。

(1)根据《中瑞流程》,所有的工作结果副本均需要被完整提交,不存在工作结果副本可以省略提交的情形——包括其著录项目信息、格式页或附件也应当被提交。

(2)申请人必须以可辨方式,在所有工作结果的副本中指明 PRV 审查员认定的与可专利性有关的结论(例如对该种结论加阴影标记或方框;见图 17.28)。

These deficiencies and any additional deficiencies are explained in detail in continuation of this notice.

Assessment			
Novelty	Claim	4-13, 20-21, 24-25	Yes
	Claim	1-3, 14-19, 22-23, 26	No
Inventive step	Claim		Yes
	Claim	1-26	No
Industrial applicability	Claim	1-26	Yes
	Claim		No
Not searched	Claim	---	
Not assessed	Claim	---	

Cited documents
D1: US20170270342 A1
D2: EP3267359 A1

图 17.28 在瑞典对应申请的工作结果中指明 PRV 审查员认定的与可专利性有关的结论

(3)瑞典对应申请的工作结果通常使用英语撰写,申请人无需再提交其中文或英文的译文。当然，根据《中瑞流程》的规定，申请人也可以提交所有工作结果的中文译文。

如果申请人提交瑞典对应申请的工作结果副本译文，则对所有的工作结果副本的译文均需要完整提交，包括对其著录项目信息、格式页或附件也应当翻译。

6. 在提交瑞典对应申请的最新可授权权利要求副本及译文时，有哪些注意事项？

申请人在提交瑞典对应申请的最新可授权权利要求副本时，一是要注意可授权权利要求是否最新；二是要注意权利要求的内容是否完整，即使有一部分权利要求在 CNIPA 申请中没有被利用到，也需要一起完整提交。需要注意的是，申请人不能省略提交此文件。

如果瑞典对应申请的最新可授权权利要求用英文撰写，则申请人无需提交其译文，但如果瑞典对应申请的最新可授权权利要求用瑞典语撰写，则申请人必须提交其中文或英文译文。需注意的是，该种译文应当是对瑞典对应申请中所有最新的被认为可授权的权利要求内容进行完整且一致的翻译，仅翻译部分内容的译文不合格。

CNIPA 接受中文和英文两种语言的译文。对于一次 PPH 请求，不同的文件可以使用不同语言进行翻译，但是同一份文件需要使用单一语言提交完整的翻译。一份权利要求副本部分译成中文，部分译成英文的，将会导致此次 PPH 请求不合格。

7. 在提交瑞典对应申请的工作结果中引用的非专利文献副本时，有哪些注意事项？

当瑞典对应申请的工作结果中的非专利文献涉及驳回理由时，申请人应当在提交 PPH 请求时将所有涉及驳回理由的非专利文献副本一并提交。而对于所有的专利文献和未构成驳回理由的非专利文献，申请人只需将其信息填写在 PPH 请求书 E 项第 2 栏中即可，不需要提交相应的文献副本。

　　申请人提交文献时应确保其提交的内容完整，提交的类型正确，即按照"对应申请审查意见引用文献副本"类型提交。

　　如果所需提交的非专利文献是由除中文或英文之外的语言撰写，申请人也只需提交非专利文献文本即可，不需要对其进行翻译。

　　如果瑞典对应申请存在两份或两份以上非专利文献副本，则应该作为一份"对应申请审查意见引用文献副本"提交。

第十八章 基于英国知识产权局工作结果向中国国家知识产权局提交常规 PPH 请求

一、概述

1. 基于 UKIPO 工作结果向 CNIPA 提交 PPH 请求的项目依据是什么？

中英 PPH 试点于 2014 年 7 月 1 日起开始试行。《在中英专利审查高速路（PPH）试点项目下向中国国家知识产权局提出 PPH 请求的流程》（以下简称《中英流程》）即为基于 UKIPO 工作结果向 CNIPA 提交 PPH 的项目依据。

2. 基于 UKIPO 工作结果向 CNIPA 提交 PPH 请求的种类分为哪些？

CNIPA 与 UKIPO 签署的为双边 PPH 试点项目。按照提出 PPH 请求所使用的对应申请审查机构的工作结果来划分，基于 UKIPO 工作结果向 CNIPA 提出 PPH 请求的种类仅包括基本型常规 PPH。

3. CNIPA 与 UKIPO 开展 PPH 试点项目的期限有多长？

中英 PPH 试点项目自 2014 年 7 月 1 日开始，为期两年，至 2016 年 6 月 30 日止，其后自 2016 年 7 月 1 日起无限期延长。

4. 基于 UKIPO 工作结果向 CNIPA 提交 PPH 请求有无领域和数量限制?

《中英流程》中提到: "两局在请求数量超出可管理的水平时或出于其他任何原因, 可终止本 PPH 试点。PPH 试点终止之前, 将先行发布通知。"

5. 如何获得英国对应申请的相关信息?

申请人可以通过登录 UKIPC 的英国专利信息查询网站 (网址 www. ipo. gov. uk/p – ipsum) 查询英国对应申请的相关信息。

进入查询页面后, 在 "Application Number" 后输入英国对应申请正确的申请号, 注意输入的申请号格式, 分为 "GBnnnnnnn" 和 "EPnnnnnnn", 分别对应 UKIPO 申请和 EPO 申请。

举例如图 18.1、图 18.2、图 18.3 和图 18.4 所示。

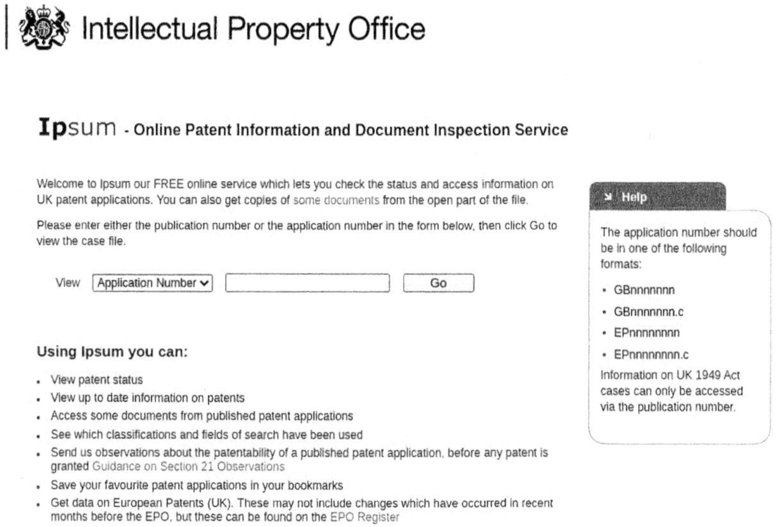

图 18.1 UKIPO 专利信息查询平台

Intellectual Property Office

Ipsum - **Online Patent Information and Document Inspection Service**

New Search View on Espacenet

GB2501341 - Anti-microbial composition

Case Details

Application Number	GB1219567.3
Application Source	Form 1
Publication Number	GB2501341
Status	Granted
Filing Date	31 October 2012
Publication Date	23 October 2013
Grant Date	Grant of Patent (Notification under Section 18(4)): 23 September 2014 Publication of notice in the Patents and Designs Journal (Section 25(1)): 22 October 2014
Last Renewal Date	31 October 2019
Year of Last Renewal	8
Next Renewal Date	31 October 2020
Priorities Claimed	29 December 2011 in United Kingdom - Document: 1122407 29 December 2011 in WIPO - Document: PCT/GB2011/052592
Application Title	Anti-microbial composition
Grant Title	Anti-microbial composition
Address for Service	POTTER CLARKSON LLP

Select case view

Select the aspect of the case you wish to view:

- **Case Details**
- Documents
- Forms Filed
- Case Notes
- Classifications
- Citations
- Field of Search

图 18.2 通过 UKIPO 专利信息查询平台查询对应申请有关信息

Intellectual Property Office

Ipsum - **Online Patent Information and Document Inspection Service**

New Search View on Espacenet

GB2501341 - Anti-microbial composition

Documents

There are 31 documents able to be viewed for this case.

To view a document, please click the appropriate 'View' link. If you have a suitable PDF reader installed, the document should then open in a new browser window.

To download multiple documents as a single PDF file, select the documents you wish to download and click the 'Download Selected Documents' link at the bottom of the table.

Filter by document type: All

Date ▲	Document type	Number of pages		
31 October 2012	Filing receipt	2	View	
31 October 2012	Drawings	2	View	
31 October 2012	Letter - Agent	1	View	
31 October 2012	Specification	42	View	
31 October 2012	Description	37	View	
31 October 2012	Claims	4	View	
31 October 2012	Abstract	1	View	
05 November 2012	Report - Formalities	2	View	
16 November 2012	Letter - Agent	3	View	
06 December 2012	Drawings	2	View	

Select case view

Select the aspect of the case you wish to view:

- Case Details
- **Documents**
- Forms Filed
- Case Notes
- Classifications
- Citations
- Field of Search

图 18.3 英国对应申请相关文件列表

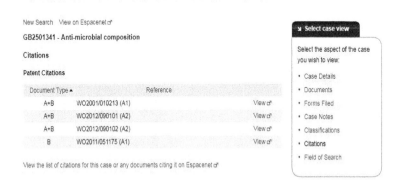

图 18.4　英国对应申请的工作结果引用的文献副本

二、中国本申请与英国对应申请关联性的确定

1. 英国对应申请号的格式是什么？如何确认英国对应申请号？

对于 UKIPO 专利申请，申请号的格式一般为"GBnnnnnnnn. c"，例如"GB2012345. 6"。

英国对应申请号是指申请人在 PPH 请求中所要利用的 UKIPO 工作结果中记载的申请号。申请人可以通过 UKIPO 作出的国内工作结果，例如授权决定通知书的首页，获取英国对应申请号，如图 18.5所示。

2. 英国对应申请的著录项目信息如何核实？

与 PPH 流程规定的两申请关联性相关的对应申请的信息，例如优先权信息、分案申请信息、PCT 申请进入国家阶段信息等，通

Intellectual
Property
Office

Byotrol PLC
c/o Potter Clarkson LLP
The Belgrave Centre
Talbot Street
NOTTINGHAM
NG1 5GG

Patents Directorate

Concept House
Cardiff Road
Newport
South Wales NP10 8QQ
United Kingdom

Direct line: **0300 300 2000**
Switchboard: 01633 814000
Fax: 01633 814827
Minicom: 0300 0200 015
http://www.ipo.gov.uk

Your Reference: BYOCX/P51458GB

23 September 2014

Dear Sir/Madam

PATENTS ACT 1977: PATENTS RULES 2007
NOTIFICATION OF GRANT: PATENT SERIAL NUMBER:GB2501341   英国对应申请号

1. I am pleased to tell you that your patent application number GB1219567.3 complies with
the requirements of the Act and Rules, and that you are therefore granted a patent (for the
purposes of Sections 1-23 of the Act) as from the date of this letter.

图 18.5　授权决定通知书中英国对应申请的申请号样式

常会在对应申请的著录项目信息中记载。申请人一般可以通过以下
两种方式获取英国对应申请的著录项目信息。

一是在英国对应申请的查询界面获取相关著录项目信息，包括
国际申请号（如果有）、优先权（如果有）、申请人等信息。

二是通过英国对应申请的授权公告文本核实。相关著录项目信
息会在授权公告文本扉页显示，包括申请号、国际申请号（如果
有）、优先权号（如果有）、申请人等，如图 18.7 所示。

图 18.6　英国对应申请查询界面中有关著录项目信息的展示

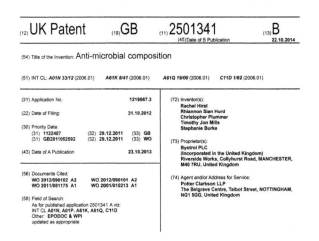

图 18.7　英国对应申请授权公告文本中有关著录项目信息的展示

479

3. 中国本申请与英国对应申请的关联性关系一般包括哪些情形？

以英国申请作为对应申请向 CNIPA 提出的 PPH 请求的种类限于基本型常规 PPH 请求。申请人不能利用 OSF 先作出的工作结果要求在 OFF 进行加快审查，同时两申请间的关系仅限于中英两局间，不能扩展为共同要求第三个国家或地区的优先权。

符合中国本申请与英国对应申请关联性关系的具体情形如下。

（1）中国本申请要求了英国申请的优先权

如图 18.8 所示，中国本申请和英国对应申请均为普通国家申请，且中国本申请要求了英国对应申请的优先权。

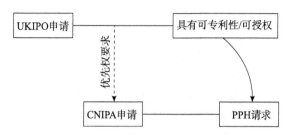

图 18.8　中国本申请和英国对应申请均为普通国家申请

如图 18.9 所示，中国本申请是 PCT 申请进入中国国家阶段的申请，且要求了英国对应申请的优先权。

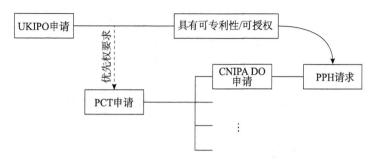

图 18.9　中国本申请为 PCT 申请进入中国国家阶段的申请

　　如图 18.10 所示，中国本申请要求了多项优先权，英国对应申请为其中一项优先权。

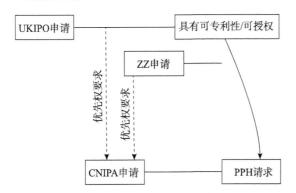

图 18.10　中国本申请要求包含英国对应申请的多项优先权

　　如图 18.11 所示，中国本申请和英国对应申请共同要求了另一英国申请的优先权。

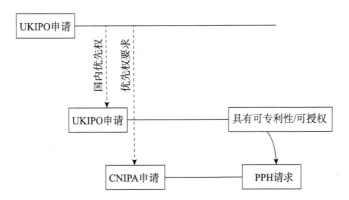

图 18.11　中国本申请和英国对应申请共同要求
另一英国申请的优先权

　　如图 18.12 所示，中国本申请和英国对应申请是同一 PCT 申请进入各自国家阶段的申请，该 PCT 申请要求了另一英国申请的优先权。

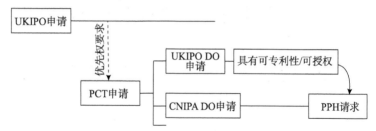

**图 18. 12　中国本申请和英国对应申请是要求另一英国申请
优先权的 PCT 申请进入各自国家阶段的申请**

（2）中国本申请和英国对应申请为未要求优先权的同一 PCT
申请进入各自国家阶段的申请

详情如图 18. 13 所示。

**图 18. 13　中国本申请和英国对应申请是未要求优先权的
同一 PCT 申请进入各自国家阶段的申请**

（3）中国本申请要求了 PCT 申请的优先权，且该 PCT 申请未
要求优先权，英国对应申请为该 PCT 申请的国家阶段申请

如图 18. 14 所示，中国本申请是普通国家申请，要求了 PCT 申
请的优先权，英国对应申请是该 PCT 申请的国家阶段申请。

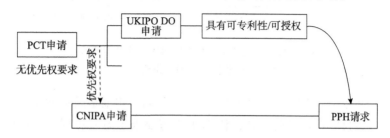

**图 18. 14　中国本申请要求 PCT 申请的优先权且英国对应
申请是该 PCT 申请的国家阶段申请**

如图 18.15 所示，中国本申请是 PCT 申请进入国家阶段的申请，要求了另一 PCT 申请的优先权，英国对应申请是作为优先权基础的 PCT 申请的国家阶段申请。

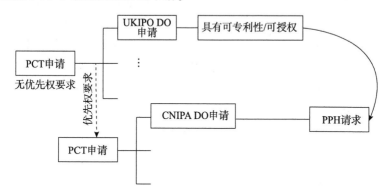

图 18.15　中国本申请是要求 PCT 申请优先权的另一 PCT 申请进入中国国家阶段的申请且英国对应申请是作为优先权基础的 PCT 申请的国家阶段申请

如图 18.16 所示，中国本申请和英国对应申请是同一 PCT 申请进入各自国家阶段的申请，该 PCT 申请要求了另一 PCT 申请的优先权。

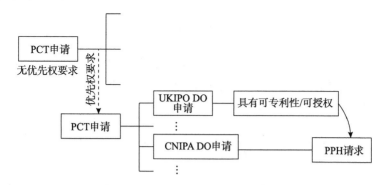

图 18.16　中国本申请和英国对应申请是 PCT 申请进入各自国家阶段的申请且该 PCT 申请要求另一 PCT 申请的优先权

4. 中国本申请与英国对应申请的派生申请是否满足要求？请举例说明。

如果中国申请与英国申请符合 PPH 流程所规定的申请间关联性关系，则中国申请的派生申请作为中国本申请，或者英国申请的派生申请作为对应申请，也符合申请间关联性关系。如图 18.17 所示，中国申请 A 要求了英国对应申请的优先权，中国申请 B 是中国申请 A 的分案申请，则中国申请 B 与英国对应申请的关系满足申请间关联性要求。

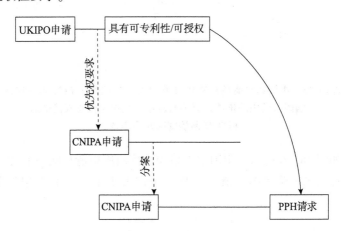

图 18.17　中国本申请为分案申请的情形

同理，如果中国本申请要求了英国申请 A 的优先权，英国对应申请 B 是英国申请 A 的分案申请，则该中国本申请与英国对应申请 B 的关系也满足申请间关联性关系。

三、英国对应申请可授权性的判定

1. 用于判定英国对应申请可授权性的最新工作结果一般包括哪些？

英国对应申请的工作结果是指与英国对应申请可授权性相关的

所有英国国内工作结果，一般包括实质审查、复审、异议、无效等阶段通知书，例如包括各种检索报告、审查报告和授权通知书（Notification of Grant Letter）等，如图 18.18 所示。

01 February 2013	Exam report - Search & exam	3	View
01 February 2013	Letter - Search & exam	3	View
01 February 2013	Search report - First	1	View
01 February 2013	Abstract	1	View
23 September 2013	Letter - Publishing	1	View
23 October 2013	Publication document	45	View
11 December 2013	Letter - Agent	61	View
11 December 2013	Claims	4	View
11 December 2013	Description	39	View
24 January 2014	Exam report - Standard	2	View
24 January 2014	Letter - Exam	1	View
06 March 2014	Letter - Agent	2	View
14 May 2014	Report - Telephone conversation	1	View
17 July 2014	Letter - Agent	16	View
21 July 2014	Letter - Agent	15	View
21 July 2014	Description	39	View
21 July 2014	Claims	4	View
23 September 2014	Letter - Notification of grant	2	View

图 18.18　英国对应申请的工作结果（节选）

根据《中英流程》的规定，权利要求"被认定为可授权/具有可专利性"是指该申请已得到 UKIPO 的专利授权，即 UKIPO 已经发出授权通知书。

2. UKIPO 一般如何明确指明最新可授权权利要求的范围？

如图 18.19 所示，UKIPO 会在授权通知书中明确指明可授权的文本的公开日期和网址，该可授权文本中中包含有可授权的权利要求。

Intellectual
Property
Office

Byotrol PLC
c/o Potter Clarkson LLP
The Belgrave Centre
Talbot Street
NOTTINGHAM
NG1 5GG

Patents Directorate

Concept House
Cardiff Road
Newport
South Wales NP10 8QQ
United Kingdom

Direct line: **0300 300 2000**
Switchboard: 01633 814000
Fax: 01633 814827
Minicom: 0300 0200 015
http://www.ipo.gov.uk

Your Reference: BYOCX/P51458GB

23 September 2014

Dear Sir/Madam

PATENTS ACT 1977: PATENTS RULES 2007
NOTIFICATION OF GRANT: PATENT SERIAL NUMBER:GB2501341

1. I am pleased to tell you that your patent application number GB1219567.3 complies with the requirements of the Act and Rules, and that you are therefore granted a patent (for the purposes of Sections 1-23 of the Act) as from the date of this letter.

2. Grant of the patent is expected to be announced in the Patents Journal on 22 October 2014. In accordance with section 25(1), the patent will be treated for all later sections of the Act as having been granted and as taking effect on that date. The patent specification will be published on the same date, and you will receive the Certificate of Grant for your patent shortly afterwards. If you would also like a copy of your granted specification, this will be freely available from our website at www.ipo.gov.uk/p-find-publication.

3. **Renewing your patent** – IMPORTANT – To keep your patent in force, you must pay the Office an annual renewal fee:

图 18.19   UKIPO 授权通知书首页对可授权性的展示

3. 如果英国对应申请存在授权后进行修改的情况，此时 **UKIPO** 判定权利要求可授权的最新工作结果是什么？

按照 UKIPO 的审查程序，专利权人在授权后可以请求对授权文本进行修改或更正。如果在提出 PPH 请求之前，专利权人已经向 UKIPO 提出更正请求，且 UKIPO 在更正程序中更正了权利要求，则此时最新可授权权利要求就不再是授权文本中公布的权利要求，而应当是更正后的权利要求。

4. 能否举例说明英国对应申请的最新工作结果中不属于"明确指出"的模糊性意思表示或者假设性意思表示？

如图 18.20 所示，一般而言，除授权通知书以外，UKIPO 的历史通知书中仅指出权利要求和缺陷，比如指明三性问题、清楚和支持的问题。因此，即使在审查历史中某项通知书中未指明三性的问题，也请一并查看是否存在其他问题。

Basis of the examination

1. My examination has taken account of the amendments filed with your agent's letter of 9 December 2013.

Novelty

2. The invention as defined in claims 1, 3, 4, 6, 7, 9-12, 17 & 22-29 is not new because it has already been disclosed in the following document:

(a) WO 2011/051175A1 (HENKEL AG & CO. KGAA) – See whole document, in particular page 2, line 25 – page 5, line 18; page 6, line 5 – page 7, line 26 the examples on page 11.

图 18.20 UKIPO 工作结果中不属于明确指出权利要求的可授权性的示例

四、相关文件的获取

1. 如何获取英国对应申请的所有工作结果副本？

可以按如下步骤获取英国对应申请的所有工作结果副本。

步骤 1（见图 18.21）：申请人登录 UKIPO 专利信息查询平台的官方网站，进入查询页面后，在"Application Number"后输入对应申请正确的申请号。

步骤 2（见图 18.22）：找到英国对应申请的审查记录。

步骤 3（见图 18.23）：找到英国对应申请所有的工作结果。

在步骤 3 中，申请人应当注意的是：审查记录中一般包含 UKIPO 所有的检索报告、审查报告和授权通知书；而分案信息则在分案记录中被予以记载。

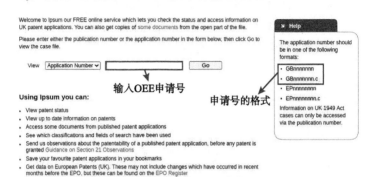

图 18.21　在 UKIPO 专利信息查询平台中输入英国对应申请号

图 18.22　找到英国对应申请号的审查记录

01 February 2013	Exam report - Search & exam	3	View	
01 February 2013	Letter - Search & exam	3	View	►检索报告
01 February 2013	Search report - First	1	View	
01 February 2013	Abstract	1	View	
23 September 2013	Letter - Publishing	1	View	
23 October 2013	Publication document	45	View	
11 December 2013	Letter - Agent	61	View	
11 December 2013	Claims	4	View	
11 December 2013	Description	39	View	
24 January 2014	Exam report - Standard	2	View	►审查报告
24 January 2014	Letter - Exam	1	View	
06 March 2014	Letter - Agent	2	View	
14 May 2014	Report - Telephone conversation	1	View	
17 July 2014	Letter - Agent	16	View	
21 July 2014	Letter - Agent	15	View	
21 July 2014	Description	39	View	
21 July 2014	Claims	4	View	
23 September 2014	Letter - Notification of grant	2	View	►授权通知书

489

图 18. 23　找到英国对应申请的所有工作结果

2. 能否举例说明英国对应申请工作结果副本的样式？

（1）授权通知书

UKIPO 作出的授权通知书通常包括法律规定、授权公告信息、授权后的提示信息等，如图 18.24 和图 18.25 所示。

（2）检索报告、审查报告和检索与审查报告

UKIPO 作出的检索报告、审查报告、检索与审查报告均属于审查阶段的工作结果，其一般包括对比文件、对权利要求的评述、法律依据等，如图 18.26、图 18.27、图 18.28 和图 18.29 所示。

Intellectual
Property
Office

Suunto OY
c/o Withers & Rogers LLP
4 More London Riverside
LONDON
SE1 2AU

Patents Directorate

Concept House
Cardiff Road
Newport
South Wales NP10 8QQ
United Kingdom

Direct line: **0300 300 2000**
Switchboard: 01633 814000

http://www.gov.uk/ipo

Your Reference: P535965GBDIV1/SY

23 March 2021

Dear Sir/Madam

PATENTS ACT 1977: PATENTS RULES 2007
NOTIFICATION OF GRANT: PATENT SERIAL NUMBER:GB2583413

1. I am pleased to tell you that your patent application number GB2004201.6 complies with the requirements of the Act and Rules, and that you are therefore granted a patent (for the purposes of Sections 1-23 of the Act) as from the date of this letter.

2. Grant of the patent is expected to be announced in the Patents Journal on 21 April 2021. In accordance with section 25(1), the patent will be treated for all later sections of the Act as having been granted and as taking effect on that date. The patent specification will be published on the same date, and you will receive the Certificate of Grant for your patent shortly afterwards. If you would also like a copy of your granted specification, this will be freely available from our website at www.ipo.gov.uk/p-find-publication.

3. **Renewing your patent** – IMPORTANT – To keep your patent in force, you must pay the Office an annual renewal fee:

(i)   To renew your patent visit: **www.gov.uk/renew-patent**

(ii)   Annual renewal fees are due once a patent has been granted. For most patents, the date on which the first renewal fee is due is the last day of the month in which the fourth anniversary of the filing date falls. Subsequent renewal fees will be due, each year, on the same due date. If you wish, you can pay a renewal fee in the 3-month period before each due date.

(iii)   Where the patent is granted later than three years and nine months after the filing date then the first renewal fee must be paid by the last day of the third month after the date

PB05   BPUB

图 18.24   UKIPO 作出的授权通知书示例（首页）

of grant.

(iv)　Subsequent renewals will revert to being due on the last day of the month in which the anniversary of your filing date falls, as described in paragraph (iii) above. Please note: in certain circumstances, e.g. when a patent is granted later than four years and nine months after the filing date, you may be required to pay multiple years' renewal fees at the same time. If this applies then further information will be supplied with the Certificate of Grant.

(v)　If any renewal fee is not paid by the due date, a further six months is allowed in which to pay the fee, however additional fees will be payable one month after the due date.

(vi)　An example - For a patent filed on 17 October 2015, the first renewal fee would be due for payment on 31 October 2019. The fee could be paid in advance from 1 August 2019. Subsequent renewal fees would be due on 31 October annually. The first free month of the late payment period would end on 30 November 2019 and if no payment was received by 30 April 2020 the patent would cease with effect from 17 October 2019.

491

For further information about patent renewal fees visit www.gov.uk/renew-patent.

4. Accelerated processing in other Offices
If you have a pending application for the same invention which is still awaiting examination at another intellectual property office then you may be able to apply for accelerated prosecution of your application under the Patent Prosecution Highway. Further information can be found at www.gov.uk/patents-accelerated-processing.

5. Disputes over your patent
If you become involved in a dispute with someone else about the infringement or validity of your patent, then you may wish to consider using one of our dispute resolution services as a low cost alternative to Court. Further information is available at www.gov.uk/government/publications/patents-filing-proceeding-at-the-ipo or from our Information Centre on 0300 300 2000.

Yours faithfully

David Holdsworth

DAVID HOLDSWORTH
DEPUTY CHIEF EXECUTIVE AND DIRECTOR OF OPERATIONAL DELIVERY

PB05   BPUB

图 18. 25　UKIPO 作出的授权通知书示例（续页）

Intellectual
Property
Office

Buster and Punch Limited
c/o Chapman + Co
18 Staple Gardens
Winchester
Hampshire
S023 8SR

Patents Directorate

Concept House
Cardiff Road, Newport
South Wales, NP10 8QQ

Direct Line: 01633 814903
'**E-Mail:** vaughan.phillips@ipo.gov.uk
Switchboard: 0300 300 2000
Fax: 01633 817777
Minicom: 0300 0200 015

Your Reference: P4941GB01
Application No: GB1518036.7

21 April 2016

Dear Sirs

Patents Act 1977: Search Report under Section 17(6)

I enclose a copy of my search report relating to claims 27-49 . Please note that published
patent documents mentioned in my report may be obtained for free on the internet and are
usually freely available from http://worldwide.espacenet.com.

This search is in response to the further Patents Form 9A filed on 12 April 2016.

Yours faithfully

Vaughan Phillips

Vaughan Phillips
Examiner

图 18. 26　UKIPO 作出的检索报告示例

Intellectual
Property
Office

Your ref :	BYOCX/P51458GB	**Examiner :**	Dr Bill Thomson
Application No:	GB1219567.3	**Tel :**	01633 814531
Applicant :	Byotrol PLC	**Date of report :**	24 January 2014

Latest date for reply:	24 March 2014

Page 1/2

Patents Act 1977
Examination Report under Section 18(3)

Basis of the examination

1. My examination has taken account of the amendments filed with your agent's letter of 9 December 2013.

493

Novelty

2. The invention as defined in claims 1, 3, 4, 6, 7, 9-12, 17 & 22-29 is not new because it has already been disclosed in the following document:

(a) WO 2011/051175A1 (HENKEL AG & CO. KGAA) – See whole document, in particular page 2, line 25 – page 5, line 18; page 6, line 5 – page 7, line 26 the examples on page 11.

The above document discloses an antimicrobial cleaning agent composition for hard surfaces that has all the essential features – i.e., quaternary ammonium component (i), hydrophilic polymer (ii), polar solvent (iii), non-ionic surfactant (iv) and chelate (v). Since the priority document to the current application (GB 1122407.8) shows no disclosure of a chelate being present, then the earliest disclosure of such a composition is deemed to be on the filing date of the current application – 31/10/2012. *Prima facie* the above cited document would appear to anticipate the disclosure in the current application with regard to the novelty of the aforementioned claims . US equivalent of the above document (in English) US 2012/0213759A1 is also supplied.

Inventive step

3. The invention as defined in claims 2, 5, 8, 13-16 & 18-20 is obvious in view of what has already been disclosed in the following document:

(a) WO 2011/051175A1 (HENKEL AG & CO. KGAA) – See whole document, in particular page 2, line 25 – page 5, line 18; page 6, line 5 – page 7, line 26 the examples on page 11.

The above document discloses an antimicrobial cleaning agent composition for hard surfaces that has all the essential features – i.e., quaternary ammonium component (i), hydrophilic polymer (ii), polar solvent (iii), non-ionic surfactant (iv) and chelate (v). There is sufficient

图 18. 27　UKIPO 作出的审查报告示例（首页）

Intellectual Property Office

Your ref :	BYOCX/P51458GB	Date of report:	24 January 2014
Application No :	GB1219567.3	Page 2 / 2	

[Examination Report contd.]

implicit disclosure therein for a person skilled in the art to arrive at subject matter of claims 2, 5, 8, 13-16 & 18-21 as a matter of routine experimentation – i.e., such claims are obvious.

This document was found in the International Search Report of the PCT equivalent (WO 2013/098547A1) during the top-up search.

图 18.28   UKIPO 作出的审查报告示例（续页）

INTELLECTUAL PROPERTY OFFICE

Your ref :	BYOCX/P51458GB	Examiner :	Dr Bill Thomson
Application No:	GB1219567.3	Tel :	01633 814531
Applicant :	Byotrol PLC	Date of report :	1 February 2013
Latest date for reply:	30 December 2013	Page 1/3	

Patents Act 1977
Combined Search and Examination Report under Sections 17 & 18(3)

Novelty – Section 2(1)/2(2)

1. The invention as defined in claims 1, 3, 4, 7, 8, 10-13, 22 and 24-28 at least is not new because it has already been disclosed in the following document:

WO 01/10213 A1 (RHODIA CHIMIE, M.E. VENTURA & R. GRESSER) - See whole document, in particular the Examples.

The above document, especially in the Examples, discloses a biocidal composition for the treatment of hard surfaces that comprises at least one anti-microbial quaternary ammonium compound, i.e., Rhodiaquat RP 50, (ii) a hydrophilic polymer, see monomers on page 22, (iii) a polar solvent, i.e., water, (iv) at least one non-ionic surfactant, i.e., "tensoactif non-ionique" on page 21 and (v) a chelate, i.e., EDTA, wherein the hydrophilic polymer (ii) comprises (a) a monomer capable of having a positive charge – i.e., under protonation, (b) an acidic monomer capable of having a negative charge and optionally (c) a neutral monomer. Thus an attack on the novelty of claims 1, 3, 4, 7, 8, 10-13, 22 and 24-28 at least may be made in light of such disclosure.

Inventive step – Section 3

2. The invention as defined in claims 2, 5, 6, 9, 14-21, 23 and 29 at least is obvious in view of what has already been disclosed in the following document:

WO 01/10213 A1 (RHODIA CHIMIE, M.E. VENTURA & R. GRESSER) - See whole document, in particular the Examples.

The aforementioned document discloses a biocidal composition for the treatment of hard surfaces wherein the features in claims of claims 2, 5, 6, 14-21, 23 and 29 at least would appear to be obvious to the person skilled in the art.

Clarity/consistency/conciseness – Section 14(5)(b)

3. It is noted in Example 2 that experiment "Sharp 3A" discloses that non-ionic surfactants are not essential for the desired level of anti-microbial activity in the composition – i.e., it still has a greater than 3 log activity. This being the case, amendment to claim 1 in particular will

图 18.29   UKIPO 作出的检索与审查报告示例（首页）

3. 如何获取英国对应申请的最新可授权的权利要求副本？

根据《中英流程》的规定，只有已得到 UKIPO 的专利授权的对应申请权利要求才被认定为可授权/具有可专利性。因此，申请人可以直接通过查阅英国对应申请的授权公告文本获得已授权的权利要求，或者在 UKIPO 针对英国对应申请的审查历史中点击授权通知书之后的 "Publiction document" 即可获得已授权的权利要求。

11 December 2013	Claims	4	View
11 December 2013	Description	39	View
24 January 2014	Exam report - Standard	2	View
24 January 2014	Letter - Exam	1	View
06 March 2014	Letter - Agent	2	View
14 May 2014	Report - Telephone conversation	1	View
17 July 2014	Letter - Agent	16	View
21 July 2014	Letter - Agent	15	View
21 July 2014	Description	39	View
21 July 2014	Claims	4	View
23 September 2014	Letter - Notification of grant	2	View
22 October 2014	Publication document	46	View

图 18.30　UKIPO 专利信息查询平台对授权公告文本的记录

如果英国对应申请尚未授权，UKIPO 通常不会在其审查报告或检索与审查报告中明确指出哪些权利要求可以授权，因此申请人也无法获取最新可授权权利要求。

4. 能否举例说明英国对应申请的可授权权利要求副本的样式？

申请人在提交英国对应申请的最新可授权权利要求副本时，可以自行提交任意形式的权利要求副本，并非必须提交官方副本。英国对应申请的可授权权利要求副本的样式举例如图 18.31 所示。

40

CLAIMS

1.　　An anti-microbial composition which, when subjected to a three wear cycle test on
a non-porous stainless steel, glass or plastics substrate provides, a 3 log or greater
5　reduction in micro-organisms over a 24-hour period and comprises (i) an anti-microbial
component comprising a quaternary ammonium component (a) comprising at least one
quaternary ammonium compound of formula (A)

$$R^2 \quad CH_3$$
$$R^1 - N^+ - CH_3 \quad X^-$$
$$CH_3$$

wherein R^1 and R^2 are each independently a straight chain, unsubstituted and
10　uninterrupted C_{8-12} alkyl group and X^- is chloride, bromide, fluoride, iodide, sulphonate,
saccharinate, carbonate or bicarbonate and/or at least one benzalkonium compound of
formula (B)

图 18.31　UKIPO 授权公告文本中记载的权利要求样例

注：权利要求的全部内容需完整提交，这里限于篇幅，不再展示后续内容。

5. 如何获取英国对应申请的工作结果中的引用文献信息？

英国对应申请的工作结果中的引用文献分为专利文献和非专利
文献。UKIPO 在审查和检索中所引用的所有文献的信息均会被记载
在英国对应申请的审查工作结果中。申请人可以通过查询英国对应
申请所有工作结果的内容获取引用文献信息，如图 18.32 所示。

Ipsum - Online Patent Information and Document Inspection Service

New Search　View on Espacenet ↗

GB2520371 - Snack food seasoning

Citations

Patent Citations

Document Type ▲	Reference	
A+B	GB2388581 (A)	View ↗
A+B	US20040029750 (A1)	View ↗
A+B	US20100297247 (A1)	View ↗
A+B	US20130095210 (A1)	View ↗
A+B	US3949094 (A)	View ↗
A+B	WO2011/126368 (A1)	View ↗
B	US5891494 (A)	View ↗
B	WO2010/146350 (A1)	View ↗

View the list of citations for this case or any documents citing it on Espacenet ↗

Non-Patent Citations

Document Type ▲	Reference
B	Journal of Food Engineering, vol 98 no 4, June 2010
B	Food Science and Technology, vol 56 no 2, November 2013

Select case view

Select the aspect of the case
you wish to view:

· Case Details
· Documents
· Forms Filed
· Case Notes
· Classifications
· Citations
· Field of Search

图 18.32　英国对应申请的工作结果中的引用文献信息

6. 如何获知引用文献中的非专利文献构成英国对应申请的驳回理由?

申请人可以通过查询 UKIPO 发出的各个阶段的审查工作结果如各种检索报告、审查报告,获取 UKIPO 申请中构成驳回理由的非专利文献信息。若 UKIPO 的工作结果中含有利用非专利文献对英国对应申请的新颖性、创造性进行评判的内容,且该内容中显示该非专利文献影响了英国对应申请的新颖性、创造性,则该非专利文献属于构成驳回理由的文献,如图 18.33 所示。

Intellectual
Property
Office

Your ref :	332747GB/PDJ	Examiner :	Bryony Barceló
Application No:	GB1407712.7	Tel :	01633 814395
Applicant :	Frito-Lay Trading Company GmbH	Date of report :	15 February 2016
Latest date for reply:	15 April 2016	Page 1/2	

Patents Act 1977
Examination Report under Section 18(3)

Novelty

1.   The invention as defined in claims 1-3, 5-8, 11-21, 26-29 is not new because it has already been disclosed in the following documents:

Journal of Food Engineering, vol 98, no 4 June 2010 pages 437-442; (Frasch-Melnik) Food Science and Technology Vol 56 no 2, 8 November 2013 pages 248-255 (Nadin Maxime et al)
WO2010146350 (University of Birmingham)

2.   All these documents were found when reviewing the written opinion of the ISA for equivalent WO2015165831.

图 18.33 需要提交作为引用文献的非专利文献的情形示例

五、信息填写和文件提交的注意事项

1. 在 PPH 请求表中填写中国本申请与英国对应申请的关联性关系时,有哪些注意事项?

(1) 在 PPH 请求表中表述中国本申请与英国对应申请的关联

性关系时，必须写明中国本申请与英国对应申请之间的关联方式（如优先权、PCT 申请不同国家阶段等）。如果中国本申请与英国对应申请达成关联需要经过一个或多个其他相关申请，也需写明相关申请的申请号以及达成关联的具体方式。

例如：①中国本申请是中国申请 A 的分案申请，英国对应申请是英国申请 B 的分案申请，中国申请 A 要求了英国申请 B 的优先权；②中国本申请是中国申请 A 的分案申请，中国申请 A 是 PCT 申请 B 进入中国国家阶段的申请。英国对应申请、中国国家申请 A 与 PCT 申请 B 均要求了英国申请 C 的优先权。

（2）涉及多个英国对应申请时，则需分条逐项写明中国本申请与每一个英国对应申请的关系。

2. 在 PPH 请求表中填写中国本申请与英国对应申请权利要求的对应性解释时，有哪些注意事项？

基于 UKIPO 工作结果向 CNIPA 提交 PPH 请求的，权利要求的对应性解释上无特别的注意事项，参见本书第一章的相关内容即可。

3. 在 PPH 请求表中填写英国对应申请的所有工作结果的名称时，有哪些注意事项？

（1）应当填写 UKIPO 在所有审查阶段的全部工作结果，既包括实质审查阶段的所有通知书，也包括实质审查阶段以后的复审、无效、授权后更正等阶段的所有通知书。

如图 18.34 所示，该申请有 4 份检索报告、1 份审查报告和 1 份授权通知书，都需要被填写到 PPH 请求表中。

22 October 2014	Search report - First	2	View
07 April 2015	Filing receipt	2	View
08 April 2015	Letter - Agent	1	View
08 April 2015	Filing receipt	2	View
20 April 2015	Letter - Publishing	1	View
20 May 2015	Publication document	19	View
28 January 2016	Letter - Agent	1	View
28 January 2016	Filing receipt	2	View
15 February 2016	Exam report - Standard	2	View
15 February 2016	Letter - Exam	1	View
23 March 2016	Letter - Agent	3	View
23 March 2016	Amendments	4	View
23 March 2016	Filing receipt	2	View
23 March 2016	Claims	3	View
12 May 2016	Exam report - Standard	1	View
12 May 2016	Letter - Exam	1	View
29 June 2016	Amendments	1	View
29 June 2016	Letter - Agent	1	View
29 June 2016	Amendments	1	View
29 June 2016	Filing receipt	2	View
29 June 2016	Description	12	View
05 July 2016	Exam report - Standard	1	View
05 July 2016	Letter - Exam	1	View
13 July 2016	Description - Replacement	5	View
13 July 2016	Letter - Agent	1	View
13 July 2016	Amendments	5	View
13 July 2016	Filing receipt	2	View
13 July 2016	Description	12	View
16 August 2016	Letter - Notification of grant	2	View

图 18.34　UKIPO 在审查阶段的工作结果及发文日

如果 UKIPO 在授权之后重新作出复审、无效、更正决定，一般情况下其会发出相应的通知书并重新公告，如图 18.35 和图 18.36所示。

**Intellectual
Property
Office**

DYSON TECHNOLOGY LIMITED,
Intellectual Property Department,
Tetbury Hill,
MALMESBURY,
Wiltshire,
SN16 0RP,
United Kingdom

Patents Directorate

Publishing Section
Concept House
Cardiff Road, Newport
South Wales, NP10 8QQ
Direct Line: 01633 814429
E-Mail: amanda.jones@ipo.gov.uk
Switchboard: 0300 300 2000
Fax: 01633 814827
Minicom: 0300 0200 015
DX: 722540/41 Cleppa Park 3

Your reference: CMM/GBP1130AP1
Our reference: GB2503251

14 July 2015

500

Dear Sirs

Patent Number: GB2503251
Application to amend the specification under Section 27 of the Patents Act 1977

I am pleased to inform you that the amendment requested was allowed on 03 July 2015.

The amended specification has now been published and an electronic version is available for you to view and download on our website via the Patents Publication Enquiry Service:
http://www.ipo.gov.uk/types/patent/p-os/p-find/p-find-publication.htm

Yours faithfully

图 18.35 UKIPO 在授权后作出的更正通知书示例

The Patents Act 1977

Specification No .GB (UK) 2503251 C

The following amendment was allowed under Section 27 on 3 July 2015.

The amendments shown on page 20 of this specification, were made under Section 27 of the Patents Act 1977 on 03 July 2015.

图 18.36 UKIPO 在授权后的重新公告示例

（2）各工作结果的作出时间应当填写其发文日，在发文日无法确定的情况下允许申请人填写其起草日或完成日。所有通知书的发文日一般都在审查记录中可以找到，应准确填写。

（3）对各通知书的名称应当使用其正式的中文译名填写，不得以"通知书"或者"审查意见通知书"代替。例如在《中英流程》中例举了"Notification of Grant Letter"规范的中文译名为授权通知书。

（4）对于未在《中英流程》给出明确中文译名的通知书，申请人可以按其通知书原文名称自行翻译后填写在 PPH 请求表中并将其原文名称填写在翻译的中文名称后的括号内，以便审查核对。

（5）如果有多个英国对应申请，请分别对各个英国对应申请进行工作结果的查询并填写到 PPH 请求表中。

4. 在 PPH 请求表中填写英国对应申请所有工作结果引用文献的名称时，有哪些注意事项？

在填写英国对应申请所有工作结果引用文献的名称时，无特别注意事项，参见本书第一章的相关内容即可。

5. 在提交英国对应申请的工作结果副本时，有哪些注意事项？

在提交英国对应申请的工作结果副本时，申请人应当注意如下事项。

（1）根据《中英流程》，所有的工作结果副本均需要被完整提交，包括其著录项目信息、格式页或附件也应当被提交。

对于英国对应申请，不存在工作结果副本可以省略提交的情形。

（2）由于英国对应申请的官方工作语言为英语，因此对上述工作结果不需要提交译文。当然，申请人也可以提交所有工作结果的中文译文，此种情况下，所有的工作结果副本译文均需要被完整提交，包括对其著录项目信息、格式页或附件也应当翻译，而不能仅提交工作结果副本的部分译文。

6. 在提交英国对应申请的最新可授权权利要求副本时，有哪些注意事项？

申请人在提交英国对应申请的最新可授权权利要求副本时，一是要注意可授权权利要求是否最新，例如在授权后的更正程序中对权利要求有修改的情况；二是要注意权利要求的内容是否完整，即使有一部分权利要求在 CNIPA 申请中没有被利用到，也需要一起完整提交。

根据《中英流程》的规定，英国对应申请可授权的权利要求副本不能省略提交。

由于英国对应申请的最新可授权权利要求所使用的语言为英语，因此不需要提交其译文。

7. 在提交英国对应申请的工作结果中引用的非专利文献副本时，有哪些注意事项？

当英国对应申请的工作结果中的非专利文献涉及驳回理由时，申请人应当在提交 PPH 请求时将所有涉及驳回理由的非专利文献副本一并提交。而对于所有的专利文献和未构成驳回理由的非专利文献，申请人只需将其信息填写在 PPH 请求书 E 项第 2 栏中即可，不需要提交相应的文献副本。

申请人提交文献时应确保其提交的内容完整，提交的类型正确，即按照"对应申请审查意见引用文献副本"类型提交。

如果所需提交的非专利文献是由除中文或英文之外的语言撰写，申请人也只需提交非专利文献文本即可，不需要对其进行翻译。

如果英国对应申请存在两份或两份以上非专利文献副本，则应该作为一份"对应申请审查意见引用文献副本"提交。

第十九章 基于冰岛知识产权局工作结果向中国国家知识产权局提交常规 PPH 请求

一、概述

1. 基于 ISIPO 工作结果向 CNIPA 提交 PPH 请求的项目依据是什么？

中冰 PPH 试点于 2014 年 7 月 1 日起开始试行。《在中冰专利审查高速路（PPH）试点项目下向中国国家知识产权局提出 PPH 请求的流程》（以下简称《中冰流程》）即为基于 ISIPO 工作结果向 CNIPA 提交常规 PPH 请求的项目依据。

2. 基于 ISIPO 工作结果向 CNIPA 提交 PPH 请求的种类分为哪些？

CNIPA 与 ISIPO 签署的为双边 PPH 试点项目。按照提出 PPH 请求所使用的对应申请审查机构的工作结果来划分，基于 ISIPO 工作结果向 CNIPA 提出 PPH 请求的种类仅包括基本型常规 PPH。

3. CNIPA 与 ISIPO 开展 PPH 试点项目的期限有多长？

中冰 PPH 试点项目自 2014 年 9 月 1 日起开始试行，为期两年，曾于 2016 年 7 月 1 日延长第一次，为期三年。2019 年 7 月 1 日两局共同决定将试点项目再次延长五年，至 2024 年 6 月 30 日止。

按照流程的建议，必要时，试点时间将再次延长，直至 CNIPA 和 ISIPO 受理足够数量的 PPH 请求，以恰当地评估 PPH 项目的可行性。

4. 基于 ISIPO 工作结果向 CNIPA 提交 PPH 请求有无领域和数量限制？

《中冰流程》中提到："直至 CNIPA 和冰岛知识产权局（ISI-PO）受理足够数量的 PPH 请求，以恰当地评估 PPH 项目的可行性。"

5. 如何获得冰岛对应申请的相关信息？

如图 19.1 所示，申请人可以通过登录 ISIPO 的官方网站（网址 www. hugverk. is/en）进入其主页。

图 19.1　ISIPO 官网主页

然后，点击下方的"Patent"，进入 ISIPO 专利信息查询平台，如图 19.2 所示。

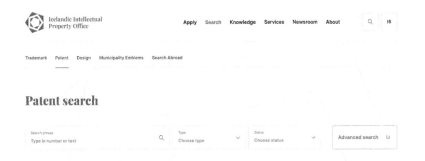

图 19.2　ISIPO 专利信息查询平台

如图 19.3 所示，在"Search phrase"中输入专利申请号（六位阿拉伯数字顺序编号），即可查询冰岛对应申请的信息。

Icelandic Intellectual
Property Office

Apply　Search　Knowledge　Services　Newsroom　About

IS

Trademark　Patent　Design　Municipality Emblems　Search Abroad

Patent search

Search phrase		Type		Status		Advanced search
050242		Choose type	∨	Choose status	∨	

Showing 50 of 143 results

Text	Number	Status	Appl. date	Expires	Owner
Aðferð til að fjartæggja útfellingar af jarðvarma-hverflíblaði og aðferð til orkuframleiðslu með jarðvarma	050572	Umsókn		23.02.2025	JAPAN METALS AND CHEMICALS CO., LTD.

图 19.3　通过 ISIPO 专利信息查询平台查询对应申请有关信息

申请人还可以登录 EPO 的 Espacenet 网站获取冰岛对应申请的信息。其查询界面如图 19.4 所示。

图 19.4 通过 Espacenet 网站查询对应申请有关信息

二、中国本申请与冰岛对应申请关联性的确定

1. 冰岛对应申请号的格式是什么？如何确认冰岛对应申请号？

对于 ISIPO 专利申请，申请号的格式一般为六位阿拉伯数字顺序编号。

冰岛对应申请号是指申请人在 PPH 请求中所要利用的 ISIPO 工作结果中记载的申请号。申请人可以通过 ISIPO 作出的国内工作结果，获取冰岛对应申请号。

2. 冰岛对应申请的著录项目信息如何核实？

申请人可以通过 Espacenet 网站输入申请号，获取冰岛对应申请的专利公报和授权公告文本。如图 19.5 所示，冰岛对应申请的相关著录项目信息会在授权公告文本扉页显示，包括申请号、国际申请号（如果有）、优先权号（如果有）、申请人等，该申请是分案申请的，还会记录原申请号。

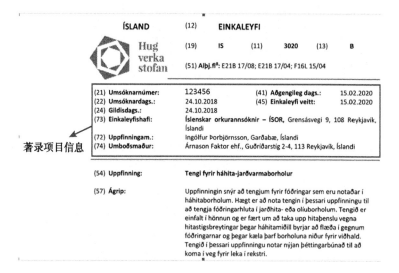

图 19.5　ISIPO 授权公告文本扉页中有关著录项目信息的展示

3. 中国本申请与冰岛对应申请的关联性关系一般包括哪些情形？

以冰岛申请作为对应申请向 CNIPA 提出的 PPH 请求的类型限于基本型常规 PPH 请求。申请人不能利用 OSF 先作出的工作结果要求在 OFF 进行加快审查，同时两申请间的关系仅限于中冰两局间，不能扩展为共同要求第三个国家或地区的优先权。

符合中国本申请与冰岛对应申请关联性关系的具体情形如下。

（1）中国本申请要求了冰岛申请的优先权

如图 19.6 所示，中国本申请和冰岛对应申请均为普通国家申请，且中国本申请要求了冰岛对应申请的优先权。

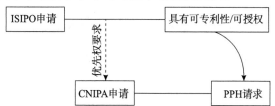

图 19.6　中国本申请和冰岛对应申请均为普通国家申请

如图 19.7 所示，中国本申请是 PCT 申请进入中国国家阶段的
申请，且要求了冰岛对应申请的优先权。

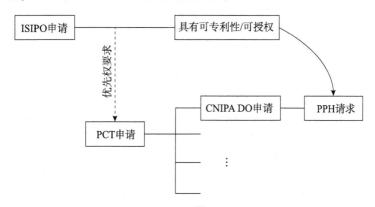

**图 19.7 中国本申请为 PCT 申请进入中国国家阶段的申请且
其要求冰岛对应申请的优先权**

如图 19.8 所示，中国本申请要求了多项优先权，冰岛对应申
请为其中一项优先权。

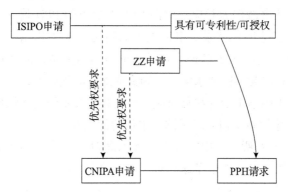

图 19.8 中国本申请要求包含冰岛对应申请的多项优先权

如图 19.9 所示，中国本申请和冰岛对应申请共同要求了另一
冰岛申请的优先权。

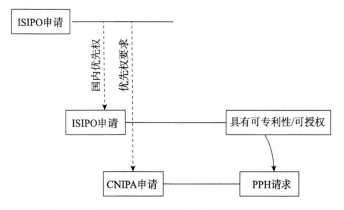

**图 19.9　中国本申请和冰岛对应申请共同要求另一
冰岛申请的优先权**

　　如图 19.10 所示，中国本申请和冰岛对应申请是同一 PCT 申请进入各自国家阶段的申请，该 PCT 申请要求了另一冰岛申请的优先权。

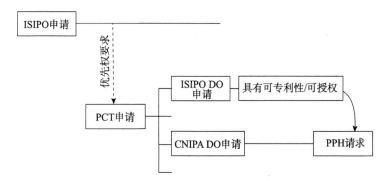

**图 19.10　中国本申请和冰岛对应申请是要求另一冰岛申请
优先权的 PCT 申请进入各自国家阶段的申请**

　　（2）中国本申请和冰岛对应申请为未要求优先权的同一 PCT
申请进入各自国家阶段的申请

　　详情如图 19.11 所示。

图 19.11　中国本申请和冰岛对应申请是未要求优先权的
同一 PCT 申请进入各自国家阶段的申请

（3）中国本申请要求了 PCT 申请的优先权，且该 PCT 申请未要求优先权，冰岛对应申请为该 PCT 申请的国家阶段申请

如图 19.12 所示，中国本申请是普通国家申请，要求 PCT 申请的优先权，冰岛对应申请是该 PCT 申请的国家阶段申请。

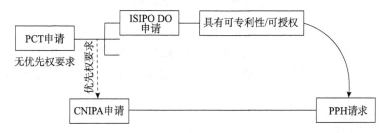

图 19.12　中国本申请要求 PCT 申请的优先权且冰岛对应
申请是该 PCT 申请的国家阶段申请

如图 19.13 所示，中国本申请是 PCT 申请进入中国国家阶段的申请，要求了另一 PCT 申请的优先权，冰岛对应申请是作为优先权

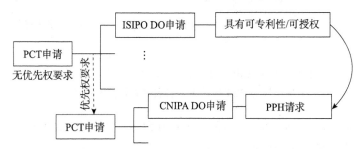

图 19.13　中国本申请是要求 PCT 申请优先权的 PCT 申请进入中国国家阶段
的申请且冰岛对应申请是作为优先权基础的 PCT 申请的国家阶段申请

基础的 PCT 申请的国家阶段申请。

如图 19.14 所示，中国本申请和冰岛对应申请是同一 PCT 申请进入各自国家阶段的申请，该 PCT 申请要求了另一 PCT 申请的优先权。

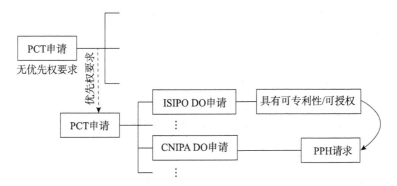

图 19.14 中国本申请和冰岛对应申请是同一 **PCT** 申请进入各自国家阶段的申请且该 **PCT** 申请要求另一 **PCT** 申请的优先权

4. 中国本申请与冰岛对应申请的派生申请是否满足要求？

如果中国申请与冰岛申请符合 PPH 流程所规定的申请间关联性关系，则中国申请的派生申请作为中国本申请，或者冰岛申请的派生申请作为对应申请，也符合申请间关联性关系。例如图 19.15

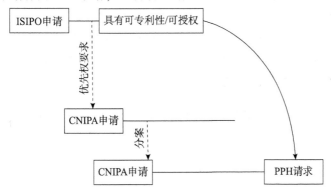

图 19.15 中国本申请为分案申请的情形

所示：中国申请 A 为普通的中国国家申请，并且有效要求了冰岛对应申请的优先权，中国申请 B 是中国申请 A 的分案申请，则中国申请 B 与冰岛对应申请的关系满足申请间关联性要求。

同理，如果中国本申请要求了冰岛申请 A 的优先权，冰岛对应申请 B 是冰岛申请 A 的分案申请，则该中国本申请与冰岛对应申请 B 的关系也满足申请间关联性要求。

三、冰岛对应申请可授权性的判定

1. 用于判定冰岛对应申请可授权性的最新工作结果一般包括哪些？

冰岛对应申请的工作结果是指与冰岛对应申请可授权性相关的所有冰岛国内工作结果。

根据《中冰流程》，权利要求"被认定为可授权/具有可专利性"是指 ISIPO 审查员在最新的审查意见通知书中明确指出权利要求"具有可专利性/可授权"，即使该申请尚未得到专利授权。所述审查意见通知书一般包括授权意向书［Fyrirhugue útgáfa Einkaleyfis（冰岛文）或 Intention to Grant（英文）］、授权通知书［Tilkynning um Veitingu Einkaleyfis（冰岛文）或 Notification of Grant（英文）］等。

上述最新的审查意见通知书是以向 CNIPA 提交 PPH 请求之前或当日作为时间点来判断的，即以向 CNIPA 提交 PPH 请求之前或当日最新的工作结果中的意见作为认定冰岛对应申请权利要求"可授权/具有可专利性"的标准。

2. ISIPO 一般如何明确指明最新可授权权利要求的范围？

在判定冰岛对应申请的可授权性时，以在授权意向书、授权通知书等工作结果中最新的被明确指出具有可授权性的权利要求作为判定标准。

如果冰岛对应申请已授权，且没有经过异议、无效或授权后修改等后续程序，申请人一般可以通过授权公告文本获知该冰岛对应申请最新可授权权利要求范围。

3. 如果冰岛对应申请存在授权后进行修改的情况，此时 ISIPO 判定权利要求可授权的最新工作结果是什么？

按照 ISIPO 的审查程序，专利权人在授权后可以请求对授权文本进行修改，例如更正。如果在提出 PPH 请求之前，专利权人已经向 ISIPO 提出更正请求，且在 ISIPO 更正程序中更正了权利要求，则此时冰岛对应申请的最新可授权权利要求就不再是授权文本中公布的权利要求，而应当为更正后的权利要求。

513

四、相关文件的获取

1. 如何获取冰岛对应申请的所有工作结果副本？

公众无法通过 ISIPO 专利信息查询平台查询得到冰岛对应申请的所有工作结果，但可以在其上获取冰岛对应申请的审查过程，如图 19.16 所示。

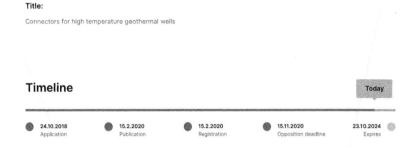

**图 19.16　冰岛对应申请审查过程在 ISIPO 专利信息
查询平台中的记录**

因此，申请人应当根据冰岛对应申请所在的审查阶段，将 ISI-

PO实审、异议、无效等程序中的与冰岛对应申请获得授权有关的所有工作结果自行梳理并全部提交。

需要注意的是，对ISIPO在实质审查、复审、无效等各个阶段作出的所有工作结果，申请人均应当一一核实，避免遗漏。

2. 如何获取冰岛对应申请的最新可授权的权利要求副本？

如果冰岛对应申请已经授权公告，则可以在Espacenet网站上根据冰岛对应申请的申请号查找得到已授权公告的权利要求，如图19.17所示。

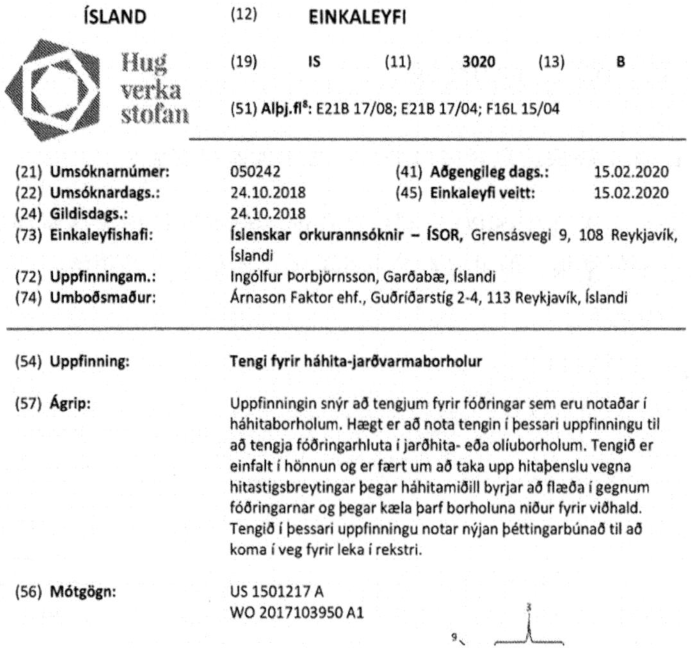

ÍSLAND (12) EINKALEYFI

Hug verka stofan (19) IS (11) 3020 (13) B

(51) Alþj.fl⁸: E21B 17/08; E21B 17/04; F16L 15/04

(21) Umsóknarnúmer:	050242	(41) Aðgengileg dags.:	15.02.2020
(22) Umsóknardags.:	24.10.2018	(45) Einkaleyfi veitt:	15.02.2020
(24) Gildisdags.:	24.10.2018		
(73) Einkaleyfishafi:	Íslenskar orkurannsóknir – ÍSOR, Grensásvegi 9, 108 Reykjavík, Íslandi		
(72) Uppfinningam.:	Ingólfur Þorbjörnsson, Garðabæ, Íslandi		
(74) Umboðsmaður:	Árnason Faktor ehf., Guðríðarstíg 2-4, 113 Reykjavík, Íslandi		

(54) Uppfinning: **Tengi fyrir háhita-jarðvarmaborholur**

(57) Ágrip: Uppfinningin snýr að tengjum fyrir fóðringar sem eru notaðar í háhitaborholum. Hægt er að nota tengin í þessari uppfinningu til að tengja fóðringarhluta í jarðhita- eða olíuborholum. Tengið er einfalt í hönnun og er fært um að taka upp hitaþenslu vegna hitastigsbreytingar þegar háhitamiðill byrjar að flæða í gegnum fóðringarnar og þegar kæla þarf borholuna niður fyrir viðhald. Tengið í þessari uppfinningu notar nýjan þéttingarbúnað til að koma í veg fyrir leka í rekstri.

(56) Mótgögn: US 1501217 A
WO 2017103950 A1

图19.17 ISIPO授权公告文本首页样式

如果冰岛对应申请尚未授权公告，则申请人需要自行通过ISIPO查询，以获得最新可授权的权利要求。

3. 能否举例说明冰岛对应申请的可授权权利要求副本的样式？

申请人在提交冰岛对应申请的最新可授权权利要求副本时，可以自行提交任意形式的权利要求副本，并非必须提交官方副本。冰岛对应申请的可授权权利要求副本的样式如图 19.18 所示。

1. An oil-in-water emulsion composition comprising:
   a paraffinic oil;
   an emulsifier;
   about 0.01% to about 0.25% by weight of a stabilizer selected from the group
   consisting of a benzoic acid, a benzoic acid salt, a benzoic acid derivative, a paraben,
   and mixtures of two or more thereof; and
   water.

2. The oil-in-water emulsion composition of claim 1, wherein the oil-in-water emulsion
   composition comprises about 0.03% to about 0.1% by weight of the stabilizer.

3. The oil-in-water emulsion composition of claim 1 or 2, wherein the oil-in-water
   emulsion composition comprises about 0.05% by weight of the stabilizer.

4. The oil-in-water emulsion composition of any one of claims 1 to 3, wherein the
   stabilizer comprises a benzoic acid.

5. The oil-in-water emulsion composition of any one of claims 1 to 4, wherein the oil-in-
   water emulsion composition comprises less than 2% by weight of the emulsifier.

图 19.18　ISIPO 授权公告文本中记载的权利要求样式

注：权利要求的全部内容需完整提交，这里限于篇幅，不再展示后续内容。

4. 如何获取冰岛对应申请的工作结果中的引用文献信息？

冰岛对应申请的工作结果中的引用文献分为专利文献和非专利文献。ISIPO 通常会授权公告文本的扉页记载在冰岛对应申请的审查过程中所引用的专利或非专利文献。申请人可以通过查询冰岛对应申请授权公告文本扉页的内容获取其信息，如图 19.19 所示。

515

图 19.19　冰岛对应申请的工作结果的引用文件信息

5. 如何获取引用文献中的非专利文献构成对应申请的驳回理由？

　　申请人可以通过查询 ISIPO 发出的各个阶段的审查工作结果，如授权意向通知书、授权决定书等，获取 ISIPO 申请中构成驳回理由的非专利文献信息。当 ISIPO 的工作结果中含有利用非专利文献对埃及对应申请的新颖性、创造性进行评判的内容，且该内容中显示该非专利文献影响了冰岛对应申请的新颖性、创造性，则该非专利文献属于构成驳回理由的文献。

五、信息填写和文件提交的注意事项

1. 在 PPH 请求表中填写中国本申请与冰岛对应申请的关联性关系时，有哪些注意事项？

　　（1）在 PPH 请求表中表述中国本申请与冰岛对应申请的关联

性关系时，必须写明中国本申请与冰岛对应申请之间的关联的方式（如优先权、PCT 申请不同国家阶段等）。如果中国本申请与冰岛对应申请达成关联需要经过一个或多个其他相关申请，也需写明相关申请的申请号以及达成关联的具体方式。

例如：①中国本申请是中国申请 A 的分案申请，冰岛对应申请是冰岛申请 B 的分案申请，中国申请 A 要求了冰岛申请 B 的优先权；②中国本申请是中国申请 A 的分案申请，中国申请 A 是 PCT 申请 B 进入中国国家阶段的申请。冰岛对应申请、中国申请 A 与 PCT 申请 B 均要求了冰岛申请 C 的优先权。

（2）涉及多个冰岛对应申请时，则需分条逐项写明中国本申请与每一个冰岛对应申请的关系。

2. 在 PPH 请求表中填写中国本申请与冰岛对应申请权利要求的对应性解释时，有哪些注意事项？

基于 ISIPO 工作结果向 CNIPA 提交 PPH 请求的，权利要求的对应性解释上无特别的注意事项，参见本书第一章的相关内容即可。

3. 在 PPH 请求表中填写冰岛对应申请所有工作结果的名称时，有哪些注意事项？

（1）应当填写 ISIPO 在所有审查阶段作出的全部工作结果，既包括实质审查阶段的所有通知书，也包括实质审查阶段以后的复审、无效等阶段的所有通知书。

（2）各工作结果的作出时间应当填写其发文日，在发文日无法确定的情况下允许申请人填写其起草日或完成日。所有工作结果的发文日一般都在审查记录中可以找到，应准确填写。

（3）各工作结果的名称应当使用其正式的中文译名填写，不得以通知书"或者"审查意见通知书"代替。在中冰 PPH 试点项目相关协议中例举了部分通知书规范的中文译名，包括授权意向书和授权通知书。

应注意，上面例举的通知书并非涵盖了 ISIPO 针对对应申请所作出的所有工作结果。只要是与冰岛对应申请获得授权有关的工作结果，申请人均需在 PPH 请求表中填写并提交。

（4）对于未在《中冰流程》中给出明确中文译名的通知书，申请人可以按其通知书原文名称自行翻译后填写在 PPH 请求表中，并将其原文名称填写在翻译的中文名称后的括号内，以便审查核对。

（5）如果有多个冰岛对应申请，请分别将各个冰岛对应申请（即 OEE 申请）的工作结果填写到 PPH 请求表中。

4. 在 PPH 请求表中填写冰岛对应申请所有工作结果引用文献的名称时，有哪些注意事项？

在填写冰岛对应申请所有工作结果引用文献的名称时，无特别注意事项，参见本书第一章的相关内容即可。

5. 在提交冰岛对应申请的工作结果副本及译文时，有哪些注意事项？

（1）根据《中冰流程》，所有的工作结果副本均需要被完整提交，包括其著录项目信息、格式页或附件也应当被提交。

对于冰岛对应申请，不存在工作结果副本可以省略提交的情形。

（2）CNIPA 接受中文和英文两种语言的译文，而冰岛对应申请的工作语言为冰岛文，因此申请人需提交冰岛对应申请工作结果副本的中文或者英文译文。申请人应当注意：对所有工作结果副本的译文均需要完整提交，而不能仅提交工作结果副本的一部分。

6. 在提交冰岛对应申请最新可授权权利要求副本及译文时，有哪些注意事项？

申请人在提交冰岛对应申请最新可授权权利要求副本时，一是要注意可授权权利要求是否最新，例如在授权后的更正程序中对权利要求有修改的情况；二是要注意权利要求的内容是否完整，即使有一部分权利要求在 CNIPA 申请中没有被利用到，也需要一起完整提交。申请人不可以选择省略提交冰岛对应申请的最新可授权权利要求副本。

冰岛对应申请的申请人可以凭借英文版专利说明书获得专利，但是权利要求必须被翻译为冰岛语，因为专利保护只适用于双语（英语与冰岛语）权利要求披露的特征。因此，如果冰岛对应申请可授权权利要求有英文副本，则申请人在向 CNIPA 提交 PPH 请求时无需提交可授权权利要求副本的译文。但如果冰岛对应申请可授权权利要求副本仅使用冰岛文撰写，则申请人需要提交可授权权利要求副本的中文或者英文译文。译文应当是对冰岛对应申请中所有被认为可授权的权利要求的内容进行的完整且一致的翻译，仅翻译部分内容的译文不合格。

7. 在提交冰岛对应申请的国内工作结果中引用的非专利文献副本时，有哪些注意事项？

当冰岛对应申请的工作结果中的非专利文献涉及驳回理由时，申请人应当在提交 PPH 请求时将所有涉及驳回理由的非专利文献副本一并提交。而对于所有的专利文献和未构成驳回理由的非专利文献，申请人只需将其信息填写在 PPH 请求书 E 项第 2 栏中即可，不需要提交相应的文献副本。

申请人提交文献时应确保其提交的内容完整，提交的类型正确，即按照"对应申请审查意见引用文献副本"类型提交。

如果所需提交的非专利文献是由除中文或英文之外的文字撰写，申请人也只需提交非专利文献文本即可，不需要对其进行翻译。

如果冰岛对应申请存在两份或两份以上非专利文献副本，则应该作为一份"对应申请审查意见引用文献副本"提交。

519

第二十章 基于以色列专利局工作结果向中国国家知识产权局提交常规 PPH 请求

一、概述

1. 基于 ILPO 工作结果向 CNIPA 提交 PPH 请求的项目依据是什么？

中以 PPH 试点于 2014 年 8 月 1 日起开始试行。《在中以专利审查高速路试点项目下向中国国家知识产权局提出 PPH 请求的流程》（以下简称《中以流程》）即为基于 ILPO 工作结果向 CNIPA 提交 PPH 的项目依据。

2. 基于 ILPO 工作结果向 CNIPA 提交 PPH 请求的种类分为哪些？

CNIPA 与 ILPO 签署的为双边 PPH 试点项目。按照提出 PPH 请求所使用的对应申请审查机构的工作结果来划分，基于 ILPO 工作结果向 CNIPA 提交 PPH 的种类包括基本型常规 PPH 和PCT－PPH。

本章内容仅涉及基于 ILPO 工作结果向 CNIPA 提交常规 PPH 的实务；提交 PCT－PPH 的实务建议请见本书第二章的内容。

3. CNIPA 与 ILPO 开展 PPH 试点项目的期限有多长？

中以 PPH 试点项目自 2014 年 8 月 1 日开始，为期两年，至 2016 年 7 月 31 日止。其后，中以 PPH 试点项目自 2016 年 8 月 1 日起无限期延长。

4. 基于 ILPO 工作结果向 CNIPA 提交 PPH 请求有无领域和数量限制？

《中以流程》中提到："两局在请求数量超出可管理的水平时，或出于其他任何原因，可终止本 PPH 试点。PPH 试点终止之前，将先行发布通知。"

5. 如何获得以色列对应申请的相关信息？

申请人可以通过登录 ILPO 的检索网站（网址 www. ilpatsearch. justice. gov. il/UI/AdvancedSearch. aspx）查询以色列对应申请的相关信息，如图 20.1 所示。

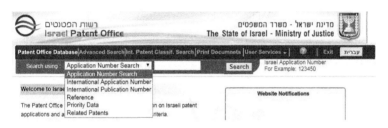

图 20.1　ILPO 专利检索数据库主页

如图 20.2 所示，申请人进入 ILPO 检索网站主页后，该主页语

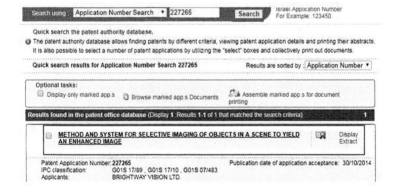

图 20.2　通过 ILPO 专利检索数据库查询对应申请有关信息

言为希伯来语，申请人可选择点击左上方选项更换显示语言为英语；选择相应的检索类型，包括申请号检索、国际申请号检索、国际公布号检索、引用文献检索、优先权检索和相关专利检索。对于常规 PPH 请求，使用申请号检索（Application Number Search），输入对应以色列申请的申请号例如"IL123456"，即可检索到该专利申请。

点击申请的发明名称可以查看该申请的申请文件等信息；点击"Document List"可下载该申请的所有审查历史文件；点击"Specification"可下载该申请的申请文件和授权公告文件（见图 20.3）。

图 20.3　ILPO 专利检索数据库中对应申请审查历史和授权公告文件的获取

二、中国本申请与以色列对应申请关联性的确定

1. 以色列对应申请号的格式是什么？如何确认以色列对应申请号？

如图 20.4 所示，对于 ILPO 专利申请，申请号的格式一般为

"IL ××××××"，例如"IL 123456"。

以色列对应申请号是指申请人在 PPH 请求中所要利用的 ILPO 工作结果中记载的申请号。申请人可以通过 ILPO 作出的工作结果的首页获取以色列对应申请号，如图 20.5 所示。

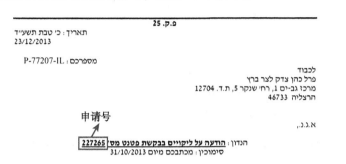

图 20.4　以色列对应申请的申请号

图 20.5　以色列授权公告文本中对应申请的申请号

2. 以色列对应申请的著录项目信息如何核实？

与 PPH 流程规定的两申请关联性相关的对应申请的信息，例如优先权信息、分案申请信息、PCT 申请进入国家阶段信息等，通常会在对应申请的著录项目信息中记载。申请人一般可以通过以下几种方式获取以色列对应申请的著录项目信息。

一是在以色列对应申请的查询界面查找相关著录项目信息，包括优先权（如果有）、申请人等信息，如图 20.6 所示。

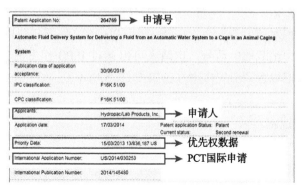

图 20.6　以色列对应申请中相关信息的获取

　　二是通过以色列对应申请的授权公告本文核实。相关著录项目信息会在授权公告文本的扉页显示，包括申请号、国际申请号（如果有）、优先权号（如果有）、申请人等，如图 20.7 所示。

图 20.7　以色列对应申请授权公告文本扉页中有关著录项目信息的展示

三是涉及派生申请时，例如分案申请，申请人应当在 ILPO 数据库该对应申请的信息界面中查找，如图 20.8 所示。

Patent Application No:	264769		
Automatic Fluid Delivery System for Delivering a Fluid from an Automatic Water System to a Cage in an Animal Caging System			
Publication date of application acceptance:	30/06/2019		
IPC classification:	F16K 51/00		
CPC classification:	F16K 51/00		
Applicants:	Hydropac/Lab Products, Inc.		
Application date:	17/03/2014	Patent application Status: Current status:	Patent Second renewal
Priority Data:	15/03/2013 13/836,187 US		
International Application Number:	US/2014/030253		
International Publication Number:	2014/145480		

原案申请号

Divisional patent from: 241506

图 20.8　分案情形下的原案申请信息

3. 中国本申请与以色列对应申请的关联性关系一般包括哪些情形？

以以色列申请作为对应申请向 CNIPA 提出的常规 PPH 请求限于基本型常规 PPH 请求。申请人不能利用 OSF 先作出的工作结果要求 OFF 进行加快审查，同时两申请间的关系仅限于中以两局间，不能扩展为共同要求第三个国家或地区的优先权。

符合中国本申请与以色列对应申请关联性关系的具体情形如下。

（1）中国本申请要求了以色列对应申请的优先权

如图 20.9 所示，中国本申请和以色列对应申请均为普通国家申请，且中国本申请要求了以色列对应申请的优先权。

图 20.9　中国本申请和以色列对应申请均为普通国家申请

如图 20.10 所示，中国本申请是 PCT 申请进入中国国家阶段的申请，且要求了以色列对应申请的优先权。

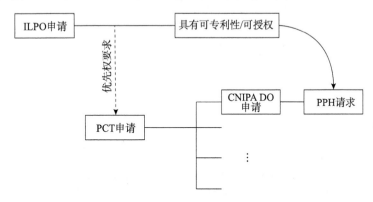

图 20.10　中国本申请为 PCT 申请进入中国国家阶段的申请且其要求以色列对应申请的优先权

如图 20.11 所示，中国本申请要求了多项优先权，以色列对应申请为其中一项优先权。

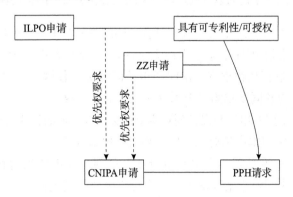

图 20.11　中国本申请要求包含以色列对应申请的多项优先权

如图 20.12 所示，中国本申请和以色列对应申请共同要求了另一以色列申请的优先权。

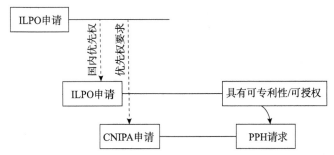

图 20.12　中国本申请和以色列对应申请共同要求另一以色列申请的优先权

如图 20.13 所示，中国本申请和以色列对应申请是同一 PCT 申请进入各自国家阶段的申请，该 PCT 申请要求了另一以色列申请的优先权。

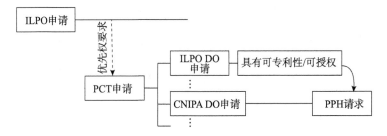

图 20.13　中国本申请和以色列对应申请是要求另一以色列申请
优先权的 PCT 申请进入各自国家阶段的申请

（2）中国本申请和以色列对应申请为未要求优先权的同一 PCT 申请进入各自国家阶段的申请

详情如图 20.14 所示。

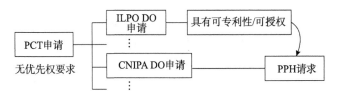

图 20.14　中国本申请和以色列对应申请是未要求优先权的
同一 PCT 申请进入各自国家阶段的申请

（3）中国本申请要求了 PCT 申请的优先权，且 PCT 申请未要求优先权，以色列对应申请为该 PCT 申请的国家阶段申请

如图 20.15 所示，中国本申请是普通国家申请，要求了 PCT 申请的优先权，以色列对应申请是该 PCT 申请的国家阶段申请。

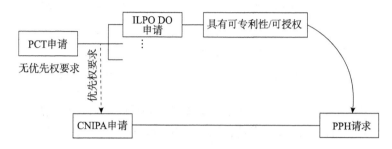

图 20.15　中国本申请要求 PCT 申请的优先权且以色列对应申请是该 PCT 申请的国家阶段申请

如图 20.16 所示，中国本申请是 PCT 申请进入中国国家阶段的申请，要求了另一 PCT 申请的优先权，以色列对应申请是作为优先权基础的 PCT 申请的国家阶段申请。

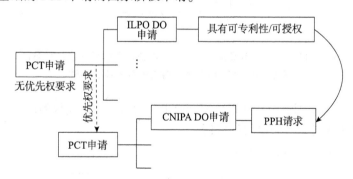

图 20.16　中国本申请是要求 PCT 申请优先权的 PCT 申请进入中国国家阶段的申请，以色列对应申请是作为优先权基础的 PCT 申请的国家阶段申请

如图 20.17 所示，中国本申请和以色列对应申请是同一 PCT 申请进入各自国家阶段的申请，该 PCT 申请要求了另一 PCT 申请的优先权。

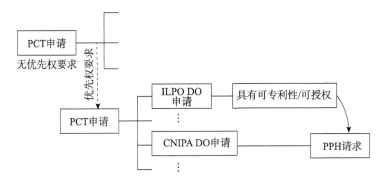

**图 20.17　中国本申请和以色列对应申请是同一 PCT 申请进入各自
国家阶段的申请且该 PCT 申请要求另一 PCT 申请的优先权**

4. 中国本申请与以色列对应申请的派生申请是否满足要求？

　　如果中国申请与以色列申请符合 PPH 流程所规定的申请间关联性关系，则中国申请的派生申请作为中国本申请，或者以色列申请的派生申请作为对应申请，也符合申请间关联性关系。如图 20.18所示：中国申请 A 有效要求了以色列对应申请的优先权，中国申请 B 是中国申请 A 的分案申请，则中国申请 B 与以色列对应申请的关系满足申请间关联性要求。

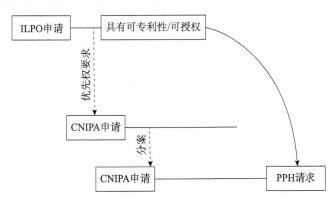

图 20.18　中国本申请为分案申请的情形

同理，如果中国本申请要求了以色列申请 A 的优先权，以色列申请 B 是以色列申请 A 的分案申请，则该中国本申请与以色列对应申请 B 的关系也满足申请间关联性要求。

三、以色列对应申请可授权性的判定

1. 判定以色列对应申请可授权性的最新工作结果一般包括哪些？请举例说明。

以色列对应申请的工作结果是指与以色列对应申请可授权性相关的所有以色列国内工作结果，包括实质审查、异议、授权后修改阶段通知书。

根据《中以流程》的规定，权利要求"被认定为可授权/具有可专利性"是指 ILPO 审查员在最新的审查意见通知书中明确指出权利要求"具有可专利性"，即使该申请尚未得到专利授权。所述审查意见通知书一般包括专利申请中的缺陷通知书（P. C. 26[①]）、专利申请中的缺陷通知书（P. C. 25）[②]、认可前缺陷通知书（P. C. 27）、认可前通知书（P. C. 13）（P. C. 代表专利案件）等。

上述最新的审查意见通知书是以向 CNIPA 提交 PPH 请求之前或当日作为时间点来判断的，即以向 CNIPA 提交 PPH 请求之前或当日最新的工作结果中的意见作为认定以色列对应申请权利要求"可授权/具有可专利性"的标准。

以色列对应申请的审查历史截图如图 20. 19 所示。

---

① 通知书代码，其中 P. C. 代表专利案件。

② 通知书代码为 P. C. 25 的专利申请中的缺陷通知书类似于 CNIPA 的第一次审查意见通知书；通知书代码为 P. C. 26 的专利申请中的缺陷通知书类似于 CNIPA 的第 N 次审查意见通知书。

	דוח חיפוש
תאריך עליה לאתר: 27/10/2014	תאריך מסמך: 23/12/2013
	הודעה על ליקויים בהתאם לתקנה 41
תאריך עליה לאתר: 27/10/2014	תאריך מסמך: 23/12/2013
	ראיון עם הממציא
תאריך עליה לאתר: 27/10/2014	תאריך מסמך: 09/02/2014
	תשובת המבקש על הודעה על ליקויים בהתאם לתקנה 42
תאריך עליה לאתר: 27/10/2014	תאריך מסמך: 17/03/2014
	הודעה על ליקויים בהתאם לתקנה 41
תאריך עליה לאתר: 27/10/2014	תאריך מסמך: 02/04/2014
	תשובת המבקש על הודעה על ליקויים בהתאם לתקנה 42
תאריך עליה לאתר: 27/10/2014	תאריך מסמך: 23/06/2014
	הודעה לפני קיבול הבקשה
תאריך עליה לאתר: 27/10/2014	תאריך מסמך: 08/07/2014
	תכתובת נכנסת
תאריך עליה לאתר: 27/10/2014	תאריך מסמך: 08/07/2014
	בקשה לתיקון בהתאם לסעיף 22 לחוק לאחר הודעה לפני קיבול
תאריך עליה לאתר: 27/10/2014	תאריך מסמך: 16/09/2014
	אישור התיקונים שהוגשו לאחר הודעה לפני קיבול הבקשה
תאריך עליה לאתר: 27/10/2014	תאריך מסמך: 28/09/2014
	בקשה העוברה לפרסום שני
תאריך עליה לאתר: 27/10/2014	תאריך מסמך: 26/10/2014
	תעודת פטנט
תאריך עליה לאתר: 03/02/2015	תאריך מסמך: 02/02/2015
	בקשה לחידוש
תאריך עליה לאתר: 19/03/2015	תאריך מסמך: 16/03/2015
	תעודת חידוש 6
תאריך עליה לאתר: 20/03/2015	תאריך מסמך: 19/03/2015
	תזכורת לתשלום אגרת חידוש הפטנט בהתאם לתקנה 86
תאריך עליה לאתר: 10/03/2019	תאריך מסמך: 28/02/2019
	בקשה לחידוש
תאריך עליה לאתר: 29/05/2019	תאריך מסמך: 28/05/2019
	תעודת חידוש 10
תאריך עליה לאתר: 30/05/2019	תאריך מסמך: 29/05/2019

图 20.19　以色列对应申请的审查历史截图（节选）

2. ILPO 一般如何明确指明最新可授权权利要求的范围？能否举例说明？

在 ILPO 针对对应申请作出的工作结果中，ILPO 一般使用以下语段明确指明最新可授权权利要求范围。

（1）当最新工作结果为认可前通知书时，ILPO 通常会在通知中写明申请可被认为具有可授权性所针对的文件并指出可授权的权利要求的范围，如图 20.20 所示。

（2）当以色列对应申请的最新工作结果为认可前缺陷通知书时，ILPO 一般会在通知书首页写明拟定此次通知书所基于的审查基础，在正文中首先评述新颖性和创造性，其后分别指出权利要求

לכבוד
פרל כהן צדק לצר ברץ
מרכז גב-ים 1, רח' שנקר 5, ת.ד. 12704
הרצליה
4673339

תאריך: י' תמוז תשע"ד
08/07/2014
מספרכם: P-77207-IL

13.ק.פ. → 通知书代码

א.ג.נ.,,

הנדון: **הודעה לפני קיבול בקשת פטנט מס' 227265**
סימוכין: מכתבכם מיום 23/06/2014

לתשומת לבכם: מקום בו הנכם מופנים לחוק , הכוונה היא לחוק הפטנטים , התשכ"ז 1967. מקום בו הנכם מופנים לתקנות ,
הכוונה היא לתקנות הפטנטים (נוהלי הרשות, סדרי דין, מסמכים ואגרות), התשכ"ח 1968.
בהתאם לחוזר רשם 005/2011 – פטנטים לא ניתן להחוות פרסום בקשת פטנט לפי סעיף 26 לחוק.

☒ **בחינת הבקשה הקודמת בהתאם להוראות סעיף 19א לחוק.**

הריני להודיעכם כי בחינת הבקשה הנ"ל הושלמה
☒ לפי הוראות סעיף 17(א)(1) ו- (2) לחוק.

基于以下文件申请被 → הבקשה מאושרת בזאת לקיבול על סמך המסמכים הבאים:
可授权的意思表示 → **תיאור**, עמ' 1-13, גרסה 3.
可授权性的权利要求范围 → **תביעות** מס' 1-26, עמ' 14-18, גרסה 3.
שרטוטים, גיליונות 8/8-1/8, גרסה מקורית
דף שער, גרסה 2.
יתר מסמכי הבקשה נותרו כפי שהתקבלו במקור/שעמדו בפני ביום 08-07-2014.

הבקשה תתקבל בהתאם לסעיף 26 לחוק לאחר תשלום אגרת הקיבול.

1. סכום האגרה נכון למועד הו דעה זו הינו 713 ש"ח. הסכום כפוף לעדכונו על פי המדד בהתאם לתקנה א6.
2. להלן התנאים המאפשרים לשלם אגרת קיבול מופחתת (40% הנחה) לפי פריט 10 בתוספת השנייה לתקנות:
   • הבקשה היינה הבקשה הראשונה המוגשת בגין אותה אמצאה , דחינו, בקשה בישראל ללא דין קדימה.
   • עבור חברות - הגשת תצהיר שמחזור העסקים של החברה לא עלה על 10 מיליון ש"ח בשנה הקודמת.
3. יש לשלם את האגרה תוך 3 חודשים מתאריך הודעה זו.
4. הבקשה תעבור בדיקה פורמלית בסמוך להודיעה זו לקראת פרסומה ויתכן שיתבקשו בה שינויים . אם כן, תתקבל הודעה מהבוחן לגבי השינויים הדרושים. **התודעה לגבי השינויים הדרושים לא תבטל הודעה זו**.

נא בדיקתכם לגבי המצורף. אם נפלו טעויות נא להודיע עליהן לרשות לפני מועד תשלום אגרת הקיבול.
בכבוד רב,
דוידי אריאל
בוחן פטנטים בכיר

图 20.20   ILPO 作出的认可前通知书中的可授权性的语段

和说明书的缺陷，且对于可授权的权利要求范围也将在正文部分的权利要求中指明，如图 20.21 和图 20.22 所示。

在提交前应注意即使该通知书中指明了可授权的权利要求的范围，但上述通知不是最终的决定，申请人在提交 PPH 请求前需要时刻关注申请的后续审查进程。

תאריך : ב' ניסן תשע"ד
02/04/2014

27. פ.ק.

→ 通知书代码

P-77207-IL : מספרכם

לכבוד
פרל כהן צדק לצר ברץ
מרכז גב-ים 1, רח' שנקר 5, ת.ד. 12704
הרצליה
4673339

א.ג.נ,,

הנדון : ליקויים לפני הודעה לפני קיבול בקשת פטנט מס' 227265
סימוכין : מכתבכם מיום 17/03/2014

לתשומת לבכם . מתוות בו הובא מופני לחוק , חבדונה היא לחוק הפטנטים , התשכ"ז – 1967 . מלשם בו הובא מופני לחקנות ,
הכוונה היא לתקנות הפטנטים (נוהלי הרשות, סדרי דין, מסמכים ואגרות), התשכ"ח 1968 .
עליכם להשיב על חודעה זו תוך ארבעה חודשים מתאריכה , אך הנכם רשאים לבקש את הארכת התקופה בהתאם לכללים שנקבעו
בחוזר רשמי 005-2011 פטנטים. בתאם לחוזר זה לא יתנו יותר משישה חודשי שארכה בגין כל ההודא של ליקויים וזה כל
תקופת הארכה בכללן הבהינה לא יעלה על 15 חודשים. עם בקשה כאמור שתוגש לפני תום התקופה יש לשלם אגרה בסך 204
ש"ח עבוד כל חודש או חלק ממנו.

審查基礎 ◀ בחינת הבקשה מבוססת על המסמכים ו/או ההודיעות הבאים :
תיאור, עמ' 8-1, 13-10, גרסה מקורית; עמ' 9, גרסה 3.
תביעות מס' 26-1, עמ' 18-14, גרסה 2.
שרטוטים, גיליונות 8/8-1/8, גרסה מקורית.
דף שער, גרסה מקורית.
יתר מסמכי הבקשה נותרו כפי שהתקבלו במקור/שעמדו בפני ביום 02.04.2014.

בהתאם להוראות תקנה 41 הנני להודיעכם כי נמצאו בבקשה חנ"ל הליקויים המפורטים להלן :

图 20.21　ILPO 作出的认可前缺陷通知书首页（节选）

בצורה יותר מדויקת ויעילה את הנפח סביב האובייקט/ים המעניין/ים בכדי לשפר את
איכות התמונה של האובייקט/ים.

以下部分指明权利要求存在的缺陷 ◀ התביעות

2.　מערכת התביעות אינה מקיימת את הדרישיות של תקנה 20(א)(3) לאור הסיבות הבאות :
2.א.　תביעות 16, 3, 26-24 אינן ברורות בנוגע לתווחים Rmin, Rmax משום
שלא הוגדר מה מייצגים טווחים אלו.
2.ב.ב.תביעות 12, 19 אינן ברורות בנוגע למונח "length" משום שלא ברור באיזה אורך
מדובר (האם באורך הגל (wavelength) של הפולס?).

以下部分指明说明书存在的缺陷 ◀ תיאור האמצאה

3.　נא להביא את שם האמצאה לידי תיאום מלא עם היקף התביעות בהתאם לסעיף 12(א) לחוק.
להלן הצעה לשם אמצאה המזהה את האמצאה הנתבעת :

图 20.22　ILPO 作出的认可前缺陷通知书正文页（节选）

（3）当以色列对应申请的最新工作结果为专利申请中的缺陷通
知书（P. C. 25）或专利申请中的缺陷通知书（P. C. 26）时，ILPO
一般会在通知书首页写明此次拟定通知书所基于的审查基础，在正
文中首先评述新颖性和创造性，其后分别指出权利要求和说明书的
缺陷，且对于可授权的权利要求范围也将在正文部分的权利要求中

指明，如图 20.23 和图 20.24 所示。

通知书代码

专利申请中的缺陷通知书

图 20.23　ILPO 作出的专利申请中的缺陷通知书首页（节选）

独立权
利要求

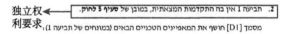

A method comprising:
　　capturing an image of a scene using a capturing device ([D1]: page 6, lines 11-12; page 9, lines 16-23 – the image captured by the system 20 with camera assembly 60);
　　~~selecting a volume within the scene by indicating at least one point on the captured image;~~
　　generating a flash pulse having specified parameters directed at the scene ([D1]: page 9, lines 8-14; page 12, lines 1-4, 28-30 –the flash pulse generated by the laser device 30);

图 20.24　ILPO 作出的专利申请中的缺陷通知书正文（节选）

　　另外，专利申请中的缺陷通知书（P. C. 25）一般还带有该申请的检索报告作为附件。

　　在提交前应注意：即使通知书中指明了可授权的权利要求的范围，但上述通知书不是最终的决定，申请人需要时刻关注申请的后续审查进程。

　　（4）在以色列申请被发出认可前通知书后，将有 3 个月的异议期。该期限内，任何人均可以启动异议程序。异议程序中，ILPO

534

有可能对专利宣告全部或部分撤销，同时申请人可能也会修改权利要求范围。因此，需要关注由此带来的最新可授权权利要求范围的变化——此时判定以色列对应申请可授权的最新工作结果应当为该异议程序中作出的最新工作结果。

上述期限结束后，ILPO 将进行第二次公布。

3. 如果以色列对应申请在发送认可前通知书后进行更正或修改，此时 ILPO 判定权利要求可授权的最新工作结果是什么？

按照 ILPO 的审查程序，在任何时候申请人都可以提出针对拼写的更正。如果更正内容被 ILPO 所接受，ILPO 将发出相关通知书予以认可，例如发出在认可前通知书发送后提交的更正确认，如图 20.25 所示。

图 20.25　ILPO 作出的在认可前通知书发送后提交的更正确认

请注意，此类更正可能发生在授权前，也可能发生在授权后。如果申请人提交了针对权利要求的拼写更正，且 ILPO 发出了相应的确认通知，则应当以最新更正后的可授权的权利要求为准。

申请人也可以在授权后提出修改，而修改目的往往是为了澄清某些事实，为了消除说明书或权利要求书中的某些错误，或为了限制权利要求的范围。但该修改不能扩大已经授权的保护范围，也不能增加原始申请中实质上不存在的内容。针对此类修改，ILPO 将进行审查并给予是否可被接受的意见。如果 ILPO 接受上述修改，则其将重新发出相关确认通知书——此时应当以最新修改后的可授权的权利要求为准。

四、相关文件的获取

1. 如何获取以色列对应申请的所有工作结果副本？

可以按如下步骤获取以色列对应申请的所有工作结果副本。

步骤 1（见图 20.26）：在 ILPO 官网数据库中输入以色列对应申请号以查询有关信息。可选择英文界面，但在英文界面时，针对通知书的名称的展示需要注意与希伯来语的原文名称注意对应。

步骤 2（见图 20.27）：找到以色列对应申请的所有文件列表（Documents List）。

在步骤 2 中需注意，所有文件列表一般包括以下：申请文件（Specification）一般包含专利申请的请求书、权利要求、说明书和附图文件；与申请相关的审查历史（Communication regarding a new application）主要包含专利申请的所有审查历史，其中包含 ILPO 发出的所有通知书和申请人提交的所有修改及答复文件，另外，如果该申请还包含授权时或授权后的著录项目变更，ILPO 一般也会在此展示。

步骤 3（见图 20.28）：点击具体通知书查看不同通知书的内容。

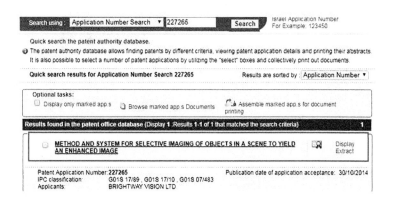

**图 20.26　在 ILPO 官网通过以色列对应申请号
查询对应申请有关信息**

申请文件及授权文件

审查历史文件列表

图 20.27　找到以色列对应申请的所有文件列表

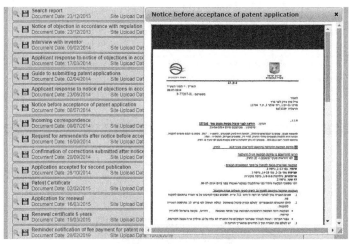

图 20.28　查看通知书具体内容

2. 能否举例说明以色列对应申请的工作结果副本样式？

（1）认可前通知书

ILPO 作出的认可前通知书一般包含该申请的通知书代码、申请号、可授权的权利要求范围以及可授权性意思表示，具体如图 20.29所示。

图 20.29　认可前通知书首页（节选）

（2）认可前缺陷通知书

ILPO 作出的认可前缺陷通知书一般包含首页和正文，其中正文中将分别就新颖性、创造性、权利要求缺陷、说明书缺陷以及其他问题对以色列对应申请的可授权性进行评述。具体如图 20.30 和图 20.31 所示。

תאריך: ב' ניסן תשע"ד
02/04/2014

27. פ.ק. → 通知书代码

מספרכם: P-77207-IL

לכבוד
פרל כהן צדק לצר ברץ
מרכז גב-ים 1, רח' שנקר 5, ת.ד. 12704
הרצליה
4673339

א.ג.נ.,
הנדון: **ליקויים לפני הודעה לפני קיבול בקשת פטנט מס' 227265**
סימוכין: מכתבכם מיום 17/03/2014

לתשומת לבכם : מצאם בו חובם מופגיה לחוק , חכונוה היא לחוק הפטונטים , התשכ"ז – 1967. מלכום בו הוכם מופגיה לחוקנוה ,
הכוחוה היא לחקינוה הפטונטים (נוהלי הרשות, סדרי דין), מסמכים וחהרוחן, התשכ"ח 1968 .
עלכום הכשיב על חדיעה זו תוך ארבעה חודשים מהארכיה . אך חבם רשאים לבקש את הארכה תקופוה בחתאם לכללים שקבעו
בהגורר חרשים 005-2011 מלכטונטים. בחהאם לחוזר זה , לא ייחפו אחרי אלכה בון כל הוחעה עד לקיפוים וטד כל
תקופוה הארכה במהלך הבחינה יהל על 15 חודשים . ים בקשה מאשר שתנוגש לפני תום התהקופה יש לשלם אגרה בסך 204
ש"ח צאר כל חודש או חלק ממנו .

בחינת הבקשה מבוססת על המסמכים ו/או ההודעות הבאים: ← 审查基础
תיאור, עמ' 1-8, 13-10, גרסה מקוורית ; עמ' 9, גרסה 2.
תביעות מס' 1-26, עמ' 14-18, גרסה 2.
שרטוטים, גיליונות 8/8-1/8, גרסה מקוורית.
דף שער, גרסה מקוורית.
יותר מסמכי הבקשה נותרו כפי שהתקבלו במקור/שעמדו בפני ביום 02.04.2014.

בהחתאם **להוראות תקנה 41** הנני להודיעכם כי נמצאו בבקשה הנ"ל חליקויים המפורטיס להלן:

מסמכים רלוונטיים:

[D1]: IL170098 (ELBIT SYSTEMS LTD.); 15.04.2010
[D2]: IL177078 (ELBIT SYSTEMS LTD.); 24.08.2012 → 引用文件

图 20.30　ILPO 作出的认可前缺陷通知书首页（节选）

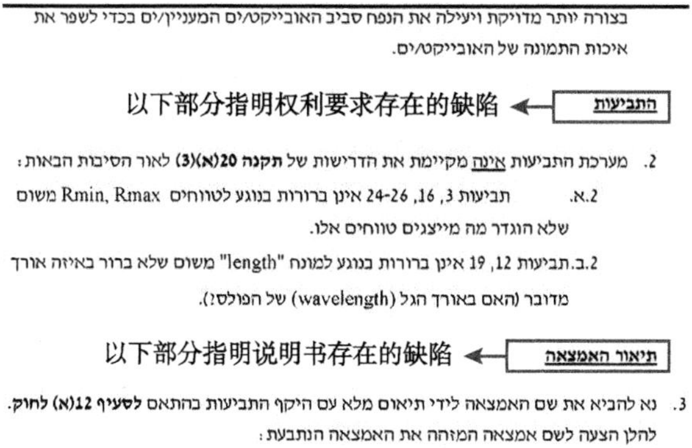

בצורה יותר מדויקת ויעילה את הנפח סביב האובייקט/ים המעניין/ים בכדי לשפר את
איכות התמונה של האובייקט/ים.

以下部分指明权利要求存在的缺陷 ← **התביעות**

2. מערכת התביעות **אינה** מקיימת את הדרישות של **תקנה 20(א)(3)** לאור הסיבות הבאות:
2.א. תביעות 3, 16, 24-26 אינן ברורות במנוגע לטווחים Rmin, Rmax משום
שלא הוגדר מה מייצגים טווחים אלו.
2.ב. תביעות 12, 19 אינן ברורות במנוגע למונח "length" משום שלא ברור באיזה אורך
מדובר (האם באורך הגל (wavelength) של הפולה?!).

以下部分指明说明书存在的缺陷 ← **תיאור האמצאה**

3. לא להביא את שם האמצאה לידי תיאום מלא עם היקף התביעות בהתאם **לסעיף 12(א) לחוק.**
להלן הצעה לשם אמצאה המזהה את האמצאה הנתבעת:

图 20.31　ILPO 作出的认可前缺陷通知书正文页（节选）

请申请人注意：认可前缺陷通知书的正文中将直接列明与该申请相关的引用文件。

（3）专利申请中的缺陷通知书

ILPO 作出的专利申请中的缺陷通知书一般包含首页、正文和附件。其中，正文中将分别就新颖性、创造性、权利要求缺陷、说明书缺陷和其他问题对以色列对应申请的可授权性进行评述。附件一般包括检索报告。具体如图 20.32、图 20.33 和图 20.34 所示。

图 20.32　ILPO 作出的专利申请中的缺陷通知书首页

A method comprising:

    capturing an image of a scene using a capturing device ([D1]: page 6, lines 11-12; page 9, lines 16-23 – the image captured by the system 20 with camera assembly 60);

    ~~selecting a volume within the scene by indicating at least one point on the captured image;~~

    generating a flash pulse having specified parameters directed at the scene ([D1]: page 9, lines 8-14; page 12, lines 1-4, 28-30 –the flash pulse generated by the laser device 30);

图 20.33　ILPO 作出的专利申请中的缺陷通知书正文页（节选）

图 20.34　ILPO 作出的专利申请中的缺陷通知书中所附的检索报告（节选）

541

（4）在认可前通知书发送后提交的更正确认

　　若专利申请在授权后存在修改或更正的情况，一般 ILPO 会发出针对修改或更正请求的确认通知书，名称为"在认可前通知书发送后提交的更正确认"，其首页如图 20.35 所示。

图 20.35　ILPO 作出的在认可前通知书发送后提交的更正确认首页

请注意：此类修改或更正如果涉及对权利要求的修改，且ILPO发出了相应的接受修改或更正的确认通知，则应当以最新修改或更正后的可授权的权利要求为准。

3. 如何获取以色列对应申请的最新可授权的权利要求副本？

如果以色列对应申请已经授权公告且未再经过后续的更正、无效等程序，则可以通过查阅以色列对应申请的授权公告文本获取其已授权的权利要求。

如果以色列对应申请尚未授权公告，或者授权公告之后又经过更正、无效等程序，则申请人可以通过查询审查记录获取以色列对应申请最新可授权的权利要求，如图20.36所示。

图20.36　以色列专利检索数据库文件列表中的可授权权利要求

在查找最新可授权权利要求时需要注意以下情况：

（1）如果认可前通知书中包含ILPO审查员针对以色列对应申请的权利要求进行的修改，则应当将此修改考虑在内。

（2）如果申请人在收到认可前通知书之后又对权利要求进行过修改或更正，则最新可授权权利要求应当包含所述的修改。

（3）如果以色列对应申请授权公告后，其权利要求又被予以更正，则此时最新可授权权利要求应当为更正后的内容。

（4）如果以色列对应申请经历复审、异议程序，且该程序中进行过权利要求的修改，则最新可授权权利要求应当为修改后被认为可授权的权利要求。

4. 能否举例说明以色列对应申请可授权权利要求副本的样式？

申请人在提交以色列对应申请最新可授权权利要求副本时，可以自行提交任意形式的权利要求副本，并非必须提交官方副本。以色列对应申请可授权权利要求副本的样式如图 20.37 所示。

227265/3

CLAIMS

1. A method comprising:

    capturing a raw image of a scene using a capturing device, wherein a scene comprises background and objects viewed by the capturing device;

    selecting at least one location on the captured raw image, wherein the location on the captured image corresponds with a location in the scene;

    calculating a volume portion within the scene based on the selected at least one location on the captured raw image;

    generating a flash pulse having specified parameters directed at the scene;

    synchronizing an exposure of the capturing device to be carried out when reflections of the flash pulse from the calculated volume portion reaches the capturing device; and

    accumulating the reflections to yield an enhanced image.

2. The method according to claim 1, further comprising repeating the generating and the synchronizing with one or more flash pulses and respective synchronized exposures.

图 20.37　ILPO 授权公告文本中记载的权利要求样例

注：权利要求的全部内容都需提交，这里限于篇幅，不再展示后续内容。

5. 如何获取以色列对应申请的工作结果中的引用文献信息？

以色列对应申请的工作结果中的引用文献分为专利文献和非专利文献。ILPO 在审查和检索中所引用的所有文献的信息均会被记载在以色列对应申请的审查工作结果中。申请人可以通过查询以色列对应申请的工作结果的首页引用文献信息或检索报告获取其信息。具体如图 20.38 和图 20.39 所示。

תאריך: ב׳ ניסן תשע״ד
02/04/2014

פ.ק. 27. ◀━━ 通知书代码

מספרכם: P-77207-IL

לכבוד
פרל כהן צדק לצר ברץ
מרכז גב-ים 1, רח׳ שנקר 5, ת.ד. 12704
הרצליה 4673339

ג.א.נ,

הנדון: ליקויים לפני הודעה לפני קיבול בקשת פטנט מס׳ 227265
סימוכין: מכתבכם מיום 17/03/2014

לתשומת לבכם : מהווה בו הנכם מופנים לחוק , הכוונה היא לחוק הפטנטים , התשכ״ז – 1967 . מקום בו הנכם מופנים לתקנות ,
הכוונה היא לתקנות הפטנטים (נוהלי הלשכה, סדרי דין, מסמכים ואגרות), תשכ״ח 1968.
עליכם להשיב על הודעה זו תוך ארבעה חודשים מתאריכה , אך הנכם רשאים לבקש את הארכת התקופה בהתאם לכללים שנקבעו
בחוזר חרשם 005/2011-פטנטים. בהתאם לחוזר זה לא ייתכן יותר משישה חודשי ארכה בגין כל הודעה על ליקויים וסך כל
תקופות הארכה במהלך הבחינה לא יעלה על 15 חדשים. עם בקשה כאמור שתוגש לפני תום התקופה יש לשלם אגרה בסך 204
ש״ח בעד כל חודש או חלק ממנו.

审查基础 ◀━━ **בחינת הבקשה מבוססת על המסמכים ו/או ההודעות הבאים:**
תיאור, עמ׳ 4-1, 10-1, גרסה מקורית; עמ׳ 9, גרסה 2.
תביעות מס׳ 26-1, עמ׳ 18-14, גרסה 2.
שרטוטים, גיליונות 8-8/1, גרסה מקורית.
דף שער, גרסה מקורית.
יתר מסמכי הבקשה נותרו כפי שהתקבלו במקור/שעמדו בפני ביום 02.04.2014.

בהתאם **להוראות תקנה 41** הנני להודיעכם כי נמצאו בבקשה הנ״ל הליקויים המפורטים להלן:

מסמכים רלוונטיים:

| [D1]: IL170098 (ELBIT SYSTEMS LTD.); 15.04.2010 | ◀━━ 引用文献 |
| [D2]: IL177078 (ELBIT SYSTEMS LTD.); 24.08.2012 | |

图 20.38　以色列对应申请的工作结果中的引用文献信息

תאריך: כ׳ טבת תשע״ד
23/12/2013

פ.ק. 25. ◀━━ 通知书代码

מספרכם: P-77207-IL

לכבוד
פרל כהן צדק לצר ברץ
מרכז גב-ים 1, רח׳ שנקר 5, ת.ד. 12704
הרצליה 46733

ג.א.נ,

הנדון: הודעה על ליקויים בבקשת פטנט מס׳ 227265
סימוכין: מכתבכם מיום 31/10/2013

לתשומת לבכם : מקום בו הנכם מופנים לחוק , הכוונה היא לחוק הפטנטים , התשכ״ז – 1967 . מקום בו הנכם מופנים לתקנות ,
הכוונה היא לתקנות הפטנטים (נוהלי הלשכה, סדרי דין, מסמכים ואגרות), תשכ״ח 1968.
עליכם להשיב על הודעה זו תוך ארבעה חודשים מתאריכה , אך הנכם רשאים לבקש את הארכת התקופה בהתאם לכללים שנקבעו
בחוזר חרשם 005/2011-פטנטים. בהתאם לחוזר זה לא ייתכן יותר משישה חודשי ארכה בגין כל הודעה על ליקויים וסך כל
תקופות הארכה במהלך הבחינה לא יעלה על 15 חדשים. עם בקשה כאמור שתוגש לפני תום התקופה יש לשלם אגרה בסך 200
ש״ח בעד כל חודש או חלק ממנו.

审查基础 ◀━━ **בחינת הבקשה מבוססת על המסמכים ו/או ההודעות הבאים:**
תיאור, עמ׳ 13-1, גרסה מקורית.
תביעות מס׳ 23-1, עמ׳ 17-14, גרסה מקורית.
שרטוטים, גיליונות 8-8/1, גרסה מקורית.
דף שער, גרסה מקורית.
יתר מסמכי הבקשה נותרו כפי שהתקבלו במקור/שעמדו בפני ביום 23-12-2013.

מסמכים:

| 引用文献 ━▶ | [D1]: IL170098 (ELBIT SYSTEMS LTD.); 15.04.2010 | ◀━━ |
| | [D2]: IL177078 (ELBIT SYSTEMS LTD.); 24.08.2012 | |

图 20.39　以色列对应申请的工作结果中的引用文献信息

如果上述通知书中未写明引用文献，则申请人可以通过查看检索报告得知引用文献的内容。检索报告一般随专利申请中的缺陷通知书（P. C. 25）一并传送。具体如图 20.40 所示。

SEARCH REPORT - ILPO

Application No.: IL 225796

A. CLASIFICATION OF SUBJECT MATTER
(According to International Patent classification – IPC)
H01L29/16 , H01L21/04 , C01B31/00

B. FILED SEARCH

Classification used for search **(According to International Patent classification – IPC)**
H01L

Electronic data base consulted during the search (Names of data base and , where practicable , search terms used) : Questel (fampet data base) , Google patent , Google scholar
- Search terms : Diamond , "surface transfer doping" , MoO_3 , Hydrogen terminated

C. DOCUMENTS CONSIDED TO BE RELEVANT

Category*	Citation of document, with indication , where appropriate , of the relevant passages	Relevant to claim No.
Y	WO2011/139236 A1 UNIV. SINGAPORE 10 Nov. 2011 (10/11/2011) paragraphs [0004] ,[0005] ,[012],[015],[051]-[056]	1-18
Y	QI D. et al. " Surface Transfer Doping of Diamond (100) by Tetrafluoro-tetracyanoquinodimethane" (2007) J. Am. Chem. Soc., Vol. 129 , No. 26 , Pages 8084-8085 , doi: 10.1021/ja072133r (12/06/2007) --- Cited by the application Page 8084	1-18
Y	STROBEL P. et al. " Surface conductivity induced by fullerenes on diamond: Passivation and thermal stability" (2006) Diamond & Related Materials 15 Pages 720 – 724 ,doi:10.1016/j.diamond.2005.10.034 (2/12/2005). --- Cited by the application Sections 2 & 4.	1-18
Y	KALISH R. "Diamond as a unique high-tech electronic material: difficulties and prospects" (2007) J. Phys. D: Appl. Phys. , Vol. 40, No. 20 , Pages 6467-6478 , doi:10.1088/0022-3727/40/20/S22 (5 Oct. 2007). The whole document.	6-16
A	US6091186 A CAO R. et al. 18 Jul.2000 (18/07/2000)	1-18
A	EP0827208 A2 TOKYO GAS CO LTD 4 Mar. 1998 (04/03/1998)	1-18

图 20.40 以色列对应申请的检索报告中的引用文献信息

6. 如何获知引用文献中的非专利文献构成以色列对应申请的驳回理由?

申请人可以通过查询 ILPO 发出的各个阶段的审查工作结果如专利申请中的缺陷通知书及其所附的检索报告、认可前缺陷通知书，在通知首页引用文献处和正文处获取 ILPO 申请中构成驳回理由的非专利文献信息。

若 ILPO 的工作结果中含有利用非专利文献对以色列对应申请的新颖性、创造性进行评判的内容，且该内容中显示该非专利文献影响了以色列对应申请的新颖性、创造性，则该非专利文献属于构成驳回理由的文献。

五、信息填写和文件提交的注意事项

1. 在 PPH 请求表中填写中国本申请与以色列对应申请的关联性关系时，有哪些注意事项？

（1）在 PPH 请求表中表述中国本申请与以色列对应申请的关联性关系时，必须写明中国本申请与以色列对应申请之间的关联方式（如优先权、PCT 申请不同国家阶段等）。如果中国本申请与以色列对应申请达成关联需要经过一个或多个其他相关申请，也需写明相关申请的申请号以及达成关联的具体方式。

当两申请的关联性关系涉及各自有分案申请的情形时，均应当写明中国本申请、以色列对应申请与原案申请间的联系和原案申请号。例如以色列对应申请为以色列某申请的分案申请时，必须正确写明两个以色列申请间的关系，而不能仅写明以色列对应申请 B 为以色列申请 A 的派生申请，而应当具体写明以色列对应申请 B 是以色列申请 A 的分案申请。

当两申请的关联性关系涉及要求优先权的情形时，还需要注意核实两申请要求优先权的有效性。

例如：①中国本申请是中国申请 A 的分案申请，以色列对应申请是以色列申请 B 的分案申请，中国申请 A 要求了以色列申请 B 的优先权；②中国本申请是中国申请 A 的分案申请，中国申请 A 是 PCT 申请 B 进入中国国家阶段的申请，以色列对应申请与中国本申请共同要求了以色列申请 C 的优先权；③中国本申请和以色列申请 A 均为 PCT 申请 B 进入两国国家阶段的申请，其共同要求了以色列申请 C 的优先权，以色列对应申请是以色列申请 A 的分案申请。

（2）涉及多个以色列对应申请时，则需分条逐项写明中国本申请与每一个以色列对应申请的关系。

2. 在 PPH 请求表中填写中国本申请与以色列对应申请权利要求的对应性解释时，有哪些注意事项？

基于 ILPO 工作结果向 CNIPA 提交 PPH 请求的，权利要求的对应性解释上无特别的注意事项，参见本书第一章的相关内容即可。

3. 在 PPH 请求表中填写以色列对应申请所有工作结果的名称时，有哪些注意事项？

（1）应当填写 ILPO 在所有审查阶段作出的全部工作结果，既包括实质审查阶段的所有通知书，也包括实质审查阶段以后的异议、授权后更正等阶段的所有通知书。例如专利申请中的缺陷通知书、认可前缺陷通知书和认可前通知书都需要被填写到 PPH 请求表中。在 ILPO 专利检索数据库中可获得各工作结果的信息列表，如图 20.41 所示。

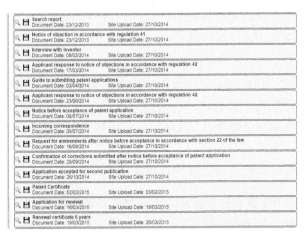

图 20.41　ILPO 专利检索数据库中对应申请工作结果及发文日的展示

（2）各工作结果的作出时间应当填写其发文日，例如图 20.41 所示的 Documents Date 就是各工作结果的发文日，应准确填写。应注意：ILPO 数据库中记载的工作结果发文日格式为"日/月/年"格式，申请人在填写发文日时应正确识别日期并填写。在发文日无法确定的情况下，允许申请人填写相关工作结果的起草日或完成日。

如果申请人在工作结果中查找发文日，请见工作结果的首页左上角的发文日期，如图 20.42 所示。

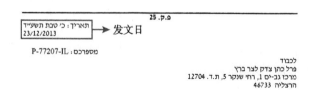

图 20.42　ILPO 工作结果中的发文日

（3）对各工作结果的名称应当使用其正式的中文译名填写，不得以"通知书"或者"审查意见通知书"代替。在《中以流程》中列举了部分通知书规范的中文译名，包括认可前通知书、认可前缺陷通知书、专利申请中的缺陷通知书（P. C. 25）或专利申请中的缺陷通知书（P. C. 26）。

（4）对于未在《中以流程》中给出明确中文译名的工作结果，申请人可以按其原文名称自行翻译后填写在 PPH 请求表中，并将其原文名称填写在翻译的中文名称后的括号内，以便审查核对。

（5）如果有多个以色列对应申请，请分别对各个以色列对应申请进行工作结果的查询并填写到 PPH 请求表中。

4. 在 PPH 请求表中填写以色列对应申请所有工作结果引用文献的名称时，有哪些注意事项？

在填写以色列对应申请所有工作结果引用文献的名称时，无特别注意事项，参见本书第一章的相关内容即可。

5. 在提交以色列对应申请的工作结果副本时，有哪些注意事项？

（1）根据《中以流程》的规定，当以色列对应申请的所有工作结果已经在 ILPO 官方网站上进行公布，CNIPA 可以完整获取其所有信息时，申请人可以省略提交以上所述文件。

（2）如申请人自行提交以色列对应申请的工作结果副本，则需要完整提交所有的工作结果副本，包括对其著录项目信息、表格页、正文页或附件也应当提交。

（3）按照 ILPO 审查程序，申请人在提交以色列申请时，其申请语言可以为希伯来文或英文，但是 ILPO 的工作语言为希伯来语，即所有工作结果都将使用希伯来文进行撰写，并且 ILPO 没有提供官方机器翻译。因此，申请人必须提交以色列对应申请的所有工作结果副本的中文或英文译文。

（4）不能省略提交的情形：

1）当申请人选择通过案卷访问系统获得以色列对应申请工作结果，而实际上 ILPO 官方网站并未公布该以色列对应申请的相应数据或 CNIPA 无法正常获取 ILPO 官方网站数据时，CNIPA 会通知申请人自行提交相应文件。

2）当以色列对应申请的审批流程中涉及复审、异议或更正程序时，如果 ILPO 未在官方网站上完整公布上述工作结果的完整信息，则申请人此时不能选择通过案卷访问系统获得，必须自行准备并向 CNIPA 提交所有工作结果副本。

（5）专利申请中的缺陷通知书一般除首页和正文页外，还包含附件页。附件页的内容一般为检索报告，申请人提交该通知书时应当一并提交其附件页。

6. 在提交以色列对应申请的最新可授权权利要求副本时，有哪些注意事项？

申请人在提交以色列对应申请的最新可授权权利要求副本时，一是要注意可授权权利要求是否最新，例如在认可前通知书发送后的更正程序中对权利要求有修改的情况；二是要注意权利要求的内容是否完整，即使有一部分权利要求在 CNIPA 申请中没有被利用到，也需要一起完整提交。需要注意的是，申请人不能省略提交此文件。

如果以色列对应申请的可授权权利要求用英文撰写，则申请人无需提交其译文；但如果以色列对应申请的可授权权利要求用希伯来语撰写，则申请人必须提交最新可授权权利要求的中文或英文译文。需注意的是，以色列对应申请的可授权权利要求副本译文应当是对以色列对应申请中所有被认为可授权的权利要求的内容进行的完整且一致的翻译，仅翻译部分内容的译文不合格。

7. 在提交以色列对应申请的工作结果中引用的非专利文献副本时，有哪些注意事项？

当以色列对应申请的工作结果中的非专利文献涉及驳回理由时，申请人应当在提交 PPH 请求时将所有涉及驳回理由的非专利文献副本一并提交。而对于所有的专利文献和未构成驳回理由的非专利文献，申请人只需将其信息填写在 PPH 请求书 E 项第 2 栏中即可，不需要提交相应的文献副本。

申请人提交文献时应确保其提交的内容完整，提交的类型正确，即按照"对应申请审查意见引用文献副本"类型提交。

如果所需提交的非专利文献是由除中文或英文之外的语言撰写，申请人也只需提交非专利文献文本即可，不需要对其进行翻译。

如果以色列对应申请存在两份或两份以上非专利文献副本，则应该作为一份"对应申请审查意见引用文献副本"提交。

第二十一章 基于匈牙利知识产权局工作结果向中国国家知识产权局提交常规 PPH 请求

一、概述

1. 基于 HIPO 工作结果向 CNIPA 提交 PPH 请求的项目依据是什么？

中匈 PPH 试点于 2013 年 7 月 1 日启动。《在中匈专利审查高速路试点项目下向中国国家知识产权局提出 PPH 请求的流程》（以下简称《中匈流程》）即为基于 HIPO 工作结果向 CNIPA 提交 PPH 的项目依据。

2. 基于 HIPO 工作结果向 CNIPA 提交 PPH 请求的种类分为哪些？

CNIPA 与 HIPO 签署的为双边 PPH 试点项目。按照提出 PPH 请求所使用的对应申请审查机构的工作结果来划分，基于 HIPO 工作结果向 CNIPA 提出 PPH 请求的种类仅包括基本型常规 PPH。

3. CNIPA 与 HIPO 开展 PPH 试点项目的期限有多长？

中匈 PPH 试点自 2016 年 3 月 1 日启动，为期三年，至 2019 年 2 月 28 日止，其后，自 2019 年 3 月 1 日起无限期延长。

4. 基于 HIPO 工作结果向 CNIPA 提交 PPH 请求有无领域和数量限制？

《中匈流程》中提到："两局在请求数量超出可管理的水平时，或出于其他任何原因，可终止本 PPH 试点。PPH 试点终止之前，将先行发布通知。"

5. 如何获得匈牙利对应申请的相关信息？

申请人可以通过登录 HIPO 的官方网站（网址 www. sztnh. gov. hu/en）查询匈牙利对应申请的相关信息，如图 21.1 所示。

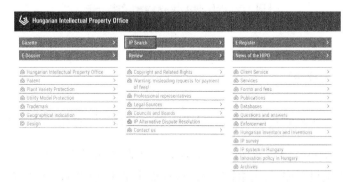

图 21.1　HIPO 官网主页

申请人进入 HIPO 网站主页后，即可看到 HIPO 专利信息平台（见图 21.2）。点击平台任务栏"IP Search"，即可进入具体的专利

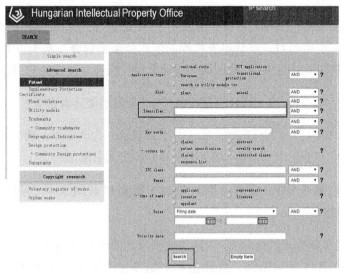

图 21.2　HIPO 专利信息平台

信息查询界面。

进入查询页面后输入对应申请正确的申请号，会弹出与输入申请号相关的专利，如图 21.3 和图 21.4 所示。

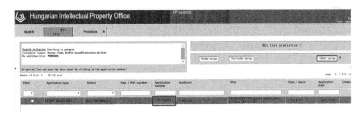

图 21.3　通过 HIPO 的官方网站查询对应申请有关信息

553

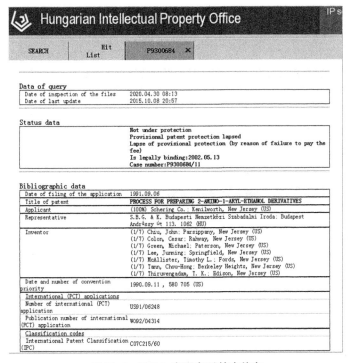

图 21.4　HIPO 官网专利基本信息

申请人也可在 EPO 的 Espacenet 网站中选择国家为"匈牙利"，输入匈牙利对应申请的申请号，获取其授权公告文本，如图 21.5 所示。

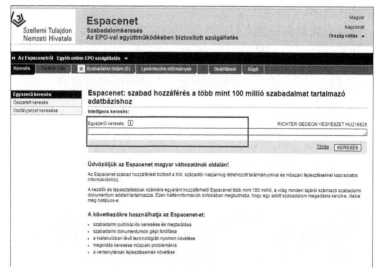

图21.5　Espacenet 网站匈牙利专利授权公告文本的查询界面

点击同族专利列表中对应申请的授权公告号，即可获取对应申请的授权公告文本的相关信息，如图21.6所示。

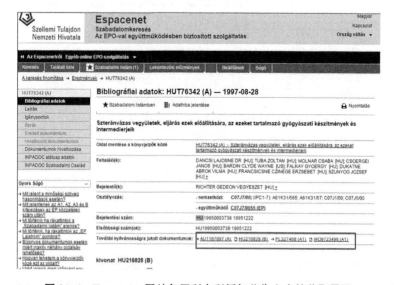

图21.6　Espacenet 网站匈牙利专利授权公告文本的获取界面

二、中国本申请与匈牙利对应申请关联性的确定

1. 匈牙利对应申请号的格式是什么？如何确认匈牙利对应申请号？

匈牙利专利申请的申请号通常为 7 位，其中前两位为年份，后五位为序列号，另外在申请号之前用 P 或 U 标识，其中 P 代表发明专利申请，U 代表实用新型专利申请。

发明专利申请号的格式一般为"P××××××"，例如"P9500623"，其中 P 代表发明专利申请，95 为年份，00623 为序列号。

匈牙利对应申请号是指申请人在 PPH 请求中所要利用的 HIPO 工作结果中记载的申请号。申请人可以通过 HIPO 作出的授权决定通知书的首页获取匈牙利对应申请号。

2. 匈牙利对应申请的著录项目信息如何核实？

与 PPH 流程规定的两申请关联性相关的对应申请的信息，例如优先权信息、分案申请信息、PCT 申请进入国家阶段的信息等，通常会在对应申请的著录项目信息记载。申请人一般可以通过以下两种方式获取并核实匈牙利对应申请的著录项目信息。

一是在匈牙利对应申请的请求表中获取相关著录项目信息，包括国际申请号（如果有）、优先权（如果有）、申请人等信息，如图 21.7 所示。

二是通过匈牙利对应申请的授权公告本文核实。相关著录项目信息会在授权公告文本扉页显示，包括申请号、国际申请号（如果有）、优先权号（如果有）、申请人等，如图 21.8 所示。

Hungarian Intellectual Property Office

SEARCH | Hit List | P9300684 ×

Data of query

Date of inspection of the files	2020.04.30 08:13
Date of last update	2015.10.08 20:57

Status data

	Not under protection Provisional patent protection lapsed Lapse of provisional protection (by reason of failure to pay the fee) Is legally binding:2002.05.13 Case number:P9300684/11

Bibliographic data

Date of filing of the application	1991.09.06
Title of patent	PROCESS FOR PREPARING 2-AMINO-1-ARYL-ETHANOL DERIVATIVES
Applicant	(100%) Schering Co.; Kenilworth, New Jersey (US)
Representative	S.B.G. & K. Budapesti Nemzetközi Szabadalmi Iroda; Budapest Andrássy út 113. 1062 (HU)
Inventor	(1/7) Chiu, John; Parsippany, New Jersey (US) (1/7) Colon, Cesar; Rahway, New Jersey (US) (1/7) Green, Michael; Paterson, New Jersey (US) (1/7) Lee, Junning; Springfield, New Jersey (US) (1/7) McAllister, Timothy L.; Fords, New Jersey (US) (1/7) Tann, Chou-Hong; Berkeley Heights, New Jersey (US) (1/7) Thiruvengadam, T. K.; Edison, New Jersey (US)
Date and number of convention priority	1990.09.11 , 580 705 (US)
International (PCT) applications	
Number of international (PCT) application	US91/06248
Publication number of international (PCT) application	WO92/04314
Classification codes	
International Patent Classification (IPC)	C07C215/60

图 21.7　匈牙利对应申请中著录项目信息的获取

3. 中国本申请与匈牙利对应申请的关联性关系一般包括哪些情形？

以匈牙利申请作为对应申请向 CNIPA 提出的 PPH 请求限于基本型常规 PPH 请求，申请人不能利用 OSF 先作出的工作结果要求 OFF 进行加快审查。同时，两申请间的关系仅限于中匈两局间，不能扩展为共同要求第三个国家或地区的优先权。

H U 0 0 0 2 1 6 8 2 8 B

(19) Országkód **HU**	**SZABADALMI LEÍRÁS**	(11) Lajstromszám: **216 828 B**

(21) A bejelentés ügyszáma : P 95 03738
(22) A bejelentés napja : 1997. 08. 28.

(51) Int. Cl.[6]

C 07 J 7/00
C 07 J 5/00
C 07 J 1/00
A 61 K 31/57

MAGYAR KÖZTÁRSASÁG

MAGYAR SZABADALMI HIVATAL

(40) A közzététel napja: 1997. 08. 28.
(45) A megadás meghirdetésének a dátuma a Szabadalmi Közlönyben: 1999. 09. 28.

557

(72) Feltalálók:
Dancsi Lajosné dr., 20%, Budapest (HU)
dr. Tuba Zoltán, 20%, Budapest (HU)
Molnár Csaba, 15%, Budapest (HU)
Csörgei János, 12%, Budapest (HU)
Bardin, Clyde Wayne, 10%, New York, New York (US)
dr. Falkay György, 10%, Szeged (HU)

Dukátné Abrók Vilma, 5%, Budapest (HU)
Francsicsné Czinege Erzsébet, 5%, Budapest (HU)
dr. Szúnyog József, 3%, Budapest (HU)

(73) Szabadalmas:
Richter Gedeon Vegyészeti Gyár Rt., Budapest (HU)

(54) **Szteránvázas vegyületek, eljárás ezek előállítására, az ezeket tartalmazó gyógyászati készítmények és intermedierjeik**

KIVONAT

A találmány tárgyát az (I) általános képletű, progesztogén hatású, új 16-metilén-17α-aciloxi-18-metil-19-norpregn-4-én-3,20-dion-származékok – ahol R 1–10 szénatomos alkilcsoportot jelent –, az ezen vegyületeket tartalmazó gyógyászati készítmények, az (I) általános képletű vegyületek előállítására használható (V), (Va) és (II) képletű intermedierek, valamint az (I) általános képletű vegyületek előállítására szolgáló eljárás képezi.

图 21.8 匈牙利授权公告文本中有关著录项目信息的展示

具体情形如下。

（1）中国本申请要求了匈牙利申请的优先权

如图 21.9 所示，中国本申请和匈牙利对应申请均为普通国家申请，且中国本申请要求了匈牙利对应申请的优先权。

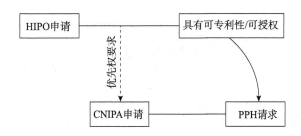

图 21.9 中国本申请和匈牙利对应申请均为普通国家申请

如图 21.10 所示，中国本申请是 PCT 申请进入中国国家阶段的申请，且要求了匈牙利对应申请的优先权。

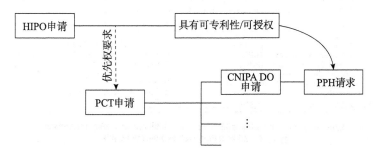

图 21.10 中国本申请为 PCT 申请进入中国国家阶段的申请

如图 21.11 所示，中国本申请要求了多项优先权，匈牙利对应申请为其中一项优先权。

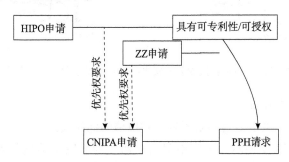

图 21.11 中国本申请要求包含匈牙利对应申请的多项优先权

如图 21.12 所示，中国本申请和匈牙利对应申请共同要求了另一匈牙利申请的优先权。

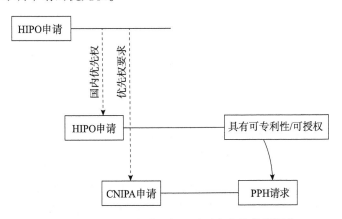

图 21.12　中国本申请和匈牙利对应申请共同要求另一匈牙利申请的优先权

559

如图 21.13 所示，中国本申请和匈牙利对应申请是同一 PCT 申请进入各自国家阶段的申请，该 PCT 申请要求了另一匈牙利申请的优先权。

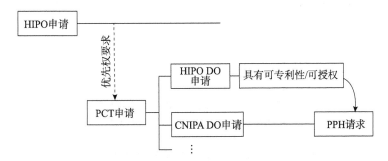

图 21.13　中国本申请和匈牙利对应申请是要求另一匈牙利申请优先权的 PCT 申请进入各自国家阶段的申请

（2）中国本申请和匈牙利对应申请为未要求优先权的同一 PCT 申请进入各自国家阶段的申请

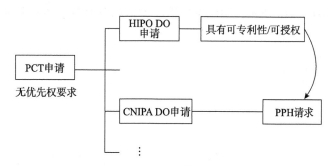

图 21.14　中国本申请和匈牙利对应申请是未要求优先权的
同一 PCT 申请进入各自国家阶段的申请

　　（3）中国本申请要求了 PCT 申请的优先权，且 PCT 申请未要求优先权，匈牙利对应申请为该 PCT 申请的国家阶段申请

　　如图 21.15 所示，中国本申请是普通国家申请，要求了 PCT 申请的优先权，匈牙利对应申请是该 PCT 申请的国家阶段申请。

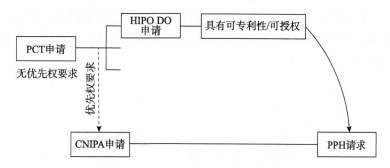

图 21.15　中国本申请要求 PCT 申请的优先权且匈牙利对应
申请是该 PCT 申请的国家阶段申请

　　如图 21.16 所示，中国本申请是 PCT 申请进入中国国家阶段的申请，要求了另一 PCT 申请的优先权，匈牙利对应申请是作为优先权基础的 PCT 申请的国家阶段申请。

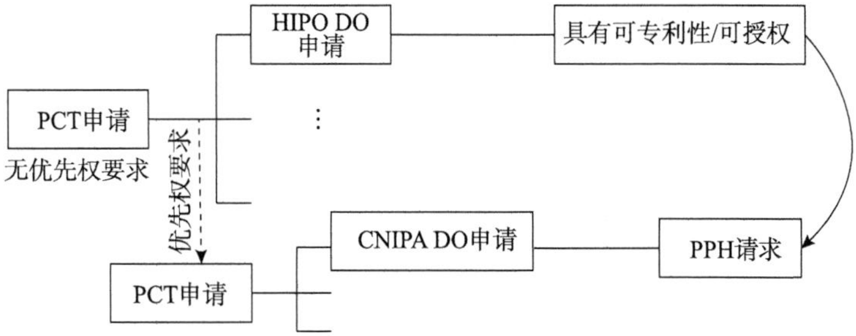

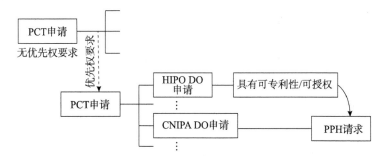

图 21.16　中国本申请作为 PCT 申请进入国家阶段申请且匈牙利对应申请是作为优先权基础的 PCT 申请的国家阶段申请

如图 21.17 所示，中国本申请和匈牙利对应申请是同一 PCT 申请进入各自国家阶段的申请，该 PCT 申请要求了另一 PCT 申请的优先权。

图 21.17　中国本申请和匈牙利对应申请是同一 PCT 申请进入各自国家阶段的申请，该 PCT 申请要求另一 PCT 申请的优先权

4. 中国本申请与匈牙利对应申请的派生申请是否满足要求？

如果中国申请与匈牙利申请符合 PPH 流程所规定的关联性关系，则中国申请的派生申请作为中国本申请，或者匈牙利申请的派生申请作为对应申请，也符合两申请的关联性要求。如图 21.18 所示：中国申请 A 有效要求了匈牙利对应申请的优先权，中国申请 B 是中国申请 A 的分案申请，则中国申请 B 与匈牙利对应申请的关系满足申请间关联性要求。

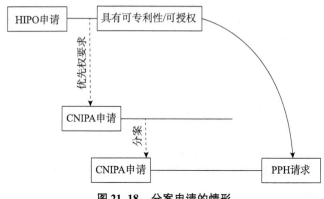

图 21.18　分案申请的情形

同理，如果中国本申请要求了匈牙利申请 A 的优先权，匈牙利申请 B 是匈牙利申请 A 的分案申请，则该中国本申请与匈牙利对应申请 B 的关系也满足申请间关联性要求。

三、匈牙利对应申请可授权性的判定

判定匈牙利对应申请可授权性的最新工作结果一般包括哪些？

匈牙利对应申请的工作结果是指与匈牙利对应申请可授权性相关的所有匈牙利国内工作结果，包括实质审查、复审、无效阶段通知书——通常包括审查意见通知书、可授权意向通知书（"Felhívás Nyilatkozattételre és Hiánypótlásra/Megadási és Kinyomtatási Díj megfizetésére"）、授予专利权的最终决定等。

权利要求"被认定为可授权/具有可专利性"是指 HIPO 审查员在最新的审查意见通知书中明确指出权利要求"具有可专利性"，即使该申请尚未得到专利授权。所述审查意见通知书一般包括可授权意向通知书，通知书代码"SM"。

上述最新的审查意见通知书是以向 CNIPA 提交 PPH 请求之前或当日作为时间点来判断的，即以向 CNIPA 提交 PPH 请求之前或当日最新的工作结果中的意见作为认定匈牙利对应申请权利要求

"可授权/具有可专利性" 的标准。

四、相关文件的获取

1. 如何获取匈牙利对应申请的所有工作结果副本？

由于公众只能通过 HIPO 检索网站获得已经授权的匈牙利对应申请的著录项目信息，或者通过 Espacenet 网站获得已授权匈牙利对应申请的著录项目信息和授权公告文本，因此申请人应当将所有匈牙利对应申请获得授权有关的工作结果自行梳理并全部提交。

2. 如何获取匈牙利对应申请最新可授权的权利要求副本？

如果匈牙利对应申请已经授权公告，则可以在 Espacenet 网站中选择国家为 "匈牙利"，输入匈牙利对应申请的申请号，获取其授权公告文本，查看已授权的权利要求，如图 21.19 和图 21.20 所示。

图 21.19 在 Espacenet 网站中查阅匈牙利对应申请

Bibliográfiai adatok: HUT76342 (A) — 1997-08-28

★ Szabadalom listámban	▌! Adathiba jelentése	🖶 Nyomtatás

Szteránvázas vegyületek, eljárás ezek előállítására, az ezeket tartalmazó gyógyászati készítmények és intermedierjeik

Oldal mentése a könyvjelzők közé	HUT76342 (A) - Szteránvázas vegyületek, eljárás ezek előállítására, az ezeket tartalmazó gyógyászati készítmények és intermedierjeik
Feltaláló(k):	DANCSI LAJOSNE DR [HU]; TUBA ZOLTAN [HU]; MOLNAR CSABA [HU]; CSOERGEI JANOS [HU]; BARDIN CLYDE WAYNE [US]; FALKAY GYOERGY [HU]; DUKATNE ABROK VILMA [HU]; FRANCSICSNE CZINEGE ERZSEBET [HU]; SZUNYOG JOZSEF [HU] ±
Bejelentő(k):	RICHTER GEDEON VEGYESZET [HU] ±
Osztályozás:	- nemzetközi: C07J7/00; (IPC1-7): A61K31/565; A61K31/57; C07J1/00; C07J5/00
	- együttműködő C07J7/0055 (EP)
Bejelentési szám:	HU19950003738 19951222
Elsőbbségi szám(ok):	HU19950003738 19951222
További nyilvánosságra jutott dokumentumok:	→ AU1167097 (A) [HU216828 (B) → PL327468 (A1) WO9723498 (A1)

图 21. 20　Espacenet 网站中对匈牙利对应申请授权公告文本的获取

　　如果匈牙利对应申请尚未授权公告，则可以通过查询审查记录获取最新可授权的权利要求。

3. 能否举例说明匈牙利对应申请可授权权利要求副本的样式？

　　申请人在提交匈牙利对应申请最新可授权权利要求副本时，可以自行提交任意形式的权利要求副本，并非必须提交官方副本。匈牙利对应申请可授权权利要求副本的样式举例如图 21. 21 所示。

4. 如何获取匈牙利对应申请工作结果中的引用文献信息？

　　匈牙利对应申请工作结果中的引用文献分为专利文献和非专利文献。HIPO 在审查和检索中所引用的所有文献都会被记载在匈牙利对应申请的审查工作结果中。申请人可以通过查询匈牙利对应申请所有工作结果的内容获取其信息。

5. 如何获知引用文献中的非专利文献构成匈牙利对应申请的驳回理由？

　　申请人可以通过查询 HIPO 发出的各个阶段的审查意见通知书，

A találmány tárgyát az I általános képletű új 16-metilén-17α-aciloxi-18-metil-19-norpregn-4-én-3,20-dionszármazékok – ahol R 1–10 szénatomos alkilcsoportot jelent –, az ezen vegyületeket tartalmazó gyógyászati készítmények, az I általános képletű vegyületek előállítására használható V, Va és II képletű intermedierek, valamint az I általános képletű vegyületek előállítására szolgáló eljárás képezi. A találmány szerinti I általános képletű vegyületek a nemkívánt terhesség elkerülése és/vagy az endometriózis gyógyítása és/vagy a szervezetből hiányzó vagy nem elegendő mennyiségben jelen lévő ösztrogének pótlása érdekében tett kezelésekre alkalmasak emlősök esetében – az embert is beleértve.

A kezelés során az I általános képletű vegyületek gyógyászatilag hatékony dózisát/dózisait adjuk be önmagában vagy gyógyászati készítmény formájában.

Az R helyén álló 1–10 szénatomos alkilcsoportok egyenes vagy elágazó láncúak lehetnek, és felölelik a metil-, az etil-, a különböző egyenes és elágazó láncú propil-, butil-, pentil-, hexil-, heptil-, oktil-, nonil- és decilcsoportokat. Előnyös képviselőik az 1–8 szénatomos alkilcsoportok, melyek közé a metilcsoporttól az oktilcsoportig terjedő alkilcsoportok tartoznak. Különösen előnyösek az 1–4 szénatomos alkilcsoportok, így a metil-, az etil-, az n- és az i-propil-, valamint a különböző butilcsoportok.

A találmányunk szerinti I általános képletű vegyületeken kívül új az eljárás több köztiterméke, így a II, a IIIa, a IIIb, a IV, az V, az Va, a VI és a VII képletű intermedier is.

Az I általános képletű 16-metilén-17α-aciloxi-18-metil-19-norprogeszteron-származékok progesztogén hatású vegyületek, melyek egyedül vagy ösztrogénnel kombinálva fogamzásgátló készítmények hatóanyagaként kerülhetnek alkalmazásra.

Az I általános képletű vegyületek továbbá felhasználásra kerülhetnek még az endometriózis gyógyításában, valamint az ösztrogénpótló terápiában az ösztrogén komponens gesztagén kísérőjeként.

A szakirodalmi adatok, a találmányi bejelentések, valamint a tudományos közlemények nagy száma bizonyítja a progesztogén hatású vegyületek terápiás fontosságát.

A legújabb szakirodalom (Pharmacology of the Contraceptive Steroids, Raven Press, New York, 199, 440–442) az alábbi négy nagy csoportba sorolja a terápiában már alkalmazott, valamint a biológiai vizsgálatok előrehaladott stádiumában lévő gesztagéneket:

1. Noretiszteron-csoport:
Etinodiol-diacetát (3β,17β-dihidroxi-19-norpregn-

2. Norgesztrel-csoport:
Dezogesztrel (11-metilén-17β-hidroxi-18-metil-19-norpregn-4-én-20-in)
Gesztoden (17β-hidroxi-18-metil-19-norpregna-4,15-dién-20-in-3-on)
Levonorgesztrel (17β-hidroxi-18-metil-19-norpregn-4-én-20-in-3-on)
Norgesztimat (3-hidroximino-17b-hidroxi-18-metil-19-norpregn-4-én-20-in-17-acetát)
Etonogesztrel (11-metilén-17β-18-metil-19-norpregn-4-én-20-in-3-on)

3. Progeszteron-csoport:
Progeszteron
17α-hidroxi-progeszteron
17α-hidroxi-progeszte- ron-kaprónát (17α-hidroxi-pregn-4-én-3,20-dion-kaprónát)
Medroxi-progeszteron- acetát (6α-metil-17α-hidroxi-pregn-4-én-3,20-dion-acetát)
Klormadinon-acetát (6-klór-17α-hidroxi-pregna-4,6-dién-3,20-dion-acetát)
Megesztrol-acetát (6-metil-17α-hidroxi-pregna-4,6-dién-3,20-dion-acetát)

4. Vizsgálat alatt lévő gesztagének:
Nomegesztrol-acetát (6-metil-17α-hidroxi-19-norpregna-4,6-dién-3,20-dion-acetát)
Nesztoron (ST–1435, 16-metilén-17α-hidroxi-19-norpregn-4-én-3,20-dion-acetát)

A találmány szerinti I általános képletű norpregnénszármazékok egy, az eddigiektől eltérő, új szerkezeti csoportba sorolhatók, és meglepő módon hatáserősségben felülmúlják a leghatásosabb anyagok, a Norgesztrel és az ST–1435 vegyület gesztagén aktivitását. (A biológiai összehasonlító vizsgálatokban az eddig leghatásosabbnak tartott vegyületeket alkalmaztuk összehasonlító anyagként.)

A találmány szerint az I általános képletű 16-metilén-17-aciloxi-18-metil-19-norpregn-4-én-3,20-dion vegyületeket oly módon állítjuk elő, hogy
a IX képletű 18-metil-19-norandroszt-4-én-3,17-dion egy poláros oldószerben, kénsav jelenlétében trimetil-ortoformiáttal reagáltatjuk,
az így kapott VIII képletű 3-metoxi-18-metil-19-norandroszta-3,5-dién-17-ont poláros oldószeres oldatban egy alkálifém-alkanoát jelenlétében először dimetil-oxaláttal, majd ezt követően ecetsav és trietil-amin jelenlétében formaldehiddel reagáltatjuk,
a keletkezett VII képletű 3-metoxi-16-metilén-18-metil-19-norandroszta-3,5-dién-17-ont vagy
a) előnyösen egy alkil-lítiumból és etil-vinil-éterből in situ előállított etoxi-vinil-lítium-származékkal reagál-

图 21.21　HIPO 授权公告文本中记载的权利要求样例

注：权利要求的全部内容都需提交，这里限于篇幅，不再展示后续内容。

获取 HIPO 申请中构成驳回理由的非专利文献信息。当 HIPO 发出的审查意见通知书中含有利用非专利文献对匈牙利对应申请的新颖性、创造性进行判断的内容，且该内容中显示该非专利文献影响了匈牙利对应申请的新颖性、创造性，则该非专利文献属于构成驳回理由的文献，申请人需要在提交 PPH 请求时将该非专利文献一并提交。

五、信息填写和文件提交的注意事项

1. 在 PPH 请求表中填写中国本申请与匈牙利对应申请的关联性关系时，有哪些注意事项？

（1）在向 CNIPA 提出 PPH 请求时，在描述中国本申请与匈牙利对应申请的关联性关系时，必须写明中国本申请与匈牙利对应申请之间的关联的方式（如优先权、PCT 申请不同国家阶段等）。如果中国本申请与匈牙利对应申请达成关联需要经过一个或多个其他相关申请，也需写明相关申请的申请号以及达成关联的具体方式。

例如：

1）中国本申请是中国申请 A 的分案申请，匈牙利对应申请是匈牙利申请 B 的分案申请，中国申请 A 要求了匈牙利申请 B 的优先权。

2）中国本申请是中国申请 A 的分案申请，中国申请 A 是 PCT 申请 B 进入中国国家阶段的申请。匈牙利对应申请与 PCT 申请 B 共同要求了匈牙利申请 C 的优先权。

（2）涉及多个匈牙利对应申请时，则需分条逐项写明中国本申请与每一个匈牙利对应申请的关系。

2. 在 PPH 请求表中填写中国本申请与匈牙利对应申请权利要求的对应性解释时，有哪些注意事项？

基于 HIPO 工作结果向 CNIPA 提交 PPH 请求的，权利要求的对应性解释上无特别的注意事项，参见本书第一章的相关内容即可。

3. 在 PPH 请求表中填写匈牙利对应申请所有工作结果的名称时，有哪些注意事项？

（1）应当填写 HIPO 在所有审查阶段作出的全部通知书。

（2）各通知书的作出时间应当填写其通知书的发文日，在发文日无法确定的情况下允许申请人填写其通知书的起草日或完成日。所有通知书的发文日一般都在审查记录中可以找到，应准确填写。

（3）各通知书的名称应当使用其正式的中文译名填写，例如可授权意向通知书（通知书代码 "SM"），不得以 "通知书" 或者 "审查意见通知书" 代替。

（4）对于未在中匈 PPH 试点项目相关协议中给出明确中文译名的通知书，申请人可以按其通知书原文名称自行翻译后填写在 PPH 请求表中并将其原文名称填写在翻译的中文名称后的括号内，以便审查核对。

（5）如果有多个匈牙利对应申请，请分别对各个匈牙利对应申请（即 OEE 申请）进行工作结果的查询并填写到 PPH 请求表中。

4. 在 PPH 请求表中填写匈牙利对应申请所有工作结果引用文件的名称时，有哪些注意事项？

在填写匈牙利对应申请所有工作结果引用文献的名称时，无特别注意事项，参见本书第一章的相关内容即可。

5. 在提交匈牙利对应申请国内工作结果的副本及译文时，有哪些注意事项？

（1）根据《中匈流程》，所有的审查意见通知书副本及其译文均需要被完整提交，包括其著录项目信息、格式页或附件也应当被提交。

（2）对于匈牙利对应申请，不存在工作结果副本及其译文可以省略提交的情形。

6. 在提交匈牙利对应申请最新可授权权利要求副本时，有哪些注意事项？

申请人在提交匈牙利对应申请最新可授权权利要求副本时，一是要注意可授权权利要求是否最新，例如在授权后的更正程序中对权利要求有修改的情况；二是要注意权利要求的内容是否完整，即使有一部分权利要求在 CNIPA 申请中没有被利用到，也需要一起完整提交。

对于匈牙利对应申请，不存在可授权的权利要求副本及其译文可以省略提交的情形。

7. 在提交匈牙利对应申请国内工作结果中引用的非专利文献副本时，有哪些注意事项？

当匈牙利对应申请工作结果中的非专利文献涉及驳回理由时，申请人应当在提交 PPH 请求时将所有涉及驳回理由的非专利文献副本一并提交。而对于所有的专利文献和未构成驳回理由的非专利文献，申请人只需将其信息填写在 PPH 请求书 E 项第 2 栏中即可，不需要提交相应的文献副本。

申请人提交文献时应确保其提交的内容完整，提交的类型正确，即按照"对应申请审查意见引用文献副本"类型提交。

如果所需提交的非专利文献是由除中文或英文之外的语言撰写，申请人也只需提交非专利文献文本即可，不需要对其进行翻译。

如果匈牙利对应申请存在两份或两份以上非专利文献副本，则应该作为一份"对应申请审查意见引用文献副本"提交。

第二十二章 基于埃及专利局^①工作结果向中国国家知识产权局提交常规 PPH 请求

一、概述

1. 基于 EGYPO 工作结果向 CNIPA 提交 PPH 请求的项目依据是什么？

中埃 PPH 试点于 2017 年 7 月 1 日启动。《在中埃专利审查高速路试点项目下向中国国家知识产权局提出 PPH 请求的流程》（以下简称《中埃流程》）即为基于 EGYPO 工作结果向 CNIPA 提交 PPH 请求的项目依据。

2. 基于 EGYPO 工作结果向 CNIPA 提交 PPH 请求的种类分为哪些？

CNIPA 与 EGYPO 签署的为双边 PPH 试点项目。按照提出 PPH 请求所使用的 OFF 的工作结果来划分，基于 EGYPO 工作结果向 CNIPA 提交 PPH 请求的种类仅包括基本型常规 PPH。

3. CNIPA 与 EGYPO 开展 PPH 试点项目的期限有多长？

中埃 PPH 试点项目自 2017 年 7 月 1 日起启动，为期两年。其后，该试点项目于 2019 年 7 月 1 日起延长五年，至 2024 年 6 月 30 日止。

按照流程的建议，必要时，试点时间将延长，直至 CNIPA 和

---

① 以下简称"EGYPO"。

EGYPO 受理足够数量的 PPH 请求，以恰当地评估 PPH 项目的可行性。

4. 基于 EGYPO 工作结果向 CNIPA 提交 PPH 请求有无领域和数量限制？

《中埃流程》中提到："两局在请求数量超出可管理的水平时或出于其它任何原因，可终止本 PPH 试点。PPH 试点终止之前，将先行发布通知。"

5. 如何获得埃及对应申请的相关信息？

570

申请人可以通过登录 EGYPO 的检索网址（网址 www. EGYPO. gov. eg/Search/）直接进入 EGYPO 的专利检索主页面，如图 22.1 所示。

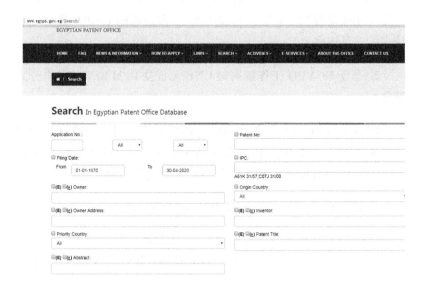

图 22.1　EGYPO 专利检索页面

在"Application No."中输入埃及对应申请号的后四位，即可获得具有该后四位申请号的已经公布的各年的申请，如图 22.2 所示。

图 22.2　EGYPO 对应申请检索结果列表

二、中国本申请与埃及对应申请关联性的确定

1. 埃及对应申请号的格式是什么？如何确认埃及对应申请号？

对于 EGYPO 专利申请，申请号的格式一般为"EG/P/####/×××× "，其中井号是年份，叉号是流水号，例如 EG/P/2010/0123。

埃及对应申请号是指申请人在 PPH 请求中所要利用的 EGYPO 工作结果中记载的申请号。

2. 埃及对应申请的著录项目信息如何核实？

与 PPH 流程规定的两申请关联性相关的对应申请的信息，例如优先权信息、分案申请信息，PCT 申请进入国家阶段信息等，通常会在对应申请的著录项目信息中记载。申请人一般可以通过以下两种方式获取埃及对应申请的著录项目信息。

一是在 EGYPO 的专利检索界面查找。通过申请号检索进入检索界面后，即可获得埃及对应申请的著录项目信息，如图 22.3 所示。

Basic Data

图 22.3　EGYPO 专利检索数据库中埃及对应申请著录项目信息的展示

著录项目信息中，除了申请号、国际申请号（如果有）、发明名称、申请日、授权日等信息外，还包括专利权人、优先权信息等。其中优先权信息（如果有）会被单独列在著录项目信息表的最下方，如图 22.4 所示。

二是通过埃及对应申请的授权公告本文核实。相关著录项目信息会在授权公告文本扉页显示，包括申请号、国际申请号（如果有）、优先权号（如果有）、申请人等，如图 22.5 所示。

Inventor

Hide

	Name	Nationality	Residence Country	Address
1	إدوارش، جون، لند عربي English EDWARDS, John, Lalande	بريطاني	بريطاني	ان، تي إيداز كريسنت، نورهم دي اتش 4 1 ايه بي - المملكة المتحدة 11 عربي English OF 11 St Aidan's Crescent Durham DH1 4AP-GB*
2	روب،جون عربي English ROBB, John	بريطاني	بريطاني	جروف، وودسايد، اون تي اس 18 5 اي اس عربي English OF 17 Woodside Grove Stockton on Tees TS18 5E
3	تيمبلي،جون عربي English TEMPERLY, John	بريطاني	بريطاني	كورت، سيدجفيلد، ستوك اون تيز تي اس 21 2 جيه بي - 21 عربي English OF 21 Millbourne Court Sedgefield, Stock on Tees TS21 GB*
4	جون التواني جي عربي English JONES, ANTHONY, G	بريطاني	بريطاني	رود، سيدجفيلد، ستوك اون تيز تي اس 21 2 بي واي - المملكة 17 عربي English OF 17 STATION ROAD, SEDGFIELD, STOCKTON O TEES TS 2BY -GB*
5	بيرد،روبرت عربي English BIRD, Robert	بريطاني	بريطاني	فارم كلوز، ثورنتون، ميدلسبرة تي اس 8 اف بي - المملكة المتحدة 3 عربي English OF 3 Low Farm Close Thornton Middlesbrough TS8 9FE
6	برادلي،بول كريستفير عربي English BRADLEY,PAUL CHRISTOPHER	بريطاني	بريطاني	كلوز، انجلبي، باروك، ستوك اون تيز تي اس 17 اوه اس ئي - 1 المملكة المتحدة عربي English OF 1CAMPION CLOSE, INGLEBY BARWICH, STO ON TEES TS17 OSE-GB*

Owner

Hide

	Name	Nationality	Residence Country	Address
1	تيوكسيد اروبا ليمتد عربي English TIOXIDE EUROPE LIMITED	بريطاني	بريطاني	هيل رورد، بيلنجهام، ستوكتون - اون - تيز تي اس 23 أي بي بي اس - المملكة المتحدة عربي English Haverton Hill Road Billingham Stockton-on-Tees TS23 1 GB*

Priorities

Hide

Prioritiy Num	Prioritiy Date	Prioritiy Country
1 0814515.3	08-08-2008	بريطاني
2 0808239.8	07-05-2008	بريطاني

图 22.4　埃及对应申请著录项目信息中的优先权信息

3. 中国本申请与埃及对应申请的关联性关系一般包括哪些情形?

以埃及申请作为对应申请向 CNIPA 提出的 PPH 请求的类型限于基本型常规 PPH 请求。申请人不能利用 OSF 先作出的工作结果要求 OFF 进行加快审查，同时两申请间的关系仅限于中埃两局间，不能扩展为共同要求第三个国家或地区的优先权。

573

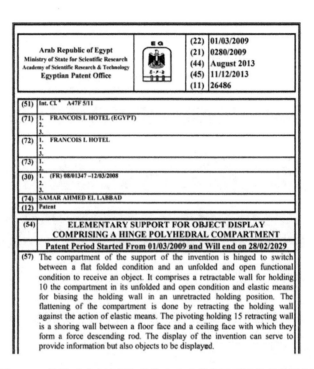

图 22.5　埃及对应申请授权公告文本中的著录项目信息的展示

符合中国本申请与埃及对应申请关联性关系的具体情形如下。

（1）中国本申请要求了埃及申请的优先权

如图 22.6 所示，中国本申请和埃及对应申请均为普通国家申请，且中国本申请要求了埃及对应申请的优先权。

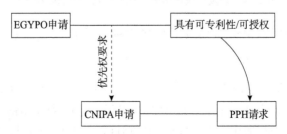

图 22.6　中国本申请和埃及对应申请均为普通国家申请

如图 22.7 所示，中国本申请是 PCT 申请进入中国国家阶段的申请，且要求了埃及对应申请的优先权。

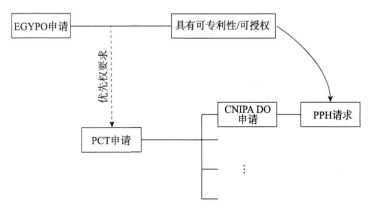

图 22.7　中国本申请为 PCT 申请进入中国国家阶段的申请

如图 22.8 所示，中国本申请要求了多项优先权，埃及对应申请为其中一项优先权。

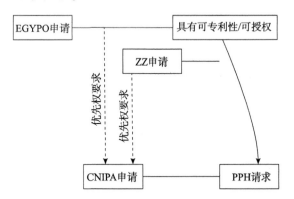

图 22.8　中国本申请要求包含埃及对应申请的多项优先权

如图 22.9 所示，中国本申请和埃及对应申请共同要求了另一埃及申请的优先权。

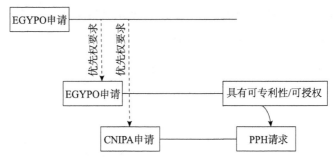

图 22.9　中国本申请和埃及对应申请共同要求另一埃及申请的优先权

如图 22.10 所示，中国本申请和埃及对应申请是同一 PCT 申请进入各自国家阶段的申请，该 PCT 申请要求了另一埃及申请的优先权。

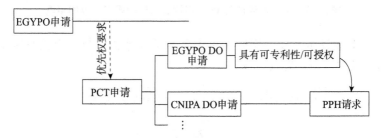

图 22.10　中国本申请和埃及对应申请是要求另一埃及
申请优先权的 PCT 申请进入各自国家阶段的申请

（2）中国本申请和埃及对应申请为未要求优先权的同一 PCT 申请进入各自国家阶段的申请

详情如图 22.11 所示。

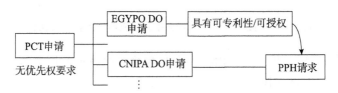

图 22.11　中国本申请和埃及对应申请是未要求优先权的
同一 PCT 申请进入各自国家阶段的申请

（3）中国本申请要求了 PCT 申请的优先权，该 PCT 申请未要求优先权，埃及对应申请为该 PCT 申请的国家阶段申请

如图 22.12 所示，中国申请是普通国家申请，要求了 PCT 申请的优先权，埃及对应申请是该 PCT 申请的国家阶段申请。

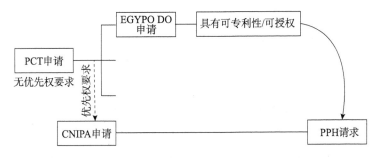

图 22.12　中国本申请要求 PCT 申请的优先权且埃及对应申请是该 PCT 申请的国家阶段申请

如图 22.13 所示，中国本申请是 PCT 申请进入国家阶段的申请，要求了另一 PCT 申请的优先权，埃及对应申请是作为优先权基础的 PCT 申请的国家阶段申请。

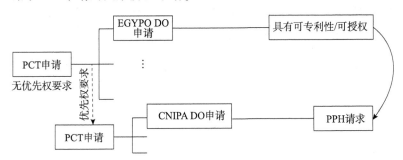

图 22.13　中国本申请作为 PCT 申请进入国家阶段申请且埃及对应申请是作为优先权基础的 PCT 申请的国家阶段申请

如图 22.14 所示，中国本申请和埃及对应申请是同一 PCT 申请进入各自国家阶段的申请，该 PCT 申请要求了另一 PCT 申请的优先权。

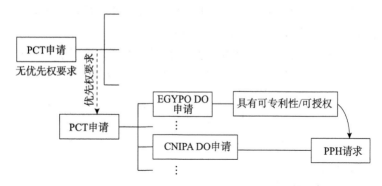

图 22. 14 中国本申请和埃及对应申请是同一 PCT 申请进入各自国家
阶段申请且该 PCT 申请要求另一 PCT 申请的优先权

4. 中国本申请与埃及对应申请的派生申请是否满足要求？

如果中国申请与埃及申请符合《中埃流程》所规定的申请间关联性关系，则中国申请的派生申请作为中国本申请，或者埃及申请的派生申请作为对应申请，也符合申请间关联性关系。例如图 22. 15 所示，中国申请 A 为普通的中国国家申请，并且有效要求了埃及对应申请的优先权，中国本申请 B 是中国申请 A 的分案申请，则中国本申请 B 与埃及对应申请的关系满足申请间关联性关系。

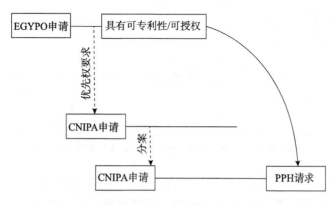

图 22. 15 分案申请的情形

同理，如果中国本申请有效要求了埃及申请 A 的优先权，埃及对应申请 B 是埃及申请 A 的分案申请，则该中国本申请与埃及对应申请 B 的关系也满足申请间关联性要求。

三、埃及对应申请可授权性的判定

1. 判定埃及对应申请可授权性的最新工作结果一般包括哪些？

埃及对应申请的工作结果是指与埃及对应申请可授权性相关的所有埃及国内工作结果，包括实质审查、异议、上诉等阶段的与专利可授权性有关的国内工作结果。

根据《中埃流程》的规定，权利要求"被认定为可授权/具有可专利性"是指 EGYPO 审查员在最新的审查意见通知书中明确指出权利要求"具有可专利性"，即使该申请尚未得到专利授权。所述审查意见通知书包括授权决定书（Decision of Grant a Patent）、修改理由通知书（Notification of Reasons for Amendment）、转到相关部门决定书（Decision of Conversion to the Ministries Concerned）、上诉决定书（Decision of Appeal）。

上述最新的审查意见通知书是以向 CNIPA 提交 PPH 请求之前或当日作为时间点来判断的，即以向 CNIPA 提交 PPH 请求之前或当日最新的工作结果中的意见作为认定埃及对应申请权利要求"可授权/具有可专利性"的标准。

2. 如果埃及对应申请存在授权后进行修改的情况，此时 EGY-PO 判定权利要求可授权的最新工作结果是什么？

按照 EGYPO 的审查程序，专利权人在授权后可以请求对授权文本进行更正。如果在提出 PPH 请求之前，专利权人已经向 EGY-PO 提出更正请求，则埃及对应申请可授权的最新工作结果为相关更正程序中作出的最新工作结果。在更正程序中，专利权人如果针对已授权权利要求提出了更正请求并且为 EGYPO 所接受，则最新可授权权利要求就不再是授权文本中公布的权利要求，而应当为更正后的权利要求。

四、相关文件的获取

1. 如何获取埃及对应申请的所有工作结果副本？

由于公众只能通过埃及检索网站获得已经授权的埃及对应申请的著录项目信息和授权公告文本，因此申请人应当将所有 EGYPO 实质审查、异议、更正或者上诉阶段的与埃及对应申请获得授权有关的所有工作结果自行梳理并全部提交。

需要注意的是，对于 EGYPO 在实质审查、异议、上诉等各个阶段作出的所有工作结果，申请人均应当一一核实，避免遗漏。

2. 如何获取埃及对应申请的最新可授权的权利要求副本？

如果埃及对应申请已经授权公告，则申请人可以通过埃及检索网站获得埃及对应申请的授权公告文本并从中查找得到已授权公告的权利要求。

如果埃及对应申请尚未授权公告，则需要申请人向 EGYPO 查询最新可授权的权利要求。

3. 如何获取埃及对应申请的工作结果中的引用文献信息？

埃及对应申请的工作结果中的引用文献分为专利文献和非专利文献。EGYPO 通常会在发出的修改理由通知书、授权决定书中列出所引用的专利文献和非专利文献。申请人可以通过查询埃及对应申请所有工作结果的内容获取其信息。

4. 如何获知引用文献中的非专利文献构成对应申请的驳回理由？

申请人可以通过查询 EGYPO 发出的各个阶段的审查工作结果如修改理由通知书，获取 EGYPO 申请中构成驳回理由的非专利文献信息。当 EGYPO 发出的**修改理由通知书**中含有利用非专利文献对埃及对应申请的新颖性、创造性进行判断的内容，且该内容中显示该非专利文献影响了埃及对应申请的新颖性、创造性，则该非专利文献属于构成驳回理由的文献，申请人需要在提交 PPH 请求时将该非专利文献一并提交。

五、信息填写和文件提交的注意事项

1. 在 PPH 请求表中填写中国本申请与埃及对应申请的关联性关系时，有哪些注意事项？

（1）在 PPH 请求表中表述中国本申请与埃及对应申请的关联性关系时，必须写明中国本申请与埃及对应申请之间的关联的方式（如优先权、PCT 申请不同国家阶段等）。如果中国本申请与埃及对应申请达成关联需要经过一个或多个其他相关申请，也需写明相关申请的申请号以及达成关联的具体方式。

例如：

1）中国本申请是中国申请 A 的分案申请，埃及对应申请是埃及申请 B 的分案申请，中国本申请与中国申请 A 均要求了埃及申请 B 的优先权。

2）中国本申请是中国申请 A 的分案申请，中国申请 A 是 PCT 申请 B 进入中国国家阶段的申请。埃及对应申请与 PCT 申请 B 共同要求了埃及申请 C 的优先权。

（2）涉及多个埃及对应申请时，则需分条逐项写明中国本申请与每一个埃及对应申请的关系。

2. 在 PPH 请求表中填写中国本申请与埃及对应申请权利要求的对应性解释时，有哪些注意事项？

基于 EGYPO 工作结果向 CNIPA 提交 PPH 请求的，权利要求的对应性解释上无特别的注意事项，参见本书第一章《向 CNIPA 提交 PPH 请求的基本要求》的相关内容即可。

3. 在 PPH 请求表中填写埃及对应申请的所有工作结果的名称时，有哪些注意事项？

（1）应当填写 EGYPO 在所有审查阶段作出的全部工作结果，既包括实质审查阶段的所有通知书，也包括实质审查阶段以后的复审、上诉等阶段的所有通知书。

（2）各通知书的作出时间应当填写其通知书的发文日，在发文日无法确定的情况下允许申请人填写其通知书的起草日或完成日。

（3）各通知书的名称应当使用其正式的中文译名填写，不得以"通知书"或者"审查意见通知书"代替。在《中埃流程》中列举了部分通知书规范的中文译名，例如修改理由通知书、授权决定书、转到相关部门决定书、上诉决定书。

应注意，上面例举的通知书并非涵盖了 EGYPO 针对埃及对应申请所作出的所有工作结果。只要是与埃及对应申请获得授权有关的通知书，申请人均需在 PPH 请求表中填写并提交。

（4）对于未在《中埃流程》中给出明确中文译名的通知书，申请人可以按其通知书原文名称自行翻译后填写在 PPH 请求表中并将其原文名称填写在翻译的中文名称后的括号内，以便审查核对。

（5）如果有多个埃及对应申请，请分别对各个埃及对应申请（即 OEE 申请）进行工作结果的查询并填写到 PPH 请求表中。

4. 在 PPH 请求表中填写埃及对应申请所有工作结果引用文献的名称时，有哪些注意事项？

在填写埃及对应申请所有工作结果引用文献的名称时，无特别注意事项，参见本书第一章的相关内容即可。

5. 在提交埃及对应申请的工作结果副本及译文时，有哪些注意事项？

（1）根据《中埃流程》，埃及对应申请的所有工作结果副本均需要被完整提交，不存在工作结果副本可以省略提交的情形。工作结果中所包含的著录项目信息、格式页或附件也应当被提交。

（2）CNIPA 接受中文和英文两种语言的译文，而埃及对应申请的工作语言为阿拉伯语，因此，申请人需要提交埃及对应申请的工作结果副本的中文或英文译文。申请人应当注意：对所有工作结果的副本译文均需要完整提交，而不能仅提交工作结果副本的一部分。

6. 在提交埃及对应申请最新可授权权利要求副本及译文时，有哪些注意事项？

申请人在提交埃及对应申请的最新可授权权利要求副本时，可以自行提交任意形式的权利要求副本，并非必须提交官方副本。提交副本时，一是要注意可授权权利要求是否最新，例如在授权后的更正程序中对权利要求有修改的情况；二是要注意权利要求的内容是否完整，即使有一部分权利要求在 CNIPA 申请中没有被利用到，也需要一起完整提交。

CNIPA 接受中文和英文两种语言的译文，申请人可以提交埃及对应申请可授权权利要求副本的中文或英文译文。需要注意的是：中文或英文译文应当是对埃及对应申请中所有被认为可授权的权利要求的内容进行的完整且一致的翻译，仅翻译部分内容的译文不合格。

7. 在提交埃及对应申请的工作结果中引用的非专利文献副本时，有哪些注意事项？

当埃及对应申请的工作结果中的非专利文献涉及驳回理由时，申请人应当在提交 PPH 请求时将所有涉及驳回理由的非专利文献副本一并提交。而对于所有的专利文献和未构成驳回理由的非专利文献，申请人只需将其信息填写在 PPH 请求书 E 项第 2 栏中即可，不需要提交相应的文献副本。

申请人提交文献时应确保其提交的内容完整，提交的类型正确，即按照"对应申请审查意见引用文献副本"类型提交。

如果所需提交的非专利文献是由除中文或英文之外的语言撰写，申请人也只需提交非专利文献文本即可，不需要对其进行翻译。

如果埃及对应申请存在两份或两份以上非专利文献副本，则应该作为一份"对应申请审查意见引用文献副本"提交。

第二十三章 基于智利工业产权局[*]工作结果向中国国家知识产权局提交常规 PPH 请求

一、概述

1. 基于 INAPI 工作结果向 CNIPA 提交 PPH 请求的项目依据是什么?

根据《中国国家知识产权局与智利工业产权局关于专利审查高速路领域试点的谅解备忘录》,中智 PPH 试点于 2018 年 1 月 1 日启动。

实践中,《在中智专利审查高速路试点项目下向中国国家知识产权局提出 PPH 请求的流程》(以下简称《中智流程》)即为基于 INAPI 工作结果向 CNIPA 提交 PPH 请求的项目依据。

2. 基于 INAPI 工作结果向 CNIPA 提交 PPH 请求的种类分为哪些?

CNIPA 与 INAPI 签署的为双边 PPH 试点项目。按照提出 PPH 请求所使用的对应申请审查机构的工作结果来划分,基于 INAPI 工作结果向 CNIPA 提交 PPH 请求的种类包括常规 PPH 与 PCT - PPH。

本章内容仅涉及基于 INAPI 工作结果向 CNIPA 提交常规 PPH 的实务;提交 PCT - PPH 请求的实务建议请见本书第二章的内容。

---

[*] 以下简称"INAPI"。

3. CNIPA 与 INAPI 开展 PPH 试点项目的期限有多长？

中智 PPH 试点项目自 2018 年 1 月 1 日起始，为期三年，至 2020 年 12 月 31 日止，其后，于 2021 年 1 月 1 日起延长三年，至 2023 年 12 月 31 日止。

今后，将视情况，根据局际间的共同决定作出是否继续延长试点项目及相应延长期限的决定。

4. 基于 INAPI 工作结果向 CNIPA 提交 PPH 请求有无领域和数量限制？

《中智流程》中提到："两局在请求数量超出可管理的水平时，或出于其他任何原因，可终止本 PPH 试点。PPH 试点终止之前，将先行发布通知。"

5. 如何获得智利对应申请的相关信息？

如图 23.1 所示，申请人可以通过登录 INAIPI 的官方网站（网址 www. inapi. cl/）查询智利对应申请的相关信息。

图 23.1　INAPI 官网主页

申请人进入 INAPI 网站主页后，点击右下方的 "BUSCADOR DE PATENTES" 选项，可进入智利专利信息的专门查询平台的页面，如图 23.2 所示。

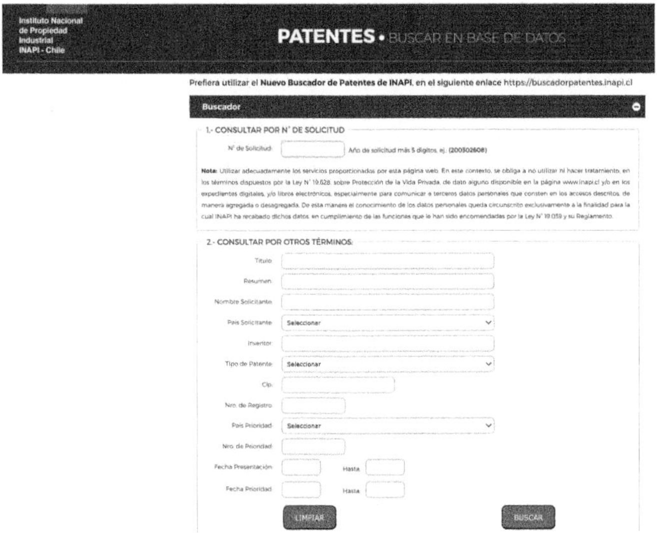

图 23.2 智利专利信息查询平台

进入查询页面后，在查询栏的选框中输入智利对应申请的申请号，会弹出相关信息的列表，包括申请号、分类号以及发明名称等信息，如图 23.3 所示。

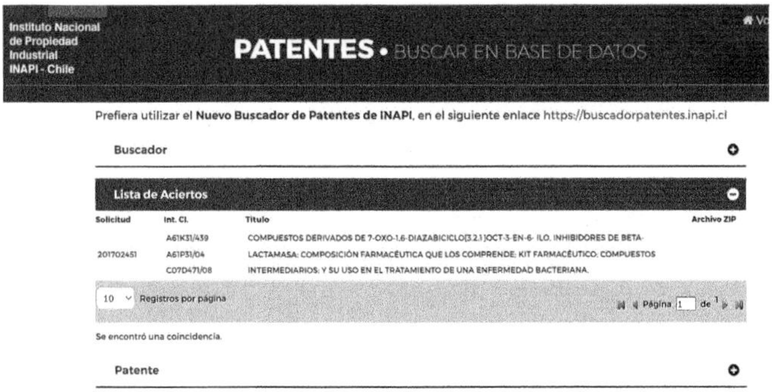

图 23.3 智利专利数据库中的智利对应申请相关信息

点击图 23.3 中的申请号，可以获得更为详细的相关著录项目信息，包括分类号、发明名称、申请人、案件状态以及相关文件等，如图 23.4 所示。

587

图 23.4　智利专利数据库中对应申请的著录项目信息

　　点击页面最下方右侧的"Instancias Administrativas"，即可获得审查历史以及相关文件，如图 23.5 所示。

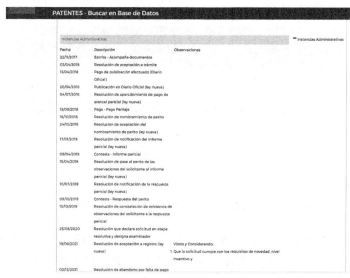

图 23.5　智利专利数据库中对应申请的审查历史以及相关文件

二、中国本申请与智利对应申请关联性的确定

1. 智利对应申请号的格式是什么？如何确认智利对应申请号？

对于 INAPI 专利申请，申请号的格式一般为"20 × × × × × ×"，例如"202001234"。另外，如果需要在 EPO 的 Espacenet 网站上对智利对应申请进行检索，输入的智利申请号格式应为"CL20 × × 0 × × × × ×"。

智利对应申请号是指申请人在 PPH 请求中所要利用的 INAPI 工作结果中记载的申请号。申请人可以通过 INAPI 作出的工作结果，例如授权通知书（Notification of Grant letter）的首页，获取智利对应申请号。

2. 智利对应申请的著录项目信息如何核实？

与 PPH 流程规定的两申请关联性相关的对应申请的信息，例如优先权信息、分案申请信息、PCT 申请进入国家阶段信息等，通常会在对应申请的著录项目信息记载。申请人一般可以通过在智利对应申请的查询界面首页中点击对应申请号获得更为详细的相关著录项目信息，包括国际申请号（如果有）、优先权（如果有）、申请人等。

3. 中国本申请与智利对应申请的关联性关系一般包括哪些情形？

以智利申请作为对应申请向 CNIPA 提出的常规 PPH 请求的类型限于基本型常规 PPH 请求。申请人不能利用 OSF 率先作出的工作结果要求 OFF 进行加快审查，同时两申请间的关系仅限于中智两局间，不能扩展为共同要求第三个国家或地区的优先权。

具体情形如下。

（1）中国本申请要求了智利申请的优先权

如图 23.6 所示，中国本申请和智利对应申请均为普通国家申

请，且中国本申请要求了智利对应申请的优先权。

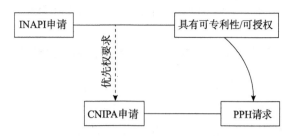

图 23.6　中国本申请和智利对应申请均为普通国家申请

　　如图 23.7 所示，中国本申请为 PCT 申请进入中国国家阶段的申请，且要求了智利对应申请的优先权。

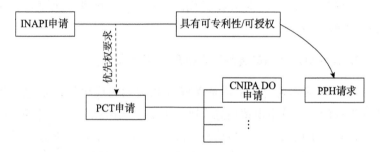

图 23.7　中国本申请为 PCT 申请进入中国国家阶段的申请

　　如图 23.8 所示，中国本申请要求了多项优先权，智利对应申请为其中一项优先权。

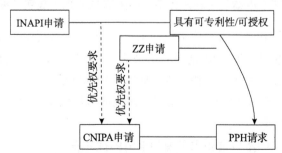

图 23.8　中国本申请要求包含智利对应申请的多项优先权

如图 23.9 所示，中国本申请和智利对应申请共同要求了另一智利申请的优先权。

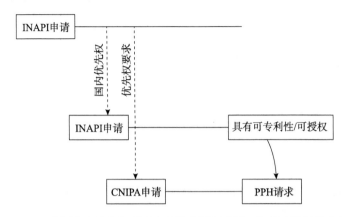

图 23.9　中国本申请和智利对应申请共同要求另一智利申请的优先权

如图 23.10 所示，中国本申请和智利对应申请是同一 PCT 申请进入各自国家阶段的申请，该 PCT 申请要求了另一智利申请的优先权。

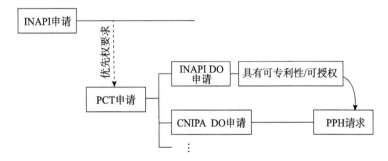

图 23.10　中国本申请和智利对应申请是要求另一智利申请优先权的 PCT 申请进入各自国家阶段的申请

（2）中国本申请和智利对应申请为未要求优先权的同一 PCT 申请进入各自国家阶段的申请

详情如图 23.11 所示。

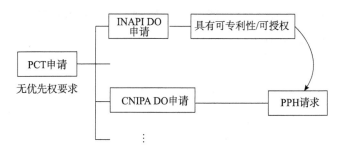

**图 23.11　中国本申请和智利对应申请是未要求优先权的
同一 PCT 申请进入各自国家阶段的申请**

（3）中国本申请要求了 PCT 申请的优先权，且 PCT 申请未要
求优先权，智利对应申请为该 PCT 申请的国家阶段申请

如图 23.12 所示，中国本申请是普通国家申请，要求了 PCT 申
请的优先权，智利对应申请是该 PCT 申请的国家阶段申请。

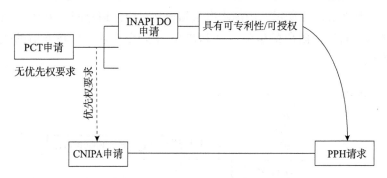

**图 23.12　中国本申请作为 PCT 申请进入国家阶段申请要求 PCT 申请的
优先权且智利对应申请是该 PCT 申请的国家阶段申请**

如图 23.13 所示，中国本申请是 PCT 申请进入中国国家阶段的
申请，要求了另一 PCT 申请的优先权，智利对应申请是作为优先权
基础的 PCT 申请的国家阶段申请。

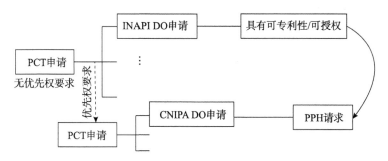

图 23.13　中国本申请是要求 PCT 申请优先权的另一 PCT 申请进入中国国家阶段的申请且智利对应申请是作为优先权基础的 PCT 申请的国家阶段申请

如图 23.14 所示，中国本申请与智利对应申请是同一 PCT 申请进入各自国家阶段的申请，该 PCT 申请要求了另一件 PCT 申请的优先权。

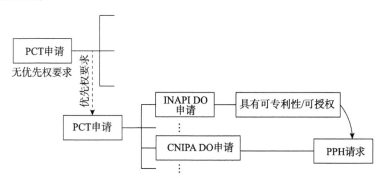

图 23.14　中国本申请和智利对应申请是同一 PCT 申请进入各自国家阶段的申请且该 PCT 申请要求另一 PCT 申请的优先权

4. 中国本申请与智利对应申请的派生申请是否满足要求？

如果中国申请与智利申请符合 PPH 流程所规定的申请间关联性关系，则中国申请的派生申请作为中国本申请，或者智利申请的派生申请作为对应申请，也符合申请间关联性关系。如图 23.15 所示：中国申请 A 有效要求了智利对应申请的优先权，中国申请 B 是中国申请 A 的分案申请，则中国申请 B 与智利对应申请的关系满足申请间关联性要求。

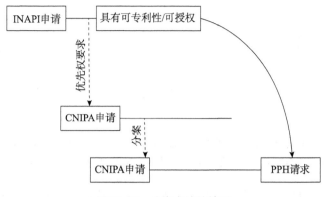

图 23.15　分案申请的情形

　　同理，如果中国本申请要求了智利申请 A 的优先权，智利对应申请 B 是智利申请 A 的分案申请，则该中国本申请与智利对应申请 B 的关系也满足申请间关联性要求。

三、智利对应申请可授权性的判定

1. 判定智利对应申请可授权性的最新工作结果一般包括哪些？

　　智利对应申请的工作结果是指与智利对应申请可授权性相关的所有智利国内工作结果，包括实质审查、复审、无效等阶段通知书等。

　　根据《中智流程》的规定，权利要求"被认定为可授权/具有可专利性"是指 INAPI 审查员在最新的审查意见通知书中清楚指出权利要求"具有可专利性"，即使该申请尚未得到专利授权。所述审查意见通知书包括授权通知书、审查员报告。

　　上述最新的审查意见通知书是以向 CNIPA 提交 PPH 请求之前或当日作为时间点来判断的，即以向 CNIPA 提交 PPH 请求之前或当日最新的工作结果中的意见作为认定智利对应申请权利要求"可授权/具有可专利性"的标准。

2. INAPI 一般如何明确指明最新可授权权利要求的范围？能否举例说明？

在 INAPI 针对对应申请作出的工作结果中，一般使用以下语段明确指明最新可授权权利要求范围。

（1）若最新工作结果为授权通知书，则表明 INAPI 已经针对申请人的申请作出了授予专利权的认可。并且 INAPI 在授权通知书中会附上最终获得授权的申请文件副本，该副本中的权利要求书即为最终可授权的权利要求内容。当然，申请人也可以在授权公告文本中查询授权的权利要求内容。

（2）当最新工作结果是审查员报告时，INAPI 通常会在该报告中写明该报告的审查基础，同时对专利申请的新颖性、创造性和工业实用性逐一分析，并在其后对该专利申请是否具有可授权性给出一个总体评价（见图 23.16）。申请人通过审查员对该专利申请的总体评价可以获知作为审查基础的权利要求是否具有可授权性。

16 PRONUNCIAMIENTO FINAL

Se recomienda la concesión de la solicitud

De acuerdo con los antecedentes que obran a la fecha en la solicitud Nº 201903246 y sin perjuicio de la resolución definitiva del Instituto Nacional de Propiedad Industrial, el perito que suscribe recomienda conceder el derecho solicitado toda vez que reúne los requisitos de patentabilidad señalados en el artículo 32 de la Ley 19.039 así como los demás requisitos establecidos en dicha Ley y su Reglamento.

图 23.16　INAPI 审查员报告中对申请可授权性的结论性意见

按照《中智流程》的规定，如果 INAPI 审查意见通知书未明确指出特定的权利要求是可授权的，则申请人必须随 PPH 请求表附上 "INAPI 审查意见通知书未就某权利要求提出驳回理由，因此，该权利要求被 INAPI 认为是可授权的"之解释。在此情形下，权利要求也被认为具有可授权性。

四、相关文件的获取

1. 如何获取智利对应申请的所有工作结果副本？

可以按如下步骤获取智利对应申请的所有工作结果副本。

步骤 1（见图 23.17）：在 INAPI 官网查询平台中输入智利对应申请的申请号。

步骤 2（见图 23.18）：选择对应申请，在其页面的下方点击右侧的"Instancias Administrativas"，找到智利对应申请的审查记录。

步骤 3（见图 23.19）：查看智利对应申请在不同审查阶段所发出的审查意见通知书。

在步骤 3 中，申请人应当注意的是：审查记录中一般包含实质审查阶段的审查员报告和授权通知书。

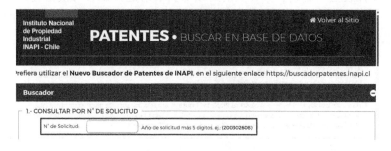

图 23.17 步骤 1：在 INAPI 网站上输入智利对应申请的申请号

图 23.18 步骤 2：选择对应申请，找到其审查记录

02/09/2020	Resolución de aceptación del nombramiento de perito (ley nueva)	
15/09/2020	SGP informe de búsqueda	
21/09/2020	Resolución de notificación del informe pericial (ley nueva)	
28/09/2020	Contesta - Informe pericial	
02/10/2020	Resolución de pase al perito de las observaciones del solicitante al informe pericial (ley nueva)	
15/10/2020	SGP informe de búsqueda	
20/10/2020	Resolución de notificación de respuesta pericial de aceptación	
28/10/2020	Resolución que declara solicitud en etapa resolutiva y designa examinador	
18/03/2021	Resolución de devolución al perito por 60 días	
02/07/2021	Resolución de prórroga del informe pericial complementario (por 60 días)	
29/10/2021	SGP informe de búsqueda	
04/11/2021	Resolución de notificación de informe pericial complementario de aceptación	
25/03/2022	Resolución de aceptación a registro (ley nueva)	1.- Que la solicitud cumple con los requisitos de novedad, nivel inventivo y aplicación industrial, establecid
01/06/2022	Pago - Pago primer decenio o quinquenio	

图 23. 19　步骤 3：查看 INAPI 就智利对应申请在不同审查阶段所发出的审查意见通知书

2. 能否举例说明智利对应申请工作结果副本的样式?

（1）授权通知书

INAPI 作出的授权通知书除包括申请号、申请日、发明名称、权利人等著录项目信息外，通常还包括该专利申请获得授权的法律依据、授权结论以及后续缴费的期限等。同时，INAPI 还会随该通知书附上获得授权的申请文件副本。具体如图 23. 20 所示。

（2）审查员报告

INAPI 作出的审查员报告属于审查阶段的工作结果。审查员报告会以表格的方式列出审查基础，对申请文件是否超范围的评价，对申请文件各个部分是否有缺陷的列举，对新颖性、创造性和工业实用性的具体分析，以及审查员对专利申请可授权性的最终结论等详细信息。通常，审查员报告中还会附具检索报告。审查员报告（含检索报告）的样式如图 23. 21、图 23. 22 和图 23. 23 所示。

C-2022-13041

Resolución de aceptación a registro (ley nueva)

Santiago, 25/03/2022

Tipo / Nro Solicitud: Patente de invención / **2019 - 003246**
Fecha de solicitud: 13/11/2019

Título: **PROCESO PARA PRODUCIR COBRE METÁLICO DESDE CONCENTRADOS DE COBRE SIN GENERACIÓN DE RESIDUOS QUE COMPRENDE COMO ETAPAS PRINCIPALES UNA REACCIÓN DE OXIDACIÓN A 650-900 °C Y UNA REACCIÓN DE REDUCCIÓN A 500-950 °C, DONDE EN NINGÚN MOMENTO DEL PROCESO SE ALCANZA LA TEMPERATURA DE FUSIÓN DE LOS MATERIALES.**

Titular: UNIVERSIDAD DE CONCEPCION
Representante: XIMENA CARMEN SEPÚLVEDA BARRERA

598

1.- Que la solicitud cumple con los requisitos de novedad, nivel inventivo y aplicación industrial, establecidos en el artículo 32 de la Ley 19.039.

2.- De acuerdo al mérito de los antecedentes, se deja expresa constancia que la solicitud de patente no infringe lo dispuesto en el artículo 38 de la Ley N° 19.039.

3.- Visto también lo dispuesto en el artículo 39 y demás normas pertinentes de la Ley 19.039 y su reglamento.

Se resuelve:

CONCEDASE la patente de invención solicitada.

Procédase al pago de derechos dentro del plazo de 60 días

Certifico que con esta fecha fue notificada por carta certificada la resolución precedente.

Resolución notificada por el Estado Diario con esta fecha.

Resolución firmada por quien ejerce el cargo de Director Nacional del Instituto Nacional de Propiedad Industrial, en calidad de titular o subrogante.

图 23.20　INAPI 作出的授权通知书示例（首页）

INSTITUTO NACIONAL DE PROPIEDAD INDUSTRIAL – INAPI

INFORME COPLEMENTARIO SOBRE SOLICITUD DE PATENTE DE INVENCIÓN

SOLICITUD NÚMERO: 201903246

1 SOLICITANTE: UNIVERSIDAD DE CONCEPCION	**FECHA SOLICITUD:** 13.11.2019
2 REPRESENTANTE DEL SOLICITANTE: XIMENA CARMEN SEPÚLVEDA BARRERA	

3 TÍTULO

PROCESO PARA PRODUCIR COBRE METÁLICO DESDE CONCENTRADOS DE COBRE SIN GENERACIÓN DE RESIDUOS QUE COMPRENDE COMO ETAPAS PRINCIPALES UNA REACCIÓN DE OXIDACIÓN A 650-900 °C Y UNA REACCIÓN DE REDUCCIÓN A 500-950 °C, DONDE EN NINGÚN MOMENTO DEL PROCESO SE ALCANZA LA TEMPERATURA DE FUSIÓN DE LOS MATERIALES.

4 RESUMEN

Un proceso para producir cobre metálico desde concentrados de cobre sin generación de residuos, el cual comprende: (a) reacción de oxidación del concentrado de cobre; (b) limpieza y enfriado de los gases; (c) alimentación al reactor de reducción; (d) limpieza de los gases; (e) descarga de las calcinas y polvos calientes en agua; (f) separación magnética; (g) espesamiento y filtración de la fracción magnética; (h) flotación de la sílice e inertes; (i) espesamiento y filtración de la sílice e inertes; (j) espesamiento y filtración del concentrado final conteniendo el cobre metálico y metales nobles; (k) fusión del concentrado final de cobre y metales nobles; y (l) recirculación de la escoria de fusión molida al reactor de tostación.

599

5 ÁREA TÉCNICA

Química

6 PERITO EXAMINADOR

Edmundo Codina Nieto

7 RESULTADO DEL EXAMEN PERICIAL

Se recomienda la concesión de la solicitud

8 PRIORIDADES

9 ESTE INFORME SE BASA EN LA SIGUIENTE DOCUMENTACIÓN PRESENTADA

HOJA TÉCNICA PRESENTADA: 28.09.2020

MEMORIA DESCRIPTIVA, Página(s):	1 a 14	presentada con fecha:	13.11.2019
REIVINDICACION(ES):	1 a 18	presentada con fecha:	28.09.2020
OTRA(S)	1/8 - 8/8	presentada con fecha:	13.11.2019

10 AMPLIACIÓN DEL CONTENIDO ORIGINAL

AMPLIACIÓN DEL CONTENIDO ORIGINAL DE LA MEMORIA DESCRIPTIVA: OTRA

La memoria descriptiva considerada se acompañó originalmente.

AMPLIACIÓN DEL CONTENIDO ORIGINAL DE LAS REIVINDICACIONES: NO

El pliego de reivindicaciones considerado, acompañado con fecha 28/09/20, presenta modificaciones formales solicitadas, sin ampliación de contenido respecto de lo originalmente divulgado.

图 23. 21 INAPI 作出的审查员报告示例（首页）

INSTITUTO NACIONAL DE PROPIEDAD INDUSTRIAL – INAPI

INFORME COPLEMENTARIO SOBRE SOLICITUD DE PATENTE DE INVENCIÓN	SOLICITUD NÚMERO: 201903246

16 ANÁLISIS PERICIAL (Continuación)

ANÁLISIS DE NIVEL INVENTIVO

El problema técnico planteado en la presente solicitud es proveer un proceso para producir cobre metálico desde concentrado de cobre sin generación de residuos.

La solución propuesta consiste en el proceso divulgado en el pliego de reivindicaciones.

El arte previo más cercano, D7, divulga un proceso para el tratamiento de pirita, que comprende alimentar mineral molido a una cámara donde se realiza un tratamiento de destilación a alrededor de 600 °C; la pirita caliente y parcialmente desulfurada se somete a tostación a alrededor de 1000 °C, formando SO2, que es retirado y después recuperado; la calcina desulfurada se dirige a otra cámara donde se realiza una reducción a alrededor de 700 °C, para convertir óxido de hierro en magnetita. Los óxidos magnéticos son removidos y estabilizados, preferentemente mediante apagado en un tanque con agua, seguido de separación magnética. D7 tiene un propósito distinto, que es proveer un proceso para tratar pirita con el propósito de obtener SO2 para la producción de H2SO4; la pirita puede ser de hierro (FeS2) o de cobre (calcopirita, CuFeS2), por lo que en el proceso de D7 no siempre se obtiene cobre. En D7 el proceso comienza con una etapa de tratamiento térmico de destilación que permite liberar el átomo de azufre suelto contenido en la pirita, lo que aumenta su temperatura de ablandamiento y permite aumentar la temperatura de tostación (alrededor de 1000 °C, al menos 100 °C mayor que en la presente solicitud), sin que el material se funda. Además, en D7 no se recircula la escoria. Considerando estas diferencias, así como la cantidad de etapas (12) y la especificidad de los parámetros del proceso (temperatura, tiempo, pH, densidad de campo magnético) de la presente solicitud no divulgados en D7, un técnico de nivel medio no podría anticipar en forma obvia el proceso de la presente solicitud a partir de D7. Por lo expuesto, se considera que la presente solicitud tiene nivel inventivo respecto del estado de la técnica (artículo 35 de la Ley 19.039).

ANÁLISIS DE APLICACIÓN INDUSTRIAL

La presente solicitud tiene aplicación en la industria minera, por lo que cumple con el requisito de aplicación industrial establecido en el artículo 36 de la ley 19.039.

---

16 PRONUNCIAMIENTO FINAL

Se recomienda la concesión de la solicitud

De acuerdo con los antecedentes que obran a la fecha en la solicitud Nº 201903246 y sin perjuicio de la resolución definitiva del Instituto Nacional de Propiedad Industrial, el perito que suscribe recomienda conceder el derecho solicitado toda vez que reúne los requisitos de patentabilidad señalados en el artículo 32 de la Ley 19.039 así como los demás requisitos establecidos en dicha Ley y su Reglamento.

FECHA EN QUE SE CONCLUYÓ EL INFORME: 27.10.2021

NÚMERO DE PÁGINAS DEL INFORME: 6

Edmundo Codina Nieto
Ingeniero Civil Químico
PERITO EXAMINADOR

Página 6

图 23.22 INAPI 作出的审查员报告示例（末页）

2019SD006732Z

INSTITUTO NACIONAL DE PROPIEDAD INDUSTRIAL – INAPI

	INFORME DE BÚSQUEDA SOBRE SOLICITUD DE PATENTE DE INVENCIÓN	SOLICITUD NÚMERO: 202001641

1 SOLICITANTE: UNIVERSIDAD DE TALCA	FECHA SOLICITUD: 17.06.2020
2 REPRESENTANTE DEL SOLICITANTE: JARRY IP SPA / JARRY IP	

3 CLASIFICACIÓN INTERNACIONAL DE PATENTES CIP

(2021.01) H 02M1/00, (2021.01) H 02M7/42, (2021.01) H 02M7/44, (2021.01) H 02M7/48, (2021.01) H 02M7/483

4 PRIORIDADES

5 BASES DE DATOS ELECTRÓNICAS CONSULTADAS DURANTE LA BÚSQUEDA

- BD CCD - http://ccd.fiveipoffices.org/CCD-2.0.4/
- BD ESPACENET - https://worldwide.espacenet.com
- BD OFICINA PI CHILE - http://www.inapi.cl
- BD USPTO - http://portal.uspto.gov/pair/PublicPair
- BD WIPO IPC - http://cip.oepm.es/ipcpub/#refresh=page
- BD WIPO PATENTSCOPE - https://patentscope.wipo.int/search/es/search.jsf
- Google Patents - https://patents.google.com/

6 RESULTADO DE BÚSQUEDA DEL ESTADO DE LA TÉCNICA

CAMPO DE LA BÚSQUEDA : H 02M

FECHA EN QUE SE CONCLUYÓ LA BÚSQUEDA : 12.09.2021

CAT.	CITA DEL DOCUMENTO	REIV. AFECTADAS
M	CL2019/050038 09.05.2019 ; WO2020223830 12.11.2020	-
A	D1 WO2018232403 (Slepchenkov) 20.12.2018	1-5
A	D2 US20140182572A1 (Tamai) 10.07.2014	1-5
A	D3 US2011115532A1 (Roesner et al.) 19.05.2011	1-5
A	D4 US2015003127A1 (Takizawa) 01.01.2015	1-5
A	D5 US2017163171A1 (Park) 06.06.2017	1-5
A C	D6 CN2768303Y (Zou) 29.03.2006	1-5
A C	D7 CN105450063A (Ma et al.) 30.03.2016	1-5

A	Estado de la técnica.	B	Divulgación no escrita.
C	Documento citado en la solicitud.	E	Interferencia con otra solicitud en trámite.
E	Documento con prioridad entre la fecha de presentación en chile y la prioridad invocada y publicado con fecha posterior.	M	Documento miembro de la misma familia de patentes.
O	Oposición.	P	Documento con prioridad anterior pero publicado con fecha posterior.
W	Ver otras observaciones.	X	Documento relevante por sí solo.

图 23.23　INAPI 作出的检索报告示例

3. 如何获取智利对应申请的最新可授权的权利要求副本?

如果智利对应申请已经授权公告，则可以在授权公告中获得已授权的权利要求。

如果智利对应申请尚未授权公告，则申请人可以根据相应的工作结果获取最新可授权的权利要求。例如，最新工作结果为审查员报告，且该审查员报告中有明确的可以授予专利权的结论，则该报告的审查基础所指明的权利要求即为最新可授权的权利要求。又如，如果最新工作结果为授权通知书，则该通知书附件中的权利要求即为最新可授权的权利要求。

4. 能否举例说明智利对应申请可授权权利要求副本的样式？

申请人在提交智利对应申请最新可授权权利要求副本时，可以自行提交任意形式的权利要求副本，并非必须提交官方副本。智利对应申请可授权权利要求副本的样式举例如图 23.24 所示。

REIVINDICACIONES

1. Un proceso para producir cobre metálico desde concentrados de cobre sin generación de residuos CARACTERIZADO porque comprende al menos las siguientes etapas:

   a. reacción de oxidación: el concentrado de cobre (1) seco o húmedo hasta 12% de humedad se alimenta a un reactor (3) de tostación de lecho fluidizado a 650 - 900ºC empleando aire (4) o aire enriquecido con oxígeno entre 21 a 100% en volumen de oxígeno y un exceso de oxígeno respecto del estequiométrico requerido entre 0,001 a 200%, y con un tiempo de reacción de 2 -12 h;

   b. limpieza y enfriado de los gases: los gases (6) generados en el reactor de tostación se enfrían a 400 - 450°C en una caldera (7) y se limpian en ciclones convencionales (9) y luego se enfrían a 300 – 320°C en una cámara evaporativa (10), donde los gases de salida (12) se terminan de limpiar en un precipitador electrostático (19), y donde el polvo del precipitador (8) se retorna al reactor (3) y los gases limpios (21) se lavan en un lavador de gases (22), y finalmente se envían a una planta de ácido para producir ácido sulfúrico;

   c. alimentación al reactor de reducción: la calcina oxidada descarga caliente (14) desde el reactor de tostación (3) y junto con los polvos (13) generados en la caldera (7) y en los ciclones (9), se juntan y alimentan al reactor de reducción (18), adicionando un agente de reducción (16) en cantidad igual o hasta 200% de exceso del estequiométrico, operando a 500 - 950ºC con un tiempo de reacción entre 2 a 6 h, empleando carbón, carbón coque o monóxido de carbono con un exceso entre 0,001 a 200% del estequiométrico requerido para las reacciones de reducción;

   d. limpieza de los gases: los gases (30) de salida del reactor de reducción (18) se limpian en uno o más ciclones convencionales (31);

图 23.24　智利对应申请可授权权利要求副本样例

注：权利要求的全部内容都需提交，这里限于篇幅，不再展示后续内容。

5. 如何获取智利对应申请工作结果中引用文献的信息？

智利对应申请工作结果中的引用文献分为专利文献和非专利文献。INAPI 在审查和检索中所引用的所有文献都会被记载在智利对应申请的审查员报告所附的检索报告中。申请人可以直接从该检索报告中获取其所有的引用文献信息，如图 23. 25 所示。

6 RESULTADO DE BÚSQUEDA DEL ESTADO DE LA TÉCNICA		
CAMPO DE LA BÚSQUEDA : H 02M		
FECHA EN QUE SE CONCLUYÓ LA BÚSQUEDA : 12.09.2021		
CAT.	CITA DEL DOCUMENTO	REIV. AFECTADAS
M	CL2019/050038 09.05.2019 ; WO2020223830 12.11.2020	-
A	D1 WO2018232403 (Slepchenkov) 20.12.2018	1-5
A	D2 US20140182572A1 (Tamai) 10.07.2014	1-5
A	D3 US2011115532A1 (Roesner et.al.) 19.05.2011	1-5
A	D4 US2015003127A1 (Takizawa) 01.01.2015	1-5
A	D5 US2017163171A1 (Park) 08.06.2017	1-5
A C	D6 CN2768303Y (Zou) 29.03.2006	1-5
A C	D7 CN105450063A (Ma et.al.) 30.03.2016	1-5

图 23. 25　INAPI 检索报告中的相关文件

6. 如何获知引用文献中的非专利文献构成智利对应申请的驳回理由？

申请人可以通过查询 INAPI 发出的各个阶段的审查工作结果，如各种检索报告、审查员报告，获知构成智利对应申请驳回理由的非专利文献信息。若 INAPI 的审查员报告中显示某非专利文献影响了对应申请的新颖性、创造性等，则该非专利文献构成驳回理由，申请人需要在提交 PPH 请求时一并提交该非专利文献。

五、信息填写和文件提交的注意事项

1. 在 PPH 请求表中填写中国本申请与智利对应申请的关联性关系时，有哪些注意事项？

（1）在 PPH 请求表中表述中国本申请与智利对应申请的关联

性关系时，必须写明中国本申请与智利对应申请之间的关联方式（如优先权、PCT 申请不同国家阶段等）。如果中国本申请与智利对应申请达成关联需要经过一个或多个其他相关申请，也需写明相关申请的申请号以及达成关联的具体方式。

例如：

1）中国本申请是中国申请 A 的分案申请，智利对应申请是智利申请 B 的分案申请，智利申请 B 要求了中国申请 A 的优先权。

2）中国本申请是中国申请 A 的分案申请，中国申请 A 是 PCT 申请 B 进入中国国家阶段的申请。智利对应申请、中国本申请与 PCT 申请 B 共同要求了智利申请 C 的优先权。

（2）涉及多个智利对应申请时，则需分条逐项写明中国本申请与每一个智利对应申请的关系。

2. 在 PPH 请求表中填写中国本申请与智利对应申请权利要求的对应性解释时，有哪些注意事项？

基于 INAPI 工作结果向 CNIPA 提交 PPH 请求的，权利要求的对应性解释上无特别的注意事项，参见本书第一章的相关内容即可。

3. 在 PPH 请求表中填写智利对应申请所有工作结果的名称时，有哪些注意事项？

（1）应当填写 INAPI 在所有审查阶段作出的全部工作结果，既包括实质审查阶段的所有通知书，也包括实质审查阶段以后的复审、无效、授权后更正等阶段的所有通知书。

（2）各工作结果的作出时间应当填写其通知书的发文日，在发文日无法确定的情况下允许申请人填写其通知书的起草日或完成日。如图 23.26 所示，所有通知书的发文日一般都在审查记录中可以找到，应准确填写。

（3）各工作结果的名称应当使用其正式的中文译名填写，不得以"通知书"或者"审查意见通知书"代替。在《中智流程》中

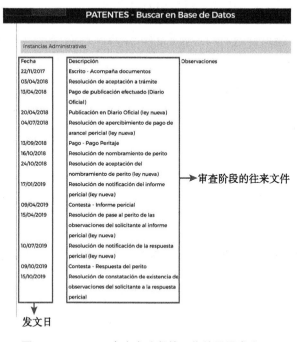

图 23.26　INAPI 在审查阶段的工作结果及发文日

例举了 INAPI 作出的工作结果部分的规范中文译名，如授权通知书、审查员报告等

（4）对于未在中智 PPH 试点项目相关协议中给出明确中文译名的工作结果，申请人可以按其通知书原文名称自行翻译后填写在 PPH 请求表中，并将其原文名称填写在翻译的中文名称后的括号内，以便审查核对。

（5）如果有多个智利对应申请，请分别对各个智利对应申请（即 OEE 申请）进行工作结果的查询并填写到 PPH 请求表中。

4. 在 PPH 请求表中填写智利对应申请所有工作结果引用文献的名称时，有哪些注意事项？

在填写智利对应申请所有工作结果引用文献的名称时，无特别注意事项，参见本书第一章的相关内容即可。

5. 在提交智利对应申请国内工作结果的副本及译文时，有哪些注意事项？

（1）所有的工作结果副本均需要被完整提交，包括其著录项目信息、格式页或附件也应当被提交。根据《中智流程》的规定，申请人应当完整提交所有工作结果副本，不存在可以省略提交的情形。

（2）由于智利对应申请所有国内工作结果的语言为西班牙语，申请人应当提交其国内工作结果副本译文，不存在可以省略提交的情形。

6. 在提交智利对应申请最新可授权权利要求副本时，有哪些注意事项？

申请人在提交智利对应申请最新可授权权利要求副本时，一是要注意可授权权利要求是否最新，例如在授权后的更正程序中对权利要求有修改的情况；二是要注意权利要求的内容是否完整，即使有一部分权利要求在 CNIPA 申请中没有被利用到，也需要一起完整提交。

智利对应申请可授权权利要求均不包含英文版本，因此申请人必须提交可授权权利要求副本译文。

对于中智 PPH 试点项目，对应申请可授权的权利要求副本及其译文不能省略提交。

7. 在提交智利对应申请国内工作结果中引用的非专利文献时，应注意什么？

当智利对应申请工作结果中的非专利文献涉及驳回理由时，申请人应当在提交 PPH 请求时将所有涉及驳回理由的非专利文献副本一并提交。而对于所有的专利文献和未构成驳回理由的非专利文献，申请人只需将其信息填写在 PPH 请求书 E 项第 2 栏中即可，不需要提交相应的文献副本。

　　申请人提交文献时应确保其提交的内容完整，提交的类型正确，即按照"对应申请审查意见引用文献副本"类型提交。

　　如果所需提交的非专利文献是由除中文或英文之外的语言撰写，申请人也只需提交非专利文献文本即可，不需要对其进行翻译。

　　如果智利对应申请存在两份或两份以上非专利文献副本，则应该作为一份"对应申请审查意见引用文献副本"提交。

第二十四章 基于捷克工业产权局工作结果向中国国家知识产权局提交常规 PPH 请求

一、概述

1. 基于 IPO – CZ 工作结果向 CNIPA 提交 PPH 请求的项目依据是什么?

中捷 PPH 试点于 2018 年 1 月 1 日启动。《在中捷专利审查高速路试点项目下向中国国家知识产权局提出 PPH 请求的流程》(以下简称"中捷流程")即为基于 IPO – CZ 工作结果向 CNIPA 提交 PPH 请求的项目依据。

2. 基于 IPO – CZ 工作结果向 CNIPA 提交 PPH 请求的种类分为哪些?

CNIPA 与 IPO – CZ 签署的为双边 PPH 试点项目。按照提出 PPH 请求所使用的对应申请审查机构的工作结果来划分,基于 IPO – CZ 工作结果向 CNIPA 提出 PPH 请求的种类仅包括基本型常规 PPH。

3. CNIPA 与 IPO – CZ 开展 PPH 试点项目的期限有多长?

中捷 PPH 项目试点自 2018 年 1 月 1 日启动,为期两年,其后于 2020 年 1 月 1 日、2023 年 1 月 1 日起分别延长三年,至 2026 年 12 月 31 日止。

今后,将视情况,根据局际间的共同决定作出是否继续延长试点项目及相应延长期限的决定。

4. 基于 IPO – CZ 工作结果向 CNIPA 提交 PPH 请求有无领域和数量限制?

《中捷流程》中提到:"两局在请求数量超出可管理的水平时,或出于其他任何原因,可终止本 PPH 试点。PPH 试点终止之前,将先行发布通知。"

5. 如何获得捷克对应申请的相关信息?

如图 24.1 所示,申请人可以通过登录 IPO – CZ 的官方网站(网址 www. upv. cz)了解捷克专利申请的常用信息,并可以根据需要切换为英文页面。

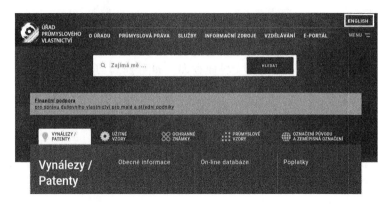

图 24.1　IPO – CZ 官网主页

为获得捷克对应申请的相关信息,点击页面中的"Patents and utility models",如图 24.2 所示。

图 24.2　IPO – CZ 官网英文版

进入数据库查询界面，如图 24.3 所示。

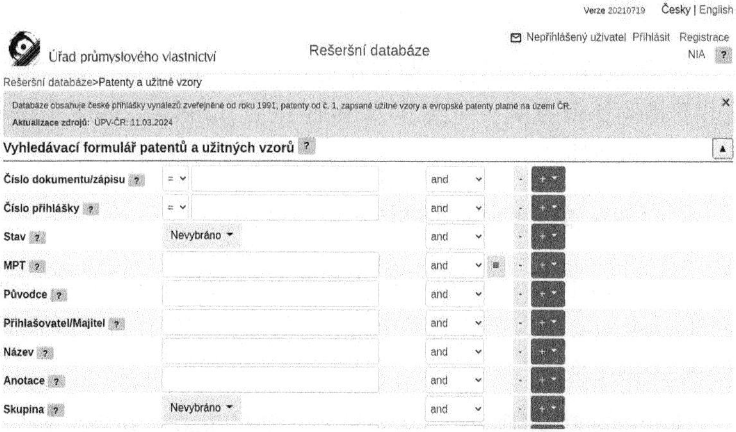

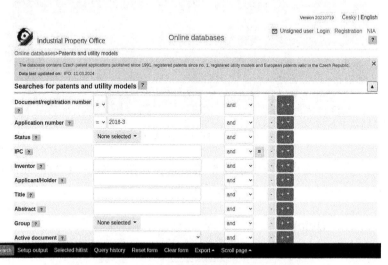

图 24.3　IPO – CZ 专利数据库查询界面（捷克语）

可根据需要切换为英文界面查询，如图 24.4 所示。

图 24.4　IPO – CZ 专利数据库查询界面（英语）

系统会展示申请号、档案号、状态等数据项，如图 24.5 所示。

Query criteria Application number='2018-3'

The database contains Czech patent applications published since 1991, registered patents since no. 1, registered utility models and European patent

Data last updated on: IPO : 11.03.2024

Data obtained on: 12.03.2024 02:56

	Group	Application number	Document number	Status	IPC	Title
☐ 🔍	P	2018-3	307870	Expired document	D01H4/36, D01H4/32	**EN:** Method and equipment for removing small particles of dirt from textile machines **CS:** Způsob a zařízení k odstraňování malých částic nečistot z textilních strojů

图 24.5　在 IPO – CZ 专利数据库中以申请号查询对应申请有关信息

点击搜索按钮，可查看著录项目信息、摘要、审查过程等信息，如图 24.6 所示。

🔷 Basic bibliography

(21) Application number	2018-3
(11) Document number	307870
(22) Filing date	04.01.2018
Priority	
(54) Title	**EN:** Method and equipment for removing small particles of dirt from textile machines **CS:** Způsob a zařízení k odstraňování malých částic nečistot z textilních strojů
(71/73) Applicant/Holder	Rieter CZ s.r.o., Moravská 519, 562 01 Ústí nad Orlicí, Czech Republic
(72/75) Inventor	Ing. Jiří Štorek, Ústí nad Orlicí, Czech Republic
	Martin Řehák, Choceň, Czech Republic
Representative	Ing. Dobroslav Musil, patentová kancelář, Ing. Dobroslav Musil, Zábrdovická 801/11,
(51) IPC	D01H4/36 *(2006.01)*, D01H4/32 *(2006.01)*
CPC	D01H4/36, D01H4/32
(40) Publication date	10.07.2019
(47) Date of grant the patent	29.05.2019
(24) Date of announcement of patent grant in IPO Bulletin	10.07.2019
Status	Expired document Download xml with status
	3th. - Maintenance fee payment
Type	National patent application

🔷 Time line

04.01.2018	04.01.2018	10.07.2019	04.01.2021
application filing	request for full examination	publication of application and granted patent	lapse

图 24.6　IPO – CZ 专利数据库中捷克对应申请相关信息的展示

将页面下拉，点击与 "Granted patent" 对应的 "Full document"，可查看并下载授权公告文本，如图 24.7 和图 24.8 所示。

🗋 Documents							
Published application		Full document					
Granted patent		Full document					
🗋 List of proceedings items							
Authorized person / Location: archiv / archiv							
Item number	Registration date	Date of dispatch	Item name	Date of attending the request	Effective date	Fee paid	Date of payment	Official Journal Number
	04.01.2021		ZÁNIK PATENTU § 22b z. 527/1990Sb. nezapl. ve lhůtě					2021/31 published: 04.08.2021
			3. rok - udržovací poplatek			Yes	09.12.2019	
14		08.07.2019	doručení patentové listiny					
			NABYTÍ P.M. - ROZHODNUTÍ O UDĚLENÍ PATENTU		02.07.2019			
	03.06.2019		doručenka					
13		29.05.2019	1 - 2.rok udržovací poplatek		02.07.2019	Yes	03.06.2019	
			UDĚLENÍ PATENTU					2019/28 published: 10.07.2019
			ZVEŘEJNĚNO					2019/28 published: 10.07.2019

图 24.7　IPO – CZ 专利数据库中捷克对应申请授权公告文本下载

PATENTOVÝ SPIS

(11) Číslo dokumentu:
307 870
(13) Druh dokumentu: **B6**
(51) Int. Cl.:

(19) ČESKÁ REPUBLIKA	(21) Číslo přihlášky:	2018-3
	(22) Přihlášeno:	04.01.2018
	(40) Zveřejněno:	10.07.2019
	(Věstník č. 28/2019)	
	(47) Uděleno:	29.05.2019
	(24) Oznámení o udělení ve věstníku:	10.07.2019
	(Věstník č. 28/2019)	

D01H 4/36 (2006.01)
D01H 4/32 (2006.01)

ÚŘAD PRŮMYSLOVÉHO VLASTNICTVÍ

(56) Relevantní dokumenty:

CS 262402; US 3892063 A; CZ 286088 B.

(73) Majitel patentu:
Rieter CZ s.r.o., Ústí nad Orlicí, CZ

(72) Původce:
Ing. Jiří Štorek, Ústí nad Orlicí, CZ
Martin Řehák, Choceň, CZ

(74) Zástupce:
Ing. Dobroslav Musil, patentová kancelář, Ing.
Dobroslav Musil, Zábrdovická 801/11, 615 00
Brno, Zábrdovice

图 24.8　捷克对应申请专利授权公告文本首页

二、中国本申请与捷克对应申请关联性的确定

1. 捷克对应申请号的格式是什么？如何确认捷克对应申请号？

对于 IPO – CZ 专利申请，申请号格式为"PV + 年份号 + 流水

号", 例如"PV2018 - 1"。

捷克对应申请号是指申请人在 PPH 请求中所要利用的 IPO - CZ 工作结果中记载的申请号。申请人可以通过 IPO - CZ 作出的工作结果, 例如授权决定通知书首页, 获取捷克对应申请号。

2. 捷克对应申请的著录项目信息如何核实?

与 PPH 流程规定的两申请关联性相关的对应申请的信息, 例如优先权信息、分案申请信息、PCT 申请进入国家阶段信息等, 通常会在对应申请的著录项目信息记载。申请人可以通过捷克专利数据库 (网址 www. isdv. upv. cz/webapp/! resdb. pta. frm) 查询捷克对应申请著录项目的详细信息, 如图 24.9 所示。

613

Online databases>Patents and utility models
Detail: PV 2018-3

Data obtained on: 12.03.2024 03:43.
Latest update: IPO 11.03.2024
WARNING: This printout has a merely information character and the details have been drawn from the Web. In case you think, that th the Industrial Property Office.

Basic bibliography

(21) Application number	2018-3
(11) Document number	307870
(22) Filing date	04.01.2018
Priority	
(54) Title	**EN:** Method and equipment for removing small particles of dirt from textile machines
	CS: Způsob a zařízení k odstraňování malých částic nečistot z textilních strojů
(71/73) Applicant/Holder	Rieter CZ s.r.o., Moravská 519, 562 01 Ústí nad Orlicí, Czech Republic
(72/75) Inventor	Ing. Jiří Štorek, Ústí nad Orlicí, Czech Republic
	Martin Řehák, Choceň, Czech Republic

图 24.9　IPO - CZ 专利数据库提供的著录项目信息

3. 中国本申请与捷克对应申请的关联性关系一般包括哪些情形?

以捷克申请作为对应申请向 CNIPA 提出的 PPH 请求的类型限于基本型常规 PPH 请求。申请人不能利用 OSF 先作出的工作结果要求 OFF 进行加快审查, 同时两申请间的关系仅限于中捷两局间,不能扩展为共同要求第三个国家或地区的优先权。

符合中国本申请与捷克对应申请关联性关系的具体情形如下。

（1）中国本申请要求了捷克申请的优先权

如图 24.10 所示，中国本申请和捷克对应申请均为普通国家申请，且中国本申请要求了捷克对应申请的优先权。

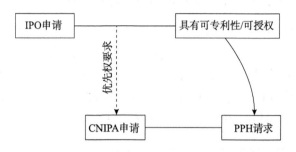

图 24.10　中国本申请和捷克对应申请均为普通国家申请

如图 24.11 所示，中国本申请是 PCT 申请进入中国国家阶段的申请，且要求了捷克对应申请的优先权。

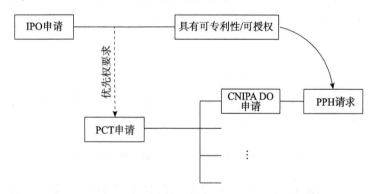

图 24.11　中国本申请为 PCT 申请进入中国国家阶段的申请

如图 24.12 所示，中国本申请要求了多项优先权，捷克对应申请为其中一项优先权。

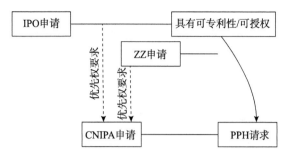

图 24.12 中国本申请要求包含捷克对应申请的多项优先权

如图 24.13 所示，中国本申请和捷克对应申请是同一 PCT 申请进入各自国家阶段的申请，该 PCT 申请要求了另一捷克申请的优先权

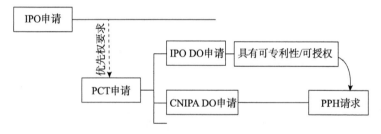

图 24.13 中国本申请和捷克对应申请是要求另一捷克申请优先权的 PCT 申请进入各自国家阶段的申请

(2) 中国本申请和捷克对应申请为未要求优先权的同一 PCT 申请进入各自国家阶段的申请

详情如图 24.14 所示。

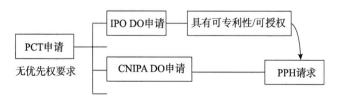

图 24.14 中国本申请和捷克对应申请是未要求优先权的同一 PCT 申请进入各自国家阶段的申请

（3）中国本申请要求了 PCT 申请的优先权，该 PCT 申请未要求优先权，捷克对应申请是该 PCT 申请的国家阶段申请

如图 24.15 所示，中国本申请是普通国家申请，要求了 PCT 申请的优先权，捷克对应申请是该 PCT 申请的国家阶段申请。

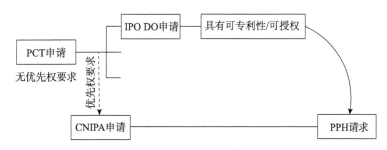

图 24.15　中国本申请要求 PCT 申请的优先权且捷克对应申请是该 PCT 申请的国家阶段申请

如图 24.16 所示，中国本申请是 PCT 申请进入国家阶段的申请，要求了另一 PCT 申请的优先权，捷克对应申请是作为优先权基础的 PCT 申请的国家阶段申请。

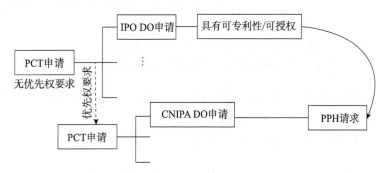

图 24.16　中国本申请是要求 PCT 申请优先权的另一 PCT 申请进入中国国家阶段的申请且捷克对应申请是作为优先权基础的 PCT 申请的国家阶段申请

如图 24.17 所示，中国本申请和捷克对应申请是同一 PCT 申请进入各自国家阶段的申请，该 PCT 申请要求了另一 PCT 申请的优先权。

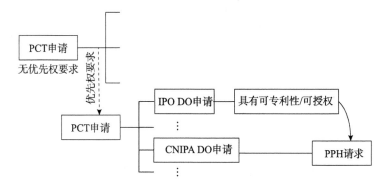

图 24.17　中国本申请和捷克对应申请是同一 PCT 申请进入各自国家阶段的申请且该 PCT 申请要求另一 PCT 申请的优先权

617

4. 中国本申请与捷克对应申请的派生申请是否满足要求?

如果中国申请与捷克申请符合 PPH 流程所规定的申请间关联性关系，则中国申请的派生申请作为中国本申请，或者捷克申请的派生申请作为对应申请，也符合申请间关联性关系。例如图 24.18 所示，某中国申请 A 有效要求了捷克对应申请的优先权，中国申请 B 是中国申请 A 的分案申请，则中国申请 B 与捷克对应申请的关系满足 PPH 的申请间关联性关系。

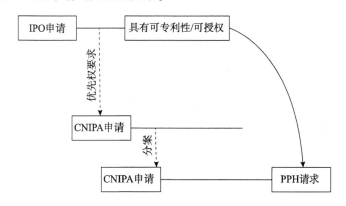

图 24.18　分案申请的情形

同理，如果中国本申请要求了捷克申请 A 的优先权，捷克对应申请 B 是捷克申请 A 的分案申请，则该中国本申请与捷克对应申请 B 的关系也满足 PPH 的申请间关联性要求。

三、捷克对应申请可授权性的判定

1. 判定捷克对应申请可授权性的最新工作结果一般包括哪些？

捷克对应申请的工作结果是指与捷克对应申请可授权性相关的所有捷克国内工作结果。

根据《中捷流程》的规定，权利要求"被认定为可授权/具有可专利性"是指在 IPC – CZ 的最新的审查意见通知书中，权利要求被明确指出"具有可专利性/可授权"，即使该申请尚未得到专利授权。所述审查意见通知书包括检索报告（Zpráva o Rešerši）、审查报告（Zpráva o Vysledku Úplného Průzkumu）、授权决定（Rozhodnutí O Udělení Patentu）等。

上述最新的审查意见通知书是以向 CNIPA 提交 PPH 请求之前或当日作为时间点来判断的，即以向 CNIPA 提交 PPH 请求之前或当日最新的工作结果中的意见作为认定捷克对应申请权利要求"可授权/具有可专利性"的标准。

2. IPO – CZ 一般如何明确指明最新可授权权利要求的范围？

在 IPO – CZ 针对对应申请作出的工作结果中，IPO – CZ 一般使用以下语段明确指明最新可授权权利要求范围。

（1）如图 24.19 所示，当最新工作结果为授权决定时，IPO – CZ 会在授权决定中明确指明授权文本的公开日期；可授权文本中包含有可授权的权利要求。

Značka spisu: **PV 2020-474**

Doručit:
PV 2020-474
PatentEnter s.r.o.
Koliště 1965/13a
60200 Brno
ID DS: 6xyb7ju

Datum přihlášení: 27.08.2020
Vaše zn.: P20043
Č.j.: PV 2020-474/D20082666/2020/ÚPV
Vyřizuje: Barbora Kronková
V korespondenci uveďte zn. spisu !

V Praze dne 8.2.2023

R O Z H O D N U T Í

Úřad průmyslového vlastnictví ve věci přihlášky vynálezu značky spisu PV 2020-474 o názvu „Naklápěcí prvek manipulačního stolku"

datum podání přihlášky: 27.08.2020,
přihlašovatel:　　**Tescan Brno, s.r.o., Libušina třída 816/1, 623 00 Brno, Kohoutovice**
zástupce:　　　　 PatentEnter s.r.o., Koliště 1965/13a, 602 00 Brno, Černá Pole,

rozhodl takto:

Podle ustanovení § 34 odst. 3 zákona č. 527/1990 Sb., o vynálezech a zlepšovacích návrzích, ve znění pozdějších předpisů, se na předmět přihlášky vynálezu

uděluje patent číslo 309523

Po nabytí právní moci tohoto rozhodnutí a publikaci udělení ve Věstníku Úřadu průmyslového vlastnictví bude vydána patentová listina. Připravované datum publikace udělení ve Věstníku je 22.03.2023. Patent platí 20 let od data podání přihlášky vynálezu (§ 21 zákona č. 527/1990 Sb., o vynálezech a zlepšovacích návrzích, ve znění pozdějších předpisů).

图 24.19　IPO – CZ 作出的授权决定中相关信息的展示

（2）如图 24.20 所示，当最新工作结果为审查报告时，IPO – CZ 通常只对哪些权利要求不符合授权条件予以指明，不会明确指明可授权的权利要求范围。

> 　　Kromě toho je dokument D1 v kombinaci s dokumentem D4 na závadu vynálezecké činnosti také pro nároky 1, 3, 7, 9-11, 13-19 předmětné přihlášky, jelikož peptidická složka alaptid a její vlastnosti při hojení ran jsou již z dokumentu D4 známy a dokument D1 popisuje gelové matrice s obsahem peptidické hojivé složky stimulující syntézu kolagenu a dalších aminokyselin.
> 　　Z dokumentu D5 je z nároků 1, 14, 19, 34 známa kompozice obsahující želatinovou a polysacharidovou matrici a dále peptid a aminokyseliny, konkrétněji dipeptid Ala-Gln a Arg a Cys, a je nárokována i topická aplikace (nárok 34) a uvádí se použití k hojení ran. Příklad 1, tabulka 1 uvádí kompozici s obsahem dipeptidu a dále Arg a Cys. Obsah kombinace dokumentů D1 a D5 je tak na závadu vynálezecké činnosti nároků 1-6, 8, 12-19 předmětné přihlášky vynálezu. Podobná směs jako v dokumentu D5 je známa i z dokumentu D6, viz nároky 35, 47 a 54; příklad 1, tabulka 1, a strana 17, ř. 15-23. Tedy i obsah kombinace dokumentů D1 a D6 je na závadu vynálezecké činnosti nároků 1-6, 8, 12-19 předmětné přihlášky vynálezu.

图 24.20　IPO – CZ 作出的审查报告中有关权利要求评述的展示

619

3. 如果捷克对应申请存在授权后进行修改的情况，此时 IPO – CZ 判定权利要求可授权的最新工作结果是什么？

按照 IPO – CZ 的审查程序，专利权人在授权后可以请求对授权文本进行更正。如果在提出 PPH 请求之前，专利权人已经向 IPO – CZ 提出更正请求，则捷克对应申请可授权的最新工作结果为更正程序中作出的最新工作结果。在更正程序中，专利权人如果针对已授权权利要求提出了更正请求并且为 IPO – CZ 所接受，则此时最新可授权权利要求就不再是授权文本中公布的权利要求，而应当为更正后的权利要求。

4. 能否举例说明捷克对应申请的最新工作结果中不属于"明确指出"的模糊性意思表示或者假设性意思表示？

例如，IPO – CZ 在捷克对应申请最新工作结果通知书正文部分虽然指明该对应申请的现有技术检索结果中不存在对"三性"造成影响的文献，但是在通知书关于其他缺陷的评述中指出：说明书未对权利要求中记载的发明进行清楚完整的说明以使得所属技术领域的技术人员能够得以实现。类似于这种情况，IPO – CZ 未检出可驳回的对比文献，并不等同于该捷克对应申请可授权——由于存在其他缺陷，实际上不能认为 IPO – CZ 给出任何权利要求可授权的意见。

四、相关文件的获取

1. 如何获取捷克对应申请的所有工作结果副本？

可以按如下步骤获取捷克对应申请的所有工作结果副本。

步骤 1（见图 24.21）：在 IPO – CZ 专利数据库查询列表中输入捷克对应申请的申请号。

步骤 2（见图 24.22）：回车即可找到捷克对应申请的相关信息。

步骤 3（见图 24.23）：点击左侧的放大镜（Detail）图标，即可进入捷克对应申请的详细信息页，在其中可以查到捷克对应申请在不同审查阶段的工作结果。

Verze 20210719 Česky | English

Úřad průmyslového vlastnictví　　Rešeršní databáze　　✉ Nepřihlášený uživatel Přihlásit Registrace NIA [?]

Rešeršní databáze>Patenty a užitné vzory

Databáze obsahuje české přihlášky vynálezů zveřejněné od roku 1991, patenty od č. 1, zapsané užitné vzory a evropské patenty platné na území ČR.　✕
Aktualizace zdrojů: ÚPV-ČR: 11.03.2024

Vyhledávací formulář patentů a užitných vzorů [?]　　▲

Číslo dokumentu/zápisu [?]	= ∨	and ∨	- [+▼]
Číslo přihlášky [?]	= ∨	and ∨	- [+▼]
Stav [?]	Nevybráno ▼	and ∨	[+▼]
MPT [?]		and ∨ ☰	[+▼]
Původce [?]		and ∨	[+▼]
Přihlašovatel/Majitel [?]		and ∨	[+▼]
Název [?]		and ∨	[+▼]
Anotace [?]		and ∨	[+▼]
Skupina [?]	Nevybráno ▼	and ∨	[+▼]

图 24.21　步骤 1：在 IPO – CZ 专利数据库查询列表中输入捷克对应申请的申请号

Query criteria Application number='2018-3'

The database contains Czech patent applications published since 1991, registered patents since no. 1, registered utility models and European patent
Data last updated on: IPO : 11.03.2024
Data obtained on: 12.03.2024 02:56

	Group	Application number	Document number	Status	IPC	Title
☐ 🔍	P	2018-3	307870	Expired document	D01H4/36, D01H4/32	**EN:** Method and equipment for removing small particles of dirt from textile machines **CS:** Způsob a zařízení k odstraňování malých částic nečistot z textilních strojů

图 24.22　步骤 2：找到捷克对应申请号的申请信息

Item number	Registration date	Date of dispatch	Item name	Date of attending the request	Effective date	Fee paid	Date of payment	Official Journal Number
	04.01.2021		ZÁNIK PATENTU § 22b č. 527/1990Sb. nezapl. ve lhůtě					2021/31 published: 04.08.2021
			3. rok - udržovací poplatek			Yes	09.12.2019	
14		08.07.2019	doručení patentové listiny					
			NABYTÍ P.M. - ROZHODNUTÍ O UDĚLENÍ PATENTU		02.07.2019			
	03.06.2019		doručenka					
13		29.06.2019	1.- 2.rok-udržovací poplatek		02.07.2019	Yes	03.06.2019	
			UDĚLENÍ PATENTU					2019/28 published: 10.07.2019
			ZVEŘEJNĚNO					2019/28 published: 10.07.2019
	09.05.2019		doručenka					
12		30.04.2019	vyžádání poplatku za patentovou listinu			Yes	13.05.2019	
10	08.04.2019		přepracované/doplněné podlohy					
9		18.12.2018	odeslání prioritního dokladu					
8	17.12.2018		přepracované/doplněné podlohy					
7	17.12.2018		vyjádření ke zprávě Úřadu					
6	14.12.2018		žádost o prioritní doklad	18.12.2018		Yes	14.12.2018	
5		11.10.2018	zpráva o výsledku úplného průzkumu					
			změna zodpovědného referenta					
2	04.01.2018		žádost o úplný průzkum			Yes	08.01.2018	
1	04.01.2018		PV - podání přihlašovatelem			Yes	08.01.2018	

图 24.23　步骤 3：找到捷克对应申请在不同审查阶段的工作结果

621

2. 能否举例说明捷克对应申请工作结果副本的样式？

（1）授权决定

IPO – CZ 作出的授权决定包括法律规定、授权公告信息、授权后年费缴纳的提示信息等，具体如图 24.24 所示。

ÚŘAD PRŮMYSLOVÉHO VLASTNICTVÍ
Antonína Čermáka 2a, 160 68 Praha 6 - Bubeneč

Značka spisu: **PV 2020-474**

Doručit:
PV 2020-474
PatentEnter s.r.o.
Koliště 1965/13a
60200 Brno
ID DS: 6xyb7ju

Datum přihlášení: 27.08.2020
Vaše zn.: P20043
Č.j.: PV 2020-474/D20082666/2020/ÚPV
Vyřizuje: Barbora Kronková
V korespondenci uveďte zn. spisu !

V Praze dne 8.2.2023

R O Z H O D N U T Í

Úřad průmyslového vlastnictví ve věci přihlášky vynálezu značky spisu PV 2020-474 o názvu „Naklápěcí prvek manipulačního stolku"

datum podání přihlášky: 27.08.2020,
přihlašovatel: **Tescan Brno, s.r.o., Libušina třída 816/1, 623 00 Brno, Kohoutovice**
zástupce: PatentEnter s.r.o., Koliště 1965/13a, 602 00 Brno, Černá Pole,

图 24.24　IPO – CZ 作出的授权决定示例（首页）

（2）检索报告

IPO – CZ 作出的检索报告包括分类号、检索库、相关文献及类别等信息，其样式如图 24.25 所示。

（3）审查报告

IPO – CZ 作出的审查报告属于审查阶段的工作结果，其一般包括审查基础、审查员利用相关对比文件对权利要求新颖性和创造性的评述、答复期限及耽误期限的罚则、救济等，其样式如图 24.26 和图 24.27 所示。

ÚŘAD PRŮMYSLOVÉHO VLASTNICTVÍ　　　　　　　Kód: 1184
Antonína Čermáka 2a, 160 68 Praha 6 - Bubeneč

ZPRÁVA O REŠERŠI

Číslo přihlášky:
PV 2020-474

I. Zatřídění přihlášky vynálezu podle MPT
H 01 J 37/28, H 01 J 37/20
CPC H01J 37/28, H01J 37/20, H01J 2237/20207, H01J 2237/20278

II. Oblast provedené rešerše
- podle zatřídění do MPT:
H01J 37/++
- podle zatřídění do CPC:
H01J 37/++
Rešeršní databáze (název databáze, případně klíčová slova, rešeršní dotaz apod.)

EPODOC, CZ DB patentů a užitných vzorů, esp@cenet

Jazyk (jazyky), ve kterém (kterých) byla rešerše provedena:
EN, DE, CZ

III. Relevantní dokumenty

Kategorie	Identifikace dokumentu	Patentový nárok
A	**EP 2573795 B1** (HITACHI HIGH-TECHNOLOGIES CORP [JP]), 27.03.2013	1 - 11
A	**JP H11213932 A** (JEOL LTD), 06.08.199	1 - 11
Datum skutečného dokončení rešerše: 16.02.2021	Rešerši provedl (datum vyplnění formuláře, jméno, podpis): **16.2.2021**　Ing. Dan Jelínek	

图 24. 25　IPO – CZ 作出的检索报告示例

ZPRÁVA O REŠERŠI
Doplňková část

Číslo přihlášky:
PV 2020-474

Datum podání: 27.08.2020	Právo přednosti:	Přihlašovatel: Tescan Brno, s.r.o., Brno, Kohoutovice

I. Podklady pro rešerši
Rešerše byla provedena na základě dále uvedených podkladů:

1. ☒ popis str. 1 – 11 ze dne podání 27.08.2020
str. ze dne
str. ze dne

2. ☒ nároky str. 12, 13 ze dne podání 27.08.2020
str. ze dne
str. ze dne

3. ☒ výkresy str. 1 – 6 ze dne podání 27.08.2020
str. ze dne
str. ze dne

4. ☐ seznam sekvencí nukleotidů ☐ v papírovém formátu
a/nebo aminokyselin ☐ v elektronickém formátu

图 24. 26　IPO – CZ 作出的审查报告示例（首页）

V korespondenci uveďte značku spisu !

V Praze dne 17.2.2021

V průběhu úplného průzkumu přihlášky vynálezu shora uvedené značky spisu ze dne 27.08.2020 o názvu:

Naklápěcí prvek manipulačního stolku

byly zjištěny dále uvedené skutečnosti, které brání udělení patentu.

Žádáme Vás proto, abyste se ve lhůtě do **22.04.2021** k výsledku úplného průzkumu vyjádřil/i/.

Současně s vyjádřením odstraňte vytčené vady a předložte vyhotovení přepracovaného popisu, patentových nároků a anotace. Nahradit je třeba vždy celé strany textu.

Úpravy a změny v přihlášce provedené nesmějí jít nad rámec jejího původního podání (§ 14 vyhl. č. 550/1990 Sb., ve znění vyhl. č. 21/2002 Sb.).

V odůvodněném případě může být na žádost lhůta k vyjádření prodloužena. Podle pol. 127 sazebníku správních poplatků (zákon č. 634/2004 Sb.) je přijetí žádosti o prodloužení lhůty zpoplatněno. Výše poplatku a způsob placení viz níže.

Považujete-li za účelné osobně projednat stanovisko k obsahu zprávy, dohodněte si, prosím, toto jednání předem s pracovníkem, který přihlášku vyřizuje.

Výsledek průzkumu:

Podlohy přihlášky vynálezu výše uvedené zn. spisu nevyhovují ustanovením §§ 6 a 8 vyhl. č. 550/1990 Sb., ve znění vyhl. č. 21/2002 Sb., neboť podlohy nebyly vymezené vůči dosavadnímu stavu techniky.

Při rešerši byly zjištěny relevantní dokumenty, označené jako:

D1 EP 2573795 B1 (HITACHI HIGH-TECHNOLOGIES CORP [JP]), 27.03.2013
D2 JPH11213932 A (JEOL LTD), 06.08.199

图 24.27   IPO – CZ 作出的审查报告示例（正文）

3. 如何获取捷克对应申请的最新可授权的权利要求副本？

如果捷克对应申请已经授权，则可以在捷克专利数据库中获取授权公告文本，得到已授权的权利要求。

如果捷克对应申请尚未授权公告，则可以通过查询审查记录获取到最新可授权的权利要求。

4. 能否举例说明捷克对应申请可授权权利要求副本的样式？

申请人在提交捷克对应申请最新可授权权利要求副本时，可以自行提交任意形式的权利要求副本，并非必须提交官方副本。捷克对应申请可授权权利要求副本的样式举例如图 24.28 所示。

5

PATENTOVÉ NÁROKY

10   1. Způsob vylučování nečistot, zvláště prachu a/nebo velmi malých částí vláken obsažených
v pramenu vláken během ojednocování vláken z pramene vláken v ojednocovacím ústrojí (2)
rotorového dopřádacího stroje, při kterém se podávacím ústrojím přivádí pramen vláken k
ozubenému potahu (23) vyčesávacího válečku (22), jímž se jednotlivá vlákna pramene vláken v
rozčesávací zóně (26) vytahují ze sevření podávacím ústrojím pramene do rozčesávací zóny a
vedou se v ojednocovacím ústrojí podél primární vylučovací oblasti (3) pro vyloučení malých a
15   velmi malých nečistot a následně jsou vedena podél sekundární vylučovací oblasti (5) pro
vyloučení ostatních nečistot, **vyznačující se tím**, že v primární vylučovací oblasti (3) se
podtlakovým vzduchem z centrálního kanálu (6) na vlákna a nečistoty působí až za rozčesávací
zónou (26), načež se na vlákna a nečistoty v sekundární vylučovací oblasti (5) působí odstředivou
silou a podtlakovým vzduchem z centrálního kanálu (6).

20
2. Způsob vylučování nečistot podle nároku 1, **vyznačující se tím**, že částice vyloučené
v primární vylučovací oblasti (3) a částice vyloučené v sekundární vylučovací oblasti (5) se
odvádějí odděleně do společného sběrného kanálu (4) a jím společně do centrálního kanálu (6)
odvádění nečistot.

25
3. Způsob vylučování nečistot podle nároku 1 nebo 2, **vyznačující se tím**, že na vylučované
částice se působí podtlakem v rozmezí 100 až 1000 Pa.

625

图 24. 28   IPO – CZ 授权公告文本中记载的权利要求样例
注：权利要求的全部内容都需提交，这里限于篇幅，不再展示后续内容。

5. 如何获取捷克对应申请的工作结果中的引用文献信息？

捷克对应申请的工作结果中的引用文献分为专利文献和非专利文献。IPO – CZ 通常会在授权公告文本的扉页记载捷克对应申请的审查过程中所引用的专利文献或非专利文献。申请人可以通过查询捷克对应申请授权公告文本扉页的内容获取其信息，如图 24. 29 所示。

6. 如何获知引用文献中的非专利文献构成对应申请的驳回理由？

申请人可以在 IPO – CZ 发出的各个阶段的审查工作结果如检索报告和各次审查报告中，获取捷克对应申请中构成驳回理由的非专利文献信息。若 IPO – CZ 发出的通知书内容中显示某非专利文献影响了对应申请的新颖性、创造性，则该非专利文献构成驳回理由，申请人需要在提交 PPH 请求时一并提交该非专利文献。

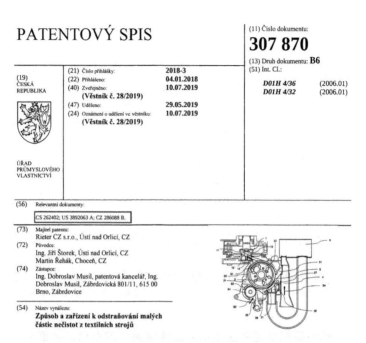

PATENTOVÝ SPIS

(11) Číslo dokumentu:

307 870

(13) Druh dokumentu: **B6**

(51) Int. Cl.:

D01H 4/36 (2006.01)
D01H 4/32 (2006.01)

(19)
ČESKÁ
REPUBLIKA

(21) Číslo přihlášky: **2018-3**
(22) Přihlášeno: **04.01.2018**
(40) Zveřejněno: **10.07.2019**
(Věstník č. 28/2019)
(47) Uděleno: **29.05.2019**
(24) Oznámení o udělení ve věstníku: **10.07.2019**
(Věstník č. 28/2019)

ÚŘAD
PRŮMYSLOVÉHO
VLASTNICTVÍ

(56) Relevantní dokumenty:
CS 262402; US 3892063 A; CZ 286088 B.

(73) Majitel patentu:
Rieter CZ s.r.o., Ústí nad Orlicí, CZ
(72) Původce:
Ing. Jiří Štorek, Ústí nad Orlicí, CZ
Martin Řehák, Choceň, CZ
(74) Zástupce:
Ing. Dobroslav Musil, patentová kancelář, Ing.
Dobroslav Musil, Zábrdovická 801/11, 615 00
Brno, Zábrdovice

(54) Název vynálezu:
**Způsob a zařízení k odstraňování malých
částic nečistot z textilních strojů**

图 24. 29　IPO – CZ 授权公告文本扉页中的引用文献信息

五、信息填写和文件提交的注意事项

基于 IPO – CZ 工作结果向 CNIPA 提交 PPH 请求的，在相关信息的填写和文件的提交方面，均应参见本书第一章的相关内容，无特殊要求。

捷克对应申请的所有工作结果副本及译文、最新可授权权利要求副本及译文均需申请人自行提交，不能省略提交。

其他情况下的事项如下。

1. 在 PPH 请求表中填写中国本申请与捷克对应申请权利要求的对应性解释时，有哪些注意事项？

基于 IPO – CZ 工作结果向 CNIPA 提交 PPH 请求的，权利要求的对应性解释上无特别的注意事项，参见本书第一章的相关内容即可。

2. 在 PPH 请求表中填写捷克对应申请所有工作结果的名称时，有哪些注意事项？

（1）应当填写 IPO‑CZ 在所有审查阶段作出的全部工作结果，包括检索报告、第一次实质审查报告、第二次实质审查报告、部分驳回专利权的决定、授权决定、上诉决定等。

（2）对各通知书的作出时间应当填写其通知书的发文日，在发文日无法确定的情况下允许申请人填写其通知书的起草日或完成日。所有通知书的发文日一般都在通知书首页可以找到，应准确填写。

（3）对各通知书的名称，申请人可以按其通知书原文名称自行翻译后填写在 PPH 请求表中并将其原文名称填写在翻译的中文名称后的括号内，以便审查核对。各通知书的名称应当使用其正式的中文译名填写，不得均以"通知书"或者"审查意见通知书"代替。

（4）如果有多个捷克对应申请，应当分别对各个捷克对应申请进行工作结果的查询并填写到 PPH 请求表中。

3. 在 PPH 请求表中填写捷克对应申请所有工作结果引用文献的名称时，有哪些注意事项？

在填写捷克对应申请所有工作结果引用文献的名称时，无特别注意事项，参见本书第一章的相关内容即可。

4. 在提交捷克对应申请的工作结果副本及译文时，有哪些注意事项？

在提交捷克对应申请的工作结果副本及译文时，申请人应当注意如下事项。

（1）所有的审查意见通知书副本均需要被完整提交，包括其著录项目信息、格式页或附件也应当被提交。

（2）根据《中捷流程》的规定，当捷克工作结果所使用的语言不是中文或英文时，申请人应当提交其中文或英文译文。申请人提交时应当注意：所有工作结果副本的译文均需要被完整提交，包括其著录项目信息、格式页或附件也应当被翻译。

同一份文件需要使用单一语言提交完整的翻译，例如不接受一份审查意见通知书副本部分译成中文，部分译成英文的文件——这种译文翻译不完整的情形将会导致 PPH 请求不合格。

（3）根据《中捷流程》的规定，捷克对应申请的所有工作结果副本及译文不能省略提交。

5. 在提交捷克对应申请的最新可授权权利要求副本及译文时，有哪些注意事项？

申请人在提交捷克对应申请最新可授权权利要求副本时，一是要注意可授权权利要求是否最新，例如在授权后的更正程序中对权利要求有修改的情况；二是要注意权利要求的内容是否完整，即使有一部分权利要求在 CNIPA 申请中没有被利用到，也需要一起完整提交。

捷克授权公告文件中一般会使用捷克语对授权的专利申请文件进行公告。申请人需要提交捷克对应申请可授权权利要求副本的中文或英文译文。捷克对应申请可授权权利要求副本译文应当是对捷克对应申请中最新被认为可授权的所有权利要求内容进行的完整且一致的翻译，仅翻译部分内容的译文不合格。

根据《中捷流程》的规定，捷克对应申请可授权的权利要求副本及其译文不能省略提交。

6. 在提交捷克对应申请的工作结果中引用的非专利文献副本时，有哪些注意事项？

当捷克对应申请工作结果中的非专利文献涉及驳回理由时，申请人应当在提交 PPH 请求时将所有涉及驳回理由的非专利文献副本一并提交。而对于所有的专利文献和未构成驳回理由的非专利文献，申请人只需将其信息填写在 PPH 请求书 E 项第 2 栏中即可，不需要提交相应的文献副本。

申请人提交文献时应确保其提交的内容完整，提交的类型正确，即按照"对应申请审查意见引用文献副本"类型提交。

如果所需提交的非专利文献是由除中文或英文之外的语言撰写，申请人也只需提交非专利文献文本即可，不需要对其进行翻译。

如果捷克对应申请存在两份或两份以上非专利文献副本，则应该作为一份"对应申请审查意见引用文献副本"提交。

第二十五章　基于巴西工业产权局[*]工作结果向中国国家知识产权局提交常规 PPH 请求

一、概述

1. 基于 INPI 工作结果向 CNIPA 提交 PPH 请求的项目依据是什么？

中巴 PPH 试点于 2018 年 2 月 1 日启动。《在中巴专利审查高速路试点项目下向中国国家知识产权局提出 PPH 请求的流程》（以下简称"中巴流程"）和《SIPO – INPI PPH 试点项目技术指南》即为基于 INPI 工作结果向 CNIPA 提交 PPH 请求的项目依据。

2. 基于 INPI 工作结果向 CNIPA 提交 PPH 请求的种类分为哪些？

CNIPA 与 INPI 签署的为双边 PPH 试点项目。按照提出 PPH 请求所使用的对应申请审查机构的工作结果来划分，基于 INPI 工作结果向 CNIPA 提交的 PPH 请求仅包括参与有限项目模式的常规 PPH。

3. CNIPA 与 INPI 开展 PPH 试点项目的期限有多长？

中巴 PPH 试点于 2018 年 2 月 1 日启动时，两局共同决定：试点项目或为期 2 年至 2020 年 1 月 31 日止，或止于两局在中巴 PPH 试点项目下各自接收 200 件申请，以先出现者为准。

---

* 以下简称"INPI"。

其后，由于 INPI 改用新的 PPH 合作模式，根据 CNIPA 和 INPI 的共同决定，中巴 PPH 原试点于 2019 年 11 月 30 日终止。2019 年 12 月 1 日至 2019 年 12 月 31 日，两局暂停接收 PPH 请求；2020 年 1 月 1 日按照新的 PPH 合作模式，两局启动新试点，为期 5 年，至 2024 年 12 月 31 日止。

基于 INPI 工作结果向 CNIPA 提交 PPH 请求的有关流程按照现行《中巴流程》执行。

4. 基于 INPI 工作结果向 CNIPA 提交 PPH 请求有无领域和数量限制？

中巴 PPH 试点为有限型试点，仅针对有限项目模式、有限技术领域和有限申请数量开展。CNIPA 在中巴 PPH 新试点项目下接收 PPH 请求的上限为 5 年共 500 件，无论提交 PPH 请求的申请后续是否被接受为 PPH 申请。

同时，《中巴流程》中提到："两局在请求数量超出可管理的水平时，或出于其他任何原因，可终止本 PPH 试点。PPH 试点终止之前，将先行发布通知。"

5. 如何获得巴西对应申请的相关信息？

巴西专利申请的基本信息（提交请求、公开文件等情况）可以通过 INPI 的专利检索系统来查询，其数据库仅支持葡萄牙语展示，具体网址为 http：//gru. inpi. gov. br/pePI/jsp/patentes/PatenteSearch-Basico. jsp。

打开该链接，申请人可以进行匿名查询，即如图 25.1 所示，点击"Continuar"。

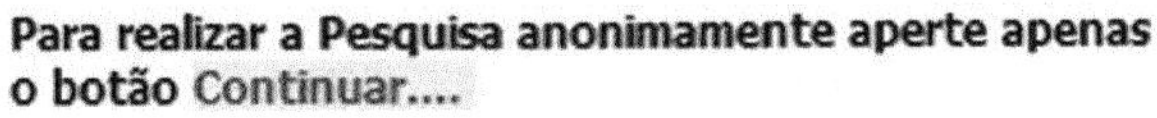

Para realizar a Pesquisa anonimamente aperte apenas o botão Continuar....

图 25.1　INPI 数据库匿名查询的选项

　　进入如图 25.2 所示的查询界面，选择"Patente"，可进入专利检索界面，该界面第一个对话框为申请号查询（见图 25.3），可检索到相关申请（见图 25.4）。

图 25.2　INPI 数据库查询界面

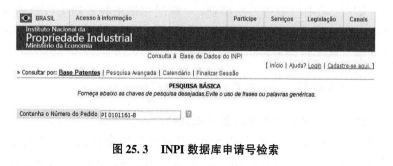

图 25.3　INPI 数据库申请号检索

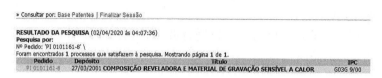

图 25.4　专利申请展示界面

　　点击申请号，进入专利申请信息页面（见图 25.5），可查看该申请的各项信息，如著录项目、优先权、公布公开信息、审查历史、年金等。

Depósito de pedido nacional de Patente

(21) Nº do Pedido: PI 0101161-8 A2
(22) Data do Depósito: 27/03/2001
(43) Data da Publicação: 22/01/2002
(47) Data da Concessão: -

(30) Prioridade Unionista:	(33) País:	(31) Número:	(32) Data:
	JAPÃO	2000-085665	27/03/2000

(51) Classificação IPC: G03G 9/00 ; B41M 5/155 ; B41M 5/30 ; C07C 311/08

(54) Título: COMPOSIÇÃO REVELADORA E MATERIAL DE GRAVAÇÃO SENSÍVEL A CALOR

(57) Resumo: "COMPOSIÇÃO REVELADORA E MATERIAL DE GRAVAÇÃO SENSÍVEL A CALOR". A invenção é uma composição reveladora nova que compreende um ou mais derivado de fenol de estrutura de sulfonamida representada pela fórmula (1) e um ou mais constituintes selecionados de um composto de metal polivalente, antioxidante e agente redutor e provê dispersão tendo excelente estabilidade de preservação em atomização em água. O material de gravação sensível a calor compreendendo a composição reveladora tem elevada densidade de cor em imagem revelada e também é excelente em grau de brancura antes da gravação. em que X~ 1~ é um átomo de halogênio ou hidrogênio, um grupo de alquila, alcoxi ou hidroxila, Z~ 1~ é um átomo de hidrogênio ou grupo de alquila, e R~ 1~ é um grupo de alquila ou arila não substituído ou substituído.

(71) Nome do Depositante: Mitsui Chemicals, Inc. (JP)
(72) Nome do Inventor: Takeshi Nishimura / Masaru Wada / Masayuki Furuya / Junya Tanaka
(74) Nome do Procurador: Clarke Modet do Brasil LTDA

图 25.5　专利申请的具体信息页面

申请人也可以通过 e – Patentes 系统（网址 http：//epatentes. inpi. gov. br/）查询巴西专利申请文件；该系统有英文文本。该系统支持查询授权专利文件的网址为 http：//ecarta. inpi. gov. br/ecarta. php?lang = en；同时也支持查询申请审查历史（例如报告、审查意见等），网址为 http：//eparecer. inpi. gov. br/?lang = en。申请人可以在屏幕下方勾选"同意使用条款"，如图 25.6 所示。

☑ **I agree with the terms of use.**

图 25.6　同意使用条款

填写公报号或申请号即可查询案件相关信息和审查历史，如图 25.7 所示。

Fill out the number of the journal　　Journal nº　Search Journal ❓

Fill out the application number　　Application nº　Search Application ❓

图 25.7　专利申请查询界面

另外，申请人也可以通过 EPO 的 Espacenet 网站查找巴西对应申请的相关数据信息，如图 25.8 和图 25.9 所示。

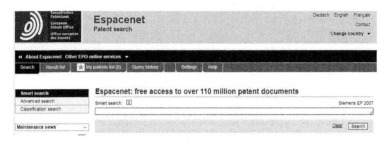

图 25.8　Espacenet 的检索页面

图 25.9　巴西对应申请数据展示页面

二、中国本申请与巴西对应申请关联性的确定

1. 巴西对应申请号的格式是什么？如何确认巴西对应申请号？

对于 INPI 专利申请，申请号以申请类型、一个包含申请年份的七位年度序列号和验证数字组成。发明专利申请号的格式一般为 "PI ××××××× － ×"，例如 "PI 8300014 –3"。实用新型专利申请号的格式一般为 "MU ××××××× － ×"，例如 "MU 6100132 –2"。巴西实用新型专利审查制度是进行实质审查的，因此申请人也可以依据巴西实用新型专利申请作为对应申请向 CNIPA 提出 PPH 加快审查请求。

从 2012 年 1 月起，巴西申请号格式修改为符合 OMP 标准的 St 13.65292 格式，申请号形式修改为例如 BR 112012012852 - 3。

巴西对应申请号是指申请人在此次 PPH 请求中所要利用的 IN-PI 工作结果中记载的申请号。申请人可以通过 INPI 作出的工作结果，例如授权决定通知书首页（见图 25.10），获取巴西对应申请号，也可以通过 INPI 的授权公告页面获取巴西对应申请号。

REPÚBLICA FEDERATIVA DO BRASIL
MINISTÉRIO DA ECONOMIA
INSTITUTO NACIONAL DA PROPRIEDADE INDUSTRIAL

CARTA PATENTE Nº BR 102018067630-0

O INSTITUTO NACIONAL DA PROPRIEDADE INDUSTRIAL concede a presente PATENTE DE INVENÇÃO, que outorga ao seu titular a propriedade da invenção caracterizada neste título, em todo o território nacional, garantindo os direitos dela decorrentes, previstos na legislação em vigor.

(21) Número do Depósito: BR 102018067630-0

(22) Data do Depósito: 03/09/2018

(43) Data da Publicação Nacional: 17/03/2020

(51) Classificação Internacional: F01L 1/00.

(54) Título: VÁLVULA TERMODINÂMICA RETENTORA DE VAPORES E GASES E DE ALÍVIO DE PRESSÃO E VÁCUO

(73) Titular: MIGUEL GREYDE AVILA DIAS, Outras ocupações não especificadas anteriormente. CGC/CPF: 15139476053. Endereço: RUA GENERAL CALDWELL 953, Porto Alegre, RS, BRASIL(BR), 90130-051, Brasileira

(72) Inventor: MIGUEL GREYDE AVILA DIAS.

Prazo de Validade: 20 (vinte) anos contados a partir de 03/09/2018, observadas as condições legais

图 25.10　INPI 授权决定通知书中巴西对应申请的申请号样式

2. 巴西对应申请的著录项目信息如何核实？

与 PPH 流程规定的两申请关联性相关的对应申请的信息，例如优先权信息、分案申请信息、PCT 申请进入国家阶段的信息等，通常会在对应申请的著录项目信息记载。申请人一般可以通过以下几种方式获取巴西对应申请的著录项目信息。

一是在巴西对应申请的查询界面（见图 25.11）查找相关著录项目信息，包括优先权（如果有）、申请人等信息。

图 25.11　巴西对应申请的查询界面首页

二是通过巴西对应申请的授权公告本文核实。INPI 认证的相关著录项目信息会在授权公告文本扉页显示，包括申请号、国际申请号（如果有）、优先权号（如果有）、申请人等。

3. 中国本申请与巴西对应申请的关联性关系一般包括哪些情形？

以巴西申请为对应申请向的 CNIPA 提出的 PPH 请求限于有限项目模式的常规 PPH 请求。根据《中巴流程》要求，中国本申请和巴西对应申请应当具有相同的最早日（该最早日可以为优先权日或申请日）。同时，同族的最早申请应向 CNIPA 或 INPI 提交；如果涉及 PCT 申请，受理机构必须为 CNIPA 或 INPI。

具体情形如下。

（1）中国本申请要求了巴西申请的优先权

如图 25.12 所示，中国本申请和巴西对应申请均为普通国家申请，且中国本申请要求了巴西对应申请的优先权。

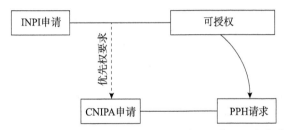

图 25.12 中国本申请和巴西对应申请均为普通国家申请

如图 25.13 所示，中国本申请是受理机构为 CNIPA（RO/CN）或 INPI（RO/BR）的 PCT 申请进入中国国家阶段的申请，要求了巴西对应申请的优先权。

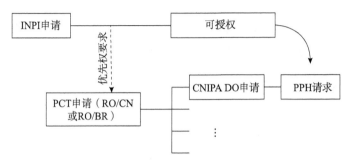

**图 25.13 中国本申请是受理局为 CNIPA 或 INPI 的
PCT 申请进入中国国家阶段的申请**

如图 25.14 所示，中国本申请要求包含巴西对应申请的多项巴西申请的优先权。

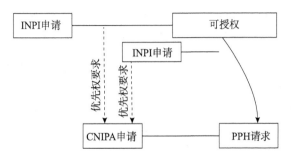

图 25.14 中国本申请要求包含巴西对应申请的多项巴西申请的优先权

（2）巴西对应申请要求了中国本申请的优先权

如图 25.15 所示，中国本申请和巴西对应申请均为普通国家申请，且巴西对应申请要求了中国本申请的优先权。

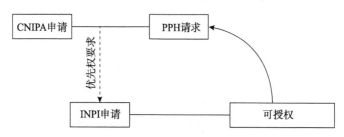

图 25.15　中国本申请和巴西对应申请均为普通国家申请

如图 25.16 所示，巴西对应申请是受理机构为 CNIPA 或 INPI 的 PCT 申请进入国家阶段的申请，要求了中国本申请的优先权。

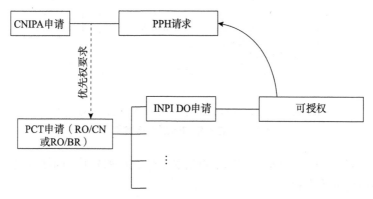

图 25.16　巴西对应申请是受理机构为 CNIPA 或 INPI 的
PCT 申请进入中国国家阶段的申请

（3）中国本申请和巴西对应申请共同要求了另一巴西申请或中国申请的优先权

如图 25.17 所示，中国本申请和巴西对应申请均为普通国家申请，共同要求了另一巴西申请的优先权。

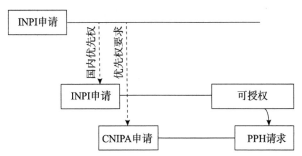

图 25.17　中国本申请和巴西对应申请均为普通国家申请

如图 25.18 所示，中国本申请和巴西对应申请均为普通申请，共同要求了另一中国申请的优先权。

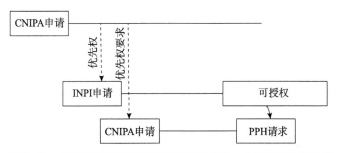

图 25.18　中国本申请和巴西对应申请要求同一中国申请的优先权

如图 25.19 所示，中国本申请和巴西对应申请是受理机构为 CNIPA 或 INPI 的同一 PCT 申请进入各自国家阶段的申请，共同要求另一巴西对应申请的优先权。

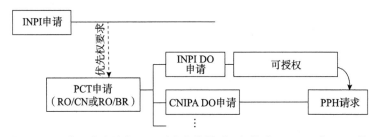

图 25.19　中国本申请和巴西对应申请是受理机构为 CNIPA 或 INPI 的 PCT 申请进入各自国家阶段的申请且共同要求另一巴西申请的优先权

（4）中国本申请和巴西对应申请是受理机构为 CNIPA 或 INPI 且未要求优先权的同一 PCT 申请进入各自国家阶段的申请

详情如图 25.20 所示。

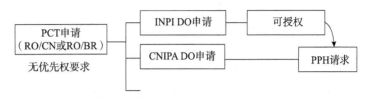

图 25.20　中国本申请和巴西对应申请为受理机构为 CNIPA 或 INPI 且未要求优先权的 PCT 申请进入各自国家阶段的申请

（5）中国本申请要求了受理机构为 CNIPA 或 INPI 的 PCT 申请的优先权，巴西对应申请为该 PCT 申请的国家阶段申请

如图 25.21 所示，中国本申请是普通国家申请，要求了受理机构为 CNIPA 或 INPI 的 PCT 申请的优先权；巴西对应申请是该 PCT 申请的国家阶段申请。

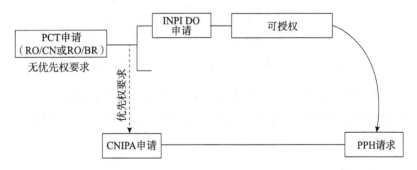

图 25.21　巴西对应申请是该 PCT 申请的国家阶段申请

如图 25.22 所示，中国本申请是 PCT 申请进入中国国家阶段的申请，要求了另一受理机构为 CNIPA 或 INPI 的 PCT 申请的优先权；巴西对应申请是作为优先权基础的 PCT 申请的巴西国家阶段申请。

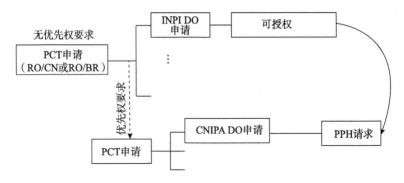

图 25. 22　巴西对应申请是作为优先权基础的
PCT 申请的巴西国家阶段申请

如图 25. 23 所示，中国本申请和巴西对应申请是同一 PCT 申请进入各自国家阶段的申请，该 PCT 申请要求了另一受理局为 CNIPA 或 INPI 的 PCT 申请的优先权。

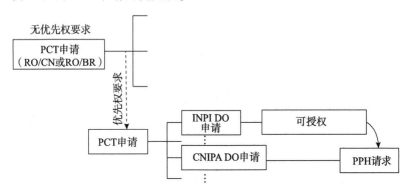

图 25. 23　中国本申请和巴西对应申请是同一 PCT 申请进入各自国家阶段的
申请且该 PCT 申请要求另一受理机构为 CNIPA 或 INPI 的 PCT 申请的优先权

4. 中国本申请与巴西对应申请的派生申请是否满足要求？

如果中国申请与巴西申请符合 PPH 流程所规定的申请间关联性关系，则中国申请的派生申请作为中国本申请，或者巴西申请的派生申请作为对应申请，也符合申请间关联性关系。但如果巴西对应申请为一个分案申请，则该分案申请必须是应 INPI 要求，并且是直接从原始申请分案的，否则该分案申请将不能作为对应申请。具体情形如下。

（1）如图 25.24 所示，中国申请 A 为普通的中国国家申请，并且有效要求了巴西对应申请的优先权，中国申请 B 是中国申请 A 的分案申请，则中国申请 B 与巴西对应申请的关系满足 PPH 的申请间关联性要求。

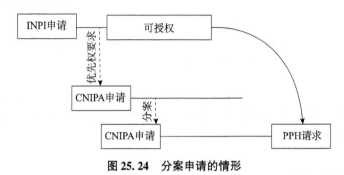

图 25.24　分案申请的情形

（2）中国本申请了巴西申请 A 的优先权，巴西对应申请 B 是应 INPI 要求从巴西申请 A 派生的分案，则该中国本申请与巴西对应申请 B 的关系也满足 PPH 的申请间关联性要求。

以上情形中，涉及巴西派生申请的情形时，申请人应当在 INPI 数据库中详细查找，在对应申请的请求书、公布公告页面具体查找两申请间的关系。

三、巴西对应申请可授权性的判定

1. 判定巴西对应申请可授权性的最新工作结果一般包括哪些?

巴西对应申请的工作结果是指与巴西对应申请可授权性相关的所有巴西国内工作结果，包括实质审查、异议、授权后修改阶段通知书，例如 INPI 实审阶段的检索报告、审查报告、授权决定书等。

根据《中巴流程》的规定，在判定巴西对应申请的可授权性时，仅以在 INPI 的授权决定书中被清楚明确指出的具有可授权性的权利要求作为判定标准。

上述最新的审查意见通知书是以向 CNIPA 提交 PPH 请求之前或当日作为时间点来判断的，即以向 CNIPA 提交 PPH 请求之前或当日最新的工作结果中的意见作为认定巴西对应申请权利要求"可授权/具有可专利性"的标准。

2. 一般如何明确指明最新可授权权利要求的范围？能否举例说明。

由于《中巴流程》规定仅以在 INPI 的授权决定书中被清楚明确指出的具有可授权性的权利要求作为判定标准，且授权决定书会将授权文本作为附件，因此若巴西对应申请未经过授权后修改或无效等程序，则授权权利要求的范围以授权文本中的权利要求为准。

四、相关文件的获取

1. 如何获取巴西对应申请的所有工作结果副本？

可以按如下步骤获取巴西对应申请的所有工作结果副本。

（1）使用 INPI 数据库

步骤 1（见图 25.25）：在 INPI 官网数据库中输入巴西对应申请的申请号，界面为葡萄牙语。

步骤 2（见图 25.26）：找到巴西对应申请的所有文件列表。注意公开的审查历史中需要点开通知书代码获知具体对应的通知书名称。

步骤 3（见图 25.27）：查看审查历史。

图 25.25　步骤 1：查询巴西对应申请有关信息

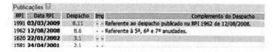

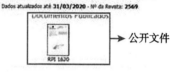

公开文件

RPI 1620

图 25.26　步骤 2：巴西对应申请信息展示

注：下方图中所展示的巴西申请未授权，仅包含公开巴西国家公开的相关信息。

图 25. 27 步骤 3：巴西对应申请审查历史信息

（2）使用 e – Patentes 系统查询

填写公报号或申请号即可查询案件相关信息和审查历史，如图 25. 28 所示。

图 25. 28 填写公报号或申请号

2. 能否举例说明巴西对应申请的工作结果的样式？

（1）检索报告
NIPI 作出的检索报告除必要的著录项目信息外，主要包括 INPI

针对本申请给出的分类号、检索数据库以及检索到的相关文献和文献种类。其样式例举如图 25.29 所示。

SERVIÇO PÚBLICO FEDERAL
MINISTÉRIO DA ECONOMIA
INSTITUTO NACIONAL DA PROPRIEDADE INDUSTRIAL

RELATÓRIO DE BUSCA

N.º do Pedido: BR102018067630-0　　N.º de Depósito PCT:
Data de Depósito: 03/09/2018
Prioridade Unionista: -
Depositante: MIGUEL GREYDE AVILA DIAS (BRRS)
Inventor: MIGUEL GREYDE AVILA DIAS
Título: "Válvula termodinâmica retentora de vapores e gases e de alivio de pressão e vácuo "

1 - CLASSIFICAÇÃO
IPC　　F01L 1/00
CPC

2 - FERRAMENTAS DE BUSCA

x	EPOQUE	x	ESPACENET		PATENTSCOPE	x	GOOGLE PATENTS ADVANCED
	DIALOG		USPTO	x	SINPI		
	CAPES	x	SITE DO INPI		STN		

3 - REFERÊNCIAS PATENTÁRIAS

Número	Tipo	Data de publicação	Relevância *
BR9801251	A	18/04/2000	A
US5809976	A	22/09/1998	A
JP2017218942	A	14/12/2017	A
EP1888954	B1	01/04/2009	A
US5954091	A	21/09/1999	A
GB2546364	A	19/07/2017	A
US6866056	B1	15/03/2005	A
US7263981	B2	04/09/2007	A
BRPI0519066	A2	23/12/2008	A
US2015369385	A1	24/12/2015	A
US7591251	B1	22/09/2009	A

图 25.29　INPI 作出的检索报告首页样例

（2）审查报告

INPI 作出的审查报告除必要的著录项目信息外，主要包括 INPI 审查所依据的申请文本，关于本申请是否具有新颖性、创造性和工业实用性的评述结果列表，审查所引用的对比文件以及具体的评述意见。其样式例举如图 25.30 和图 25.31 所示。

SERVIÇO PÚBLICO FEDERAL
MINISTÉRIO DA ECONOMIA
INSTITUTO NACIONAL DA PROPRIEDADE INDUSTRIAL

RELATÓRIO DE EXAME TÉCNICO

N.º do Pedido: BR102018067630-0   N.º de Depósito PCT:
Data de Depósito: 03/09/2018
Prioridade Unionista: -
Depositante: MIGUEL GREYDE AVILA DIAS (BRRS)
Inventor: MIGUEL GREYDE AVILA DIAS
Título: "Válvula termodinâmica retentora de vapores e gases e de alívio de
pressão e vácuo "

PARECER

Conforme despacho 28.30, publicado na RPI 2591 de 01/09/2020, foi admitido o trâmite prioritário requerido através da petição n° 870200100547 de 11/08/2020, haja vista que atende ao disposto no art. 5°, da Portaria INPI PR n° 247, de 22/06/20, publicada na RPI n° 2582, de 30/06/20.

Quadro 1 – Páginas do pedido examinadas			
Elemento	Páginas	n.º da Petição	Data
Relatório Descritivo	1-5	870180159760 RJ	07/12/2018
Quadro Reivindicatório	1	870180125566 RJ	03/09/2018
Desenhos	1-2	870180125566 RJ	03/09/2018
Resumo	1	870180125566 RJ	03/09/2018

Quadro 2 – Considerações referentes aos Artigos 10, 18, 22 e 32 da Lei n.º 9.279 de 14 de maio de 1996 – LPI		
Artigos da LPI	Sim	Não
A matéria enquadra-se no art. 10 da LPI (não se considera invenção)		x
A matéria enquadra-se no art. 18 da LPI (não é patenteável)		x
O pedido apresenta Unidade de Invenção (art. 22 da LPI)	x	
O pedido está de acordo com disposto no art. 32 da LPI	x	

Comentários/Justificativas --

图 25.30 INPI 作出的审查报告首页样例

Quadro 3 – Considerações referentes aos Artigos 24 e 25 da LPI

Artigos da LPI	Sim	Não
O relatório descritivo está de acordo com disposto no art. 24 da LPI	X	
O quadro reivindicatório está de acordo com disposto no art. 25 da LPI	X	

Comentários/Justificativas --

Quadro 4 – Documentos citados no parecer

Código	Documento	Data de publicação
D1	BR9801251	18/04/2000

Quadro 5 – Análise dos Requisitos de Patenteabilidade (Arts. 8.º, 11, 13 e 15 da LPI)

Requisito de Patenteabilidade	Cumprimento	Reivindicações
Aplicação Industrial	Sim	1
	Não	---
Novidade	Sim	1
	Não	---
Atividade Inventiva	Sim	1
	Não	---

Comentários/Justificativas

O presente pedido reivindica um válvula termodinâmica retentora de vapores e gases e de alívio de pressão e vácuo, para ser utilizada na ventilação de tanques ou reservatórios de líquidos combustíveis, que compreende dois anéis diafragma (3a e 3b) que atuam pela ação termodinâmica das pressões positiva e negativa no interior das câmaras (4) positiva e (5) negativa, fixadas uma a outra por rosca.

O documento D1 apresenta um sistema de válvula termodinâmica retentora que opera por meio de discos magnéticos, entretanto, apresenta estrutura diferente de câmaras e conexões entre seus elementos construtivos quando comparada à reivindicada no presente pedido.

Conclusão

A matéria reivindicada apresenta novidade, atividade inventiva e aplicação industrial (Art. 8º da LPI), e o pedido está de acordo com a legislação vigente, encontrando-se em condições de obter a patente pleiteada.

Assim sendo, defiro o presente pedido como Patente de Invenção, devendo integrar a Carta Patente os documentos que constam no Quadro 1 deste parecer, exceto o resumo.

图 25. 31　INPI 作出的审查报告第二页样例

（3）授权决定书

INPI 作出的授权决定书正文为该申请的著录项目信息和授权决定，该决定书会将授权文本作为附件。其正文样式例举如图 25. 32 所示。

REPÚBLICA FEDERATIVA DO BRASIL
MINISTÉRIO DA ECONOMIA
INSTITUTO NACIONAL DA PROPRIEDADE INDUSTRIAL

CARTA PATENTE Nº BR 102018067630-0

O INSTITUTO NACIONAL DA PROPRIEDADE INDUSTRIAL concede a presente PATENTE DE INVENÇÃO, que outorga ao seu titular a propriedade da invenção caracterizada neste título, em todo o território nacional, garantindo os direitos dela decorrentes, previstos na legislação em vigor.

(21) Número do Depósito: BR 102018067630-0

(22) Data do Depósito: 03/09/2018

(43) Data da Publicação Nacional: 17/03/2020

(51) Classificação Internacional: F01L 1/00.

(54) Título: VÁLVULA TERMODINÂMICA RETENTORA DE VAPORES E GASES E DE ALÍVIO DE PRESSÃO E VÁCUO

(73) Titular: MIGUEL GREYDE AVILA DIAS, Outras ocupações não especificadas anteriormente. CGC/CPF: 15139476053. Endereço: RUA GENERAL CALDWELL 953, Porto Alegre, RS, BRASIL(BR), 90130-051, Brasileira.

(72) Inventor: MIGUEL GREYDE AVILA DIAS.

Prazo de Validade: 20 (vinte) anos contados a partir de 03/09/2018, observadas as condições legais

Expedida em: 27/10/2020

Assinado digitalmente por:
Liane Elizabeth Caldeira Lage
Diretora de Patentes, Programas de Computador e Topografias de Circuitos Integrados

图 25.32　INPI 作出的授权决定书正文样例

3. 如何获取巴西对应申请的最新可授权的权利要求副本?

对巴西对应申请可以通过查询审查记录获取最新可授权的权利要求，或通过查询授权公告文本获取最新可授权权利要求。

在查找最新可授权权利要求时需要注意以下情况：

（1）如果巴西对应申请在授权公告后进行更正并被接受，且该修改涉及权利要求，则申请人必须以含有上述更正内容的最新可授权权利要求为准。

（2）如果巴西对应申请经历上诉、授权后行政无效程序，且最新的可授权权利要求文本发生了变化，则申请人应当将上述权利要求的修改考虑在内。

4. 能否举例说明巴西对应申请的可授权权利要求副本的样式？

申请人在提交巴西对应申请的最新可授权权利要求副本时，可以自行提交任意形式的权利要求副本，并非必须提交官方副本。巴西对应申请的可授权权利要求副本的样式举例如图 25. 33 所示。

Patentansprüche:
1. Presse (1) mit mindestens einem anund abkoppelbaren Sammelwagen (2) für zu pressendes Pressgut (5), wobei die Presse (1) einen Pressraum (10) aufweist, wobei der Sammelwagen (2) einen Sammelraum (20) mit einen Boden (21) und Wänden (22, 23, 24) aufweist, wobei bei an die Presse (1) angekoppeltem Sammelwagen (2) in diesem gesammeltes Pressgut (5) maschinell aus dem Sammelwagen (5) in den Pressraum (10) überführbar ist, wobei zumindest der Boden (21) des Sammelwagens (2) zu dessen Entleerung aus einer unteren Sammelstellung nach oben hin sowie zurück bewegbar ist, wobei eine Fördereinrichtung (3) vorgesehen ist, mit der bei an die Presse (1) angekoppeltem Sammelwagen (2) unter Bewegung zumindest des Bodens (21) nach oben das in dem Sammelraum (20) befindliche Pressgut (5) zum Pressraum (10) der Presse (1) förderbar ist, und wobei im von der Presse (1) entkoppelten Zustand der Sammelwagen (2) an einem von der Presse (1) entfernten Ort mit zu pressendem Pressgut (5) befüllbar ist,
dadurchgekennzeichnet ,
dass die Fördereinrichtung (3) als das im Sammelwagen (2) befindliche zu pressende Pressgut (5) bei der Bewegung zumindest des Bodens (21) nach oben nach und nach erfassender und von oben her aus dem Sammelwagen (2) kontinuierlich abnehmender und der Presse (1) zuführender Förderer ausgeführt ist.
2. Presse nach Anspruch 1 , dadurch gekennzeichnet, dass die Fördereinrichtung (3) mit der Presse (1) verbunden oder als Teil der Presse (1) ausgebildet ist.
3. Presse nach Anspruch 1 oder 2, dadurch gekennzeichnet, dass die Fördereinrichtung (3) als Fräse mit einer Fräswalze (31) oder mit mehreren parallelen gleichsinnig drehantreibbaren Fräswalzen (31) oder als mit Förder-zinken (32) besetzte antreibbare Förderbandoder Förderkettenanordnung (31 ') oder als aus einer oder mehreren drehantreibbaren Förderschnecken bestehender Schneckenförderer ausgebildet ist.
4. Presse nach Anspruch 3, wobei die Fördereinrichtung (3) als Fräse mit mehreren parallelen, gleichsinnig drehantreibbaren Fräswalzen (31) ausgeführt ist, dadurch gekennzeichnet, dass die Fräswalzen (31) Zinken tragen und dass die Zinken benachbarter Fräswalzen (31) mit sich überschneidenden Radien und in Fräswalzenlängsrichtung gesehen gegeneinander versetzt angeordnet sind und ineinander greifen.
5. Presse nach Anspruch 3 oder 4, wobei die Fördereinrichtung (3) als Fräse mit mehreren parallelen, gleichsinnig drehantreibbaren

图 25. 33　INPI 授权公告文本中的权利要求书样例

注：权利要求的全部内容都需提交，这里限于篇幅，不再展示后续内容。

5. 如何获取巴西对应申请的工作结果中的引用文献信息？

巴西对应申请的工作结果中的引用文献分为专利文献和非专利文献。INPI 在审查和检索中所引用的所有文献信息都会被记载在巴西对应申请的审查工作结果中。申请人可以通过查询巴西对应申请的所有工作结果，例如检索报告、审查报告的内容，获取其引用文献的信息。

6. 如何获知引用文件中的非专利文献构成巴西对应申请的驳回理由？

申请人可以通过查询 INPI 发出的各个阶段的审查意见通知书，如检索报告、技术意见、实质审查报告通知等，在通知引用文献处和正文处获取 INPI 申请中构成驳回理由的非专利文献信息。

当 INPI 发出的通知书中含有利用该非专利文献对巴西对应申请的新颖性、创造性进行判断的内容，且该内容中显示该非专利文献影响了巴西对应申请的新颖性、创造性，则该非专利文献属于构成驳回理由的文献。

五、信息填写和文件提交的注意事项

1. 在 PPH 请求表中填写中国本申请与巴西对应申请的关联性关系时，有哪些注意事项？

（1）在 PPH 请求表中表述中国本申请与巴西对应申请的关联性关系时，必须写明中国本申请与巴西对应申请之间的关联的方式（如优先权、PCT 申请不同国家阶段等）。如果中国本申请与巴西对应申请达成关联需要经过一个或多个其他相关申请，也需写明相关申请的申请号以及达成关联的具体方式。

例如：

1）涉及分案申请情形时，应当写明中国申请与巴西申请、与原案申请间的联系和原案申请号。例如巴西对应申请为某巴西申请的分案申请时，必须正确写明两巴西申请间的关系，不能仅使用对应申请 B 为巴西申请 A 的派生申请，而应当具体写明对应申请 B 是巴西申请 A 的分案申请，同时需要写明对应申请 B 是应 INPI 审查员要求自巴西申请 A 派生的分案申请。

2）涉及优先权情形时，需要注意核实两申请要求优先权的有效性。

（2）涉及多个巴西对应申请时，则需分条逐项写明中国本申请与每一个巴西对应申请的关系。

2. 在 PPH 请求表中填写中国本申请与巴西对应申请权利要求的对应性解释时，有哪些注意事项？

基于 INPI 工作结果向 CNIPA 提交 PPH 请求的，权利要求的对应性解释上无特别的注意事项，参见本书第一章的相关内容即可。

3. 在 PPH 请求表中填写巴西对应申请所有工作结果的名称时，有哪些注意事项？

（1）应当填写 INPI 在所有审查阶段作出的全部工作结果，既包括实质审查阶段的所有通知书，例如检索报告、审查报告、授权决定书，也包括实质审查阶段以后的上诉、授权后更正等阶段的所有通知书。

（2）各通知书的作出时间应当为其通知书的发文日，在发文日无法确定的情况下允许申请人填写其通知书的起草日或完成日。

（3）对各通知书的名称应当使用其正式的中文译名填写，不得以"通知书"或者"审查意见通知书"代替。申请人可以按其通知书原文名称自行翻译后填写在 PPH 请求表中并将其原文名称填写在翻译的中文名称后的括号内，以便审查核对。

（4）如果有多个巴西对应申请，请分别对各个巴西对应申请进行工作结果的查询并填写到 PPH 请求表中。

4. 在 PPH 请求表中填写巴西对应申请所有工作结果引用文件的名称时，有哪些注意事项？

在填写巴西对应申请所有工作结果引用文件的名称时，无特别注意事项，参见本书第一章的相关内容即可。

5. 在提交巴西对应申请的工作结果副本及译文时，有哪些注意事项。

在提交巴西对应申请的工作结果副本时，申请人应当注意如下事项。

（1）所有工作结果副本均需要被完整提交，包括其著录项目信息、表格页、正文页或附件也应当被提交。若巴西对应申请的审批流程中涉及上诉、授权后行政无效程序①或更正程序，INPI 未在官方网站上完整公布上述通知书完整信息，则申请人必须自行准备并向 CNIPA 提交所有工作结果通知书副本及其译文。

（2）按照 INPI 审查程序，INPI 的工作语言为葡萄牙语，即所有通知书都将使用葡萄牙语进行书写，且 INPI 没有提供官方机器翻译，因此，对巴西对应申请的所有工作结果译文必须提交中文或英文译文。

（3）根据《中巴流程》的规定，巴西对应申请的工作结果副本及其译文不存在省略提交的情形。

6. 在提交巴西对应申请的最新可授权权利要求副本及译文时，有哪些注意事项？

申请人在提交巴西对应申请最新可授权权利要求副本时，一是要注意可授权权利要求是否最新，例如更正程序中权利要求有修改的情况；二是要注意权利要求的内容是否完整，即使有一部分权利要求在 CNIPA 申请中没有被利用到，也需要一起完整提交。

根据《中巴流程》的规定，对巴西对应申请的最新可授权权利要求副本及其译文应当与 PPH 请求一并提交，不存在省略提交的情形。

7. 在提交巴西对应申请的工作结果中引用的非专利文献副本时，有哪些注意事项？

当巴西对应申请的工作结果中的非专利文献涉及驳回理由时，申请人应当在提交 PPH 请求时将所有涉及驳回理由的非专利文献一并提交。而对于所有的专利文献和未构成驳回理由的非专利文献，申请人只需将其信息填写在 PPH 请求书 E 项第 2 栏中即可，不需要提交相应的文件副本。

---

① 巴西专利制度中不存在传统意义上的异议程序，第三方异议通常在"授权后行政无效"程序中进行。

申请人提交文件时应确保其提交的内容完整，提交的类型正确，即按照"对应申请审查意见引用文献副本"类型提交。

如果所需提交的非专利文献是由除中文或英文之外的语言撰写，申请人也只需提交非专利文献文本即可，不需要对其进行翻译。

如果巴西对应申请存在两份或两份以上非专利文献副本，则应该作为一份"对应申请审查意见引用文献副本"提交。

第二十六章 基于欧亚专利局工作结果向中国国家知识产权局提交常规 PPH 请求

一、概述

1. 基于 EAPO 工作结果向 CNIPA 提交 PPH 请求的项目依据是什么？

CNIPA 与 EAPO 的 PPH 试点于 2018 年 4 月 1 日启动。《在 CNIPA – EAPO 专利审查高速路试点项目下向中国国家知识产权局提出 PPH 请求的流程》（以下简称《中欧亚流程》）即为基于 EAPO 工作结果向 CNIPA 提交 PPH 请求的项目依据。

2. 基于 EAPO 工作结果向 CNIPA 提交 PPH 请求的种类分为哪些？

CNIPA 与 EAPO 签署的为双边 PPH 试点项目。按照提出 PPH 请求所使用的对应申请审查机构的工作结果来划分，在 2023 年 3 月 31 日之前，基于 EAPO 工作结果向 CNIPA 提交 PPH 请求的种类仅包括基本型常规 PPH；2023 年 4 月 1 日起，基于 EAPO 工作结果向 CNIPA 提交 PPH 请求的种类增加了 PCT – PPH。

本章内容仅涉及基于 EAPO 工作结果向 CNIPA 提交常规 PPH 请求的实务；提交 PCT – PPH 请求的实务建议请见本书第二章内容。

3. CNIPA 与 EAPO 开展 PPH 试点项目的期限有多长？

中欧亚 PPH 试点项目自 2018 年 4 月 1 日起实行，为期三年，至 2021 年 3 月 31 日止，并分别自 2021 年 4 月 1 日、2022 年 4 月 1 日起延长 1 年，至 2023 年 3 月 31 日止。从 2023 年 4 月 1 日开始，中欧亚 PPH 试点项目无限期延长。

4. 基于 EAPO 工作结果向 CNIPA 提交 PPH 请求有无领域和数量限制？

《中欧亚流程》中提到："两局在请求数量超出可管理的水平时，或出于其他任何原因，可终止本 PPH 试点。PPH 试点终止之前，将先行发布通知。"

5. 如何获得欧亚对应申请的相关信息？

对欧亚专利申请的基本信息（提交请求、公开文件等情况）可以通过 EAPO 的专利检索系统来查询，其数据库支持俄语和英语展示，英文版的网址为 https：//www. eapo. org/en/。具体如图 26.1 所示。

图 26.1　EAPO 多种数据库选择页面

EAPO 提供 Eurasian Patent Gazette、Eurasian Patent Register、Eurasian Publication Server 等多种查询数据资源。其中，Eurasian Patent Gazette 主要收录欧亚专利公报数据；Eurasian PatentRegister 收录已经登记的欧亚专利数据；Eurasian Publication Server 主要收录欧亚申请公开数据。本章中所涉及的数据库主要为 Eurasian Patent

Register。

Eurasian Patent Register 系统提供俄语和英语两种展现方式进行检索，并提供多种检索语段，包括专利号、申请号、授权和公告日期、分类号、发明名称、申请人名称、发明人名称、所有权人名称等；具体如图 26.2 所示。

EURASIAN PATENT REGISTRY

Search on Eurasian Patent Registry
(as of **2020.04.08**)

(11) Number of the patent:	
(21) Application Number:	
(45) Grant and Publication date:	Please enter a date in the format YYYY.MM.DD
(51) Classification (IPC):	
(54) Title of the invention:	
(71) Name(s) of applicant(s):	
(72) Name(s) of inventor(s):	
(73) Name(s) of or owner(s):	
(74) Name(s) of attorney(s) or agent(s):	
(31) Number(s) assigned to priority application(s):	example: 04019248.6 | 11190
(33) IP Office code:	example: RU | JP | IB
(32) Date(s) of filing of priority application(s):	example: 2004.08.13 | 2002.%
(86) PCT international application number:	example: RU1996/000086 | NL2001/000854
(87) PCT publication number:	example: WO2002032239

Search　Clear

图 26.2　**Eurasian Patent Register 检索首页**

输入申请号，即可获得相应欧亚专利的检索结果，如图 26.3 所示。

EURASIAN PATENT REGISTRY

Eurasian Patent Registry search results: 1

(as of 2020.04.08)

Patent	Application	Grant and Publication date	Title of the invention
030194	201590895	2018.07.31	БИТУМНАЯ КОМПОЗИЦИЯ В ФОРМЕ ГРАНУЛ И СПОСОБ ЕЕ ПОЛУЧЕНИЯ

图 26.3　**通过 Eurasian Patent Registry 查询对应申请有关信息**

在检索到的专利申请信息中，点击申请的发明名称，即可以查

657

看该申请的申请文件等信息。例如图 26.4 中申请号为 "20150895"
的专利申请的信息展示页面中，检索者可查看该申请相关信息，其
中点击申请公开和专利公告文本可下载该申请的国家公布文本和授
权公告文件。

EURASIAN PATENT REGISTRY
Eurasian Patent № 030194

BIBLIOGRAPHIC DATA	
(11) Number of the patent	030194
Дата регистрации в Реестре евразийских патентов	2018.05.08
(21) Application Number	201590895
(22) Date of filing the application	2013.12.03
(51) International Patent Classification (IPC)	*C08J 3/20* (2006.01) *C08J 3/00* (2006.01) *C08J 3/12* (2006.01) *C08J 3/22* (2006.01) C08F 220/06(2006.01)
(43)(13) Application Publication date(s), Kind-of-document code(s)	A1 2015.08.31 Issue No 08 📄 title, specification
(45)(13) Patent Publication date(s), Kind-of-document code(s)	B1 2018.07.31 Issue No 07 📄 title, specification
(31) Number(s) assigned to priority application(s)	12/03304

图 26.4 欧亚对应申请信息展示页面

二、中国本申请与欧亚对应申请关联性的确定

1. 欧亚对应申请号的格式是什么？如何确认欧亚对应申请号？

对于欧亚专利申请，发明申请号的格式一般为 "nnnn××××"，
其中前四位为申请的年份，后四位为申请序号，例如 "20150001"。

欧亚对应申请号是指申请人在此次 PPH 请求中所要利用的
EAPO工作结果中记载的申请号。申请人可以通过 EAPO 作出的工
作结果，例如准予授予欧亚专利权通知书的首页，获取欧亚对应
申请号，也可以通过 EAPO 的授权公告页面获取欧亚对应申
请号。

2. 欧亚对应申请的著录项目信息如何核实？

与 PPH 流程要求的两申请关联性相关的对应申请的信息，例如优先权信息、分案申请信息，PCT 申请进入国家阶段的信息等，通常会在对应申请的著录项目信息中记载。申请人一般可以通过以下几种方式获取欧亚对应申请的著录项目信息。

一是在欧亚对应申请的查询界面查找并核实相关著录项目信息，包括优先权（如果有）、申请人等信息，如图 26.5 所示。

Eurasian Patent № 030194

BIBLIOGRAPHIC DATA	
(11) Document Number	030194
(21) Application Number	201590895
(22) Filling Date	2013.12.03
(51) IPC	*C08J 3/20* (2006.01) *C08J 3/00* (2006.01) *C08J 3/12* (2006.01) *C08J 3/22* (2006.01) C08F 220/06 (2006.01)
(43)(13) Application Publication Date(s), Kind Code(s)	A1 2015.08.31 Issue No 08 🔊 title, specification
(45)(13) Patent Publication Date(s), Kind Code(s)	B1 2018.07.31 Issue No 07 🔊 title, specification
(31) Number(s) assigned to Priority Application(s)	12/03304
(32) Date(s) of filing of Priority Application(s)	2012.12.05
(33) Priority Application Office	FR
(86) PCT Application Number	FR2013/052922
(87) PCT Publication Number	2014/087091 2014.06.12
(71) Applicant(s)	ЭФФАЖ ИНФРАСТРЮКТЮР (FR)
(72) Inventor(s)	Крафт Серж, Луп Фредерик (FR)
(73) Patent Owner(s)	ЭФФАЖ ИНФРАСТРЮКТЮР (FR)
(74) Attorney(s) or Agent(s)	Носырева Е.Л. (RU)
(54) Title of the Invention	БИТУМНАЯ КОМПОЗИЦИЯ В ФОРМЕ ГРАНУЛ И СПОСОБ ЕЕ ПОЛУЧЕНИЯ

图 26.5 欧亚对应申请的查询界面首页

二是通过欧亚对应申请的授权公告本文核实。EAPO 认证的相关著录项目信息会在授权公告文本扉页显示，包括申请号、国际申请号（如果有）、优先权号（如果有）、申请人等，如图 26.6 所示。

659

图 26.6　欧亚对应申请的授权公告文本首页

3. 中国本申请与欧亚对应申请的关联性关系一般包括哪些情形？

以欧亚申请作为对应申请向 CNIPA 提出的 PPH 请求限于基本型常规 PPH 请求，申请人不能利用 OSF 先作出的工作结果要求 OFF 进行加快审查，同时两申请间的关系仅限于中欧亚两局间，不能扩展为共同要求第三个国家或地区的优先权。

符合中国本申请与欧亚对应申请关联性要求的具体情形如下。

（1）中国本申请要求了欧亚对应申请的优先权

如图 26.7 所示，中国本申请和欧亚对应申请均为普通国家申请，且中国本申请要求了欧亚对应申请的优先权。

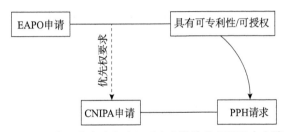

图 26.7　中国本申请和欧亚对应申请均为普通国家申请

如图 26.8 所示，中国本申请是 PCT 申请进入中国国家阶段的申请，且要求了欧亚对应申请的优先权。

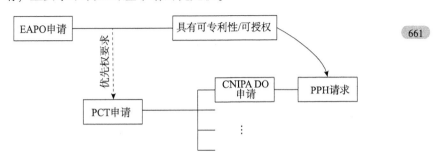

661

图 26.8　中国本申请是 PCT 申请进入中国国家阶段的申请

如图 26.9 所示，中国本申请要求了多项优先权，欧亚对应申请为其中一项优先权。

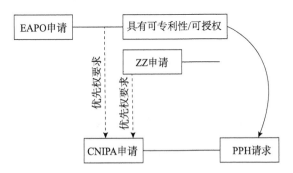

图 26.9　中国本申请要求包含欧亚对应申请的多项优先权

　　如图 26.10 所示，中国本申请和欧亚对应申请共同要求了另一欧亚申请的优先权。

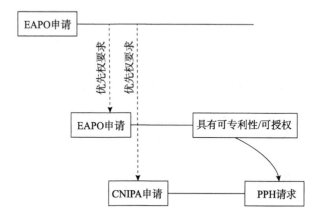

图 26.10　中国本申请和欧亚对应申请共同要求另一欧亚申请的优先权

　　如图 26.11 所示，中国本申请和欧亚对应申请是同一 PCT 申请进入各自国家阶段的申请，该 PCT 申请要求了另一欧亚申请的优先权。

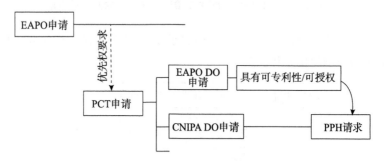

图 26.11　中国本申请和欧亚对应申请是要求另一欧亚申请优先权的 PCT 申请进入各自国家阶段的申请

　　（2）中国本申请和欧亚对应申请为未要求优先权的同一 PCT 进入各自国家阶段的申请

　　详情如图 26.12 所示。

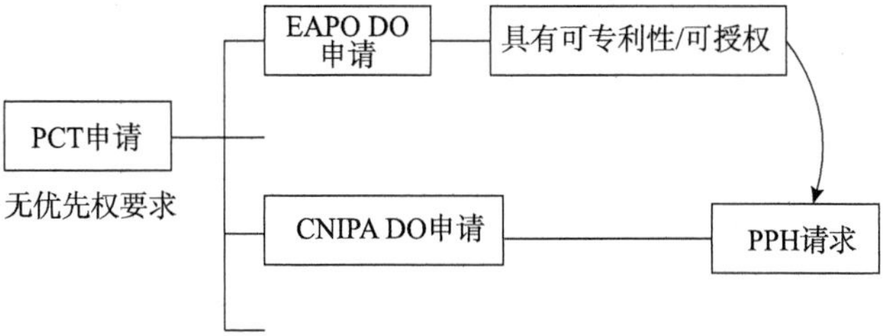

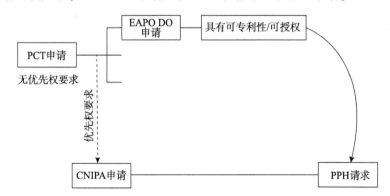

**图 26.12   中国本申请和欧亚对应申请是未要求优先权的
同一 PCT 申请进入各自国家阶段的申请**

（3）中国本申请要求了 PCT 申请的优先权，且 PCT 申请未要
求优先权，欧亚对应申请为该 PCT 申请的国家阶段申请

663

如图 26.13 所示，中国本申请是普通国家申请，要求了 PCT 申
请的优先权，欧亚对应申请是该 PCT 申请的国家阶段申请。

**图 26.13   中国本申请要求 PCT 申请的优先权且欧亚对应
申请是该 PCT 申请的国家阶段申请**

如图 26.14 所示，中国本申请是 PCT 申请进入中国国家阶段的
申请，要求了另一 PCT 申请的优先权，欧亚对应申请是作为优先权
基础的 PCT 申请的国家阶段申请。

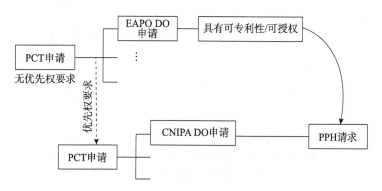

图 26.14   中国本申请是要求 PCT 申请优先权的另一 PCT 申请进入
中国国家阶段的申请且欧亚对应申请是作为优先权基础的
PCT 申请的国家阶段申请

如图 26.15 所示，中国本申请和欧亚对应申请是同一 PCT 申请进入各自国家阶段的申请，该 PCT 申请要求了另一 PCT 申请的优先权。

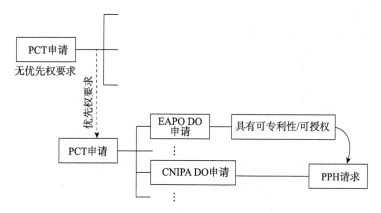

图 26.15   中国本申请和欧亚对应申请是同一 PCT 申请进入各自
国家阶段的申请且该 PCT 申请要求另一 PCT 申请的优先权

4. 中国本申请与欧亚对应申请的派生申请是否满足要求？

如果中国申请与欧亚申请符合 PPH 流程所规定的关联性关系，

则中国申请的派生申请作为中国本申请，或者欧亚申请的派生申请作为对应申请，也符合申请间关联性关系。例如图 26.16 所示：中国申请 A 要求了欧亚对应申请的优先权，中国申请 B 是中国申请 A 的分案申请，则中国申请 B 与欧亚对应申请的关系满足申请间关联性要求。

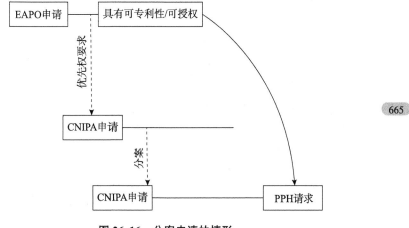

图 26.16　分案申请的情形

同理，如果中国本申请要求了欧亚申请 A 的优先权，欧亚对应申请 B 是欧亚申请 A 的分案申请，则该中国本申请与欧亚对应申请 B 的关系也满足申请间关联性要求。

以上情形中，涉及欧亚派生申请的情形时，申请人应当在 EA-PO 数据库中详细查找，具体在对应申请的请求书、公布公告页面具体查找两申请间的关系。

三、欧亚对应申请可授权性的判定

1. 判定欧亚对应申请可授权性的最新工作结果一般包括哪些？请举例说明。

欧亚对应申请的工作结果是指与欧亚对应申请可授权性相关的

所有欧亚国内工作结果，包括检索阶段、实质审查、异议、上诉阶段的，例如包括 EAPO 实质审查阶段的检索报告、实质审查通知书、授权决定书以及异议阶段的决定等。

按照《中欧亚流程》的规定，权利要求"被认定为可授权/具有可专利性"是指 EAPO 审查员在最新的审查意见通知书中清楚指出权利要求"具有可专利性"，即使该申请尚未得到专利授权。

所述审查意见通知书包括：①准予授予欧亚专利权通知书（Notification on the Readiness to Grant Eurasian Patent）②授予欧亚专利权决定（Decision to Grant Eurasian Patent）。

上述最新的审查意见通知书是以向 CNIPA 提交 PPH 请求之前或当日作为时间点来判断的，即以向 CNIPA 提交 PPH 请求之前或当日最新的工作结果中的意见作为认定欧亚对应申请权利要求"可授权/具有可专利性"的标准。

2. EAPO 一般如何明确指明最新可授权权利要求的范围？

在判定欧亚对应申请的可授权性时，仅以在 EAPO 的准予授予欧亚专利权通知书或授予欧亚专利权决定中被清楚明确指出的具有可授权性的权利要求作为判定标准。

（1）当最新工作结果为授予欧亚专利权决定时，EAPO 通过授权公告文本指明该欧亚对应申请最新可授权权利要求的范围。

（2）如图 26.17 所示，当最新工作结果为准予授予欧亚专利权通知书时，EAPO 会在该通知书的首段就明确指出被准予授权的申请文件，其中包括被准予授权的权利要求的提交或修改日期。

（3）当最新工作结果为检索报告或实质审查阶段的审查意见通知书时，EAPO 通常只对哪些权利要求不符合授权条件予以指明，不会明确指明可授权的权利要求范围。因此，这些工作结果通常不被认为是指明了权利要求可授权的最新工作结果。

ЭЛЕКТРОННО

ЕВРАЗИЙСКАЯ ПАТЕНТНАЯ ОРГАНИЗАЦИЯ (ЕАПО)
Eurasian Patent Organization

ЕВРАЗИЙСКОЕ ПАТЕНТНОЕ ВЕДОМСТВО (ЕАПВ)
Eurasian Patent Office

М. Черкасский пер., 2, Москва, 109012, Россия
M. Cherkassky per., 2, Moscow, 109012, Russia

Факс (Fax): +7(495) 621-2423, E-mail: info@eapo.org

На № **562188ЕА** от 25/08/2022	ООО "Юридическая фирма Городисский и Партнеры"
Номер заявки: **202091036**	ул. Большая Спасская, д. 25, стр. 3, г. Москва, Россия,
Дата отправки **03.11.2022**	129090
	евразийскому патентному поверенному
	г-ну Медведеву В.Н.

УВЕДОМЛЕНИЕ
о готовности выдать евразийский патент

В результате рассмотрения данной заявки коллегией экспертов ЕАПВ установлены соответствие заявленного изобретения (группы изобретений) условиям патентоспособности, предусмотренным правилом 3 Патентной инструкции к Евразийской патентной конвенции (далее - Инструкция), и возможность выдачи евразийского патента с:

формулой изобретения	☐ в первоначальной редакции	☒ в редакции от **25/08/2022**
описанием изобретения	☒ в первоначальной редакции	☐ в редакции от
рефератом	☒ в первоначальной редакции	☐ в редакции от
чертежами	☒ в первоначальной редакции	☐ в редакции от

667

1. Решение о выдаче евразийского патента будет принято при условии:
   ☒ уплаты заявителем установленных пошлин, в том числе:
   ☒ пошлины за выдачу евразийского патента в размере **25000** рублей РФ

*Пошлина за выдачу евразийского патента должна быть уплачена в установленном размере в течение 4-х месяцев с даты направления данного уведомления (правило 47(3) Инструкции, пункты 1(3), 5(3) Положения о пошлинах Евразийской патентной организации (далее-ЕАПО)). Если в течение этого срока заявитель не уплатит пошлину за выдачу евразийского патента, он может уплатить её в течение 2-х месяцев с даты окончания вышеуказанного четырёхмесячного срока при условии уплаты дополнительной пошлины в размере **4800** рублей РФ (правило 47(3) Инструкции, пункты 1(5), 5(3) Положения о пошлинах ЕАПО).*

   ☒ дополнительной пошлины за публикацию материалов евразийского патента в размере **49500** рублей РФ (количество листов в заявке: **233**, включая формулу изобретения, описание изобретения, реферат, чертежи и иные подлежащие публикации материалы)

Согласно правилу 50(4) Инструкции дополнительная пошлина увеличивается за публикацию евразийского патента, если в подлежащих публикации материалах содержится более 35 листов.
Дополнительная пошлина должна быть уплачена в установленном размере в течение 6-ти месяцев (правило 50(4) Инструкции, пункты 1(5), 5(2) Положения о пошлинах ЕАПО) с даты направления данного уведомления.

В случае неуплаты указанных пошлин выдача и публикация евразийского патента не производятся, а заявка считается отозванной.

2. ☐ Заявителю предлагается внести следующие изменения в
   ☐ формулу изобретения,　　　пункты
   ☐ описание изобретения,　　　страницы
   ☐ чертежи,　　　　　　　　　номера
   ☐ реферат
   Копии страниц ☐ прилагаются　☐ не прилагаются
   Заявителю следует представить один экземпляр ☐ формулы, ☐ реферата, ☐ чертежей
   в течение срока, указанного в п.1 настоящего уведомления.

3. Название изобретения при публикации описания изобретения будет приведено:
   ☒ в первоначальной редакции:
   　☐ по заявлению о выдаче евразийского патента
   　☒ по описанию к изобретению
   ☐ в редакции, изложенной в корреспонденции от
   ☐ в предлагаемой редакции ()

Ведущий эксперт		**И.И.Смирнова**
Отдела химии и медицины		+7(495)411-61-61*393

图 26.17　EAPO 作出的准备授予欧亚专利权通知书中
对可授权权利要求的指明

四、相关文件的获取

1. 能否举例说明欧亚对应申请工作结果副本的样式？

（1）审查意见通知书

EAPO 作出的审查意见通知书正文部分是 EAPO 审查员基于对比文件对权利要求进行的三性评述和对申请文件其他缺陷的评述，具体如图 26.18 所示。

ЭЛЕКТРОННО

EA301/2017

ЕВРАЗИЙСКАЯ ПАТЕНТНАЯ ОРГАНИЗАЦИЯ (ЕАПО)
Eurasian Patent Organization

ЕВРАЗИЙСКОЕ ПАТЕНТНОЕ ВЕДОМСТВО (ЕАПВ)
Eurasian Patent Office

М. Черкасский пер., 2, Москва, 109012, Россия
M. Cherkassky per. 2, Moscow, 109012, Russia
Факс (Fax): +7(495) 621-2423, E-mail: info@eapo.org

На **№ 562188EA** от **26/05/2020**
Номер заявки: **202091036**
Дата отправки 25.04.2022

ООО "Юридическая фирма Городисский и Партнеры" ул. Большая Спасская, д. 25, стр. 3, г. Москва, Россия, 129090

евразийскому патентному поверенному г-ну Медведеву В.Н.

УВЕДОМЛЕНИЕ
о необходимости представления дополнительных материалов

В соответствии с правилом 49(4) Патентной инструкции к Евразийской патентной конвенции (далее – Инструкция) запрошенные экспертизой дополнительные материалы должны быть представлены в четырехмесячный срок, исчисляемый с даты направления настоящего уведомления.

Этот срок в соответствии с установленной правилом 37(2) Инструкции процедурой может быть продлен по просьбе заявителя, направленной до его истечения, при условии уплаты установленной пунктом 8 Положения о пошлинах Евразийской патентной организации дополнительной пошлины.

В случае нарушения этого срока или непредставления запрошенных в уведомлении материалов евразийская заявка считается отозванной.

Рассмотрев материалы заявки, Отдел химии и медицины ЕАПВ отмечает следующее.

В формуле изобретения заявлены: способ лечения пациента-человека с пароксизмальной ночной гемоглобинурией (PNH) или атипичным гемолитико-уремическим синдромом (aHUS) (п.п.1, 2), набор для лечения PNH или aHUS у пациента-человека (п.42), антитело против C5 или его антигенсвязывающий фрагмент (п.48), способ лечения пациента-человека, имеющего ассоциированное с комплементом нарушение (п.п.51-54).

Из уровня техники известен способ лечения PNH или aHUS, включающий введение антитела против C5, содержащего последовательности CDR1, CDR2, CDR3 легкой и тяжелой цепей, идентичные по п.п.1 и 2, и вариант константной области Fc человека, который связывается с неонатальным рецептором Fc человека (FcRn), где вариант константной области Fc CH3 человека содержит замены Met-429-Leu и Asn-435-Ser в остатках соответствует метионину 428 и аспарагину 434, в разных режимах дозирования, например, в фиксированной дозе 400, 600, 900, 1000, 1400, 1600, 1800, 2000, 2400, 3000 или 5400 мг, независимо от веса пациента, дважды в течение фазы

图 26.18 EAPO 作出的审查意见通知书首页示例

（2）准予授予欧亚专利权通知书

EAPO 作出的准予授予欧亚专利权通知书会明确指出拟授权的申请文件、要求申请人缴纳的费用以及拟公告的发明名称；如有必要，该通知书中还会包括要求申请人对申请文件进行的修改及相应期限。其样式如图 26.19 所示。

图 26.19　EAPO 作出的准予授予欧亚专利权通知书示例

2. 如何获取欧亚对应申请最新可授权的权利要求副本？

如果欧亚对应申请已经授权公告并且无后续的更正或无效程序，则可以在其授权公告文本中获取最新可授权权利要求，如图26.20、图26.21和图26.22所示。

Eurasian Patent № 030194

BIBLIOGRAPHIC DATA		
(11) Document Number	030194	
(21) Application Number	201590895	
(22) Filling Date	2013.12.03	
(51) IPC	*C08J 3/20* (2006.01) *C08J 3/00* (2006.01) *C08J 3/12* (2006.01) *C08J 3/22* (2006.01) C08F 220/06 (2006.01)	
(43)(13) Application Publication Date(s), Kind Code(s)	A1 2015.08.31 Issue No 08 📄 title, specification	
(45)(13) Patent Publication Date(s), Kind Code(s)	B1 2018.07.31 Issue No 07 📄 title, specification	
(31) Number(s) assigned to Priority Application(s)	12/03304	

授权公告文本

图 26.20 欧亚对应申请的查询界面首页

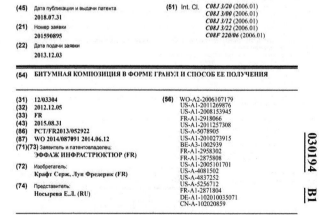

(19) ● Евразийское патентное ведомство   (11) **030194**   (13) **B1**

(12) ОПИСАНИЕ ИЗОБРЕТЕНИЯ К ЕВРАЗИЙСКОМУ ПАТЕНТУ

(45) Дата публикации и выдачи патента
2018.07.31
(21) Номер заявки
201590895
(22) Дата подачи заявки
2013.12.03

(51) Int. Cl. *C08J 3/20* (2006.01)
C08J 3/00 (2006.01)
C08J 3/12 (2006.01)
C08J 3/22 (2006.01)
C08F 220/06 (2006.01)

(54) БИТУМНАЯ КОМПОЗИЦИЯ В ФОРМЕ ГРАНУЛ И СПОСОБ ЕЕ ПОЛУЧЕНИЯ

(31) 12/03304
(32) 2012.12.05
(33) FR
(43) 2015.08.31
(86) PCT/FR2013/052922
(87) WO 2014/087091 2014.06.12
(71)(73) Заявитель и патентовладелец:
ЭФФАЖ ИНФРАСТРЮКТЮР (FR)
(72) Изобретатель:
Крафт Серж, Луп Фредерик (FR)
(74) Представитель:
Носырева Е.Л. (RU)

(56) WO-A2-2006107179
US-A1-2011269876
US-A1-2008153945
FR-A1-2918066
US-A1-2011257308
US-A-5078905
US-A1-2010273915
BE-A3-1002939
FR-A1-2958302
FR-A1-2875808
US-A1-2005101701
US-A-4081502
US-A-4837252
US-A-5256712
FR-A1-2871804
DE-A1-102010035071
CN-A-102020859

030194 B1

(57) Изобретение направлено на битумную композицию в форме гранул, причем каждая гранула содержит ядро и оболочку и характеризуется массой в пересчете приблизительно на 100 частиц

图 26.21 欧亚对应申请授权公告文本首页

ФОРМУЛА ИЗОБРЕТЕНИЯ

1. Способ получения гранул из композиции на основе связующей матрицы, включающий следующие стадии:

а) обеспечение от 40 до 60 вес.% связующей матрицы, от 30 до 40 вес.% полимера, от 4 до 6 вес.% средства, улучшающего совместимость, и от 3 до 15 вес.% антиадгезионного наполнителя;

b) микронизация полимера в присутствии средства, улучшающего совместимость, с образованием препарата на основе микронизированного полимера, содержащего частицы полимера с диаметром в диапазоне от 250 до 1000 мкм;

с) добавление связующей матрицы в указанный препарат на основе микронизированного полимера, полученный на стадии b), с образованием смеси на основе связующей матрицы;

d) добавление антиадгезионного наполнителя в указанную смесь на основе связующей матрицы, полученную на стадии с), с образованием пастообразной композиции ядра;

е) формирование предварительно гранулированного продукта из пастообразной композиции ядра, полученной на стадии d);

f) высушивание предварительно гранулированного продукта;

g) покрытие предварительно гранулированного продукта оболочкой со средством, препятствующим слипанию,

при этом стадию b) осуществляют при температуре менее или равной 60°C, стадии с) и d) осуществляют при температуре в диапазоне от 130 до 200°C.

2. Способ по п.1, при котором диаметр частиц полимера составляет в диапазоне от 400 до 600 мкм.

3. Способ по п.1, при котором стадия е предусматривает создание давления в диапазоне от 2000 до 7000 кПа.

4. Способ по любому из предыдущих пунктов, при котором полимер представляет собой стирол-бутадиен-стирольный сополимер (SBS).

5. Способ по любому из предыдущих пунктов, при котором стадия d) дополнительно включает добавление от 1 до 5 вес.% сшивающего средства.

6. Способ по любому из предыдущих пунктов, при котором средство, улучшающее совместимость, выбирают из группы, включающей воск на основе смеси производных жирных кислот, парафиновый воск, воск растительного происхождения, воск животного происхождения или их смесь.

7. Способ по любому из предыдущих пунктов, при котором связующую матрицу выбирают из группы, включающей битум класса 35/50, битум класса 50/70, битум класса 70/100, битум класса

671

图 26.22　欧亚对应申请授权公告文本中的权利要求部分

如图 26.23 所示，如果 EAPO 已经针对欧亚对应申请作出准予授予欧亚专利权通知书，但该申请尚未授权公告，EAPO 通常会在该通知书中明确指出哪些权利要求可以授权。申请人可以根据该通知书中指出的权利要求提交日获得最新可授权权利要求。

如果欧亚对应申请在授权公告后进行过对权利要求的更正，或者经过了无效程序且程序中涉及对权利要求的修改，则申请人必须以含有上述更正或修改后内容的最新可授权权利要求为准。

3. 能否举例说明欧亚对应申请可授权权利要求副本的样式？

申请人在提交欧亚对应申请最新可授权权利要求副本时，可以自行提交任意形式的权利要求副本，并非必须提交官方副本。欧亚对应申请可授权权利要求副本的样页举例如图 26.24 所示。

ЕВРАЗИЙСКАЯ ПАТЕНТНАЯ ОРГАНИЗАЦИЯ (ЕАПО)
Eurasian Patent Organization
❖
ЕВРАЗИЙСКОЕ ПАТЕНТНОЕ ВЕДОМСТВО (ЕАПВ)
Eurasian Patent Office

М. Черкасский пер., 2, Москва, 109012, Россия
M. Cherkassky per. 2, Moscow, 109012, Russia

Факс (Fax): +7(495) 621-2423, E-mail: info@eapo.org

ЭЛЕКТРОННО

На № **562188EA** от **25/08/2022**
Номер заявки: **202091036**
Дата отправки **03.11.2022**

ООО "Юридическая фирма Городисский и Партнеры"
ул. Большая Спасская, д. 25, стр. 3, г. Москва, Россия, 129090
евразийскому патентному поверенному
г-ну Медведеву В.Н.

УВЕДОМЛЕНИЕ
о готовности выдать евразийский патент

В результате рассмотрения данной заявки коллегией экспертов ЕАПВ установлены соответствие заявленного изобретения (группы изобретений) условиям патентоспособности, предусмотренным правилом 3 Патентной инструкции к Евразийской патентной конвенции (далее - Инструкция), и возможность выдачи евразийского патента с:

формулой изобретения	☐ в первоначальной редакции	☒ в редакции от **25/08/2022**
описанием изобретения	☒ в первоначальной редакции	☐ в редакции от
рефератом	☒ в первоначальной редакции	☐ в редакции от
чертежами	☒ в первоначальной редакции	☐ в редакции от

1. Решение о выдаче евразийского патента будет принято при условии:
☒ уплаты заявителем установленных пошлин, в том числе:
☒ пошлины за выдачу евразийского патента в размере **25000** рублей РФ

Пошлина за выдачу евразийского патента должна быть уплачена в установленном размере в течение 4-х месяцев с даты направления данного уведомления (правило 47(3) Инструкции, пункты 1(5), 5(1) Положения о пошлинах Евразийской патентной организации (далее-ЕАПО)).
*Если в течение этого срока заявитель не уплатил пошлину за выдачу евразийского патента, он может уплатить ее в течение 2-х месяцев с даты окончания вышеуказанного четырехмесячного срока при условии уплаты дополнительной пошлины в размере **4800** рублей РФ (правило 47(3) Инструкции, пункты 1(5), 5(3) Положения о пошлинах ЕАПО).*

☒ дополнительной пошлины за публикацию материалов евразийского патента в размере **49500** рублей РФ (количество листов в заявке: **233**, включая формулу изобретения, описание изобретения, реферат, чертежи и иные подлежащие публикации материалы).

Согласно правилу 50(4) Инструкции дополнительная пошлина увеличивается за публикацию евразийского патента, если в подлежащих публикации материалах содержится более 35 листов.
Дополнительная пошлина должна быть уплачена в установленном размере в течение 6-ти месяцев (правило 50(4) Инструкции, пункты 1(5), 5(2) Положения о пошлинах ЕАПО) с даты направления данного уведомления.

В случае неуплаты указанных пошлин выдача и публикация евразийского патента не производятся, а заявка считается отозванной.

2. ☐ Заявителю предлагается внести следующие изменения в
☐ формулу изобретения,   пункты
☐ описание изобретения,   страницы
☐ чертежи,   номера
☐ реферат
Копии страниц ☐ прилагаются   ☐ не прилагаются
Заявителю следует представить один экземпляр ☐ формулы, ☐ реферата, ☐ чертежей
в течение срока, указанного в п.1 настоящего уведомления.

3. Название изобретения при публикации описания изобретения будет приведено:
☒ в первоначальной редакции:
☐ по заявлению о выдаче евразийского патента
☒ по описанию к изобретению
☐ в редакции, изложенной в корреспонденции от
☐ в предлагаемой редакции ()

Ведущий эксперт
Отдела химии и медицины

Документ подписан электронной подписью
Сертификат: 1623342495248
Владелец: CN=Смирнова И.И.
Действителен: 10.06.2021-09.06.2026

И.И.Смирнова
+7(495)411-61-61*393

图 26.23   准予授予欧亚专利权通知书中指出可授权的权利要求

ИЗМЕНЕННАЯ ФОРМУЛА ИЗОБРЕТЕНИЯ

1. Способ лечения пациента-человека с пароксизмальной ночной гемоглобинурией (PNH) или атипичным гемолитико-уремическим синдромом (aHUS), включающий введение пациенту во время цикла введения эффективного количества антитела против C5 комплемента (антитела против C5) или его антигенсвязывающего фрагмента, содержащего последовательности CDR1, CDR2 и CDR3 тяжелой цепи, указанные в SEQ ID NO:19, 18 и 3, соответственно, и последовательности CDR1, CDR2 и CDR3 легкой цепи, указанные в SEQ ID NO:4, 5 и 6, соответственно, где антитело против C5 или его антигенсвязывающий фрагмент вводят:

(a) один раз на сутки 1 цикла введения в дозе: 2400 мг для пациента массой ≥ 40 - < 60 кг, 2700 мг для пациента массой ≥ 60 - < 100 кг или 3000 мг для пациента массой ≥ 100 кг; и

(b) на сутки 15 цикла введения и каждые восемь недель после этого в дозе 3000 мг для пациента массой ≥ 40 - < 60 кг, 3300 мг для пациента массой ≥ 60 - < 100 кг или 3600 мг для пациента массой ≥ 100 кг.

2. Способ лечения пациента-человека с пароксизмальной ночной гемоглобинурией (PNH) или атипичным гемолитико-уремическим синдромом (aHUS), включающий введение пациенту во время цикла введения эффективного количества антитела против C5 комплемента (антитела против C5) или его антигенсвязывающего фрагмента, содержащего последовательности CDR1, CDR2 и CDR3 тяжелой цепи, указанные в SEQ ID NO:19, 18 и 3, соответственно, последовательности CDR1, CDR2 и CDR3 легкой цепи, указанные в SEQ ID NO:4, 5 и 6, соответственно, и вариант константной области Fc человека, который связывает неонатальный рецептор Fc человека (FcRn), где вариант CH3 константной области Fc человека содержит замены Met-429-Leu и Asn-435-Ser в остатках, соответствующих метионину 428 и аспарагину 434 нативной константной области Fc IgG человека, каждый согласно нумерации EU, где антитело против C5 или его антигенсвязывающий фрагмент вводят:

(a) один раз на сутки 1 цикла введения в дозе: 2400 мг для пациента массой ≥ 40 - < 60 кг, 2700 мг для пациента массой ≥ 60 - < 100 кг или 3000 мг для пациента массой ≥ 100 кг; и

(b) на сутки 15 цикла введения и каждые восемь недель после этого в дозе 3000 мг для пациента массой ≥ 40 - < 60 кг, 3300 мг для пациента массой ≥ 60 - < 100 кг или 3600 мг для пациента массой ≥ 100 кг.

3. Способ по п.1 или 2, где пациента ранее подвергали лечению с использованием экулизумаба.

4. Способ по любому из предшествующих пунктов, где цикл введения начинается по меньшей мере через две недели после последней введенной пациенту дозы экулизумаба.

1

图 26. 24　EAPO 授权公告文本中记载的权利要求副本样例

注：权利要求的全部内容都需提交，这里限于篇幅，不再展示后续内容。

673

4. 如何获取欧亚对应申请工作结果中的引用文献信息？

欧亚对应申请工作结果中的引用文献分为专利文献和非专利文献。EAPO 在审查和检索中所引用的所有文献都会被记载在欧亚对应申请的授权公告文本中。申请人可以通过查询欧亚对应申请授权公告获取其信息，如图 26.25 所示。

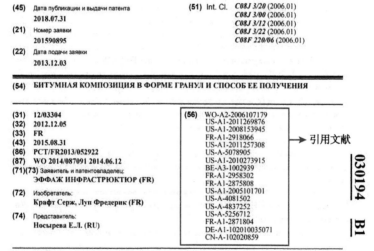

图 26.25　欧亚对应申请引用文献的查找

5. 如何获知引用文献中的非专利文献构成欧亚对应申请的驳回理由？

申请人可以查询 EAPO 发出的检索阶段、实质审查阶段等各阶段的通知书，在这些通知书的引用文献和正文中获取 EAPO 申请中构成驳回理由的非专利文献信息。

当 EAPO 发出的通知书中含有利用非专利文献对欧亚对应申请的新颖性、创造性进行判断的内容，且该内容中显示该非专利文献影响了欧亚对应申请的新颖性、创造性，则该非专利文献属于构成驳回理由的文献，申请人需要在提交 PPH 请求时将该非专利文献一并提交。

五、信息填写和文件提交的注意事项

1. 在 PPH 请求表中填写中国本申请与欧亚对应申请的关联性关系时，有哪些注意事项？

（1）在 PPH 请求表中表述中国本申请与欧亚对应申请的关联性关系时，必须写明中国本申请与欧亚对应申请之间的关联方式（如优先权、PCT 申请不同国家阶段等）。如果中国本申请与欧亚对应申请达成关联需要经过一个或多个其他相关申请，也需写明相关申请的申请号以及达成关联的具体方式。

例如：

1）中国本申请是中国申请 A 的分案申请，欧亚对应申请是欧亚申请 B 的分案申请，中国申请 A 要求了欧亚申请 B 的优先权。

2）中国本申请是中国申请 A 的分案申请，中国申请 A 是 PCT 申请 B 进入中国国家阶段的申请。欧亚对应申请、中国国家申请与 PCT 申请 B 共同要求了欧亚申请 C 的优先权。

3）中国申请和欧亚申请 A 均为 PCT 申请 B 进入两国国家阶段的申请，其共同有效要求了欧亚申请 C 的优先权。对应申请是欧亚在先申请 A 的分案申请。

（2）涉及多个欧亚对应申请时，则需分条逐项写明中国本申请与每一个欧亚对应申请的关系。

2. 在 PPH 请求表中填写中国本申请与欧亚对应申请权利要求的对应性解释时，有哪些注意事项？

基于 EAPO 工作结果向 CNIPA 提交 PPH 请求的，权利要求的对应性解释上无特别的注意事项，参见本书第一章的相关内容即可。

3. 在 PPH 请求表中填写欧亚对应申请所有工作结果的名称时，有哪些注意事项？

（1）应当填写 EAPO 在所有审查阶段作出的的全部工作结果，既包括检索阶段、实质审查阶段的所有通知书，也包括异议阶段的所有通知书。

需要注意的是，EAPO 的审查程序中，其在国家公布之前将完成检索阶段并将检索报告和意见发送给申请人。因此，检索阶段作出的报告和意见也应当作为工作结果的一部分。

（2）各通知书的作出时间应当填写其通知书的发文日，在发文日无法确定的情况下允许申请人填写其通知书的起草日或完成日。

（3）各通知书的名称应当使用其正式的中文译名填写，不得全部以"通知书"或者"审查意见通知书"代替。

（4）对于未在《中欧亚流程》中给出明确中文译名的通知书，申请人可以按其通知书原文名称自行翻译后填写在 PPH 请求表中并将其原文名称填写在翻译的中文名称后的括号内，以便审查核对。

（5）如果有多个欧亚对应申请，请分别对各个欧亚对应申请进行工作结果的查询并填写到 PPH 请求表中。

4. 在 PPH 请求表中填写欧亚对应申请所有工作结果引用文献的名称时，有哪些注意事项？

在填写欧亚对应申请所有工作结果引用文献的名称时，无特别注意事项，参见本书第一章的相关内容即可。

5. 在提交欧亚对应申请国内工作结果的副本及译文时，有哪些注意事项？

（1）所有欧亚对应申请的工作结果副本均需要被完整提交，包括其著录项目信息、表格页、正文页或附件也应当被提交。并且，即使在进行中欧亚 PPH 项目中对应申请可授权性的判定时，仅以在 EAPO 的 EAPO 的准予授予欧亚专利权通知书或授予欧亚专利权决定中被清楚明确指出的具有可授权性的权利要求作为判定标准，但是整个与可授权性相关的审查过程的所有通知书，例如检索阶段、实质审查阶段的一系列通知书也应当被作为工作结果的一部分进行提交。

（2）按照 EAPO 审查程序，EAPO 的工作语言为俄语，因此，针对欧亚对应申请的所有工作结果副本必须提交中文或英文译文。

（3）根据《中欧亚流程》的规定，欧亚对应申请工作结果副本及其译文不存在省略提交的情形。

6. 在提交欧亚对应申请最新可授权权利要求副本及译文时，有哪些注意事项？

申请人在提交欧亚对应申请最新可授权权利要求副本时，一是要注意可授权权利要求是否最新；二是要注意权利要求的内容是否完整，即使有一部分权利要求在 CNIPA 申请中没有被利用到，也需要一起完整提交。

根据《中欧亚流程》的规定，申请人必须自行提交最新的具有可授权性的权利要求的副本及其译文，不允许省略提交。

7. 在提交欧亚对应申请国内工作结果中引用的非专利文献副本时，有哪些注意事项？

当欧亚对应申请工作结果中的非专利文献涉及驳回理由时，申请人应当在提交 PPH 请求时将所有涉及驳回理由的非专利文献副本一并提交。而对于所有的专利文献和未构成驳回理由的非专利文献，申请人只需将其信息填写在 PPH 请求书 E 项第 2 栏中即可，不需要提交相应的文件副本。

申请人提交文件时应确保其提交的内容完整，提交的类型正确，即按照"对应申请审查意见引用文献副本"类型提交。

如果所需提交的非专利文献是由除中文或英文之外的文字撰写，申请人也只需提交非专利文献文本即可，不需要对其进行翻译。

如果欧亚对应申请存在两份或两份以上非专利文献副本，则应该作为一份"对应申请审查意见引用文献副本"提交。

第二十七章 基于马来西亚知识产权局工作结果向中国国家知识产权局提交常规 PPH 请求

一、概述

1. 基于 MyIPO 工作结果向 CNIPA 提交 PPH 请求的项目依据是什么？

中马 PPH 试点于 2018 年 7 月 1 日启动。《在中马专利审查高速路项目试点下向中国国家知识产权局提出 PPH 请求的流程》（以下简称《中马流程》）即为基于 MyIPO 工作结果向 CNIPA 提交 PPH 请求的项目依据。

2. 基于 MyIPO 工作结果向 CNIPA 提交 PPH 请求的种类分为哪些？

CNIPA 与 MyIPO 签署的为双边 PPH 试点项目。按照提出 PPH 请求所使用的对应申请审查机构的工作结果来划分，基于 MyIPO 工作结果向 CNIPA 提交 PPH 请求的种类仅包括基本型双边常规 PPH。

3. CNIPA 与 MyIPO 开展 PPH 试点项目的期限有多长？

中马 PPH 试点自 2018 年 7 月 1 日起开始试行，为期两年，至 2020 年 6 月 30 日结束。其后该试点于 2020 年 7 月 1 日起延长两年，至 2022 年 6 月 30 日止。

现行中马 PPH 试点自 2022 年 7 月 1 日起延长五年，至 2027 年 6 月 30 日止。在两局提交 PPH 请求的有关要求和流程不变。

今后，将视情况，根据局际间的共同决定作出是否继续延长试点项目及相应延长期限的决定。

4. 基于 MyIPO 工作结果向 CNIPA 提交 PPH 请求有无领域和数量限制？

《中马流程》中提到："两局在请求数量超出可管理的水平时，或出于其他任何原因，可终止本 PPH 试点。PPH 试点终止之前，将先行发布通知。"

5. 如何获得 MyIPO 申请的相关信息？

如图 27.1 所示，申请人可以通过登录马来西亚知识产权局的官方网站（网址 www. MyIPO. gov. my/en/home/）查询对应申请的相关信息。

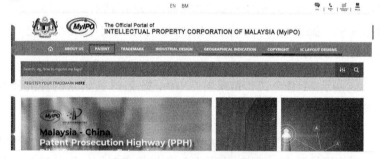

图 27.1 MyIPO 官方网站主页

在"PATENT"条目下选择"SEARCH PATENT"，进入"SEARCH PATENT"后，点击左下角"IP ONLINE SEARCH"，如图 27.2 所示。

图 27.2 MyIPO 专利检索首页

进入"IP ONLINE SEARCH"后，继续选择"Patent""Search"，直至进入如图 27.3 所示的界面。

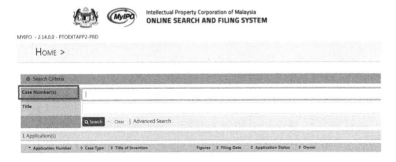

图 27.3　MyIPO 专利检索页面

进入专利检索页面后，在"Case Number"中输入马来西亚对应申请的申请号，例如"PI 20××123456"，即可浏览对应申请的相关信息，如图 27.4 所示。

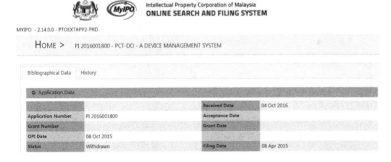

图 27.4　MyIPO 专利检索页面中马来西亚对应申请的相关信息

二、中国本申请与马来西亚对应申请关联性的确定

1. MyIPO 对应申请号的格式是什么？如何确认 MyIPO 对应申请号？

对于 MyIPO 专利申请，申请号的格式一般为"PI 20××123456"，其中"20×④"位数字如"2003"表示申请提交的年份，最后6位数字表示识别单个申请的序列号如123456。

马来西亚对应申请号是指申请人在 PPH 请求中所要利用的 My-IPO 工作结果中记载的申请号。申请人可以通过 MyIPO 作出的工作结果，例如实质审查明确报告（Substantive Examination Clear Report）的首页获取马来西亚对应申请号。

2. 马来西亚对应申请的著录项目信息如何核实？

PPH 流程所要求的申请间关联性关系，例如优先权信息、分案申请信息、PCT 申请进入国家阶段的信息等，需要通过核实中国本申请和对应申请的著录项目信息来确定。申请人一般可以通过以下两种方式获取马来西亚对应申请的著录项目信息。

一是在申请时提交的请求表中获取相关著录项目信息，包括国际申请号（如果有）、优先权（如果有）、申请人等信息，如图 27.5所示。

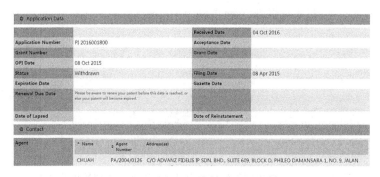

图 27.5　马来西亚对应申请中相关信息的获取

二是通过对应申请的授权公告本文核实。相关著录项目信息会在授权公告文本的扉页显示，包括申请号、国际申请号（如果有）、优先权号（如果有）、申请人等。

对于分案申请，申请人可以通过"分案情报"（分案信息）获取相关信息。

3. 中国本申请与马来西亚对应申请的关联性关系一般包括哪些情形？

以马来西亚申请作为对应申请向 CNIPA 提出的 PPH 请求限于基本型常规 PPH 请求。申请人不能利用 OSF 先作出的工作结果要求 OFF 进行加快审查，同时两申请间的关系仅限于中马两局间，不能扩展为共同要求第三个国家或地区的优先权。

符合中国本申请与马来西亚对应申请关联性关系的具体情形如下。

（1）中国本申请要求了马来西亚申请的优先权

如图 27.6 所示，中国本申请和马来西亚对应申请均为普通国家申请，且中国本申请要求了马来西亚对应申请的优先权。

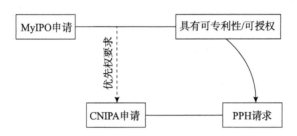

图 27.6　中国本申请和马来西亚对应申请均为普通国家申请

如图 27.7 所示，中国本申请是 PCT 申请进入中国国家阶段的申请，且要求了马来西亚对应申请的优先权。

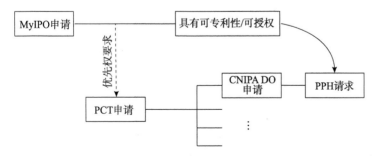

图 27.7　中国本申请为 PCT 申请进入中国国家阶段的申请

如图 27.8 所示，中国本申请依《巴黎公约》有效要求马来西亚对应申请和另外其他任意局申请的多项优先权，其中马来西亚对应申请作为首次申请。

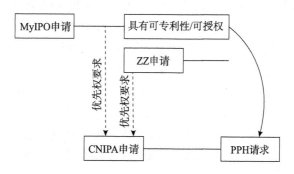

图 27.8 中国本申请要求包含马来西亚对应申请的多项优先权

如图 27.9 所示，中国本申请和马来西亚对应申请共同要求了另一马来西亚申请的优先权。

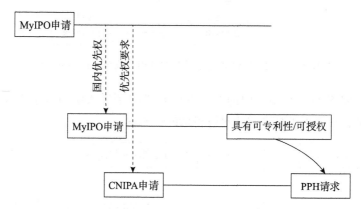

**图 27.9 中国本申请和马来西亚对应申请共同要求
另一马来西亚申请的优先权**

如图 27.10 所示，中国本申请和马来西亚对应申请是同一 PCT 申请进入各自国家阶段的申请，该 PCT 申请要求了另一马来西亚申请的优先权。

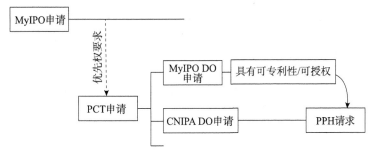

图 27.10 中国本申请和马来西亚对应申请是要求另一马来西亚
申请优先权的 **PCT** 申请进入各自国家阶段的申请

（2）中国本申请和马来西亚对应申请为未要求优先权的 PCT
申请进入各自国家阶段的申请

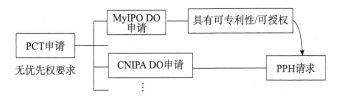

图 27.11 中国本申请和马来西亚对应申请是未要求优先权的
PCT 申请进入各自国家阶段的申请

（3）中国本申请要求了 PCT 申请的优先权，且 PCT 申请未要
求优先权，马来西亚对应申请为该 PCT 申请的国家阶段申请

如图 27.12 所示，中国本申请是普通国家申请，要求了 PCT 申
请的优先权，马来西亚对应申请是该 PCT 申请的国家阶段申请。

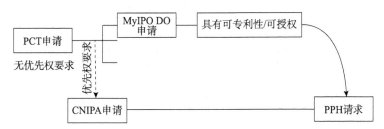

图 27.12 中国本申请要求 **PCT** 申请的优先权且马来西亚
对应申请是该 **PCT** 申请的国家阶段申请

如图 27.13 所示，中国本申请是 PCT 申请进入国家阶段的申请，要求了另一 PCT 申请的优先权，马来西亚对应申请是作为优先权基础的 PCT 申请的国家阶段申请。

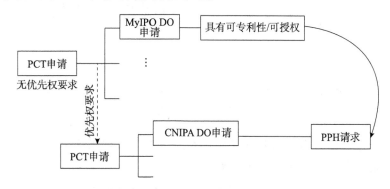

图 27.13　中国本申请是要求 PCT 申请优先权的另一 PCT 申请进入国家阶段的申请且马来西亚对应申请是作为优先权基础的 PCT 申请的国家阶段申请

如图 27.14 所示，中国本申请和马来西亚对应申请是同一 PCT 申请进入各自国家阶段的申请，该 PCT 申请要求了另一 PCT 申请的优先权。

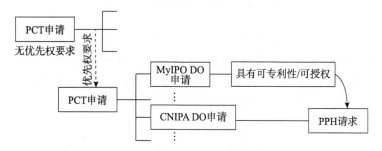

图 27.14　中国本申请和马来西亚对应申请是同一 PCT 申请进入各自国家阶段的申请且该 PCT 申请要求另一 PCT 申请的优先权

4. 中国本申请与马来西亚对应申请的派生申请是否满足要求？

如果中国申请与马来西亚申请符合 PPH 流程所规定的关联性关系，则中国申请的派生申请作为中国本申请，或者马来西亚申请的派生申请作为对应申请，也符合关联性要求。例如，中国申请 A 有效要求了马来西亚对应申请的优先权，中国申请 B 是中国申请 A 的分案申请，则中国申请 B 与马来西亚对应申请的关系满足申请间关联性要求。

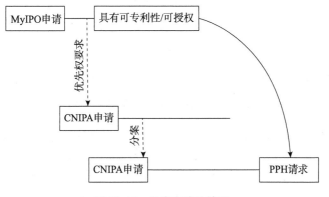

图 27.15　分案申请的情形

同理，如果中国本申请要求了马来西亚申请 A 的优先权，马来西亚申请 B 是马来西亚申请 A 的分案申请，则该中国本申请与马来西亚对应申请 B 的关系也满足申请间关联性要求。

三、马来西亚对应申请可授权性的判定

1. 判定马来西亚对应申请可授权性的最新工作结果一般包括哪些？

马来西亚对应申请的工作结果是指 MyIPO 作出的与马来西亚对应申请可授权性相关的所有国内工作结果，包括实质审查、复审、异议、无效阶段通知书。

根据《中马流程》的规定，权利要求"被认定为可授权/具有可专利性"是指 MyIPO 审查员在最新的审查意见通知书中明确指出权利要求"具有可专利性"，即使该申请尚未得到专利授权。所

述审查意见通知书包括：实质审查明确报告、实质审查反对报告（Substantive Examination Adverse Report）、驳回通知书（Notice of Refusal）。

上述最新的审查意见通知书是以向 CNIPA 提交 PPH 请求之前或当日作为时间点来判断的，即以向 CNIPA 提交 PPH 请求之前或当日最新的工作结果中的意见作为认定马来西亚对应申请权利要求"可授权/具有可专利性"的标准。

2. 对于 MyIPO 最新工作结果中不属于"明确指出"的模糊性意思表示或者假设性意思表示一般包括哪些？

例如 MyIPO 在最新工作结果通知书正文部分虽然指明该对应申请的现有技术的检索结果中不存在对"三性"造成影响的文献，但是在通知书关于其他缺陷的评述中指出说明书未对权利要求中记载的发明进行清楚完整的说明以使得所属技术领域的技术人员能够得以实现。类似于这种情况，没检出可驳回的对比文献并不等同于该申请的权利要求可授权/具有可专利性；同时，由于存在其他缺陷，因而实际上 MyIPO 并没有给出任何权利要求可授权/具有可专利性的意见。

四、相关文件的获取

1. 如何获取马来西亚对应申请的所有工作结果副本？

可以按如下步骤获取马来西亚对应申请的所有工作结果副本。

步骤 1（见图 27.16）：在 MyIPO 官网查询平台中输入马来西亚对应申请的申请号。

步骤 2（见图 27.17）：进入对应申请的著录项目信息页面，选择通知书的获取方式，例如电子邮件或邮政服务。

步骤 3：在审查历史（History）界面，选择并获取（点击"Get Report List"）马来西亚对应申请在不同审查阶段所发出的审查意见通知书。

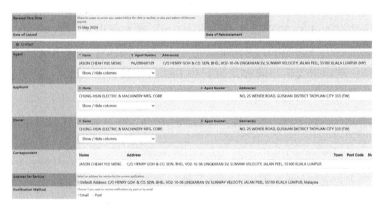

图 27.16 步骤 1 输入马来西亚对应申请的申请号

图 27.17 步骤 2 选择通知书的获取方式

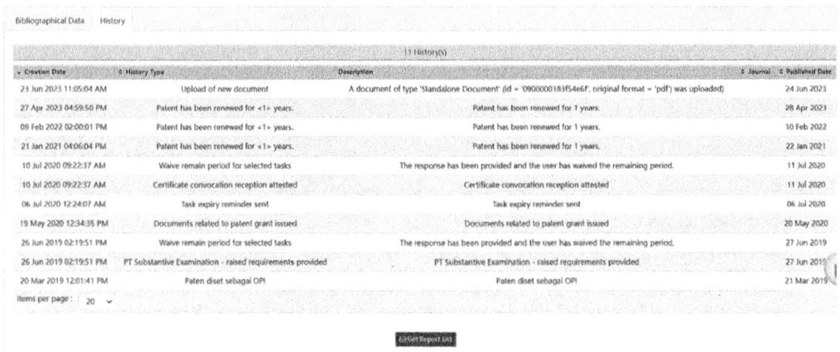

图 27.18 步骤 3 在审查历史界面选择并获取审查工作结果

2. 如何获取马来西亚对应申请最新可授权的权利要求副本？

如果 MyIPO 对应申请已经授权公告，则可以在授权公告中获得已授权的权利要求副本——点击相应的申请号即可。

如果 MyIPO 对应申请尚未授权公告，则可以通过查询审查记录获取最新可授权的权利要求副本。

3. 如何获取马来西亚对应申请工作结果中的引用文献信息？

马来西亚对应申请审查工作结果中的引用文献分为专利文献和非专利文献。MyIPO 在审查和检索中所引用的所有文献的信息都会被记载在 MyIPO 的审查工作结果中。申请人可以通过查询 MyIPO 所有审查工作结果的内容获取其信息。若马来西亚对应申请已经被授权，则申请人可以直接从该对应申请的授权公告文本中获取其所有的引用文献信息，如图 27.19 所示。

PATENT DETAILS

Disclaimer: The information available is not intended to be comprehensive information, Perbadanan Harta Intelek Malaysia (MyIPO) shall not be liable to any consequences of errors or omissions.

(12)	MALAYSIAN PATENT	(11)	MY-174808-A
(21)	Application No.: PI 2017001350	(56)	Prior Art: WO 0170376 A1 (IDATECH LLC) 27 September 2001 GB 1032131 A (ENGELHARD INDUSTRIES, INC) 8 June 1966 US 20040003720 A1 (Beisswenger et al.) 8 January 2004 US 7 972 420 B2 (Pledger et al.) 5 July 2011
(22)	Filing date: 15 Sep 2017		
(47)	Date of Grant: 15 May 2020		
(30)	Priority Data: None		
(51)	Classification, ICT CL: -	(72)	Inventor(s): HILL, CHARLES R. POPHAM, VERNON WADE
		(73)	Patent Owner: CHUNG-HSIN ELECTRIC & MACHINERY MFG. CORP., NO. 25 WENDE ROAD, GUISHAN DISTRICT, TAOYUAN CITY 333, Taiwan (Province of China)
		(74)	Agent: JASON CHEAH YUE MENG, C/O HENRY GOH & CO. SDN. BHD., VO2-10-06 LINGKARAN SV, SUNWAY VELOCITY, JALAN PEEL, 55100 KUALA LUMPUR, Malaysia
(54)	Title: MEMBRANE MODULES FOR HYDROGEN SEPARATION AND FUEL PROCESSORS AND FUEL CELL SYSTEMS INCLUDING THE SAME		
(57)	Abstract: Membrane modules for hydrogen separation and fuel processors and fuel cell systems including the same are disclosed herein. The membrane modules include a plurality of membrane packs. Each membrane pack includes a first hydrogen-selective membrane, a second hydrogen-selective membrane, and a fluid-permeable support structure positioned between the first hydrogen-selective membrane and the second hydrogen-selective membrane. In some embodiments, the membrane modules also include a permeate-side frame member and a mixed gas-side frame member, and a thickness of the permeate-side frame member may be less than a thickness of the mixed gas-side frame member. In some embodiments, the support structure includes a screen structure that		

图 27.19 MyIPO 授权公告文本中的引用文献信息

4. 如何获知引用文献中的非专利文献构成马来西亚对应申请的驳回理由？

申请人可以通过查询 MyIPO 发出的各个阶段的审查意见通知书，如驳回理由通知书，获取马来西亚对应申请中构成驳回理由的非专利文献信息。当 MyIPO 发出的审查意见通知书中含有利用该非专利文献对该马来西亚对应申请的新颖性、创造性进行判断的内容，且该内容中显示该非专利文献影响了马来西亚对应申请的新颖性、创造性，则该非专利文献属于构成驳回理由的文献，申请人需要在提交 PPH 请求时将该非专利文献一并提交。

五、信息填写和文件提交的注意事项

1. 在 PPH 请求表中填写中国本申请与马来西亚对应申请的关联性关系时，有哪些注意事项？

（1）在 PPH 请求表中表述中国本申请与马来西亚对应申请的关联性关系时，必须写明中国本申请与马来西亚对应申请之间的关联方式（如优先权、PCT 申请不同国家阶段等）。如果中国本申请与马来西亚对应申请达成关联需要经过一个或多个其他相关申请，也需写明相关申请的申请号以及达成关联的具体方式。

例如：

1）中国本申请是中国申请 A 的分案申请，马来西亚对应申请是马来西亚申请 B 的分案申请，中国申请 A 要求了马来西亚申请 B 的优先权。

2）中国本申请是中国申请 A 的分案申请，中国申请 A 是 PCT 申请 B 进入中国国家阶段的申请。马来西亚对应申请、中国申请 A 与 PCT 申请 B 均要求了马来西亚申请 C 的优先权。

（2）涉及多个马来西亚对应申请时，则需分条逐项写明中国本申请与每一个马来西亚对应申请的关系。

691

2. 在 PPH 请求表中填写中国本申请与马来西亚对应申请权利要求的对应性解释时，有哪些注意事项？

基于 MyIPO 工作结果向 CNIPA 提交 PPH 请求的，权利要求的对应性解释上无特别的注意事项，参见本书第一章的相关内容即可。

3. 在 PPH 请求表中填写马来西亚对应申请所有工作结果的名称时，有哪些注意事项？

（1）应当填写 MyIPO 在所有审查阶段作出的全部工作结果，既包括实质审查阶段的所有通知书，也包括实质审查阶段以后的复审、异议、无效、授权后更正等阶段的所有通知书。

（2）各通知书的作出时间应当填写其通知书的发文日，在发文日无法确定的情况下允许申请人填写其通知书的起草日或完成日。所有通知书的发文日一般都在通知书首页可以找到，应准确填写。

（3）对各通知书的名称，申请人可以按其通知书原文名称自行翻译后填写在请求表中，并将其原文名称填写在翻译的中文名称后的括号内，以便审查核对。各通知书的名称应当使用其正式的中文译名填写，不得以"通知书"或者"审查意见通知书"代替。

（4）如果有多个马来西亚对应申请，请分别对各个马来西亚对应申请进行工作结果的查询并填写到请求表中。

4. 在 PPH 请求表中填写马来西亚对应申请所有工作结果引用文献的名称时，有哪些注意事项？

在填写马来西亚对应申请所有工作结果引用文件的名称时，无特别注意事项，参见本书第一章的相关内容即可。

5. 在提交马来西亚对应申请国内工作结果的副本及译文时，有哪些注意事项？

（1）根据《中马流程》，所有的工作结果副本均需要被完整提

692

交——包括其著录项目信息、格式页或附件也应当被提交。

（2）按照 MyIPO 审查程序，MyIPO 的官方工作语言为英语或马来语，即所有通知书都将使用英语或马来语进行书写。当工作语言为英语时，针对上述工作结果不需要提交译文。但是当工作语言为马来语时，针对上述工作结果需要提交中文或英文译文。

（3）对于马来西亚对应申请，不存在工作结果副本及其译文可以省略提交的情形。

6. 在提交马来西亚对应申请最新可授权权利要求副本时，有哪些注意事项？

申请人在提交马来西亚对应申请最新可授权权利要求副本时，一是要注意可授权权利要求是否最新，例如在授权后的申诉程序中对权利要求有修改的情况；二是要注意权利要求的内容是否完整，即使有一部分权利要求在 CNIPA 申请中没有被利用到，也需要一起完整提交。

MyIPO 通常会提供权利要求副本的英文机器翻译。申请人可以直接提交 MyIPO 官网中关于该权利要求副本的机器翻译。但是，如果 CNIPA 审查员无法理解机器翻译的权利要求译文，会要求申请人重新提交译文。

对于中马 PPH 试点项目，对应申请可授权的权利要求副本及其译文不能省略提交。

7. 在提交马来西亚对应申请国内工作结果中引用的非专利文献副本时，有哪些注意事项？

当马来西亚对应申请工作结果中的非专利文献涉及驳回理由时，申请人应当在提交 PPH 请求时将所有涉及驳回理由的非专利文献副本一并提交。而对于所有的专利文献和未构成驳回理由的非专利文献，申请人只需将其信息填写在 PPH 请求书 E 项第 2 栏中即可，不需要提交相应的文件副本。

申请人提交文件时应确保其提交的内容完整，提交的类型正确，即按照"对应申请审查意见引用文献副本"类型提交。

如果所需提交的非专利文献是由除中文或英文之外的文字撰写，申请人也只需提交非专利文献文本即可，不需要对其进行翻译。

如果马来西亚对应申请存在两份或两份以上非专利文献副本，则应该作为一份"对应申请审查意见引用文献副本"提交。

694

第二十八章 基于挪威工业产权局工作结果向中国国家知识产权局提交常规 PPH 请求

一、概述

1. 基于 NIPO 工作结果向 CNIPA 提交 PPH 请求的项目依据是什么？

中挪 PPH 于 2020 年 4 月 1 日正式开展项目试点。《在中挪专利审查高速路试点项目下向中国国家知识产权局提出 PPH 请求的流程》（以下简称《中挪流程》）即为基于 NIPO 工作结果向 CNIPA 提交 PPH 的项目依据。

2. 基于 NIPO 工作结果向 CNIPA 提交 PPH 请求的种类分为哪些？

CNIPA 与 NIPO 签署的为双边 PPH 试点项目。按照提出 PPH 请求所使用的对应申请审查机构的工作结果来划分，基于 NIPO 工作结果向 CNIPA 提出 PPH 请求的种类仅包括基本型常规 PPH。

3. CNIPA 与 NIPO 开展 PPH 试点项目的期限？

中挪 PPH 试点项目自 2020 年 4 月 1 日起始，为期三年，至 2023 年 3 月 31 日止，并自 2023 年 4 月 1 日起延长五年，至 2028 年 3 月 31 日结束。

今后，将视情况，根据局际间的共同决定作出是否继续延长试点项目及相应延长期限的决定。

4. 基于 NIPO 工作结果向 CNIPA 提交 PPH 请求有无领域和数量限制？

《中挪流程》中提到："两局在请求数量超出可管理的水平时，或出于其他任何原因，可终止本 PPH 试点。PPH 试点终止之前，将先行发布通知。"

5. 如何获得挪威对应申请的相关信息？

如图 28.1 所示，申请人可以通过登录 NIPO 的官方网站（网址 www. patentstyret. no/）查询挪威对应申请的相关信息。

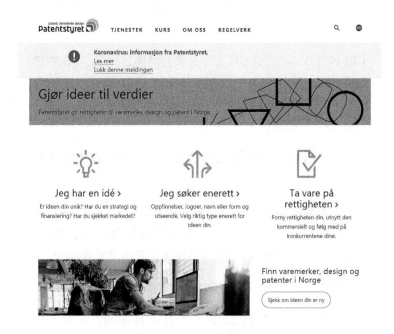

图 28.1 NIPO 官网主页

进入 NIPO 网站主页后，点击右下方的"Sjekk om ideen din er ny"选项，进入 NIPO 知识产权信息的专门页面，其中包含对专利、外观设计以及商标的查询，如图 28.2 所示。

图 28.2 NIPO 知识产权信息查询平台

　　进入查询页面后，在查询栏的选框中输入对应申请正确的申请号，同时查询栏下方的商标、专利、外观设计标签中的数字会根据输入的申请号产生变化，即该申请号涉及的三类知识产权的数量。选择第二栏"Patent"，会弹出挪威对应申请有关信息的列表，包括申请号、案件状态等信息。详如图 28.3 所示。

图 28.3 通过 NIPO 专利信息平台查询对应申请有关信息

　　点击对应申请号可以获得更为详细的相关著录项目信息，包括分类号、发明名称、申请人、案件状态以及相关文件等，如图 28.4 所示。

图 28.4　挪威对应申请详细的著录项目信息

点击右侧列表中的"Sakshistorikk"，即可获得审查历史以及相关文件，如图 28.5 所示。

图 28.5　挪威对应申请的审查历史以及相关文件

点击右侧列表中"Publikasjon（er）"一栏，即可跳转到获取授权公告文本的页面，如图 28.6 所示。

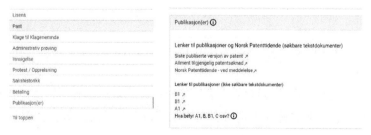

图 28.6　挪威对应申请相关文件信息以及授权公告文本的获取位置

二、中国本申请与挪威对应申请关联性的确定

1. 挪威对应申请号的格式是什么？如何确认挪威对应申请号？

对于 NIPC 专利申请，申请号的格式一般为“20××××××”，例如 20201234。

挪威对应申请号是指申请人在 PPH 请求中所要利用的 NIPO 工作结果中记载的申请号。申请人可以通过 NIPO 作出的工作结果，例如授权决定（Godkjenning til Meddelelse）首页获取挪威对应申请号，如图 28.7 所示。

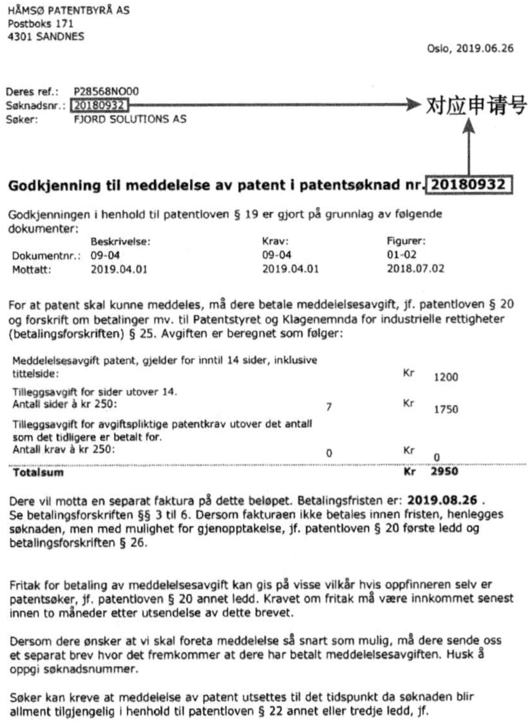

HÅMSØ PATENTBYRÅ AS
Postboks 171
4301 SANDNES

Oslo, 2019.06.26

Deres ref.: P28568NO00
Søknadsnr.: 20180932
Søker: FJORD SOLUTIONS AS

Godkjenning til meddelelse av patent i patentsøknad nr. 20180932

Godkjenningen i henhold til patentloven § 19 er gjort på grunnlag av følgende dokumenter:

	Beskrivelse:	Krav:	Figurer:
Dokumentnr.:	09-04	09-04	01-02
Mottatt:	2019.04.01	2019.04.01	2018.07.02

For at patent skal kunne meddeles, må dere betale meddelelsesavgift, jf. patentloven § 20 og forskrift om betalinger mv. til Patentstyret og Klagenemnda for industrielle rettigheter (betalingsforskriften) § 25. Avgiften er beregnet som følger:

Meddelelsesavgift patent, gjelder for inntil 14 sider, inklusive tittelside:		Kr	1200
Tilleggsavgift for sider utover 14. Antall sider à kr 250:	7	Kr	1750
Tilleggsavgift for avgiftspliktige patentkrav utover det antall som det tidligere er betalt for. Antall krav à kr 250:	0	Kr	0
Totalsum		**Kr**	**2950**

Dere vil motta en separat faktura på dette beløpet. Betalingsfristen er: **2019.08.26** . Se betalingsforskriften §§ 3 til 6. Dersom fakturaen ikke betales innen fristen, henlegges søknaden, men med mulighet for gjenopptakelse, jf. patentloven § 20 første ledd og betalingsforskriften § 26.

Fritak for betaling av meddelelsesavgift kan gis på visse vilkår hvis oppfinneren selv er patentsøker, jf. patentloven § 20 annet ledd. Kravet om fritak må være innkommet senest innen to måneder etter utsendelse av dette brevet.

Dersom dere ønsker at vi skal foreta meddelelse så snart som mulig, må dere sende oss et separat brev hvor det fremkommer at dere har betalt meddelelsesavgiften. Husk å oppgi søknadsnummer.

Søker kan kreve at meddelelse av patent utsettes til det tidspunkt da søknaden blir allment tilgjengelig i henhold til patentloven § 22 annet eller tredje ledd, jf.

图 28.7　NIPO 授权决定中挪威对应申请的申请号

2. 挪威对应申请的著录项目信息如何核实?

与 PPH 流程规定的两申请关联性相关的对应申请的信息，例如优先权信息、分案申请信息、PCT 申请进入国家阶段信息等，通常会在对应申请的著录项目信息记载。申请人一般可以通过以下两种方式获取挪威对应申请的著录项目信息。

一是在挪威对应申请的查询界面首页中点击对应申请号，可以获得更为详细的相关著录项目信息，包括国际申请号（如果有）、优先权（如果有）、申请人等，如图 28.8 所示。

图 28.8　NIPO 网站上获取的著录项目信息

二是通过挪威对应申请的授权公告本文核实。相关著录项目信息会在授权公告文本扉页显示，包括申请号、优先权号（如果有）、申请人等，如图 28.9 所示。

3. 中国本申请与挪威对应申请的关联性关系一般包括哪些情形?

以挪威申请作为对应申请向 CNIPA 提出的 PPH 请求的类型限

(12) **PATENT**

(11) **342939** (13) **B1**

(19) NO

NORGE

(51) Int Cl.

E21B 34/06 (2006.01)
F16K 31/04 (2006.01)
F16H 25/12 (2006.01)
E21B 34/00 (2006.01)

Patentstyret

(21)	Søknadsnr	20170567	(86)	Int.inng.dag og søknadsnr
(22)	Inng.dag	2017.04.05	(85)	Videreføringsdag
(24)	Løpedag	2017.04.05	(30)	Prioritet 2016.05.21, NO, 20160852
(41)	Alm.tilgj	2017.11.22		
(45)	Meddelt	2018.09.03		

→ 优先权

(73)	Innehaver	ELECTRICAL SUBSEA & DRILLING AS, Postboks 419, 5343 STRAUME, Norge
(72)	Oppfinner	Egil Eriksen, Postboks 43, 6847 VASSENDEN, Norge
(74)	Fullmektig	HÅMSØ PATENTBYRÅ AS, Postboks 171, 4301 SANDNES, Norge

(54)	Benevnelse	Elektro-mekanisk operert aktuator for nedihullsventil
(56)	Anførte publikasjoner	US 2007/0295515 A1, WO 2013/119127 A1, US 5070944 A
(57)	Sammendrag	

701

Ventil (1) innrettet til lukking av et gjennomgående strømningsløp ved bortfall av en elektrisk spenning tilført en drivmotor (6) for et aktueringselement (10), hvor drivmotoren (6), som omfatter en stator (6a) og en rotor (6b), via transmisjonselementer (7, 7a, 8) er innrettet til å kunne forskyve aktueringselementet (10) mellom i det minste en første posisjon hvor aktueringselementet (10) er anordnet i en avstand fra et fjærbelastet, dreibart ventilelement (5), og en andre posisjon hvor aktueringselementet (10) holder det fjærbelastede, dreibare ventilelementet (5) i en åpen stilling, idet drivmotorens (6) rotor (6b) omkranser og er koplet til en rullemutter (7) som er forsynt med et antall opplagrede gjengeruller (7a) som er fordelt omkring og er i gjenget inngrep med aktueringselementet (10), hvor aktueringselementet (10) er et strømningsrør som tildanner et strømningsløp (10b) og er aksielt forskyvbart bort fra sin andre posisjon ved hjelp av en aktuatorfjær (9).

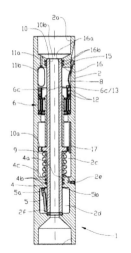

图 28.9 挪威对应申请授权公告文本中相关著录项目信息

于基本型常规 PPH 请求，申请人不能利用 OSF 先作出的工作结果要求 OFF 进行加快审查，同时两申请间的关系仅限于中挪两局间，不能扩展为共同要求第三个国家或地区的优先权。

符合中国本申请与挪威对应申请关联性关系的具体情形如下。

（1）中国本申请要求了挪威申请的优先权

如图 28.10 所示，中国本申请和挪威对应申请均为普通国家申请，且中国本申请要求了挪威对应申请的优先权。

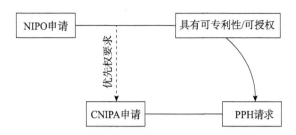

图 28.10　中国本申请和挪威对应申请均为普通国家申请

如图 28.11 所示，中国本申请是 PCT 申请进入中国国家阶段的
申请，且要求了挪威对应申请的优先权。

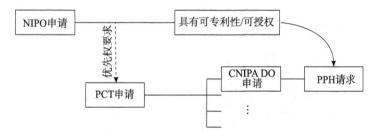

图 28.11　中国本申请是 PCT 申请进入中国国家阶段的申请

如图 28.12 所示，中国本申请要求了多项优先权，挪威对应申
请为其中一项优先权。

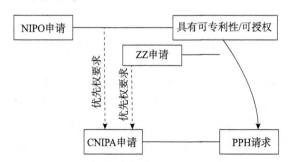

图 28.12　中国本申请要求包含挪威对应申请的多项优先权

如图 28.13 所示,中国本申请和挪威对应申请共同要求了另一挪威申请的优先权。

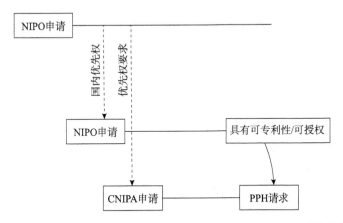

图 28.13 中国本申请和挪威对应申请共同要求另一挪威申请的优先权

如图 28.14 所示,中国本申请和挪威对应申请是同一 PCT 申请进入各自国家阶段的申请,该 PCT 申请要求了另一挪威申请的优先权。

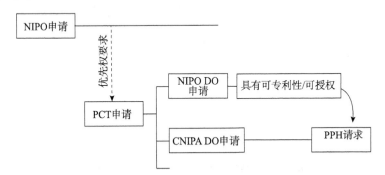

图 28.14 中国本申请和挪威对应申请是要求另一挪威申请优先权的 PCT 申请进入各自国家阶段的申请

（2）中国本申请和挪威对应申请为未要求优先权的同一 PCT 申请进入各自国家阶段的申请

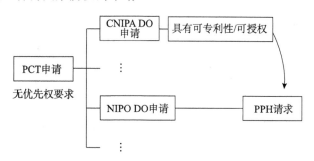

图 28.15　中国本申请和挪威对应申请是未要求优先权的同一 PCT 申请进入各自国家阶段的申请

（3）中国本申请要求 PCT 申请的优先权，且该 PCT 申请未要求优先权，挪威对应申请为该 PCT 申请的国家阶段申请

如图 28.16 所示，中国本申请是普通国家申请，要求了 PCT 申请的优先权，挪威对应申请是该 PCT 申请的国家阶段申请。

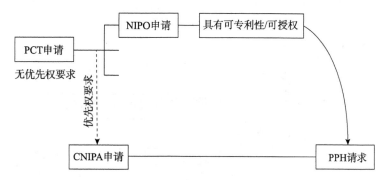

图 28.16　中国本申请要求 PCT 申请的优先权且挪威对应申请是该 PCT 申请的国家阶段申请

如图 28.17 所示，中国本申请是 PCT 申请进入国家阶段的申请，要求了另一 PCT 申请的优先权，挪威对应申请是作为优先权基础的 PCT 申请的国家阶段申请。

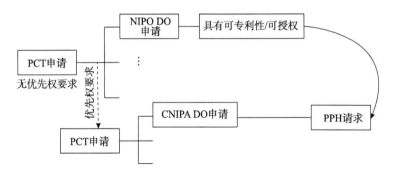

图 28.17　中国本申请是要求 PCT 申请优先权的另一 PCT 申请进入国家
阶段的申请且挪威对应申请是作为优先权基础的 PCT 申请的国家阶段申请

如图 28.18 所示，中国本申请和挪威对应申请是同一 PCT 申请
进入各自国家阶段的申请，该 PCT 申请要求了另一 PCT 申请的优
先权。

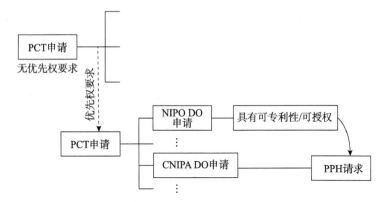

图 28.18　中国本申请和挪威对应申请是同一 PCT 申请进入各自国家
阶段的申请且该 PCT 申请要求另一 PCT 申请的优先权

4. 中国本申请与挪威对应申请的派生申请是否满足要求?

如果中国申请与挪威申请符合 PPH 流程所规定的申请间关联
性关系，则中国申请的派生申请作为中国本申请，或者挪威申请的
派生申请作为对应申请，也符合申请间关联性关系。例如图 28.19

所示：中国申请 A 要求了挪威对应申请的优先权，中国申请 B 是中国申请 A 的分案申请，则中国申请 B 与挪威对应申请的关系满足申请间关联性要求。

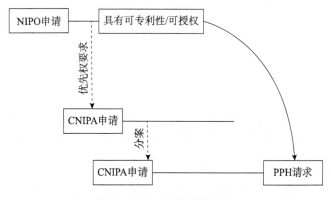

图 28.19　分案申请的情形

同理，如果中国本申请要求了挪威申请 A 的优先权，挪威申请 B 是挪威申请 A 的分案申请，则该中国本申请与挪威对应申请 B 的关系也满足申请间关联性要求。

三、挪威对应申请可授权性的判定

1. 判定挪威对应申请可授权性的最新工作结果一般包括哪些? 请举例说明。

挪威对应申请的工作结果是指与挪威对应申请可授权性相关的所有挪威国内工作结果，包括实质审查、复审等阶段的通知书等。

根据《中挪流程》的规定，权利要求"被认定为可授权/具有可专利性"是指 NIPO 审查员在最新的审查意见通知书中清楚指出权利要求"具有可专利性"，即使该申请尚未得到专利授权。所述审查意见通知书包括（见图 28.20）：授权决定、审查意见（Uttalelse 或 Realitetsuttalelse）。

　　上述最新的审查意见通知书是以向 CNIPA 提交 PPH 请求之前或当日作为时间点来判断的，即以向 CNIPA 提交 PPH 请求之前或当日最新的工作结果中的意见作为认定挪威对应申请权利要求"可授权/具有可专利性"的标准。

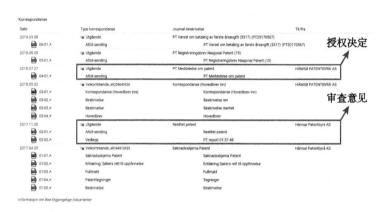

图 28.20　挪威对应申请的工作结果 （节选）

2. NIPO 一般如何明确指明最新可授权权利要求的范围？

　　在 NIPO 针对对应申请作出的工作结果中，NIPO 一般使用以下语段明确指明最新可授权权利要求范围。

　　（1）如图 28.21 所示，当最新工作结果为授权决定时，NIPO 会在授权决定中明确指明可授权的权利要求。

Approval for Grant of Patent in Patent Application nr.20200637i

The approval according to the Norwegian Patents Act, section 19 is based on the following documents:

	Description:	Claim:	Figures:
Doc. no.:	11-05	11-05	01-02
Received:	2022.06.21	2022.06.21	2020.05.29

可授权的
文件基础

For a patent to be granted, you have to pay a fee for the granting, ref. the Norwegian Patents Act, section 20 and the Regulation Relating to Payments etc. to the Norwegian Industrial Property Office and the Board of Appeal for Industrial Property Rights (Regulation on Fees), section 25. The fee is calculated thusly:

图 28.21　NIPO 作出的授权决定中对可授权权利要求的指明

（2）当最新工作结果为审查意见通知书时，NIPO 通常会在通知的开头部分包括一份三性评述的概要，其中表明哪些权利要求满足"可专利性"的标准，如图 28.22 所示。

Office action in patent application no. 20200637

With reference to the applicant's response of 2021.06.30 including a new sett of claims, the application has been taken up for reevaluation. ➤ 对权利要求三性的评判

> After a further review, we can accept the present set of claims of 2021.06.30. The subject-matter of the new independent claims 1 and 10, as well as the dependent claims 2-9, 11 and 12, is regarded as being novel and involves an inventive step in view of the closest prior art shown in publication D1 as well as publications D2-D8, ref. Norwegian Patents Act, Section 2, first paragraph.

The applicant is invited to to file a new description which is in accordance with the new claims and in which a brief review of the cited prior art D1 is included in the general section of the description, see Regulations to the Norwegian Patents Act (Patent Regulations), Section 9 and Examination Guidelines, part C, Chapter II, 3.2.1.

As soon as the new description arrives, the application will be promoted to the grant of the patent.

图 28.22　NIPO 作出的审查意见通知书中对权利要求的评述

四、相关文件的获取

1. 如何获取挪威对应申请的所有工作结果副本？

可以按如下步骤获取挪威对应申请的所有工作结果副本。

步骤 1（见图 28.23）：在 NIPO 官网查询平台中输入挪威对应申请的申请号。

步骤 2（见图 28.24）：选择对应申请，点击右侧的"Sakshisto-rikk"，找到挪威对应申请的审查记录。

步骤 3（见图 28.25）：查看挪威对应申请在不同审查阶段由 NIPO 发出的审查意见通知书。

在步骤 3 中，申请人应当注意的是：审查记录中一般包含实质审查阶段的审查意见通知书和授权决定。

输入对应申请号

Hva kan du bruke tjenesten til?

- Finne varemerker, patenter og design i Norge
- Sjekke om det finnes lignende varemerker, patenter eller design før du investerer tid og penger på utvikling og markedsføring
- Undersøke hvilke industrielle rettigheter et selskap har før du investerer i selskapet, og undersøke hva dine konkurrenter beskytter
- Finne detaljer i saker, som merker, brev, betalinger, status og mye mer

- Varsling på sak settes opp fra detaljert visning av sak. Ønsker du å sette opp varsel på mange saker eller lagre et søk som følger med på hva konkurrenter gjør, må fortsatt forrige versjon av tjenesten benyttes. Tilgang til forrige versjon av Patentstyrets Søketjeneste ↗

图 28.23 步骤 1：在 NIPO 专利信息查询平台上输入挪威对应申请的申请号

Nøkkelinformasjon
Sammendrag og figur
Klasser
Søker(e)
Innehaver
Oppfinner
Fullmektig
Prioritet
Anførte dokumenter
Lisens
Pant
Klage til Klagenemnda
Administrativ prøving
Innsigelse
Protest / Oppreisning
Sakshistorikk
Betaling
Publikasjon(er)
Til toppen

Sakshistorikk ➡ 审查记录以及答复信息

图 28.24 步骤 2：选择对应申请，找到挪威对应申请的审查记录

**图 28.25　步骤 3：查看挪威对应申请在不同审查阶段由
NIPO 发出的审查意见通知书**

710

2. 能否举例说明挪威对应申请工作结果副本的样式？

（1）授权决定

NIPO 作出的授权决定一般包含获得授权的文件基础、需缴费
的信息、审查员依职权修改的内容以及对办理延迟公布手续的提示
等。具体如图 28.26 所示。

Approval for Grant of Patent in Patent Application nr.20200637

The approval according to the Norwegian Patents Act, section 19 is based on the following documents:

	Description:	Claim:	Figures:
Doc. no.:	11-05	11-05	01-02
Received:	2022.06.21	2022.06.21	2020.05.29

For a patent to be granted, you have to pay a fee for the granting, ref. the Norwegian Patents Act, section 20 and the Regulation Relating to Payments etc. to the Norwegian Industrial Property Office and the Board of Appeal for Industrial Property Rights (Regulation on Fees), section 25. The fee is calculated thusly:

Fee for granting of the patent, for up to 14 pages, including the title page:		Kr	1200
Additional fee for subsequent pages over 14. Number of pages at kr 250 per page:	35	Kr	8750
Additional fee for chargeable claims over the number for which has already been paid for. Number of claims at kr 250 per claim:	2	Kr	500
Total		**Kr**	**10450**

You will receive a separate invoice for the above amount. The due date is: **2022.11.28**. If the invoice is not paid by the due date, the application will be shelved, but with an opportunity for resumption, ref. the Norwegian Patents Act, section 20, first paragraph and Regulation on Fees, section 26.

An exemption of the granting fee can be given on certain terms if the applicant is the inventor, ref. the Norwegian Patents Act, section 20, second paragraph. The request for an exemption must be submitted within two months from the date of this letter.

The applicant can request that the granting of the patent be postponed to the time when the application will be available to the public in according to the Norwegian Patents Act,

图 28.26　NIPO 作出的授权决定首页示例

（2）审查意见通知书

NIPO 作出的首次审查意见通知书一般包含作出审查意见所基于的文件基础、检索出的对比文件、对申请文件可专利性的评估意见，以及申请人的答复期限等。其样式如图 28.27 所示。

Office action in patent application no. 20200637

Basis of the opinion
Description received 2020.05.29
Claims received 2020.05.29
Drawings received 2020.05.29

Summary of the assessment
The subject-matter of independent claims 1 and 8 as well as dependent claims 2-7, 9 and 10 of the present application concerning trailer coupling assembly and vehicle provided with a trailer coupling assembly does not meet the criteria for novelty and inventive step, and is therefore not patentable, ref. Norwegian Patents Act, section 2, first paragraph.

Results of the novelty search
D1: WO 2020023894 A1
D2: US 9840120 B1
D3: DE 19922770 A1
D4: US 4991865 A
D5: WO 2016070245 A1
D6: EP 2602132 A1
D7: US 2010096203 A1
D8: GB 2513393 A

Assessment of patentability

Novelty
Document D1 (WO 2020023894 A1), which is regarded as being the prior art closest to the subject-matter of independent claim 1, discloses a trailer coupling assembly arranged to a support structure of a vehicle comprising a tow bar and an intermediate connection device enabling movement of the tow bar in longitudinal and vertical direction. The subject-matter of independent claim 1 of the present application is therefore not new, ref. Norwegian Patents Act, Section 2, first paragraph.

图 28.27　NIPO 作出的首次审查意见通知书首页示例

NIPO 作出的第二次审查意见通知书仍然会包含作出审查意见所基于的文件基础和对申请文件可专利性的评估意见等，但通常不再包含检索结果。其样式如图 28.28 所示。

Office action in patent application no. 20200637

With reference to the applicant's response of 2021.06.30 including a new sett of claims, the application has been taken up for reevaluation.

After a further review, we can accept the present set of claims of 2021.06.30. The subject-matter of the new independent claims 1 and 10, as well as the dependent claims 2-9, 11 and 12, is regarded as being novel and involves an inventive step in view of the closest prior art shown in publication D1 as well as publications D2-D8, ref. Norwegian Patents Act, Section 2, first paragraph.

The applicant is invited to to file a new description which is in accordance with the new claims and in which a brief review of the cited prior art D1 is included in the general section of the description, see Regulations to the Norwegian Patents Act (Patent Regulations), Section 9 and Examination Guidelines, part C, Chapter II, 3.2.1.

As soon as the new description arrives, the application will be promoted to the grant of the patent.

图 28.28　NIPO 作出的第二次审查意见通知书首页示例

3. 如何获取挪威对应申请的最新可授权的权利要求副本？

如果挪威对应申请已经授权公告，则可以在授权公告中获得已授权的权利要求。如图 28. 29 和图 28. 30 所示在对应申请展示页面右侧点击"Publikasjon（er）"文件即可。

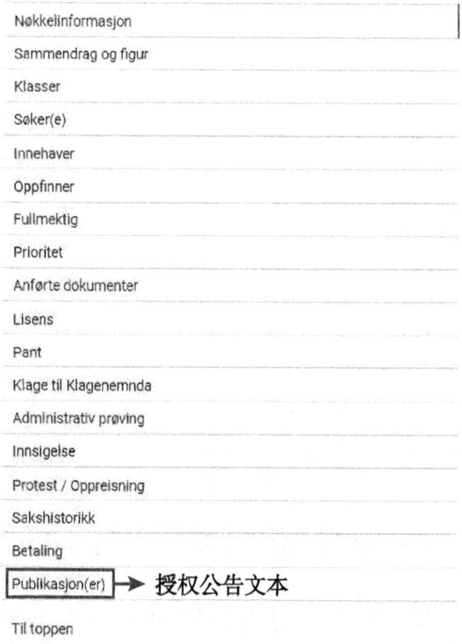

图 28. 29　在 NIPO 官网授权公告

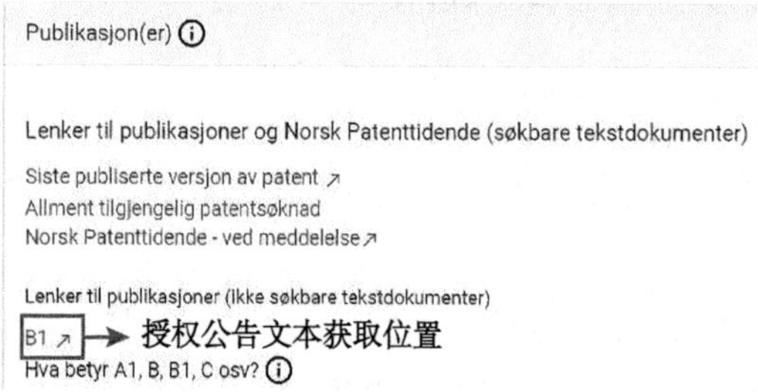

图 28. 30　NIPO 官网授权公告文本信息

4. 能否举例说明挪威对应申请可授权权利要求副本的样式？

申请人在提交挪威对应申请最新可授权权利要求副本时，可以自行提交任意形式的权利要求副本，并非必须提交官方副本。挪威对应申请可授权权利要求副本的样式举例如图 28.31 所示。

Patentkrav

1. Ventil (1) innrettet til lukking av et gjennomgående strømningsløp ved bortfall av en elektrisk spenning tilført en drivmotor (6) for et aktueringselement (10), hvor drivmotoren (6), som omfatter en stator (6a) og en rotor (6b), via transmisjonselementer (7, 7a, 8) er innrettet til å kunne forskyve aktueringselementet (10) i ventilens (1) aksielle retning mellom i det minste en første posisjon hvor aktueringselementet (10) er i en tilbaketrukket, øvre posisjon hvor det tillater et fjærbelastet, dreibart ventilelement (5) å stenge mot et ventilsete (5b), og en andre posisjon hvor aktueringselementet (10) holder det fjærbelastede, dreibare ventilelementet (5) i en åpen stilling, idet drivmotorens (6) rotor (6b) omkranser og er koplet til en rullemutter (7) som er forsynt med et antall opplagrede gjengeruller (7a) som er fordelt omkring og er i gjenget inngrep med aktueringselementet (10), hvor aktueringselementet (10) er et strømningsrør som tildanner et strømningsløp (10b) og er aksielt forskyvbart bort fra sin andre posisjon ved hjelp av en aktuatorfjær (9), k a r a k - t e r i s e r t   v e d   at drivmotoren (6) og aktuatorfjæren (9) er anordnet i et øvre, trykkompensert kammer (2c) forsynt med en trykkompensator (11b) som er innrettet til å utligne en trykkforskjell mellom nevnte øvre, trykkompenserte kammer (2c) og strømningsløpet (10b).

2. Ventilen (1) ifølge krav 1, hvor aktuatorfjæren (9) omkranser et parti av aktueringselementet (10) og ligger aksielt støttende an mot en brystning (10c) på aktueringselementet (10) og en motstående øvre veggflate (4c) på et skillevegg (4) i et ventilhus (2).

3. Ventilen (1) ifølge krav 2, hvor brystningen (10c) er tildannet på en anleggskrage (10a) som omkranser et parti av strømningsrøret (10).

4. Ventilen (1) ifølge krav 1, hvor et ventilhus (2) er forsynt med en lukkbar port (2e) for påfylling av trykkompenseringsvæske i det øvre, trykkompenserte kammeret (2c).

5. Ventilen (1) ifølge krav 1, hvor aktueringselementet (10) er tilkoplet en elektromekanisk brems (12) som er innrettet til holde aktueringselementet (10) aksielt fiksert i det minste i aktueringselementets (10) andre posisjon.

6. Ventilen (1) ifølge krav 1, hvor et ventilkammer (2d) i et nedre endeparti av ventilhuset (2) er forsynt med et pakningselement (2f) innrettet til å ligge tettende an mot endeparti av aktueringselementet (10) når aktueringselementet (10) er forskjøvet til sin andre posisjon.

图 28.31　NIPO 授权公告文本中记载的可授权权利要求副本样例
注：权利要求的全部内容都需提交，限于篇幅，这里不再展示后续内容。

5. 如何获取挪威对应申请的工作结果中的引用文献信息？

挪威对应申请的工作结果中的引用文献分为专利文献和非专利文献。NIPO 在审查和检索中所引用的所有文献都会被记载在挪威对应申请的审查工作结果中。

（1）挪威对应申请已经授权公告的，申请人可以直接从挪威对应申请的授权公告文本中获取其所有的引用文献信息，如图 28.32 所示。

图 28.32　NIPO 授权公告文本中的引用文献信息

（2）若挪威对应申请尚未获授权，则申请人可以查询 NIPO 发出的各个阶段的审查意见通知书，从中获取挪威对应申请工作结果中的所有引用文献信息，如图 28.33 所示。

6. 如何获知引用文献中的非专利文献构成挪威对应申请的驳回理由？

申请人可以查询 NIPO 发出的各个阶段的工作结果，从中获知构成挪威对应申请中驳回理由的非专利文献信息。如果 NIPO 发出的审查意见通知书中含有利用非专利文献对挪威对应申请的新颖性、创造性进行判断的内容，且该内容中显示该非专利文献影响了

图 28.33　NIPO 作出的首次审查意见通知书中的引用文献信息

挪威对应申请的新颖性、创造性，则该非专利文献属于构成驳回理由的文献。

五、信息填写和文件提交的注意事项

1. 在 PPH 请求表中填写中国本申请与挪威对应申请的关联性关系时，有哪些注意事项？

（1）在 PPH 请求表中表述中国本申请与挪威对应申请的关联性关系时，必须写明中国本申请与挪威对应申请之间的关联的方式（如优先权、PCT 申请不同国家阶段等）。如果中国本申请与挪威对应申请达成关联需要经过一个或多个其他相关申请，也需写明相关申请的申请号以及达成关联的具体方式。

例如：

1）中国本申请是中国申请 A 的分案申请，挪威对应申请是挪威申请 B 的分案申请，中国申请 A 要求了挪威申请 B 的优先权。

2）中国本申请是中国申请 A 的分案申请，中国申请 A 是 PCT

申请 B 进入中国国家阶段的申请。挪威对应申请、中国申请 A 与 PCT 申请 B 均要求了挪威申请 C 的优先权。

（2）涉及多个挪威对应申请时，则需分条逐项写明中国本申请与每一个挪威对应申请的关系。

2. 在 PPH 请求表中填写中国本申请与挪威对应申请权利要求的对应性解释时，有哪些注意事项？

基于 NIPO 工作结果向 CNIPA 提交 PPH 请求的，权利要求的对应性解释上无特别的注意事项，参见本书第一章的相关内容即可。

3. 在 PPH 请求表中填写挪威对应申请所有工作结果的名称时，有哪些注意事项？

（1）应当填写 NIPO 在所有审查阶段作出的全部工作结果，包括实质审查阶段的所有通知书。

如图 28.34 所示，该申请有 1 份审查意见通知书和 1 份授权决定，都需要被填写到 PPH 请求表当中。

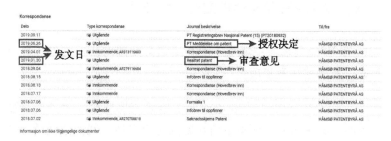

图 28.34　挪威对应申请审查阶段通知书示例

（2）各通知书的作出时间应当填写其通知书的发文日，在发文日无法确定的情况下允许申请人填写其通知书的起草日或完成日。如图 28.34 所示，所有通知书的发文日一般都在审查记录中可以找到，应准确填写。

（3）对各通知书的名称应当使用其正式的中文译名填写，不得全部以"审查意见通知书"代替。在《中挪流程》中例举了部分通知书规范的中文译名，包括授权决定、审查意见。

（4）对于未在《中挪流程》中给出明确中文译名的通知书，申请人可以按其通知书原文名称自行翻译后填写在 PPH 请求表中并将其原文名称填写在翻译的中文名称后的括号内，以便审查核对。

（5）如果有多个挪威对应申请，请分别对各个挪威对应申请进行工作结果的查询并填写到请求表中。

4. 在 PPH 请求表中填写挪威对应申请所有工作结果引用文献的名称时，有哪些注意事项？

在填写挪威对应申请所有工作结果引用文献的名称时，无特别注意事项，参见本书第一章的相关内容即可。

5. 在提交挪威对应申请的工作结果副本及译文时，有哪些注意事项？

在提交挪威对应申请的工作结果副本及译文时，申请人应当注意如下事项。

（1）根据《中挪流程》，挪威对应申请的所有工作结果副本均需要完整提交，不存在工作结果副本可以省略提交的情形。

（2）挪威对应申请的工作结果通常使用英语撰写，申请人无需再提交其中文或英文的译文。当然，根据《中挪流程》的规定，申请人也可以提交所有工作结果的中文译文。

如果挪威对应申请工作结果使用挪威语撰写，则申请人必须提交完整的工作结果副本的中文或英文译文。

6. 在提交挪威对应申请的最新可授权权利要求副本及译文时，有哪些注意事项？

申请人在提交挪威对应申请的最新可授权权利要求副本时，可以自行提交任意形式的权利要求副本，并非必须提交官方副本。提交副本时，一是要注意可授权权利要求是否最新；二是要注意权利要求的内容是否完整，即使有一部分权利要求在 CNIPA 申请中没有被利用到，也需要一起完整提交。

挪威授权公告文件中一般会使用挪威语对专利进行公告。根据《中挪流程》的规定，申请人需要提交挪威对应申请可授权权利要求副本的中文或英文译文。

挪威对应申请可授权权利要求副本译文应当是对挪威对应申请中最新被认为可授权的所有权利要求内容进行的完整且一致的翻译；仅翻译部分内容的译文不合格。

7. 在提交挪威对应申请的工作结果中引用的非专利文献副本时，有哪些注意事项？

对于构成挪威对应申请驳回理由的非专利文献，申请人需要在提交 PPH 请求时将该非专利文献副本一并提交。而对于所有的专利文献和未构成驳回理由的非专利文献，申请人只需将其信息填写在 PPH 请求书 E 项第 2 栏中即可，不需要提交相应的文件。

申请人提交文件时应确保其提交的内容完整，提交的类型应当正确，即按照"对应申请审查意见引用文献副本"类型提交。

如果所需提交的非专利文献是由除中文或英文之外的语言撰写，申请人也只需提交非专利文献文本即可，不需要对其进行翻译。

如果挪威对应申请存在两份或两份以上非专利文献副本，则应该作为一份"对应申请审查意见引用文献副本"提交。

第二十九章　基于沙特知识产权局[*]工作结果向中国国家知识产权局提交常规 PPH 请求

一、概述

1. 基于 SAIP 工作结果向 CNIPA 提交 PPH 请求的项目依据是什么?

中沙 PPH 试点于 2020 年 11 月 1 日启动。《在中沙专利审查高速路试点项目下向中国国家知识产权局提出 PPH 请求的流程》（以下简称《中沙流程》）即为基于 SAIP 工作结果向 CNIPA 提交 PPH 请求的项目依据。

2. 基于 SAIP 工作结果向 CNIPA 提交 PPH 请求的种类分为哪些?

CNIPA 与 SAIP 签署的为双边 PPH 试点项目。按照提出 PPH 请求所使用的对应申请审查机构的工作结果来划分，基于 SAIP 工作结果向 CNIPA 提交 PPH 请求的种类仅包括基本型双边常规 PPH。

3. CNIPA 与 SAIP 开展 PPH 试点项目的期限?

中沙 PPH 试点项目自 2020 年 11 月 1 日起始，为期三年，至 2023 年 10 月 31 日止。

根据《中沙流程》的规定，必要时，试点时间将延长，直至

---

[*]　以下简称"SAIP"。

CNIPA 和 SAIP 受理足够数量的 PPH 请求，以恰当地评估 PPH 项目的可行性。

4. 基于 SAIP 工作结果向 CNIPA 提交 PPH 请求有无领域和数量限制？

《中沙流程》中提到："两局在请求数量超出可管理的水平时或出于其他任何原因，可终止本 PPH 试点。PPH 试点终止之前，将先行发布通知。"

5. 如何获得沙特对应申请的相关信息？

如图 29.1 所示，申请人可以通过登录 SAIP 的官方网站（网址 www. saip. gov. sa）查询沙特对应申请的相关信息。SAIP 的官方网站有切换为英文界面的功能。

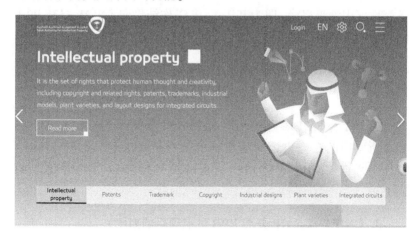

图 29.1　SAIP 官方网站（英文界面）

进入页面后，从右上角选择"Information Center"，在其界面选择"Search Engines"，出现的检索入口界面如图 29.2 所示。

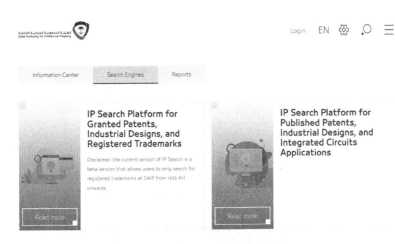

図 29.2　SAIP 检索入口

点击左侧的"Read More"，即可进入已授权的沙特对应申请的检索界面，如图 29.3 所示。在该界面中选择申请号检索，输入沙特对应申请的申请号，即可获取沙特对应申请的相关信息，如图 29.4 所示。

図 29.3　已授权的沙特对应申请的检索界面

图 29.4　通过 SAIP 检索系统查询的对应申请有关信息

二、中国本申请与沙特对应申请关联性的确定

1. 沙特对应申请号的格式是什么？如何确认沙特对应申请号？

对于 SAIP 专利申请，申请号的格式为"SA×××××××"，其中"SA"后两位为申请年份，后六位为流水号。例如 SA00200683 即为 2000 年提交的一件发明申请。

沙特对应申请号是指申请人在 PPH 请求中所要利用的 SAIP 工作结果中记载的申请号。SAIP 的授权公告文本扉页中记载有沙特对应申请的申请号，如图 29.5 所示。

图 29.5　SAIP 授权公告文本中沙特对应申请的申请号样式

2. 沙特对应申请的著录项目信息如何核实?

对于与 PPH 流程规定的两申请间关联性相关的对应申请的信息，例如优先权信息、分案申请信息、PCT 申请进入国家阶段的信息等，需要通过核实中国本申请和对应申请的著录项目信息来确定。申请人可以通过沙特专利数据库（网址 www. ipsearch. saip. gov. sa/）查询并核实沙特对应申请著录项目的详细信息，如图 29. 6 所示。

(20) رقم الطلب وتاريخ الايداع SA 00200870 2000.01.18

(40) رقم وتاريخ النشر B1 2006.09.09

(30) بيانات الاسبقية EP 98203695-6 1998.11.03

(51) تصنيف IPC C07C 1/02

(71/73) مقدم الطلب (AR) امونيا كاسالي اس ايه

(EN) AMMONIA CASALE SA

(72) المخترع (AR) بادانو ماركو

(74) اسم الوكيل (AR) ابراهيم العمار, سليمان

(54) مسمى الاختراع (AR) طريقة لانتاج غاز مخلق SYNTHESIS

(57) الملخص (AR) يوفر الاختراع الحالي طريقة لإنتاج غاز مخلق synthesis gas للحصول على مركبات مثل الأمونيا ammonia أو methanol ، تتم فيها مفاعلة هيدروكربونات hydrocarbons والبخار أولا في قسم التهذيب الكيميائي الابتدائي reforming (١١) ثم مفاعلتها، مع الاكسجين oxygen في قسم التهذيب الكيميائي الثانوي reforming (١٢) ، وبذلك يتم الحصول على : أول أكسيد كربون carbon monoxide ، ثاني أكسيد كربون CO2 ، وهيدروجين hydrogen ، وربما نيتروجين nitrogen تم تغذيتها عند قسم تحويل أول أكسيد كربون carbon monoxide (13 و 14)

. والطريقة المذكورة تتميز بحقيقة مفاعلة الهيدروكربونات hydrocarbons ، البخار والاكسجين oxygen في قسم تهذيب كيميائي ذاتي الحرارة (20) بالتوازي ، بالنسبة لأقسام التهذيب الكيميائي الأخرى reforming (11 ، 12) ، وبتغذية أول أكسيد الكربون carbon monoxide وثاني أكسيد الكربون CO2 والهيدروجين hydrogen وربما نيتروجين nitrogen المنتجة إلى قسم تحويل أول أكسيد الكربون (13 ، 14) carbon monoxide المذكورة .

(58) المراجع

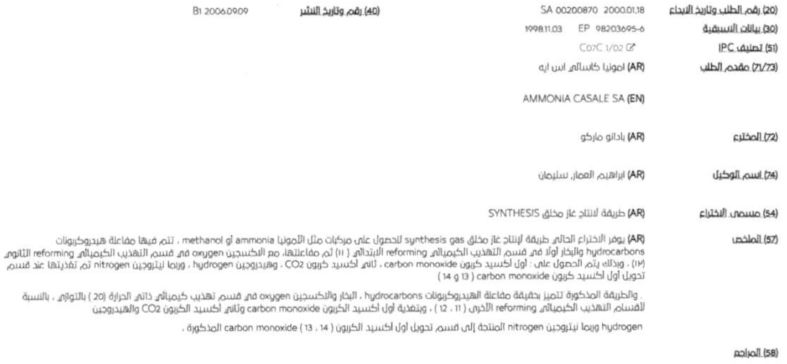

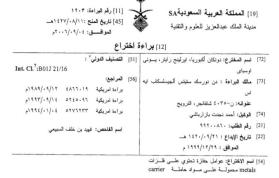

图 29. 6　SAIP 专利数据库提供的著录项目信息

申请人也可以通过沙特对应申请授权公告文本的扉页核实著录项目信息，包括申请号、国际申请号（如果有）、优先权号（如果有）、申请人等，如图 29. 7 所示。

[19] المملكة العربية السعوديةSA

مدينة الملك عبدالعزيز للعلوم والتقنية

[11] رقم البراءة: ١٢٠٣

[45] تاريخ المنح :١٤٢٧/٠٨/١١هـ

الموافـــق: ٢٠٠٦/٠٩/٠٤م

[12] براءة اختراع

[72] اسم المخترع: دونكان أكبوريا، ايرلينج رايتر، يـونى اوسباى

[73] مالك البراءة : دن نورسك ستيتس ألجيسلسكاب ايه اس

عنوانه: ن-٤٠٣٥ شتفانجر، النرويج

[74] الوكيل: أحمد نجدت بازارباشي

[21] رقم الطلب: ٩٩٢٠٠٨٦٠

[22] تاريخ الإيداع : ١٤٢٠/٠٩/٢١ هـ

الموافق : ١٩٩٩/١٢/٢٩ م

[51] التصنيف الدولي٧ :

Int. Cl.⁷:B01J 21/16

[56] المراجع:

براءة امريكية ٤٨٦٦٠١٩ ١٩٨٩/٠٩/١٢م

براءة امريكية ٥٢٤٥٠٩٦ ١٩٩٣/٠٩/١٤م

براءة امريكية ٥٢٧٦٢٣٣ ١٩٩٤/٠١/٠٤م

اسم الفاحص: فهيد بن خلف السبيعي

[54] اسم الاختراع: عوامل حفازة تحتوي علـى فلـزات metals محمولـة علـى مـواد حاملـة carrier

图 29. 7　SAIP 专利授权公告文本扉页的著录项目信息

3. 中国本申请与沙特对应申请的关联性关系一般包括哪些情形？

以沙特申请作为对应申请向 CNIPA 提出的 PPH 请求的类型限于基本型常规 PPH 请求。申请人不能利用 OSF 先作出的工作结果要求 OFF 进行加快审查，同时两申请间的关系仅限于中沙两局间，不能扩展为共同要求第三个国家或地区的优先权。

符合中国本申请与沙特对应申请关联性关系的具体情形如下。

（1）中国本申请要求了沙特申请的优先权

如图 29.8 所示，中国本申请和沙特对应申请均为普通国家申请，且中国本申请要求了沙特对应申请的优先权。

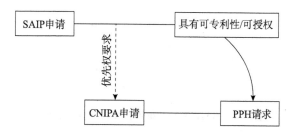

图 29.8　中国本申请和沙特对应申请均为普通国家申请

如图 29.9 所示，中国本申请是 PCT 进入中国国家阶段的申请，且要求了沙特对应申请的优先权。

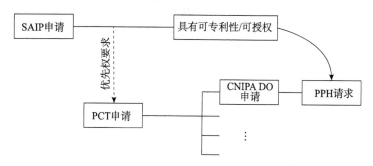

图 29.9　中国本申请是 PCT 申请进入中国国家阶段的申请

如图 29.10 所示，中国本申请要求了多项优先权，沙特对应申请为其中一项优先权。

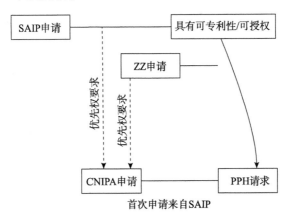

图 29.10　中国本申请要求包含沙特对应申请的多项优先权

如图 29.11 所示，中国本申请和沙特对应申请共同要求了另一沙特申请的优先权。

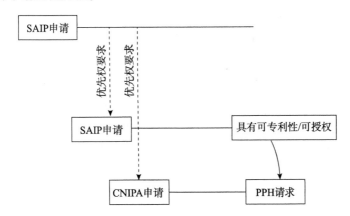

图 29.11　中国本申请和沙特对应申请共同要求另一沙特申请的优先权

如图 29.12 所示，中国本申请和沙特对应申请是同一 PCT 申请进入各自国家阶段的申请，该 PCT 申请要求了另一沙特申请的优先权。

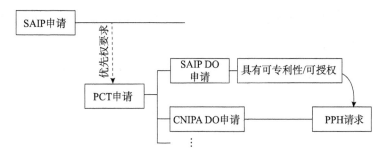

图 29.12　中国本申请和沙特对应申请是要求另一沙特
申请优先权的 PCT 申请进入各自国家阶段的申请

（2）中国本申请和沙特对应申请为未要求优先权的同一 PCT 申请进入各自国家阶段的申请

详情如图 29.13 所示。

图 29.13　中国本申请和沙特对应申请是未要求优先权的
同一 PCT 申请进入各自国家阶段的申请

（3）中国本申请要求了 PCT 申请的优先权，且该 PCT 申请未要求优先权，沙特对应申请为该 PCT 申请的国家阶段申请

如图 29.14 所示，中国本申请是普通国家申请，要求了 PCT 申请的优先权，沙特对应申请是该 PCT 申请的国家阶段申请。

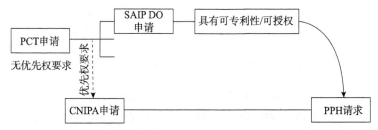

图 29.14　中国本申请要求 PCT 申请的优先权且沙特对应
申请是该 PCT 申请的国家阶段申请

如图 29.15 所示，中国本申请是 PCT 申请进入中国国家阶段的申请，要求了另一 PCT 申请的优先权，沙特对应申请是作为优先权基础的 PCT 申请的国家阶段申请。

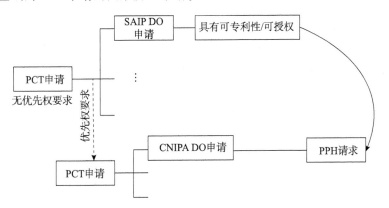

图 29.15　中国本申请是要求 PCT 申请优先权的另一 PCT 申请进入中国国家阶段的申请且沙特对应申请是作为优先权基础的 PCT 申请的国家阶段申请

如图 29.16 所示，中国本申请和沙特对应申请是同一 PCT 申请进入各自国家阶段的申请，该 PCT 申请要求了另一 PCT 申请的优先权。

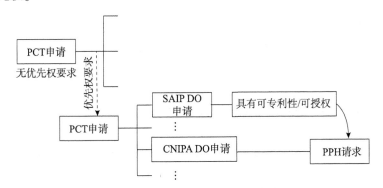

图 29.16　中国本申请和沙特对应申请是同一 PCT 申请进入各自国家阶段申请且该 PCT 申请要求另一 PCT 申请的优先权

4. 中国本申请与沙特对应申请的派生申请是否满足要求？

如果中国申请与沙特申请符合 PPH 流程所规定的关联性关系，则中国申请的派生申请作为中国本申请，或者沙特申请的派生申请作为对应申请，也符合关联性要求。如图 29.17 所示，中国申请 A 有效要求了沙特对应申请的优先权，中国申请 B 是中国申请 A 的分案申请，则中国申请 B 与沙特对应申请的关系满足申请间关联性要求。

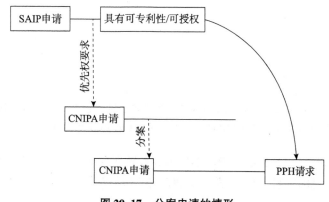

图 29.17　分案申请的情形

同理，如果中国本申请要求了沙特申请 A 的优先权，沙特申请 B 是沙特申请 A 的分案申请，则该中国本申请与沙特对应申请 B 的关系也满足申请间关联性要求。

三、沙特对应申请可授权性的判定

1. 判定沙特对应申请可授权性的最新工作结果一般包括哪些？

沙特对应申请的工作结果是指 SAIP 作出的与沙特对应申请可授权性相关的所有审查意见通知书，包括实质审查、复审、无效、上诉等阶段的通知书。

按照《中沙流程》的规定，权利要求"被认定为可授权/具有可专利性"是指 SAIP 审查员在最新的审查意见通知书中明确指出权利要求"具有可专利性"，即使该申请尚未得到专利授权。

所述审查意见通知书包括：授权决定（Decision to Grant a Patent）、驳回理由通知书（Notification of Reasons for Refusal）、上诉决定（Appeal Decision）。

上述最新的审查意见通知书是以向 CNIPA 提交 PPH 请求之前或当日作为时间点来判断的，即以向 CNIPA 提交 PPH 请求之前或当日最新的工作结果中的意见作为认定沙特对应申请权利要求"可授权/具有可专利性"的标准。

729

2. 如果沙特对应申请存在授权后进行修改的情况，此时 SAIP 判定权利要求可授权的最新工作结果是什么？

按照 SAIP 的审查程序，专利申请在授权后可能还会经历无效、上诉等程序。如果在提出 PPH 请求之前，沙特对应申请正处于无效、上诉等程序，则此时最新可授权权利要求不再是授权文本中公布的权利要求，而是处于不确定状态。专利权人应等待前述无效或上诉程序的最终工作结果。SAIP 在最终工作结果中确定的权利要求才是最新可授权的权利要求。

四、相关文件的获取

1. 如何获取沙特对应申请的所有工作结果副本？

如果沙特对应申请已经被公布或已获得授权，则专利权人和公众均可以通过沙特专利检索网站获得沙特对应申请的著录项目信息和授权公告文本，但目前尚不能通过沙特专利检索网站获取沙特对应申请的所有工作结果的信息。因此，申请人应当将与沙特对应申请可授权性相关的实质审查、复审、无效或者上诉阶段的所有工作结果自行梳理并全部提交。

需要注意的是，对于 SAIP 在实质审查、复审、无效或上诉等各个阶段作出的所有工作结果，申请人均应当一一核实，避免遗漏。

2. 如何获取沙特对应申请最新可授权的权利要求副本？

如果沙特对应申请已经被授权且未经过授权后的其他确权程序，则可以在沙特专利数据库查询界面获得已授权的权利要求（见图 29.18），也可以通过其授权公告文本获取到授权的权利要求。

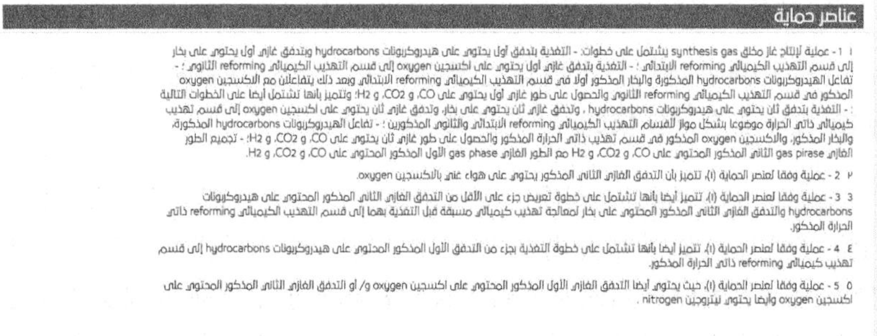

图 29.18　SAIP 专利数据库中沙特对应申请可授权的权利要求文件

如果沙特对应申请尚未被授权，则尚不能通过 SAIP 的专利检索网站查询到其最新可授权权利要求。申请人应当通过 SAIP 作出的最新审查工作结果来自行梳理并确定最新可授权的权利要求。

3. 能否举例说明沙特对应申请可授权权利要求副本的样式？

申请人在提交沙特对应申请最新可授权权利要求副本时，可以自行提交任意形式的权利要求副本，并非必须提交官方副本。沙特对应申请可授权权利要求副本的样式举例如图 29.19 所示。

- ١٨ -

عناصر الحماية

١- عملية لإنتاج غاز مخلق synthesis gas يشتمل على خطوات:

- التغذية بتدفق أول يحتوي على هيدروكربونات hydrocarbons وبتدفق غازي أول يحتوي على بخار إلى قسم التهذيب الكيميائي reforming الابتدائي ؛

- التغذية بتدفق غازي أول يحتوي على اكسجين oxygen إلى قسم التهذيب الكيميائي reforming الثانوي ؛

- تفاعل الهيدروكربونات hydrocarbons المذكورة والبخار المذكور أولاً في قسم التهذيب الكيميائي reforming الابتدائي وبعد ذلك يتفاعلان مع الاكسجين oxygen المذكور في قسم التهذيب الكيميائي reforming الثانوي والحصول على طور غازي أول يحتوي على CO، و CO_2، و H_2؛

وتتميز بأنها تشتمل أيضاً على الخطوات التالية :

- التغذية بتدفق ثان يحتوي على هيدروكربونات hydrocarbons ، وتدفق غازي ثان يحتوي على بخار، وتدفق غازي ثان يحتوي على اكسجين oxygen إلى قسم تهذيب كيميائي ذاتي الحرارة موضوعاً بشكل موازٍ لأقسام التهذيب الكيميائي reforming الابتدائي والثانوي المذكورين ؛

- تفاعل الهيدروكربونات hydrocarbons المذكورة، والبخار المذكور، والاكسجين oxygen المذكور في قسم تهذيب ذاتي الحرارة المذكور والحصول على طور غازي ثان يحتوي على CO، و CO_2، و H_2؛

- تجميع الطور الغازي gas phase الثاني المذكور المحتوي على CO، و CO_2، و H_2 مع الطور الغازي gas phase الأول المذكور المحتوي على CO، و CO_2، و H_2.

٢- عملية وفقاً لعنصر الحماية (١)، تتميز بأن التدفق الغازي الثاني المذكور يحتوي على هواء غني بالاكسجين oxygen.

٣- عملية وفقاً لعنصر الحماية (١)، تتميز أيضاً بأنها تشتمل على خطوة تعريض جزء على الأقل من التدفق الغازي الثاني المذكور المحتوي على هيدروكربونات hydrocarbons والتدفق الغازي الثاني المذكور المحتوي على بخار لمعالجة تهذيب كيميائي مسبقة قبل التغذية بهما إلى قسم التهذيب الكيميائي reforming ذاتي الحرارة المذكور.

١
٢
٣
٤
٥
٦
٧
٨
٩
١٠
١١
١٢
١٣
١٤
١٥
١٦
١٧
١٨
١٩
٢٠

١
٢

١
٢
٣
٤
٥

731

图 29.19　沙特对应申请可授权权利要求副本样例

注：权利要求的全部内容都需提交，这里限于篇幅，不再展示后续内容。

4. 如何获取沙特对应申请工作结果中的引用文献信息？

沙特对应申请工作结果中的引用文献分为专利文献和非专利文献。沙特授权公告文本首页会记载引用文献信息，如图 29.20 所示。

图 29.20　SAIP 授权公告文本中的引用文献信息

5. 如何获知引用文献中的非专利文献构成沙特对应申请的驳回理由？

申请人可以通过查询 SAIP 发出的各个阶段的审查工作结果，如授权决定、驳回理由通知，获知构成沙特对应申请驳回理由的非专利文献信息。若 SAIP 的工作结果中显示某非专利文献影响了对应申请的新颖性、创造性，则该非专利文献构成驳回理由，申请人需要在提交 PPH 请求时一并提交该非专利文献。

五、信息填写和文件提交的注意事项

1. 在 PPH 请求表中填写中国本申请与沙特对应申请的关联性关系时，有哪些注意事项？

（1）在 PPH 请求表中表述中国本申请与沙特对应申请的关联

性关系时，必须写明中国本申请与沙特对应申请之间的关联方式（如优先权、PCT 申请不同国家阶段等）。如果中国本申请与沙特对应申请达成关联需要经过一个或多个其他相关申请，也需写明相关申请的申请号以及达成关联的具体方式。

例如：

1）中国本申请是中国申请 A 的分案申请，沙特对应申请是沙特申请 B 的分案申请，中国申请 A 要求了沙特申请 B 的优先权。

2）中国本申请是中国申请 A 的分案申请，中国申请 A 是 PCT 申请 B 进入中国国家阶段的申请。沙特对应申请、中国国家申请 A 与 PCT 申请 B 均要求了沙特申请 C 的优先权。

（2）涉及多个沙特对应申请时，则需分条逐项写明中国本申请与每一个沙特对应申请的关系。

2. 在 PPH 请求表中填写中国本申请与沙特对应申请权利要求的对应性解释时，有哪些注意事项？

基于 SAIP 工作结果向 CNIPA 提交 PPH 请求的，权利要求的对应性解释上无特别的注意事项，参见本书第一章的相关内容即可。

3. 在 PPH 请求表中填写沙特对应申请所有工作结果的名称时，有哪些注意事项？

（1）应当填写 SAIP 在所有审查阶段作出的全部工作结果，既包括实质审查阶段的所有通知书，也包括实质审查阶段以后的复审、无效、上诉等阶段的所有通知书。

（2）各通知书的作出时间应当填写其通知书的发文日，在发文日无法确定的情况下允许申请人填写其通知书的起草日或完成日。

（3）对各通知书的名称，申请人可以按其通知书原文名称自行翻译后填写在请求表中，并将其原文名称填写在翻译的中文名称后的括号内，以便审查核对。各通知书的名称应当使用其正式的中文译名填写，如授权决定、驳回理由通知书、上诉决定等，不得以"通知书"或者"审查意见通知书"代替。

（4）如果有多个沙特对应申请，请分别对各个沙特对应申请进行工作结果的查询并填写到 PPH 请求表中。

4. 在 PPH 请求表中填写沙特对应申请所有工作结果引用文献的名称时，有哪些注意事项？

在填写沙特对应申请所有工作结果引用文件的名称时，无特别注意事项，参见本书第一章的相关内容即可。

5. 在提交沙特对应申请国内工作结果的副本及译文时，有哪些注意事项？

（1）根据《中沙流程》，所有的工作结果副本均需要被完整提交，包括其著录项目信息、格式页或附件也应当被提交。

（2）按照 SAIP 审查程序，SAIP 的工作语言为阿拉伯语，因此，申请人必须提交完整的沙特对应申请所有工作结果副本的中文或英文译文。

（3）对于沙特对应申请，不存在工作结果副本及其译文可以省略提交的情形。

6. 在提交沙特对应申请最新可授权权利要求副本时，有哪些注意事项？

申请人在提交沙特对应申请最新可授权权利要求副本时，一是要注意可授权权利要求是否最新，例如在授权后的更正程序中对权利要求有修改的情况；二是要注意权利要求的内容是否完整，即使有一部分权利要求在 CNIPA 申请中没有被利用到，也需要一起完整提交。

对于中沙 PPH 试点项目，对应申请可授权的权利要求副本及其译文不能省略提交。

7. 在提交沙特对应申请国内工作结果中引用的非专利文献副本时，有哪些注意事项？

当沙特对应申请工作结果中的非专利文献涉及驳回理由时，申请人应当在提交 PPH 请求时将所有涉及驳回理由的非专利文献副本一并提交。而对于所有的专利文献和未构成驳回理由的非专利文献，申请人只需将其信息填写在 PPH 请求书 E 项第 2 栏中即可，不需要提交相应的文献副本。

申请人提交文献时应确保其提交的内容完整，提交的类型正确，即按照"对应申请审查意见引用文献副本"类型提交。

如果所需提交的非专利文献是由除中文或英文之外的语言撰写，申请人也只需提交非专利文献文本即可，不需要对其进行翻译。

如果沙特对应申请存在两份或两份以上非专利文献副本，则应该作为一份"对应申请审查意见引用文献副本"提交。

第三十章 基于法国工业产权局①
工作结果向中国国家知识产权局
提交常规 PPH 请求

一、概述

1. 基于 INPI 工作结果向 CNIPA 提交 PPH 请求的项目依据是什么？

中法 PPH 试点于 2023 年 6 月 1 日启动。《在中法专利审查高速路试点项目下向中国国家知识产权局提出 PPH 请求的流程》（以下简称《中法流程》）即为基于 INPI 工作结果向 CNIPA 提交 PPH 的项目依据。

2. 基于 INPI 工作结果向 CNIPA 提交 PPH 请求的种类分为哪些？

CNIPA 与 INPI 签署的为双边 PPH 试点项目。按照提出 PPH 请求所使用的对应申请审查机构的工作结果来划分，基于 INPI 工作结果向 CNIPA 提出 PPH 请求的种类仅包括基本型常规 PPH。

3. CNIPA 与 INPI 开展 PPH 试点项目的期限？

中法 PPH 试点自 2023 年 6 月 1 日启动，为期五年，至 2028 年 5 月 31 日止。

---

① 以下简称"INPI"。

按照《中法流程》的规定，必要时，试点时间将延长，直至 CNIPA 和 INPI 受理足够数量的 PPH 请求，以恰当地评估 PPH 项目的可行性。

4. 基于 INPI 工作结果向 CNIPA 提交 PPH 请求有无领域和数量限制？

《中法流程》中提到："两局在请求数量超出可管理的水平时，或出于其他任何原因，可终止本 PPH 试点。PPH 试点终止之前，将先行发布通知。"

5. 如何获得法国对应申请的相关信息？

如图 30.1 所示，申请人可以通过登录 INPI 的检索网站（网址 www.data.inpi.fr/）了解法国知识产权检索数据库。

图 30.1　INPI 检索网站

进入界面后，点击"Recherche avancée"即可进入更详细的查询界面，选择"Brevets"进入专利数据库的查询界面，如图 30.2 所示。

Recherche avancée

← Retour à la recherche simple

| Entreprises | Marques | Brevets | Dessins et modèles |

Recherche avancée dans la base Brevets

Vous pouvez utiliser les troncatures: *, ?, # et les opérateurs ET, OU, SAUF dans la saisie de la requête.

Choisissez la base de données : ☑ Brevets français (FR) ☑ CCP (FR) ☑ Brevets européens (EP) ☑ Demandes internationales (WO)

Numéro

Exemple : FR3091141 ; EP3672386 ; WO2020124099 ; FR20C1016

☑ Numéro de publication ☑ Numéro de dépôt

Rechercher sur un ou plusieurs numéros de publication ou de dépôt. L'opérateur par défaut est le OU.

Mots-clés

Exemple : algue marine

L'interrogation s'effectue par mot ou groupe de mots en français sur le titre et/ou l'abrégé. L'opérateur par défaut est le ET

☑ dans le titre ☑ dans l'abrégé

图 30.2　INPI 专利检索数据库查询界面

　　在上述界面首行申请号（Numéro）查询项中输入法国对应申请的申请号，即可获得与法国对应申请相关的信息，如图 30.3 所示。

图 30.3　INPI 专利数据库中获得的相关信息

　　选择所需要的专利申请信息，点击即可进入该专利申请的详细信息页面，其中包括著录项目等详细描述信息和相关文件信息，如图 30.4 所示。

PROCÉDÉ ET DISPOSITIF D'ACCÈS À UNE RESSOURCE DE LA TOILE

| **Description** | Documents associés (17) |

Titre
PROCÉDÉ ET DISPOSITIF D'ACCÈS À UNE RESSOURCE DE LA TOILE

Nº et date de publication de la demande
FR3106426 - 23/07/2021 (BOPI 2021-29)

Type de la demande
A1

Nº et date de dépôt
FR2000571 - 21/01/2020

Nº et date de priorité
FR2000571 - 21/01/2020

Classification CIB
G06K 7/14 ; G06K 19/06 ; G06V 30/224

Classification CPC
G06K 19/06037 ; G06K 19/06056 ; G06K 19/06131 ; G06K
7/1417 ; G06K 7/1434 ; A63F 13/213 ; A63F 13/655 ; A63F

empty image

图 30. 4　在 INPI 专利数据库中查询的对应申请有关信息

在 EPO 的 Espacenet 网站直接输入法国对应申请的申请号，也可以获取法国对应申请的相关信息，包括著录项目、引证文件、检索报告、原始文件、公开文本、授权公告文本等相关信息，如图 30. 5所示。

图 30. 5　在 Espacent 数据库中查询到的法国对应申请有关信息

二、中国本申请与法国对应申请关联性的确定

1. 法国对应申请号的格式是什么？如何确认法国对应申请号？

对于 INPI 专利申请，申请号的格式一般为 Fr × × × × × ×，其中后七位是流水号。例如"Fr3106426"。

法国对应申请号是指申请人在 PPH 请求中所要利用的 INPI 工作结果中记载的申请号。

2. 法国对应申请的著录项目信息如何核实？

对 PPH 流程所要求的申请间关联性关系相关的对应申请的信息，例如优先权信息、分案申请信息、PCT 申请进入国家阶段的信息等，需要通过核实中国本申请和对应申请的著录项目信息来确定。申请人可以通过 INPI 专利数据库（网址 www. data. inpi. fr/recherche_avancee/brevets）查询并核实法国对应申请著录项目的详细信息，如图 30.6 所示。

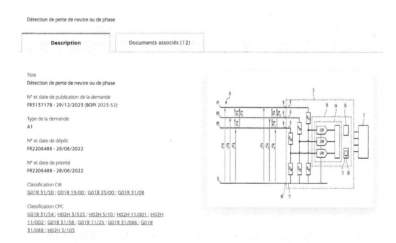

图 30.6　INPI 专利数据库提供的著录项目信息

在 EPO 的 Espacenet 网站直接输入法国对应申请的申请号，也可以获取法国对应申请的授权公告文本，通过法国对应申请授权公告文本的扉页核实著录项目信息，包括申请号、国际申请号（如果有）、优先权号（如果有）、申请人等，如图 30.7 所示。

⑲ RÉPUBLIQUE FRANÇAISE

INSTITUT NATIONAL
DE LA PROPRIÉTÉ INDUSTRIELLE

COURBEVOIE

⑪ Nº de publication : **3 104 624**
(à n'utiliser que pour les commandes de reproduction)

㉑ Nº d'enregistrement national : **19 14127**

(51) Int Cl⁸ : *E 04 F 11/18* (2019.12)

⑫ **BREVET D'INVENTION** **B1**

(54) Dispositif de main courante pour garde-corps.

㉒ **Date de dépôt :** 11.12.19.

㉚ **Priorité :**

(43) **Date de mise à la disposition du public de la demande :** 18.06.21 Bulletin 21/24.

(45) **Date de la mise à disposition du public du brevet d'invention :** 17.12.21 Bulletin 21/50.

(56) **Liste des documents cités dans le rapport de recherche :**

Se reporter à la fin du présent fascicule

(60) **Références à d'autres documents nationaux apparentés :**

○ **Demande(s) d'extension :**

(71) **Demandeur(s) :** *DANI ALU Société par actions simplifiée (SAS) — FR.*

(72) **Inventeur(s) :** DUPLAT Bruno et VIVIER Gaëlle.

(73) **Titulaire(s) :** DANI ALU Société par actions simplifiée (SAS).

(74) **Mandataire(s) :** Cabinet GERMAIN & MAUREAU.

FR 3 104 624 - B1

图 30.7　INPI 专利申请授权公告文本扉页的著录项目信息

3. 中国本申请与法国对应申请的关联性关系一般包括哪些情形？

以法国申请作为对应申请向 CNIPA 提出的 PPH 请求的类型限于基本型常规 PPH 请求。申请人不能利用 OSF 先作出的工作结果要求 OFF 进行加快审查，同时两申请间的关系仅限于中法两局间，不能扩展为共同要求第三个国家或地区的优先权。

符合中国本申请与法国对应申请关联性关系的具体情形例举如下：

如图 30.8 所示，中国本申请和法国对应申请均为普通国家申请，且中国本申请要求了法国对应申请的优先权。

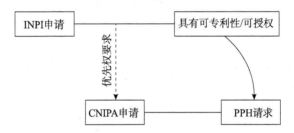

图 30.8　中国本申请和法国对应申请均为普通国家申请

如图 30.9 所示，中国本申请是 PCT 申请进入中国国家阶段的申请，且要求了法国对应申请的优先权。

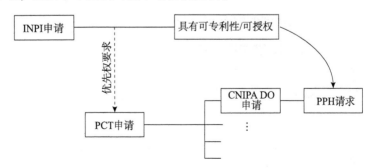

图 30.9　中国本申请是 PCT 申请进入中国国家阶段的申请

　　如图 30.10 所示，中国本申请要求了多项优先权，法国对应申
请为其中一项优先权。

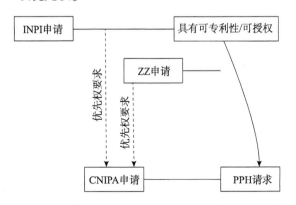

图 30.10　中国本申请要求包含法国对应申请的多项优先权

　　如图 30.11 所示，中国本申请和法国对应申请共同要求了另一
法国申请的优先权。

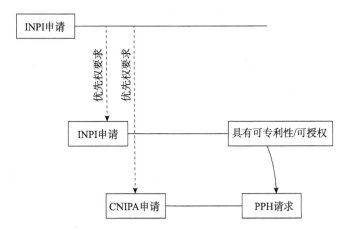

图 30.11　中国本申请和法国对应申请共同要求另一法国申请的优先权

4. 中国本申请与法国对应申请的派生申请是否满足要求？

　　如果中国申请与法国申请符合 PPH 流程所规定的关联性关系，

则中国申请的派生申请作为中国本申请，或者法国申请的派生申请作为对应申请，也符合关联性要求。例如，中国申请 A 有效要求了法国对应申请的优先权，中国申请 B 是中国申请 A 的分案申请，则中国申请 B 与法国对应申请的关系满足申请间关联性要求。

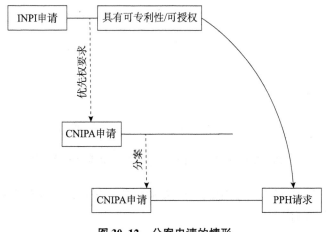

图 30.12　分案申请的情形

同理，如果中国本申请求了法国申请 A 的优先权，法国申请 B 是法国申请 A 的分案申请，则该中国本申请与法国对应申请 B 的关系也满足申请间关联性要求。

三、法国对应申请可授权性的判定

1. 判定法国对应申请可授权性的最新工作结果一般包括哪些?

法国对应申请的工作结果是指 INPI 作出的与法国对应申请可授权性相关的所有审查意见通知书，包括实质审查、复审、异议、无效等阶段的通知书。

按照《中法流程》的规定，权利要求"被认定为可授权/具有可专利性"是指 INPI 审查员在最新的审查意见通知书中清楚指出权利要求"具有可专利性"，即使该申请尚未得到专利授权。如果向 CNIPA 提交的 PPH 请求是基于 2020 年 5 月 22 日前向 INPI 提交的申请，则所述审查意见通知书包括初步检索报告（Preliminary Search Report）或书面意见（Written Opinion）。如果向 CNIPA 提交的 PPH 请求是基于 2020 年 5 月 22 日后向 INPI 提交的申请，则所述审查意见通知书包括初步检索报告、书面意见、B 公开（"B" Publication）、检索报告（附于 B 公开）（Search Report、拒绝决定草案（Draft Rejection Decision）、拒绝决定（Rejection Decision）、异议程序后的决定（Decision after Opposition Procedure）。

上述最新的审查意见通知书是以向 CNIPA 提交 PPH 请求之前或当日作为时间点来判断的，即以向 CNIPA 提交 PPH 请求之前或当日最新的工作结果中的意见作为认定法国对应申请权利要求"可授权/具有可专利性"的标准。

2. 如果法国对应申请存在授权后进行修改的情况，此时 INPI 判定权利要求可授权的最新工作结果是什么？

按照 INPI 的审查程序，专利申请在授权后可能还会经过无效、上诉等程序。如果在提出 PPH 请求之前，法国对应申请正处于无效、上诉等程序，则最新可授权权利要求不再是授权文本中公布的权利要求，而是处于不确定状态。专利权人应等待前述无效或上诉的最终工作结果。INPI 在最终工作结果中确定的权利要求才是最新可授权的权利要求。

四、相关文件的获取

1. 如何获取法国对应申请的所有工作结果副本？

由于公众只能通过法国检索网站获得已经授权的法国对应申请的著录项目信息，或者通过 Espacenet 网站获得已授权法国对应申请的著录项目信息和授权公告文本，因此申请人应当将所有 INPI 实质审查、异议、无效或者上诉阶段的与法国对应申请获得授权有关的工作结果自行梳理并全部提交。

需要注意的是，对于 INPI 在实质审查、异议、无效、上诉等各个阶段作出的所有工作结果，申请人均应当一一核实，避免遗漏。

2. 如何获取法国对应申请最新可授权的权利要求副本？

如果法国对应申请已经授权，则可以在 Espacenet 网站通过申请号查询找到其授权公告文本，获得已授权的权利要求，如图 30.13 所示。

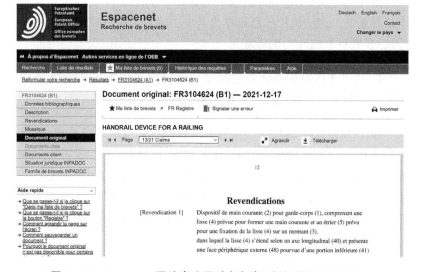

图 30.13　Espacenet 网站中法国对应申请可授权的权利要求文件

3. 能否举例说明法国对应申请可授权权利要求副本的样式？

申请人在提交法国对应申请最新可授权权利要求副本时，可以自行提交任意形式的权利要求副本，并非必须提交官方副本。法国对应申请可授权权利要求副本的样式举例如图 30.14 所示。

Revendications

[Revendication 1]   Dispositif de main courante (2) pour garde-corps (1), comprenant une lisse (4) prévue pour former une main courante et un étrier (5) prévu pour une fixation de la lisse (4) sur un montant (3),

dans lequel la lisse (4) s'étend selon un axe longitudinal (40) et présente une face périphérique externe (48) pourvue d'une portion inférieure (41) et d'une portion supérieure (42), et ladite lisse (4) présente deux plans médians (PM1, PM2) qui sont, lorsque la lisse (4) est en situation sur le garde-corps (1) avec l'axe longitudinal (40) à l'horizontal :

- un premier plan médian (PM1) incluant l'axe longitudinal (40) et s'étendant verticalement, où la lisse (4) présente une hauteur (H) donnée mesurée dans le premier plan médian (PM1) entre un point bas (410) sur la portion inférieure (41) et un point haut (420) sur la portion supérieure (42), et où l'axe longitudinal (40) se situe sensiblement à mi-distance du point haut (420) et du point bas (410) ; et

- un second plan médian (PM2) au-dessus duquel s'étend la portion supérieure (42) et en-dessous duquel s'étend la portion inférieure (41), où le second plan médian (PM2) inclue l'axe longitudinal (40) et s'étend horizontalement, orthogonalement au premier plan médian (PM1) ;

et dans lequel l'étrier (5) comprend deux mâchoires (51, 52) et est configurable entre une configuration serrée dans laquelle les deux mâchoires (51, 52) enserrent une section de la lisse (4), et une configuration desserrée permettant l'introduction de la lisse (4) entre les deux mâchoires (51, 52) ;

ledit dispositif de main courante (2) étant caractérisé en ce que :

- la lisse (4) présente deux gorges longitudinales (43) prévues dans la portion inférieure (41) de la face périphérique externe (48), ces deux gorges longitudinales (43) s'étendant parallèlement à l'axe longitudinal (40) et étant disposées de part et d'autre du premier plan médian (PM1), en-dessous du second plan médian (PM2) ; et

- l'étrier (5), en configuration serrée, a ses deux mâchoires (51, 52) engagées au moins partiellement à l'intérieur des deux gorges longitudinales (43) respectives, ces deux mâchoires (51, 52) ne dépassant pas au-dessus du second plan médian (PM2).

[Revendication 2]   Dispositif de main courante (2) selon la revendication 1, dans lequel les deux mâchoires (51, 52) comprennent :

- une première mâchoire (51) sur laquelle sont disposés des moyens de

图 30.14 法国对应申请可授权权利要求副本样例

注：权利要求的全部内容都需提交，这里限于篇幅，不再展示后续内容。

747

4. 如何获取法国对应申请工作结果中的引用文献信息？

法国对应申请工作结果中的引用文献分为专利文献和非专利文献。如果法国对应申请已经授权公告，则法国授权公告文本扉页中会写明是否有引用文献信息。INPI 在审查和检索中引用的文献会被记载在授权公告文本最后部分的检索报告中，如图 30.15 所示。

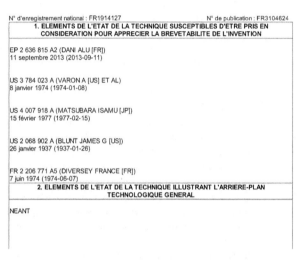

图 30.15　INPI 作出的检索报告中的引用文献信息

通过 Espacenet 网站，直接输入法国对应申请的申请号，选择其已经授权公告的文本信息，也会单独列出授权公告文本中引用的文献信息，如图 30.16 所示。

5. 如何获知引用文献中的非专利文献构成法国对应申请的驳回理由？

申请人可以通过查询 INPI 发出的各个阶段的审查工作结果，如各种检索报告、审查报告，获知构成法国对应申请驳回理由的非专利文献信息。若 INPI 的工作结果中显示某专利文献影响了对应申请的新颖性、创造性，则该非专利文献构成驳回理由，申请人需

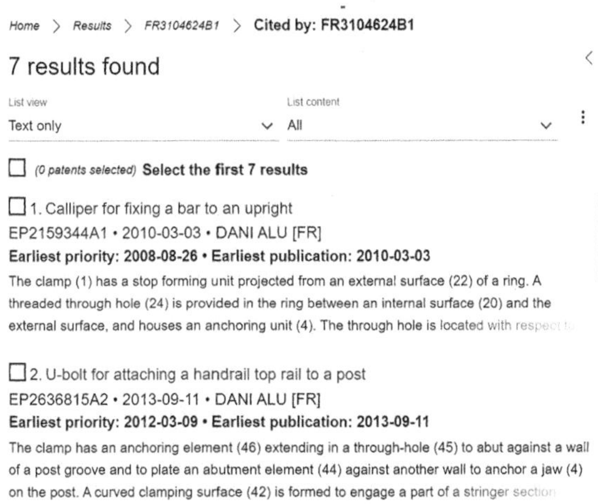

图 30.16　在 Espacenet 数据库中获取的法国对应申请引用文献信息

要在提交 PPH 请求时一并提交该非专利文献。

五、信息填写和文件提交的注意事项

1. 在 PPH 请求表中填写中国本申请与法国对应申请的关联性关系时，有哪些注意事项？

（1）在 PPH 请求表中表述中国本申请与法国对应申请的关联性关系时，必须写明中国本申请与法国对应申请之间的关联方式（如优先权等）。如果中国本申请与法国对应申请达成关联需要经过一个或多个其他相关申请，也需写明相关申请的申请号以及达成关联的具体方式。

例如：

1）中国本申请是中国申请 A 的分案申请，法国对应申请是法国申请 B 的分案申请，中国申请 A 要求了法国申请 B 的优先权。

2）中国本申请是中国申请 A 的分案申请，中国申请 A 是 PCT 申请 B 进入中国国家阶段的申请。法国对应申请、中国国家申请 A

与 PCT 申请 B 均要求了法国申请 C 的优先权。

（2）涉及多个法国对应申请时，则需分条逐项写明中国本申请与每一个法国对应申请的关系。

2. 在 PPH 请求表中填写中国本申请与法国对应申请权利要求的对应性解释时，有哪些注意事项？

基于 INPI 工作结果向 CNIPA 提交 PPH 请求的，权利要求的对应性解释上无特别的注意事项，参见本书第一章的相关内容即可。

3. 在 PPH 请求表中填写法国对应申请所有工作结果的名称时，有哪些注意事项？

（1）应当填写 INPI 在所有审查阶段作出的全部工作结果，既包括实质审查阶段的所有通知书，也包括实质审查阶段以后的复审、异议、无效、授权后更正等阶段的所有通知书。

（2）各通知书的作出时间应当填写其通知书的发文日，在发文日无法确定的情况下允许申请人填写其通知书的起草日或完成日。所有通知书的发文日一般都在通知书首页可以找到，应准确填写。

（3）对各通知书的名称，申请人可以按其通知书原文名称自行翻译后填写在请求表中并将其原文名称填写在翻译的中文名称后的括号内，以便审查核对。各通知书的名称应当使用其正式的中文译名填写，不得以"通知书"或者"审查意见通知书"代替。

（4）如果有多个法国对应申请，请分别对各个法国对应申请进行工作结果的查询并填写到 PPH 请求表中。

4. 在 PPH 请求表中填写法国对应申请所有工作结果引用文献的名称时，有哪些注意事项？

在填写法国对应申请所有工作结果引用文献的名称时，无特别注意事项，参见本书第一章的相关内容即可。

5. 在提交法国对应申请国内工作结果的副本及译文时，有哪些注意事项？

（1）根据《中法流程》，所有的工作结果副本均需要被完整提交，包括其著录项目信息、格式页或附件也应当被提交。

（2）按照 INPI 审查程序，INPI 的工作语言为法语，因此，申请人必须提交完整的法国对应申请所有工作结果副本的中文或英文译文。

（3）对于法国对应申请，不存在工作结果副本及其译文可以省略提交的情形。

6. 在提交法国对应申请最新可授权权利要求副本时，有哪些注意事项？

申请人在提交法国对应申请最新可授权权利要求副本时，一是要注意可授权权利要求是否最新，例如在授权后的更正程序中对权利要求有修改的情况；二是要注意权利要求的内容是否完整，即使有一部分权利要求在 CNIPA 申请中没有被利用到，也需要一起完整提交。

对于中法 PPH 试点项目，对应申请可授权的权利要求副本及其译文不能省略提交。

7. 在提交法国对应申请国内工作结果中引用的非专利文献副本时，有哪些注意事项？

当法国对应申请工作结果中的非专利文献涉及驳回理由时，申请人应当在提交 PPH 请求时将所有涉及驳回理由的非专利文献副本一并提交。而对于所有的专利文献和未构成驳回理由的非专利文献，申请人只需将其信息填写在 PPH 请求书 E 项第 2 栏中即可，不需要提交相应的文献副本。

申请人提交文献时应确保其提交的内容完整，提交的类型正确，即按照"对应申请审查意见引用文献副本"类型提交。

如果所需提交的非专利文献是由除中文或英文之外的语言撰写，申请人也只需提交非专利文献文本即可，不需要对其进行翻译。

如果法国对应申请存在两份或两份以上非专利文献副本，则应该作为一份"对应申请审查意见引用文献副本"提交。